"十二五"普通高等教育本科国家级规划教材
全国电子信息类优秀教材一等奖
电子信息科学与工程类专业系列教材

电子测量与仪器

（第5版）

郭 庆 黄 新 陈尚松 编著

電子工業出版社
Publishing House of Electronics Industry
北京 · BEIJING

内 容 简 介

本书为“十二五”普通高等教育本科国家级规划教材。本书按照高等学校电子信息科学与工程类专业的教学要求编写,内容包括:绪论、误差与不确定度、信号发生器、时频测量、电压测量、时域测量、阻抗测量、频域测量、数据域测试、自动测试技术、环境监测与产品安全规范测试,共 11 章。每章均附有本章要点、思考题与习题。本书配有电子课件,登录华信教育资源网(www.hxedu.com.cn)免费下载。

本书在选材上具有系统性、先进性和实用性特点。全书深入浅出,图文并茂,内容丰富,适用面广。本书可作为高等学校理工类本科、专科电子信息类专业的教材或参考书,也可供从事电子技术工作的科技人员参考。

图书在版编目(CIP)数据

电子测量与仪器 / 郭庆, 黄新, 陈尚松编著. —5 版. —北京:电子工业出版社, 2020.6
ISBN 978-7-121-38860-6

Ⅰ. ①电… Ⅱ. ①郭… ②黄… ③陈… Ⅲ. ①电子测量-高等学校-教材②电子测量设备-高等学校-教材 Ⅳ. ①TM93

中国版本图书馆 CIP 数据核字(2020)第 048812 号

责任编辑:冉 哲
印 刷:三河市君旺印务有限公司
装 订:三河市君旺印务有限公司
出版发行:电子工业出版社
北京市海淀区万寿路 173 信箱 邮编:100036
开 本:787×1 092 1/16 印张:25 字数:688 千字
版 次:2005 年 1 月第 1 版
2020 年 6 月第 5 版
印 次:2025 年 7 月第11次印刷
定 价:69.00 元

凡所购买电子工业出版社图书有缺损问题,请向购买书店调换。若书店售缺,请与本社发行部联系,联系及邮购电话:(010)88254888,88258888。

质量投诉请发邮件至 zlts@ phei.com.cn,盗版侵权举报请发邮件至 dbqq@ phei.com.cn。

本书咨询联系方式:ran@ phei.com.cn

第 5 版前言

《电子测量与仪器》第 1 版于 2005 年 1 月出版发行，第 2 版于 2009 年 1 月出版发行。2007 年，本书获广西优秀教材一等奖。2010 年，本书获全国电子信息类优秀教材一等奖。2012 年 7 月，本书出版发行第 3 版，内容做了较多修改。2014 年，本书被教育部评为“十二五”普通高等教育本科国家级规划教材。2018 年 1 月，本书出版发行第 4 版。本书从第 1 版开始，历经 3 次修订，已被近百所高校选做教材，也受到业界科研人员和企业技术人员的欢迎。

2019 年 9 月 29 日，教育部在《关于深化本科教育教学改革全面提高人才培养质量的意见》中明确提出：推动高水平教材编写使用。教材作为一流课程建设的基础，是实施“双万计划”的重要内容；企业对人才培养的需求，是进行专业工程教育认证必须满足的条件，这些都对更新教材内容提出了客观的要求。

另外，由于电子测量与仪器技术发展很快，国内外厂家都推出了新型号的电子仪器，测量技术应用领域扩展。为此，有必要对本书再次进行修订。

第 5 版在第 4 版的基础上进行修订，基本上保留了第 4 版的主要内容和特色，删减了部分应用价值不大的内容，修改了一些公式和文字表述，调整了 DDS 原理的表述方式，更新了任意波形发生器、射频信号发生器、通用计数器、手持式万用表、台式万用表、高端数字示波器、混合域示波器、RLC 测量仪、网络分析仪、频谱分析仪、逻辑分析仪等仪器的技术参数，更新了射频信号发生器实例、数字频率特性测试仪实例，更新了频谱分析仪测试应用实例。另外，还增加了北京普源精电科技有限公司自主研发的数字示波器芯片组“凤凰座”的简介，该芯片组突破了国产示波器 1GHz 带宽的限制，使国产示波器在中高端数字示波器领域迈出了新的一步。为了满足新工科建设和工程教育认证的需求，还增加了环境检测领域光谱仪器和电气设备安全规范测试等方面的内容。

本书主要内容

“电子测量与仪器”课程内容很广泛，但受教学时数的限制，本书只能讲述电子测量技术基础理论和电子测量基础仪器的原理与应用，主要内容如下。

① 绪论。阐述测量的重要意义，主要介绍：电子测量的内容、特点与方法，电子测量仪器的功能和分类，计量的概念、计量基准和量值传递，电子测量仪器的发展概况。

② 误差与不确定度。这是测量技术的理论基础，主要介绍：误差的概念与表示方法，随机误差、粗大误差和系统误差的特性与处理方法，误差的合成与分配，测量不确定度的概念和评定方法，测量数据的处理。

③ 信号发生器。主要介绍：信号发生器的功用、分类和主要性能指标，通用低频、高频信号发生器的组成原理、特性和应用，合成信号发生器的组成原理、特性和应用，频率合成技术的发展状况。

④ 时频测量。主要介绍：时频关系与时频标准及频率的测量方法，电子计数法测量频率、周期的原理与误差分析，通用计数器的功能、应用及性能改进方法，频率稳定度的概念和表征，调制域测量的原理与应用。

⑤ 电压测量。主要介绍：电压测量的重要性，对电压测量的要求和分类，模拟电压表直流、交流电压的测量及高频、噪声、脉冲电压的测量，数字电压表的组成原理、主要工作特性和分类，积分

式和比较式 A/D 转换器及数字多用表的组成原理与特点，数字电压表的误差与干扰。

⑥ 时域测量。主要介绍：示波器的功用、分类和组成，示波器及波形显示原理，通用示波器的组成原理、特性与应用，数字示波器的组成原理、信号采集处理技术以及数字示波器的特性与功能。

⑦ 阻抗测量。主要介绍：阻抗的定义、表达式和基本特性，电阻的测量，电感、电容的测量。

⑧ 频域测量。主要介绍：扫频仪（频率特性分析仪）的原理与应用，微波网络特性和网络分析仪的工作原理，频谱分析仪的用途、原理与分类，外差式频谱分析仪的原理、特性和应用。

⑨ 数据域测试。主要介绍：数据域的基本概念，数据域测试系统与仪器，逻辑分析仪的组成原理、触发方式、显示方式及应用，可测试性设计。

⑩ 自动测试技术。主要介绍：自动测试系统的基本组成和发展概况，智能仪器、虚拟仪器和合成仪器，接口总线及信道，测试软件，自动测试系统的集成。

⑪ 环境检测与产品安全规范测试。主要介绍：原子光谱和分子光谱分析物理基础，环境领域常用的光谱分析法及仪器；电气设备安全的基本准则，常用的产品安全规范测试项目、测试原理及测试方法。

对于测控技术与仪器等专业学生，另开设有智能仪器、虚拟仪器或自动测试系统之类的课程，同时因教学时数所限，书中标有“※”号的章节，可以不必讲授。

本书在选材上具有一定的系统性、先进性和实用性，内容丰富，适用面广，包含了许多新技术，学生学习时应着重对电子测量的基本原理和方法的理解与应用，还应完成相当数量的习题。

同时，本书具有很强的实践性，必须结合实验等实践环节才能理论联系实际，提高综合应用能力。

本书特点

① 相比于同类教材，本书内容较新、实用性强。在国内外厂商帮助下，更新了书中各种仪器参数，增加了一些国产的新型仪器。

② 按国家技术规范对误差与不确定度进行了精炼的阐述，删繁就简，概念明确，计算方法的步骤清晰，更便于学习理解与实际应用。

③ 按发展历程讲解仪器原理，容易入门，叙述深入浅出，图文并茂，适合自学，同时提供扩展或更深入的内容供教学和科研的不同需求选用。

④ 理论联系实际，既讲电子测量原理，又讲具体仪器应用，通过实例与仪器型号参数介绍，加深对仪器的认识和对国内外技术水平的了解。

⑤“弘扬民族品牌，宣讲国产仪器”，书中列举了国产仪器的型号、参数及实例，以树立民族自信心，激励我国电子仪器事业的发展。

⑥ 专业教育与创新创业教育融合。多年来，本书已成为众多高校学生参加全国大学生电子设计竞赛及相关学科竞赛的参考书。本次修订增加了相关的案例介绍，同时计划在后期的课程建设中增加这方面的视频讲座内容。

⑦“校企协同，共建一流课程”。“电子测量与仪器”作为一门专业课，应及时满足企业需求，跟踪仪器技术的最新发展，因此，“校企协同，共建一流课程”是必然的选择。

第 5 版修订工作由郭庆教授策划，由黄新正高级实验师执笔。梁英教授和许金编写了 11.1.1～11.1.2 节，苏海涛编写了新型便携式户外分光光度计实例，固纬电子（苏州）有限公司为电气产品安全规范测试提供了技术材料，艾诺仪器公司提供了电动汽车安全规范测试实例。笔者今年已经 83 岁了，今后的工作主要靠年轻人去做。故此，本书封面署名排序，从第 5 版开始变更为郭庆、黄新、陈尚松。

在修订中参考、引用了相关教材和论文中的有关内容，除将其列入本书参考文献外，在此对原作者顺致诚挚的感谢。

本书的编写及修订，得到了桂林电子科技大学有关领导的支持与帮助；得到了《国外电子测量技术》《电子测量与仪器学报》《电子测量技术》杂志社或编辑部的支持与帮助；得到了中电科仪器仪表有限公司、北京普源精电科技有限公司、广州致远电子股份有限公司、石家庄数英仪器有限公司（无线电四厂）、固纬电子（苏州）有限公司、深圳鼎阳科技股份有限公司、常州同惠电子股份有限公司、成都前锋电子仪器厂、泰克科技（中国）有限公司、是德科技（中国）有限公司、艾诺仪器公司等的支持与帮助；得到了选用本书作为教材的兄弟院校任课教师的支持与帮助；得到了电子工业出版社的支持与帮助。在此，一并致以衷心的感谢！

在本书编写及修订中，可能存在错漏和不当之处，恳请同行和读者批评指正。尤其是对选用本书作为教材的教师，欢迎加强联系，对本书提出建议，并探讨教学心得，以期共同教好这门课程。

书中标有※号的章节，是供不同教学计划要求选用的内容。本书配有 PPT 电子课件及习题解答，可向任课教师免费提供。

联系地址：桂林电子科技大学 电子工程与自动化学院　郭庆 黄新

邮编：541004

E-mail：hxgl@guet.edu.cn

陈尚松
2020 年于桂林电子科技大学

目　录

第 1 章　绪论 …… 1
1.1　电子测量概述 …… 1
1.1.1　测量及其重要意义 …… 1
1.1.2　电子测量的任务与内容 …… 1
1.1.3　电子测量的特点 …… 2
1.1.4　电子测量的方法 …… 3
1.2　电子测量仪器概述 …… 4
1.2.1　电子测量仪器的功能 …… 4
1.2.2　电子测量仪器的分类 …… 5
1.3　计量的基本概念 …… 6
1.3.1　计量 …… 6
1.3.2　单位制 …… 7
1.3.3　计量基准 …… 7
1.3.4　几个与计量有关的概念 …… 8
1.4　电子测量仪器的发展概况 …… 9
思考题与习题 …… 10
第 2 章　误差与不确定度 …… 11
2.1　误差的概念与表示方法 …… 11
2.1.1　测量误差 …… 11
2.1.2　误差的表示方法 …… 12
2.1.3　误差的性质与分类 …… 14
2.1.4　基本术语 …… 16
2.2　随机误差 …… 17
2.2.1　定义与性质 …… 17
2.2.2　随机误差的统计处理 …… 18
2.2.3　有限次测量值的算术平均值和标准差 …… 20
2.2.4　测量结果的置信概率 …… 23
2.2.5　非等精度测量 …… 26
2.3　粗大误差 …… 28
2.3.1　莱特检验法 …… 28
2.3.2　格拉布斯检验法 …… 28
2.3.3　中位数检验法 …… 29
2.3.4　应用举例 …… 29
2.4　系统误差 …… 30
2.4.1　系统误差的产生原因 …… 31
2.4.2　系统误差的检查和判别 …… 31
2.4.3　削弱系统误差的基本方法 …… 33
2.4.4　重复性测量结果的数据处理 …… 34
2.5　误差的合成与分配 …… 36
2.5.1　测量误差的合成 …… 36
2.5.2　测量误差的分配 …… 39
2.5.3　最佳测量方案的选择 …… 41
2.6　测量不确定度 …… 43
2.6.1　测量不确定度概述 …… 43
2.6.2　标准不确定度的评定 …… 46
2.6.3　测量不确定度的合成 …… 48
2.6.4　扩展不确定度 …… 51
2.6.5　测量不确定度的报告 …… 52
2.6.6　应用举例 …… 53
2.7　测量数据的处理 …… 57
2.7.1　有效数字的处理 …… 57
2.7.2　测量数据的表示方法 …… 59
思考题与习题 …… 62
第 3 章　信号发生器 …… 66
3.1　信号发生器概述 …… 66
3.1.1　信号发生器的功用 …… 66
3.1.2　信号发生器的分类 …… 66
3.1.3　正弦信号发生器的性能指标 …… 68
3.2　模拟信号发生器 …… 71
3.2.1　低频信号发生器 …… 71
3.2.2　高频信号发生器 …… 73
3.2.3　脉冲信号发生器 …… 77
3.2.4　函数信号发生器 …… 79
3.2.5　噪声信号发生器 …… 80
3.3　合成信号发生器 …… 80

3.3.1 直接模拟频率合成法 …………… 81
3.3.2 直接数字频率合成法 …………… 82
3.3.3 间接合成法 ………………… 88
3.3.4 频率合成技术的进展 …………… 92
3.4 射频合成信号发生器 ………………… 95
3.4.1 射频合成信号发生器基本原理 …… 95
3.4.2 实例1:1465信号发生器 ………… 96
3.4.3 实例2:QF1485矢量信号发生器……………………… 97
思考题与习题……………………………… 99

第4章 时频测量 ……………………… 101

4.1 概述 ……………………………… 101
4.1.1 时频关系 ………………………… 101
4.1.2 时频基准 ………………………… 102
4.1.3 频率测量方法………………… 102
4.2 电子计数法测量频率 ……………… 103
4.2.1 电子计数法测量频率的原理 …… 103
4.2.2 误差分析 ……………………… 105
4.2.3 结论……………………………… 107
4.3 电子计数法测量时间 ……………… 108
4.3.1 电子计数法测量周期的原理 …… 108
4.3.2 误差分析 ……………………… 108
4.3.3 中界频率 ……………………… 111
4.3.4 时间间隔的测量 ……………… 111
4.4 通用计数器………………………… 113
4.4.1 概述……………………………… 113
4.4.2 通用计数器的功能 …………… 114
※4.5 电子计数器性能的改进…………… 116
4.5.1 多周期同步测量频率…………… 116
4.5.2 提高测时分辨率的方法………… 117
4.5.3 微波计数器…………………… 119
※4.6 标准频率源的测量 ……………… 121
4.6.1 频率稳定度的定义 …………… 122
4.6.2 长期频率稳定度的表征………… 122
4.6.3 短期频率稳定度的表征………… 123
4.6.4 频率标准的获取 ……………… 129
4.7 调制域测量……………………… 129
4.7.1 调制域分析概述 ……………… 129
4.7.2 调制域分析的关键技术 ………… 130
4.7.3 调制域分析仪的应用…………… 131
思考题与习题 …………………………… 133

第5章 电压测量 ……………………… 135

5.1 概述 ……………………………… 135
※5.2 模拟电压表测量直流电压………… 136
5.2.1 多用表中的直流电流、电压测量 … 136
5.2.2 直流电子电压表 ……………… 138
5.3 交流电压的测量 ………………… 139
5.3.1 交流电压的表征 ……………… 139
5.3.2 交流电压的测量 ……………… 141
※5.3.3 高频电压的测量 ……………… 147
5.3.4 电平(分贝)的测量 …………… 149
※5.3.5 噪声电压的测量 ……………… 150
※5.3.6 脉冲电压的测量 ……………… 151
5.4 数字电压表概述 ………………… 152
5.4.1 数字电压表的组成原理………… 152
5.4.2 数字电压表的主要工作特性 …… 153
5.4.3 数字电压表的分类 …………… 156
5.5 积分式A/D转换器………………… 156
5.5.1 双斜积分式A/D转换器 ……… 156
※5.5.2 脉冲调宽式A/D转换器 ……… 162
※5.5.3 V/F转换式A/D转换器原理…… 164
※5.5.4 Σ-Δ型A/D转换器 …………… 167
5.5.5 积分式A/D转换器的发展……… 168
5.6 比较式A/D转换器 ……………… 172
5.6.1 逐次逼近比较式A/D转换器 …… 172
5.6.2 余数循环比较式A/D转换器 …… 174
5.6.3 并联比较式A/D转换器 ……… 176
※5.6.4 分级型(流水线式)A/D转换器 …………………… 177
5.7 数字多用表………………………… 179
5.7.1 交流—直流转换器 …………… 180
5.7.2 电流—电压转换器 …………… 180
5.7.3 电阻—电压转换器 …………… 181
5.7.4 数字多用表的发展近况 ………… 183
5.8 数字电压表的误差与干扰………… 184
5.8.1 数字电压表测量误差公式 ……… 185

5.8.2 数字电压表主要部件误差分析 … 185
5.8.3 数字电压表测量的误差合成 …… 187
5.8.4 电压测量的干扰及其抑制技术 … 189
思考题与习题 …… 194
第 6 章 时域测量 …… 197
6.1 时域测量引论 …… 197
6.1.1 示波器的功用 …… 197
6.1.2 示波器的分类 …… 197
6.1.3 示波器的组成 …… 198
6.2 示波管及其波形显示原理 …… 199
6.2.1 示波管 …… 199
6.2.2 示波管波形显示原理 …… 201
6.3 平板显示技术 …… 203
6.3.1 平板显示技术概述 …… 203
6.3.2 液晶显示原理 …… 204
6.3.3 TFT LCD 的工作原理 …… 204
6.4 模拟示波器 …… 205
6.4.1 模拟示波器的组成 …… 205
6.4.2 示波器的 Y（垂直）通道 …… 205
6.4.3 示波器的 X（水平）通道 …… 209
6.4.4 示波器的多波形显示 …… 213
6.4.5 模拟示波器的应用 …… 215
6.5 数字示波器 …… 220
6.5.1 数字示波器的组成原理 …… 220
6.5.2 信号采集处理技术 …… 224
6.5.3 波形显示技术 …… 232
6.5.4 技术指标 …… 234
6.5.5 基本功能 …… 235
6.5.6 数字示波器的应用 …… 240
思考题与习题 …… 245
第 7 章 阻抗测量 …… 247
7.1 概述 …… 247
7.1.1 阻抗的定义与表示 …… 247
7.1.2 阻抗元件的基本特性 …… 247
7.1.3 阻抗测量的特点和方法 …… 249
7.2 电阻的测量 …… 250
7.2.1 伏安法 …… 250
7.2.2 多用表中的电阻挡 …… 250
7.2.3 电桥法 …… 253
7.3 电感、电容的测量 …… 254
7.3.1 电桥法 …… 254
7.3.2 谐振法(Q 表) …… 257
7.3.3 数字化方法 …… 259
思考题与习题 …… 265
第 8 章 频域测量 …… 266
8.1 线性系统幅频特性的测量 …… 266
8.1.1 静态频率特性测量:点频法 …… 266
8.1.2 动态频率特性测量:扫频法 …… 267
8.1.3 扫频仪举例:SA1140C 数字频率特性测试仪 …… 269
※8.2 微波网络分析仪 …… 272
8.2.1 微波网络参数 …… 273
8.2.2 网络分析仪的组成 …… 274
8.2.3 自动网络分析仪 …… 276
8.3 频谱分析仪概述 …… 277
8.3.1 信号的时域与频域分析 …… 277
8.3.2 频谱分析仪的主要用途 …… 278
8.3.3 频谱分析仪的分类 …… 278
8.3.4 频谱分析仪的工作原理 …… 279
8.4 扫频外差式频谱分析仪 …… 280
8.4.1 工作原理 …… 280
8.4.2 实例 1:BP－1 型频谱分析仪 …… 281
8.4.3 实例 2:AV4051 系列频谱分析仪 …… 283
※8.5 实时频谱分析仪(RTSA) …… 284
8.5.1 概述 …… 284
8.5.2 工作原理 …… 285
8.6 频谱分析仪的主要技术特性 …… 287
8.6.1 选择性 …… 287
8.6.2 灵敏度 …… 290
8.6.3 动态范围 …… 291
8.6.4 典型产品简介 …… 292
8.7 频谱分析仪的应用 …… 294
8.7.1 测量正弦信号 …… 294
8.7.2 测量小信号 …… 295
8.7.3 失真测量 …… 296

8.7.4 噪声信号测量 …………………… 297
8.7.5 AM 信号解调 …………………… 297
思考题与习题 …………………………… 299
第 9 章 数据域测试 ……………………… 300
9.1 数据域测试概述 ……………………… 300
9.1.1 数据域的基本概念 ……………… 300
9.1.2 数据域测试的任务与故障模型 … 301
9.1.3 数据域测试系统与仪器 ………… 303
9.2 逻辑分析仪 ………………………… 306
9.2.1 逻辑分析仪的特点和分类 ……… 306
9.2.2 逻辑分析仪的基本组成 ………… 307
9.2.3 逻辑分析仪的触发方式 ………… 308
9.2.4 逻辑分析仪的数据捕获和存储 … 310
9.2.5 逻辑分析仪的显示 ……………… 311
9.2.6 逻辑分析仪的主要技术指标及发展趋势 ……………………… 314
9.2.7 逻辑分析仪的应用实例 ………… 316
9.3 可测试性设计 ……………………… 317
9.3.1 概述 ……………………………… 317
9.3.2 扫描设计技术 …………………… 319
9.3.3 内建自测试技术 ………………… 320
9.3.4 边界扫描测试技术 ……………… 321
思考题与习题 …………………………… 327
第 10 章 自动测试技术 ………………… 329
10.1 自动测试系统 ……………………… 329
10.1.1 自动测试系统的基本组成 ……… 329
10.1.2 自动测试系统的发展概况 ……… 330
10.2 智能仪器 ………………………… 334
10.2.1 智能仪器的特点 ………………… 334
10.2.2 智能仪器的组成 ………………… 334
10.3 虚拟仪器 ………………………… 335
10.3.1 虚拟仪器的基本概念和特点 …… 335
10.3.2 虚拟仪器的组成及关键技术 …… 336
10.3.3 基于不同总线的虚拟仪器的比较 ……………………………… 338
10.3.4 虚拟仪器软件结构 ……………… 338
10.4 接口总线及信道 …………………… 339
10.4.1 测试系统中常用的总线及信道 … 339
10.4.2 GPIB 总线 ……………………… 346
10.4.3 VXI 总线 ……………………… 349
10.4.4 LXI 总线 ……………………… 352
10.5 测试程序 ………………………… 357
10.6 自动测试系统的集成 ……………… 359
10.6.1 自动测试系统集成的步骤 ……… 359
10.6.2 实例 1:导弹综合测试系统 ……… 359
10.6.3 实例 2:无人值守安全监控系统 ……………………………… 361
思考题与习题 …………………………… 364
第 11 章 环境监测与产品安全规范测试 … 365
11.1 环境监测 ………………………… 365
11.1.1 光谱分析法概要 ………………… 365
11.1.2 光谱分析仪器的基本组成 ……… 367
11.1.3 原子发射光谱仪 ………………… 367
11.1.4 原子吸收分光光度计 …………… 368
11.1.5 原子荧光分光光度计 …………… 368
11.1.6 紫外—可见分光光度计 ………… 369
11.1.7 分子荧光分光光度计 …………… 369
11.1.8 红外光谱仪 ……………………… 369
11.1.9 实例:新型便携式户外分光光度计 ……………………………… 370
11.2 电气设备安全规范测试 …………… 372
11.2.1 产品安全的基本准则 …………… 372
11.2.2 电气设备防电击防护分类 ……… 373
11.2.3 耐压测试 ………………………… 374
11.2.4 泄漏电流测试 …………………… 376
11.2.5 绝缘电阻测试 …………………… 379
11.2.6 接地电阻测试 …………………… 379
11.2.7 实例:电动汽车安全规范测试解决方案 …………………………… 380
思考题与习题 …………………………… 384
附录 A 正态分布在对称区间的积分表 … 385
附录 B *t* 分布在对称区间的积分表 …… 386
附录 C 电子测量仪器相关网址 ……… 387
参考资料 ……………………………… 389

第1章　绪　　论

本章要点

- 测量的重要意义，电子测量的内容、特点与方法
- 电子测量仪器的功能、分类和主要技术指标
- 计量的概念、计量基准和量值传递
- 电子测量仪器的发展概况

1.1　电子测量概述

1.1.1　测量及其重要意义

测量是人类认识和改造世界的一种重要手段。在人们对客观事物的认识过程中，需要进行定性、定量的分析，定量分析就需要进行测量。测量是通过实验方法对客观事物取得定量数据的过程。通过大量的观察和测量，人们逐步准确地认识各种客观事物，建立起各种定理和定律。例如，牛顿三大定律，如果没有大量测量验证，就不可能得出这样的科学结论。所以，门捷列夫在论述测量的意义时说过一句名言：**"没有测量，就没有科学。"**

科学的进步，生产的发展，都需要用测量技术进行定量分析，以取得科学的数据。离开测量，人类就不能真正准确地认识世界，也不能生产出合格的产品。尤其是现代化工业大生产，用在测量上的工时和费用占生产总成本的比例越来越大。例如，在大规模集成电路的生产成本中，测量成本已超过 50%。因此，提高测量水平，降低测量成本，对国民经济各个领域的发展都是至关重要的。

在各个历史时期，测量水平的高低可以反映出一个国家科学技术发展的状况。因此，努力提高测量水平，实现测量手段和方法的现代化，是实现科学技术与生产现代化的重要条件和明显标志。

在当今信息时代，测量技术（获取信息）、通信技术（传递信息）和计算机技术（处理信息）被称为信息社会三大支柱。

可见，测量技术是一门很重要的科学技术。

1.1.2　电子测量的任务与内容

电子测量是测量领域的主要组成部分，它泛指以电子技术为基本手段的测量技术。电子测量主要是指运用电子科学的原理、方法和设备对各种电量、电信号及电路元器件的特性和参数进行测量，同时还可以通过各种传感器把非电量转换成电量来进行测量。因此，电子测量不仅用于电子领域，而且广泛用于物理学、化学、光学、机械学、材料学、生物学和医学等科学领域，以及生产、国防、交通、商贸、农业、环保乃至日常生活的各个方面。

近几十年来，由于计算机技术和微电子技术的迅猛发展，使电子测量技术发生了质的飞跃。计算机技术与电子测量仪器相结合，构成了崭新一代的智能仪器和自动测试系统。这不仅改变了一些传统的测量观念，对整个电子技术和其他科学技术也都产生了巨大的推动作用。

通常，人们把电参数测量分为电磁测量和电子测量两类。电磁测量主要是指交、直流电量的指示测量、比较测量及磁量的测量等。电子测量是指以电子技术理论为依据，以电子测量仪器和设备为手段，对电量或非电量进行的测量。其中，电量测量可分为以下几个方面。

1）电能量测量

电能量测量包括各种频率、波形下的电压、电流和功率等的测量。

2）电信号特性测量

电信号特性测量包括波形、频率、周期、相位、失真度、调幅度、调频指数及数字信号的逻辑状态等的测量。

3）电路元器件参数测量

电路元器件参数测量包括电阻、电感、电容、阻抗、品质因数及电子器件的参数等的测量。

4）电子设备的性能测量

电子设备的性能测量包括增益、衰减、灵敏度、频率特性和噪声指数等的测量。

在上述各项测量内容中，尤以频率、时间、电压、相位、阻抗等基本电参数的测量更为重要，它们往往是其他参数测量的基础。例如，放大器的增益测量实际上就是其输入端/输出端电压的测量，脉冲信号波形参数的测量可归结为电压和时间的测量。在许多情况下，不方便进行电流测量，就以电压测量来代替。同时，由于时间和频率测量具有其他测量所不可比拟的精确性，因此人们越来越关注把其他待测量转换成时间或频率进行测量的方法和技术。

在科学研究和生产实践中，常常需要对许多非电量进行测量。非电量是指各种非电物理量，如压力、位移、温度、湿度、亮度、颜色、物质成分等。非电量测量可以通过各种对应的敏感元件（通常称为传感器），将被测物理量转换成与之相关的电压、电流等，而后再通过对电压、电流的测量，得到被测物理量的大小。传感技术的发展为这类测量提供了新的方法和途径。

1.1.3 电子测量的特点

与其他测量方法和测量仪器相比，电子测量和电子测量仪器具有以下特点。

1. 测量频率范围宽

电子测量中所遇到的测量对象，其频率覆盖范围很宽，低至 10^{-6} Hz 以下，高至 10^{12} Hz 以上。当然，不能要求同一台仪器在这样宽的频率范围内工作。通常，要根据不同的工作频段，采用不同的测量原理并使用不同的测量仪器，例如，超低频信号发生器、音频信号发生器、高频信号发生器等。当然，随着技术的发展，能在相当宽的频率范围内正常工作的仪器不断地被研制出来，例如，现在一台较为先进的频率计，频率测量范围为 $10^{-6} \sim 10^{11}$ Hz。

2. 测量量程宽

量程是指测量范围的上、下限值之差或上、下限值之比。电子测量的另一个特点是被测对象量值大小相差悬殊。例如，地面上接收到的宇宙飞船自外太空发来的信号功率，低到 10^{-14} W 数量级；而远程雷达发射的脉冲功率，可高达 10^{8} W 以上，两者之比为 $1:10^{22}$。在一般情况下，使用同一台仪器，同一种测量方法，是难以覆盖如此宽广的量程的。如前所述，随着电子测量技术的不断发展，单台测量仪器的量程也可以达到很宽。例如，高档次的数字万用表可直接测量的电阻值的范围为 $3\times10^{-5} \sim 3\times10^{8}\,\Omega$，量程为 $1:10^{13}$。

3. 测量方便灵活

在电子测量中，各种电量之间的转换很容易实现，如电压、电流、功率、频率等。对于非电量，如温度、湿度、压力、位移等物理量，可通过各种类型的传感器将其转换为电量来测量。可以根据不同的对象、不同的要求，以不同的方式方法很好地完成测量任务。

在电子测量中，可以方便地利用各种转换技术，如分频、倍频、调制、检波、斩波、V/T、V/F、A/D、D/A 转换等，还可以采用先进的信号处理技术，使测量数据更为准确可靠。电子测量的显示方式也比较清晰、直观，例如，可以采用发光二极管（LED）、液晶显示屏（LCD）和荧光屏显示，测量结果便于打印、绘图、传输、指示或报警。

4. 测量速度快

由于电子测量是基于电子运动和电磁波传播的，加之现代测试系统中高速电子计算机的应用，使得电子测量无论在测量速度方面，还是在测量结果的处理和传输方面，都能以极高的速度进行。这也是电子测量技术广泛用于现代科技各个领域的重要原因。例如，卫星、飞船等各种航天器的发射与运行，如果没有快速、自动的测量与控制，将是无法想象的。

5. 可以进行遥测

如前所述，电子测量依据的是电子的运动和电磁波的传播，因此可以将现场各待测量转换成易于传输的电信号，用有线或无线的方式传送到测试控制台（中心），从而实现遥测和遥控，这使得对那些远距离、高速运动的，或者人类难以接近的地方的信号测量成为可能。

6. 易于实现测试智能化和测试自动化

电子测量本身是电子科学一个活跃的分支。电子科学的每一项进步，都非常迅速地在电子测量领域得到体现。随着电子计算机，尤其是功耗低、体积小、处理速度快、可靠性高的微型计算机的出现，给电子测量理论、技术和设备带来了新的革命，使测试易于实现智能化和自动化。

1.1.4 电子测量的方法

一个物理量的测量，可以通过不同的方法实现。测量方法选择得正确与否，直接关系到测量结果的可信度，也关系到测量工作的经济性和可行性。

测量方法的分类形式有很多种，下面介绍几种常见的方法。

1. 按测量手段分类

1）直接测量

在测量过程中，能够直接将被测量与同类标准量进行比较，或者能够直接用事先刻度好的测量仪器对被测量进行测量，直接获得数值，这种测量方式称为直接测量。例如，用电压表测量电压、用直流电桥测量电阻等都是直接测量。直接测量方式简单、迅速，广泛应用于工程测量中。

2）间接测量

当被测量由于某种原因不能直接测量时，可以先直接测量与被测量有一定函数关系的物理量，然后按函数关系计算出被测量的数值，这种间接获得测量结果的方式称为间接测量。例如，用伏安法测量电阻，就是利用电压表和电流表分别测量出电阻两端的电压及通过该电阻的电流，然后根据欧姆定律计算出被测电阻的大小。间接测量方式广泛应用于科研、实验室及工程测量中。

3）组合测量

当某项测量结果需要用多个未知参数表达时，可通过改变测量条件进行多次测量，根据函数关系列出方程组求解，从而得到未知量的值，这种测量方式称为组合测量。这种测量方式比较复杂，测量时间长，但精度较高，一般适用于科学实验。

2. 按测量方式分类

1）直读法

用直接指示被测量大小的指示仪表进行测量，能够直接从仪表刻度盘上或者从显示器上读取被测量数值的测量方法，称为直读法。例如，用欧姆表测量电阻时，从指示的数值可以直接读出被测电阻的数值。这一读数被认为是可信的，因为欧姆表的数值事先用标准电阻进行过校验，标准电阻已将它的量值和单位传递给欧姆表，间接地参与了测量。直读法的测量过程简单，操作容易，读数迅速，但其测量的准确度不高。

2）比较法

将被测量与标准量在比较仪器中直接进行比较，从而获得被测量数值的方法，称为比较法。例如，用电桥测量电阻时，标准电阻直接参与了测量过程。在电子测量中，比较法具有很高的测量准确度，有的可以达到0.001％，但测量时操作比较麻烦，相应的测量设备价格也比较昂贵。

比较法又分为零值法、微差法和替代法3种。

① 零值法（又称平衡法）：利用被测量和标准量对仪器的相互抵消作用，由指零仪表做出判断，即当指零仪表指示为零时，表示两者的作用相等，仪器达到平衡状态，此时按一定的关系可计算出被测量的数值。

② 微差法：通过测量被测量与标准量的差值或正比于该差值的量，根据标准量来确定被测量数值。

③ 替代法：分别把被测量和标准量接入同一测量系统中，在用标准量替代被测量时，调节标准量，使系统的工作状态在替代前后保持一致，然后根据标准量来确定被测量数值。用替代法测量时，由于替代前后测量系统的工作状态是一样的，因此仪器本身的性能和外界因素对替代前后的影响几乎是相同的，有效地消除了外界因素对测量结果的影响。

3. 按被测量时间特性分类

在自然界中，微观地看，各物理量都是处于运动之中的，但宏观地看，各种物理量随时间变化的情况是不同的，可将它们分成静态、稳态及动态3种情况。

① 静态（直流）测量。被测对象属于直流（或缓变）性质的静态或准静态信号，测量过程不受时间限制，测量原理、方法较简单。传统的测量大多是在这种最简单的静态或准静态下进行的，典型方法是量值比较法。

② 稳态（交流）测量。对于一个波形（幅度、频率和相位）恒定不变的周期性（正弦或非正弦）交流信号，可以看成一个处于稳定状态的信号，这种周期性的交流信号是电子测量的一个基本对象，通常称为交流测量。大多数仪器，如交流电压表、通用示波器、频率计等电子测量仪器，只适用于测量这类处于平稳状态的周期性交流信号，而不适用于测量非周期性或单次瞬变信号。因此，稳态测量是电子测量中最常见、使用最多的一种测量。

③ 动态（脉冲）测量。自然界中还存在大量瞬变冲击的物理现象，如力学中的爆炸、冲击、碰撞等，电学中的充放电、闪电、雷击等，对这类随时间瞬变的对象进行测量，称为动态测量或瞬态测量。动态测量有两种方式：一种是测量有源量，测量幅值随时间呈非周期性变化（突变、瞬变）的电信号；另一种是测量无源量，要用最典型的脉冲或阶跃信号作为被测系统的激励，观测系统的输出响应（随时间的变化关系），即研究被测系统的瞬态特性。无论测量有源量还是测量无源量，激励与响应均是脉冲型的，故动态测量又称为脉冲测量。此外，它是以时间为变量对线性系统进行测量的，也就是说，在时域内研究被测信号和系统的瞬态响应情况，即非周期的瞬态测量技术常采用时域测量技术。

1.2 电子测量仪器概述

利用电子技术实现测量的仪表设备，统称为电子测量仪器。本节简单介绍电子测量仪器的功能、分类和主要技术指标。

1.2.1 电子测量仪器的功能

电子测量仪器通常都具备物理量转换、信号处理与传输，以及测量结果的显示等基本功能。

1. 转换功能

对于电压、电流等电量的测量，是通过测量各种电效应来达到目的的。例如，作为模拟式仪表最基本组成单元的动圈式检流计（电流表），就是将流过线圈的电流强度转化为与之成正比的扭矩，从而使仪表指针相对于初始位置偏转一个角度，根据角度偏转大小（可通过刻度盘上的刻度获得）得到被测电流的大小，这就是一种很基本的转换功能。对非电量测量，必须将被测量，如压力、位移、温度、湿度、亮度、颜色、物质成分等，通过各种对应的传感器转换成与之相关的电压、电流，而后再通过对电压、电流的测量，得到被测量的大小。随着测量技术的发展和需要，现在往往将传感器、放大电路及其他相关部分构成独立的单元电路，将被测量转换成模拟的或数字的标准电信号，送往测量和处理装置，这样的单元电路称为变送器，它是现代测量系统中极为重要的组成部分。

2. 信号处理与传输功能

对进入测量电路的电信号，通常要进行信号处理，例如，对弱信号要放大，强信号要衰减，有的要加滤波等防干扰措施，有的要将模拟信号转换为数字信号，有的要用微处理器对信号进行处理等。

在遥测、遥控等系统中，现场测量结果经变送器处理后，需经较长距离的传输才能送到测试终端和控制台。不管采用有线的还是无线的方式，传输过程中造成的信号失真和外界干扰等问题都会存在。因此，现代测量技术和电子测量仪器都必须认真对待测量信号的传输问题。

3. 显示功能

测量结果必须以某种方式显示出来才有意义。因此，任何电子测量仪器都必须具备显示功能。例如，模拟式仪表通过指针在刻度盘上的位置显示测量结果，数字式仪表通过数码管、液晶模块或阴极射线管显示测量结果。

此外，一些先进的仪器，如智能仪器等，还具有数据记录、处理及自检、自校、报警提示等功能。

1.2.2 电子测量仪器的分类

电子测量仪器有多种分类方法，通常分为通用和专用两大类。通用电子测量仪器有较宽广的应用范围，如示波器、多用表及通用计数器等。专用电子测量仪器有特定的用途，例如，光纤测试仪器用于测试光纤的特性，通信测试仪器用于测试通信线路及通信设备。另外，电子测量仪器按工作频段可分为超低频、音频、视频、高频及微波等，按电路原理可分为模拟式和数字式，按仪器结构可分为便携式、台式、架式、模块式及插件式等，按使用条件又可分为Ⅰ、Ⅱ和Ⅲ组仪器。Ⅰ组仪器为高精确度仪器，要求工作环境温度为10～30℃，湿度为30℃、(20%～75%)RH，只允许有轻微的震动；Ⅱ组仪器要求环境温度为0～40℃，湿度为40℃、(2%～90%)RH，在使用中允许有一般的震动和冲击，通用仪器应符合该组要求；Ⅲ组仪器可工作在室外环境下，要求温度为－10～50℃，湿度为50℃、(5%～90%)RH，在运输过程中允许受到震动和冲击。

1. 按照被测量的特性分类

1）时域测试仪器

该类仪器用于测试电信号在时域中的各种特性，例如，观察和测试信号的时基波形（示波器），测量电信号的电压、电流及功率（电压表、电流表及功率计），测量电信号的频率、周期、相位及时间间隔（通用计数器、频率计、相位计及时间计数器等），测量脉冲占空比、上升沿、下降沿、上冲，测量失真度及调制度等。

2）频域测试仪器

该类仪器用于测量信号的频谱、功率谱、相位噪声功率谱等，典型仪器有频谱分析仪、信号分析仪等。

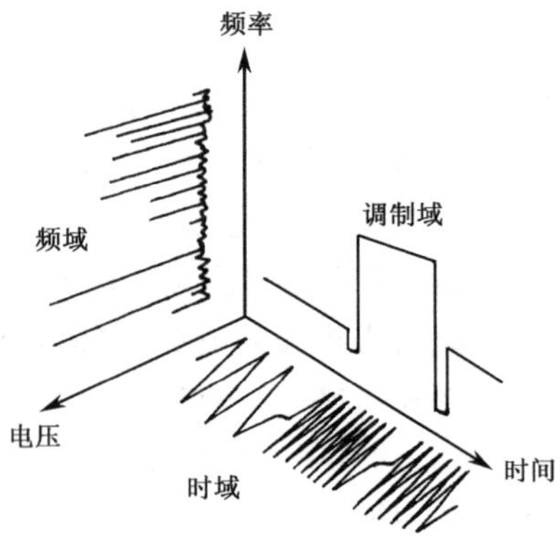

图 1.1　时域、频域和调制域

3）调制域测试仪器

调制域描述了信号的频率、周期、时间间隔及相位随时间变化的关系，如图 1.1 所示。美国 HP 公司于 1987 年首先推出了调制域分析仪。使用调制域分析仪可测量压控振荡器（VCO）的暂态过程和频率漂移，调频和调相的线性及失真，数据和时钟信号的相位抖动，脉宽调制信号，扫描范围、周期及线性度，旋转机械的启动及运转状况，锁相环路的捕捉及跟踪范围，捷变频信号等。当然，也可无间隔地测量稳态信号的频率、周期及相位等。

2. 测量电子元器件及电路网络参数的仪器

这类仪器包括：

① 测量电阻、电容、电感、阻抗、导纳及 Q 值等电子元件参数的仪器；

② 测量半导体分立器件、模拟集成电路及数字集成电路等电子器件特性的仪器；

③ 测量各类无源和有源电路网络特性的仪器，包括测量电路的传输系数、频率特性、冲激响应、灵敏度、驻波比及耦合度等特性的仪器。

3. 数据域测试仪器

这类仪器所测试的不是电信号的特性，而是各种数据，主要是二进制数据流。它们所关心的不是信号波形、幅度及相位等信息，而是信号在特定时刻的状态“0”和“1”，这些特定时刻包括时钟、读/写、输入/输出、选通及芯片选择等信号的有效沿。因此，用数据域测试仪器测试数字系统的数据时，除了输入被测数据流，还要选择合适的触发方式，才能观测到需要的数据流。数据域测试的另一个特点是多通道输入，例如，当测试微型计算机的地址或数据总线时，可多达 32 路或 64 路。该类仪器还有丰富的显示、触发及跟踪等功能。

4. 随机域测量仪器

这类仪器主要对各种噪声、干扰信号等随机量进行测量。

1.3　计量的基本概念

计量是从事测量的人员应该了解的基础知识。随着生产的发展、商品的交换，以及国际、国内的交流，客观上要求对同一量在不同的地方、用不同的测量手段测量时，所得的结果应该一致。因而出现了大家公认的统一的单位，以及体现这些单位的基准与标准和用这些基准与标准来进行校准的测量器具，还用法律形式将其固定下来，从而形成了与测量有联系而又有别于测量的新概念，这就是计量的概念。也可以说，计量是保证量值统一和准确一致的一种测量。它有 3 个主要特征：统一性、准确性和法制性。其内容包括计量单位及其基准与标准的建立、保存、传递、复制和使用，测量的方法和测量的准确度，计量器具及计量管理和法制等。

1.3.1　计量

计量和测量是互相联系又有区别的两个概念。测量是指通过实验手段取得客观事物定量信息的过程，也就是利用实验手段把待测量直接或间接地与另一个同类已知量进行比较，从而得到待测量值的过程。测量过程中所使用的器具和仪器直接或间接地体现了已知量。测量结果的准确与否，与所采用的测量方法、实际操作和作为比较标准的已知量的准确程度都有着密切的关系。因此，在测量过程中作为比较标准（体现已知量）的各类量具、仪器仪表，必须定期进行检验和校准，以保证测量结果的准确性、可靠性和统一性。这个过程，称为计量。计量可定义为："计量是利用技术和法制手段实现单位统一和量值准确可靠的测量。"计量可以看作测量的特殊形式。在计量过程中，认为所使用的量具和仪器是标准的，用它们来校准、检定受检量具和仪器设备，以衡量与保证使用受检量具和仪器进行测量时所获得测量结果的可靠性。因此，计量又是测量的基础和依据。可以说没有测量，就谈不上计量；没有计量，测量则失去价值。计量工作是国民经济中一项极为重要的技术基础工作，在工农业生产、科学技术、国防建设、国内外贸易及人民生活等各个方面起着技术保证和技术监督作用。

1.3.2 单位制

任何测量都要有一个统一的体现计量单位的量作为标准，这样的量称为计量标准。计量单位是有明确定义和名称并令其数值为 1 的固定的量，例如，长度单位 1 米(m)，时间单位 1 秒(s)等。计量单位必须以严格的科学理论为依据进行定义。法定计量单位是国家以法令形式规定使用的计量单位，是统一计量单位制和单位量值的依据和基础，因而具有统一性、权威性和法制性。

1984 年 2 月 27 日，国务院在发布《关于在我国统一实行法定计量单位的命令》时指出：我国的计量单位一律采用中华人民共和国法定计量单位。我国法定计量单位以国际单位制(SI)为基础，并包括 10 个国家选定的非国际单位制单位，如时间 (分、时、天)，平面角(秒、分、度)，长度(海里)，质量(吨)和体积(升)等。在国际单位制中，分为基本单位、导出单位和辅助单位 3 种。基本单位是指那些可以彼此独立地加以规定的物理量单位，共 7 个，分别是：长度单位米(m)，时间单位秒(s)，质量单位千克(kg)，电流单位安培(A)，热力学温度单位开尔文(K)，发光强度单位坎德拉(cd)和物质的量单位摩尔(mol)。由基本单位通过定义、定律及其他函数关系派生出来的单位称为导出单位，例如，力的单位牛顿(N)定义为"使质量为 1 千克的物体产生加速度为 1 米每二次方秒的力"，即 $1N=1kg \cdot m/s^2$。在电量中，除电流外，其他物理量的单位都是导出单位，例如，频率的单位为赫兹(Hz)，定义为"周期为 1 秒的周期现象的频率"，即 $1Hz=1/s$；能量(功)的单位焦耳(J)，定义为"1 牛顿的力使作用点在力的方向上移动 1 米所做的功"，即 $1J=1N \cdot m$；功率的单位瓦特(W)定义为"1 秒内产生1 焦耳能量的功率"，即 $1W=1J/s$；电荷量库仑(C)，定义为"1 安培的电流在 1 秒内所传送的电荷量"，即 $1C=1\ A \cdot s$；电位(电压)的单位伏特(V)，定义为"在载有 1 安培恒定电流导线的两点间消耗 1 瓦特的功率"，即 $1V=1W/A$；电阻的单位欧姆(Ω)，定义为"导体两点间的电阻，当该两点间加上 1 伏特恒定电压时，导体内产生 1 安培的电流"，即 $1\Omega=1V/A$；等等。国际上把既可作为基本单位又可作为导出单位的单位，单独列为一类，称为辅助单位。国际单位制中包含两个辅助单位，分别是平面角的单位弧度(rad)和立体角的单位球面度(sr)。

由基本单位、辅助单位和导出单位构成的完整体系，称为单位制。单位制随基本单位的选择不同而不同。例如，在确定厘米、克、秒为基本单位后，速度单位为厘米每秒(cm/s)，密度单位为克每立方厘米(g/cm^3)，力的单位为牛顿(N)等，构成一个体系，称为厘米克秒制。而国际单位制就是由前面列举的 7 个基本单位、两个辅助单位和 19 个具有专门名称的导出单位构成的一种单位制。

1.3.3 计量基准

计量基准是指用当代最先进的科学技术和工艺水平，以最高的准确度和稳定性建立起来的专门用以规定、保持及复现物理量计量单位的特殊量具或仪器、装置等。根据其地位、性质和用途不同，计量基准通常又分为主基准、副基准和工作基准 3 种，也分别称为一级、二级和三级基准。

1) 主基准

主基准也称为原始基准，是用来复现和保存计量单位，具有现代科学技术所能达到的最高准确度的计量器具，并经国家鉴定批准，作为统一全国计量单位量值的最高依据。因此主基准也称为国家基准。

2）副基准

副基准是指通过直接或间接与国家基准比对，确定其量值并经国家鉴定批准的计量器具。它在全国作为复现计量单位的地位仅次于国家基准，平时用来代替国家基准或验证国家基准的变化。

3）工作基准

工作基准是指经与主基准或副基准校准或比对，并经国家鉴定批准，实际用以检定下属计量标准的计量器具。它在全国作为复现计量单位的地位仅在主基准和副基准之下。设置工作基准的目的是使主基准和副基准不会因频繁使用而丧失原有的准确度。

应当了解，计量基准本身并不一定刚好等于一个计量单位。例如，铯^{133}原子频率基准所复现的时间值不是1s，而是919 261 770^{-1}s；氪^{86}长度基准复现的长度值不是1m，而是1 650 763.73^{-1}m。

1.3.4 几个与计量有关的概念

这里介绍几个与计量有关的概念。

计量器具　复现量值或将被测量转换成可直接观测的指示值或等效信息的量具、仪器、装置。

计量标准器具　准确度低于计量基准，用于检定计量标准或工作计量器具的计量器具。可按其准确度等级分类，如1级、2级、3级、4级、5级标准砝码。计量标准器具按其法律地位可分为3类：① 社会公用计量标准，是指县级以上地方政府计量部门建立的，作为统一本地区量值的依据，并对社会实施计量监督具有公证作用的各项计量标准；② 部门使用的计量标准，是指省级以上政府有关主管部门组织建立的，统一本部门量值依据的各项计量标准；③ 企事业单位使用的计量标准，是指企业、事业单位组织建立的，作为本单位量值依据的各项计量标准。

工作计量器具　在工作岗位上使用的，不用于进行量值传递的，直接用来测量被测对象量值的计量器具。

比对　在规定条件下，对相同准确度等级的同类基准、标准或工作计量器具之间的量值进行比较，其目的是考核量值的一致性。

检定　用高一等级准确度的计量器具与低一等级的被检计量器具进行比较，以达到全面评定被检计量器具的计量性能是否合格的目的。一般要求计量标准的准确度为被检者的1/3～1/10。

校准　用高一等级准确度的计量器具与被校准的计量器具进行比较，以确定被校准计量器具的示值误差是否在允许范围内（有时也包括确定被校准器具的其他计量性能）的全部工作。一般而言，检定比校准包括更广泛的内容。

量值的传递与跟踪　把一个物理量单位通过各级基准、标准及相应的辅助手段准确地传递到日常工作中所使用的测量仪器和量具上，以保证量值统一的全过程。

如前所述，测量就是利用实验手段，借助各种测量仪器和量具（作为与未知量进行比较的标准），获得未知量量值的过程。显然，为了保证测量结果的统一、准确、可靠，必须要求作为比较标准的测量仪器和量具统一、准确、可靠。因此，测量仪器和量具在制造完毕时，必须按照规定等级的标准（工作标准）进行校准。该标准又要定期地用更高等级的标准进行检定，一直到国家级工作基准，如此逐级进行。同样，测量仪器和量具在使用过程中也要按着法定规程（包括检定方法、检定设备、检定步骤，以及对受检仪器和量具给出误差的方式等），定期由上级计量部门进行检定，并发给检定合格证书。没有合格证书或证书失效者（如超过有效期），该仪器的精度指标及测量结果只能作为参考。检定、比对和校准是各级计量部门的重要业务活动，通过这些业务活动和国家有关法令、法规的执行，将全国各地区、各部门、各行业、各单位都纳入法律规定的完整计量体系中，从而保证现代社会中的生产、科研、贸易、日常生活等各个环节的顺利运行和健康发展。

1.4 电子测量仪器的发展概况

电子测量仪器的发展，围绕着如何更好地实现自动测量这一核心技术，大体经历了 5 个阶段：模拟仪器、数字化仪器、智能仪器、虚拟仪器和合成仪器。

1. 模拟仪器

这类仪器在多数实验室中仍能看到，如指针式万用表、晶体管电压表等。它们的基本结构是电磁机械式的，借助于指针来显示测量结果。

2. 数字化仪器

这类仪器目前相当普及，如数字电压表、数字频率计等。这类仪器将模拟信号的测量转化为数字信号测量，并以数字方式输出测量结果，适用于需要快速响应和较高准确度的测量。

3. 智能仪器

通常，人们把内含微处理器和通用标准总线（General Purpose Interface Bus，GPIB）的仪器称为智能仪器，以区别于传统的电子测量仪器。这种仪器具备通用的测量功能，可以单独使用，也可以通过 GPIB 接口作为程控仪器组建自动测量系统。这类仪器既能进行自动测量，又具有一定的数据处理能力，可代替部分脑力劳动，习惯上称为智能仪器。但由于其功能块全部都是以硬件（或固化的软件）的形式存在的，因而无论开发还是应用，都缺乏灵活性。

4. 虚拟仪器

虚拟仪器（Virtual Instruments，VI）是检测技术与计算机技术和通信技术有机结合的产物。它是在美国国家仪器（National Instruments，NI）公司于 1981 年提出的个人仪器（Personal Computer Instrument）的基础上发展起来的。虚拟仪器是指在通用计算机上添加一层软件和一些硬件模块，使用户操作这台通用计算机就像操作一台真实的仪器一样。虚拟仪器技术强调软件的作用，提出了“软件即仪器”的概念。

虚拟仪器软件体系结构（Virtual Instrument Software Architecture，VISA）使得不管虚拟仪器使用的计算机或操作系统是什么，所编写的用户应用程序都是可移植的，从而使软件模块具有通用性。

自虚拟仪器概念提出以来，以软件代替硬件，以图像代替代码，以组态代替编程，以虚拟仪器代替真实仪器，组建自动测试系统的技术得到迅速发展。

5. 合成仪器

合成仪器（Synthetic Instrument，SI）是美国军方首先提出的概念，现已被公认为下一代自动测试系统（NxTest）的发展方向。合成仪器的核心思想是将传统仪器分割成一些基本功能模块，通过微处理器的软、硬件组合成仪器系统，并用标准接口对外连接，取代专用高端仪器并实现标定、校正等功能，完成不同的测量任务，并建立开放的软、硬件平台，为各军种武器系统提供维护和保障，例如，将频谱分析仪、射频功率计、波形分析仪、时间/频率测量仪和交/直流电压表等仪器的功能用合成仪器模块来实现。合成仪器代表了自动测试系统未来的发展方向，因此开展对合成仪器软、硬件平台的研制具有非常重要的意义。

通常，将能自动进行测量、数据处理、传输，并以适当方式显示或输出结果的系统称为自动测试系统（Automatic Test System，ATS）。在自动测试系统中，整个测试工作都是由计算机在预先编制好的测试程序统一指挥下自动完成的。因此，自动测试系统有时也称为计算机辅助测试（Computer Aided Test，CAT）系统。

由于现代信息科学领域中的微电子技术、计算机技术、信号处理技术的高速发展，加速了电子测量技术与仪器的变革，新的测量方法和理论、新的测量仪器和结构及新的测试领域正在不断出现，冲击着电子测量技术和仪器的传统观念。

同时，网络技术迅猛发展，正渗透到各个领域，推动着社会朝网络化方向发展。利用网络，除了资源共享、传递文字、图像信息，还可用来传递实时测控信息，实现异地监测与控制，组建一个庞大的远程自动测控系统。

以虚拟仪器和智能(程控)仪器为核心的自动测试技术在各个领域得到了广泛的应用，促使现代电子测量技术向着自动化、智能化、网络化和标准化方向发展。

思考题与习题

本章小结

1.1　解释名词：测量，电子测量。

1.2　叙述直接测量、间接测量、组合测量的特点，并各举一两个测量实例。

1.3　解释静态、稳态和动态测量技术的含义，并列举测量实例。

1.4　叙述电子测量的主要内容。

1.5　列举电子测量的主要特点。

1.6　选择测量方法时，主要考虑的因素有哪些？

1.7　比较测量和计量的类同与区别。

1.8　解释名词：计量基准，主基准，副基准，工作基准。

1.9　说明检定、比对、校准的含义，简述各类测量仪器为什么要定期进行检定和比对。

1.10　简述电子测量仪器发展历程。

第2章　误差与不确定度

本章要点

- 误差的概念与表示方法
- 随机误差、粗大误差和系统误差的性质与处理方法
- 测量不确定度的概念与评定方法
- 测量数据处理的方法

2.1　误差的概念与表示方法

2.1.1　测量误差

1. 误差的概念

测量是为确定被测对象的量值而进行的实验过程。一个量在被观测时，该量本身所具有的真实大小称为真值。但是在测量中，人们通过实验的方法来求被测量的真值时，对客观规律认识的局限性、测量器具的不准确、测量手段的不完善、测量条件发生变化及测量工作中的疏忽或错误等原因，都会使测量结果与真值不同，这个差别就是测量误差。

因此，误差就是测量值（或称测得量值、测值）与真值之差，可用下式表示为

$$误差=测量值-真值$$

例如，在电压测量中，真实电压为5V，测得的电压为5.3V，则

$$误差=5.3-5=+0.3V$$

上例中所说的“真实电压”，应称为“真值”。在《通用计量术语及定义》(JJF 1001—2011)中，真值是“与给定的特定量的定义一致的值”，并注明：

① 量的真值只有通过完善的测量才有可能获得；

② 真值按其本性是不确定的；

③ 与给定的特定量定义一致的值不一定只有一个。

由此看来，真值是一个理想的概念。真值虽然是客观存在的，但却难以获得。因为自然界任何物体都处于永恒的运动中，一个量在不同时间、空间都会发生变化，从而有不同的真值。因此，真值应是指在瞬间条件下的值，一般无法通过完善的测量获得。

为此，《国际计量学词汇　基础和通用概念及相关术语》(VIM)(ISO/IEC GUIDE 99:2007)和《通用计量术语及定义》将测量误差定义为

$$测量误差=测得量值-参考量值$$

在这个新定义中，巧妙地采用了“参考量值”这个词，准确合理地摆脱了对“真值”的困惑。而“参考量值”的获得在实际应用中通常可以采用以下3种方法。

第一，“参考量值”可由理论给出（例如，三角形内角和为180°）或由国际计量统一定义给出（例如，铯原子能级跃迁9 192 631 770个周期的持续时间为1秒），此外还可使用理论设计值或理论公式表达值等。

第二，用约定真值作为“参考量值”。约定真值也称为最佳估计值。在实际测量中，常把高一级至数级的计量基准或测量仪器测得的实际值作为真值使用。“实际值”不是真值，但它接近真值，可作为“约定真值”。

第三，由于真值不能确定，故“误差”只能是定性的概念，从而引入不以真值为前提条件又能定

量计算的“不确定度”的概念来表述测量的结果，这将在后续章节中讨论。

2. 测量误差的来源

误差的来源主要有以下 5 个方面。

1）仪器误差

仪器仪表本身所引入的误差称为仪器误差。这是测量误差的主要来源之一。指针式仪表的零点漂移、刻度误差及非线性引起的误差，数字式仪表的量化误差（如 $5\frac{1}{2}$位的电压表比 $3\frac{1}{2}$位的量化误差小），比较式仪表中标准量本身的误差（如天平的砝码）均为仪器误差。

2）方法误差

由于测量方法不合理造成的误差称为方法误差。例如，用普通模拟万用表测量高内阻回路的电压，万用表输入阻抗与被测回路电阻相当，导致并联等效电阻明显低于被测回路电阻，从而导致被测电压出现较大误差。

3）理论误差

测量方法建立在近似公式或不完整的理论基础上，以及用近似值计算测量结果时所引起的误差称为理论误差。例如，用谐振法测量频率时，常用的公式为

$$f_0=\frac{1}{2\pi\sqrt{LC}}$$

但实际上，回路电感 L 中总存在损耗电阻 r，其准确的公式应为

$$f_0=\frac{1}{2\pi\sqrt{LC}}\sqrt{1-\frac{r^2C}{L}}$$

4）影响误差

由于各种环境因素与要求不一致所造成的误差称为影响误差。例如，环境温度、预热时间、电源电压、内部噪声、电磁干扰等与要求不一致，使仪表产生的误差。

5）人身误差

由于测量者的分辨能力、疲劳程度、责任心等主观因素，使测量数据不准确所引起的误差，称为人身误差。

研究误差理论的目的是：分析产生误差的原因和规律，识别误差的性质，正确处理测量数据，合理计算所得结果，在一定的测量条件下，尽力设法减小误差，保证测量误差在容许的范围内。

2.1.2 误差的表示方法

测量误差通常采用绝对误差和相对误差两种表示方法。

1. 绝对误差

定义：被测量的测量值 x 与其真值 A_0之差，称为绝对误差，即

$$\Delta x=x-A_0 \tag{2.1}$$

当 $x>A_0$时，绝对误差 Δx 为正值，反之为负值。所以 Δx 是具有大小、正负和量纲的数值。

前面已经指出，在实际测量中真值难以获得，一般用高一级或更高级的标准仪器或量具所测得的数值作为“约定真值”。约定真值通常能满足实际应用中规定的准确度要求，用 A 表示，这时绝对误差写成

$$\Delta x=x-A \tag{2.2}$$

修正值：与绝对误差大小相等，符号相反的量值称为修正值，一般用 C 表示，即

$$C = -\Delta x = A - x \tag{2.3}$$

在测量时，利用测量值与已知的修正值相加，就可以算出被测量的实际值，即

$$A = x + C \tag{2.4}$$

测量仪器应当定期送计量部门进行检定，其目的之一就是获得准确的修正值(可以是表格、曲线或函数表达式)，以保证量值传递的准确性。同时，使用修正值应在仪器的检定有效期内，否则要重新检定。

必须指出，修正值本身也有误差，修正后的数据只是比较接近约定真值而已。

2. 相对误差

绝对误差虽然可以说明测量值偏离实际值的程度，但不能说明测量的准确程度。

【例 2.1】 用两只电压表 V_1 和 V_2 分别测量两个电压值，V_1 表测得 150V，绝对误差 $\Delta x_1 = 1.5V$，V_2 表测得 10V，绝对误差 $\Delta x_2 = 0.5V$。

从绝对误差的比较来看 $\Delta x_1 > \Delta x_2$

但从相对误差的比较来看，V_1 表比 V_2 表更准确，故引入相对误差的表示方法，如下：

$$\gamma_1 = \frac{\Delta x_1}{U_1} \times 100\% = \frac{1.5}{150} \times 100\% = 1\%$$

$$\gamma_1 = \frac{\Delta x_2}{U_2} \times 100\% = \frac{0.5}{10} \times 100\% = 5\%$$

可见，V_1 表的测量误差小，准确度高。因此，相对误差适合不同测量结果的误差比较。根据相对误差表达式中分母项比较基准的不同，相对误差可以有以下多种形式：

真值相对误差 $\gamma = \dfrac{\Delta x}{A_0} \times 100\%$

约定真值相对误差 $\gamma = \dfrac{\Delta x}{A} \times 100\%$

测量值(示值)相对误差 $\gamma = \dfrac{\Delta x}{x} \times 100\%$

通常，绝对误差 Δx 较小，而 A_0(真值)、A(约定真值)、x(测量值、示值)相差不大，在要求不太严格的场合，为了方便，多用被测量的示值 x 进行比较，称为测量值或示值相对误差。

相对误差是两个有相同量纲的量的比值，只有大小和符号，没有单位。常用的相对误差有以下 3 种形式。

1) 测量值(示值)相对误差

测量值(示值)相对误差是用绝对误差与仪器测得的指示值之比来表示的相对误差，记为

$$\gamma_x = \frac{\Delta x}{x} \times 100\% \tag{2.5}$$

2) 满度(引用)相对误差

满度(引用)相对误差是用绝对误差与仪器满量程 x_m 之比来表示的相对误差，记为

$$\gamma_m = \frac{\Delta x}{x_m} \times 100\% \tag{2.6}$$

满度相对误差多用于电工仪表。为了计算和划分电工仪表准确度等级的方便，分母用电工仪表量程作为比较基准，一般用 s 表示

$$\pm s\% = \frac{\Delta x}{x_m} \times 100\% \tag{2.7}$$

并把电工仪表划分为7个准确度等级，见表2.1。

表2.1 电工仪表准确度等级

等级	0.1	0.2	0.5	1.0	1.5	2.5	5.0
$\pm s\%$	0.1%	0.2%	0.5%	1.0%	1.5%	2.5%	5.0%

【例2.2】 1.5级电压表在150V挡时，其最大绝对误差为

$$\Delta x_{\mathrm{m}} = \pm 1.5\% \times 150\mathrm{V} = \pm 2.25\mathrm{V}$$

这对正确选用电工仪表很有指导意义。同时，不难推导出，测量值相对误差与满度相对误差有以下关系

$$\gamma_x = \frac{\Delta x}{x} \times 100\% = \frac{\Delta x}{x} \times \frac{x_{\mathrm{m}}}{x_{\mathrm{m}}} \times 100\% = \frac{\Delta x}{x_{\mathrm{m}}} \times 100\% \times \frac{x_{\mathrm{m}}}{x} = \pm s\% \frac{x_{\mathrm{m}}}{x} \tag{2.8}$$

式(2.8)可以根据电工仪表准确度的等级来确定测量误差的大小，并得出一个重要的启示：测量值x离满度值x_{m}越近，相对误差越小。当测量值等于满度值时，有

$$\gamma_x = \pm s\% = \gamma_{\mathrm{m}}$$

【例2.3】 检定量程为1000μA的0.2级电流表，在500μA刻度上标准表读数为499μA，问此电流表在500μA点是否合格？

解：认为标准电流表为约定真值$x_0 = 499\mu\mathrm{A}$，则$x = 500\mu\mathrm{A}$，$x_{\mathrm{m}} = 1000\mu\mathrm{A}$。所以

$$\gamma_{\mathrm{m}} = \frac{x - x_0}{x_{\mathrm{m}}} \times 100\% = 0.1\% < 0.2\%$$

则此表在500μA点是合格的。要判断该电流表是否合格，应在整个量程内取足够多的点进行检定。

3）用分贝(dB)表示相对误差

相对误差也可用对数形式（分贝）表示，主要用于功率、电压增益（衰减）的测量。

功率等参数用dB表示的相对误差为

$$\gamma_{\mathrm{dB}} = 10\lg\left(1 + \frac{\Delta x}{x}\right)\ \mathrm{dB} \tag{2.9}$$

电压、电流等参数用dB表示的相对误差为

$$\begin{aligned}\gamma_{\mathrm{dB}} &= 20\lg\left(1 + \frac{\Delta x}{x}\right) \\ &= 20\lg(1 + \gamma_x)\ \mathrm{dB}\end{aligned} \tag{2.10}$$

【例2.4】 某电压放大器，测得电压增益$A_x = 6000$，测量误差$\gamma_x = \pm 3\%$，求实际电压分贝增益。

解：电压分贝增益 $G_x = 20\lg A_x = 20\lg 6000 = 75.6\mathrm{dB}$

电压增益分贝误差 $\gamma_{\mathrm{dB}} = 20\lg(1 + \gamma_x) = 20\lg(1 \pm 0.03) = \pm 0.26\mathrm{dB}$

实际电压分贝增益 $G = (75.6 \pm 0.26)\mathrm{dB}$

2.1.3 误差的性质与分类

按照误差的特点和性质，误差可分为系统误差、随机误差和粗大误差3类。

1. 系统误差

在国家计量技术规范《通用计量术语及定义》(JJF 1001—2011)中，系统误差定义为："在重复性条件下，对同一被测量无限多次测量所得的结果的平均值与被测量的真值之差"。用ε表示系统

误差，即

$$\varepsilon = \bar{x}_{\infty} - A_0 \tag{2.11}$$

式中

$$\bar{x}_{\infty} = \frac{x_1 + x_2 + \cdots + x_n}{n} = \frac{1}{n}\sum_{i=1}^{n} x_i \qquad (n \to \infty) \tag{2.12}$$

即 $\bar{x}_{\infty}$ 为无限多次测量结果的平均值（概率论中的数学期望），这里简称为总体平均值。式(2.11)表明，在不考虑随机误差的影响下，测量值的总体平均值偏离真值的大小就是系统误差，简称系差。系统误差表明了一个测量结果的平均值偏离真值或约定真值的程度。系统误差越小，平均值越靠近真值，测量越准确。所以，系统误差常用来表征测量结果准确度的高低。

系统误差定义可以这样理解：在同一测量条件下，多次重复对同一量值进行测量时，误差的绝对值和符号保持不变，或在测量条件改变时按一定规律变化的误差。例如，零点未校准引起的误差和测量值随温度的变化而增大或减小产生的误差。

需要说明的是，由于上述规范定义中的测量是在重复性条件下进行的，即测量条件不变，故这里的 ε 是定值系统误差。此外，因为重复性测量实际上只能进行有限次，测量的真值也只能用约定真值代替，所以实际的系统误差也只能是一个近似的估计值。

系统误差的主要特点是：只要测量条件不变，误差即为确定值，用多次测量去求平均值的办法不能改变和消除系统误差；当条件改变时，误差也遵循某种确定的规律而变化，具有可重复性，较易修正和消除。

2. 随机误差

在国家计量技术规范《通用计量术语及定义》(JJF 1001—2011)中，随机误差定义为："测量结果与在重复性条件下，对同一被测量进行无限多次测量所得结果的平均值之差"。用 δ 表示随机误差，即

$$\delta_i = x_i - \bar{x}_{\infty} \tag{2.13}$$

随机误差定义表示：在重复性条件下（指测量环境、测量人员、测量技术和测量仪器相同），每次测量误差的绝对值和符号以不可预知的方式变化的误差，简称随差。

随机误差产生于多种因素的同时作用，这些因素互不相关，没有规律，如噪声干扰、电磁场的变化、空气扰动、大地微震等无规律的微小因素，这些因素的总和会对测量值产生可以觉察到的影响。

随机误差的性质类同于概率论中的随机变量，故要用概率统计的方法进行处理。

同样，在实际中，由于测量次数有限，不可能进行无限多次测量，因此，实际的随机误差只有一个近似的估计值。

3. 粗大误差

在一定条件下，测量值显著偏离其真值（或约定真值）所对应的误差，称为粗大误差。

粗大误差产生原因，主要是读数错误、测量方法不对、瞬间干扰、仪器工作不正常等。对粗大误差的处理通常是按一定的法则进行剔除。

4. 3类误差的关系

在上述3类误差中，先要剔除粗大误差，只剩下随机误差和系统误差。由式(2.1)和式(2.11)、式(2.13)可得

$$\begin{aligned}\Delta x &= x_i - A_0 \\ &= x_i - \bar{x}_{\infty} + \bar{x}_{\infty} - A_0\end{aligned}$$

$$=(x_i-\bar{x}_\infty)+(\bar{x}_\infty-A_0)$$
$$=\delta_i+\varepsilon \tag{2.14}$$

式(2.14)表示误差等于随机误差和系统误差相加。图 2.1 给出了这些误差之间关系的示意图。

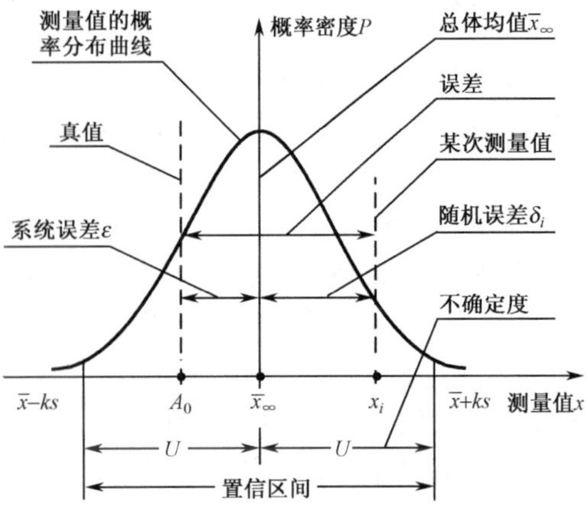

图 2.1 误差之间的关系

图 2.1 中的曲线为被测量的概率分布曲线(当测量次数 $n\to\infty$时为正态分布,当 n 为有限次时为 t 分布),该曲线下方与横轴之间的面积表示测量值在该区间内出现的概率,因此纵坐标表示概率密度 P。图中横坐标表示测量值,以总体均值为中心,向右表示误差为正,向左为负。

应当指出,国家计量技术规范《通用计量术语及定义》对随机误差与系统误差的定义确切地表明了这两种误差的本质。但这只是名词上的定义,尚不能用 ε 和 δ 来具体地进行定量分析和计算。例如,δ_i 仅表示某次测量的随机误差,而对随机误差的定量计算,不能用一个个的 δ_i 来计算,还得用统计的方法,通过多次测量求得标准差 s 来衡量被测量的随机误差大小。关于随机误差和系统误差的进一步分析将在下面分两节进行详细讨论。

2.1.4 基本术语

《国际计量学词汇 基础和通用概念及相关术语》(VIM)、《通用计量术语及定义》及《测量不确定度评定与表示》(JJF 1059.1—2012)中,列出了一些基本术语及其定义。这些术语将分散在教材有关内容中进行介绍,这里介绍几个不便归类又需要了解的术语。

① 重复性测量条件(measurement repeatability condition measurement),简称重复性条件。

定义:相同测量程序、相同操作者、相同测量系统、相同操作条件和相同地点,并在短时间内对同一或相类似被测对象重复测量的一组测量条件。重复性条件以前也称为等精度测量条件。

② 测量准确度(accuracy of measurement)

定义:测量结果与被测量的真值的一致程度。

由于真值难以获得,故准确度是一个定性概念。例如,可以说准确度高低、准确度为 0.25 级、准确度为 3 等或准确度符合××标准,但尽量不要使用准确度为 0.25%、16mV、≤16mV及±18mA等带定量的说法。

③ 测量正确度(measurement precision)

定义:无穷多次重复测量的测量平均值与参考量值之间的一致程度。

测量正确度是一个定性概念,不是一个量,不能用数值表示。测量正确度反过来说明测量值中系统误差大小的程度,不涉及随机误差。

④ 测量精密度(measurement error)

定义:在规定的条件下,对同一或类似被测对象重复测量所得示值或测量值间的一致程度。其中,规定条件可以是测量的重复性条件或测量复现性条件。测量精密度在数值上通常可以定量地用不精密度表示,诸如在规定测量条件下的标准差和方差。

测量精密度用来定量表示测量结果中随机误差大小的程度,反映了在规定的条件下,被测量的测量值间的符合程度。测量精密度用于定义测量重复性和测量复现性。

上述测量正确度(表示系统误差大小)、测量精密度(表示随机误差大小)、测量准确度(表示系统误差和随机误差的大小)等术语的含义可用射击打靶示意图来说明,如图 2.2 所示。值得注意的是,这些都是定性的概念,不能用作定量表示。

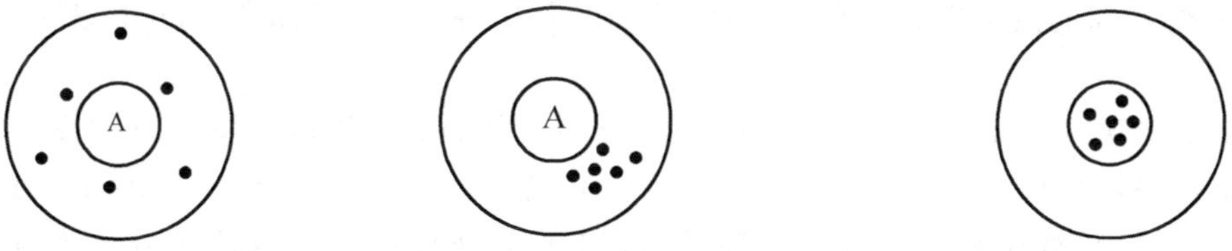

(a) 系统误差小,测量正确度高　(b) 随机误差小,测量精密度高　(c) 系统误差和随机误差都小,测量准确度高

图 2.2　测量正确度、测量精密度及测量准确度含义的示意图

⑤ 测量重复性(repeatability,用 r 表示)

定义:在一组重复性测量条件下的测量精密度。

这里重复性条件包括:相同的测量程序,相同的观测者,在相同的条件下使用相同的测量仪器,相同的地点,在短时间内重复测量。重复性测量也称等精度测量,可以用实验标准差(称为重复性标准差)s_r 定量地给出。

⑥ 测量复现性(reproducibility,用 R 表示)

定义:在复现性测量条件下的测量精密度。

在给出复现性条件时,应有效说明改变条件的详细情况。可改变的条件包括:测量原理、测量方法、观测者、测量仪器、参考测量标准、地点、使用条件及时间等。

复现性又称"再现性",可用测量结果(通常理解为已修正结果)的分散性定量地表示。在复现性条件下,用重复观测结果的实验标准差(称为复现性标准差)s_R 定量地给出。

⑦ 修正值(correction)

定义:用代数方法与未修正测量结果相加,以补偿其系统误差的值。

修正值等于负的系统误差。由于系统误差不能完全获知,因此这种补偿并不完全。

⑧ 最大允许误差 (maximum permissible error)

定义:"由给定测量、测量仪器或测量系统的规范或规程所允许的,相对于已知参考值的测量误差的极限值"。

在电子测量仪器中,最大允许误差是在厂家的技术说明书中给出的,它表明了在使用的量程内各测量值误差的极限值。最大允许误差是评定仪器不确定度(B 类标准不确定度)的依据。

2.2　随机误差

2.2.1　定义与性质

2.1 节已介绍,在国家计量技术规范《通用计量术语及定义》中,随机误差定义为:"测量结果与在重复性条件下,对同一被测量进行无限多次测量所得结果的平均值之差"。用 δ 表示随机误差,即

$$\delta_i = x_i - \bar{x}_\infty$$

随机误差的性质类同于概率论中的随机变量,故要用概率统计的方法进行处理。

在实际中,由于测量次数有限,不可能进行无限多次测量,因此,实际的随机误差只有一个近似的估计值。

在重复性测量得到的一系列不同测量值(常称为测量列)中,若不包含系统误差和粗大误差,则该测量列中只有随机误差。下面通过一个测量实例来说明随机误差的基本性质。

【例 2.5】 用一台精确度很高的数字欧姆表(分辨率低的普通多用表难以将随机误差显露出来),对一个电阻进行 $n=100$ 次等精度测量,得到一列测量数据。为了观察误差出现的规律,按从小到大的顺序,把相同的测量值归并在一起,同时统计其出现的次数和出现的频繁程度,在概率论中称为频率或概率,列于表 2.2 中。

为了更形象地观察上述结果,可把测量值划分为若干区间,并画出概率直方图。设各区间宽度均取为 0.01Ω,则由表 2.2 可得如图 2.3 所示的概率直方图。该图的横坐标为各次测量值(为避免某些数据恰好落在两个区间的交界处,多取了 1 位有效数字),其纵坐标为各区间对应的出现概率。

表 2.2　按大小排列的等精度测量结果

测量值 x_i/Ω	相同测量值出现的次数 m_i	相同测量值出现的概率 $p_i=m_i/n$
9.95	2	0.02
9.96	4	0.04
9.97	6	0.06
9.98	14	0.14
9.99	18	0.18
10.00	22	0.22
10.01	16	0.16
10.02	10	0.10
10.03	5	0.05
10.04	2	0.02
10.05	1	0.01

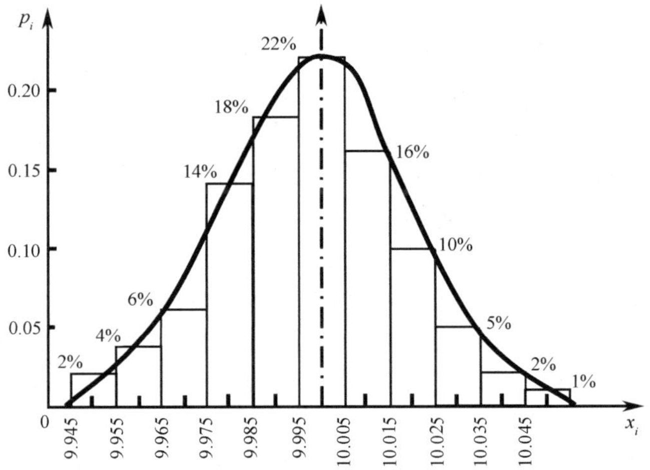

图 2.3　区间宽度为 0.01Ω 的概率直方图

由图 2.3 可以看出,上述测量数据具有“两头小,中间大”及基本对称的特点。如果把区间分得更细,并且仪器有足够高的分辨率,就会发现上述直方图将趋于一条光滑钟形曲线,如图中粗实线所示。

对各种被测参数进行多次等精度测量,都会得到类似于图 2.3 那样的结果,这是被大量实践证明了的,具有普遍意义的统计规律,这种钟形分布曲线称为正态分布。研究服从正态分布的随机误差,可以看出它具有以下 4 个特性。

① 对称性:绝对值相等的正误差与负误差出现的次数相等。

② 单峰性:绝对值小的误差比绝对值大的误差出现次数多。

③ 有界性:绝对值很大的误差出现的机会极少,不会超出一定的界限。

④ 抵偿性:当测量次数趋于无穷大时,随机误差的平均值将趋于零。

最后一个特性可由第一个特性推导出来,因为绝对值相等的正、负误差之和可以互相抵消,所以平均值趋于零。

随机误差是由于大量微小的没有确定规律的因素引起的,例如,外界条件(电源电压、温度、湿度、气压等)的微小波动,电磁场的干扰,大地轻微震动,仪器仪表零部件的不稳定性,测量者感官无规律变化等,都可能引起随机误差,因此随机误差总是不可避免和难以控制的。

从例 2.5 可以看出,对单次测量而言,随机误差的大小和符号都是不确定的,没有规律性,但是在进行多次测量后,随机误差服从概率统计规律,可以进行统计处理。

2.2.2　随机误差的统计处理

从随机误差的性质可以看出,它完全类同于概率论中的随机变量,因此对随机误差的处理也要用统计的方法。下面结合随机误差与随机变量的类同关系，回顾一下概率论中的基本内容。

1. 数学期望

设 $x_1,x_2,\cdots,x_i,\cdots$ 为离散型随机变量 X 的可能取值，相应概率为 $p_1,p_2,\cdots,p_i,\cdots$，其级数和为

$$x_1p_1+x_2p_2+\cdots+x_ip_i+\cdots=\sum_{i=1}^{\infty}x_ip_i$$

若 $\sum x_ip_i$ 绝对收敛，则称其和数为数学期望，记为 $E(X)$，则

$$E(X)=\sum_{i=1}^{\infty}x_ip_i,\quad \sum_{i}p_i=1 \tag{2.15a}$$

在统计学中，期望值与平均值是同一概念。在无穷多次的重复条件下的重复测量单次结果的平均值即为期望值。

在系列测量中，n 个测量值的代数和除以 n 而得到的值称为算术平均值，即

$$\bar{x}_{\infty}=\frac{x_1+x_2+\cdots+x_n}{n}=\frac{1}{n}\sum_{i=1}^{n}x_i \tag{2.15b}$$

算术平均值与被测量的真值最为接近。由概率论的大数定律可知，若测量次数无限增加，则算术平均值 $\bar{x}_{\infty}$ 必然趋于约定真值。

2. 方差、标准差

数学期望只能求得平均特性。在实际测量中，往往还要知道数据的离散程度。例如，如图 2.4 所示的两组电池的测量数据，其平均值都是 1.5V，但 A 组的数据比较集中，B 组的数据比较离散，说明 A 组电池的质量比 B 组的好。

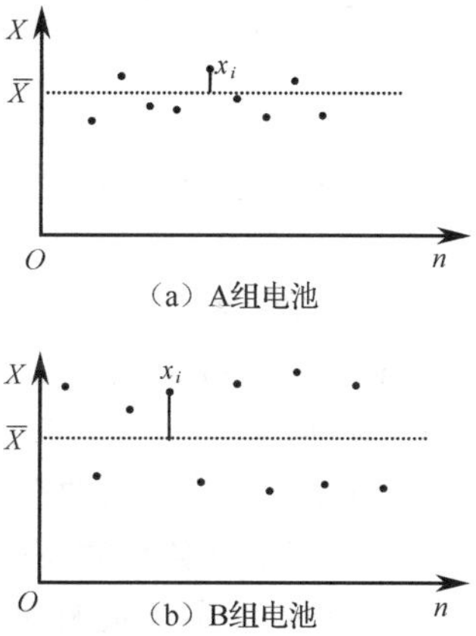

图 2.4　两组电池的测量数据

方差是用来描述随机变量可能值对期望的分散的特征值。

随机变量 X 的方差为 X 与其期望 $E(X)$ 之差的平方的期望，记为 $D(X)$，即

$$D(X)=E\{[X-E(X)]^2\}$$

对离散随机变量

$$D(X)=\sum_{i=1}^{\infty}[x_i-E(X)]^2p_i$$

对连续随机变量

$$D(X)=\int_{-\infty}^{\infty}[x-E(X)]^2p(x)\mathrm{d}x$$

测量中的随机误差也可用方差来描述其离散性，用希腊字母 σ（英文读音为 sigma，中文读音为西格玛）表示

$$\sigma^2(x)=\frac{1}{n}\sum_{i=1}^{n}(x_i-\bar{x}_{\infty})^2$$

式中，$(x_i-\bar{x}_{\infty})$ 是某项测量值与均值之差，将其平方后求和平均，扩大了离散性，故用方差来表征随机误差的离散程度。但方差的量纲是随机误差量纲的平方，使用不方便。为了与随机误差的量纲统一，常将其开平方，用标准差或均方差表示，记为

$$\sigma(x)=\sqrt{\frac{1}{n}\sum_{i=1}^{n}(x_i-\bar{x}_{\infty})^2} \tag{2.16}$$

3. 正态分布

在概率论和误差理论的研究中，已充分论证了绝大多数随机误差的分布规律都可以用正态分布来描述，正态分布的概率密度函数为

$$p(x)=\frac{1}{\sqrt{2\pi}\sigma(x)}\exp\left\{\frac{-[x-E(X)]^2}{2\sigma^2(x)}\right\} \tag{2.17}$$

式中，$E(X)$是数学期望，$\sigma(x)$为标准差。

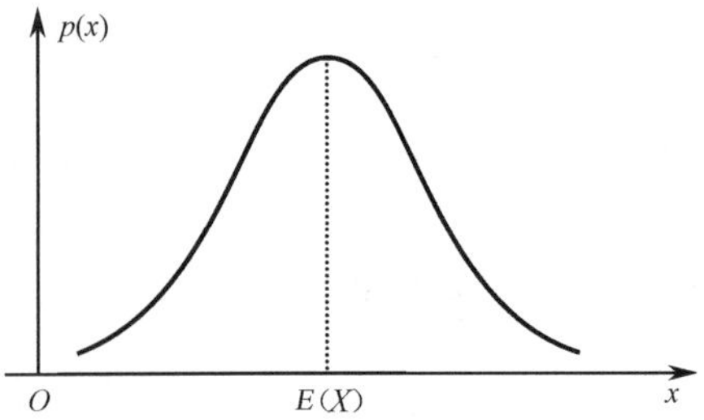

(a)

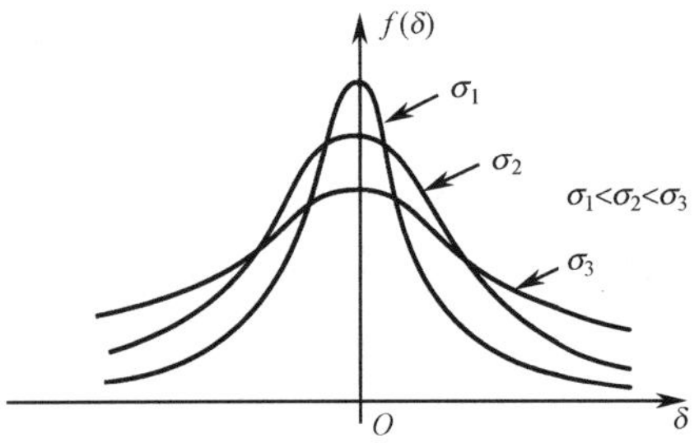

(b)

图 2.5 正态分布曲线

图 2.5 所示是正态分布的曲线，其中图(a)是在随机误差影响下测量值 x 的正态分布；图(b)是随机误差 δ 的正态分布，并给出了 3 条不同标准差的正态分布曲线。

本书附录 A 中给出了正态分布在对称区间的积分表，其中

$$Z=\frac{\delta}{\sigma(X)}=\frac{x-E(X)}{\sigma(X)}=\frac{x-\bar{x}}{\sigma}$$

$$k=\frac{a}{\sigma} \tag{2.18}$$

式中，k 为包含因子(或称置信因子)，a 为所设的区间宽度的一半。

正态分布时，经常用到下面几个值，可从附录 A 中查知。

$k=1$ 时，　$P(|\sigma(x)<\sigma|)\approx 0.6827$

$k=2$ 时，　$P(|\sigma(x)<2\sigma|)\approx 0.9545$

$k=3$ 时，　$P(|\sigma(x)<3\sigma|)\approx 0.9973$

其中，$k=1$ 时，即在标准差$(-\sigma,\sigma)$区间内，随机误差出现的概率约为 68.27%。图 2.6 给出了正态分布下不同区间出现的概率。

$k=3$ 时，即在 3 倍标准差$\pm 3\sigma$ 区间内，随机误差出现的概率约为 99.73%，而在这个区间外的概率非常小。

当知道正态分布的两个基本参数：算术平均值 $\bar{x}$ 和标准差 σ 后，该正态分布的曲线形状基本确定。图 2.5(b)给出了 $\bar{x}=0$ 时，3 条不同标准差的正态分布曲线：$\sigma_1<\sigma_2<\sigma_3$。标准差越小，曲线越尖锐，说明测量误差小的数据占优势，即测量精度高。

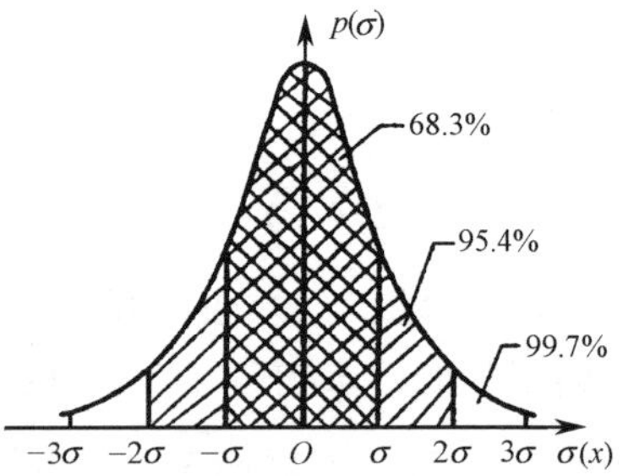

图 2.6 正态分布下不同区间出现的概率

2.2.3 有限次测量值的算术平均值和标准差

上述随机误差的数学期望 $E(X)$和标准差 $\sigma(x)$都是在无穷多次测量的条件下$(n\to\infty)$求得的，但在实际测量中只能进行有限次测量，就不能按式(2.15a)和式(2.16)准确地求出被测量的数学期望和标准差。本节讨论根据有限次测量所得结果对被测量的数学期望和标准差做出估计的方法。

1. 有限次测量值的算术平均值

对同一量值进行一系列等精度独立测量，其测量列中的全部测量值的算术平均值与被测量的真值最为接近。

设被测量的重复性测量值为 $x_1, x_2, \cdots, x_n$，则其算术平均值为

$$\bar{x} = \frac{1}{n}(x_1 + x_2 + \cdots + x_n) = \frac{1}{n}\sum_{i=1}^{n} x_i \tag{2.19}$$

可以证明，$\bar{x}$ 的数学期望就是 $E(\bar{x})$，即

$$E(\bar{x}) = E\left(\frac{1}{n}\sum_{i=1}^{n} x_i\right) = \frac{1}{n}E\left(\sum_{i=1}^{n} x_i\right) = \frac{1}{n}\sum_{i=1}^{n} E(x_i) = \frac{1}{n} \cdot n\bar{x} = \bar{x}$$

由于 $\bar{x}$ 的数学期望为 A，故算术平均值就是真值 A 的无偏估计值。在实际测量中，通常以算术平均值代替约定真值。

2. 有限次测量值数据的标准差——贝塞尔公式

上述的标准差是在 $n \to \infty$ 的条件下导出的，而实际测量只能做到有限次。当 n 为有限次时，可以导出这时的标准差为

$$s(x) = \sqrt{\frac{1}{n-1}\sum_{i=1}^{n}(x_i - \bar{x})^2} \tag{2.20}$$

这就是贝塞尔公式。由于推导不够严密，故 $s(x)$ 被称为标准差的估计值，也称实验标准差。式中，$(x_i - \bar{x})$ 是某项测量值与平均值之差，称为剩余误差或残差，记为 $\upsilon_i = (x_i - \bar{x})$。这里 υ 是希腊字母 Υ 的小写形式，读音为 upsilon“宇普西隆”，不是英文小写字母 v，也不是希腊字母 ν（读音为 nü“纽”）。表 2.4 和本章 2.6 节中用 ν 来表示自由度。

注意两对符号的差别：进行有限次测量值时，算术平均值符号为 $\bar{x}$，见式(2.19)，标准差用 $s(x)$ 表示，见式(2.20)；进行无限多次测量值时，算术平均值用 $\bar{x}_\infty$ 表示，见式(2.15b)，同式(2.12)，简称总体平均值，标准差用 $\sigma(x)$ 表示，见式(2.16)。

3. 算术平均值的标准差

在有限次等精度测量中，如果在相同条件下对同一量值分 m 组进行测量，每组重复 n 次，则每组数列都会有一个平均值。由于随机误差的存在，因此这些平均值并不相同，围绕真值有一定分散性。这说明有限次等精度测量的算术平均值还存在着误差。当需要更精密测量时，应该用算术平均值的标准差 $\sigma(\bar{x})$ 来评价。

已知算术平均值 $\bar{x}$ 为

$$\bar{x} = \frac{x_1 + x_2 + \cdots + x_n}{n} = \frac{1}{n}\sum_{i=1}^{n} x_i$$

在概率论中有“几个相互独立的随机变量之和的方差等于各个随机变量方差之和”的定理，可进行下面推导

$$\sigma^2(\bar{x}) = \sigma^2\left(\frac{1}{n}\sum_{i=1}^{n} x_i\right) = \frac{1}{n^2}\sigma^2\left(\sum_{i=1}^{n} x_i\right) = \frac{1}{n^2}[\sigma^2(x_1) + \sigma^2(x_2) + \cdots + \sigma^2(x_n)]$$

因为 $\sigma^2(x_1) = \sigma^2(x_2) = \cdots = \sigma^2(x_n) = \sigma^2(x)$

故有 $\sigma^2(\bar{x}) = \frac{1}{n^2} n\sigma^2(x) = \frac{1}{n}\sigma^2(x)$

所以 $\sigma(\bar{x}) = \frac{\sigma(x)}{\sqrt{n}}$

当 n 为有限次时，用标准差的估计值即可，则

$$s(\bar{x})=\frac{s(x)}{\sqrt{n}} \tag{2.21}$$

结论：式(2.21)说明，n 次测量值的算术平均值的标准差与$\sqrt{n}$成反比，即随着测量次数增加，算术平均值的分散性减小。这是由于随机误差具有抵偿性，正负误差相互抵消。因此，当对测量要求高时，可以适当增加测量次数。这是采用统计平均的方法减小随机误差的理论根据，所以要用 $s(\bar{x})$表示测量的结果。

应当指出，当测量次数 $n>20$ 时，$s(\bar{x})$减小的速度减慢，故次数再增加却收效不大。

归纳：**有限次测量值的算术平均值和标准差**计算步骤如下。

① 列出测量值的数据表

② 计算算术平均值　$\bar{x}=\frac{x_1+x_2+\cdots+x_n}{n}=\frac{1}{n}\sum_{i=1}^{n}x_i$

③ 计算残差　$\upsilon_i=(x_i-\bar{x})$

④ 计算标准差的估计值(实验标准差)

$$s(x)=\sqrt{\frac{1}{n-1}\sum_{i=1}^{n}\upsilon_i^2}=\sqrt{\frac{1}{n-1}\sum_{i=1}^{n}(x_i-\bar{x})^2}$$

⑤ 计算算术平均值标准差的估计值

$$s(\bar{x})=\frac{s(x)}{\sqrt{n}}$$

【例 2.6】 对某信号源的输出频率进行了 8 次测量，得到测量值 x_i 的序列(见表 2.3)，求测量值的平均值及标准差。

表 2.3　例 2.6 所用数据

序　号	1	2	3	4	5	6	7	8	Σ
x_i/kHz	1000.82	1000.79	1000.85	1000.75	1000.78	1000.91	1000.76	1000.82	8006.48
$\upsilon_i(\times10^{-2})$	1	−2	4	−6	−3	10	−5	1	0
$\upsilon_i^2(\times10^{-4})$	1	4	16	36	9	100	25	1	192

解： ① 算术平均值为

$$\bar{x}=\frac{1}{n}\sum_{i=1}^{n}x_i=\frac{8006.48}{8}=1000.81\text{kHz}$$

② 用公式 $\upsilon_i=x_i-\bar{x}$ 计算各测量值残差，计算 υ_i^2 列于表 2.3 中。

③ 标准差估计值　$s(x)=\sqrt{\frac{1}{n-1}\sum_{i=1}^{n}\upsilon_i^2}=\sqrt{\frac{192\times10^{-4}}{7}}=0.05\text{kHz}$

④ $\bar{x}$ 的标准差　$s(\bar{x})=\frac{s(x)}{\sqrt{n}}=\frac{0.05}{\sqrt{8}}=0.02\text{kHz}$

应当指出，除了上面介绍的贝塞尔公式，计算标准差还有别捷尔斯(Peters)法、极差法及最大误差法等。其中，极差法值得介绍一下，在《测量不确定度评定与表示》中也推荐了这个方法。一般在测量次数较少时采用该法。

4. 用极差法求标准差

上述用贝塞尔公式求标准差比较麻烦，当要求简便快捷地算出标准差时，可以用极差法。在重复性条件或复现性条件下，对 x_i 进行 n 次独立观测，测量结果中的最大值与最小值之差称为极差，用 R 表示，即

$$R = x_{\max} - x_{\min} \tag{2.22}$$

这时，标准差可按下式近似地评定

$$s(x_i) = \frac{R}{C} \tag{2.23}$$

式中，C 为极差系数，可从表 2.4 查知。

表 2.4　极差系数 C 及自由度

n	2	3	4	5	6	7	8	9
C	1.13	1.64	2.06	2.33	2.53	2.70	2.85	2.97
ν	0.9	1.8	2.7	3.6	4.5	5.3	6.0	6.8

【例 2.7】 用极差法对例 2.6 进行核算。

$$R = x_{\max} - x_{\min} = 1000.91 - 1000.75 = 0.16\text{kHz}$$

$$s(x_i) = \frac{R}{C} = \frac{0.16}{2.85} = 0.06\text{kHz}$$

结果与例 2.6 中的 $s(x)=0.05\text{kHz}$ 很接近，但计算却便捷多了。

2.2.4 测量结果的置信概率

1. 置信概率与置信区间

由于随机误差的影响，测量值均会偏离被测量的真值。虽然前面讨论了测量值的分散程度可以用标准差 $\sigma(x)$ 来表示，但不知道各测量值的可信程度。置信概率（置信度）就是用来描述测量结果处于某一范围内可靠程度的量，一般用百分数表示。而所选择的这个范围，就称为置信区间，一般用标准差的倍数表示，如 $\pm k\sigma(x)$，这里 k 是一个系数，称为置信因子或包含因子。

置信区间与置信概率是紧密联系的，置信区间刻画测量结果的精确性，置信概率表明这个结果的可靠性。置信区间越宽，则置信概率越大；反之则越小。

研究置信概率问题必须知道测量值的分布，当知道测量值的分布曲线后，可以求得误差不超过某范围的概率，或者给定置信概率就可以求相应的置信区间。

2. 正态分布下的置信概率

正态分布下的测量值 x 的概率密度函数为

$$p(x) = \frac{1}{\sqrt{2\pi}\sigma(x)} \exp\left\{-\frac{[x - E(X)]^2}{2\sigma^2(x)}\right\}$$

其分布曲线如图 2.7 所示。要求出 x 在曲线下对称区间 $\pm k\sigma(x)$ 内的概率，就是求图中阴影部分的面积，即对概率密度函数所代表的曲线进行积分。为简化表达式，设

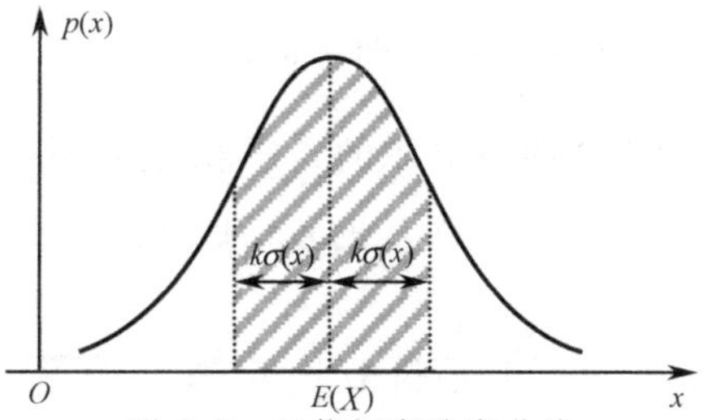

图 2.7　置信概率分布曲线

$$Z = \frac{x - E(X)}{\sigma(x)}$$

则
$$\int_{E(X)-k\sigma(x)}^{E(X)+k\sigma(x)} p(x)\mathrm{d}x=\int_{-k}^{k}\frac{1}{\sqrt{2\pi}}\mathrm{e}^{-\frac{1}{2}z^2}\mathrm{d}z$$

附录A给出了积分的结果，可以根据设定的区间大小及 $\sigma(x)$ 的数值，求出置信概率；或者由置信概率求出对应的置信区间。图2.6给出了正态分布下3种不同区间所对应的置信概率。

【例2.8】 某电压测量中，系统误差 $\varepsilon=0$，随机误差 δ 服从正态分布，电压的真值为10V，标准差 $\sigma(U)=0.2\text{V}$，求测量值 U 出现在9.7～10.3V之间的概率。

解： 由式(2.18)得 $k\sigma(U)=a=10.3-10=10-9.7=0.3\ \text{V}$

故
$$k=\frac{a}{\sigma(U)}=\frac{0.3}{0.2}=1.5$$

由附录A查得 $k=1.5$ 时，概率 $p=0.866\ 386$。所以
$$P[9.7<U<10.3]=P(|Z|<1.5)=86.6\%$$

3. t 分布下的置信概率

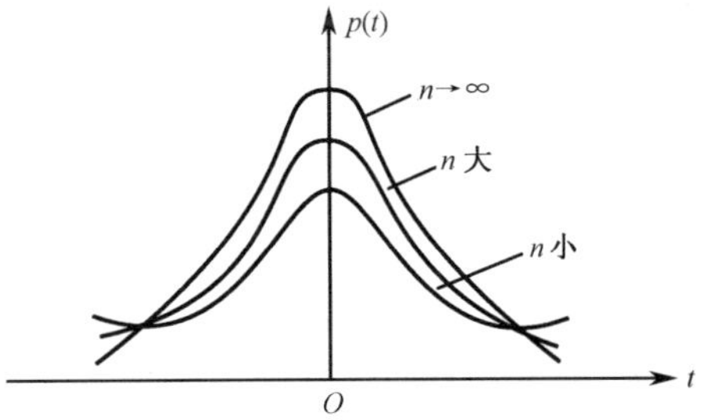

图2.8 t 分布曲线

在实际测量中，总是进行有限次测量，只能根据贝塞尔公式求出标准差的估计值 $s(x)$。但测量次数较少（如 $n<20$）时，测量值不服从正态分布。英国人戈塞特（Gosset，常以Student为笔名发表文章）证明了测量次数较少时测量值服从 t 分布，也称“学生”氏分布。t 分布曲线如图2.8所示，类似于正态分布曲线。但 t 分布与标准差 $\sigma(x)$ 无关，而与测量次数 n 关系紧密。从图2.8可以看出，当 $n>20$ 以后，t 分布与正态分布就很接近了。可以用数学方法证明，当 $n\to\infty$ 时，t 分布与正态分布完全相同。t 分布一般用来解决有限次等精度测量的置信概率问题。

附录B给出了 t 分布在对称区间的函数表，根据 t 分布的概率密度函数 $p(t)$，就可以用积分的方法求给定区间的置信概率。

【例2.9】 对某电感进行12次等精度测量，测得的数值（单位：mH）分别为20.46，20.52，20.50，20.52，20.48，20.47，20.50，20.49，20.47，20.49，20.51，20.51。若要求 $P=95\%$ 的置信概率，则该电感测量值应在多大置信区间内？

解： ① 求出 $\overline{L}$ 及 $s(\overline{L})$

电感的算术平均值
$$\overline{L}=\frac{1}{12}\sum_{i=1}^{12}L_i=20.493\text{mH}$$

电感的标准差估计值
$$s(L)=\sqrt{\frac{1}{12-1}\sum_{i=1}^{12}(L_i-\overline{L})^2}=0.020\text{mH}$$

算术平均值标准差估计值
$$s(\overline{L})=\frac{0.020}{\sqrt{12}}=0.006\text{mH}$$

② 查附录B中的 t 分布表，由 $n-1=11$ 及 $P=95\%$，查得 $t=2.20$。

③ 估计电感 L 的置信区间 $[\overline{L}-ts(\overline{L}),\ \overline{L}+ts(\overline{L})]$，其中
$$ts(\overline{L})=2.20\times0.006=0.013\text{mH}$$

则在95%的置信概率下，电感 L 的置信区间为[20.48mH，20.51mH]。

4. 非正态分布

在以上分析中，都认为测量值和误差服从正态分布（包括 t 分布）。在测量实践中，会遇到误差

为非正态分布的情况。下面介绍几种常见的非正态分布曲线及置信概率问题。

1）均匀分布

均匀分布又称为等概率分布、矩形分布，是仅次于正态分布的一种重要分布，其曲线如图 2.9 所示。其特点是，在误差范围内，误差出现的概率各处相同。例如，模拟仪器中的刻度盘回差所导致的误差、数字仪器中的量化误差（在±1 单位以内不能分辨的误差）、数据计算中的舍入误差（舍掉的或进位的低位数字的概率是相同的）等，均为均匀分布误差。

均匀分布的概率密度函数为

$$p(x)=\begin{cases}\dfrac{1}{b-a} & a\leqslant x\leqslant b\\ 0 & x<a \text{ 及 } x>b\end{cases} \tag{2.24}$$

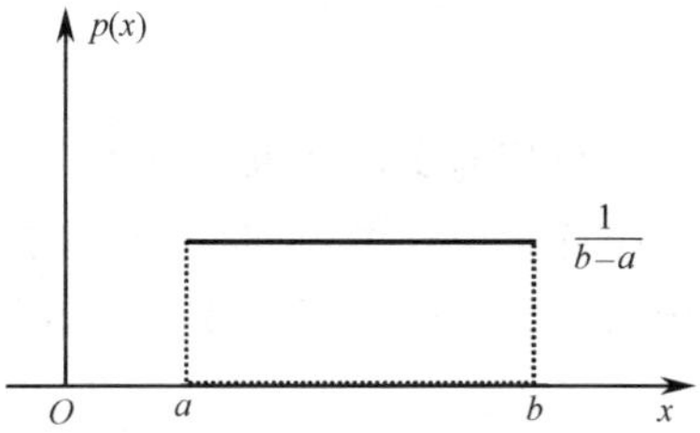

图 2.9　均匀分布曲线

可以证明，图 2.9 所示的均匀分布的数学期望为

$$E(X)=\frac{a+b}{2}$$

标准差为

$$\sigma(x)=\frac{b-a}{\sqrt{12}} \tag{2.25}$$

2）三角形分布

当两个误差限相同且服从均匀分布的随机误差求和时，其和的分布规律服从三角形分布，又称为辛普森（Simpson）分布。在实际测量中，若整个测量过程必须进行两次才能完成，而每次测量的随机误差服从相同的均匀分布，则总的测量误差为三角形分布误差。例如，进行两次测量过程时数据凑整的误差，用代替法检定标准砝码、标准电阻引起的误差，两次调零不准所引起的误差等，均为三角形分布误差。

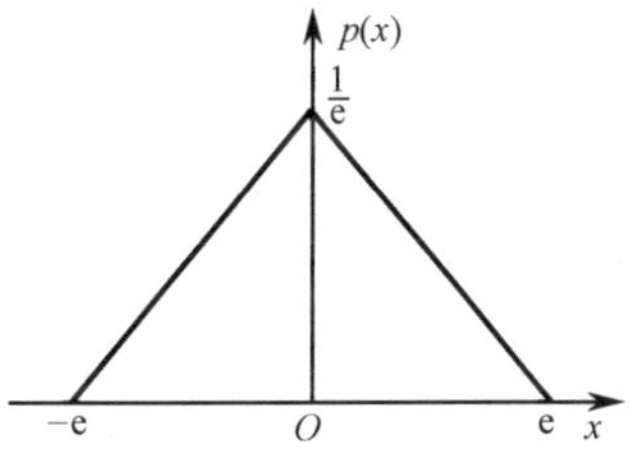

图 2.10　三角形分布曲线

图 2.10 所示为三角形分布曲线，其概率密度函数为

$$p(x)=\begin{cases}\dfrac{e+x}{e^2} & -e\leqslant x\leqslant 0\\[2ex] \dfrac{e-x}{e^2} & 0\leqslant x\leqslant e\end{cases} \tag{2.26}$$

3）反正弦分布

反正弦分布实际上是一种随机误差的函数的分布，其特点是该随机误差与某一角度成正弦关系。例如，仪器刻度盘偏心引起的角度测量误差、电子测量中谐振的振幅误差等，均为反正弦分布。

反正弦分布曲线如图 2.11 所示，其概率密度函数为

$$p(x)=\frac{1}{\pi\sqrt{e^2-x^2}}\quad (|x|<e) \tag{2.27}$$

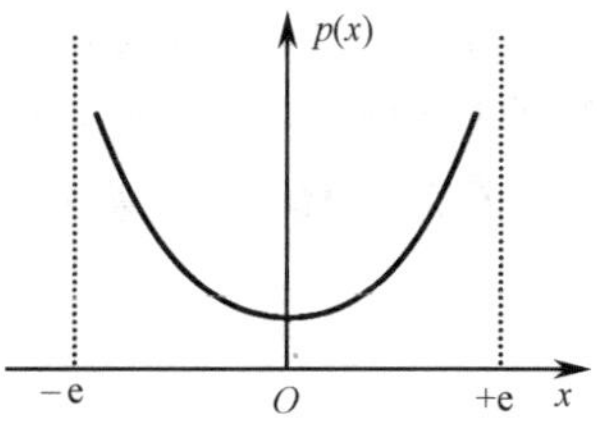

图 2.11　反正弦分布曲线

4）非正态分布的置信概率

根据非正态分布曲线，可以求置信概率和置信区间，其方法与正态分布的类似。

按照标准差的基本定义，可以求得各种分布的标准差 $\sigma(x)$，再求得包含因子 k

$$k=\frac{a}{\sigma(x)} \tag{2.28}$$

表 2.5 包含因子表

分布	k
正态	2~3
三角形	$\sqrt{6}$
均匀	$\sqrt{3}$
反正弦	$\sqrt{2}$

表 2.5 列出了几种常用的分布的包含因子。

2.2.5 非等精度测量

前面讨论的测量结果是基于等精度测量条件进行的，这是通常的测量情况。但有时候，例如在科研或高精度测量中，往往需要在不同的测量条件下，用不同的仪器、不同的测量方法、不同的测量次数及不同的测量者进行测量与对比，这种测量称为非(或不)等精度测量。对于非等精度测量，计算最后测量结果及其精度(如标准差)，不能套用前面等精度测量的计算公式，需要采用新的计算公式。

1."权"的概念和确定方法

在日常统计中，有时也需要使用"权"的概念，如按学分加权课程统计学生的各科总平均成绩，以显示学分多的课程重要性。例如，三门学分为 3、1、2 课程的加权平均成绩为

$$\frac{3\times 82+1\times 86+2\times 75}{3+1+2}=\frac{482}{6}=80.3\text{ 分}$$

在非等精度测量中，各测量结果的可靠程度不一样，因而不能简单地取各测量结果的算术平均值作为最后测量结果，应让可靠程度高的在最后结果中占的比重大一些，可靠程度低的占的比重小一些。各测量结果的可靠程度可用数值来表示，该数值即称为"权"，用 w 表示。因此测量结果的权可理解为，当它与另一些测量结果进行比较时，对该测量结果所给予的信赖程度。

既然测量结果的权说明了测量的可靠程度，因此可根据这一原则来确定权的大小。例如，可按测量条件的优劣，测量仪器和测量方法所能达到的精度高低，重复测量次数的多少，以及测量者水平的高低等来确定权的大小。总之，测量精度愈高，权愈大。由于测量结果的标准差 $s(x)$ 可以表示精度的高低，所以 $s(x)$ 越小，精度越高，可靠性越大，权就越大；反之，权就越小。以此概念为基础可以推导出下面公式

$$w_1 : w_2 : \cdots : w_i : \cdots : w_m=\frac{1}{s^2(\bar{x}_1)} : \frac{1}{s^2(\bar{x}_2)} : \cdots : \frac{1}{s^2(\bar{x}_i)} : \cdots : \frac{1}{s^2(\bar{x}_m)} \tag{2.29}$$

式中，$s(\bar{x}_i)$ 为各组算术平均值的标准差，即

$$s(\bar{x}_i)=\frac{s(x_i)}{\sqrt{n_i}} \qquad i=1,2,\cdots,m \tag{2.30}$$

式(2.29)表明：每组测量结果的权与其相应的标准差平方成反比。若已知各组算术平均值的标准差，即可按式(2.29)确定权的大小。

应当指出，测量结果的权的数值只表示各组间的相对可靠程度，它是一个无量纲的数，允许各组的权值同时增大或减小，而各组的比值关系并不变。

【例 2.10】 对某电压进行三组非等精度测量，其结果分别为

$$\bar{x}_1=26.45\text{mV},\ s(\bar{x}_1)=0.05\text{mV}$$
$$\bar{x}_2=26.15\text{mV},\ s(\bar{x}_2)=0.20\text{mV}$$
$$\bar{x}_3=26.60\text{mV},\ s(\bar{x}_3)=0.10\text{mV}$$

求各组测量结果的权。

解：由式(2.29)得

$$w_1 : w_2 : w_3=\frac{1}{0.05^2} : \frac{1}{0.20^2} : \frac{1}{0.10^2}=16 : 1 : 4$$

因此，各组的权可取值为 $w_1=16$，$w_2=1$，$w_3=4$。

2. 加权算术平均值

若对同一被测量进行 m 组非等精度测量，得到 m 组测量结果 $\bar{x}_1$，$\bar{x}_2$，…，$\bar{x}_m$，设相应的权值为 w_1，w_2，…，w_m，则加权算术平均值为

$$\bar{x}=\frac{w_1\bar{x}_1+w_2\bar{x}_2+\cdots+w_m\bar{x}_m}{w_1+w_2+\cdots+w_m} \tag{2.31}$$

或简写为

$$\bar{x}=\frac{\sum_{i=1}^{m}w_i\bar{x}_i}{\sum_{i=1}^{m}w_i} \tag{2.32}$$

当各组的加权值相等，即 $w_1=w_2=\cdots=w_m=w$ 时，加权算术平均值可简化为

$$\bar{x}=\frac{w\sum_{i=1}^{m}\bar{x}_i}{mw}=\frac{\sum_{i=1}^{m}\bar{x}_i}{m} \tag{2.33}$$

由式(2.33)求得的结果即为等精度的算术平均值，由此可知，等精度测量是非等精度测量的特殊情况。

为了简化计算，加权算术平均值可用下式表示

$$\bar{x}=x_0+\frac{\sum_{i=1}^{m}w_i(\bar{x}_i-x_0)}{\sum_{i=1}^{m}w_i} \tag{2.34}$$

式中，x_0为接近 $\bar{x}_i$ 的任选参考值。

【例 2.11】 工作基准米尺在连续三天内与国家基准器进行比较，得到工作基准米尺的平均长度分别为：999.9425mm(3 次测量)，999.9416mm(2 次测量)，999.9419mm(5 次测量)，求最后测量结果。

解：按测量次数来确定权：$w_1=3$，$w_2=2$，$w_3=5$。选取 $x_0=999.94\text{mm}$，则有

$$\bar{x}=999.94+\frac{3\times0.0025+2\times0.0016+5\times0.0019}{3+2+5}=999.9420\text{mm}$$

3. 加权算术平均值的标准差

对同一被测量进行 m 组非等精度测量，得到 m 个测量结果的算术平均值，各组测量结果的残差为

$$v_{\bar{x}_i}=x_i-\bar{x}$$

经推导，可得加权算术平均值的标准差

$$s(\bar{x})=\sqrt{\frac{\sum_{i=1}^{m}w_i v_{\bar{x}_i}^2}{(m-1)\sum_{i=1}^{m}w_i}} \tag{2.35}$$

根据式(2.35)可由各组测量结果的残差求得加权算术平均值的标准差。但必须指出，只有当组数 m 足够多时，才能得到较为精确的 $s(\bar{x})$值。一般情况下的组数较少，只能得到近似的估计值。

【例 2.12】 求例 2.11 的加权算术平均值的标准差。

解：由加权算术平均值 $\bar{x}=999.9420\text{mm}$，可得各组测量结果的残差为

$$v_{\bar{x}_1}=+0.5\mu\text{m},\ v_{\bar{x}_2}=-0.4\mu\text{m},\ v_{\bar{x}_3}=-0.1\mu\text{m}$$

已知：$m=3$，$w_1=3$，$w_2=2$，$w_3=5$，代入式(2.35)得

$$s(\bar{x})=\sqrt{\frac{3\times 0.5^2+2\times(-0.4)^2+5\times(-0.1)^2}{(3-1)\times(3+2+5)}}=\sqrt{\frac{1.12}{20}}$$

$$=0.24\mu\text{m}\approx 0.0002\text{mm}$$

2.3 粗大误差

粗大误差定义：在一定条件下，测量值显著偏离其实际值所对应的误差。

产生原因：主要表现为读数错误、测量方法错误、仪器有缺陷、电磁干扰及电压跳动等。

粗大误差无规律可循，可能是系统误差，也可能是随机误差，其绝对值相对偏大，严重影响测量结果，故必须当作坏值予以剔除。

剔除是要有一定依据的。在不明原因的情况下，首先要判断可疑数据是否存在粗大误差。其方法的基本思想是，给定置信概率，确定相应的置信区间，凡超出置信区间的误差就认为是粗大误差。具体检验方法常见的有以下 3 种。

2.3.1 莱特检验法

这是一种在正态分布情况下判别异常值的方法。判别方法如下。

假设在一列等精度测量结果中，第 i 项测量值 x_i 所对应的残差 υ_i 的绝对值满足以下条件

$$|\upsilon_i|>3s(x) \tag{2.36}$$

则该误差为粗大误差，所对应的测量值 x_i 为异常值，应剔除不用。式中，$s(x)$ 是这列数据的标准差估计值。

本方法简单，使用方便，也称 3s 准则。当测量次数 n 较大时，这是一种比较好的方法。本方法一般适用于 $n>10$ 的情况；当 $n\leqslant 10$ 时，容易产生误判。

当 $n=10$ 时，有

$$3s(x)=3\times\sqrt{\frac{\sum_{i=1}^{n}\upsilon_i^2}{10-1}}=\sqrt{\sum_{i=1}^{n}\upsilon_i^2}>|\upsilon_i|$$

因此，当 $n\leqslant 10$ 时，$|\upsilon_i|<3s(x)$，按莱特检验法，存在粗大误差，即只要测量次数小于等于 10，就与测量结果无关，这将产生误判。

2.3.2 格拉布斯检验法

格拉布斯检验法是在未知总体标准差 $s(x)$ 的情况下，对正态样本或接近正态样本异常值进行判别的一种方法，是一种理论上很严密，概率意义明确，又经过实验证明，效果较好的判据。这里只介绍具体用法。

对一系列重复测量中的最大残差或最小残差，用格拉布斯检验法进行检验，若残差

$$|\upsilon_{\max}|>G\,s(x) \tag{2.37}$$

则判断此值为异常数据，应予以剔除。G 值按重复测量次数 n 及置信概率 P_c 由表 2.6 求出。

表 2.6 格拉布斯检验法 G 值

$1-P_c$	n																	
	3	4	5	6	7	8	9	10	11	12	13	14	15	16	17	18	19	20
5.0%	1.15	1.46	1.67	1.82	1.94	2.03	2.11	2.18	2.23	2.29	2.33	2.37	2.41	2.44	2.47	2.50	2.53	2.56
1.0%	1.15	1.49	1.75	1.94	2.10	2.22	2.32	2.41	2.48	2.55	2.61	2.66	2.70	2.74	2.78	2.82	2.85	2.85

2.3.3 中位数检验法

中位数检验法把测量结果按自小到大的顺序排列出来，将所得的数值列中居于中间位置的一个值作为最佳估计，称为中位数。如果有两个值居于中间位置，则它们的平均值为中位数。

大量统计表明，当数据列中没有粗大误差时，其中位数应与这个数据列的算术平均值十分接近。若差异较大，说明有异常数据，则剔除数列两头数值偏离中位数较大的那个数据，然后再计算算术平均值，则中位数与平均值更接近了。

【例 2.13】 判别米尺(单位：毫米)检验数列中有无粗大误差引起的异常数据：

991，996，999，1001，1004，1008，1011，1014，1019，1038

解：该数列的中位数是第 5 个数和第 6 个数这两个数的平均值

$$\frac{1004+1008}{2}=1006$$

这个数据列的算术平均值是

$$\frac{991+996+999+1001+1004+1008+1011+1014+1019+1038}{10}=1008.1$$

假设怀疑其中偏离中位数较大的 1038 为异常数据，将它剔除后，剩下 9 个数据。这时，中位数是 1004，算术平均值是 1004.8。

可以看出，剔除这个最大值后，中位数和平均值更接近了。这个被剔除的数据即为粗大误差引起的异常数据。

顺便指出，在计算机处理测量数据时常用的“中位值滤波”法(即剔除数据列中的最大值和最小值两个值，然后求平均值或直接取中位数)，也是消除异常数据的好办法。

除上述 3 种检验法以外，还有肖维纳检验法、奈尔(Nair)检验法、Q 检验法和狄克逊检验法等，可参阅有关资料。

在处理粗大误差时，要注意以下 4 个问题。

① 所有的检验法都是人为主观拟定的，至今尚未有统一的规定。这些检验法又都是以正态分布为前提的，当偏离正态分布时，检验可靠性将受到影响，特别是当测量次数较少时更不可靠。

② 若有多个可疑数据同时超过检验所定置信区间，应逐个剔除，然后重新计算 $\bar{x}$ 及 $s(x)$，再进行判别，当一组数据出现两个以上异常数据时，应放弃本组数据，并检查产生的原因。

③ 在一组测量数据中，可疑数据应极少，否则，说明系统工作不正常。要对异常数据的出现进行分析，找出原因，不要轻易舍去异常数据而放过发现问题的机会。

④ 在上述 3 种检验法中，莱特检验法是以正态分布为依据的，测量次数最好 $n>200$，若$n\leqslant 10$则会失效；格拉布斯检验法理论严密，概率意义明确，实验证明效果较好；中位数检验法简捷方便，能满足一般实用要求。

2.3.4 应用举例

【例 2.14】 对某温度进行多次等精度测量，所得结果列于表 2.7 中，试检查数据中有无异常。

表 2.7 例 2.14 所用数据

序号	测得值 x_i	残差 v_i	序号	测得值 x_i	残差 v_i	序号	测得值 x_i	残差 v_i
1	20.42℃	+0.016℃	6	20.43℃	−0.026℃	11	20.42℃	+0.016℃
2	20.43℃	+0.026℃	7	20.39℃	−0.014℃	12	20.41℃	+0.006℃
3	20.40℃	−0.004℃	8	20.30℃	−0.104℃	13	20.39℃	−0.014℃
4	20.43℃	+0.026℃	9	20.40℃	−0.004℃	14	20.39℃	−0.014℃
5	20.42℃	+0.016℃	10	20.43℃	+0.026℃	15	20.40℃	−0.004℃

解:(1)从表 2.7 中可以看出 $x_8=20.30$℃,残差较大,是个可疑数据,用莱特检验法

$$\bar{x}=20.404$$

$$s(x)=0.033, 3s(x)=3\times0.033=0.099$$

$$|v_8|=0.104℃$$

$$|v_8|>3s(x)$$

故可判断 x_8是异常数据,应剔除。再对剔除异常数据后的数据进行计算,得

$$\bar{x}'=20.411$$

$$s(x)'=0.016, 3s(x)'=3\times0.016=0.048$$

其余的 14 个数据的$|v_i|$均小于 $3s(x)'$,故为正常数据。

(2)用格拉布斯检验法

取置信概率 $P_c=0.99$,按 $n=15$ 查表 2.6 得 $G=2.70$,因此

$$Gs(x)=2.70\times0.033=0.09<|v_8|$$

剔除 x_8后,重新计算,得 $n=14$,$P_c=0.99$ 下的 G 值为 2.66,得

$$G's(x)'=2.66\times0.016=0.04$$

可见,余下数据中无异常值。

(3)用中位数检验法

将表 2.7 中的数据排序后得

20.30,20.39,20.39,20.39,20.40,20.40,20.40,20.41,
20.42,20.42,20.42,20.43,20.43,20.43,20.43

该数列的中位数为:20.41。

这个数列的算术平均值为

$$20+(0.30+0.39+0.39+0.39+0.40+0.40+0.40+0.41+0.42+0.42+0.42+0.43+0.43+0.43+0.43)/15=20.404$$

假设怀疑其中偏离中位数较大的 20.30 为异常数据,将它剔除后,再求剩下的数列的中位数为

$$\frac{20.41+20.42}{2}=20.415$$

再计算余下数列的算术平均值

$$20+(0.39+0.39+0.36+0.40+0.40+0.40+0.41+0.42+0.42+0.42+0.43+0.43+0.43+0.43)/14=20.411$$

此时中位数与算术平均值更接近了,故为正常数据。

2.4 系统误差

上面所述的随机误差处理方法,是以测量数据中不含有系统误差为前提的。实际上,测量过程中往往存在系统误差,在某些情况下,系统误差的数值还比较大。因此,测量结果的精度不仅取决于随机误差,还取决于系统误差。由于系统误差是和随机误差同时存在于测量数据之中的,且不易被发现,多次重复测量又不能减小它对测量结果的影响,这种潜伏性使得系统误差比随机误差具有更大的危险性,因此研究系统误差的特征与规律性,用一定的方法发现和减小或消除系统误差,就显得十分重要。否则,对随机误差的严格数学处理将失去意义,或者效果甚微。

目前,对于系统误差的研究,虽已引起人们的重视,但是由于系统误差的特殊性,在处理方法上与随机误差完全不同,它涉及对测量设备和测量对象的全面分析,并与测量人员的经验、水平及测量技术的发展密切相关。因此,对系统误差的研究较为复杂和困难,研究新的、有效的、能发现和减

小系统误差的方法，已成为误差理论的重要课题之一。

2.4.1 系统误差的产生原因

系统误差是由固定不变的或按确定规律变化的因素所造成的。这些误差因素是可以掌握的。

1. 测量仪器方面的因素

包括：仪器机构设计原理上的缺陷，如指针式仪表零点未调整正确；仪器零件制造和安装不正确，如标尺的刻度偏差、刻度盘和指针的安装偏心、仪器各导轨的误差、天平的臂长不等；仪器附件制造偏差，如标准环规直径偏差。

2. 环境方面的因素

测量时的实际温度对标准温度的偏差，测量过程中温度、湿度等按一定规律变化的误差。

3. 测量方法的因素

采用近似的测量方法或近似的计算公式等引起的误差。

4. 测量人员方面的因素

由于测量人员的个人习惯不同，在刻度盘上估计读数时，可能习惯性地偏向某一方向；动态测量时，记录某一信号可能有滞后的倾向等。

2.4.2 系统误差的检查和判别

系统误差（简称系差）的特征是，在同一测量条件下，多次测量同一量值时，误差的绝对值和符号保持不变；或者在测量条件改变时，误差按一定的规律变化。前者称恒定系统误差，后者称变值系统误差。

由系统误差的特征可知，在多次重复测量同一量值时，系统误差不具有抵偿性，它是固定的或者服从一定函数规律的。从广义上理解，系统误差即是服从某一确定规律变化的误差。

1. 恒定系统误差的检查和处理

恒定系统误差（简称恒差）常用的判断方法有以下 4 种。

1）改变测量条件

测量条件指测量人员、测量方法和环境条件等。在某一测量条件下，测量值为一个确定不变值。如果改变测量条件，就会出现另一个确定值，则可判断有恒差，例如，对仪表零点的调整。

2）理论分析计算

凡由于测量方法或原理引入的恒差，只要对测量方法和测量原理进行定量分析，就可找出恒差的大小。

3）用高档仪器进行比对、校准

用高档仪器定期进行计量检查，可以确定恒差是否存在。例如，用杆秤称重后，再用电子秤进行校验，可知其测量值是偏大还是偏小。可以用校准后的修正值（数值、曲线、公式或表格）来检查和消除恒差。

4）统计法

下面分析恒差对测量结果的影响。

设一系列重复测量值为 $x_1, x_2, \cdots, x_n$，测量值中含有随机误差 δ_i 和恒差 ε，设被测量的真值为 x_0，则有

$$x_i = x_0 + \delta_i + \varepsilon$$

当 n 足够大时，则

$$\sum_{i=1}^{n}\delta_i \approx 0$$

$$\bar{x}=\frac{1}{n}\sum x_i \approx \frac{1}{n}(nx_0+\sum_{i=1}^{n}\delta_i+n\varepsilon)=x_0+\varepsilon \tag{2.38}$$

式(2.38)表明，当测量次数 n 足够大时，随机误差对 $\bar{x}$ 的影响可忽略，而恒差 ε 会反映在 $\bar{x}$ 中。利用修正值 $C=-\varepsilon$ 可以消除测量结果中的恒差。对于因测量方法或原理引入的恒差，可通过理论计算进行修正。

在这种情况下，残差为

$$\upsilon_i=(x_i+\varepsilon+\delta_i)-(x_0+\varepsilon)\approx\delta_i$$

可见，ε 既不影响 υ_i 的计算，也不影响标准差 $s(x)$ 的计算。也就是说，恒差并不引起随机误差分布曲线的形状及其分布范围的变化，也就无法通过统计方法来检查是否存在恒差。在数据处理中，要特别注意恒差的检查和判别。

2. 变值系统误差的判定

变值系统误差是指随测量条件变化而变化的系统误差。总的来说，当测量条件变化时，系统误差客观上是有确定规律的误差。例如，温度对电阻率的影响造成了电阻值的变化属于变值系统误差，理论上能找出温度与电阻值之间的解析关系式以确定系统误差的大小。但在大部分情况下，很难掌握系统误差的变化规律。要对测量数据进行分析和判别，如果测量数据中变值系统误差的值明显大于随机误差，数据就应舍弃不用。检查后重新取得测量数据。

常用的有以下 3 种判据。

1) *残差观察法*

通常采用残差观察法来判断变值系统误差是否存在。残差是各次测量值与其算术平均值之差，即

$$\upsilon_i=x_i-\bar{x}$$

残差观察法就是根据测量数据列中各个残差的大小和符号变化规律，制成表格或曲线来判断有无系统误差。

为直观起见，通常将残差画成曲线，如图 2.12 所示：图(a)中残差大体上正负相间，且无显著变化规律，可认为不存在系统误差；图(b)中残差有规律地递增或递减，且在测量开始时与结束时误差符号相反，表示存在线性系统误差；图(c)中残差符号有规律地由正变负，再由负变正，且循环交替，重复变化，表示存在周期性系统误差；图(d)中同时存在线性和周期性系统误差。若测量数据列中含有不变的系统误差，用残差观察法就发现不了。

除了观察法，在实际测量中，可以利用一些较为简捷的数学方法来进行判断。

2) *累进性系统误差的判别——马利科夫判据*

图 2.12(a)、(b)表示了与测量条件为线性关系的累进性系统误差，如由于蓄电池端电压的下降引起的电流下降。在累进性系统误差的情况下，残差基本上向一个固定方向变化。

马利科夫判据是判别是否存在累进性系统误差的常用方法。具体步骤如下。

① 将 n 项残差 υ_i 按顺序排列。

② 分成前后两半求和，再求其差值 D。

$$\begin{aligned}&\text{当 } n \text{ 为偶数时} \quad D=\sum_{i=1}^{n/2}\upsilon_i-\sum_{i=n/2+1}^{n}\upsilon_i\\&\text{当 } n \text{ 为奇数时} \quad D=\sum_{i=1}^{(n+1)/2}\upsilon_i-\sum_{i=(n+1)/2}^{n}\upsilon_i\end{aligned} \tag{2.39}$$

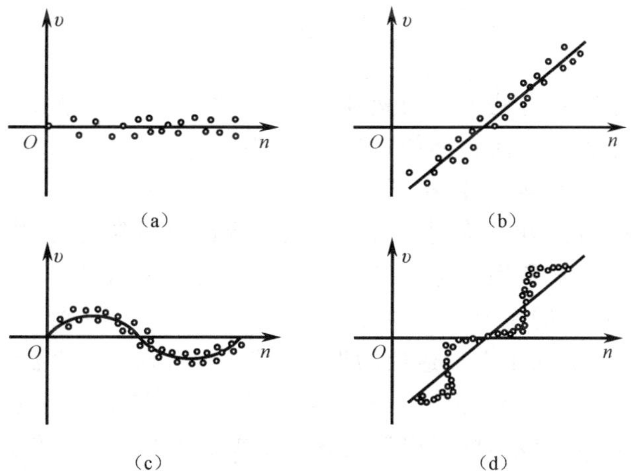

图 2.12　残差曲线

③ 若 $D \approx 0$，则说明测量数据不存在累进性系统误差；若 D 明显地不等于 0，$|D| > |\upsilon_{\max}|$，则可能存在累进性系统误差。

3）周期性系统误差的判别——阿贝-赫梅特判据

周期性系统误差的典型例子是，当指针式仪表刻度盘安装偏心时，会产生这种周期性系统误差。

如图 2.13(a)所示，如果秒表的轴心在水平方向上有一点偏移，设它的指针在垂直向上的位置时造成的误差为 ξ。当指针在水平位置时，ξ 减小至零；当指针运动到垂直向下位置时，误差为 $-\xi$；如此周而复始，造成的误差如图 2.13(b)所示。这类呈规律性交替变换的系统误差称为周期性系统误差。

通常用阿贝-赫梅特判据来检验周期性系统误差的存在，具体步骤如下。

① 将测量数据 i 项残差 υ_i 按测量顺序排列。

② 将 υ_i 两两相乘，然后求其和的绝对值

$$|\upsilon_1\upsilon_2 + \upsilon_2\upsilon_3 + \cdots + \upsilon_{n-1}\upsilon_n| = \left|\sum_{i=1}^{n-1}\upsilon_i\upsilon_{i+1}\right| \tag{2.40}$$

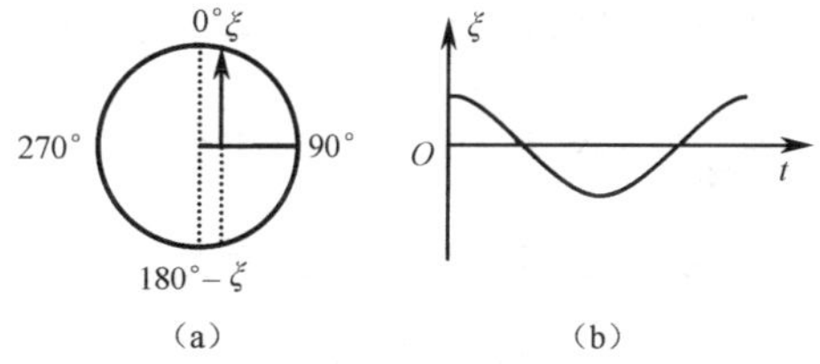

图 2.13　周期性系统误差实例

③ 用贝塞尔公式求标准差

$$s^2(x) = \frac{1}{n-1}\sum_{i=1}^{n}\upsilon_i^2$$

④ 再进行比较，若

$$\left|\sum_{i=1}^{n-1}\upsilon_i\,\upsilon_{i+1}\right| > \sqrt{n-1}\,s^2(x) \tag{2.41}$$

则认为可能存在周期性系统误差。

对于存在变值系统误差的数据，原则上应舍弃不用。但是，对于那些虽然存在变值系统误差，而残差的最大值明显小于测量允许的范围或仪器规定的系统误差范围的测量数据，可以考虑使用，但在继续测量时，要密切注意变值系统误差的情况。

2.4.3　削弱系统误差的基本方法

消除或减弱系统误差应从根源上着手。测量仪器本身存在误差，对仪器安装、使用不当，测量原理或方法存在缺点，测量环境变化，以及测量人员的主观原因都可能造成系统误差。在开始测量

以前，应尽量发现并消除这些误差来源或设法防止测量受这些误差来源的影响，这是消除或减弱系统误差最好的方法。

在测量中，除从测量原理和方法上尽力做到正确、严格外，还要对测量仪器定期进行检定和校准，注意仪器的正确使用条件和方法。例如，仪器的放置位置、工作状态、使用频率范围、电源供给、接地方法、附件和导线的使用及连线等，都要符合规定并正确合理。

要注意周围环境对测量的影响，特别是温度对电子测量的影响较大，精密测量要注意恒温或采取散热、空气调节等措施。为避免周围电磁场及有害震动的影响，必要时可采用屏蔽或减震措施。

对测量人员主观原因造成的系统误差，在提高测量人员业务技术水平和工作责任心的同时，还可以从改进设备方面尽量避免测量人员造成的误差。例如，用数字式仪表常常可以避免读数误差；又如，用耳机来判断两个频率之差时，由于人耳一般不能听到 16Hz 以下的频率，所以会带来误差，若改为用示波器或数字频率计指示，就可以避免这个误差。测量人员不要过度疲劳，必要时调换测量人员重新进行测量也有利于消除测量人员造成的误差。

虽然在测量之前注意分析和采取措施可避免产生系统误差，但很难消除产生系统误差的全部因素。因此在测量过程中，可以采用一些专门的测量技术和测量方法，借以消除或减弱系统误差。这些技术和方法往往要根据测量的具体条件和内容来决定，并且种类也很多。

这里还应当指出，在现代智能仪器中，可以利用微处理器的计算控制功能，削弱或消除仪器的系统误差。利用微处理器削弱系统误差的方法很多，如直流零位校准、自动校准、相对测量等，可参阅有关的资料。

2.4.4 重复性测量结果的数据处理

当对某被测量进行重复性测量时，测量值中可能含有系统误差、随机误差和粗大误差，为了给出正确合理的结果，应按下述基本步骤对测得的数据进行处理。这部分内容是后面 2.6 节测量不确定度的重要基础。

① 计算算术平均值 $\bar{x}=\frac{1}{n}\sum_{i=1}^{n}x_i$

② 列出残差 $v_i=(x_i-\bar{x})$

③ 按贝塞尔公式计算标准差的估计值 $s(x)=\sqrt{\frac{1}{n-1}\sum_{i=1}^{n}v_i^2}$

④ 按莱特检验法 $|v_i|>3s(x)$，或格拉布斯检验法 $|v_{\max}|>Gs(x)$，检查粗大误差和剔除异常数据。若有粗大误差，则应逐一剔除，然后重新计算 $\bar{x}$ 和 s，再进行判别，直到无粗大误差为止。

⑤ 判断有无系统误差，若有，则应查明原因，修正或消除系统误差后重新进行测量。

⑥ 算术平均值标准差的估计值 $s(\bar{x})=\frac{s(x)}{\sqrt{n}}$

⑦ 写出最后结果的表达式，即

$$Y=\bar{x}\pm ks(\bar{x})\ (\text{单位})$$

式中，k 为包含因子，可查表 2.5。

【例 2.15】 对某电压进行 16 次等精度测量，测量值 x_i 中已计入修正值，列于表 2.8 中。要求给出包括误差在内的测量结果表达式。

解：

表 2.8　例 2.15 数据

序号	1	2	3	4	5	6	7	8	9	10	11	12	13	14	15	16	Σ
x_i	205.30	204.94	205.63	205.24	206.65	204.97	205.36	205.16	205.71	204.70	204.86	205.35	205.21	205.19	205.21	205.32	3284.80
$\upsilon_i \times 10^{-2}$	0.00	−0.36	0.33	−0.06	1.35	−0.33	0.06	−0.14	0.41	−0.6	−0.44	0.05	−0.09	−0.11	−0.09	0.02	0
$\upsilon_i^2 \times 10^{-4}$	0	1296	1089	36	18225	1089	36	196	1681	3600	1936	25	81	121	81	4	29496
$\upsilon_i' \times 10^{-2}$	9	−27	42	3	—	−24	15	−5	50	−51	−35	14	0	−2	0	11	0
$\upsilon_i'^2 \times 10^{-4}$	81	729	1764	9	—	576	225	25	2500	2601	1225	196	0	4	0	121	10056
$\times 10^{-2}$	13									−18							
$\upsilon_i \upsilon_{i+1} \times 10^{-4}$	−243	−1134	126	−72	−360	−75	−250	−2550	1785	−490	0	0	0	0			−32630

① 列数据表，增加υ_i残差行与求和列。

② 算术平均值　　$\bar{x} = \dfrac{1}{16}\sum_{i=1}^{16} x_i = \dfrac{3284.80}{16} = 205.30$

③ 在数据表中列出残差υ_i数据。

④ 标准差的估计值　　$s(x) = \sqrt{\dfrac{\sum_{i=1}^{16} \upsilon_i^2}{16-1}} = \sqrt{\dfrac{29496 \times 10^{-4}}{15}} = 0.443$

⑤ 利用格拉布斯检验法，设置信概率为 95%，查表 2.6，得$G_{95}(16)=2.44$，$|\upsilon_{\max}|=1.35>2.44\times 0.443=1.08$。其中，$x_5=206.65$ 为异常数据，予以剔除。

对剩余数据重新判断粗大误差

$$\bar{x}' = \frac{1}{15}\sum_{i=1}^{15} x_i = \frac{3078.15}{15} = 205.21$$

$$s'(x) = \sqrt{\frac{\sum_{i=1}^{n} \upsilon_i^2}{n-1}} = \sqrt{\frac{10056 \times 10^{-4}}{14}} = 0.268$$

设置信概率为 95%，查表 2.6，得$G_{95}(15)=2.41$，$|\upsilon_{\max}|=0.51<2.41\times 0.268=0.65$。剩余数据没有异常数据。

⑥ 利用马利科夫判据

$$D = \sum_{i=1}^{(n+1)/2} \upsilon_i - \sum_{i=(n+1)/2}^{n} \upsilon_i = 0.13 - (-0.18) = 0.31 < |\upsilon_{\max}| = 0.51$$

不存在累进性系统误差。

利用阿贝-赫梅特判据

$$D = \left| \sum_{i=1}^{15-1} \upsilon_i \upsilon_{i+1} \right| = 3.263 > \sqrt{15-1}\, s^2(x) = \sqrt{14} \times 0.268^2 = 0.269$$

可能存在周期性系统误差。

⑦ 算术平均值标准差的估计值 $s(\bar{x}) = \dfrac{s(x)}{\sqrt{15}} = \dfrac{0.268}{\sqrt{15}} = 0.069$

⑧ 查附录 B，设置信概率为 95%，$t_{95}(14)=2.135$，$ks(\bar{x})=2.135\times 0.069=0.15$

最后结果的表达式为　　　　$Y=205.21\pm 0.15$

残差如图 2.14 所示。

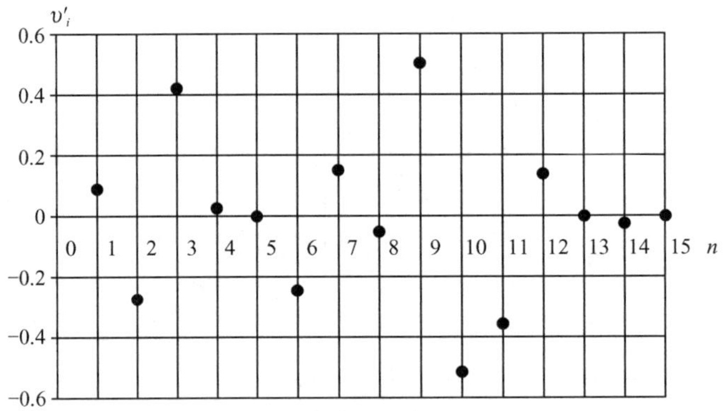

图 2.14 残差

2.5 误差的合成与分配

前面几节讨论的都是对单项参数进行直接测量的误差计算，但是，在实际测量中，有时误差来源于多方面。例如，用 n 个电阻串联，则总电阻的误差就与每个电阻的误差有关；又如，用间接法测量电阻上的功率，通常只需测得这个电阻的阻值、它上面的电压、流过它的电流这 3 项中的两项，然后计算电阻消耗的功率，这时，功率的误差就与各直接测量值的误差有关。不管某项误差是由若干因素产生的，还是由于间接测量产生的，只要某项误差与若干分项有关，这项误差就称为总合误差，各分项的误差称为分项误差或部分误差。

在测量工作中，常常需要从正反两个方面考虑总合误差与分项误差的关系：① 如何根据各分项误差来确定总合误差，即误差合成问题；② 当技术上对某量值的总误差限定一定范围以后，如何确定各分项误差的数值，即误差的分配问题。

正确地解决这两个问题常常可以指导人们设计出最佳的测量方案，在注意测量经济、简便的同时，提高测量的准确度，使测量总误差减到最小。

2.5.1 测量误差的合成

1. 误差传递公式

误差的合成是研究如何根据分项误差求总合误差的问题。分项与总合的函数关系，即数学模型，是各种各样的，例如，可以是和差关系、积商关系、乘方开方关系、指数对数关系等，这里不按具体情况一一进行讨论，而只给出一个普遍适用的公式——误差传递公式，或称传播公式。

设某量值 y 由两个分项 x_1、x_2 合成，即

$$y=f(x_1,\ x_2)$$

若在 $y_0=f(x_{10},\ x_{20})$ 附近各阶偏导数存在，则可把 y 展为泰勒级数

$$\begin{aligned}y&=f(x_1,\ x_2)\\&=f(x_{10},\ x_{20})+\left[\frac{\partial f}{\partial x_1}(x_1-x_{10})+\frac{\partial f}{\partial x_2}(x_2-x_{20})\right]+\\&\quad\frac{1}{2!}\left[\frac{\partial^2 f}{\partial x_1^2}(x_1-x_{10})^2+2\frac{\partial^2 f}{\partial x_1\partial x_2}(x_1-x_{10})(x_2-x_{20})+\frac{\partial^2 f}{\partial x_2^2}(x_2-x_{20})^2\right]+\cdots\end{aligned}$$

若用 $\Delta x_1=(x_1-x_{10})$ 和 $\Delta x_2=(x_2-x_{20})$ 分别表示 x_1 和 x_2 的分项误差，由于 $\Delta x_1\ll x_1$ 且 $\Delta x_2\ll x_2$，则泰勒级数的中高阶小量可以略去，总合误差为

$$\Delta y=y-y_0=y-f(x_{10},\ x_{20})$$

$$=\frac{\partial f}{\partial x_1}\Delta x_1+\frac{\partial f}{\partial x_2}\Delta x_2$$

同理，当总合 y 由 m 个分项合成时，可得

$$\Delta y=\frac{\partial f}{\partial x_1}\Delta x_1+\frac{\partial f}{\partial x_2}\Delta x_2+\cdots+\frac{\partial f}{\partial x_m}\Delta x_m$$

即

$$\Delta y=\sum_{j=1}^{m}\frac{\partial f}{\partial x_j}\Delta x_j \tag{2.42}$$

这是绝对误差的传递公式。

【例 2.16】 用间接测量法测电阻消耗的功率。若电阻、电压和电流测量的相对误差分别为 $\Delta R/R$、$\Delta U/U$ 和 $\Delta I/I$，问所求功率的相对误差为多少？

解：方案 1，用公式 $P=IU$。由式(2.42)可得

$$\Delta P=\frac{\partial P}{\partial I}\Delta I+\frac{\partial P}{\partial U}\Delta U=U\Delta I+I\Delta U$$

则算得功率的相对误差为

$$\gamma_P=\frac{\Delta P}{P}=\frac{U\Delta I}{UI}+\frac{I\Delta U}{UI}=\gamma_I+\gamma_U$$

方案 2，用公式 $P=U^2/R$。由式(2.42)可得

$$\Delta P=\frac{\partial P}{\partial U}\Delta U+\frac{\partial P}{\partial R}\Delta R=\frac{2U\Delta U}{R}-\frac{U^2\Delta R}{R^2}$$

则

$$\gamma_P=\frac{\Delta P}{P}=\frac{\frac{2U\Delta U}{R}}{\frac{U^2}{R}}-\frac{\frac{U^2\Delta R}{R^2}}{\frac{U^2}{R}}$$

$$=\frac{2\Delta U}{U}-\frac{\Delta R}{R}=2\gamma_U-\gamma_R$$

方案 3，用公式 $P=I^2R$。由式(2.42)可得

$$\Delta P=\frac{\partial P}{\partial I}\Delta I+\frac{\partial P}{\partial R}\Delta R=2IR\Delta I+I^2\Delta R$$

则

$$\gamma_P=\frac{\Delta P}{P}=\frac{2IR\Delta I}{I^2R}+\frac{I^2\Delta R}{I^2R}$$

$$=\frac{2\Delta I}{I}+\frac{\Delta R}{R}=2\gamma_I+\gamma_R$$

在本例中，已知各分项误差的相对误差，求总的相对误差。本例中使用的式(2.42)是求绝对误差的公式，这有时是不方便的。实际上，只要对式(2.42)稍加变换，就可以得到求相对误差的公式。将式(2.42)两端同除以 y，同时考虑 y 为 $x_1=x_{10}$，$x_2=x_{20}$时的函数值 f，则

$$\gamma_y=\frac{\Delta y}{y}=\frac{1}{f}\sum_{j=1}^{m}\frac{\partial f}{\partial x_j}\Delta x_j$$

由数学中用对数求导数的方法

$$\frac{\mathrm{d}f/\mathrm{d}x_j}{f}=\frac{\mathrm{d}\ln f}{\mathrm{d}x_j}$$

可求出相对误差

$$\gamma_y=\sum_{j=1}^{m}\frac{\partial \ln f}{\partial x_j}\Delta x_j \tag{2.43}$$

这是相对误差的传递公式。

【例 2.17】 用式(2.43)重新计算例 2.16。

解:方案 1,$P=UI$,可得

$$\gamma_P=\frac{\partial(\ln U+\ln I)}{\partial U}\Delta U+\frac{\partial(\ln U+\ln I)}{\partial I}\Delta I$$

$$=\frac{\Delta U}{U}+\frac{\Delta I}{I}=\gamma_U+\gamma_I$$

方案 2,$P=\frac{U^2}{R}$,可得

$$\gamma_P=\frac{\partial(2\ln U-\ln R)}{\partial U}\Delta U+\frac{\partial(2\ln U-\ln R)}{\partial R}\Delta R$$

$$=\frac{2\Delta U}{U}-\frac{\Delta R}{R}=2\gamma_U-\gamma_R$$

方案 3,$P=I^2R$,可得

$$\gamma_P=\frac{\partial(2\ln I+\ln R)}{\partial I}\Delta I+\frac{\partial(2\ln I+\ln R)}{\partial R}\Delta R$$

$$=\frac{2\Delta I}{I}+\frac{\Delta R}{R}=2\gamma_I+\gamma_R$$

式(2.42)及式(2.43)称为误差传递公式或误差传播公式,是讨论误差总合及分配的很有用的公式。在实际计算时,常常知道各分项的绝对误差、相对误差,求总合的绝对误差和相对误差。由例 2.16 及例 2.17 可见,对于同一个问题选用式(2.43)比选用式(2.42)更简便。但是,由这两个例子不能得出以下结论:求绝对误差时用式(2.42),而求相对误差时用式(2.43)就一定简便。观察式(2.42)及式(2.43)可见,由于对和、差式直接求偏微分方便,对积、商式及乘方、开方式取对数后可以变为和、差式。因此,作为一个技巧性问题,当 $y=f(x_1,x_2,\cdots,x_m)$ 的函数关系为和、差关系时,可以先求总合的绝对误差;当函数关系为积、商或乘方、开方关系时,先求总合的相对误差比较方便。

2. 系统误差的合成

由误差传递公式,很容易求得确定性系统误差的合成值。由式(2.42)得

$$\Delta y=\frac{\partial f}{\partial x_1}\Delta x_1+\frac{\partial f}{\partial x_2}\Delta x_2+\cdots+\frac{\partial f}{\partial x_m}\Delta x_m$$

一般来说,式中各分项误差 Δx 由系统误差 ε 及随机误差 δ 构成,即

$$\Delta y=\frac{\partial f}{\partial x_1}(\varepsilon_1+\delta_1)+\frac{\partial f}{\partial x_2}(\varepsilon_2+\delta_2)+\cdots+\frac{\partial f}{\partial x_m}(\varepsilon_m+\delta_m) \tag{2.44}$$

在测量中,若各随机误差可以忽略,则总合的系统误差 ε_y 可由各分项系统误差合成

$$\varepsilon_y=\sum_{j=1}^{m}\frac{\partial f}{\partial x_j}\varepsilon_j \tag{2.45}$$

若 $\varepsilon_1,\varepsilon_2,\cdots,\varepsilon_m$ 为确定性系统误差,则可由上式直接求出总合的系统误差。对于各分项系统误差不能确定的情况,将在后面讨论。

3. 随机误差的合成

式(2.44)已给出

$$\Delta y=\varepsilon_y+\delta_y=\sum_{j=1}^{m}\frac{\partial f}{\partial x_j}(\varepsilon_j+\delta_j)$$

若各分项的系统误差为零，则可求得总合的随机误差为

$$\delta_y = \sum_{j=1}^{m} \frac{\partial f}{\partial x_j} \delta_j$$

但是，随机误差的影响不能用一个个随机误差 δ 值衡量，而要用方差或标准差来衡量，因此将上式两边平方可得

$$\delta_y^2 = \sum_{j=1}^{m} \left(\frac{\partial f}{\partial x_j}\right)^2 \delta_j^2 + 2 \sum_{\substack{j \neq k \\ j=1-m \\ k=1-m}} \left(\frac{\partial f}{\partial x_j} \frac{\partial f}{\partial x_k} \delta_j \delta_k\right)$$

进行了 n 次测量后，对上式由 $i=1 \sim n$ 求和，则

$$\sum_{i=1}^{n} \delta_{ji}^2 = \sum_{i=1}^{n} \sum_{j=1}^{m} \left(\frac{\partial f}{\partial x_j}\right)^2 \delta_{ji}^2 + 2 \sum_{i=1}^{n} \sum_{\substack{j \neq k \\ j=1-m \\ k=1-m}} \left(\frac{\partial f}{\partial x_j} \frac{\partial f}{\partial x_k} \delta_{ji} \delta_{ki}\right)$$

若 $x_1, x_2, \cdots, x_m$ 为相互独立的量，则 δ_{ji} 与 δ_{ki} 互不相关。δ_{ji} 与 δ_{ki} 的大小和符号都是随机变化的，它们的积 $\delta_{ji}\delta_{ki}$ 也是随机变化的。当 $n \to \infty$ 时，各乘积项互相抵消的结果使上式第二项趋近于零。不考虑第二项以后，将上式两端同除以 n，则得

$$\frac{1}{n} \sum_{i=1}^{n} \delta_{ji}^2 = \sum_{j=1}^{m} \left(\frac{\partial f}{\partial x_j}\right)^2 \left(\frac{1}{n} \sum_{i=1}^{n} \delta_{ji}^2\right)$$

最后得到

$$\sigma^2(y) = \sum_{j=1}^{m} \left(\frac{\partial f}{\partial x_j}\right)^2 \sigma^2(x_j) \tag{2.46}$$

式(2.46)为已知各分项方差 $\sigma^2(x_j)$ 求总合方差 $\sigma^2(y)$ 的公式。需要指出的是，式(2.46)仅适用于对 m 项相互独立的分项测量结果进行总合，因为在它的推导过程中假设各测量值相互独立，在 $n \to \infty$ 时，$\delta_{ji}\delta_{ki}$ 的 n 项和才趋于零。

比较式(2.45)及式(2.46)可见，确定性系统误差是按代数形式总合起来的，而随机误差是按几何形式总合起来的。几何合成又叫均方根合成法或方和根合成。

2.5.2 测量误差的分配

如果说前面讨论的由各分项误差合成总合误差是误差传播的正问题，那么给定总合误差后，如何将这个总合误差分配给各分项，即对各分项误差应提出什么要求？这可以说是误差传播的反问题。这种确定误差分配方案的工作经常会遇到，但是当总合误差给定后，由于存在多个分项，所以从理论上来说，误差分配方案可以有无穷多个。因此只可能在某些前提下进行分配，下面介绍一些常见的误差分配原则。

1. 等准确度分配

等准确度分配是指分配给各分项的误差彼此相同，即

$$\varepsilon_1 = \varepsilon_2 = \cdots = \varepsilon_m \tag{2.47}$$

则由式(2.45)及式(2.46)可以得到分配给各分项的误差为

$$\varepsilon_j = \frac{\varepsilon_y}{\sum_{j=1}^{m} \frac{\partial f}{\partial x_j}} \qquad j=1,2,\cdots,m \tag{2.48}$$

$$\sigma(x_j) = \frac{\sigma(y)}{\sqrt{\sum_{j=1}^{m} \left(\frac{\partial f}{\partial x_j}\right)^2}} \qquad j=1,2,\cdots,m \tag{2.49}$$

等准确度分配通常用于各分项性质相同(量纲相同)、大小相近的情况。

【例 2.18】 电源变压器如图 2.15 所示，已知原线圈与两个副线圈的匝数比 $w_{12}:w_{34}:w_{45}=1:2:2$，用最大量程为 500V 的交流电压表测量副线圈总电压，要求相对误差小于±2%，问应该选哪个级别的电压表？

解：由于副线圈 1 和副线圈 2 的电压均匀为 440V，副线圈总电压 U 约为 880V，而电压表最大量程只有 500V，因此应分别测量副线圈的电压 U_1 及 U_2，然后相加得副线圈总电压，即 $U=U_1+U_2$。

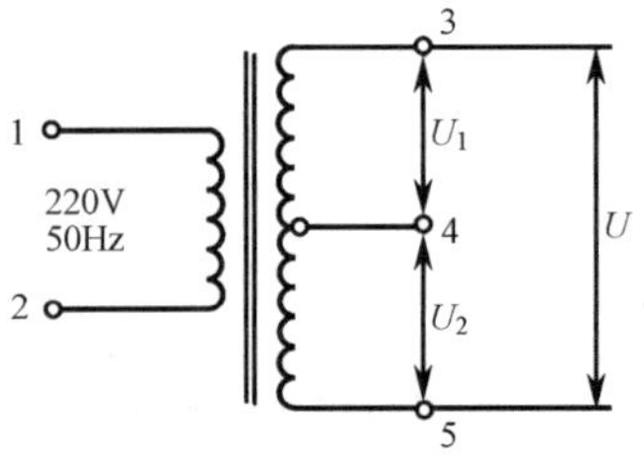

图 2.15　电源变压器

测量允许的最大总误差为

$$\Delta U=U\times(\pm 2\%)=\pm 17.6\ \mathrm{V}$$

可以认为，测量误差主要是由电压表误差造成的，而且由于两次测量的电压值基本相同，可根据等准确度分配原则分配误差，则

$$\Delta U_i=\Delta U_1=\Delta U_2=\frac{\Delta U}{2}=\frac{\pm 17.6}{2}=\pm 8.8\ \mathrm{V}$$

用引用相对误差为 γ_n 的电压表测量电压时，若电表的满度值为 $U_{\max}$，则可能产生的最大绝对误差为 $\Delta U_{\max}=\gamma_n U_{\max}$，这个数值应不大于每个副线圈分配到的测量误差 ΔU_i，即要求

$$\gamma_n\leqslant\frac{\Delta U_i}{U_{\max}}=\frac{8.8}{500}=1.66\%$$

可见，选用 1.5 级的电压表能满足测量要求。

2. 等作用分配

等作用分配是指分配给各分项的误差在数值上虽然不一定相等，但它们对测量总合误差的作用或者说对总合误差的影响是相同的，即

$$\frac{\partial f}{\partial x_1}\varepsilon_1=\frac{\partial f}{\partial x_2}\varepsilon_2=\cdots=\frac{\partial f}{\partial x_m}\varepsilon_m$$

$$\left(\frac{\partial f}{\partial x_1}\right)^2\sigma^2(x_1)=\left(\frac{\partial f}{\partial x_2}\right)^2\sigma^2(x_2)=\cdots=\left(\frac{\partial f}{\partial x_m}\right)^2\sigma^2(x_m)$$

由式(2.45)及式(2.46)可求出应分配各分项的误差为

$$\varepsilon_j=\frac{\varepsilon_y}{m\dfrac{\partial f}{\partial x_j}}\tag{2.50}$$

$$\sigma(x_j)=\frac{\sigma(y)}{\sqrt{m}\left|\dfrac{\partial f}{\partial x_j}\right|}\tag{2.51}$$

【例 2.19】 通过测电阻上的电压、电流间接测电阻上消耗的功率。已测出电流为 100mA，电压为 3V，算出功率为 300mW。若要求功率测量的系统误差不大于 5%，随机误差的标准差不大于 5mW，问电压和电流的测量误差多大时才能保证上述功率误差的要求？

解：按题意功率测量允许的系统误差为

$$\varepsilon_P<300\mathrm{mW}\times 5\%=15\ \mathrm{mW}$$

按等作用分配原则，分配给电流测量的系统误差可由式(2.50)求得

$$\varepsilon_I\leqslant\frac{\varepsilon_P}{2\dfrac{\partial(IU)}{\partial I}}=\frac{15}{2\times 3}=2.5\mathrm{mA}$$

同理，分配给电压测量的系统误差为

$$\varepsilon_U \leqslant \frac{\varepsilon_P}{2\dfrac{\partial(IU)}{\partial U}} = \frac{15}{2 \times 100} = 75\text{mV}$$

由上面的计算结果可以计算出电流测量误差和电压测量误差对功率测量误差的影响 $(\partial P/\partial I)\varepsilon_I$ 与 $(\partial P/\partial U)\varepsilon_U$ 的最大允许数值相等，均为 7.5mW，这也正体现了等作用分配原则。

下面分配随机误差。由式(2.51)得

$$\sigma(I) \leqslant \frac{\sigma(P)}{\sqrt{2}\left|\dfrac{\partial P}{\partial I}\right|} = \frac{5\text{mW}}{\sqrt{2} \times 3\text{V}} = 1.18\text{mA} \approx 1.2\text{mA}$$

$$\sigma(U) \leqslant \frac{\sigma(P)}{\sqrt{2}\left|\dfrac{\partial P}{\partial U}\right|} = \frac{5\text{mW}}{\sqrt{2} \times 100\text{mA}} = 35.4\text{mV} \approx 35\text{mV}$$

由上面的计算结果也容易算出，电流和电压的随机误差对功率随机误差的影响 $(\partial P/\partial I)^2\sigma^2(I)$ 与 $(\partial P/\partial U)^2\sigma^2(U)$ 也相同，体现了随机误差也是按等作用原则分配的。

在按等作用分配原则进行误差分配以后，可根据实际测量时各分项误差达到给定要求的困难程度适当进行调节，在满足总合误差要求的前提下，对不容易达到要求的分项适当放宽分配的误差，而对容易达到要求的分项，则可适当把分给它的误差再改小些，以使各分项测量的要求不会难易不均。

3. 抓住主要分项误差进行分配

当各分项误差中第 k 项误差特别大时，按照微小误差准则，若其他项对总合误差的影响可以忽略，就可以不考虑次要分项的误差分配问题，只要保证主要分项的误差小于总合误差即可，即当

$$\frac{\partial f}{\partial x_k}\varepsilon_k \gg \sum_{j \neq k} \frac{\partial f}{\partial x_j}\varepsilon^2(x_j)$$

$$\left(\frac{\partial f}{\partial x_k}\right)^2 \sigma^2(x_k) \gg \sum_{j \neq k} \left(\frac{\partial f}{\partial x_j}\right)^2 \sigma^2(x_j)$$

时，就可以只考虑主要分项误差的影响，即

$$|\varepsilon_k| \approx \left|\frac{\varepsilon_y}{\dfrac{\partial f}{\partial x_k}}\right| \tag{2.52}$$

$$\sigma(x_k) \approx \frac{\sigma(y)}{\left|\dfrac{\partial f}{\partial x_k}\right|} \tag{2.53}$$

主要分项也可以是若干项，这时可把误差在这几个主要分项中进行分配，对影响较小的次要分项则可不予考虑或酌情分给少量误差比例。

2.5.3 最佳测量方案的选择

对于实际测量，通常希望测量的准确度越高，即误差的总合越小越好。所谓测量的最佳方案，从误差的角度看，就是要做到

$$\varepsilon_y = \sum_{j=1}^{m} \frac{\partial f}{\partial x_j}\varepsilon_j = \varepsilon_{y\min} \tag{2.54}$$

$$\sigma^2(y) = \sum_{j=1}^{m} \left(\frac{\partial f}{\partial x_j}\right)^2 \sigma^2(x_j) = \sigma^2(y)_{\min} \tag{2.55}$$

当然，若能使上述各式中每项都能达到最小，总合误差就会最小。有时通过选择合适的测量点

能满足这一要求，但是通常各分项误差 ε_j 及 $\sigma(x_j)$ 是由一些客观条件限定的，所以选择最佳测量方案的方法一般只是根据现有条件，了解各分项误差可能达到的最小数值，然后比较各种可能的方案，选择总合误差最小者作为现有条件下的“最佳”方案。常用选择方法有以下两种。

1. 函数形式的选择

当有多种间接测量方案时，各方案的函数形式不同，应选其中总合误差最小的函数形式。

【例 2.20】 测量电阻 R 消耗的功率时，可间接测量电阻上的电压 U 和电流 I，然后采用不同的方案来计算功率。设电阻、电压、电流测量的相对误差分别为 $\gamma_R=\pm1\%$，$\gamma_U=\pm2\%$，$\gamma_I=\pm2.5\%$，问采用哪种测量方案较好？

解：由例 2.18 可知，间接测量电阻消耗的功率可采用 3 种方案，各种方案功率的相对误差如下。

方案 1，$P=UI$，则　　$\gamma_P=\gamma_U+\gamma_I=\pm(2\%+2.5\%)=\pm4.5\%$

方案 2，$P=U^2/R$，则　　$\gamma_P=2\gamma_U-\gamma_R=\pm(2\times2\%+1\%)=\pm5\%$

方案 3，$P=I^2R$，则　　$\gamma_P=2\gamma_I+\gamma_R=\pm(2\times2.5\%+1\%)=\pm6\%$

可见，在题中给定的各分项误差条件下，选择方案 1，即用测量电压和电流来计算功率比较合适。

本例中的结论是在题中给定的条件下得出的。当条件不同时，导致的结论也可能不同。此外，在选择测量方案时，注意在总合误差基本相同的情况下，还应兼顾测量的经济、简便等条件，例如，对于正在工作的电路中，测量电压就往往比测量电流方便。

2. 测量点的选择

在前面满度（引用）相对误差中曾指出，用指针式多用表电压挡、电流挡测量时，应正确选择量程，使测量值靠近满度值，即测量点选在满量程附近，测量结果的相对误差小。那么，对电阻挡测量点应选择何处呢？现介绍一般性方法——回归分析法。

设 $y=f(x,c_1,c_2,\cdots,c_m)$，对 x 和 y 测量 n 组数据，由于实际测量存在误差，可得以下 n 个误差方程

$$\begin{cases}\delta_1=y_1-f(x_1,c_1,c_2,\cdots,c_m)\\ \delta_2=y_2-f(x_2,c_1,c_2,\cdots,c_m)\\ \vdots\\ \delta_n=y_n-f(x_n,c_1,c_2,\cdots,c_m)\end{cases}$$

当 $m=n$ 时，不能准确解出 m 个待定参数 c_j；当 $m<n$ 时，误差方程组无实解；当 $m>n$ 时，误差方程组无解，但可利用最小二乘法求最佳估计值。

$$\sum_{i=1}^{n}\upsilon_i^2=\sum_{i=1}^{n}[y_i-f(x_i,c_1,c_2,\cdots,c_m)]^2=\min$$

令 $A=\sum\limits_{i=1}^{n}\upsilon_i^2$，分别对参数 c_j 求偏微分，得到 m 个方程，解方程组，即可得到 m 个待定参数 c_j 的最佳估计值

$$\begin{cases}\dfrac{\partial A}{\partial c_1}=0\\ \dfrac{\partial A}{\partial c_2}=0\\ \vdots\\ \dfrac{\partial A}{\partial c_m}=0\end{cases}$$

当被测量的函数关系确定后，用前面介绍的误差合成公式求出相对误差的表达式，然后求该表达式对被测量的极小值，则可求出令相对误差最小的测量点。

【例 2.21】 用指针式多用表测量电阻，其原理电路如图 2.16 所示。试问指针在什么位置时测量误差最小？

解：由图 2.16 可知，回路中的电流为

$$I=\frac{E}{R_x+R_i}$$

则
$$R_x=\frac{E}{I}-R_i$$

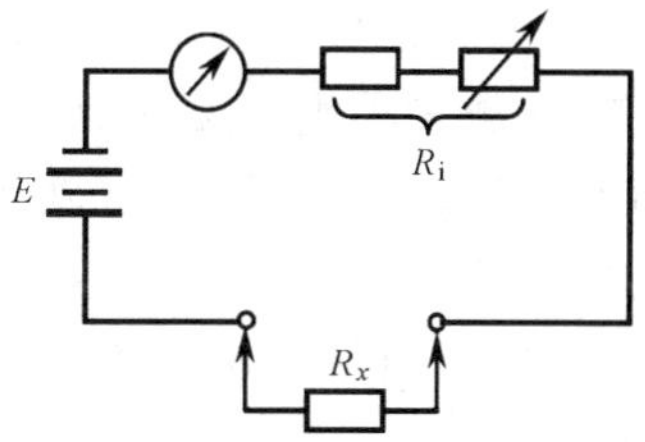

图 2.16 测量电阻原理电路

由式(2.42)，可求得绝对误差为

$$\Delta R_x=\frac{\partial R_x}{\partial I}\Delta I=-\frac{E}{I^2}\Delta I$$

则相对误差表达式为

$$\gamma_R=\frac{\Delta R_x}{R_x}=\frac{E}{I^2R_i-IE}\Delta I$$

令
$$\frac{\partial}{\partial I}\left(\frac{\Delta R_x}{R_x}\right)=0$$

$$-E\Delta I(I^2R_i-IE)^{-2}(2IR_i-E)=0$$

$$2IR_i-E=0$$

可求得
$$I=\frac{E}{2R_i}=\frac{1}{2}I_{max}$$

结论：指针处于中央位置时，测量电阻的相对误差最小。

2.6 测量不确定度

2.6.1 测量不确定度概述

前面介绍的测量误差理论虽然很全面很系统，但却存在两个严重的问题。

第一，逻辑概念错位。因为式(2.1)定义误差等于测量值减去真值(或参考量值)，而真值是一个理想的概念，除少数情况外，在大多情况下真值或参考量值都是难以获得的。这样，真值不能确定，则“误差”也不能确定。即式(2.1)以一个已知量求解两个未知量是不成立的方程式，或者说，逻辑前提条件不成立，逻辑推理也不能成立。例如，测量地球到月亮的距离，问测量误差多大？这需要知道这个距离的真值，而如果已知道这个距离的真值也就不必测量了。通常，实际测量中也会为计算误差而困惑，因为要获得参考量值就得去找高档仪表，这给实际工作增添了操作困难。

第二，误差评定方法不统一。例如，随机误差通常用标准差估计值(实验标准差)s 表示，有时却用 $2s$ 或 $3s$ 表示。又如，对一个具体测量对象，如何发现和定量计算系统误差还没有一套通用有效的方法。尤其是当已知被测系统的随机误差和系统误差求总合误差时，世界上至今还无法统一，有的是分别给出(认为数学上两个不同性质的量不能相加)；有的采用算术相加(认为算术相加合成结果最大更可靠)，有的采用平方相加(认为两个独立的量平方相加更合理)。很多教材或文件中都存在这种不统一问题。

因此，传统的误差理论与当今科技的发展不相适应。国际上早在 1963 年就提出了测量不确定度的概念，通过长达数十年的探索才提供了一个较为全面的能为各方接受的合理可行的方案，并于 1989 年组成国际不确定度工作组。1993 年，国际标准化组织、国际电工委员会、国际计量局、国际

法制计量组织等7个国际组织联合制定发布了《Guide to the Expression of Uncertainty in Measurement》(GUM,测量不确定度表示指南),该指南于1995年和2008年做了两次修订。GUM方法是当前国际通行的观点和方法,可以用统一的准则对测量结果及其质量进行评定、表示和比较。

我国在计量和测量领域经过多年的深入研究和探讨,于1999年发布了适合我国国情的计量技术规范《测量不确定度评定与表示》(JJF 1059—1999)。2012年,根据国际八大组织于2008年修订的指南发布《测量不确定度评定与表示》(JJF 1059.1—2012)。这些规范在原则上等同采用了GUM的基本内容,是实验测试、产品质量认证和计量检定考核的法律依据,使我国的测试计量标准能与国际通行做法接轨,适应全球市场经济发展的需要。因此,学习掌握测量不确定度具有重大的实用意义。

1. 测量不确定度的定义和分类

测量不确定度简称不确定度。在《测量不确定度评定与表示》(JJF 1059.1—2012)中,不确定度(uncertainty)的定义为:"根据所获信息,表征赋予被测量值分散性的非负参数"。

新定义中,"根据所获信息"是指与测量活动有关的测量仪器、测量方法、测量条件等提供的信息,以及仪器检定证书、技术手册等都可作为信息来源,这些信息都是评定被测量值分散性的依据。

定义中,"赋予"的含义是通过测量所得到的测量结果。

定义中明确指出不确定度是一个"参数",也就是一个物理量,新规范中更明确指出它是一个非负参数。它不能独立地存在,而是要和测量结果一起存在,作为测量结果的一部分。不确定度是表达分散性的一个量,这个量由多个分量组成。其中一些分量可用测量列结果的统计分布估算,并用实验标准差表征;另一些分量则可用基于经验或其他信息的假定概率分布估算,也转换为标准差表征。

这种不确定度的定义表明,一个完整的测量结果应包含被测量的估计值与分散性参数两部分。例如,被测量Y的测量结果为

$$Y = y \pm U$$

式中,y——被测量的估计值,通常取多次测量值y_i的算术平均值,即$y=\bar{y}_i$;

U——不确定度,在GUM中规定,这个参数可以是标准差s或s的倍数ks,也可以是某包含概率P(例如$P=95\%$)下包含区间的半宽。

需要说明一点,2.2.4节中用统计概率研究随机误差时定义的置信区间、置信概率及置信因子在《国际计量学词汇　基础和通用概念及相关术语》中分别称为包含区间、包含概率及包含因子,而我国相应的新规范术语至今尚未公布,故本书在不确定度的讨论中采用国际规范术语,改称为包含区间、包含概率及包含因子。

在图2.1中可以很直观地看到不确定度和真值及误差的相对关系。不确定度定义可以具体理解为:① 它是与测量结果相关的参数$\bar{x}\pm U$;② 表征合理地赋予被测量包含值的分散性,其包含区间是$[\bar{x}-U, \bar{x}+U]$。它与真值没有直接关系,但它将真值包含在区间之中。不确定度U小,则区间小,被测量值的分散性小。注意:不确定度U恒为正值。前面加±号只是标明区间的取向,经常用数学符号+、-或者±号与U相连接。

显然,在不确定度的定义下,被测量的测量结果所表示的并非是一个确定的值,而是分散的无限个可能值所处于的一个区间。不确定度单独用数值表示时,不要加"±"号,例如:$U=0.2\text{mV}$,不应写为$U=\pm 0.2\text{mV}$。

根据不确定度定义,在测量实践中如何对不确定度进行合理评定,这是必须解决的基本问题。

对于一个实际测量过程，影响测量结果的精度有多方面因素，因此不确定度一般包含若干分量。各不确定度分量不论其性质如何，皆可用两类方法进行评定，即 A 类评定与 B 类评定。其中，一些分量由一系列观测数据的统计分析来评定，称为 A 类评定；另一些分量不用一系列观测数据的统计分析法，而是基于经验或其他信息所认定的概率分布来评定，称为 B 类评定。所有的不确定度分量均用标准差表征，它们或者是由随机误差而引起的，或者是由系统误差而引起的，都会对测量结果的分散性产生相应的影响。

综上所述，不确定度分类归纳如下：

- 不确定度
  - 标准不确定度
    - A 类标准不确定度 u_A（由多次测量值求标准差获得）
    - B 类标准不确定 u_B（查已有信息求得）
    - 合成标准不确定度 u_c（A、B 类的合成，多个不确定度合成）
  - 扩展不确定度（扩大 u_c 的包含区间，提高包含概率）

应当指出，在不确定度的合成中，有时为简化运算也引用相对不确定度的形式。

2. 测量不确定度的来源

① 被测量的定义不完善，实现被测量定义的方法不理想，被测量样本不能代表所定义的被测量。

② 测量装置或仪器的分辨率、抗干扰能力、控制部分的稳定性等。

③ 测量环境的不完善对测量过程的影响及测量人员技术水平等。

④ 计量标准和标准物质的值本身的不确定度，在数据简化算法中使用的常数及其他参数值的不确定度，以及在测量过程中引入的近似值。

⑤ 在相同条件下，由随机因素所引起的被测量本身的不稳定性。

3. 测量不确定度与误差的关系

不确定度和误差是误差理论中两个重要概念，它们具有相同点，都是评价测量结果质量高低的重要指标，都可作为测量结果的精度评定参数。但它们又有明显的区别，必须正确认识和区分，以防混淆和误用。

从定义上讲，按照误差的定义：误差是测量值与真值之差，它以真值或约定真值为中心；而不确定度是以被测量的估计值为中心的。因此误差是一个理想的概念，一般不能准确知道，难以定量；而不确定度反映人们对测量认识不足的程度，是可以定量评定的。

在分类上，误差按自身特征和性质分为系统误差、随机误差和粗大误差，并可通过采取不同的措施来减小或消除各类误差对测量的影响。但由于各类误差之间并不存在绝对界限，故在分类判别和误差计算时不易准确掌握。不确定度不按性质分类，而是按评定方法分为 A 类评定和 B 类评定，两类评定方法不分优劣，按实际情况的可能性加以选用。由于不确定度的评定不讨论影响它的因素的来源和性质，只考虑其影响结果的评定方法，从而简化了分类，便于评定与计算。

不确定度与误差有区别，也有联系。误差是不确定度的基础，研究不确定度首先需研究误差，只有对误差的性质、分布规律、相互联系及对测量结果的误差传递关系等有了充分的认识和了解，才能更好地估计各不确定度分量，正确得到测量结果的不确定度。用不确定度代替误差表示测量结果，易于理解，便于评定，具有合理性和实用性。但不确定度的内容不能包罗、更不能取代误差理论的所有内容，如传统的误差分析与数据处理等均不能被取代。客观地说，不确定度是对经典误差理论的一个补充，是现代误差理论的内容之一，是误差理论的应用与拓展，但它还有待于进一步研究、完善与发展。

为了便于加深理解，表 2.9 以对比的形式列出了误差与不确定度的主要区别。

表 2.9 误差与不确定度的区别

对比项目	误差	不确定度
含义	反映测量结果偏离真值的程度	反映测量结果的分散程度
符号	非正即负	恒为正值
分类	系统误差、随机误差、粗大误差	A类评定和B类评定
表示符号	符号较多且无法规定	用 u、u_c、U 表示
合成方式	代数和或均方根	均方根
主客观性	客观存在，不以人的认识程度而改变	与人们对被测量及测量过程的认识有关
与真值的关系	有关	无关

2.6.2 标准不确定度的评定

用标准差表征的不确定度，称为标准不确定度，用 u 表示。不确定度所包含的若干不确定度分量，均是标准不确定度分量，用 u_i 表示，其评定方法如下。

1. A类标准不确定度的评定（简称A类评定）

A类评定用对观测列进行统计分析的方法，其标准不确定度 u 的求法等同于由系列观测量值获得的标准差，即A类标准不确定度就等于标准差，即 $u_A=s(\bar{x})$。标准差的求法与前面随机误差的处理方法相同，具体步骤归纳如下：

① 对被测量 X 进行 n 次测量，得测量值 $x_1,x_2,\cdots,x_n$。

② 求算术平均值 $\bar{x}$ 和残差 $\upsilon_i=x_i-\bar{x}$。

③ 用贝塞尔公式求标准差的估计值

$$s(x_i)=\sqrt{\frac{1}{n-1}\sum_{i=1}^{n}(x_i-\bar{x})^2} \tag{2.56}$$

④ 求算术平均值标准差的估计值

$$s(\bar{x})=\frac{s(x)}{\sqrt{n}} \tag{2.57}$$

⑤ A类标准不确定度为

$$u_A=s(\bar{x}) \tag{2.58}$$

这里需要说明的是，观测次数 n 应充分大，才能使A类不确定度的评定较可靠，一般认为，n 应大于5。但也要视实际情况而定，当A类不确定度分量对合成标准不确定度的贡献较大时，n 不宜太小；反之，n 小些关系也不大。

因此，A类标准不确定度的评定是通过对标准差的计算求得的。除此以外都属于B类标准不确定度的评定。

2. B类标准不确定度的评定（简称B类评定）

B类评定不用统计分析法，而是基于其他方法估计概率分布或分布假设来评定标准差，并得到标准不确定度。B类评定在不确定度评定中占有重要地位，因为有的不确定度无法用统计方法来评定，或者虽可用统计法，但不经济可行，所以在实际工作中，采用B类评定居多。

设被测量 X 的估计值为 x，其标准不确定度的B类评定是借助于影响 x 可能变化的全部信息进行科学判定的。这些信息可能是：权威机构发布的量值，有证标准物质的量值，校准证书，仪器的漂移，仪器的最大允许误差，有关仪器和装置的一般知识，制造说明书和检定证书或其他报告所提供的数据，经检定的测量仪器准确度等级，根据人员经验推断的极限值等。为了合理使用信息，正确进行标准不确定度的B类评定，要求有一定的经验并对一般知识有透彻的了解。

B类评定，首先根据实际情况分析，对测量值进行一定的概率分布假设，可假设为正态分布，也可假设为均匀分布等其他分布。确定了分布，则可求得某包含概率 P（如 $P=95\%$ 或 $P=99\%$）下包含区间的半宽 a。

包含区间半宽 a 通常不是标准差形式，这时要将其换算为标准差。换算方法是，根据其分布将 a 除以理论上已预先求出的包含因子 k，如表2.10所示。

表2.10 常用分布与 k，$u(x_i)$ 的关系

分布类型	P	k	$u(x_i)$
正态	99.73%	3	$a/3$
正态	95.45%	2	$a/2$
正态	95%	1.96	$a/1.96$
$t(n=21)$	95%	2.09	$a/2.09$
均匀(矩形)	100%	$\sqrt{3}$	$a/\sqrt{3}$
三角形	100%	$\sqrt{6}$	$a/\sqrt{6}$

B类标准不确定度就是区间的半宽 a 除以包含因子 k

$$u_B=\frac{a}{k} \tag{2.59}$$

应当指出，在实际应用中，大多数测量值为正态（或 t）分布和均匀分布的情况。这两种分布的 k 值（1.96和1.73）差别也不大，故假设使用错的分布对结果影响也不大，但一定要用 a 除以 k 转换为标准差形式，将其化为B类标准不确定度，这样才能和A类标准不确定度相加。

【例2.22】 由手册查得纯铜在温度20℃时的线膨胀系数 a_l 为 16.52×10^{-6}/℃，并已知 a_l 的误差范围为 $\pm0.4\times10^{-6}$/℃，求 a_l 的标准不确定度。

解：根据手册提供的信息，可认为 a_l 的值以等概率位于区间 $(16.52-0.4)\times10^{-6}$/℃ ～ $(16.52+0.4)\times10^{-6}$/℃内，且不可能位于此区间之外，故假设 a_l 服从均匀分布。已知其区间半宽 $a=0.4\times10^{-6}$/℃，则纯铜在温度为20℃时的线膨胀系数 a_l 的B类标准不确定度为

$$u_B=\frac{a}{\sqrt{3}}=\frac{0.4\times10^{-6}/℃}{\sqrt{3}}\approx0.23\times10^{-6}/℃$$

【例2.23】 数字电压表厂家说明书上给出：仪器校准后1～2年内，在1V内示值最大允许误差的模为 $14\times10^{-6}U_x+2\times10^{-6}U_m$（这里，$U_x$ 为读数，U_m 为量程）。设校准后20个月在1V内测量电压，问当测量读数 $U_x=0.928571$V时，其示值误差导致的标准不确定度为多少？

解：因为数字电压表示值误差导致的标准不确定度是由产品质量决定的，而不是通过多次测量由标准差求得的，故属B类标准不确定度。

最大允许误差即仪器的最大绝对误差 $\pm\Delta U$，就是该仪器的包含区间。其模即绝对值 ΔU，也就是包含区间的半宽 a，因此

$$a=\Delta U=14\times10^{-6}\times0.928571\text{V}+2\times10^{-6}\times1\text{V}\approx15\mu\text{V}$$

由于最大允许误差 ΔU 在1V量程内对测量值都有影响，即其在1V范围内出现的概率相同，故应属于均匀分布。因此，这里 a 即为均匀分布的半宽，按表2.10查得 $k=\sqrt{3}$，则该数字电压表示值的B类标准不确定度为

$$u(\Delta U)=15/\sqrt{3}\approx8.7\mu\text{V}\approx9\mu\text{V}$$

3. 自由度

1) 自由度的概念

在《测量不确定度评定与表示》中给出的自由度定义为："在方差计算中，和的项数减去对和的限制数。"自由度用希腊字母 ν（读音为nu"纽"）表示。

在前面计算测量标准差（方差的开平方）s 的贝塞尔公式(2.56)中，在 n 个残差 υ_i 的平方和

$\sum_{i=1}^{n}(x_i-\bar{x})^2$ 中，如果 n 个 υ_i 之间存在着 k 个独立的线性约束条件，即 n 个变量中独立变量的个数仅为 $n-k$，则称平方和 $\sum_{i=1}^{n}\upsilon_i^2=\sum_{i=1}^{n}(x_i-\bar{x})^2=0$ 的自由度为 $n-k$。式中 $\sum_{i=1}^{n}\upsilon_i{}^2=\sum_{i=1}^{n}(x_i-\bar{x})^2$ 的 n 个变量 υ_i 之间存在唯一的线性约束条件 $\sum_{i=1}^{n}\upsilon_i=\sum_{i=1}^{n}(x_i-\bar{x})=0$。由于仅有一个约束条件，故称"对和的限制数为 1"。因此根据定义：和的项数 n 减去对和的限制数 1，即自由度为 $n-1$，则由式(2.56)计算的标准差 s 的自由度 $\nu=n-1$。

可以这样来理解自由度的概念，如果仅有一个测量值，则该测量结果就是被测量的最佳估计值，别无他选，这相当于自由度为零。由式(2.56)计算的标准差 s 为无穷大，这是不允许的。若有两个或两个以上的测量值，则有了选择最佳估计值的"自由"。随着测量次数的增多，自由度也随之增大。从第 2 次起，每增加一次测量，自由度就增 1。由此可以看出，系列测量的标准差的可信赖程度与自由度有密切关系，自由度越大，标准差越可信赖。由于标准不确定度是用标准差来表征的，故不确定度评定的质量如何，也可用自由度来说明。因此，自由度 ν 是表达测量可靠程度的量，测量次数越多，可靠性越好，则自由度越大。

2) 自由度的评定

在数学上可以证明自由度与标准不确定度之间有以下关系

$$\nu=\frac{1}{2\left\{\frac{u[u(x)]}{u(x)}\right\}^2} \tag{2.60}$$

式中，$u(x)$——被测量 x 的标准不确定度；

$u[u(x)]$——标准不确定度 $u(x)$ 的标准不确定度；

$\frac{u[u(x)]}{u(x)}$——标准不确定度 $u(x)$ 的相对标准不确定度。

由此可见，自由度 ν 与标准不确定度的 $u(x)$ 相对标准不确定度有关。或者说，自由度与不确定度的不确定度有关。也可以说，自由度是一种二阶不确定度。一般来说，自由度表示所给标准不确定度的可靠程度。自由度越大，所得的标准不确定度越可靠。

在测量中对自由度的确定方法按标准不确定度也分为两种。

(1)A 类标准不确定度的自由度

对 A 类评定的标准不确定度，其自由度 ν 即为标准差 s 的自由度。由于标准差有不同的计算方法，因此，其自由度也有所不同，并且可由相应公式计算出不同的自由度。通常都用贝塞尔公式计算标准差，其自由度 $\nu=n-1$。

(2)B 类标准不确定度的自由度

由于 B 类标准不确定度的自由度不是由实验测量计算得到的，也就不存在测量次数的问题，因此原则上也就不存在自由度的概念。但如果将式(2.60)推广到 B 类评定中，即认为该式同样适用于 B 类标准不确定度。例如，若知道 B 类相对标准不确定度为 10%，则可按式(2.60)求得自由度 $\nu=50$。但是如何先得到相对标准不确定度，这是个难题。这需要相应的专业知识和评定不确定度的实际经验。

应当指出，自由度的计算除了在求标准差中用到，主要在求扩展不确定度查包含因子 k 表时要用到。而在实际应用中，大多令 $k=2$，因此不必进行自由度的计算。

2.6.3 测量不确定度的合成

在《测量不确定度评定与表示》中，合成标准不确定度定义为"当测量结果由若干个其他量的值求得时，按其他各量的方差和协方差算得的标准不确定度”，并指出它是测量结果标准差的估计值。

得到各标准不确定度分量 $u_i(x)$后，需要合成各分量以得到被测量 y 的合成标准不确定度 $u_c(y)$，下标 c 是英文 combine 的第一个字母，表示合成之意。这里，合成有两种：一是对直接测量不确定度的合成；二是对间接测量不确定度的合成。现分述如下。

1) 直接测量不确定度的合成

直接测量就是用测量仪器直接获得被测量估计值的方法，是测量中最常用的方法。其数学模型为

$$y = f(x) \tag{2.61}$$

式(2.61)表示 y 是直接测量被测量 x 的最佳估计值。在大多情况下，都采用重复性测量的方法进行多次测量获得一组测量数据列。其测量结果评估中可能存在 A 类标准不确定度和 B 类标准不确定度，有时还可能是多项 A 类或 B 类标准不确定度。现设某被测量 x 在非等精度测量条件下有 i 个 A 类标准不确定度 u_{Ai}，有 j 个 B 类标准不确定度 u_{Bj}，通常，这些不确定度分量彼此是相互独立的，故该被测量的合成标准不确定度为

$$u_{c(x)} = \sqrt{\sum_{i=1}^{n} u_{Ai}^2 + \sum_{j=1}^{m} u_{Bj}^2} \tag{2.62}$$

【例 2.24】 有一个数字电压表在 1V 量程时，绝对误差模的最大值表示式为

$$\Delta U = 0.002\% U_x + 0.001\% U_m$$

式中，U_x 为电压读数，U_m 为量程。在该量程时，对一直流电压进行了若干次测量，经检查无异常数据和需要修正的确定性系统误差，得到平均电压 $\overline{U} = 0.823\,906\text{V}$ 后，再求平均值的实验标准差 $s(\overline{U}) = 6.5\mu\text{V}$，问测量结果的合成标准不确定度是多少？

解：由多次测量数据求得的平均值的实验标准差，可得 A 类标准不确定度

$$u_{A(U)} = s(\overline{U}) = 6.5\ \mu\text{V}$$

数字电压表绝对误差模的最大值是生产厂家给出的该表的最大允许误差范围 a，应属 B 类标准不确定度

$$a = \Delta U = 0.002\% U_x + 0.001\% U_m = 2 \times 10^{-5} \times 0.823\,906 + 10^{-5} \times 1$$
$$\approx 26.5 \times 10^{-6}\text{V} = 26.5\mu\text{V}$$

该误差在整个量程内出现的概率相同，可认为是均匀分布，查表 2.10 得包含因子 $k = \sqrt{3}$，则 B 类标准不确定度为

$$u_{B(U)} = \frac{a}{\sqrt{3}} = \frac{26.5}{\sqrt{3}} \approx 15.3\mu\text{V}$$

最后得到被测电压的合成标准不确定度为

$$u_{c(U)} = \sqrt{u_{A(U)}^2 + u_{B(U)}^2} = \sqrt{(6.5)^2 + (15.3)^2} \approx 16.6\ \mu\text{V} \approx 17\ \mu\text{V}$$

2) 间接测量不确定度的合成(不确定度传播律)

在实际测量中，有些被测量不能直接进行测量，或者直接测量难以保证其精度，需要进行间接测量。例如，功率 $P = UI = U^2/R = I^2R$，电热量 $Q = 0.24I^2Rt$ 等。

为此，首先要明确间接测量值与其各项直接测量值的数学模型(或称函数关系)，可写为

$$y = f(x_1, x_2, \cdots, x_n)$$

式中，x_i 是各项直接测量值。

现在的问题是当已知各项直接测量值 x_i(输入量)的不确定度 $u_{c(x_i)}$ 后，如何求间接测量值(输

出量)总的合成标准不确定度。这个问题完全类同于2.5.1节讨论的误差合成的问题,把 y 展开为泰勒级数,在一阶近似条件下得到绝对误差传递公式(2.42)。

同理,这里当全部输入量(各项直接测量值)彼此独立或不相关时,合成标准不确定度为

$$u_{c(y)}^2=\sum_{i=1}^{n}\left(\frac{\partial f}{\partial x_i}\right)^2 u_{c(x_i)}^2 \tag{2.63}$$

式(2.63)称为"不确定度传播律"。式中,偏导数 $\partial f/\partial x_i$ 称为灵敏系数,可以简化用符号 c_i 表示。c_i 描述输出估计值 y 如何随输入估计值 $x_1,x_2,\cdots,x_n$ 的变化而变化。

【例 2.25】 设某被测量的数学模型为 $y=\dfrac{a^2b}{d}$,设 a,b,d 相互独立,其 $u_{c(a)},u_{c(b)},u_{c(d)}$ 已知,试求合成标准不确定度 $u_{c(y)}$。

解:由

$$u_{c(y)}^2=\sum_{i=1}^{n}\left(\frac{\partial f}{\partial x_i}\right)^2 u_{c(x_i)}^2$$

由数学模型直接对 a,b,d 求偏导可得合成标准不确定度

$$\begin{aligned}u_{c(y)}^2&=\left(\frac{\partial f}{\partial a}\right)^2 u_{c(a)}^2+\left(\frac{\partial f}{\partial b}\right)^2 u_{c(b)}^2+\left(\frac{\partial f}{\partial d}\right)^2 u_{c(d)}^2\\&=\left(\frac{2ab}{d}\right)^2 u_{c(a)}^2+\left(\frac{a^2}{d}\right)^2 u_{c(b)}^2+\left(\frac{a^2b}{d^2}\right)^2 u_{c(d)}^2\end{aligned}$$

对于这种具有乘除和乘方关系的数学模型,用直接求偏导的方法比较麻烦,因此,像2.5.1节中那样,用相对误差传递公式可以使运算简化。

对于本例,用相对不确定度方法可以写成

$$\frac{u_{c(y)}^2}{y^2}=\frac{\left(\dfrac{2ab}{d}\right)^2 u_{c(a)}^2+\left(\dfrac{a^2}{d}\right)^2 u_{c(b)}^2+\left(\dfrac{a^2b}{d^2}\right)^2 u_{c(d)}^2}{\left(\dfrac{a^2b}{d}\right)^2}$$

用 u_{crel} 表示相对合成标准不确定度,用数学方法整理化简后得

$$\begin{aligned}u_{crel}^2&=\left[2\,\frac{u_{c(a)}}{a}\right]^2+\left[\frac{u_{c(b)}}{b}\right]^2+\left[\frac{u_{c(d)}}{d}\right]^2\\&=4u_{crel}^2(a)+u_{crel}^2(b)+u_{crel}^2(d)\end{aligned} \tag{2.64}$$

式中,$u_{crel}(a)$、$u_{crel}(b)$、$u_{crel}(d)$ 分别为 a、b、d 的相对标准不确定度。

总结上述用方法化简规律可知:相对合成标准不确定度平方等于各分项的相对标准不确定度除以该项变量,再乘上该变量的幂次后的平方和。这样,当遇到含积、商式及乘方、开方的数学模型可以仿照式(2.64)写出相对合成标准不确定度的表达式。也可以仿照式(2.43)采用数学中由对数求导数的方法来求相对合成标准不确定度,如下式

$$u_{crel}^2=\sum_{j=1}^{m}\left(\frac{\partial \ln f}{\partial x_j}\right)^2 u_{c(x_j)}^2 \tag{2.65}$$

【例 2.26】 通过测量电阻 R 端电压 U 来测量它消耗的功率 $P=\dfrac{U^2}{R}$。已知电阻及电压的相对标准不确定度 $u_{rel}(R)$ 及 $u_{rel}(U)$,求合成标准不确定度 $u_c(P)$ 及相对合成标准不确定度 $u_{crel}(P)$。

解:(1)求合成标准不确定度 $u_c(P)$。

由 $P=\dfrac{U^2}{R}$ 先求偏导数 $\dfrac{\partial P}{\partial R}=-\dfrac{U^2}{R^2}$,$\dfrac{\partial P}{\partial U}=\dfrac{2U}{R}$,代入式(2.63)得

$$u_c^2(P)=\left(\frac{\partial P}{\partial R}\right)^2 u^2(R)+\left(\frac{\partial P}{\partial U}\right)^2 u^2(U)$$

$$=\left(\frac{U}{R}\right)^4 u^2(R)+\left(\frac{2U}{R}\right)^2 u^2(U)$$

将上式开方，其正平方根即为 $u_c(P)$。

(2)求相对合成标准不确定度 $u_{crel}(P)$，可用两种方法。

方法 1：对 $P=\frac{U^2}{R}$ 取对数得 $\ln P=2\ln U-\ln R$，再求偏导数

$$\frac{\partial \ln P}{\partial R}=-\frac{1}{R} \qquad \frac{\partial \ln P}{\partial U}=\frac{2}{U}$$

代入式(2.65)得

$$\left(\frac{u_c(P)}{P}\right)^2=\left[-\frac{1}{R}u_c(R)\right]^2+\left[\frac{2}{U}u_c(U)\right]^2$$

$$=(-1)^2\times\left[\frac{u_c(R)}{R}\right]^2+2^2\times\left[\frac{u_c(U)}{U}\right]^2$$

$$u_{crel}^2(P)=u_{rel}^2(R)+4u_{rel}^2(U)$$

方法 2：由式(2.64)直接求得

$$u_{crel}^2(P)=u_{rel}^2(R)+4u_{rel}^2(U)$$

用上述两种方法之一求得 $u_{crel}^2(P)$ 后，取其正平方根，即为相对合成标准不确定度 $u_{crel}(P)$。本例用方法 2 求相对合成标准不确定度很方便，在这种情况下，也可先求 $u_{crel}(P)$，再乘以 $P=\frac{U^2}{R}$，得到合成标准不确定度 $u_c(P)$。

值得注意的是，作为式(2.63)一个很重要的应用特例，当某被测量 x 同时具有 A 类标准不确定度 $u_A(x)$ 和 B 类标准不确定度 $u_B(x)$ 时，也用该式来合成它的总标准不确定度，即为式(2.62)。

应当指出，以上讨论是基于 $y=f(x_1,x_2,\cdots,x_n)$ 的泰勒级数的一阶近似(忽略了高阶微小变化量)条件下求得的，且各分量互不相关。在大多情况下，上述简化条件是符合工程应用的。当不满足上述条件，f 有明显非线性时，式(2.63)中还应包括泰勒级数的高阶项，当每个输入量 x_i 都对其平均值 $\bar{x}_i$ 对称分布时，加入式(2.63)的下一高阶的主要项为

$$\sum_{i=1}^{n}\sum_{j=1}^{n}\left\{\frac{1}{2}\left[\frac{\partial^2 f}{\partial \bar{x}_i \partial \bar{x}_j}\right]^2+\frac{\partial f}{\partial \bar{x}_i}\frac{\partial^3 f}{\partial \bar{x}_i \partial \bar{x}_j^2}\right\}u^2(\bar{x}_i)u^2(\bar{x}_j)$$

2.6.4 扩展不确定度

合成标准不确定度可表示测量结果的不确定度，但它仅对应于一个标准差，由其所表示的测量结果 $y\pm u_c$ 包含被测量 Y 的真值的包含概率仅为 68.3%(见图 2.6)。然而在一些实际工作中，要求给出的测量结果区间包含被测量真值的包含概率较大，即给出一个测量结果的区间，使被测量的值大部分位于其中，为此需用扩展不确定度(也有称为展伸不确定度)表示测量结果。

在《测量不确定度评定与表示》中，扩展不确定度定义为“确定测量结果区间的量，合理赋予被测量值分布的大部分可望含于此区间”。通常规定，除计量学基础研究、基本物理常数测量及复现国际单位的国际比对可以仅给出测量结果的合成标准不确定度外，其余绝大部分测量均要求给出扩展不确定度。

扩展不确定度由合成标准不确定度 u_c 乘以包含因子 k 得到，记为 U，即

$$U=k\cdot u_c \tag{2.66}$$

式中，k 称为包含因子(coverage factor)，前面已出现过。在《测量不确定度评定与表示》，包含因子定义为"为求得扩展不确定度，对合成标准不确定度所乘之数字因子"。

包含因子 k 是自由度和包含概率的函数，即 $k(\nu,P)$。必须先确定被测量值的分布情况，以附录 B 中的 t 分布表为例，当包含概率 $P=95\%$时，自由度 $\nu=9$ 时，查得 $k=2.26$。

注意，这里 ν 应是合成标准不确定度 u_c 的自由度。当各不确定度分量相互独立时，合成标准不确定度 u_c 的自由度用 ν_{eff}表示，称为有效自由度，由下式计算

$$\nu_{eff}=\frac{u_c^4}{\sum_{i=1}^{N}\frac{u_i^4}{\nu_i}} \tag{2.67}$$

式中，ν_i 为各标准不确定度分量 u_i 的自由度。

当各不确定度分量的自由度 ν_i 均为已知时，才能由式(2.67)计算合成不确定度的自由度。但实际上，往往由于缺少资料难以确定每一个分量的 ν_i，因此无法按式(2.67)计算。同时也难以确定测量值的具体分布，不能确定包含因子 k 的值。为了求得扩展不确定度，一般可取包含因子 $k=2$。

取 $k=2$ 的合理性是因为在大多情况下测量值是接近于 t 分布的(前面曾指出，即便用错了分布，差异也不大)。而研究附录 B 中的 t 分布表可以发现：表中 t 值相当于正态分布下的包含因子 k 值，k(即 t)的数值从横向(即按行)看，随着包含概率 P 的增大，k 值是增大的；从竖向(即按列)看，随着自由度的增大，k 值是减小的且减小得很慢。以常用的 $P=95\%$为例，自由度 $\nu=10$ 时，查得 $k=2.23$；$\nu=20$ 时，$k=2.09$；$\nu=120$ 时，$k=1.980$；$\nu=\infty$时，$k=1.960$。可见，自由度 ν 值在很大范围变化时，k 的变化不大，或者说收敛得很快。可见，在实际应用中，没有必要费很多时间去计算有效自由度 ν_{eff}，而是直接取 $P=95\%$，包含因子 $k=2$。

最后应当明确，通常用扩展不确定度作为测量结果的不确定度，则测量结果表示为

$$Y=y\pm U \tag{2.68}$$

$$U=k\cdot u_c=2u_c \tag{2.69}$$

2.6.5 测量不确定度的报告

对不确定度进行分析与评定后，应给出不确定度报告。

1) 报告的基本内容

当不确定度用合成标准不确定度表示时，应给出合成标准不确定度 u_c及其自由度 ν；当不确定度用扩展不确定度表示时，除给出扩展不确定度 U 外，还应该说明它计算时所依据的合成标准不确定度 u_c、自由度 ν、包含概率 P 和包含因子 k。

为了提高测量结果的使用价值，在不确定度报告中，应尽可能提供更详细的信息。例如，给出原始观测数据；描述被测量估计值及其不确定度评定的方法；列出所有的不确定度分量的自由度及相关系数，并说明它们是如何获得的。

2) 测量结果的表示

① 当不确定度用合成标准不确定度 u_c表示时，可用下列几种方式之一表示测量结果。

假设报告的被测量 Y 是标称值为 100g 的标准砝码，其测量结果的估计值 $y=100.021\,47$，对应的合成标准不确定度 $u_c=0.35$mg，则测量结果可用下列几种方式表示：

(a) $y=100.021\,47$g，$u_c=0.35$mg

(b) $Y=100.021\,47(35)$ g

(c) $Y=100.021\,47(0.000\,35)$ g

(d) $Y=(100.021\,47\pm0.000\,35)$ g

(b)中，括号里为 u_c的值，u_c的末位与被测量估计值的末位对齐，单位相同；(c)中，括号里为 u_c的值，与被测量估计值的单位相同；(d)中，"±"符号后为 u_c的值。

② 当不确定度用扩展不确定度 U 表示时，应按下列方式表示测量结果。

例如，报告上述标称值为 100g 的标准砝码，其测量结果可表示为

$$Y = y \pm U = (100.021\,47 \pm 0.000\,79)\ \text{g}$$

式中，扩展不确定度 $U = ku_c = 0.000\ 799\text{g}$，是由合成标准不确定度 $u_c = 0.35\text{mg}$ 和包含因子 $k=2.26$确定的，k 是依据包含概率 $P=95\%$和自由度 $\nu=9$，并由附录 B 中的 t 分布表查得的。

这里必须注意，扩展不确定度的表示方法与标准不确定度表示方式(d)相同，容易混淆。因此，当用扩展不确定度表示测量结果时，应给出相应的说明。

③ 不确定度也可以用相对不确定度报告。

例如，报告上述标称值为 100g 的标准砝码，$u_c=0.35\text{mg}$，其测量结果可表示为

$$y = 100.021\,47\text{g}, \quad u_c = 0.000\,35\%$$

④ 报告的合成不确定度或扩展不确定度，其有效数字一般不超过两位，不确定度的数值与被测量估计值的末位对齐。若计算出的 u_c或 U 的位数较多，最后的报告值就要进行修约，修约的原则是："只进不舍"。例如，被测质量的结果为 $m=100.021\ 445\text{g}$，其扩展不确定度 $U=0.355\text{mg}$，保留 2 位有效数字修约为 0.36mg，即取稍大的分散性，提高可信赖度。

【例 2.27】 已知被测量的估计值为 20.0005mm，若有两种情况：① 扩展不确定度 $U=0.001\ 24\text{mm}$；② 扩展不确定度 $U=0.001\ 26\text{mm}$，要求对 U 进行修约。

解：根据被测量的估计值，取 0.0001mm 作为 U 的基本单位。

① $U=0.001\ 24\text{mm}$，其整数部分为 12，小数部分为 0.4，修约后，$U=0.0013\text{mm}$。

② $U=0.001\ 26\text{mm}$，其整数部分为 12，小数部分为 0.6，修约后，$U=0.0013\text{mm}$。

2.6.6 应用举例

1. 测量不确定度的计算步骤

① 建立数学模型

建立数学模型也称为测量模型化，目的是要建立满足不确定度评定要求的数学模型。对于直接测量情况，其数学模型为

$$y = f(x)$$

若只要求出其标准差 s，则可得不确定度 $u(y)=s(\bar{x})$。

对于间接测量情况，被测量 y(即输出量)由 n 个直接测量的分量 $x_1, x_2, \cdots, x_n$，通过函数关系 f 来确定，即

$$y = f(x_1, x_2, \cdots, x_n) \tag{2.70}$$

例如，一个随温度 t 变化的电阻两端的电压为 U，在温度为 t_0 时的电阻为 R_0，电阻的温度系数为 α，则电阻的损耗功率 P(被测量)取决于 U, R_0, α 和 t，即

$$P = f(U, R_0, \alpha, t) = U^2/R_0[1 + \alpha(t - t_0)] \tag{2.71}$$

测量损耗功率 P 的其他方法可能有不同的数学模型。数学模型与测量方法有关。

② 求每个直接测量值的合成不确定度

设该被测量在非等精度测量时有 i 个 A 类标准不确定度 u_{Ai}，有 j 个 B 类标准不确定度 u_{Bj}，则该被测量的合成标准不确定度

$$u_{c(x)} = \sqrt{\sum_{i=1}^{n} u_{Ai}^2 + \sum_{j=1}^{m} u_{Bj}^2}$$

③ 求总的合成标准不确定度

当测量结果由若干个直接测量(彼此相互独立)的值求得时,按不确定度传播公式来计算

$$u_{c(y)}^2=\sum_{i=1}^{n}\left(\frac{\partial f}{\partial x_i}\right)^2 u_{c(x_i)}^2$$

④ 求扩展不确定度

$$U_{(y)}=k\cdot u_{c(y)}$$

式中,k 为 v,P 的函数,实际应用中可以不必查表和计算,通常取 $k=2$。

⑤ 不确定度报告

$$y\pm U_{(y)}$$

2. 电压测量不确定度的计算

1) 测量方法

用标准数字电压表在标准条件下,对被测直流电压源 10V 点的输出电压值进行独立测量 10 次,测量值见表 2.11。(说明:本例中以 U_D 表示电压表示值,u 和 U 表示不确定度。)

表 2.11 电压测量值

n	测 量 值	n	测 量 值
1	10.000 107	6	10.000 108
2	10.000 103	7	10.000 121
3	10.000 097	8	10.000 101
4	10.000 111	9	10.000 110
5	10.000 091	10	10.000 094

计算 10 次测量的平均值,得 $\overline{U}_D=10.000\ 104V$,作为测量结果的估计值。

2) 测量不确定度评定

分析测量方法,可知在标准条件下进行测量时,由温度等环境因素带来的影响可忽略。因此,影响电压测量不确定度的因素主要有:电压表的示值稳定度引起的不确定度 u_1,电压表的示值误差引起的不确定度 u_2,电压测量重复性引起的不确定度 u_3。分析这些不确定度特点可知,不确定度 u_1、u_2应采用 B 类评定,而不确定度 u_3应采用 A 类评定。下面分别计算各主要因素引起的不确定度分量。

① 电压表的示值稳定度引起的不确定度分量 u_1:在测量电压前,对电压表进行 24 小时的校准,并已知在 10V 点测量时,其 24 小时的示值稳定度不超过$\pm 15\mu V$,取均匀分布,按表 2.10得电压表示值稳定度引起的不确定度分量为

$$u_1=\frac{15\mu V}{\sqrt{3}}\approx 8.7\mu V$$

因给出的示值稳定度的数据很可靠,故取自由度 $\nu_1=\infty$。

② 电压表的示值误差引起的不确定度分量 u_2由电压表的检定证书给出,其示值误差按 3 倍标准差计算为 $3.5\times 10^{-6}\times U_D$(电压表示值),故对于 10V 的测量值,由电压表的示值误差引起的不确定度分量为

$$u_2=\frac{3.5\times 10^{-6}\times 10}{3}\approx 1.17\times 10^{-5}V=11.7\mu V$$

因为 $k=3$,可认为其包含概率较高,u_2的评定非常可靠,故取自由度 $\nu_2=\infty$。

③ 电压测量重复性引起的不确定度分量 u_3由 10 次测量的数据,用贝塞尔公式计算单次测量标准差为 $s(U_D)=9\mu V$,平均值的标准差为 $s(\overline{U}_D)=\frac{9}{\sqrt{10}}=2.8\mu V$,则电压测量重复性引起的不确定度分量为

$$u_3=s(\overline{U}_D)=2.8\mu V$$

其自由度 $\nu_3=n-1=9$。

3）测量不确定度合成

由于不确定度分量 u_1、u_2、u_3 相互独立，因此 $\rho_{ij}=0$，按式(2.62)得电压测量的合成标准不确定度为

$$u_c=\sqrt{u_1^2+u_2^2+u_3^2}=\sqrt{(8.7)^2+(11.7)^2+(2.8)^2}\approx 14.9\approx 15\mu\text{V}$$

按式(2.67)计算其自由度得

$$\nu=\frac{u_c^4}{\dfrac{u_1^4}{\nu_1}+\dfrac{u_2^4}{\nu_2}+\dfrac{u_3^4}{\nu_3}}=\frac{(14.9)^4}{\dfrac{(8.7)^4}{\infty}+\dfrac{(11.7)^4}{\infty}+\dfrac{(2.8)^4}{9}}\approx 7217$$

4）扩展不确定度

取包含概率 $P=95\%$，由自由度 $\nu=7217$ 查附录 B 中的 t 分布表得 $t_{0.95}(7217)=1.96$，即包含因子 $k=1.96$。于是，电压测量的扩展不确定度为

$$U=ku_c=1.96\times 15=29.4\approx 30\ \mu\text{V}$$

说明：上例用于体会通过自由度、包含概率 P 查 t 分布表获得包含因子 k 的方法，结果 $k=1.96$。此结果与 2.6.4 节中指出的 $k=2$ 误差很小，故进一步说明在实际应用中取 $k=2$ 是既合理又方便的，省去了很多麻烦的计算和查表。

5）测量不确定度报告

通常用扩展不确定度评定电压的不确定度，则测量结果为

$$U_D=(10.000\,104\pm 0.000\,030)\ \text{V},\ P=0.95,\ \nu=7217$$

式中，"±"符号后为扩展不确定度 $U=ku_c=0.000\,030\text{V}$，是由合成标准不确定度 $u_c=0.000\,015\text{V}$ 及包含因子 $k=1.96$ 确定的。

3. 采用测量不确定度的意义

通过前面对不确定度的分析与计算，加深了对不确定度的认识，并体会到采用不确定度具有下列意义。

① 只要根据实际条件进行测量，得出现有条件下的不确定度，具有可操作性。不必求取真值(约定真值)，不用另找高一档次的仪器测得结果当作约定真值，再来计算误差。

② 体现各自的测量水平。例如，通常学校实验室用 $3\frac{1}{2}$ 位数字电压表测量直流电压，只能做到毫伏量级的不确定度；在学校研究室里有 $6\frac{1}{2}$ 位数字电压表，就可做到微伏量级的不确定度；如果有 $8\frac{1}{2}$ 位数字电压表，还可做到纳伏量级的不确定度。

③ 通过对具体测量项目不确定度的分析与评定，能明确从什么地方采取措施可以减小不确定度，从而有利于提高该项目的质量。

④ 不对测量者提不合理的要求。不能要求一般检测实验室的不确定度达到计量校准实验室不确定度的水平。

⑤ 使测量结果有了国际统一的评定与表示方法，具有可比性，既符合国家标准，又与国际接轨。

4. 测量审核结果的评定

中国合格评定国家认可委员会于 2018 年 3 月发布了《能力验证结果的统计处理和能力评价指

南》(CNAS－GL002:2018)和《声明检测或校准结果及与规范符合性的指南》(CNAS－GL015:2018),对实验室进行能力的评定提供了具体的方法。这里只简单介绍其中一项 E_n 比率的评定。

在测量比对计划中,使用 E_n 比率来评定某实验室的每个单独结果。按下式计算 E_n:

$$E_n=\frac{x_{\text{LAB}}-x_{\text{REF}}}{\sqrt{U_{\text{LAB}}^2+U_{\text{REF}}^2}} \tag{2.72}$$

式中,x_{LAB}——参加实验室的结果;

x_{REF}——参考实验室的结果;

U_{LAB}——参加实验室报告的不确定度(如果是认可项目,即为认可的不确定度);

U_{REF}——参考实验室报告的不确定度。

U_{LAB}和 U_{REF}的置信概率为 95%。

对于一个结果,可接受的一个 E_n 比率(也称 E_n 值)应在－1～＋1 之间,即$|E_n\leqslant 1|$(越接近零越好)。

在实验室之间的比对中,E_n值表明实验室是否在参考值(给定值)的特定不确定度中。

E_n值并不表明哪个实验室的结果最接近参考值,它只表明其测量结果是否符合对实验室要求的不确定度。因此,报告了小的不确定度的实验室,可能与在非常低的水平(即较大的不确定度)上工作的实验室具有一个相似的 E_n值。

在一系列相似的测量中,E_n 值期望呈正态分布。所以当考虑 E_n值明显大于 1 的结果时,应评价这个实验室出具的所有结果,观察是否存在一个系统偏离(例如,E_n 值始终是正值或负值)。

按 1V 直流电压标准进行实验室之间的比对,实验室报告的不确定度和 E_n值参见表 2.12。

表 2.12 1V 直流电压比对的结果

实验室代码	实验室结果减去参考值/μV	U_n /μV	E_n 值
参考	0	1	
1	－1	2	－0.45
2	2	2	0.89
3	－3	3	－0.95
4	2	1	1.41
5	0.5	1.5	0.28
6	－2.5	2	－1.12

从表 2.12 中可以看出,实验室 4 和 6 的结果被认为是不满意的。这个结果也可以用图 2.17 表示,看起来更直观。图中菱形◆位置表示实验室结果减去参考值(单位为 μV)。

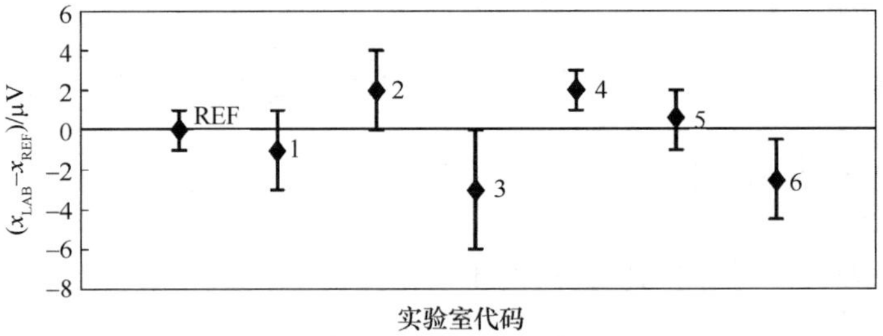

图 2.17 1V 直流电压比对图

这种用 E_n值检验实验室测量水平的方法既公正又方便,主持者只要提供一个参考值(此例是 1V 基准电压源,先不公布 x_{REF}和 U_{REF})让各实验室进行测量,然后报告各自的结果 x_{LAB}和 U_{LAB},主持者只要按式(2.72)计算出 E_n值,即可评定各实验室的测量水平。

另外,在《声明检测或校准结果及与规范符合性的指南》中,还给出了如何区分不确定度是否符合要求的方法。其 4.1.6 条指出:"当规范中规定了上下限区间时,测量不确定度与该区间之比应合理的小"。

何谓“合理的小”呢？其“注”中指出应小于如图 2.18 所示的范围。

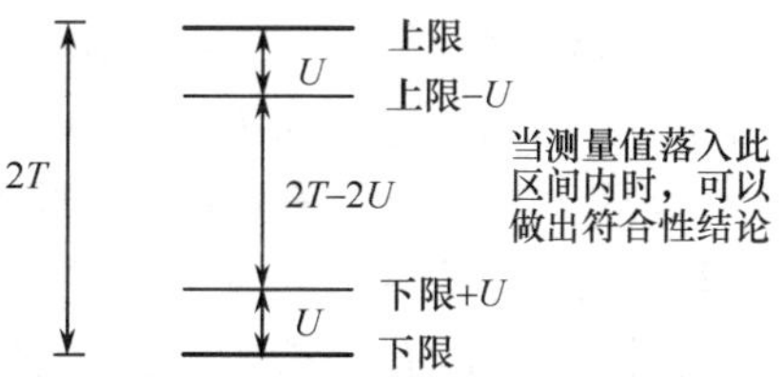

图 2.18　区分符合与不符合的能力

图 2.18 中，U＝不确定度，T＝(上限－下限)/2。

当测量值落于[下限＋U，上限－U]区间内时，可以做出符合性结论。如果 $U:T=1:3$，则[下限＋U，上限－U]区间将是上限区间 $2T$ 的 66.7%。在此情形下，如果测量值落入上、下限区间内，则有 66.7%的可能做出符合性结论。比值 $U:T$ 是区分测量方法符合和不符合能力的一种度量，比率 1∶3 可视为参考值。

2.7　测量数据的处理

通过实际测量得到的数据，需要进行处理，即计算、分析、整理后得出所需要的结果数据。有时候还要把测量数据绘制成表格、曲线或归纳成经验公式，以便得出正确、直观的结果。本节着重介绍测量数据处理的基本知识和表示方法。

2.7.1　有效数字的处理

1. 有效数字

在测量结果和数据运算中，确定用几位数字来表示测量或数据运算的结果，是一个十分重要的问题。测量结果既然包含误差，就说明它是一个近似数，其精度有一定限度，在记录测量结果的数据位数或进行数据运算时的取值多少，皆应以测量所能达到的精度为依据。如果认为，不论测量结果的精度如何，在一个数值中小数点后面的位数越多，这个数值就越精确；或者认为，在数据运算中，保留的位数越多，精度就越高，这些都是片面的。将不必要的数字写出来，既费时间，又无意义。一方面是因为小数点的位置决定不了精度，它仅与所采用的单位有关，如35.6 mm和 0.0356m 的精度完全相同，而小数点位置则不同。另一方面，测量结果的精度与所用测量方法及仪器有关，在记录或数据运算时，所取的数据位数，其精度不能超过测量所能达到的精度；反之，若低于测量精度，也是不正确的，因为它将损失精度。

所谓有效数字，是指在测量值中，从最左边 1 位非零数字起到含有误差的那位存疑数为止的所有各位数字。

最后位有效数字常称为存疑数，它主要由仪表所能达到的精度决定。例如，用 10V 量程指针式电压表测得电压 5.64V，这是由 3 位有效数字组成的数据，在这 3 位数中，前 2 位是可从刻度上准确读出的，而最后 1 位是估读的，是含有误差的近似数，称为存疑数。

存疑数还有一种含义，它可能发生末位的半个单位(±0.5 个单位)变化，例如

$$5.64\pm0.005=\begin{cases}5.645\\5.635\end{cases}$$

为何要从最左边 1 位非零数字算起呢？因为有效数字左侧的零是可通过变更单位或移动小数点来消除的。例如，0.0038kΩ 为 2 位有效数字，它可改写为 3.8Ω；又如 0.0027，第 1 位有效数字为 2，共有 2 位有效位数；而 0.002 70，则有 3 位有效位数。

若存疑数的右边带有若干位零，通常把这个存疑数写成 $a\times10^n$ 形式，且 $1\leqslant a<10$。利用这种写法，可从 a 含有几个有效数字来确定近似数的有效位数。例如，2.400×10^3 表示 4 位有效位数；2.40×10^3 和 2.4×10^3 分别表示 3 位和 2 位有效位数。

在测量结果中，最后 1 位有效数字取到哪一位，是由测量精度来决定的，即最后 1 位有效数字应与测量精度是同一量级的。例如，有一个电流表，测量精度只能达到 0.01mA，若测出电流

$I=8.632\text{mA}$,则显然小数点后第 2 位数字已不可靠,而第 3 位数字更不可靠,此时应只保留小数点后第 2 位数字,即写成 $I=8.63\text{mA}$,为 3 位有效位数。由此可知,测量结果应保留的位数原则是:其最后 1 位数字是不可靠的,而倒数第 2 位数字应是可靠的。测量误差一般取 1~2 位有效数字,因此上述测量结果可表示为 $I=(8.63\pm 0.01)\text{mA}$。

另外,若知道有误差的单位量级,则在表达测量数据时,也应与之相配合。例如,设频率测量的误差为±1 kHz 量级,某测量结果为 6800kHz,这里的最后 1 位有效数字与误差的单位是配合的,误差为 kHz 量级,也可以写成 6.800MHz 和 6800×10^3 Hz,但不允许写成 6 800 000Hz(误差为 Hz 量级)和 6.8MHz(误差为 0.1MHz 量级)。

在进行比较重要的测量时,测量结果和测量误差可比上述原则再多取 1 位数字作为参考,如测量结果可表示为 15.214 ± 0.042。因此,凡遇有这种形式表示的测量结果,其可靠数字为倒数第 3 位数字,不可靠数字为倒数第 2 位数字,而最后 1 位数字则为参考数字。

2. 数字修约(舍入)规则(4 舍 6 入 5 凑偶法则)

对于位数很多的近似数,当有效位数确定后,其后面多余的数字应舍去,而保留的最后 1 位有效数字应按下面的修约(舍入)规则进行凑整。

① 小于 5 舍去,即舍去部分的数值小于保留部分的末位的半个单位,则末位不变。

② 大于 5 进 1,即舍去部分的数值大于保留部分的末位的半个单位,则末位加 1。

③ 等于 5 时取偶数,即舍去部分的数值,等于保留部分的末位的半个单位,则末位凑成偶数。即当末位为偶数时,末位不变;当末位为奇数时,末位加 1。

例如,按上述舍入规则,将下面各个数据保留 4 位有效数字进行凑整。

原有数据	舍入后数据
3.141 59	3.142
2.717 29	2.717
4.510 50	4.510
3.215 50	3.216
6.378 501	6.379
7.691 499	7.691
5.434 60	5.435

由于数字舍入而引起的误差称为舍入误差。按上述规则进行数字舍入,其舍入误差皆不超过保留部分末位的半个单位。必须指出,这种舍入规则的第③条明确规定,被舍去的数字不是见 5 就入,从而使舍入误差成为随机误差。在大量运算时,其舍入误差的均值趋于零。这就避免了过去所采用的四舍五入规则时,由于舍入误差的累积而产生系统误差。

在"等于 5"的舍入处理上,采用取偶规则是为了在比较多的数据舍入处理中,使产生正负误差的概率近似相等,从而使测量结果受舍入误差的影响降到最低。

舍入处理后的近似数,中间的 0 和末尾的 0 都是有效数字,不能随意添加或删减。多写则夸大了测量的准确度,少写则夸大了误差。但开头的 0 不是有效数字,因为它们仅与选取的测量单位有关。例如,5.600 有 4 位有效数字,极限误差小于等于 0.0005;0.0608 有 3 位有效数字,极限误差小于等于 0.000 05。

对测量数据的绝对值比较大(或比较小),而有效数字又比较少的测量数据,应采用科学计数法,即采用 $a\times 10^n$ 形式,a 的位数由有效数字的位数所决定。例如,2.8×10^3 有 2 位有效数字,极限误差小于等于 0.05×10^3。

当测量结果(或读数)的有效位数由测量的不确定度来确定时,即测量结果的末位应与不确定度的位数对齐。

例如,某物理量的测量结果的值为 86.52,测量扩展不确定度 $U=0.6$,则根据上述原则,位测量结果的有效位数应保留到小数后 1 位,即 86.5,测量结果表示为 86.5 ± 0.6。

3. 不确定度的有效位数

在《测量不确定度评定与表示》中规定,测量结果的合成标准不确定度 $u_{c(x_i)}$、扩展不确定度 U 及输入量估计值 x_i 的标准不确定度 u_c 都不应该给出过多的位数,原则上只取 1 位,最多为 2 位有效数字,且修约的原则是:"只进不舍"。例如,$u_c(y)=10.47\text{m}\Omega$,可以进位到 $11\text{m}\Omega$。其目的是让不确定度的区间放宽些,使真值包含在内更可靠。

这里值得注意的是,测量结果的估计值,应修约到与它们不确定度的位数一致。例如,如果 $y=10.057\ 62\Omega$,其 $u_c(y)=27\text{m}\Omega$,则 y 应该进位到 10.058Ω。

2.7.2 测量数据的表示方法

在实际测量中,存在有 定关系的一组测量数据$(x_i,y_i)(i=1,2,\cdots,n)$,该组数据间具有一定的函数关系(例如,在传感器的检测中,其输入量与输出量之间的关系)。对于这类数据的表示方法有:列表法、图示法和经验公式法。列表法简单、方便,数据易于参考比较,但不如图示法和公式法直观明了,能看到数据的变化趋势。本节简要地介绍图示曲线和经验公式的表示方法。

1. 测量结果的曲线表示

把测量结果绘成曲线,可以直观形象地表示数据的变化规律,例如,三极管的输出特性曲线、放大器的幅频特性曲线等。

但由于测量结果中存在误差,数据有一定的离散性,难以得到一条光滑连续的曲线,需要采用一些专门的方法。这里介绍分组平均法。

① 作图要点。首先要选好坐标系。一般宜选用直角坐标系,有时也需要用极坐标系。如果自变量的范围很宽,可以选用对数坐标系。坐标的比例可以根据需要确定,二者分度可以不同。作曲线图应使用坐标纸。注意坐标的幅面及数据点的标注方式。

曲线急剧变化的地方测量数据应多取一些。另外,注意曲线的修匀。

② 用分组平均法修匀曲线。将各数据点连成光滑曲线的过程称为曲线的修匀。由于测量误差的存在,不同的人员所得出的曲线可能差异较大。

为了提高作图的精度,可用分组平均法进行曲线修匀。这种方法是将相邻的 2~4 个数据点分为一组,然后估计出各组的几何重心,再用光滑的曲线将重心点连接起来。用分组平均法进行曲线修匀的方法如图 2.19 所示。这种方法减小了随机误差的影响,从而使曲线较为符合实际。

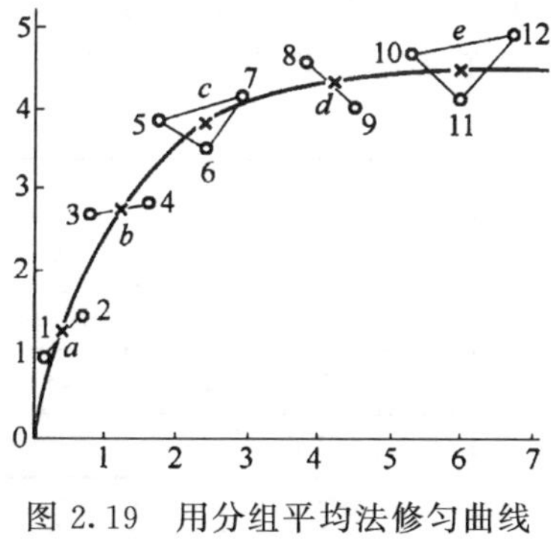

图 2.19 用分组平均法修匀曲线

2. 经验公式的确定

在实际应用中,经验公式(也称回归方程)是在实验测量的基础上归纳出来的,可在一定的条件下使用。这种经验公式以数学表达式形式客观地反映事物的内在规律性,形式紧凑,且便于从理论上进一步进行分析研究,对认识自然界量与量之间的关系有重要意义。

在确定经验公式时,首先修匀曲线,再根据其形状估计出经验公式的基本形式。

在误差理论中，通常采用最小二乘法法和回归分析法等来确定经验公式，这里只进行简要介绍，并通过一个实用例子进行说明。

1）最小二乘法

最小二乘法的原理指出：在具有同一精度的测量值中，最佳值就是能使各测量值残差（$\upsilon_i = x_i - \bar{x}$）的平方和为最小的那个值，即 $\sum_{i=1}^{n} \upsilon_i^2$ 最小。或者说，测量结果的最可信赖值应在残差平方和为最小的条件下求出。这样能充分利用误差的抵偿作用，有效地减小随机误差的影响，所得结果具有最可信赖性。

实际上，在与正态分布差异不大的误差分布中，以及一切误差都相当小且彼此弱相关的任意分布中，也常用最小二乘法来处理数据。例如，用分组平均法修匀曲线就是最小二乘法的典型应用。

2）回归分析法

回归分析法是处理多个变量之间相互关系的一种常用的数理统计方法。回归分析法包括两个方面的任务：第一，根据测量数据确定函数形式，即回归方程的类型；第二，确定方程中的参数。确定回归方程的类型，通常需要结合专业知识和实际情况来进行。当不能确定时，可取与测量结果相近曲线的函数形式。若有几种形式相近，可依最小二乘法选择各种形式中残差平方和最小者。具体计算过程见 2.5.3 节。

在电子测量中，经常用到单变量的线性回归方程（如 $y=bx+a$）。即使遇到非线性关系，也可以通过变量代换的形式变换成线性关系，然后再利用最小二乘法，代入测量数据，求出待定参数，将确定的参数代入所选取的回归方程，即可确定出经验公式。

回归分析方法对于整理测量数据，找出各物理量间的内在联系，找出在理论上尚未给出确切函数关系的物理量之间的经验公式，以及用实验的方法确定某些物理常数等，都是非常有用的。

回归分析的内容很多，有一元线性回归、一元非线性回归和多元线性回归等。这里仅举一元线性回归的例子，即处理两个变量 x 和 y 之间的线性关系。这是工程上和科研中常遇到的直线拟合问题。例如，温度、湿度、压力等传感器的输出电压与温度、湿度、压力之间就是这种直线方程关系：$y=bx+a$。

【例 2.28】 在温度传感器校验测量中测得一组数据如表 2.13 所示，这里 x 可以看作温度值（℃），y 是传感器输出的电压值（V）。试用最小二乘法拟合，求表中实验数据的最佳曲线和经验公式。

表 2.13　温度传感器测量原始数据

i	1	2	3	4	5	6	7	8	9	10	求和
x_i	6	17	24	34	36	45	51	55	74	75	417
y_i	10.3	11.0	10.0	10.9	10.2	10.8	11.4	11.1	13.8	12.2	111.7
x_i^2	36	289	576	1156	1296	2025	2601	3025	5476	5625	22105
x_iy_i	61.8	187	240	370.6	367.2	486	581.4	610.5	1021.2	915	4840.7

解：设要求的最佳曲线为线性方程 $y=bx+a$。

由于在实际测量中有误差，可写成

$$y_i = (bx_i + a) + \upsilon_i$$

则残差为

$$\upsilon_i = y_i - (bx_i + a)$$

根据最小二乘法

$$\sum \upsilon_i^2 = \sum (y_i - bx_i - a)^2$$

求上式的极小值，即对可变系数 b 和 a 进行偏微分

$$\frac{\partial \sum v_i^2}{\partial b}=0, \quad \frac{\partial \sum v_i^2}{\partial a}=0$$

得到满足最小二乘法的条件方程

$$\begin{cases} \dfrac{\partial \sum v_i^2}{\partial a}=\sum[-2(y_i-bx_i-a)]=0 \\ \dfrac{\partial \sum v_i^2}{\partial b}=\sum 2(y_i-bx_i-a)(-x_i)=0 \end{cases}$$

方程组整理为

$$\begin{cases} \sum y_i-b\sum x_i-na=0 \\ \sum x_i y_i-b\sum x_i^2-a\sum x_i=0 \end{cases} \tag{2.73}$$

通过上述方程组即可解出线性方程的参数 a 和 b

$$\begin{cases} b=\dfrac{n\sum x_i y_i-\sum x_i \sum y_i}{n\sum x_i^2-(\sum x_i)^2} \\ a=\dfrac{\sum y_i \sum x_i^2-\sum x_i \sum x_i y_i}{n\sum x_i^2-(\sum x_i)^2} \end{cases} \tag{2.74}$$

在表 2.13 中增加求和列，再增加两行数据，分别为 x_i^2 和 $x_i y_i$，并进行相应计算，计算结果填入表中。将求和列中的数据 $\sum x_i$、$\sum y_i$、$\sum x_i y_i$ 和 $\sum x_i^2$ 代入式(2.73) 得方程组

$$\begin{cases} 4840.7-22105b-417a=0 \\ 111.7-417b-10a=0 \end{cases}$$

解方程组可得

$$\begin{cases} a=9.554 \\ b=0.039 \end{cases}$$

也可将求和列中的数据 $\sum x_i$、$\sum y_i$、$\sum x_i y_i$ 和 $\sum x_i^2$ 直接代入式(2.74) 求出参数 a 和 b。最后得出最佳曲线，如图 2.20 所示为 Excel 直线拟合结果和拟合的直线方程。

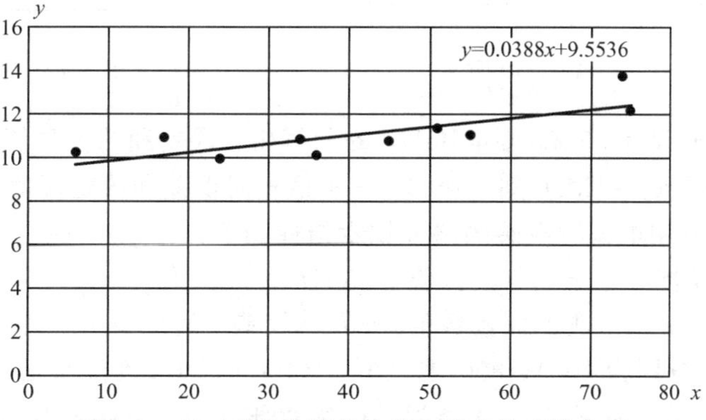

图 2.20 Excel 直线拟合结果和拟合的直线方程

相应的直线方程为 $y=0.039x+9.554$。

$$\begin{cases} b = \dfrac{10 \times 4840.7 - 417 \times 111.7}{10 \times 22105 - 417^2} = 0.039 \\ a = \dfrac{111.7 \times 22105 - 417 \times 4840.7}{10 \times 22105 - 417^2} = 9.554 \end{cases}$$

如果直接利用 $a = \bar{y} + b\,\bar{x}$ 求得 $a = 9.544$，由于参数 b 存在舍入误差，因此会给参数 a 带来误差。

此法虽好，但人工计算太繁杂，故以前实用较少。现在，可以借助计算机来完成，且有一些标准类型程序可供调用，可以较快地进行曲线拟合并确定经验公式。

思考题与习题

本章小结

2.1　名词解释：真值、参考量、示值、误差、修正值。

2.2　测量误差有哪些表示方法？测量误差有哪些来源？

2.3　误差按性质不同分为哪几种？各有何特点？

2.4　什么是标准差、算术平均值标准差、标准差的估计值？

2.5　归纳比较粗大误差的检验方法。

2.6　绝对误差和相对误差的传递公式有何用处？

2.7　测量误差和不确定度有何不同？

2.8　归纳不确定度的分类和确定方法。

2.9　归纳测量数据处理的方法。

2.10　用图 2.21 中(a)、(b)两种电路测电阻 R_x，若电压表的内阻为 R_V，电流表的内阻为 R_I，求测量值受电表影响产生的绝对误差和相对误差，并讨论所得结果。

2.11　用一个内阻为 R_I 的万用表测量如图 2.22 所示电路 A、B 两点间电压，设 $E = 12\text{V}$，$R_1 = 5\text{k}\Omega$，$R_2 = 20\text{k}\Omega$，求：

(1)如果 E、R_1、R_2 都是标准的，不接万用表时，A、B 两点间的电压实际值 U_A 为多大？

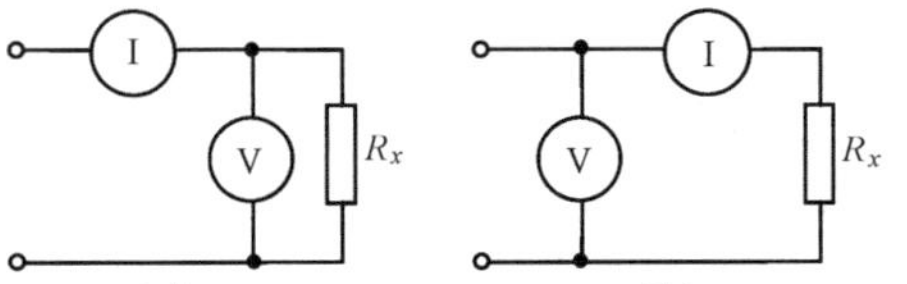

(a)　　(b)

图 2.21　题 2.10 图

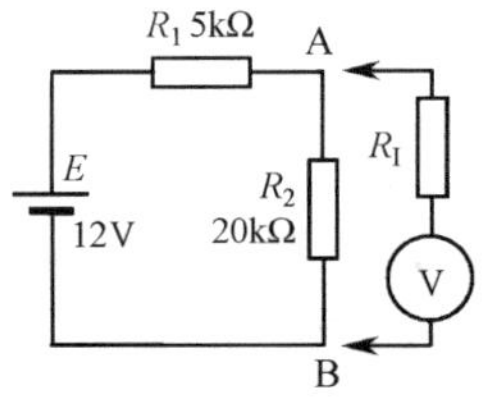

图 2.22　题 2.11 图

(2)如果万用表内阻 $R_I = 20\text{k}\Omega$，则电压 U_A 的示值相对误差和约定真值相对误差各为多大？

(3)如果万用表内阻 $R_I = 1\text{M}\Omega$，则电压 U_A 的示值相对误差和约定真值相对误差各为多大？

2.12　CD—13 型万用电桥测电感的部分技术指标如下：

5μH～1.1mH 挡　　±2%(读数值)±5μH

10mH～110mH 挡　　±2%(读数值)±0.4%(满度值)

试求被测电感示值分别为 10μH、800μH、20mH、100mH 时，该仪器测量电感的绝对误差和相对误差。并以所得绝对误差为例，讨论仪器误差的绝对部分和相对部分对总误差的影响。

2.13　检定一只 2.5 级电流表 3mA 量程的满度相对误差。现有下列几只标准电流表，问选用哪只最适合？为什么？

(1) 0.5 级 10mA 量程　　　　(2) 0.2 级 10mA 量程

(3) 0.2 级 15mA 量程　　　　　　　(4) 0.1 级 100mA 量程

2.14　对某直流稳压电源的输出电压 U_x 进行了 10 次测量，测量结果见表 2.14。

表 2.14　题 2.14 数据表

次　数	1	2	3	4	5	6	7	8	9	10
U_x/V	5.003	5.011	5.006	4.998	5.015	4.996	5.009	5.010	4.999	5.007

求输出电压 U_x 的算术平均值 $\overline{U}$ 及其标准差估计值 $s(U)$ 。

2.15　对某恒流源的输出电流 I 进行了 8 次测量，数据见表 2.15。

表 2.15　题 2.15 数据表

次数	1	2	3	4	5	6	7	8
I/mA	10.082	10.079	10.085	10.084	10.078	10.091	10.076	10.082

求恒流源的输出电流的算术平均值 $\overline{I}$，标准差估计值 $s(I)$ 及平均值标准差估计值 $s(\overline{I})$。

2.16　设对某参数进行测量，测量数据为 1464.3，1461.7，1462.9，1463.4，1464.6，1462.7，试求置信概率为 95%的情况下，该参数的置信区间。

2.17　用两种不同的方法测量频率，测量中系统误差已修正，所测得的频率见表 2.16。

表 2.16　题 2.17 数据表

	次数	1	2	3	4	5	6	7	8	9	10
方法 1	f_1/kHz	100.36	100.41	100.28	100.30	100.32	100.31	100.37	100.29	100.36	100.41
方法 2	f_2/kHz	100.33	100.35	100.28	100.29	100.30	100.29	100.33	100.35		

(1)若分别用以上两组数据的平均值作为该频率的两个估计值，则哪一个估计值更可靠？

(2)用两种不同方法的全部数据，问该频率的估计值(即加权平均值)为多少？

2.18　对某电阻 R 进行了 10 次测量，测得数据见表 2.17。

表 2.17　题 2.18 数据表

次数	1	2	3	4	5	6	7	8	9	10
R/kΩ	46.98	46.97	46.96	46.96	46.81	46.95	46.92	46.94	46.93	46.91

假设置信概率为 99%，请分别利用莱特检验法和格拉布斯检验法判别以上数据中是否含有粗大误差数据？若有粗大误差数据，请剔除，并总结两种检验方法的判别结果。

2.19　对某信号源的输出频率 f_x 进行了 10 次等精度测量，测量结果见表 2.18，试用马利科夫判据及阿贝-赫梅特判据分别判别是否存在变值系差。

表 2.18　题 2.19 数据表

次数	1	2	3	4	5	6	7	8	9	10
f_x/kHz	110.050	110.090	110.090	110.070	110.060	110.050	110.040	110.030	110.035	110.030

2.20　用电压表对某电压 U 精确测量 12 次，测得数据见表 2.19，试写出测量结果的完整表达式。

表 2.19　题 2.20 数据表

次数	1	2	3	4	5	6	7	8	9	10	11	12
U/V	30.47	30.49	30.51	30.52	30.50	30.48	30.49	30.46	30.51	30.48	30.60	30.51

2.21　设有两个电阻 $R_1=(150\pm0.6)\Omega$，$R_2=62\Omega\pm0.4\%$，试求这两个电阻分别在串联和并联时的总电阻值及其相对误差，并分别分析串、并联时各电阻的误差对总电阻的相对误差的影响。

2.22　按公式 $\rho=\frac{RS}{L}=\frac{R\pi d^2}{4L}$ 测量金属导线的电导率，式中 L 为导线长度(mm)，d 为截面直径(mm)，R 为被测导线的电阻(Ω)。试说明，在什么测量条件下 ρ 误差最小？对哪个参数要求最高？

2.23　通过电桥平衡法测量某电阻，由电桥平衡条件得出 $R_x=\frac{R_3C_4}{C_3}$，已知电容 C_2 的允许误差为±5%，电容 C_4 的允许误差为±2%，R_3 为精密电位器，其允许误差为±1%，试计算 R_x 的相对误差为多少？

2.24　设某测量结果在非等精度测量条件下进行了 4 组测量，每组测量 A 类标准不确定度见表 2.20，求该测量结果的合成标准不确定度、自由度及扩展标准确定度(取置信概率为 95%)。

表 2.20　题 2.24 数据表

序号	标准不确定度			自由度	
	来源	符号	数值	符号	数值
1	人员甲使用仪器 A 重复测量	u_{A1}	1.01	ν_1	5
2	人员乙使用仪器 A 重复测量	u_{A2}	1.21	ν_2	10
3	人员甲使用仪器 B 重复测量	u_{A3}	0.95	ν_3	4
4	人员乙使用仪器 B 重复测量	u_{A4}	1.12	ν_4	16

2.25　$y=\frac{x_1x_2}{x_3}$，且各输入量相互独立，已知 $x_1=80$，$x_2=20$，$x_3=40$；$u(x_1)=2$，$u(x_2)=1$，$u(x_3)=1$，求合成标准不确定度 $u_c(y)$。

2.26　设接地电阻测试仪 TOS6100 所测的接地电阻为 R_x，JD－2 标准电阻为 R_N，取 100mΩ，在 TOS6100 上进行了 10 次重复性测量，得到测量结果见表 2.21。

表 2.21　题 2.26 数据表

次数	1	2	3	4	5	6	7	8	9	10
R_x/mΩ	101	101	102	101	101	102	101	101	102	101

已知 TOS6100 在 100mΩ 处的分辨率为 2mΩ，此时自由度为 50，经检定，符合其技术指标要求，100mΩ 处的误差为±0.2%，此时自由度为 50，试计算测量结果，给出不确定度报告。

2.27　某数字电压表技术说明书中规定：在 2V 量程处，24 小时相对准确度为±(0.00012%读数＋0.00006%量程)，此时自由度为 50，当环境温度超出 23℃±5℃时，温度系数为±(0.00002%读数＋0.000018%量程)/℃，此时自由度为 20。现利用该电压表在 15℃下对某直流电压源 1V 点进行 10 次测量，测量数据见表 2.22，试计算测量结果，给出不确定度报告。

表 2.22 题 2.27 数据表

次数	1	2	3	4	5	6	7	8	9	10
U_x/V	0.999994	1.000001	1.000004	0.999998	0.999994	1.000000	1.000004	1.000002	1.000007	1.000006

2.28 对某测量结果取有效数字：

3 345.141 50　　取 7 位有效数字为__________

取 6 位有效数字为__________

取 4 位有效数字为__________

取 2 位有效数字为__________

195.105 01　　取 5 位有效数字为__________

取 3 位有效数字为__________

取 2 位有效数字为__________

2.29 测量 x 和 y 的关系，得到表 2.23 给出的一组数据。

表 2.23 题 2.29 数据表

x_i	4	11	18	26	35	43	52	60	69	72
y_i	8.8	17.8	26.8	37.0	48.5	58.8	70.3	80.5	92.1	95.9

试用最小二乘法对上述实验数据进行最佳曲线拟合。

第3章　信号发生器

本章要点

- 信号发生器的功用、种类和主要性能指标
- 通用低频、高频信号发生器的组成原理、特性和应用
- 合成信号发生器的组成原理、特性和应用
- 频率合成技术的发展状况

3.1　信号发生器概述

3.1.1　信号发生器的功用

测量用信号发生器，通常称为信号源。在研制、生产、使用、测试和维修各种电子元器件、部件及整机设备时，都需要信号发生器提供激励信号，由它产生不同频率、不同波形的电压或电流信号，并加到被测设备上，然后用其他测试仪器观测其输出响应，如图3.1所示。信号发生器可提供符合一定电技术要求的电信号，其波形、频率和幅度都是可以调节的，并可准确读出数值。在电子测量中，信号发生器是最基本、应用最广泛的测量仪器。其功用主要包括以下3方面。

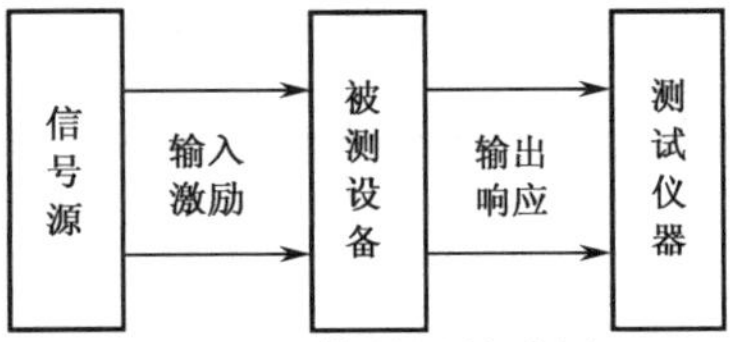

图3.1　信号源的功用

① 激励源。作为某些电气设备的激励信号源。

② 信号仿真。在设备测量中，常需要产生模拟实际环境特性的信号，如对干扰信号进行仿真。

③ 校准源。产生一些标准信号，用于对一般信号源进行校准(或比对)。

3.1.2　信号发生器的分类

信号发生器应用广泛，种类型号繁多，性能各异，分类方法也不尽相同，下面介绍几种常见的分类方法。

1. 按频率范围分类

信号源输出频率范围很宽，表3.1列出了频段的划分。国际上规定，30kHz以下为甚低频、特低频段，30kHz以上每10倍频程依次划分为低、中、高、甚高、特高、超高、极高等频段。在微波技术中，按波长[λ(m)＝300f(MHz)]划分为米波、分米波、厘米波、毫米波等波段。在一般电子技术中，把20Hz～10MHz称为视频，30kHz至几十GHz称为射频。当然，这些只是一个大致的划分。

表3.1中频段的划分，不是绝对的。例如，在电子仪器的门类划分中，“低频信号发生器”指1Hz～1MHz频段，波形以正弦波为主，或兼有方波及其他波形的信号发生器；“射频合成信号发生器”则指能产生正弦信号，频率范围部分或全部覆盖30kHz～1GHz(允许向外延伸)，并且具有一种或一种以上调制功能的信号发生器。可见，这两类信号发生器频率范围有重叠，而所谓“射频合成信号发生器”包含了表3.1中视频以上各类信号发生器。就是完全按照表3.1中频段术语进行的分类，频率范围也有不尽相同的划分。

2. 按输出波形分类

根据使用要求，信号发生器可以输出不同波形的信号，表3.2列出了各种信号发生器产生的波形示意图及其主要特性。

表 3.1 频段的划分

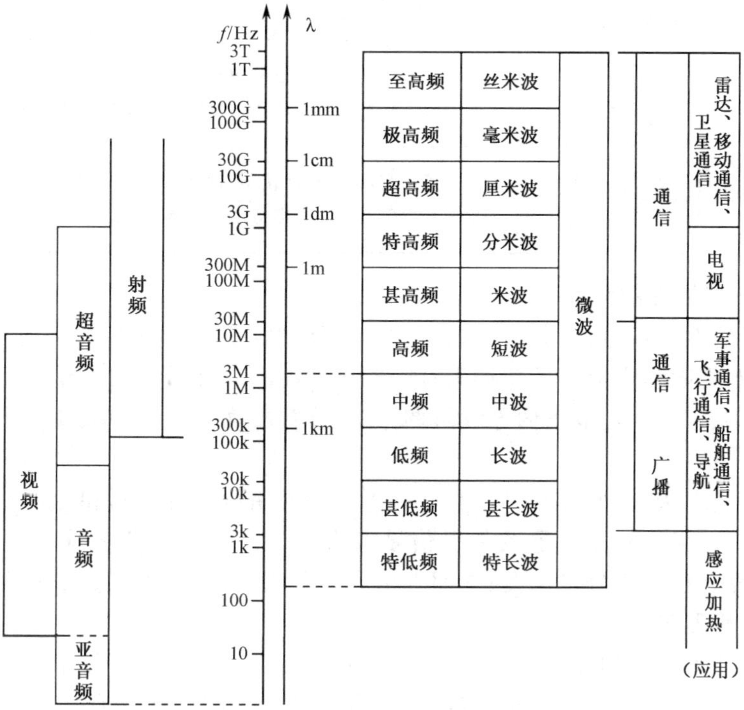

表 3.2 各种信号发生器产生的波形示意图及其主要特性

名　　称	波形示意图	主 要 特 性
正弦信号发生器		正弦波是电子系统中最基本的测试信号,频率从几 μHz 至几十 GHz。大多数信号源都具备正弦波输出
函数信号发生器		通常包含正弦波、方波、三角波三种波形,有的还包含锯齿波、脉冲波、梯形波、阶梯波等波形,频率从几 Hz 至上百 MHz
扫频信号发生器		频率在某区间内有规律地扫动,多用锯齿波进行线性扫频。多数扫频源的输出波形为正弦波、方波、三角波,还有非线性的对数扫频
脉冲信号发生器	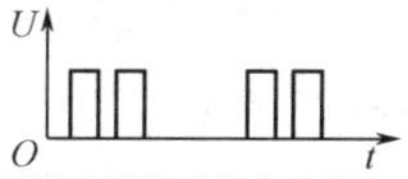	输出的脉冲信号可按需要设置其重复频率、脉冲宽度、占空比、上升及下降时间等参数。脉冲信号有的还有双脉冲输出
数字信号发生器	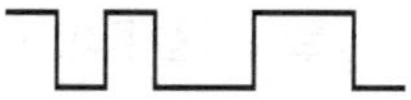	可按编码要求产生 0/1 逻辑电平(多为 TTL 或 ECL 电平),也称数据发生器、图形或模式发生器。通常具备多路数字输出
噪声信号发生器	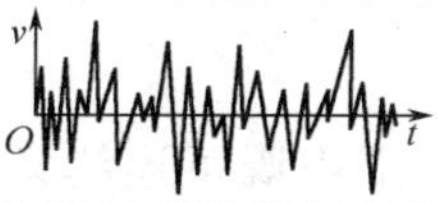	提供随机噪声信号,具有很宽的均匀频谱,常用于测量接收机的噪声系数或调制到高频、射频载波上作为干扰源
伪随机信号发生器		是一串由 0 和 1 逻辑电平随机编码的数字序列信号,因其序列周期相当长(在足够宽的频带内产生相当平坦的离散频谱),故有点类似随机信号
任意波形发生器	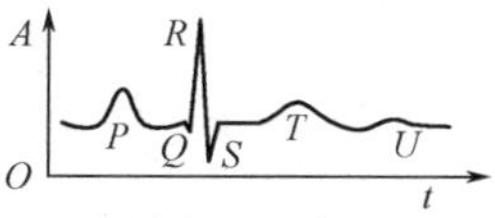	能产生任意形状的模拟信号,例如,产生模仿心电图、雷电干扰、机械运动等形状复杂的波形

续表

名　　称	波形示意图	主 要 特 性
调制信号发生器	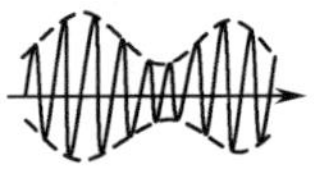	将模拟信号或数字信号调制到射频载波信号上，以便于远程传输。常用的调制方式有：调幅、调频、调相、脉冲调制、数字调制等
数字矢量信号发生器	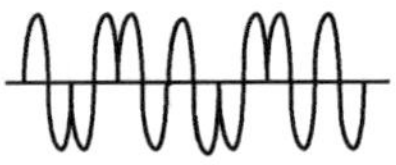	通过正交调制（I/Q 调制），可以同时传递幅度和相位信息，故称为数字矢量信号发生器。该内容将在 3.4 节中介绍

3. 按信号发生器的性能分类

按信号发生器的性能指标，可分为一般信号发生器和标准信号发生器。前者是指对其输出信号的频率、幅度的准确度和稳定度及波形失真等要求不高的一类信号发生器；后者是指输出信号的频率、幅度、调制系数等在一定范围内连续可调，并且读数准确、稳定，屏蔽性良好的中、高档信号发生器。

还有其他的分类方法，例如，按照使用范围，可分为通用信号发生器和专用信号发生器（如调频立体声信号发生器、电视信号发生器及矢量信号发生器等）；按照调节方式，可分为普通信号发生器、扫频信号发生器和程控信号发生器；按照频率产生方法，又可分为谐振信号发生器、锁相信号发生器及合成信号发生器等。

上面所述仅是几种常用的分类方式，而且是大致的分类。随着电子技术水平的不断发展，信号发生器的功能越来越齐全，性能越来越优良，同一台信号发生器往往具有相当宽的频率覆盖范围，以及输出多种波形信号的功能。DG4202 信号发生器，频率范围为 1μHz～200MHz，可以输出正弦波、方波、锯齿波、脉冲、噪声和谐波，还可以输出 Sinc、指数上升、指数下降、心电图、高斯、半正矢、洛伦兹、双音频、DC 电压等共计 150 种任意波，可以输出 AM、FM、PM、ASK、FSK、PSK、BPSK、QPSK、3FSK、4FSK、OSK、PWM 等调制波形。

3.1.3　正弦信号发生器的性能指标

在各类信号发生器中，正弦信号发生器是最普通、应用最广泛的一类，几乎渗透到所有的电子学实验及测量中。其原因除了正弦信号容易产生，容易描述，是应用最广的载波信号，还由于任何线性双端口网络的特性，都可以用它对正弦信号的响应来表征。由于信号发生器作为测量系统的激励源，被测器件、设备各项性能参数的测量质量将直接依赖于信号发生器的性能。通常用频率特性、输出特性和调制特性（俗称三大指标）来评价正弦信号发生器的性能，其中包括 30 余项具体指标。不过，由于各种仪器的用途不同，精度等级不同，并非每类每台产品都用全部指标进行考核。另外，各生产厂家出厂检验标准及技术说明书中的术语也不尽一致。这里仅介绍信号发生器中几项最基本、最常用的性能指标。

1. 频率范围

频率范围是指信号发生器所产生信号的频率范围，在该范围内既可连续又可由若干频段或一系列离散频率覆盖，在此范围内应满足全部误差要求。例如，国产 XD1 型信号发生器，输出信号频率范围为 1Hz～1MHz，分 6 挡，即 6 个频段，并且，为了保证有效频率范围的连续，两相邻频段间有相互衔接的公共部分，即频段重叠。DG4202 产生的正弦波的频率范围为 1μHz～200MHz，频率分辨率为 1μHz。

2. 频率准确度

频率准确度是指信号发生器刻度盘（或数字显示）数值与实际输出信号频率间的偏差，通常用

相对误差表示

$$\alpha=\frac{f-f_0}{f_0}=\frac{\Delta f}{f_0}\times 100\% \tag{3.1}$$

式中，f_0 为标称频率（刻度盘或数字显示数值，也称预调频率），f 为输出正弦信号频率的实际值，$\Delta f=f-f_0$为频率绝对误差。

频率准确度实际上是输出信号频率的工作误差。用刻度盘读数的信号发生器的频率准确度为±(1%～10%)，精密低频信号发生器的频率准确度可达±0.5%。例如，调谐式 XPC－6 型标准信号发生器的频率准确度优于±1%，DG4000 系列信号发生器频率准确度可达$\pm 10^{-6}$，而一些采用频率合成技术带有数字显示的信号发生器的输出频率具有标准频率（晶振）的准确度，若机内采用高稳定度晶体振荡器，则输出频率的准确度可达到 $10^{-8}\sim 10^{-10}$。

3. 频率稳定度

对频率稳定度指标的要求与频率准确度相关，频率准确度是靠频率稳定度来保证的。频率稳定度是指在其他外界条件恒定不变的情况下，在规定时间内，信号发生器输出频率相对于预调值变化的大小。按照国家标准，频率稳定度又分为短期频率稳定度和长期频率稳定度。

短期频率稳定度定义：信号发生器经过规定的预热时间后，信号频率在任意 15 分钟内所发生的最大变化，表示为

$$\delta=\frac{f_{\max}-f_{\min}}{f_0}\times 100\% \tag{3.2}$$

式中，f_0 为预调频率，$f_{\max}$和 $f_{\min}$分别为任意 15 分钟内信号频率的最大值和最小值。

长期频率稳定度定义：信号发生器经过规定的预热时间后，信号频率在任意 3 小时内所发生的最大变化，表示为

$$x\times 10^{-6}+y\ \text{Hz} \tag{3.3}$$

式中，x，y 是由厂家确定的性能指标值。也可以用式(3.2)表示长期频率稳定度。需要指出，许多厂商的产品技术说明书中并未按上述方式给出频率稳定度指标。例如，国产 HG1010 信号发生器和美国的 KH4024 信号发生器的频率稳定度都是 0.01%/h，含意是：经过规定预热时间后，两种信号发生器每小时(h)的频率漂移($f_{\max}-f_{\min}$)与预调频率之比为 0.01%。有些则以天(d)为时间单位表示频率稳定度，例如，国产 QF1480 合成信号发生器的频率稳定度为5×10^{-10}/d。而 QF1076 调谐信号发生器（频率范围 10～520MHz）的频率稳定度为$\pm 50\times 10^{-6}$/5min＋1kHz，用相对值和绝对值的组合形式表示频率稳定度。又如，国产 XD－1 型低频信号发生器，通电预热 30 分钟后，第 1 小时内频率漂移不超过 0.1%·f_0(Hz)，其后 7 小时内不超过0.2%·f_0(Hz)。通常，通用信号发生器的频率稳定度为 $10^{-2}\sim 10^{-4}$，用于精密测量的高精度高稳定度信号发生器的频率稳定度应高于 $10^{-6}\sim 10^{-7}$，而且要求频率稳定度一般应比频率准确度高 1～2 个数量级，例如，XD－2 型低频信号发生器的频率稳定度优于 0.1%，频率准确度优于±(1%～3%)。

4. 失真度与频谱纯度

在理想情况下，正弦信号发生器的输出应为单一频率的正弦波，但由于信号发生器内部放大器等元器件的非线性，会使输出信号产生非线性失真，除了所需要的正弦波频率，还有其他谐波分量。通常，用信号失真度来评价低频信号发生器输出信号波形接近正弦波的程度，并用非线性失真系数γ 表示

$$\gamma=\frac{\sqrt{U_2^2+U_3^2+\cdots+U_n^2}}{\sqrt{U_1^2+U_2^2+\cdots+U_n^2}}\times 100\% \tag{3.4}$$

式中，U_1为输出信号基波有效值，U_2，U_3，…，U_n为各次谐波有效值。由于U_2，U_3，…，U_n比U_1小得多，为了测量上的方便，也用下面公式定义γ

$$\gamma=\frac{\sqrt{U_2^2+U_3^2+\cdots+U_n^2}}{U_1}\times 100\% \tag{3.5}$$

一般低频正弦信号发生器的失真度为0.1%～1%，高档正弦信号发生器失真度可低于0.005%。例如，XD—2型低频信号发生器电压输出时的失真度小于等于0.1%，而ZN1030的非线性失真系数小于等于0.003%。对于高频信号发生器，这项指标要求较低，作为工程测量用仪器，其非线性失真小于等于5%，即以眼睛观察不到明显的波形失真即可。

对于高频信号发生器的失真度，常用频谱纯度来评价，要求输出频谱纯净的信号。频谱纯度不仅要考虑高次谐波造成的非线性失真，还要考虑由非谐波干扰噪声而造成的正弦波失真。

频谱纯度通常要求

$$20\lg\frac{U_{\mathrm{S}}}{U_n}=(80\sim 100)\ \mathrm{dB} \tag{3.6}$$

式中，U_{S}是信号幅度，U_n是高次谐波及干扰噪声的幅度。

5. 输出阻抗

输出阻抗的概念在“电路”或“电子电路”课程中都有说明。信号发生器的输出阻抗视其类型不同而异。低频信号发生器电压输出端的输出阻抗一般为600Ω(或1kΩ)。功率输出端依输出匹配变压器的设计而定，通常有50Ω、75Ω、150Ω、600Ω和5kΩ等几挡。高频信号发生器一般仅有50Ω或75Ω挡。

当使用信号发生器时，要特别注意与负载阻抗的匹配，因为信号发生器输出电压的读数是在匹配负载的条件下标定的。若负载与信号源输出阻抗不匹配，则信号源输出电压的读数是不准确的。

6. 输出电平

输出电平指的是输出信号幅度的有效范围，即由产品标准规定的信号发生器的最大输出电压和最大输出功率在其衰减范围内所得到输出幅度的有效范围。输出幅度可用电压(V，mV，μV)或分贝表示。例如，DG4202接50Ω负载电阻，频率范围为1μHz～20MHz时，输出幅度为1mVpp～10Vpp；频率范围为20～70MHz时，输出幅度为1mVpp～5Vpp；频率范围为70～120MHz时，输出幅度为1mVpp～2.5Vpp；频率范围为120～200MHz时，输出幅度为1mVpp～1Vpp。

与频率稳定度指标类似的还有幅度稳定度及平坦度。幅度稳定度是指信号发生器经规定时间预热后，在规定时间间隔内输出信号幅度对预调幅度的相对变化量，例如，HG1010信号发生器幅度稳定度为0.01%/h。平坦度是指温度、电源、频率等引起的输出幅度变动量。使用者通常关心输出幅度随频率变化的情况，像用静态“点频法”测量放大器的幅频特性时就是如此。现代信号发生器一般都有自动电平控制电路(ALC)，可以使平坦度保持在±1dB以内，即幅度波动控制在±10%以内。例如，DG4202，频率范围为1μHz～10MHz时，平坦度为±0.1dB；频率范围为10～60MHz时，平坦度为±0.2dB；频率范围为60～100MHz时，平坦度为±0.4dB；频率范围为100～160MHz时，平坦度为±0.8dB；频率范围为160～200MHz时，平坦度为±1dB。

7. 调制特性

高频信号发生器在输出正弦波的同时，一般还能输出一种或一种以上已被调制的信号，多数是调幅信号和调频信号，有些还带有调相和脉冲调制等功能。当调制信号由信号发生器内部产生时，称为内调制；当调制信号由外部加到信号发生器进行调制时，称为外调制。这类带有输出已调波功能的信号发生器，是测试无线电收发设备不可缺少的仪器。例如，XFC－6 型信号发生器就具备内、外调幅，内、外调频，进行内调幅时同时进行外调频，同时进行外调幅与外调频等功能。DG4202 具有 AM、FM、PM、ASK、FSK、PSK、BPSK、QPSK、3FSK、4FSK、OSK、PWM 等调制功能。

实际上，评价信号发生器性能的指标不止上述各项，这里仅对最常用、最重要的项目做了概括介绍。由于使用目的、制造工艺、工作机理等不同，各类信号发生器的性能指标相差很悬殊，因而价格相差也就很大，所以在选用信号发生器（选用其他测量仪器也是如此）时，必须考虑合理性和经济性。以对频率的准确度要求为例，当测试谐振回路的频率特性、电阻值和电容损耗角随频率的变化时，仅需要$\pm1\times10^{-2}\sim\pm1\times10^{-3}$的频率准确度，而当测试广播通信设备时，则要求$\pm1\times10^{-5}\sim\pm1\times10^{-7}$的频率准确度。显然，两种场合应当选用不同档次的信号发生器。

3.2 模拟信号发生器

本节介绍的模拟信号发生器是指一些常用的传统信号发生器，与后面介绍的合成信号发生器有区别。所谓传统信号发生器，是指以单元模拟电路为主组成的仪器，如低频信号发生器、函数信号发生器、高频信号发生器及脉冲信号发生器等。这类仪器性能指标不是很高，但价格便宜，且能满足一般实验测试的要求，在模拟电子线路与系统的设计、测试和维修中获得广泛应用，仍然是当前大量使用的信号发生器。

由于在专业基础课中都学过振荡器、放大器等单元模拟电路，故本节只介绍各种信号发生器的组成框图、特点及实例。

3.2.1 低频信号发生器

几乎所有的电子实验和测量都需要低频信号发生器。事实上，“低频”就是从“音频”（20Hz～20kHz）的含义演化而来的，由于其他电路测试的需要，因此频率向下、向上分别延伸至超低频段和高频段。现在一般“低频信号发生器”是指 1Hz～1MHz 频段，输出波形以正弦波为主，或兼有方波及其他波形的发生器。

1. 低频信号发生器组成原理

通用低频信号发生器的组成框图如图 3.2 所示，图(a)为波段式，图(b)为差频式。波段式低频信号发生器输出频率由主振器确定，通常由 RC 振荡器产生低频正弦波，经放大器放大达到电压输出幅度的要求，由电位器和衰减器调节输出。这种信号发生器带负载能力弱，只能提供电压输出。当需要功率输出时，可选用后面加功率放大器的信号发生器。

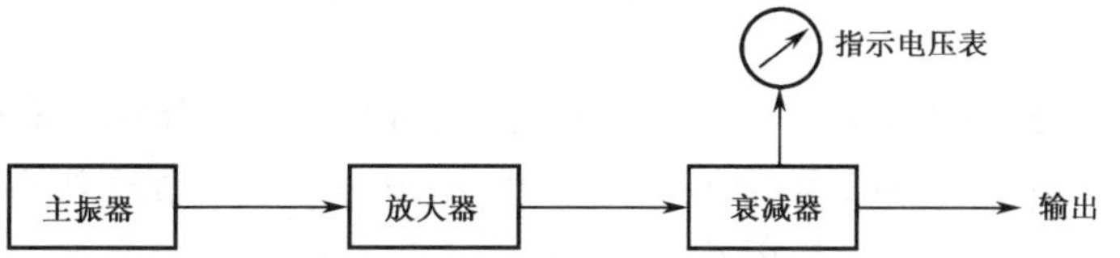

(a) 波段式

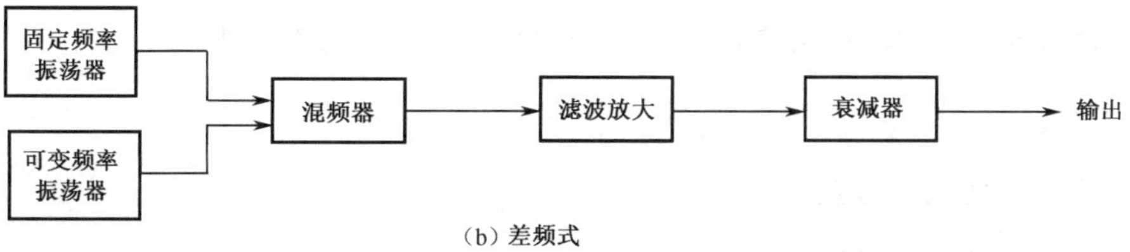

(b) 差频式

图 3.2　通用低频信号发生器的组成框图

由于 RC 振荡器的频率覆盖范围小，故波段式低频信号发生器通常做成多波段的。

差频式低频信号发生器由可变频率振荡器 f_1 和固定频率振荡器 f_2 通过混频器产生两者差频信号 $f_0=f_1-f_2$，经过低通滤波器滤除混频器输出中含有的高频分量，再经滤波放大和衰减器输出，得到所需要的低频信号。其最大优点是频率覆盖范围大，容易做到整个低频段内频率可连续调节而不用更换波段，且输出电平也比较平稳。

频率覆盖范围大小通常用频率覆盖系数表示

$$k=\frac{f_{\max}}{f_{\min}} \tag{3.7}$$

以通信中常用的某电平振荡器（实际上就是低频信号发生器）为例，$f_1=3.3997\sim5.1000\text{MHz}$，$f_2=3.4000\text{MHz}$，则 $f_0=300\text{Hz}\sim1.7000\text{MHz}$。比较一下，频率覆盖系数为

$$k_0=\frac{1.7000\text{MHz}}{300\text{Hz}}\approx6\times10^3$$

而可变频率振荡器（相当波段式中一个波段）的频率覆盖系数为

$$k_1=\frac{5.1000}{3.3997}=1.5$$

可见，差频式低频信号发生器的频率覆盖范围大得多。

2. 主振荡器的特点

低频信号发生器中的主振荡器大多采用文氏桥式振荡器，其特点是频率稳定，易于调节，并且波形失真小和易于稳幅。

文氏桥式振荡器是典型的 RC 振荡器。其振荡频率取决于 RC 式反馈网络的谐振频率，表达式为

$$f_0=\frac{1}{2\pi RC} \tag{3.8}$$

在低频信号发生器中为何不采用较熟悉的 LC 振荡器呢？这是因为 LC 振荡器的频率取决于下式

$$f_0=\frac{1}{2\pi\sqrt{LC}} \tag{3.9}$$

当频率较低时，L、C 数值大，相应的体积、重量也相当大，分布电容、漏电导等也都相应很大，品质因数 Q 值降低很多，谐振特性变坏，频率调节也困难。而在 RC 振荡器中，频率降低，增大电阻容易做到，且功耗也可减小。

另外，还有一个原因，在 LC 振荡器中，f_0 与 $\sqrt{LC}$ 成反比，因而同一波段内频率覆盖系数很小。例如，电感 L 固定，调节电容 C 改变振荡频率，设 C 调节范围为 40～450pF，则频率覆盖系数为

$$k=\frac{f_{\max}}{f_{\min}}=\sqrt{\frac{C_{\max}}{C_{\min}}}=\sqrt{\frac{450}{40}}\approx3$$

而用 RC 振荡器，由式(3.8)可知，f_0 与 RC 成反比，频率覆盖系数为

$$k=\frac{f_{\max}}{f_{\min}}=\frac{C_{\max}}{C_{\min}}=\frac{450}{40}\approx11$$

在一个波段内有较大的频率覆盖系数。

3. 低频信号发生器的主要技术特性

目前，低频信号发生器主要技术指标的典型数据大致如下。

频率范围：1Hz～1MHz 分频段，均匀连续可调。

频率稳定度：优于 0.1%。

非线性失真：小于 0.1%～1%。

输出电压：0～10V。

输出功率：0.5～5W 连续可调。

输出阻抗：50Ω，75Ω，600Ω，5kΩ。

输出形式：平衡输出与不平衡输出。

XD 系列低频信号发生器是国内常用的电子测量仪器，其主要型号和性能如表 3.3 所示。

表 3.3 部分低频信号发生器主要性能

型 号	频率范围	输出幅度	说 明
XD22	1Hz～1MHz	正弦波 $U>5V$，脉冲 $U<10V$	输出正弦波、脉冲
XD7	20Hz～20kHz	$U>5V$，$P>0.5W$	音频
XD7－S	1Hz～1MHz	正弦波 $U>5V$，脉冲 $U<10V$	输出正弦波、脉冲
XD12A	10Hz～1MHz	正弦波 $U>5V$，$P>5W$	带数字频率计
XD－11	1Hz～1MHz	正弦波 $U>5V$，脉冲 $U<10V$	输出正弦波、脉冲等 7 种波形
XD－12	1Hz～1MHz	正弦波 $U>5V$，脉冲 $U<10V$	

4. 使用方法

低频信号发生器型号很多，但是它们的基本使用方法是类似的。

① 输出频率调节与指示：使用时，先将频率范围置于相应的挡位，按所需的频率调节频率刻度盘至相应频率点位置。在通常情况下，频率微调旋钮置于零位。

② 输出阻抗的配接：信号发生器要求负载与其输出阻抗相匹配，使输出信号失真小，功率大。

③ 输出电路选择：根据外接电路的输入方式，选择相应的平衡或不平衡输出。

④ 输出电压的调节和测读：调节输出电压旋钮，可以连续改变输出电压的大小。在使用衰减器(除 0dB 衰减外的其他挡位)时，输出电压的大小需要根据指示电压表的读数来进行换算，换算关系为

$$输出电压 = 读数 \div 衰减分贝数$$

例如，指示电压表的读数为 20V，衰减分贝数为 60dB 时，输出电压为 20V/1000＝0.02V(60dB 的电压衰减倍数为 1000)。当信号发生器平衡工作时，指示电压表的读数为实际电压值的一半。

3.2.2 高频信号发生器

高频信号发生器是指能够供给等幅正弦波和调制波信号的信号发生器，通常分为调幅和调频两种。其工作频率一般在 100kHz～35MHz 范围内，输出幅度能在较大的范围内调节，并具有输出微弱信号的能力，可以适应测试接收机的需要。测试各类高频接收机的灵敏度、选择性等性能指标是高频信号发生器最重要的用途之一。因此，在电路的结构上，高频信号发生器与高频发射机很相似。

1. 高频信号发生器的组成原理

如图 3.3 所示是高频信号发生器的组成框图。它包括主振级、缓冲级、调制级、输出级、内调制振荡器、可变电抗器、监测器和电源等部分。其各部分的工作特点说明如下。

1) 主振级

主振级通常是 LC 三点式振荡电路，产生具有一定工作频率范围的正弦信号。信号发生器输

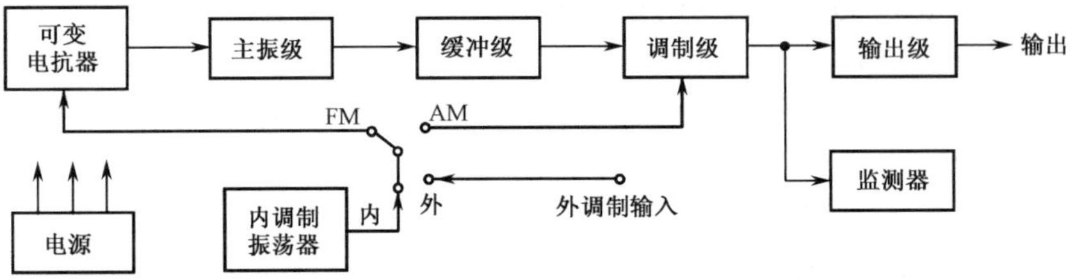

图 3.3　高频信号发生器的组成框图

出频率的准确度、稳定度、频谱纯度主要由它确定，它是信号发生器的核心。此外，输出电平及其稳定度和调频工作性能在很大程度上也是由主振级决定的。因此，要求主振级的频率范围宽，有较高的频率准确度（优于 10^{-3}）和频率稳定度（优于 10^{-4}）。主振级的电路结构简单，输出功率不大，一般在几到几十 mW 的范围内。

高频信号发生器主振级的 LC 振荡器，通常通过固定电感 L，改变电容 C 来调整振荡频率。但这时频率覆盖范围是有限的，可通过下式进行估算

$$k=\frac{f_{\max}}{f_{\min}}=\frac{\dfrac{1}{2\pi\sqrt{LC_{\min}}}}{\dfrac{1}{2\pi\sqrt{LC_{\max}}}}=\sqrt{\frac{C_{\max}}{C_{\min}}}=2\sim3$$

通常，可变电容 $C_{\min}=5\sim30\text{pF}$，$C_{\max}=100\sim500\text{pF}$，故一个振荡回路的频率覆盖系数 k 为 2～3。若要扩大频率范围，必须变更电感 L，可以像收音机那样用多波段工作方式，如图 3.4 所示。如何进行波段划分呢？下面通过一个实例来说明。

【例 3.1】　XFC－6 型高频信号发生器 $f=4\sim300\text{MHz}$，试问应划分为几个波段？

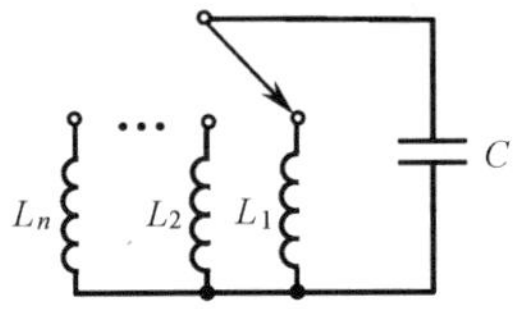

图 3.4　LC 回路

解：　$k_\Sigma=\dfrac{300}{4}=75$，　$k_\Sigma=k^n$，　$\lg k_\Sigma=n\lg k$

$$n=\frac{\lg k_\Sigma}{\lg 0.9k}=\frac{\lg 75}{\lg 1.8}=\frac{1.87}{0.254}\approx7.36\approx8 \tag{3.10}$$

式中，$0.9k$ 的含义是让单回路频率覆盖系数取小一些，这里取 $k=2$，以保证各波段能衔接覆盖。由本例计算出 $n=8$，即要划分 8 个波段。这时相邻波段的电感可按下式计算

$$\frac{L_{n-1}}{L_n}=k^2 \tag{3.11}$$

2）缓冲级

缓冲级主要起阻抗变换作用，用来隔离调制级对主振级可能产生的不良影响，以保证主振级工作的稳定。在某些频率较高的信号发生器中，还可以采用倍频器、分频器或混频器，使主振级输出频率的范围更宽广。

3）调制级、内调制振荡器、可变电抗器、监测器、电源

正弦信号经缓冲级输出到调制级，进行幅度调制和放大后输出，并保证一定的输出电平调节和输出阻抗。内调制振荡器供给符合调制级要求的音频正弦调制信号。可变电抗器与主振级的谐振回路耦合使信号发生器具有调频功能。监测器用来监测输出信号的载波和调制系数。电源供给各部分所需的直流电压。

为了测试各种接收机的灵敏度和选择性等性能指标，必须用已调制的正弦信号作为测试信号，这个任务在调制级中完成。调制的方式主要有调幅、调频和脉冲调制。调幅多用于

100kHz～35MHz的高频信号发生器中，一般采用正弦调制；调频主要用于 30～1000MHz 信号发生器中；脉冲调制多用于 300MHz 以上的微波信号发生器中。

4）输出级

输出级主要由放大器、滤波器、输出微调（连续衰减器）、输出倍乘（步进衰减器）等组成，如图 3.5 所示。输出级可进一步控制输出电压的幅度，使最小输出电压达到 μV 数量级。对输出级的主要要求是，输出电平的调节范围宽，衰减量应能准确读数，有良好的频率特性，在输出端有准确且固定的输出阻抗。

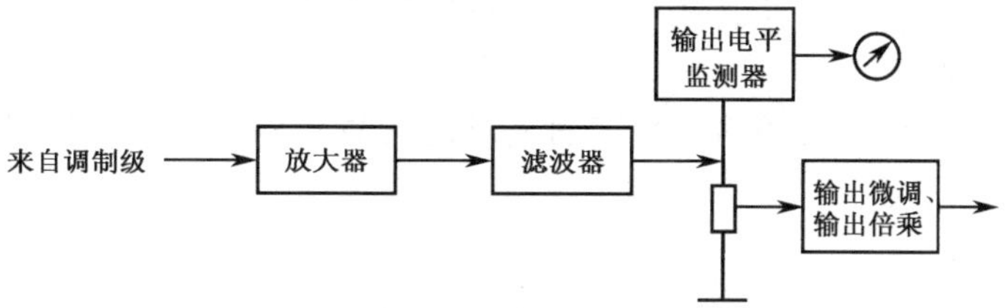

图 3.5　高频信号发生器的输出级

2. 高频信号发生器的使用

信号发生器是向外提供激励信号的仪器，使用方法比较简单容易。它主要调节输出频率和幅度。关键是注意其使用说明书上输出幅度是如何标定的，然后才能正确读数。

1）输出频率的读数

前面已述，高频信号发生器主振级大多为 LC 振荡器，通过改变电感来更换波段，通过调节电容来改变输出频率。由于可变电容器是通过机械齿轮减速来转动动片的，调节频率时来回转动齿轮的回差会给频率读数带来误差，因此这种模拟式高频信号发生器的频率准确度不太高，通常只有 ±1%左右。

2）输出幅度的读数

信号发生器的输出端可以等效为如图 3.6(a)所示等效模型，从输出端向信号发生器内部看，可以视为一个电动势（交流信号电压源）U_s 与一个输出阻抗 R_s 相串联。从图中可以看出，U_s 实际上就是信号发生器输出的开路电压，输出阻抗尽可能做成纯电阻。

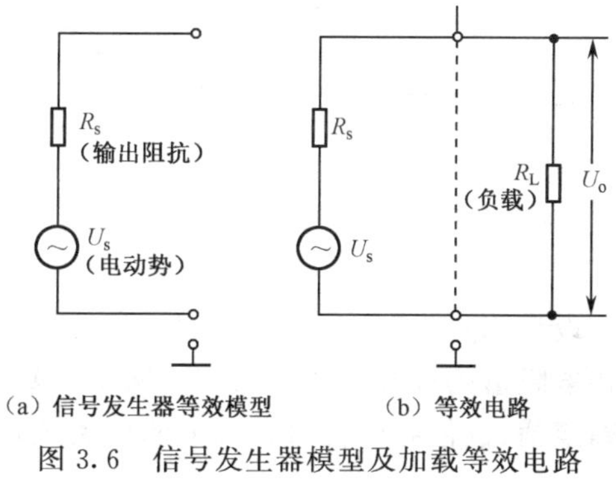

图 3.6　信号发生器模型及加载等效电路

输出电阻常取 50、75、150、600Ω 等数值，有的信号发生器还备有几种输出电阻可以切换，用户可根据需要进行选择。当信号发生器外部负载等于它的输出电阻时，称为阻抗匹配。信号发生器的很多技术指标都是在阻抗匹配的条件下给出的。例如，通常信号发生器输出电压的标称值，包括有些面板上的输出电压示值均为阻抗匹配时信号发生器输出端的电压。如果阻抗不匹配，信号发生器的实际输出电压一般不等于设置的标称值，其面板上显示的输出电压往往不准确，需要用电压表进行实际测量或用如图 3.6(b)所示的等效电路进行计算。

在图 3.6 中，信号发生器的两个输出端均未接仪器机箱地，称为信号发生器的输出端是浮置的。如果输出端有一端接至机箱地，并接至电源地线，则称为接地输出。很多信号发生器能提供浮地输出或接地输出两种方式供用户选择，并且只需通过开关或跳线就可以在两种方式中任意切换。输出端是否需要接地与应用条件有关。若用信号发生器激励双端均浮地的电路，例如差分电路，则信号发生器必须使用浮地输出。

高频信号发生器的输出幅度读数通常有两种形式：一种采用电压值 V、mV、μV 表示；另一种采用分贝电平 dBm（分贝毫瓦）、dBV（分贝伏）表示。使用时，要查阅面板或使用手册上的说明。

用电压值表示时，按国际及国家标准输出电压的读数是在匹配负载（通常为 50Ω）的条件下按正弦波有效值标定的。但也有用信号源电动势，即开路电压标定的，通常以正弦波有效值设置，也有用峰值设置的。

用分贝电平表示时，通常又分为：功率电平，$10\lg(P/P_0)$dB，$P_0=1$mW，采用 dBm（分贝毫瓦）表示；电压电平，$20\lg(U/U_0)$dB。U_0 有时用 1V，在通信领域常用 1mW 功率在 600Ω 负载上的电压$U_0=0.775$V 作为参考值。

输出幅度标称值的准确度常用输出幅度的绝对误差与标称值之比来衡量，也可把这个比值转化为用 dB 表示。

3）输出阻抗变换器

当使用信号发生器时，要特别注意与负载阻抗的匹配。信号发生器只有在匹配的情况下才能正常工作。如果负载阻抗不等于信号发生器的源阻抗（即仪器内衰减器的特性阻抗），会引起信号被反射，甚至在输出电路中出现驻波，使衰减系数产生误差，还可能影响前级电路的工作，降低信号发生器的功率。

同时，信号发生器输出电压的读数是在匹配负载的条件下按正弦波有效值标定的，若负载与信号源输出阻抗不相等，则信号源输出电压的读数是不准确的。

因此，在实际应用中遇到失配的状态时，应在信号发生器的输出端与负载之间加一个阻抗变换器，如图 3.7(a)所示。由于对称的四端网络具有阻抗变换作用，故常用它作为阻抗变换器。现通过一个应用实例进行说明。如图 3.7(b)所示，信号发生器的输出电阻 $R_s=50\Omega$，而被测设备的输入电阻，即信号发生器的负载电阻 $R_L=75\Omega$，如何设计一个阻抗变换器？

(a)

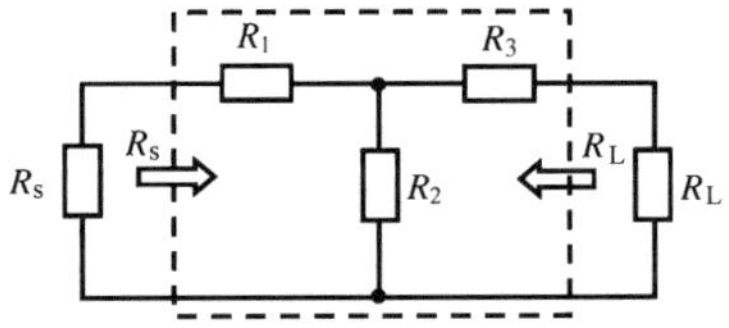

(b)

图 3.7 阻抗匹配

设计原则为：第一，要满足两端匹配，为此选用 T 型四端网络，如图 3.7(b)中虚线框内所示，图中各电阻值的计算公式可由四端网络的基本理论推导出来；第二，阻抗变换器本身的衰减量 N 应为确定值，以便扣除信号在其上的损失，通常设 $N=3.16$，正好电压衰减 10dB。结果如下

$$R_2=\frac{2}{N}\sqrt{R_sR_L}\left(1+\frac{1}{4N}\right)=41.8\ \Omega$$

$$R_1=R_s\sqrt{1+\frac{R_2^2}{R_sR_L}}-R_2=18.7\ \Omega$$

$$R_3=R_L\sqrt{1+\frac{R_2^2}{R_sR_L}}-R_2=49\ \Omega$$

$$\beta=20\lg N=20\lg 3.16=10\ \text{dB}$$

为确保性能满足要求，阻抗变换器应精选电阻并置于屏蔽盒中，两端用屏蔽电缆连接，如图 3.7(a)所示。

3. 高频信号发生器实例

选用高频信号发生器应根据测量要求的频率范围、调制方式、输出电平及输出阻抗等主要技术指标来进行选择。这里介绍两种常用的高频信号发生器的技术性能。

1) XFG—7 型高频信号发生器

XFG—7 型是一种既能产生等幅波又能产生调幅波的高频信号发生器,它可以方便地用来测量高频放大器、调制器及滤波器的性能指标,特别适用于测试无线电接收机的性能指标。其主要的技术指标如下。

频率范围:100kHz～30MHz,分 8 个波段;频率刻度误差±1%。

输出电压与输出阻抗:在接分压器的电缆“0V～0.1V”插孔,并且接点“1”时,输出电压为 1μV～100mV,分为 5 挡,每挡可以微调,输出阻抗为 40Ω;当接点“0.1”时,输出电压为0.1μV～10mV。而在接分压器的电缆“0V～1V”插孔时,输出电压为 0～1V,连续可变,输出阻抗约为 40Ω。

调制频率:内调幅分 400Hz 和 1000Hz 两种,外调幅范围为 50～8000kHz。

调幅范围:0%～100%连续可调。

2) XFC—6 型标准高频信号发生器

XFC—6 型是一种产生高频载波和调幅信号、调频信号及调幅调频信号的标准高频信号发生器。XFC—6 型主要用于测试、调试及维修各种无线电接收设备,其输出载波的频率范围为 4～300MHz,分 8 挡;频率稳定度优于 2×10^{-4}/10min;输出载波电压为 0.1μV～100mV,可低至 0.05μV;输出阻抗为 75Ω;调幅波的调幅范围为 0%～80%;调频波的频偏为 0～100kHz。

3.2.3 脉冲信号发生器

脉冲信号发生器通常是指矩形窄脉冲信号发生器,它广泛用于测试与校准脉冲设备和宽带设备。例如,测试视频放大器和其他宽带电路的振幅特性、过渡特性,逻辑元件的开关速度,集成电路的研究,以及对电子示波器的检定等都需要脉冲信号发生器提供测试信号。脉冲信号发生器是时域测量的重要仪器。

1. 矩形脉冲的参数

实际的矩形脉冲如图 3.8 所示。其主要参数说明如下。

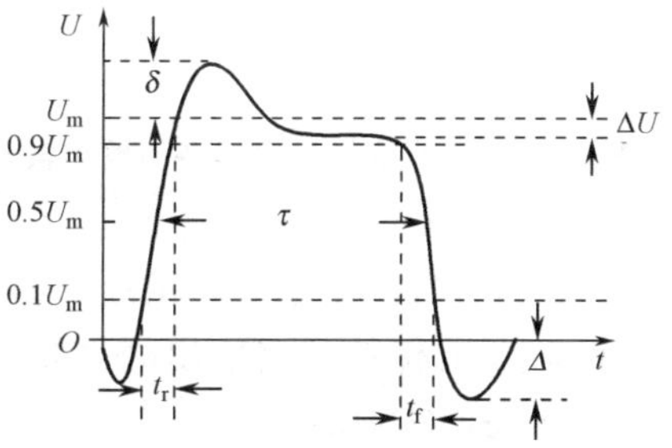

图 3.8 矩形脉冲

重复频率 f:每秒内脉冲出现的个数。

脉冲幅度 U_m:从 0 上升到 100%U_m所对应的电压值。

脉冲宽度 τ:电压上升到 50%U_m至下降到 50%U_m所对应的时间间隔。

上升时间 t_r:电压从 10%U_m上升到 90%U_m的时间。

下降时间 t_f:电压从 90%U_m下降到 10%U_m的时间。

占空系数 τ/T:脉冲宽度 τ 与脉冲周期 T 的比值,称为占空系数或占空比。

上冲量 δ:上升超过 100%U_m 部分的幅度。

反冲量 Δ:下降到 0 以下部分的幅度。

平顶落差 ΔU:脉冲顶部不能保持平坦而降落的幅度。

偏移 E:矩形脉冲通常以水平零轴为基准,有些脉冲信号发生器的输出脉冲可在零轴上下平移,其平移的幅度称为偏移(图中未画出)。

2. 脉冲信号发生器的组成原理

脉冲信号发生器的基本组成包括主振级、延迟级、(脉冲宽度)形成级、整形级、输出级等部分,如图 3.9 所示。各部分的工作原理说明如下。

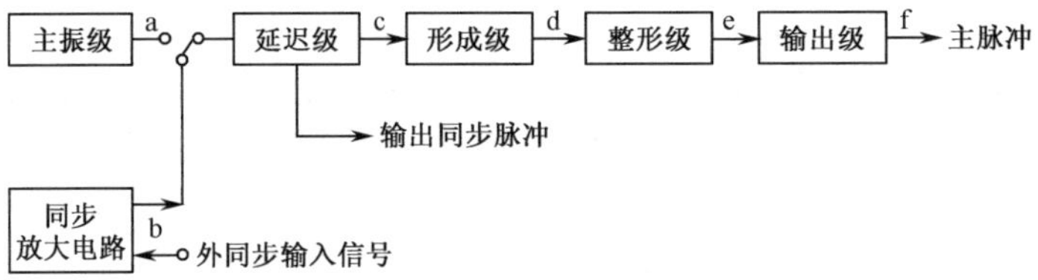

图 3.9 脉冲信号发生器的组成框图

1) 主振级

主振级可采用自激多谐振荡器、晶体振荡器或锁相振荡器产生矩形波,也可将正弦振荡信号放大、限幅后输出,作为下级的触发信号。因此,希望主振级具有较好的调节性能和稳定的频率,但对其输出波形的前后沿等参数要求不是很高,要求波形的一致性要好,并具有足够的幅度。也可以不使用仪器内的主振级,而直接由外部信号经同步放大电路后作为延迟级的触发信号。同步放大电路将各种不同波形、幅度、极性的外同步输入信号转换成能触发延迟级正常工作的触发信号。可见,主振级是用来调节脉冲重复周期 T 的,如图 3.10 中(a)、(b)所示。

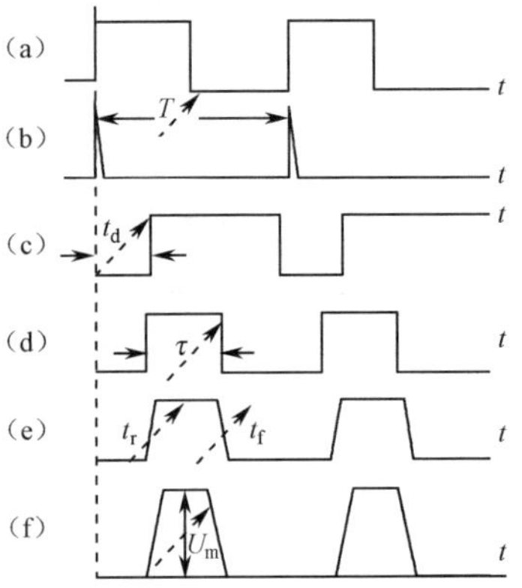

图 3.10 脉冲信号发生器各级输出波形图

2) 延迟级

延迟级通常由单稳电路和微分电路组成。在很多场合下,要求脉冲信号发生器能输出同步脉冲,并使同步脉冲导前于主脉冲一段时间,如图 3.10(c)所示。这个任务由延迟级完成。主振级输出的未经延时的脉冲称为同步脉冲。对延迟级的要求是在全波段内获得一定的延时量 t_d,并满足触发下一级电路所需的输出幅度。

3) 形成级

形成级通常由单稳态触发器等脉冲电路组成。它是脉冲信号发生器的中心环节,要求产生宽度准确、波形良好的矩形脉冲,且脉冲宽度 τ 可独立调节,并具有较高的稳定性。

4) 整形级与输出级

整形级与输出级一般由放大、限幅电路组成。整形级具有电流放大作用,输出级具有功率放大作用,还具有保证仪器输出的主脉冲幅度可调、极性可切换,以及良好的前后沿等性能的作用,如图 3.10(e)、(f)所示。

3. 脉冲信号发生器的主要性能

脉冲信号发生器的主要性能:能输出同步脉冲及与同步脉冲有一定延迟时间的主脉冲;延迟时间可调;主脉冲的频率可调,脉冲宽度可调,极性可切换,且具有良好的上升时间、下降时间,以及较小的上冲量。

有的脉冲信号发生器还能输出双脉冲,如 XC－16 型脉冲信号发生器。双脉冲是指在每一个周期中,前脉冲与后脉冲相继发生的一种脉冲波形。在双脉冲中,前脉冲宽度应小于延迟时间,前、后脉冲宽度之和应小于脉冲周期。图 3.11 所示为双脉冲。

图 3.11 双脉冲

XC－16 型和 XC－16B 型等脉冲信号发生器具有双脉冲输出功能，其中 XC－16 型的主要性能指标为：频率范围为 10Hz～1MHz，脉冲宽度为 0.1～1000μs，前后沿小于 30ns，双脉冲后补时间为 0.3～3000μs。

应当指出，以前的脉冲信号发生器多为模拟电路或中小规模数字电路设计的产品，性价比较低。数英仪器公司生产的 SU5000 系列信号发生器采用了直接数字频率合成技术，产品性能大为改善，脉冲宽度范围为 10ns～10 000s，重复周期范围为 20ns～10 000s，脉冲幅度范围为±(0.5～10)V，并具有同步脉冲、单脉冲、双脉冲输出；配有 TFT 彩屏显示，中英文菜单操作；还可选配 GPIB、RS-232 及 USB 接口。

顺便指出，还有一类快速(广谱)脉冲信号发生器，用于数字通信、雷达、时域特征测试等场合。通常用高速开关管(雪崩晶体管、阶跃恢复二极管及隧道二极管)产生脉冲，例如，某种隧道二极管脉冲信号发生器能产生脉冲前沿上升时间快达 15ps 的脉冲，其可用频谱可达 30GHz。

3.2.4 函数信号发生器

函数信号发生器是一种宽带频率可调的多波形发生器，它可以产生正弦波、方波、三角波、锯齿波等。由于其输出波形均可用数学函数描述，故得名函数信号发生器。现代函数信号发生器一般具有调制和 VCO 控制的功能。它是一种不可缺少的通用信号发生器，可以用于生产测试、仪器维修和实验，应用领域十分广泛。

函数信号发生器的构成方式很多，通常以某种波形为第一波形，作为主振级，然后利用第一波形导出其他波形。根据主振级的性质和特点，我们将函数信号发生器的构成方式分为 3 种类型：正弦式、脉冲式和三角式。下面简要介绍前两种类型的基本原理。

1) 正弦式函数信号发生器

如图 3.12(a)所示为正弦式函数信号发生器的组成框图。它包括正弦振荡器、缓冲级、方波形成电路、积分器、放大器和输出级等部分。其工作过程如下。正弦振荡器输出正弦波，经缓冲级隔离后，分为两路信号，一路送至放大器输出正弦波，另一路作为方波形成电路的触发信号。方波形成电路通常为施密特触发器。后者也输出两路信号，一路送放大器，经放大后输出方波；另一路作为积分器的输入信号。积分器一般是密勒积分电路。积分器将方波积分形成三角波，经放大后输出。3 种波形的输出由放大器中的选择开关控制。

XD－11 型函数信号发生器采用上述方案。其主要指标有：频率范围为 1Hz～1MHz，输出电压的峰值大于 5V，正弦波失真度优于 0.1%，输出正弦波、脉冲波、尖脉冲、锯齿波等波形。

2) 脉冲式函数信号发生器

脉冲式函数信号发生器的组成框图如图 3.12(b)所示，它包括脉冲信号发生器、施密特触发器、积分器、放大器和正弦波转换电路等部分。其工作过程如下。在触发脉冲的作用下，施密特触发器产生方波，积分器将方波积分形成三角波，正弦波转换电路将三角波转换成正弦波；放大器选择 3 种波形输出，可单独输出一种波形，也可同时输出三种波形。

这类函数信号发生器有 XD8B 型、XD－17 型等。其中，XD8B 型属于超低频信号发生器，它的主要性能有：频率范围为 0.01Hz～100kHz，最大输出电压峰值为 15V，正弦波失真及三角波非线性均小于 1%，能输出正弦波、方波、三角波、锯齿波等 7 种波形。XD－17 型为宽带函数信号发生器，其性能指标主要有：频率范围为 0.0001Hz～1.1MHz，最大输出电压峰值为 20V，能输出正弦波、三角波和方波 3 种波形，正弦波失真小于 3%，三角波非线性小于 1%。

随着微电子技术的发展，现代函数信号发生器可用单片集成电路(如 5G8038 属三角式函数信号发生器，输出频率范围为 1mHz～300kHz)和直接数字合成(DDS)技术来产生，在函数信号发生

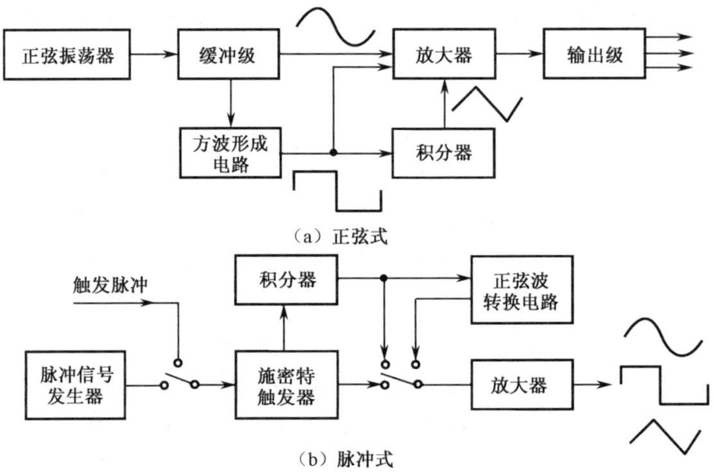

(b) 脉冲式

图 3.12　函数信号发生器的组成框图

器及任意信号的产生方面有了很大的发展。例如,是德科技(安捷伦)用 DDS 技术设计的 33621A 型函数/任意波形发生器能提供 17 种标准波形,频率可达 120MHz;可使用 64MSa/s 的采样率来设置任意波形;具有 AM、FM、PM、FSK、BPSK、PWM 等多种调制方式。

3.2.5　噪声信号发生器

噪声是指元器件、电路、仪器设备或电子系统中出现的非预期的电信号。由噪声所造成的不良效应称为干扰。噪声使信号失真、测试的性能(稳定度、可靠性、灵敏度等)下降,对测量造成危害。但是,作为一种客观的现象,既要避免其危害性,又要利用其有利的一面。在电子测量中,利用噪声作为测试信号具有重要的意义。一方面,噪声能够模拟许多实际系统的工作状态;另一方面,用噪声代替正弦信号进行测试时,能够收集到被测系统动态特性的有关数据,从而可以对被测系统做出全面的评价。

噪声信号发生器能提供在特定频率范围内足够高的输出电平,并具有一定统计参数的噪声。噪声信号发生器主要由噪声源、变换器及输出衰减器等组成,如图 3.13 所示。

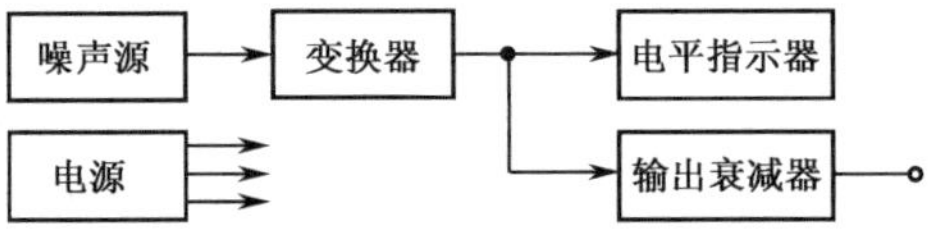

图 3.13　噪声信号发生器的结构

噪声源是噪声信号发生器的核心,可以提供在一定频率范围内足够高的电平、频谱分布均匀的白噪声。变换器主要由放大器、非线性变换电路、滤波器等组成,它将噪声源的输出变换为具有一定输出功率和一定统计参数的噪声。通常用衰减器作为输出电路。

常用的噪声源有:电阻噪声源、二极管噪声源及气体放电管噪声源等。例如,用气体放电管制成的噪声发生器在极宽的频率范围内具有均匀的频谱密度,能在微波波段用于噪声系数的测量。

3.3　合成信号发生器

随着科学技术的发展,对信号频率的稳定度和准确度提出了越来越高的要求。例如,在手机通信系统中,信号频率稳定度的要求必须优于 10^{-6};在卫星发射中要求更高,必须优于 10^{-8}。同样,在电子测量技术中,如果信号发生器频率的稳定度和准确度不够高,就很难对电子设备进行准确的频率测量。因此,频率的稳定度和准确度是信号源的一个重要技术指标。

在以 RC、LC 为主振级的信号发生器中，频率准确度只能达到 10^{-2} 量级，频率稳定度只能达到 $10^{-3} \sim 10^{-4}$ 量级，远远不能满足现代电子测量和无线电通信等方面的要求。另一方面，由石英晶体组成的振荡器日稳定度优于 10^{-8} 量级，但是它只能产生某些特定的频率。为此，需要采用频率合成技术。该技术通过对一个或几个高稳定度频率进行加、减、乘、除算术运算，得到一系列所要求的频率。采用频率合成技术制成的频率源称为频率合成器，用于各种专用设备或系统。例如，通信系统中的激励源和本振，或者做成通用的电子仪器，称为合成信号发生器（或称合成信号源）。频率的加、减通过混频获得，乘、除通过倍频、分频获得，也可运用锁相技术来实现频率合成。采用频率合成技术，可以把信号发生器的频率稳定度、准确度提高到与标准频率相同的水平，并且可以在很宽的频率范围内进行精细的频率调节。合成信号发生器可工作于调制状态，可对输出电平进行调节，也可输出各种波形。它是当前用得最广泛的性能较高的信号发生器。

频率合成的方法很多，但基本上分为两大类：直接合成法和间接合成法。在具体实现中可分为下面三种方法：

频率合成的方法
- 直接模拟频率合成（Direct Analog Frequency Synthesis，DAFS）法
- 直接数字频率合成（Direct Digital Frequency Synthesis，DDFS，通常简写为 DDS）法
- 间接合成法

实际上，在一个信号发生器中可能同时采用多种合成方法。下面分别介绍这三种合成方法的基本原理与特点。

3.3.1 直接模拟频率合成法

利用倍频、分频和混频及滤波技术，对一个或多个标准频率进行算术运算来产生所需频率的方法，称为直接合成法。由于大多采用模拟电路来实现，所以又称为直接模拟频率合成法，这样正好与后面介绍的直接数字频率合成法相对应。

1. 固定频率合成法

图 3.14 所示为固定频率合成法的原理框图。图中石英晶体振荡器提供标准频率 f_r，D 为分频器的分频系数，N 为倍频器的倍频系数。图 3.14 中输出频率 f_o 为

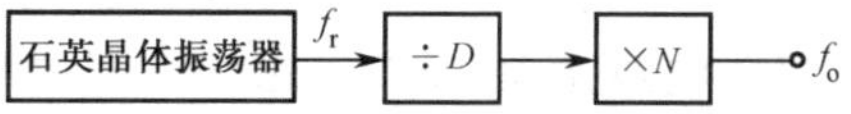

图 3.14　固定频率合成法的原理框图

$$f_o = \frac{N}{D} f_r$$

式中，D 和 N 均为给定的正整数，而 f_o 为定值，所以称为固定频率合成法。

2. 可变频率合成法

可变频率合成法可以根据需要选择各种输出频率，常见的电路形式是十进连续混频分频电路，如图 3.15 所示。在该电路中，首先使用标准频率 f_r（=5MHz）在辅助标准频率发生器中产生各种辅助标准频率：2MHz，16MHz，2.0MHz，2.1MHz，…，2.9MHz，然后借助混频器和分频器进行频率运算，实现频率合成。图 3.15 中的频率选择开关的作用是，根据所需输出频率 f_o 的值从 2.0MHz，2.1MHz，…，2.9MHz 中选择相应的数值分别作为 $f_1 \sim f_4$。图中纵向的混频器和分频器组成一个基本运算（合成）单元。这里有 4 个相同的单元，它们所产生的输出频率依次从左向右传递，并参与后一单元的运算。例如，从左边的第一单元开始，首先 f_{i1}（2MHz）和 F（16MHz）进行混频，其结果再与辅助基准 f_1 进行混频，两次混频得

$$f_{i1} + F + f_1 = [2 + 16 + (2.0 \sim 2.9)]\text{MHz} = 20.0 \sim 20.9\text{MHz}$$

经 10 分频得 2.00～2.09MHz。再以该频率作为第二单元的输入频率 f_{i2} 继续进行运算。从左至右经过 4 次运算，最后得输出信号的频率 f_o 为

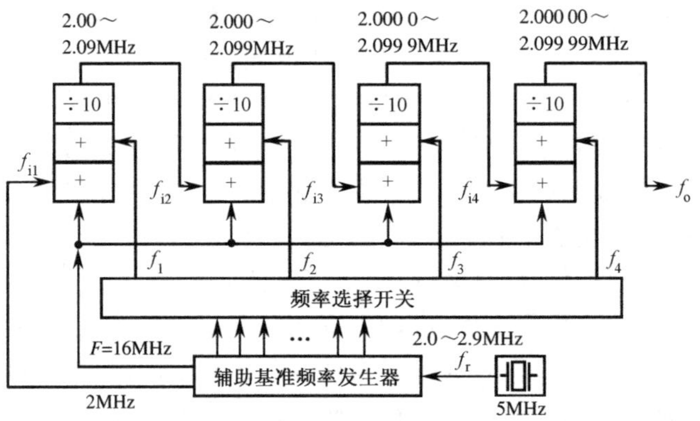

图 3.15 十进连续混频分频电路

$$f_o = 2.000\ 00 \sim 2.099\ 99\text{MHz}$$

根据频率选择开关的状态，可以输出 10 000 个频率，频率间隔 $\Delta F = 10\text{Hz}$，即如图 3.15 所示合成器的频率分辨率。如果串接更多的合成单元，就可以获得更小的频率间隔，以进一步提高频率分辨率。

直接模拟频率合成技术在 20 世纪 60 年代就已成熟并付诸实用，它具有如下特点。

① 频率分辨率高。从原理上来说，频率分辨率几乎是无限的。从图 3.15 可知，增加一级基本运算单元就可以使频率分辨率提高一个数量级。

② 频率切换快。合成单元由混频器、分频器及滤波器组成(有时也用倍频器、放大器等)，其频率转换时间主要由滤波器的响应时间、频率转换开关的响应时间及信号的传输延迟时间等决定。一般来说，转换开关时间在微秒量级，传输延迟时间亦在微秒量级，所以只要输出电路中滤波器的通频带不是太窄，就能得到很快的转换速度，通常其转换时间为微秒量级。这比采用锁相环的间接合成法要快得多。间接合成法的转换时间为毫秒量级。

③ 电路庞大、复杂。由于采用混频器等电路会引入很多寄生频率分量，带来相位杂散，因此必须采用大量滤波器以改善输出信号的频谱纯度。这些将导致电路庞大、复杂、不易集成，这是直接模拟频率合成法的一大弱点。相比之下，在间接合成法中，由于采用锁相环，它本身就相当于一个中心频率能自动跟踪输入标准频率的窄带滤波器，因此具有良好的抑制寄生信号能力。而且锁相环便于数字化、集成化，且便于在微机控制下工作。尽管间接合成法出现在直接模拟频率合成法之后，但是它一出现就受到人们的重视，而且还在继续发展中。

3.3.2 直接数字频率合成法

自 20 世纪 70 年代以来，由于大规模集成电路的发展及计算机技术的普及，开创了另一种信号合成方法——直接数字频率合成(DDS)法。它突破了直接模拟频率合成法的原理，从“相位”的概念出发进行频率合成。这种合成方法不仅可以给出不同频率的正弦波，而且还可以给出不同初始相位的正弦波，甚至可以给出各种任意波形。这在前述直接模拟频率合成方法中是无法实现的。这里先讨论正弦波的合成问题，关于任意波形将在后面进行讨论。

1. 直接数字频率合成法基本原理

利用微控制器控制 D/A 转换器输出模拟电压实现波形的输出，设 D/A 转换器为 n 位，微控制器首先输出数字量 0，然后依次加 1 递增到最大值 2^n-1，然后减 1 依次递减到 0。重复该过程，输出周期性的三角波阶梯波形，经过低通滤波器滤除高频分量，则可得到三角波输出，如图 3.16 所示。微控制器输出数字量 $D_1=0$，并保持一段时间，再输出数字量 $D_2=2^n-1$，并保持一段时间，然后重复该操作，则可得到方波输出。改变数字量 D_1 和 D_2，可调整方波幅度。将正弦函数表数据存储在 ROM 中，在时钟 CLK 的作用下，从 ROM 中顺序读取数据，并由 D/A 转换器进行转换，则可得到正弦波。改变 ROM 中的数据，还可以得到其他波形。

现以正弦波为例做进一步说明。在正弦波一个周期(360°)内，按相位划分为若干等份，将各相位所对应的幅值按 8 位二进制编码存入 ROM 中。设一个周期分为 32 等份，则每份对应相位 $\Delta\varphi=11.25°$，一个周期的数据点需要 32 个地址单元，采用 5 位二进制编码表示地址码，0°～360°正弦函数表(正弦信号相位与幅度的关系)见表 3.4。

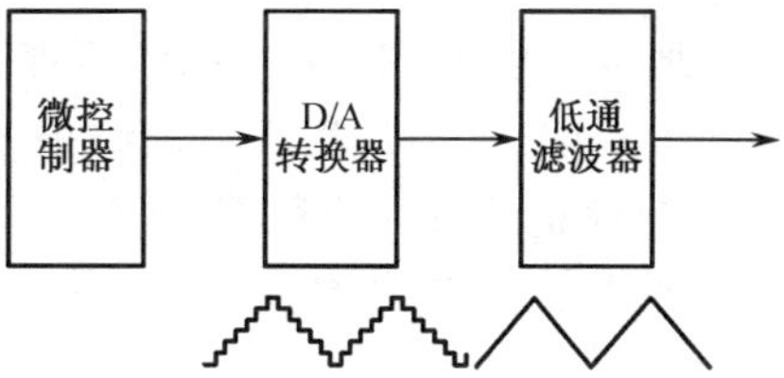

图 3.16　直接数字频率合成法原理图

表 3.4　0°～360°正弦函数表

序号	地址码	相位	幅度(满度值为 1)	幅度码	序号	地址码	相位	幅度(满度值为 1)	幅度码
0	00000	0.00	0.000	10000000	16	10000	180.00	0.000	10000000
1	00001	11.25	0.195	10011001	17	10001	191.25	−0.195	01100111
2	00010	22.50	0.383	10110001	18	10010	202.50	−0.383	01001111
3	00011	33.75	0.556	11000111	19	10011	213.75	−0.556	00111001
4	00100	45.00	0.707	11011010	20	10100	225.00	−0.707	00100110
5	00101	56.25	0.831	11101010	21	10101	236.25	−0.831	00010110
6	00110	67.50	0.924	11110110	22	10110	247.50	−0.924	00001010
7	00111	78.75	0.981	11111110	23	10111	258.75	−0.981	00000010
8	01000	90.00	1.000	11111111	24	11000	270.00	−1.000	00000000
9	01001	101.25	0.981	11111110	25	11001	281.25	−0.981	00000010
10	01010	112.50	0.924	11110110	26	11010	292.50	−0.924	00001010
11	01011	123.75	0.831	11101010	27	11011	303.75	−0.831	00010110
12	01100	135.00	0.707	11011010	28	11100	315.00	−0.707	00100110
13	01101	146.25	0.556	11000111	29	11101	326.25	−0.556	00111001
14	01110	157.50	0.383	10110001	30	11110	337.50	−0.383	01001111
15	01111	168.75	0.195	10011001	31	11111	348.75	−0.195	01100111

2. 信号的频率关系

在图 3.17 中，时钟 CLK 的频率为固定值 f_c。在 CLK 的作用下，如果按 000000，000001，000010，…，111111 的地址顺序读出 ROM 中的数据，即表 3.4 中的幅度码，其输出正弦信号频率为 f_{o1}；如果每隔一个地址读一次数据(即按 000000，000010，000100，…，111110 顺序)，其输出信号频率为 f_{o2}，且 f_{o2} 将比 f_{o1} 提高 1 倍，即 $f_{o2}=2f_{o1}$；其余类推。这样，就可以实现直接数字频率合成器的输出频率的调节。

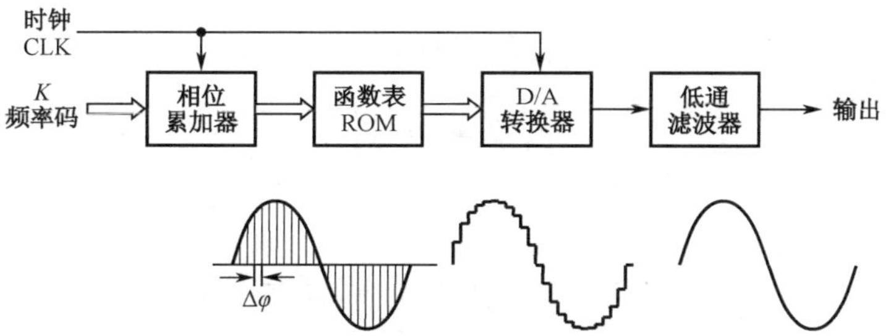

图 3.17　以 ROM 为基础的原理图

上述过程是由相位累加器实现的，由相位累加器的输出决定选择函数表 ROM 的地址(即正弦波的相位)。相位累加器实质上是一个多位加法器,完成当前相位与频率码的相加,输出结果作为函数表 ROM 的地址。一般相位累加器的位数与 ROM 地址的位数相同,但为了进一步降低正弦信号输出频率,常采取相位累加器位数大于 ROM 地址位数的方式,将相位累加器的高位作为 ROM 地址。以 ROM 为基础的原理图如图 3.17 所示。在图中,K 为累加值,即相位步进码,也称频率码。如果 $K=1$,每次累加结果的增量为 1,则依次从 ROM 中读取数据;如果 $K=2$,则每隔一个 ROM 地址读一次数据;其余类推。因此,K 值越大,相位步进越快,输出信号的频率就越高。那么,在时钟 CLK 频率一定的情况下,输出信号的最高频率为多少?或者说,在相应于 n 位常见地址的 ROM 范围内,最大的 K 值应为多少?对于 n 位地址来说,共有 2^n 个 ROM 地址,在一个正弦波中有 2^n 个样点(数据)。如果取 $K=2^n$,就意味着相位步进为 2^n,则一个信号周期中只取一个样点,它不能表示一个正弦波,因此不能取 $K=2^n$;如果取 $K=2^{(n-1)}$,$2^n/2^{(n-1)}=2$,则一个正弦波的波形中有两个样点,这在理论上满足了采样定理,但实际难以实现。一般,限制 K 的最大值为

$$K_{\max}=2^{n-2}$$

这样,一个波形中至少有 4 个样点($2^n/2^{(n-2)}=4$),经过 D/A 转换,相当于 4 级阶梯波,即图 3.17 中的 D/A 转换器输出波形由 4 个不同的阶跃电平组成。在后继低通滤波器的作用下,可以得到较好的正弦波输出。相应地,K 为最小值($K_{\min}=1$)时,一个正弦波中一共有 2^n 个样点。

根据以上讨论,可以得到如下频率关系。假设系统时钟频率为 f_c,ROM 地址码的位数为 n。当 $K=K_{\min}=1$ 时,输出频率 f_o 为

$$f_o=K_{\min}\frac{f_c}{2^n}$$

故最低输出频率 $f_{o\min}$ 为

$$f_{o\min}=f_c/2^n \tag{3.12}$$

当 $K=K_{\max}=2^{n-2}$ 时,输出频率 f_o 为

$$f_o=K_{\max}\frac{f_c}{2^n}$$

故最高输出频率 $f_{o\max}$ 为

$$f_{o\max}=f_c/4 \tag{3.13}$$

在这里,输出频率点是离散的,当 $f_{o\max}$ 和 $f_{o\min}$ 已经设定时,其间可输出的频率个数 M 为

$$M=\frac{f_{o\max}}{f_{o\min}}=\frac{f_c/4}{f_c/2^n}=2^{n-2} \tag{3.14}$$

现在讨论频率分辨率。如前所述,频率分辨率是两个相邻频率之间的间隔,现在定义 f_1 和 f_2 为两个相邻的频率,若

$$f_1=K\frac{f_c}{2^n}$$

则

$$f_2=(K+1)\frac{f_c}{2^n}$$

因此,频率分辨率 Δf 为

$$\Delta f=f_2-f_1=(K+1)\frac{f_c}{2^n}-K\frac{f_c}{2^n}$$

得

$$\Delta f=f_c/2^n \tag{3.15}$$

为了改变输出信号频率,除了调节相位累加器的 K 值,还有一种方法,就是调节系统时钟的频率 f_c。由于 f_c 不同,读取一轮数据所花时间不同,因此信号频率也不同。用这种方法调节频率,输出信号的阶梯仍取决于 ROM 单元的多少,只要有足够的 ROM 空间都能输出逼近正弦波的波形,但调节比较麻烦。

3. 噪声分析

在合成正弦波中,噪声有两种。

① 量化噪声。即相位和幅度量化噪声。在一定的电路中,它一般是不变的。对于合成正弦波来说,相位和幅度的量化值都是相应的相位和幅度的近似值(参见表 3.4),存在量化误差,或称为量化噪声。

② 滤波器噪声。另一种是 D/A 转换器产生的阶梯波中的杂散频率通过非理想低通滤波器而带来的噪声。这类噪声将随频率增高而加大。

4. 直接数字频率合成信号发生器实例

根据上述原理完全可以自行设计制作直接数字频率合成信号发生器,但是由一般通用集成电路(如累加器、存储器、D/A 转换器等)搭建的系统性能不佳,可靠性也差。而当今由于大规模集成电路技术的发展,已有多种型号的直接数字频率合成的芯片可供选用,如 AD9850(125MHz)、AD9854(300MHz)、AD9858(1000MHz)、AD9958(500MHz)、AD9914(3.5GHz)等。下面介绍用 AD9850 组成跳频合成信号发生器的方案,其组成框图如图 3.18 所示。

AD9850 是美国 Analog Devices 公司生产的 DDS 单片频率合成器,其内部原理框图如图 3.19 所示。图中核心部分是高速 DDS,其下方是频率相位码输入控制电路,右边是 10 位 DAC(D/A 转换器),同时还备有电压比较器,可将正弦波转换为方波输出。AD9850 采用专用算法将相应累加器的 14 位截断值通过数学方法转换为合适的余弦值。工作时,单片微机系统通过接口和缓冲器送入频率码。频率码的输入,芯片提供了两种方法:一种是并行输入,8 位 1 字节,分 5 次输入,其中 32 位是频率码,另 8 位中的 5 位是初始相位控制码,3 位是掉电控制码;另一种是串行 40 位输入,由用户选用。

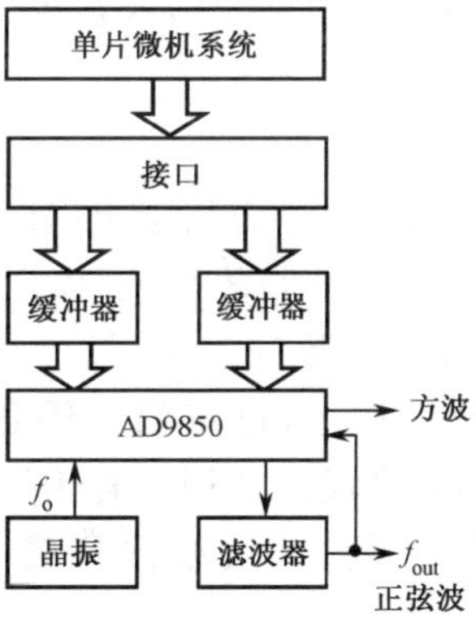

图 3.18　跳频合成信号发生器的组成框图

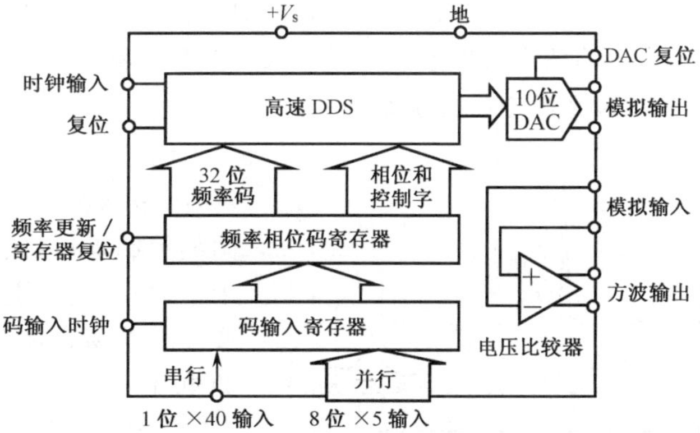

图 3.19　AD9850 内部原理框图

在实际应用中,改变读取 ROM 的地址数目,即可改变输出频率。若在系统时钟频率 f_c 的控制下,依次读取全部地址中的相位点,则输出频率最低。因为这时一个周期要读取 2^{32} 个相位点,点间间隔时间为时钟周期 T_C,则 $T_{out}=2^{32}T_C$,因此这时输出频率为

$$f_{out}=\frac{f_c}{2^{32}} \tag{3.16}$$

若隔一个相位点读一次，则输出频率就会提高一倍。因此，可得输出频率的一般表达式为

$$f_{out}=k\,\frac{f_c}{2^{32}} \tag{3.17}$$

式中，k 为频率码，是个 32 位的二进制数值，可写成

$$k=A_{31}\times 2^{31}+A_{30}\times 2^{30}+\cdots+A_1\times 2^1+A_0\times 2^0 \tag{3.18}$$

式中，A_{31}，A_{30}，…，A_1，A_0 对应于 32 位码值(0 或 1)。为便于看出频率码的权值对控制频率高低的影响，将式(3.18)代入式(3.17)得

$$f_{out}=\frac{f_c}{2^1}A_{31}+\frac{f_c}{2^2}A_{30}+\cdots+\frac{f_c}{2^{31}}A_1+\frac{f_c}{2^{32}}A_0 \tag{3.19}$$

按 AD9850 允许最高系统时钟频率 $f_c=125\text{MHz}$ 来进行具体说明。当 $A_0=1$，而 A_{31}，A_{30}，…，A_1均为 0 时，输出频率最低，也就是 AD9850 输出频率的分辨率为

$$f_{outmin}=\frac{f_c}{2^{32}}=\frac{125\text{MHz}}{4\ 294\ 967\ 296}=0.0291\ \text{Hz}$$

这与上面从概念导出的结果一致。当 $A_{31}=1$，而 A_0，A_1，…，A_{30}均为 0 时，输出频率最高为

$$f_{outmax}=\frac{f_c}{2}=\frac{125}{2}=62.5\ \text{MHz}$$

应当指出，这时一个周期只有两个采样点，已到采样定理的最小允许值，所以当 $A_{31}=1$ 后，以下码值只能取 0。在实际应用中，为了得到好的波形，设计最高输出频率应小于系统时钟频率的1/3。这样，只要改变 32 位频率码值，就可得到所需要的频率，且频率的准确度与时钟频率同数量级。

5. 任意波形发生器

直接数字频率合成法还有一个很重要的特色，它可以产生任意波形，并由此产生了一个新的仪器门类：任意波形发生器(AWG)或任意函数信号发生器(AFG)。这类仪器能为各种特殊应用提供传统仪器难以产生的任意形状的复杂波形，有很好的应用前景。

从直接数字频率合成法的原理可知，其输出波形取决于波形存储器(RAM)的数据。因此，只需将要产生的任意波形数字化后存入波形存储器中即可产生所需要的任意波形。

1) 任意波形的产生方法

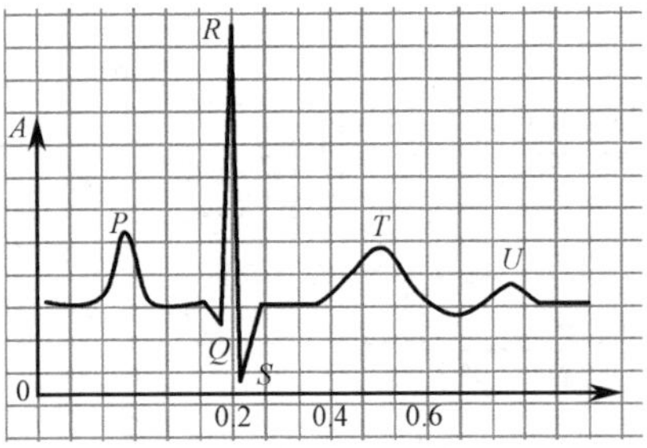

图 3.20　表格作图法示意图

① 表格作图法。将波形画在小方格纸上，如图 3.20 所示，纵坐标按幅度相对值进行二进制数量化，横坐标按时间间隔编制地址，然后制成对应的数据表格，按序放入 RAM 中。对经常使用的定“型”的波形，可将数据固化于 ROM 或存入非易失性 RAM 中，以便反复使用。若用计算机配有的电子绘图板、手写板等工具，直接绘出所需波形存入 RAM 中则更加方便。

② 用数学表达式。对能用数学方程描述的波形，先将其方程(算法)存入计算机中，在使用时，输入方程中的有关参数，计算机经过运算后提供波形数据。也可用多个表达式分段链接成一个组合的波形。

③ 复制法。复制法是指将其他仪器(如数字示波器，X-Y 绘图仪)获得的波形数据通过微机系统总线接口，如 USB、RS-232 或 GPIB 接口，传输给波形存储器。该法适合复制不会重复出现的信号波形。有的任意波形发生器已配备了下载波形的连接线和相应的软件，可以方便地复制各种波形。

自然界中有很多无规律的现象,例如雷电、地震、动物心脏跳动及机器运转时的震动等现象都是无规律的,甚至一去不复返。为了研究这些问题,就要模拟这些现象的产生。在过去只能采用很复杂的方法来实现,现在采用任意波形发生器则方便得多了。国内外已有多种型号的任意波形发生器可供选用,表 3.5 列出了几种函数/任意波形发生器的主要技术指标。

表 3.5　几种函数/任意波形发生器的主要技术指标

公司	型号	正弦频率范围	采样率	幅度范围(50Ω 负载)	调制方式	接口
普源精电	DG4202	1μHz～200MHz	500MSa/s	≤20MHz:1mVpp～10Vpp ≤70MHz:1mVpp～5Vpp ≤120MH:1mVpp～2.5Vpp ≤200MHz:1mVpp～1Vpp	AM、FM、PM、ASK、FSK、PSK、BPSK、QPSK、3FSK、4FSK、OSK、PWM	USB、LAN
数英仪器	TFG3916A	1μHz～160MHz	500MSa/s	≤40MHz:1mVpp～10Vpp ≤80MHz:1mVpp～5Vpp ≤120MHz:1mVpp～2.5Vpp ≤160MHz:1mVpp～2Vpp	AM、FM、PM、ASK、FSK、PSK、QPSK、4FSK、OSK、PWM、QQFSK、4PSK	USB、LAN
鼎阳科技	SDG6022X-E	1μHz～200MHz	200MSa/s	1mVpp～10Vpp	AM、FM、PM、ASK、FSK、PSK、PWM	USB、LAN、GPIB
固玮电子	MFG-2260MFA	1μHz～160MHz	200MSa/s	≤40MHz:1mVpp～10Vpp ≤80MHz:1mVpp～5Vpp ≤120MHz:1mVpp～2.5Vpp ≤160MHz:1mVpp～2Vpp	AM、FM、PM、FSK	USB、LAN
泰克科技	AFG31152	1μHz～150MHz	250MSa/s	1mVpp～5Vpp	AM、FM、PM、FSK、PWM	USB、GPIB

2) 任意波形发生器的主要技术指标

表 3.5 给出了函数/任意波形发生器的主要技术指标,这里对一些技术指标进行说明。

① 任意波形长度或波形存储器容量

因为任意波形发生器的波形实质上是由许多样点拼凑出来的,样点多则可拼凑较长的波形,所以用点数来表示波形长度。

波形存储器容量亦称波形存储器深度,是指每个通道能存储的最大点数。这个容量越大,存储的点数越多,表现波形随时间变化的内容越丰富,当然存储器的成本也相应提高。

曾经提出一些技术或算法用来节省波形存储器容量。例如,对于对称波形只存储一半数 据,可重复使用某些数据等,有些方法至今还在应用。但随着存储器价格和体积的下降,目前任意波形发生器普遍采用大容量波形存储器,通常为几千至几兆个样点。即使应用某些节省存储器容量的方法,其目的往往也是为了使输入数据更加简便。

② 采样率

通常将 A/D 转换器对模拟信号采样的时钟频率称为采样率,在任意波形发生器中是指 D/A 转换器从波形存储器中读取数据的时钟频率,因此将 A/D 或 D/A 转换器的时钟频率都称为采样率。在任意波形发生器中可以这样理解,采样率中的“采样”不是从波形采集,而是从波形存储器中“采集”。

③ 幅度分辨率

幅度分辨率为任意波形发生器能表现幅度细小变化的程度,它主要取决于 D/A 转换器的位数。因为该位数通常与每个波形存储单元的位数相同,所以,不少厂商直接以 D/A 转换器的位数作为幅度分辨率的指标。但是由于其他因素的影响,实际幅度分辨率往往略低于 D/A 转换器的位数。

当幅度分辨率较低时，任意波形发生器表现波形幅度变化不够细致，量化噪声较大。但幅度分辨率也不是越大越好，因为它必须使用高位数 D/A 转换器，这不但价格昂贵，而且工作速度明显下降，不利于输出频率的提高。通常，幅度分辨率取 10 位或略高。

④ 通道数

虽然各种信号源都可以有不同的通道数目，但多通道的任意波形发生器更容易表现复杂波形的相关关系，因而通道数目多少较受重视。例如，表现发射出的雷达信号及收到的反射波，表现地震信号在传送至不同位置的波形，通常需要二路至多路的任意波形发生器，这是因为，信号间不只是幅度、相位发生了变化，而且波形也有较大改变。当然，多通道任意波形发生器的价格也相应地有所提高。

除了上述技术指标，有些任意波形发生器还给出噪声大小、非线性失真、所用时钟频率的准确度和稳定度、仪器使用的总线等指标，在选购时亦应参考。

3.3.3 间接合成法

间接合成法即锁相环合成法，它是利用锁相环(PLL)的频率合成方法。锁相环是一个相位的负反馈回路，它能自动实现相位同步。能完成两个电信号相位同步的自动控制系统称为锁相环，又称为锁相环路，简称为环路。由于锁相环具有滤波作用，它的通频带可以做得很窄，中心频率便于调节，可以自动跟踪输入频率。

1. 基本锁相环

基本锁相环是由相位比较器(PD)、环路滤波器(LPF)和压控振荡器(VCO)组成的闭合环路，如图 3.21(a)所示。

相位比较器(PD)即鉴相器，它比较两个输入信号 f_o 和 f_i 的相位差 $\Delta\phi$，输出与相位差成比例的电压，这个电压称为误差电压 u_d，其鉴相特性如图 3.21(b)所示。

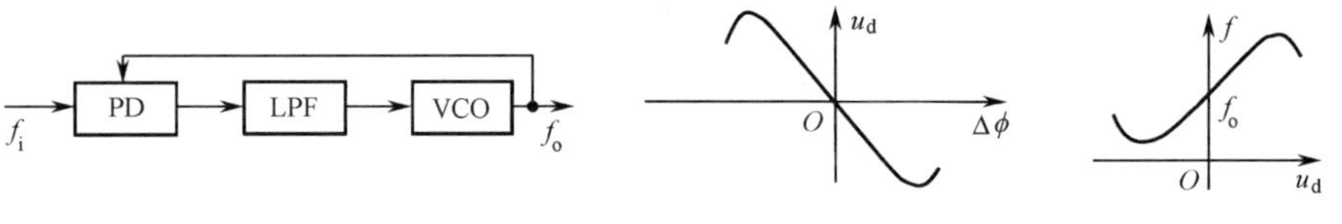

(a) 锁相环　　(b) PD 的鉴相特性　　(c) VCO 的压控特性

图 3.21　基本锁相环的原理

环路滤波器(LPF)是一种 RC 低通滤波器，它滤去误差电压中的高频成分及噪声，用以改善环路的性能。

压控振荡器(VCO)是在外加电压的作用下能改变其输出频率的振荡器，其压控特性如图 3.21(c)所示。误差电压经滤波后送 VCO，改变 VCO 的固有振荡频率 f_o，并使 f_o 向输入信号的频率靠拢，这个过程称为频率牵引。

当 VCO 的输出频率 f_o 与输入频率 f_i 相等时，环路很快就稳定下来，此时 PD 两个输入信号的相位差为一个恒定值，即 $\Delta\phi=C$，C 为常量。这种状态称为环路的锁定状态，或称同步状态。

综上所述，锁相环的工作过程就是通过频率牵引，达到相位锁定的过程。当环路锁定时，$f_o=f_i$，$\Delta\phi=C$。通常，f_i 是石英晶体振荡器的振荡频率。因此，在环路锁定时，其输出频率具有与输入频率相同的频率特性。这就是基本锁相环的原理。

显然，基本锁相环的意义在于：它能够使 VCO 输出频率的指标与标准频率 f_i 的指标相同。而标准频率是石英晶体振荡器产生的，频率稳定度可达 10^{-8} 量级，这是 RC、LC 振荡器所远远不能及的。

但是，基本锁相环只能输出一个频率，而作为信号源必须能输出一系列频率。下面介绍利用锁相环进行频率运算的方法，即在锁相环反馈回路中加入有关电路就可对标准频率进行各种运算，得到各种所需的频率。

2. 锁相环的几种基本形式

1）倍频锁相环（简称倍频环）

倍频环可对输入信号频率进行乘法运算，它有两种基本形式，如图 3.22所示。

图 3.22(a)所示为数字倍频环。它将 VCO 的输出频率进行 N 分频后，在 PD 中与输入频率进行比较，当环路锁定时，PD 两个输入信号的频率相等，即 $f_o/N=f_i$。因此，倍频环的输出频率为

$$f_o=Nf_i \tag{3.20}$$

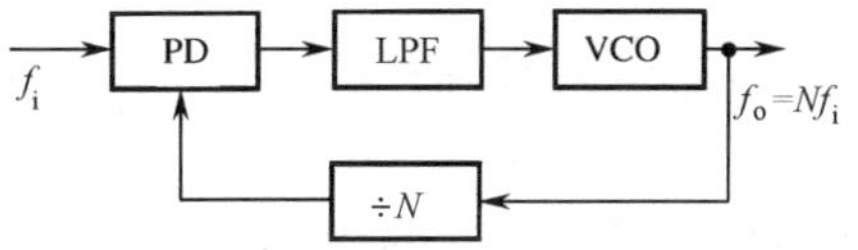

（a）数字倍频环

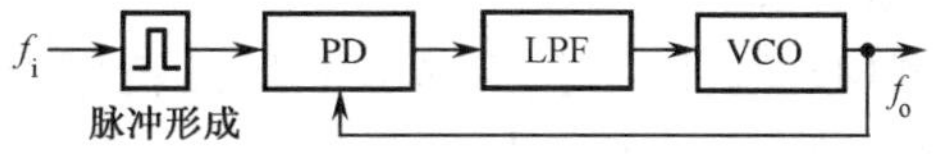

（b）脉冲倍频环

图 3.22　倍频环

应当指出，这里表明了输出频率的计算方法，可归纳为以下两步：

① 根据 PD 两个输入信号的频率相等，列出等式；

② 从等式中解出输出频率。

这个方法很实用，可以求出各种形式环路的输出频率。

如图 3.22(b)所示为脉冲倍频环。脉冲形成的电路将输入信号转换为含有丰富谐波成分的窄脉冲，因而，环路的输入信号中包含了多种谐波。但环路只可能锁定在其中的一个频率上。改变 VCO 中可变电容（变容二极管）的偏置电压，调谐其固有振荡频率，选择某一高次谐波，同样可以达到倍频的目的。脉冲倍频环的优点是可以获得高达几百次，甚至上千次的倍频。

倍频环在信号合成中的作用是实现宽频范围内的点频覆盖，扩展合成器的高端频率，特别适用于制作频率间隙较大的高频及甚高频合成器。

2）分频锁相环

对输入信号频率进行除法运算的锁相环称为分频锁相环（简称分频环）。分频环可用于向低端扩展合成器的频率范围。与倍频环类似，它也有两种形式，如图 3.23 所示。环路锁定时，有

$$f_o=f_i/N \tag{3.21}$$

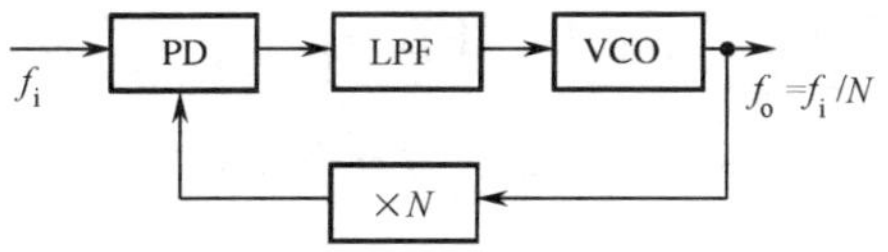

（a）数字分频环

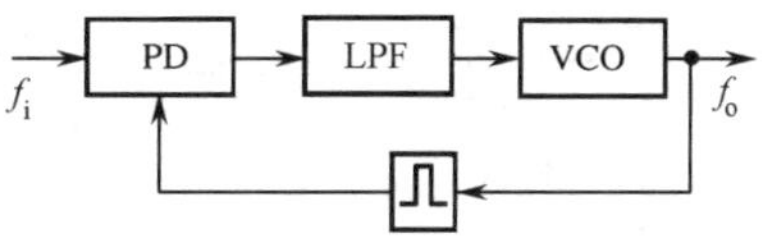

（b）脉冲分频环

图 3.23　分频环

3）混频锁相环（简称混频环）

如图 3.24 所示为一种最简单的混频环。它由混频器（M）、带通滤波器（BPF）和基本锁相环组成，可以实现频率的加、减运算。

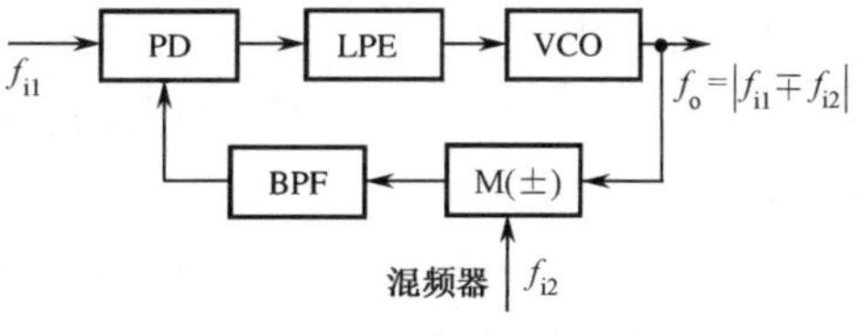

图 3.24　混频环

当混频器为差频式时，环路的输出频率是两个输入

频率 f_{i1}、f_{i2}之和，用 M(+)表示；当混频器为和频式时，环路的输出频率是两个输入频率之差，用 M(−)表示。当两个输入频率之和或之差超出了允许的范围时，环路不能进入锁定状态，也无法控制 VCO 的输出频率，即环路“失锁”。这时，需要调整 VCO 的工作参数以改变其固有振荡频率，或者调整输入信号的频率，均可以达到锁定的目的。

下面举例说明混频环在频率合成中的作用。在图 3.24 中，设 f_{i1} 为石英晶体振荡器的输出频率，$f_{i1}=10\ 000\text{kHz}$，频率稳定度为 $1\times10^{-6}/\text{d}$。f_{i2} 为内插振荡器的输出频率，且 f_{i2} 在 100～110kHz范围内连续可调，频率稳定度为 $1\times10^{-4}/\text{d}$。按和频式混频器合成有 $f_o=f_{i1}+f_{i2}$，因此，f_o的范围为 10 100～10 110kHz，且

$$\Delta f_o=\Delta f_{i1}+\Delta f_{i2}=10+(10\sim11)=20\sim21\ \text{Hz}$$

取 Δf_o最大值时，$\Delta f_o/f_o\approx2.1\times10^{-6}/\text{d}$。

可见，利用混频环，不仅实现了 10kHz 范围内频率的连续调节，而且，f_o的频率稳定度与石英晶体振荡器的频率稳定度在同一量级上。

需要指出的是，以上 3 种基本合成方法的实现均需要调节 VCO 的固有振荡频率。这为通过直接电压调节，进而实现程控奠定了基础。锁相环技术除应用于测试技术外，还广泛应用于电视、通信、自动控制等工程技术领域。

3. 频率合成单元

一个实际的合成信号发生器往往通过多种合成方案的组合而成，以解决频率范围的覆盖、频率的调节、读出频率的准确度，以及抑制噪声和简化结构等问题，例如，可构成组合环及多环合成单元等。

1) 组合环

一个典型的组合环及其输出频率如图 3.25 所示。

因为
$$f_i/N_1=f_o/N_2$$
所以
$$f_o=\frac{N_2}{N_1}f_i$$

2) 多环合成单元

多环合成单元的形式是多种多样的，如图 3.26 所示为一个由和频式混频环与倍频环组成的双环合成单元，由图不难写出它的输出频率。

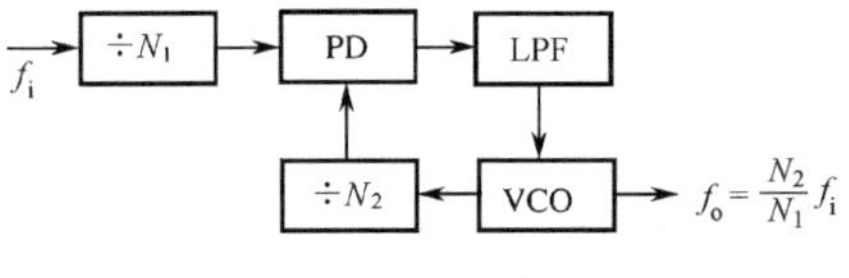

图 3.25 组合环

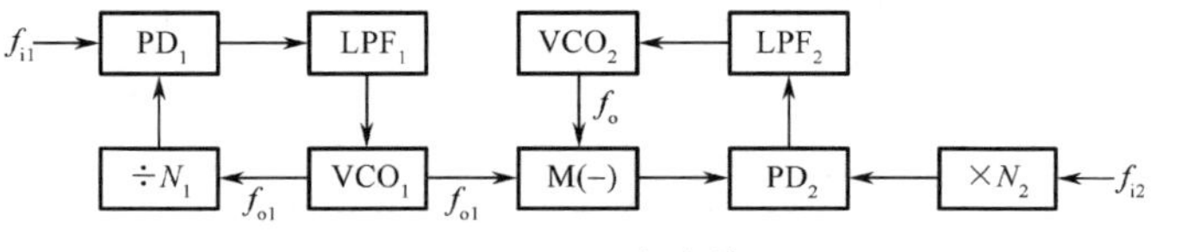

图 3.26 双环合成单元

由倍频环可得

$$f_{i1}=\frac{f_{o1}}{N_1} \tag{3.22}$$

由混频环可得

$$f_o-f_{o1}=f_{i2}\times N_2$$

所以

$$f_o=f_{i1}\times N_1+f_{i1}\times N_2 \tag{3.23}$$

设 $N_1=330\sim500$，$N_2=100\sim110$，$f_{i1}=10\text{kHz}$，$f_{i2}=1\text{kHz}$，则

$$f_{\text{omin}}=330\times10+100\times1=3400\text{kHz}$$

$$f_{\text{omax}}=500\times10+110\times1=5110\text{kHz}$$

则 f_o的范围为 3400～5110kHz。

当 N_1 不变时，N_2 变化 1，对应最小步进频率为 $\Delta f_{\min}=1\text{kHz}$。

3）十进合成单元

如图 3.27 所示为一个典型的十进合成单元（DS-1），它主要由倍频环、混频器[M_1（一）和 M_2（一）]及十分频器（÷10）组成。该单元有三个输入信号：两个标准频率 100kHz 和 9MHz，一个低位合成单元的输出频率（1.2～1.3MHz）。其工作过程如下。调节电位器 RP 度盘（0～9，共 10 个步位），改变 VCO 的固有振荡频率。然后利用倍频环，在标准频率的谐波中可分别选出 1.8MHz，1.9MHz，…，2.7MHz 共 10 个间隔为 100kHz 的点频信号。M_1（一）有二路输入，一路是倍频环的输出，另一路是 M_2（一）的输出。M_2（一）将来自低位合成单元的频率与标准频率（9MHz）混频后输出它们的和频。这两路信号经 M_1（一）混频，最后送十分频器输出。例如，设 RP 置于“4”号步位，则倍频环输出频率为 2.2MHz；若低位合成单元的输出为 1.23MHz，则 M_2（一）输出频率为10.23MHz。即 M_1（一）的两个输入信号的频率分别为 2.2MHz 和 10.23MHz，所以 M_1（一）的输出频率是12.43MHz。同样，很容易得出这样的结论：RP 的步位为 n（$n=0,1,\cdots,9$）时，若低位合成单元（可以是另一个 DS-1 单元）输出为 1.2xMHz（x 为任意数字），则该单元输出为 1.2nxMHz，其中，x 反映低位合成单元的输出（RP 的步位），n 为本单元 RP 的步位。显然，改变 RP 的步位，即可获得对应于该步位的输出频率。由于锁相环具有选择性，只要适当设置 RP 的 10 个步位，即可准确地输出反映其步位对应的频率。这就是十进合成单元的含义。利用十进合成单元制成的合成器通常称为频率合成器。

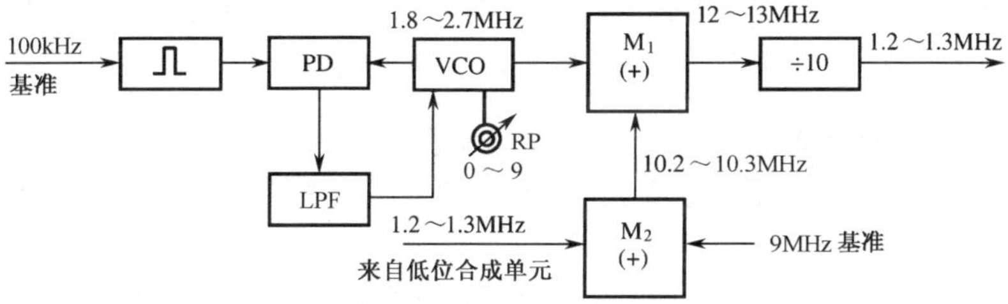

图 3.27　十进合成单元

如图 3.28 所示为用 5 个 DS-1 单元级联进行频率合成的例子。若图中 DS-1_1单元至 DS-1_5单元中电位器的步位分别为 1～5，那么 DS-1_5单元输出的频率为 1.254 321MHz。这样，改变各单元中电位器（度盘）的步位，就可以获得频率范围为 1.200 000 0～1.299 999MHz 的输出，最小间隔为 1Hz。

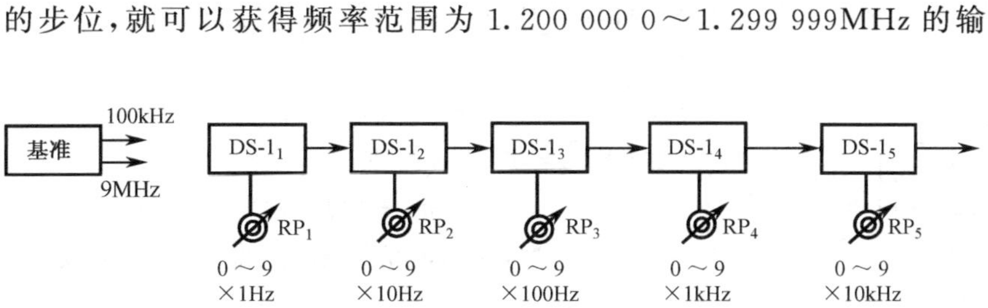

图 3.28　5 个 DS-1 单元的级联

若 DS-1_1单元换成内插振荡器（1.2～1.3MHz），则利用各单元中电位器的步位可直接输出连续可调的频率。此时，读出频率的最小分辨率为 10Hz。

4）程控合成单元

在实用的频率合成器中，程控合成单元如图 3.29 所示。它由 PD、LPF、VCO、加法放大器（+）、D/A 转换器及程控分频器组成。它采用频率预调技术来预调 VCO 的频率。预调是由频率控制数码经 D/A 转换器转换与加法放大器放大后送 VCO 来实现的。但准确的频率调整是由锁相环来完成的。

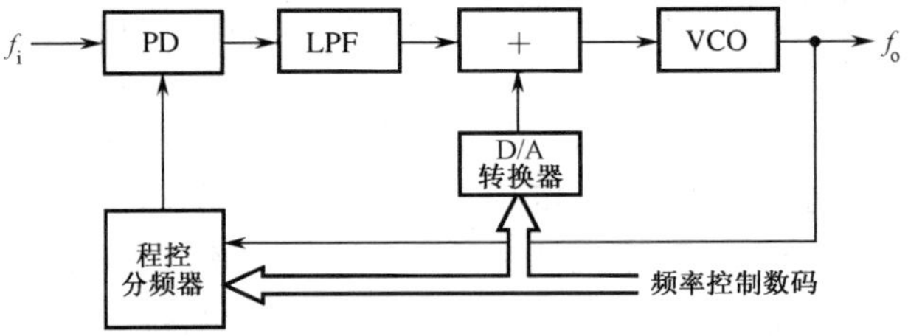

图 3.29　程控合成单元

3.3.4　频率合成技术的进展

1. 频率合成方法的比较

如前所述，三种合成方法基于不同原理，具有不同的特点。直接模拟频率合成法虽然转换速度快（μs 量级），但是由于电路复杂，难以集成化，因此其发展受到一定限制。直接数字频率合成法基于大规模集成电路和计算机技术，尤其适用于函数波形和任意波形的信号源，将进一步得到发展。但目前有关芯片的速度还跟不上高频信号的需要，其相位累加器可达 32 位，在基准频率为 100MHz 时，输出频率分辨率可达0.023Hz。这一优良性能是其他合成方法难以达到的。间接合成法虽然转换速度慢（ms 量级），但其输出信号频率可达超高频频段，且频谱纯度高，其频率分辨率取决于分频系数 N，尤其在采用小数分频技术以后，频率分辨率大大提高。

2. 提高频率分辨率的方法

在现代通信中，为了充分利用频率资源，每个信道所占带宽必然受到限制，而各个信道的间隔则取决于信号源的频率分辨率。

从倍频环公式 $f_o=Nf_i$ 可知，输出信号的频率分辨率取决于标准频率 f_i。为了提高频率分辨率，势必要减小 f_i，但是在锁相环中，如果减小 f_i，将减慢频率转换速度，这不是我们所希望的。为此，需要寻求提高频率分辨率的其他途径。通常，采用以下 3 种提高频率分辨率的方法。

1）微差混频法

微差混频法将两个频率相差甚微的信号源进行差频式混频，其原理如图 3.30 所示。混频器的输出频率为

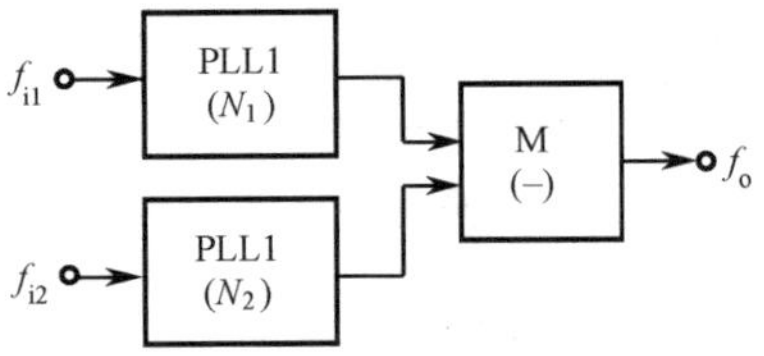

图 3.30　微差混频原理框图

$$f_o=N_1f_{i1}-N_2f_{i2}$$

如果 $f_{i2}=f_{i1}-\Delta f$，则

$$f_o=(N_1-N_2)f_{i1}+N_2\Delta f$$

当 N_1 和 N_2 同步同值调节时，即 $N_1=N_2$，则

$$f_o=N_2\Delta f \tag{3.24}$$

由式（3.24）可见，输出频率的分辨率就是 Δf。在微差混频法中，参与混频的两个信号频率十分接近，使分辨率得到提高。但是，当这两个信号频率很接近时，在混频器工作中将会发生严重的频率牵引现象，且很难解决。

2）多环混频合成法

在混频环中（见图 3.24），如果混频器的输入信号频率 f_{i2} 可变，且变化的增量很小，小于 f_{i1}（即 $\Delta f_{i2} < f_{i1}$），则可提高频率分辨率。可变的 f_{i2} 是由另一个锁相环产生的，如图 3.31所示。该图由锁相环Ⅰ和Ⅱ组成，属于双环频率合成器。由该图可得锁相环Ⅰ的输出频率 f_o 为

$$f_{i1} = \frac{f_o - \dfrac{f_o}{D}}{N_1} \tag{3.25}$$

锁相环Ⅱ的输出频率 f_{i2} 为

$$f_{i2} = \frac{f_{o1}}{N_2} \tag{3.26}$$

将式(3.26)代入式(3.25)得

$$f_o = N_1 f_{i1} + \frac{N_2}{D} f_{i2} \tag{3.27}$$

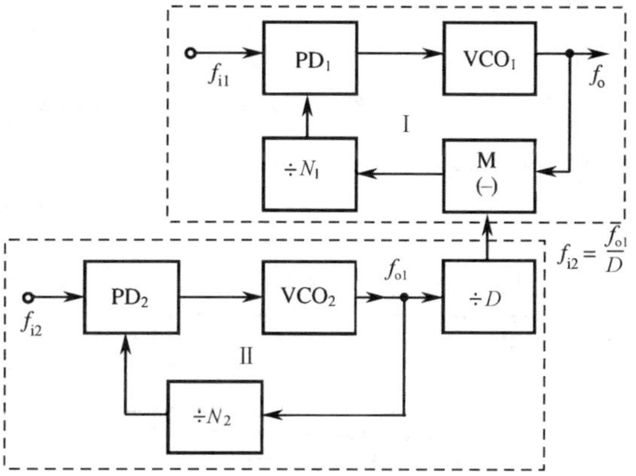

图 3.31　双环混频合成原理框图

式中，D 为固定分频系数，N_1 和 N_2 为可调量。输出频率 f_o 的变化增量为 f_{i2}/D，这就是双环混频合成法能达到的频率分辨率。为了进一步提高频率分辨率，还可以用三环等多环混频合成法。

3）小数分频法

小数分频是一种在锁相环基础上为提高频率分辨率而发展起来的技术。小数分频环中的小数分频器是在微处理器控制下工作的，其原理框图如图 3.32 所示。实际上，数字分频器每次的分频系数都是整数，所谓小数分频只是一种平均效果。概括地讲，若希望分频系数整数部分为 N，小数部分为 k，小数部分的位数为 n，则需要进行 k 次 $(N+1)$ 分频，$(10^n - k)$ 次 N 分频并循环进行，每次循环总的分频次数为 10^n 次。例如，想得到 18.9 次分频，要进行 9 次 19 分频，$10^1 - 9 = 1$次 18 分频，则分频系数为$(19\times9+18\times1)/(9+1)=18.9$。又如，要求分频系数为 41.28，则取 28 次 42 分频，$(10^2-28)=72$ 次 41 分频。

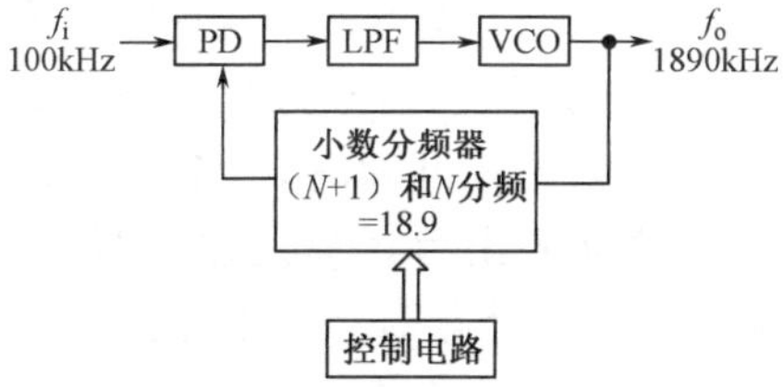

图 3.32　小数分频原理框图

既然小数分频器中存在$(N+1)$及 N 两种分频，而且每种分频都可能进行很多次，就应该设法把两种分频混合均匀，而不要在一段时间内都是$(N+1)$分频，而在另一段时间都是 N 分频，以免对应的输出频率不均匀。这种“掺匀”的工作是在微处理器控制下完成的。用上面的方法从分频器加给 PD 的信号虽然有很小的变化，但是只要用 PD 输出信号的平均值去控制 VCO，就能得到所要求的输出频率。小数分频环，可以利用包含多位小数的分频系数，达到极高的频率分辨率。例如，采用这种方法的频率合成器，其频率分辨率可达 1μHz，这在不采用小数分频的情况下很难做到。

3. 扩展频率上限的方法

由 $f_o = N f_i$ 可知，单环倍频环在标准频率 f_i 一定的情况下，可以用增大分频系数 N 的方法提高输出频率 f_o 的上限。但是，在信号源中，N 是由程序设定的（该分频器有时称为程序分频器或可程控分频器）。目前，程序分频器的最高工作频率达 1GHz。为了进一步提高信号源输出频率上限，就必须在锁相环中加入有关电路，通常采用以下 3 种方法。

1）前置分频法

所谓前置分频法，是指在程序分频器之前设置一个固定分频器，如图 3.33 所示。图中“÷D”

为固定分频器，其分频系数为 D，因此，其输出频率 f_o为

$$f_o = DNf_i \tag{3.28}$$

目前，固定分频器的工作频率可以高达 6～8GHz。因此，采用前置分频法可以提高信号源的输出频率上限，而且电路结构也很简单。但是，这种锁相环的频率分辨率将降低，因为这时 $\Delta f = Df_i$，为 f_i的 D 倍。

2）倍频—混频法

倍频—混频环如图 3.34 所示，VCO 的输出与 f_{i1}进行差频式混频得到较低的频率后，再进行 N 分频，以降低对程序分频器的要求。这时输出频率 f_o为

$$f_o = Nf_{i1} + f_{i2} \tag{3.29}$$

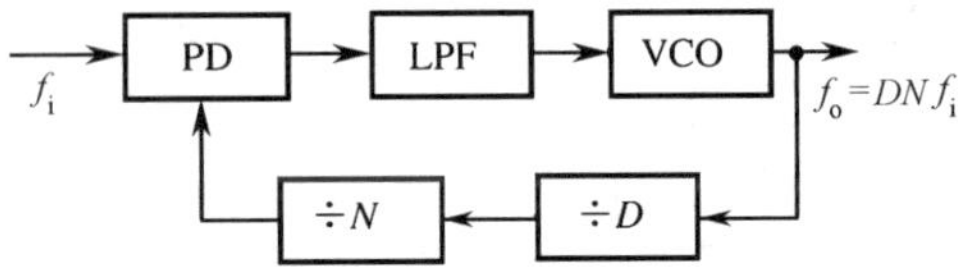

图 3.33　前置分频器的锁相环

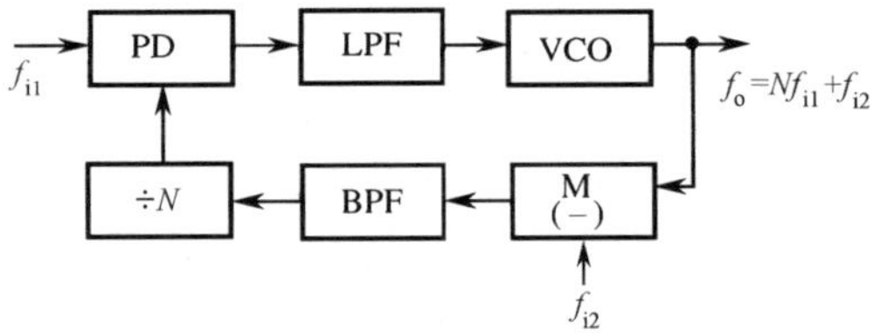

图 3.34　倍频—混频环

由式(3.29)可见，由于 f_{i2}的加入提高了输出频率的上限，其提高的程度取决于 f_{i2}的大小，而且其频率分辨率仍和单环倍频环的一样，$\Delta f = f_{i1}$。由于混频器引入寄生信号将会影响频谱纯度，虽然其后接带通滤波器(BPF)对寄生信号有抑制作用，但是 BPF 的延时又将对环路带来不利的影响。

3）吞脉冲分频法

所谓吞脉冲分频法，是指在锁相环的反馈支路中加入吞脉冲分频器，这时，锁相环的组成如图 3.35所示。吞脉冲分频器主要由双模分频器和吞食计数器组成。双模分频器作为前置分频器，其分频系数有 P 和($P+1$)两种模式。例如，$P=10$，则 $P+1=11$，因此分频系数的控制十分简单。图中，当“模式控制”信号为“0”时，$P=10$；为“1”时，$P+1=11$。这比一般程序分频器要简单得多，因此双模分频器的工作频率可做得较高。

图 3.35 中的吞脉冲分频器由 N_1和 N_2组成。N_2为低位计数单元，N_1为高位计数单元，都是程序分频器。N_2还用于发出“模式控制”信号。例如，当 N_2进行计数时，控制信号为“1”；当计数溢出时，控制信号为“0”。因此，吞脉冲分频器的工作过程为：在一次计数循环开始时，计数器开始计数，“模式控制”信号为“1”，双模分频器的分频系数为 11；当 N_2计数器溢出后，“模式控制”信号为“0”，双模分频器的分频数为 10。例如，设 $N_2=4$，则双模分频器的分频系数有 4 次为 11，而后为 10，直至 N 计数结束，控制信号再恢复为“1”。由于在 N_2计数期间双模分频器要多计一个脉冲，就认为由于 N_2而吞食了一个被计数的脉冲，因此称为吞食计数器。

在一次计数循环中，双模分频器输入信号的周期数 N(即吞脉冲分频器的分频系数)的表达式为

$$N = (P+1)N_2 + (N_1 - N_2)P = PN_1 + N_2$$

即

$$N = PN_1 + N_2 \tag{3.30}$$

在前述讨论中，$P=10$，因此得

$$N = 10N_1 + N_2$$

通过上述分析，对吞脉冲分频器小结如下。

① 双模分频器的分频系数为 $P/(P+1)$，对于 N_1和 N_2两个分频器，分频系数的设置必须为 $N_1 > N_2$，例如，$N_2=0$～9，那么 N_1至少为 10。

② 由 N_1 和 N_2 可以求得 N_{min} 和 N_{max} 的范围。

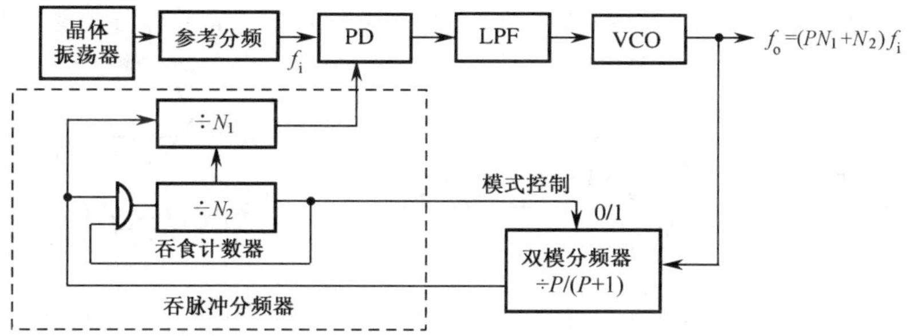

图 3.35　加入吞脉冲分频器的锁相环

【例 3.2】　$P=10, N_1=10, N_2=0\sim9$，则 $N_{min}=100$。若设 $N_1=10\sim19$，则 $N_{max}=199$。

【例 3.3】　$P=100, N_1=100\sim199, N_2=0\sim99$，则 $N=10\,000\sim19\,999$。

③ 吞脉冲分频器可以提高锁相环的输出频率上限。

3.4　射频合成信号发生器

所谓射频，是指能通过天线发射变为电磁波进行无线传播的信号频率。而只要天线尺寸与信号频率的波长（$\lambda=C/f, C=3\times10^8$m）相近就能产生辐射。例如，长波导航台工作频率是 10kHz，天线很庞大，则这时 10kHz 也是射频。在表 3.1 中已列出了射频的大致范围，但是，目前射频合成信号发生器的频率范围很宽，有的已做到 10kHz～110GHz。

在 3.2.2 节中介绍的高频信号发生器属射频合成信号发生器，其主振级是建立在 LC 振荡器基础上的模拟信号发生器。要用多波段来实现频率覆盖，即使这样，频率范围仍然不宽，频率准确度和稳定度也满足不了现在应用的要求，因此现代射频合成信号发生器要建立在频率合成技术的基础上。

前面介绍了 3 种频率合成技术，其中直接数字频率合成技术使用方便，可用于主振级射频低端；高端则采用锁相合成技术，选用合适的压控振荡器作为主振级。

作为射频合成信号发生器的主振级只产生载波，各种传送信号要靠调制级实现。为了满足实用要求，现代射频合成信号发生器应能方便地实现模拟、数字、矢量等多种调制方式。相应地，用数字信号调制的，称为数字调制信号发生器；调制信号中包含幅度和相位信息的，称为矢量信号发生器；使频率快速跳变的，称为频率捷变信号发生器。下面先介绍射频合成信号发生器的基本组成原理，然后举一个实例。

3.4.1　射频合成信号发生器基本原理

射频合成信号发生器的原理框图和相应的波形图如图 3.36 所示。图中，射频信号合成本振是主振级。在进行调制的过程中，主振级处于混频器的本振位置，称为本振。它是产生射频载波的基础。通常采用直接数字频率合成和锁相式频率合成的方式来实现。本振性能的好坏直接影响频率准确度、噪声边带和调制信号质量等重要指标。在通常情况下，由于 VCO 的边带噪声随着带宽的增大而变差，并且，过大的调谐灵敏度易受噪声干扰调制，因此在宽带本振设计中常采用几个 VCO 组合使用的方式。

在这种情况下，对 VCO 直接进行调制操作难度较大，且容易影响频率的准确度。较好的方案是采用图 3.36(a)中的方法，先将要调制的信号调制到中频上。这里以正弦调幅信号为例进行说明，如图 3.36(b)中波形 A、波形 B 所示。然后与本振输出频率（波形 C）混频，混频器输出频率分量很多，要用中心频率可调的带通滤波器提取和频分量，即以上变频输出，如波形 D 所示。作为信号发生器，输出幅度应保证稳定，故输出级中要设置有自动稳幅电路。这种将调制信号用上变频方式实现射频输出是射频合成信号发生器的一大特色。表 3.6 中列举了部分射频合成信号发生器的主要性能。

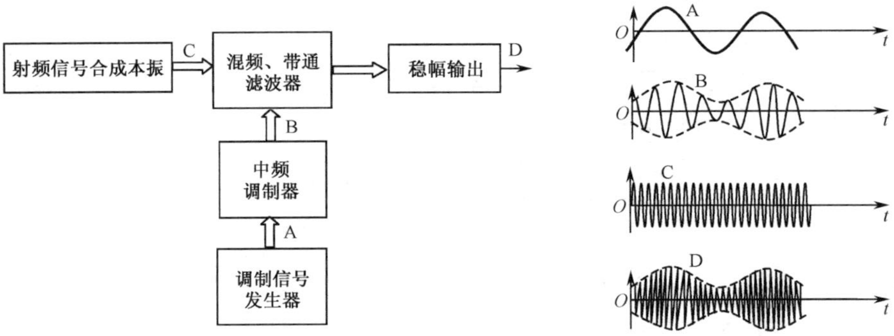

（a）原理框图　（b）波形图

图 3.36　射频合成信号发生器的原理框图和相应的波形图

表 3.6　部分射频合成信号发生器的主要性能

公司	型号	频率范围	频率分辨率	功率范围	调制功能	单边带相位噪声（@1GHz,偏移 20kHz）
普源精电	DSG3060	9kHz～6GHz	0.01Hz	−120～20dBm	AM、FM、ΦM、脉冲调制、I/Q 调制	−110dBc/Hz
鼎阳科技	SSG5060X	9kHz～6GHz	0.001Hz	−120～20dBm	AM、FM、ΦM、脉冲调制、I/Q 调制	−120dBc/Hz
中电仪器	1465B	9kHz～6GHz	0.001Hz	−110～20dBm	AM、FM、ΦM、脉冲调制、窄脉冲调制	−138dBc/Hz(10kHz)
是德科技	N5166B	9kHz～6GHz	0.001Hz	−144～19dBm	AM、FM、ΦM、脉冲调制、I/Q 调制	−119dBc/Hz
泰克科技	TSG4106A	950kHz～6GHz	1μHz	−110～16.5dBm	AM、FM、ΦM、脉冲调制，I/Q 调制	−113dBc/Hz

3.4.2　实例 1：1465 信号发生器

1465 信号发生器是中电仪器公司的产品，其性能指标见表 3.6，其原理框图如图 3.37 所示，下面对各模块进行简要介绍。

频率合成单元：利用多环频率合成技术产生高纯连续波射频信号。

矢量信号发生单元：将频率合成单元产生的射频信号分频、混频后，进入射频矢量调制组件进行矢量调制获得射频矢量调制信号；将频率合成单元产生的射频信号倍频后，进入微波矢量调制组件进行矢量调制获得微波矢量调制信号；将微波矢量调制信号与 40/67GHz 倍频组件倍频后的毫米波信号进行变频获得毫米波矢量调制信号，从而实现全波段矢量信号发生。

射频信号调制单元：实现对信号的滤波，以及稳幅、脉冲调制、程控衰减等幅度控制功能，并输出信号到射频输出端口。

基带信号发生及调制驱动单元：实现内部基带信号发生、基带信号输入选择、基带信号调制、矢量调制器驱动等功能。基带信号发生器产生数字调制所需的各种基带调制信号和各种通用标准通信调制信号。该信号经过 I/Q 调制驱动器输入射频矢量调制组件和微波矢量调制组件，驱动相应

的 I/Q 调制器。I/Q 调制驱动器接收基带信号发生器产生的 I/Q 信号、外部输入的 I/Q 信号及其他需要的校准信号，然后经过增益调整、偏置电压修正、差分转换等调整电路，其输出用于驱动低波段 I/Q 调制器和高波段 I/Q 调制器，产生所需的矢量调制信号。宽带 I/Q 输入信号直接接微波矢量调制组件。

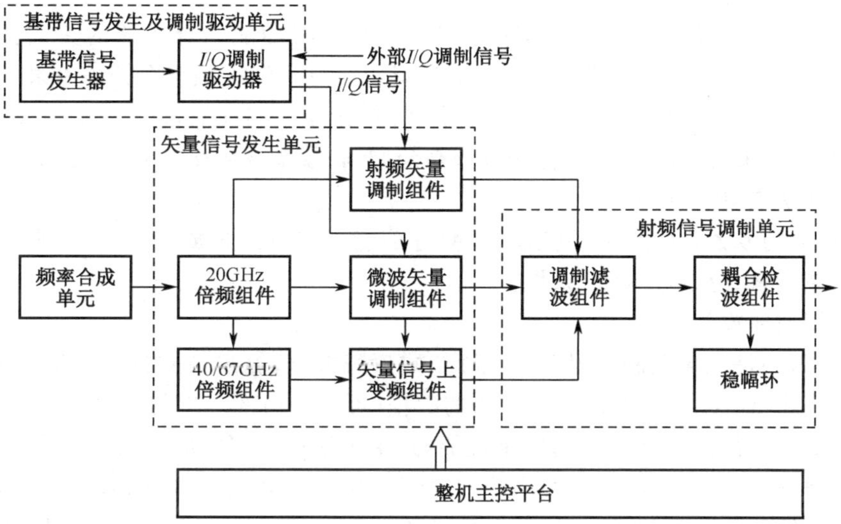

图 3.37　1465 信号发生器原理框图

3.4.3　实例 2：QF1485 矢量信号发生器

QF1485 矢量信号发生器是成都前锋电子仪器厂（简称成都前锋）的产品。矢量信号发生器简称矢量信号源，它是以载波的幅度和相位的组合变化，来传送信息内容的射频源。一般是指能对数字(0,1)信号进行有效调制的信号发生器。矢量信号发生器中的频率合成技术、自动增益控制(AGC)控制及输出放大技术和传统的模拟信号发生器技术一样，不同的主要是调制方式（用 I、Q 正交调制）。

1. 工作原理和矢量调制特点

整机主要由 VCO 锁相合成及分频/倍频单元、I/Q 调制单元、低频段混频单元、AGC 控制及输出放大单元、I/Q 基带处理单元和数据发生单元等组成，其原理框图如图 3.38 所示。

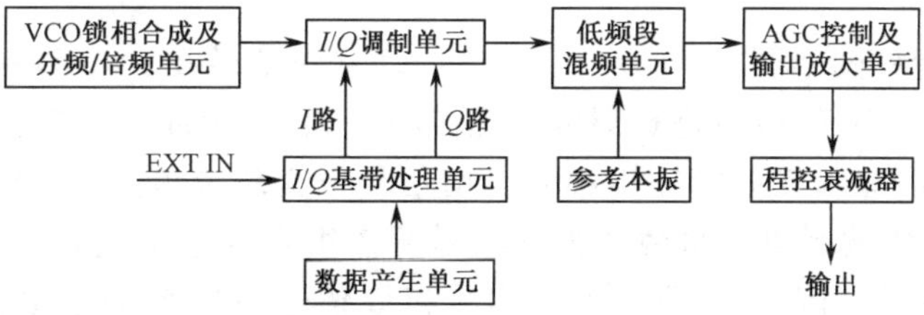

图 3.38　QF1485 矢量合成信号发生器原理框图

QF1485 矢量合成信号发生器整体工作过程简述如下。由 VCO 锁相合成及分频/倍频单元产生 0.25～4GHz 频率的载频信号（在 VCO 中完成载频的 FM、PM 调制功能），送入 I/Q 调制单元，与 I/Q 基带处理单元输出的基带信号进行矢量调制后（完成载频的矢量调制功能），再送入低频段混频单元进行混频，完成 0.25～250MHz 的已调载频信号（完成载频的 AM 调制功能），再通过

AGC 控制及输出放大单元，进行放大、稳幅控制、电平控制，最后送入程控衰减器，使输出电平动态范围符合要求。

2. 各单元技术简述

① VCO 锁相合成及分频/倍频单元

由 VCO 直接产生基本射频频率，同时完成调频和调相功能。合成器的关键技术是，小数分频、Σ-Δ 算法、鉴相技术。小数分频和Σ-Δ 算法可以较好地解决频率分辨率和相位噪声的矛盾。0.25～4GHz 的频率是由基本的射频频率通过分频/倍频技术实现的，0.25～250MHz 的频率由低频段混频单元完成。关键技术指标：相位噪声、剩余调制、频率分辨率、频率稳定度。

② AGC 控制及输出放大单元

完成射频信号的放大、滤波、电平控制、调幅等功能。信号经过放大后输出到程控衰减器。关键技术指标：谐波含量、分谐波含量、杂散。

③ *I*/*Q* 基带处理单元

基带处理的目的是优化调制信号(0,1 序列)的频谱带宽，提高载频的频率利用率。如图 3.39 所示为 *I*/*Q* 基带处理单元的原理框图。输入的数据(可以是内部产生的，也可以是外部的数据)进入信道编码单元，其功能是提高信道的抗干扰能力(主要根据不同的应用领域而设置，例如，数字电视领域要求 RS 编码、卷积编码、差分编码等)。之后，再进入调制方式映射单元，根据不同的调制方式进行 *IQ* 平面上的数据映射，以完成不同的调制方式(如 NQAM、QPSK、16PSK 等)，如图 3.40所示为 DVB-S QPSK 的星座映射图。在这里产生 *I*、*Q* 两路数字信号。随后，进入 *I* 和 *Q* 的基带数字滤波器，形成各种适合不同领域要求的基带信号(如 Nyquist、RootNyquist、Gauss、Root-Raised Cosine 等滤波器)。这里数字滤波器采用用户自定义的 FIR 滤波器实现，同时进行插值操作，提高采样时钟频率，以便后面的模拟重建滤波器可以容易地滤除 D/A 转换器时钟的谐波频谱分量。将经过插值滤波器后的 *I*、*Q* 两路的数字信号送入 D/A 转换器中，转换成模拟的 *I*、*Q* 信号，然后进行重建滤波，得到最终的模拟 *I*、*Q* 基带信号。

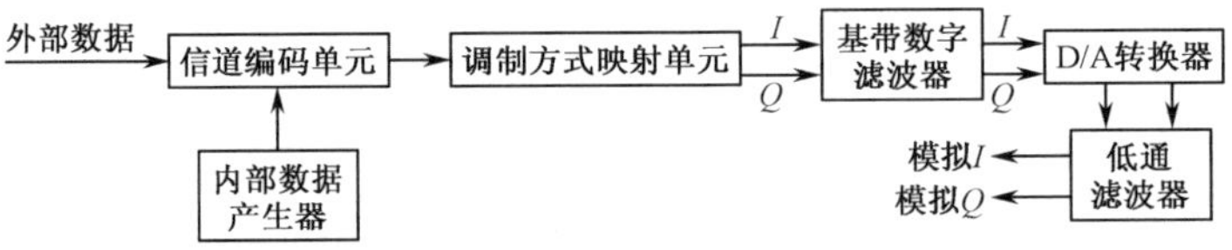

图 3.39　*I*/*Q* 基带处理单元的原理框图

④ *I*/*Q* 调制单元

I/*Q* 调制单元原理框图如图 3.41 所示，模拟 *I*、*Q* 基带信号在 *I*/*Q* 调制单元中进行合成矢量调制。*Q* 信号与 0.25～4GHz 载波进行混频，*I* 信号与 0.25～4GHz 载波相移 90°后进行混频，两路混频后的信号相加，以抑制载波的输出幅度。由信号正交理论可知，同相 *I* 分量和正交 *Q* 分量是相互独立的，因此 *I*/*Q* 调制可以将两个独立信号分量组合成一个复合信号，也可以将其复合信号分解为两个独立的部分。因此，分别改变 *I* 信号和 *Q* 信号的幅度，就会映射出 *IQ* 空间中的任意一点，同时完成载波的幅度和相位调制。采用宽带 *I*/*Q* 调制的优点是：全频段的频谱纯度较好。关键技术指标：*I*/*Q* 不平衡度、正交误差、调制带宽。

注：在一个 *IQ* 平面上可以映射各种离散数字信号“点”(这些“点”形成星座映射图，如图 3.40 所示)，这些“点”装载了数字信号的内容信息。“点”内容的传输，是 *IQ* 平面上的合成矢量大小和合成矢量与 *I* 轴的夹角，分别对应映射的载波幅度和载波相位。

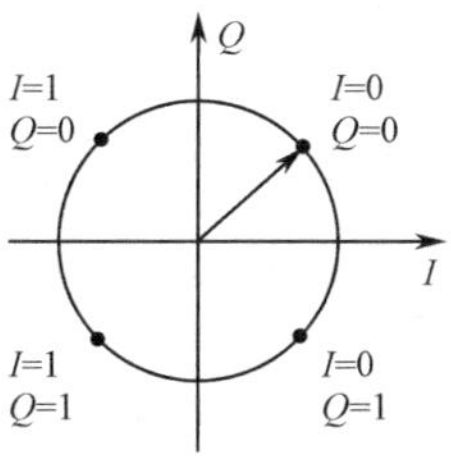

图 3.40　DVB-S QPSK 星座映射图

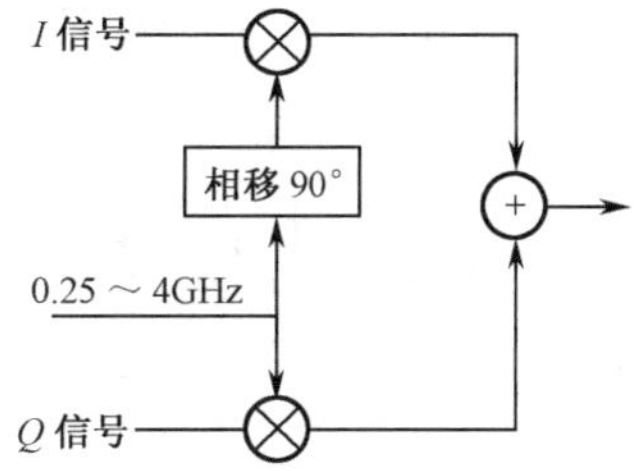

图 3.41　I/Q 调制单元原理框图

思考题与习题

本章小结

3.1　信号发生器的常用分类方法有哪些？按照输出波形的不同，信号发生器可以分为哪几类？

3.2　正弦信号发生器的主要技术指标有哪些？简述每个技术指标的含义。

3.3　已知可变频率振荡器频率 $f_1=2.4996\sim4.5000\text{MHz}$，固定频率振荡器频率 $f_2=2.5\text{MHz}$，若以 f_1 和 f_2 构成差频式信号发生器，试求其频率覆盖系数。若直接以 f_1 构成信号发生器，其频率覆盖系数又为多少？

3.4　简述高频信号发生器的主要组成，并说明各组成部分的作用。

3.5　要求某高频信号发生器的输出频率 $f=8\sim60\text{MHz}$，已知可变电容 C 的变化范围为 50～200pF，请问该如何进行波段划分？每个波段对应的电感应为多大？

3.6　简述脉冲信号发生器的主要组成及主要技术指标。

3.7　简述各种不同类型函数信号发生器的特点及作用。

3.8　简述各种类型信号发生器的主振级的组成，并比较各自的特点。

3.9　XFG－7 型高频信号发生器的频率范围为 $f=100\text{kHz}\sim30\text{MHz}$，试问：应划分为几个波段？（为使答案一致，设 $k=2.4$。）

3.10　简述合成信号发生器的各种频率合成方法及其优缺点。

3.11　简述直接数字频率合成原理，试设计一个利用微处理器产生任意波形发生器的方案，并讨论如何提高任意波形的频率。

3.12　有一个频率合成器，如图 3.42 所示，求：

(1) f_o 的表达式；

(2) f_o 的范围；

(3) 最小步进频率。

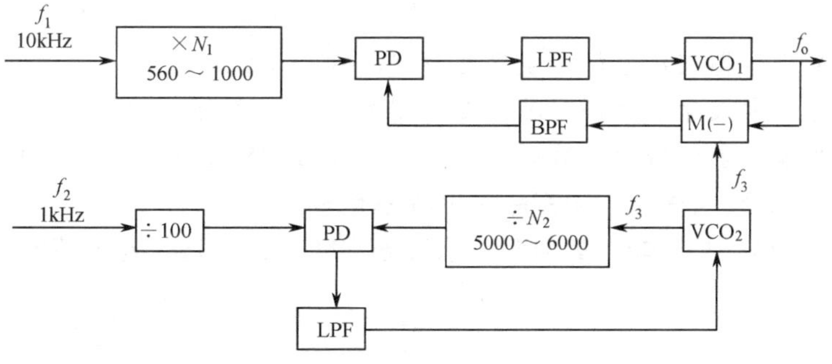

图 3.42　题 3.12 图

3.13　计算如图 3.43 所示锁相环的输出频率范围及步进频率。

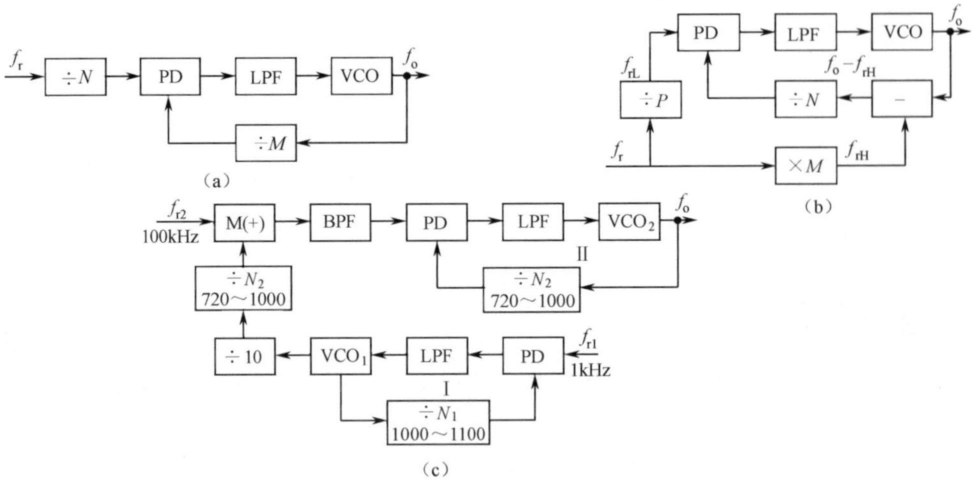

图 3.43　题 3.13 图

3.14　利用两片 D/A 转换器和一片 RAM 为主要部件，试设计一个正弦信号发生器。如果要求波形点数为 1024 点，DAC_1：8bit，DAC_2：8bit，RAM：2KB，试求：

(1) 画出原理框图(包括其他必要的硬件电路)及其与微处理器的连接；

(2) 若从读取一个数据到 D/A 转换器转换完一个数据的时间最短为 10μs，那么该信号发生器产生的最高频率为多少？

(3) 要提高输出频率，可以采取哪些措施？

3.15　在 AD9850 DDS 中，如果时钟频率 $f_c=125$MHz，相位累加器宽度 $N=32$ 位，频率码 $k=$0100000H，问这时输出频率为多少？

3.16　高频信号源输出等效电路如图 3.44 所示。问信号源输出幅度的指示刻度是什么值？在$R_H=R_i$，$R_H=\infty$，$R_H\neq R_i$这 3 种情况下，输出电压各为多大？将此信号源直接加到示波器上校验幅度，结果将会如何？

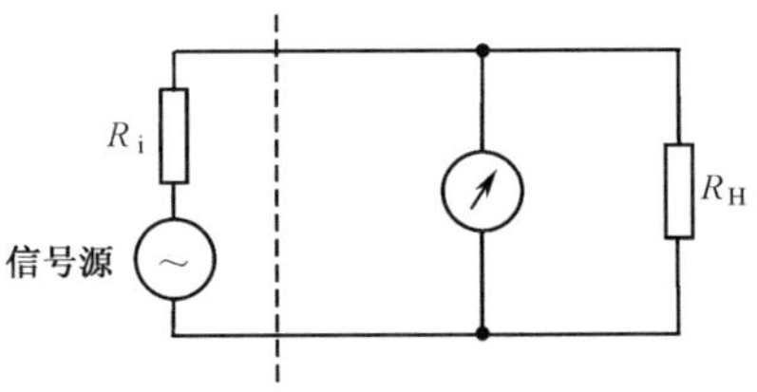

图 3.44　题 3.16 图

3.17　脉冲信号发生器与数字信号发生器有何区别？

3.18　简述函数信号发生器和任意波形发生器的区别与联系。

3.19　在某信号发生器面板上用数码管显示当时设置的输出频率为 50MHz，已知该仪器输出频率的相对误差为$\pm10^{-6}$，问这时它的实际输出频率是多少？

3.20　在调整锁相环的工作时，如何利用示波器判断锁相环是否处于锁定状态？

第4章 时频测量

本章要点

- 时频关系与时频基准及频率的测量方法
- 电子计数法测量频率、测量周期的原理与误差分析
- 通用计数器的功能与应用及其性能改进的方法
- 频率稳定度的概念、表征方法及时域、频域测量原理
- 调制域测量的原理与应用

4.1 概述

4.1.1 时频关系

时间是国际单位制中7个基本物理量之一，它的基本单位是秒，用s表示。在年历计时中，因为秒的单位太小，常用日、星期、月、年；在电子测量中，有时又因为秒的单位太大，常用毫秒(ms，10^{-3}s)、微秒(μs，10^{-6}s)、纳秒(ns，10^{-9}s)、皮秒(ps，10^{-12}s)。

"时间"，在一般概念中有两种含义：①"时刻"，指某事件发生的瞬间，如图4.1中的矩形脉冲信号在t_1时刻开始出现，在t_2时刻消失；②"间隔"，即两个时刻之间的间隔，表示该事件持续了多久，如图4.1中，$\Delta t=t_2-t_1$是两个时刻之间的"间隔"，即矩形脉冲信号持续的时间长度。

"周期"是指同一事件重复出现的时间。如图4.1所示，$t_1\sim t_3$或$t_3\sim t_4$是脉冲信号重复出现的时间，称为该脉冲信号的周期T。

"频率"是指单位时间(1s)内周期性事件重复的次数，单位是赫兹(Hz)。

可见，频率和周期(时间)是从不同侧面来描述周期性现象的，两者在数学上互为倒数，即

$$f=\frac{1}{T} \tag{4.1}$$

因此，实际上，两者公用同一基准来进行比对和测量。现以电子表为例，说明频率标准和时间标准的关系。

通常，电子表采用石英晶体作为振荡器，其振荡频率为32 768(2^{15})Hz；经2^{15}分频为1Hz，即1s振荡一次得"秒"信号；经60进制计数器计数得"分"信号，再经60进制计数器计数可得"时"信号，然后进行24进制计数器计数得"日"信号。将这些信号经译码、驱动后，在显示屏上以不同方式显示出来，如图4.2所示。可见，电子表走时是否准确取决于晶体振荡频率是否准确。现设晶体振荡器(简称晶振)频率的准确度为10^{-6}，可以计算出一天走时误差为

$$\Delta t=60\times 60\times 24\times 10^{-6}=8.64\times 10^{4}\times 10^{-6}=0.0864\approx 0.1\text{s}$$

可见，时间准确度取决于频率准确度，其标准是等同的。

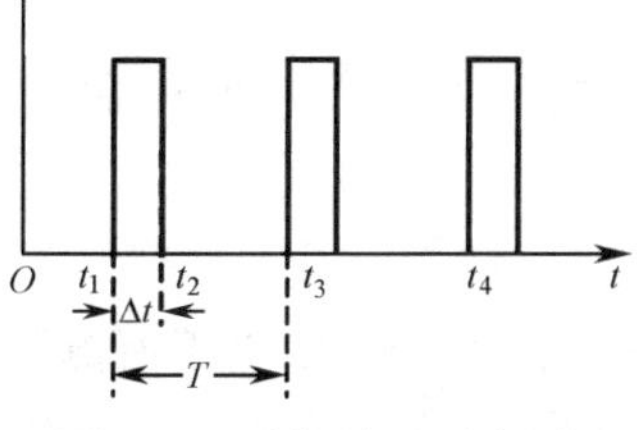

图4.1 时频关系示意图

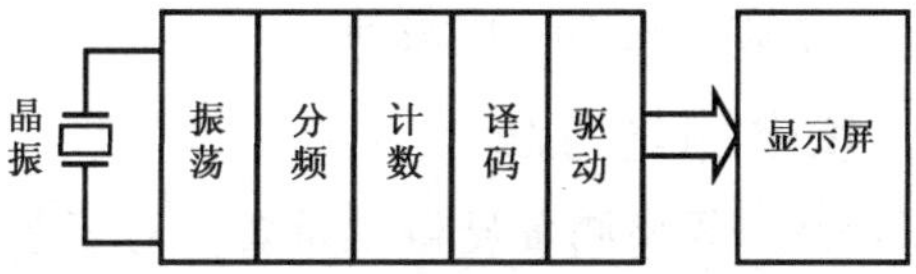

图4.2 电子表的组成原理

4.1.2 时频基准

时间的单位是秒(s)。随着科学技术的发展,"秒"的定义曾做过三次重大的修改。

1. 世界时(UT)秒

最早的时间(频率)标准是由天文观测得到的,以地球自转周期为标准而测定的时间称为世界时(UT)。定义地球自转周期的 1/86 400 作为世界时的 1s。这种直接通过天文观察求得的时间秒为零类世界时(UT_0),其准确度在 10^{-6} 量级。后来,对地球自转轴微小移动(称极移)效应进行了校正,得到第一类世界时(UT_1)。再把地球自转的季节性、年度性的变化校正后的世界时称为第二类世界时(UT_2),其准确度在 3×10^{-8} 量级。

1960 年,国际计量大会决定采用以地球公转运动为基础的历书时(ET)秒(s)作为时间单位,将 1900 年 1 月 1 日 0 时整起算的回归年的 1/31 556 925.974 7 作为 1s。按此定义复现秒的准确度提高到亿分之一秒,即 1×10^{-8}s。

世界时秒和历书时秒都是宏观计时标准,它需要精密的天文观测,设备庞大,手续繁杂,观测周期长,准确度有限。

2. 原子时(AT)秒

为了寻求更加恒定,又能迅速测定的时间标准,人们从宏观世界转向微观世界,利用原子能级跃迁频率作为计时标准。1967 年 10 月,第 13 届国际计量大会正式通过了秒的定义:"秒是 Cs^{133} 原子基态的两个超精细结构能级$[F=4, m_F=0]$和$[F=3, m_F=0]$之间跃迁频率相应的射线束持续 9 192 631 770个周期的时间"。以此为标准定出的时间标准称为原子时秒。并自 1972 年 1 月 1 日零时起,时间单位秒由天文秒改为原子秒。这样,时间标准改为由频率标准来定义,其准确度可达 $\pm5\times10^{-14}$ 量级,是所有其他物理量标准所远远不能及的。

3. 协调世界时(UTC)秒

世界时和原子时之间互有联系,可以精确运算,但不能彼此取代,各有各的用处。原子时只能提供准确的时间间隔,而世界时考虑了时刻和时间间隔。

目前,全球统一使用的国际标准时间是由国际计量局主导的协调世界时(UTC)。国际计量局将分布在全球 53 个国家 70 多个守时实验室的 400 多台原子钟所报送的数据进行"加权平均",再利用其认可的少数几个国家计量院研制的"世界上最好的基准原子钟"数据加以校准,产生国际原子时,再经闰秒,即产生协调世界时。现在,各国标准时号发播台所发送的就是协调世界时,其准确度优于 $\pm2\times10^{-11}$ 量级。我国的中国计量科学院、陕西天文台、上海天文台都建立了地方原子时,参加了国际原子时(TAI),与全世界 200 多台原子钟联网进行加权平均修正,作为我国时间标准由中央人民广播电台发布。

实际上,高度准确的标准频率和时间信号主要通过无线电波的发射和传播提供给使用部门。按其载波频率可分为超高频、高频、低频和甚低频发播,分别由专用授时台发播或导航台、电视台、通信卫星等兼任。

至此已明确,时间标准和频率标准具有同一性,可由时间标准导出频率标准,也可由频率标准导出时间标准,通常统称为时频标准。

4.1.3 频率测量方法

在电子测量中,频率测量显得更重要。对于频率测量所提出的要求,取决于所测频率的范围和测量任务。例如,在实验室中研究频率对谐振回路、电阻值、电容的损耗角或其他被研究电参数的影响时,频率测量达到 $\pm1\times10^{-2}$ 量级的精确度或稍高一点就足够了;对于广播发射机的频率测量,其精确度应达到$\pm 1\times 10^{-5}$量级；对于单边带通信机，则应优于$\pm 1\times 10^{-7}$量级；而对于各种等级的频率标准，则应在$\pm 1\times 10^{-8}\sim\pm 1\times 10^{-13}$量级之间。由此可见，对频率的测量，不同的测量对象与任务，其测量精确度的要求悬殊。测量方法是否可以简单，所使用的仪器是否可以低廉，完全取决于对测量精确度的要求。

根据测量的原理不同，频率测量方法大体上可分类如下：

- 频率测量方法
  - 模拟法
    - 频响法
      - 电桥法
      - 谐振法
    - 比较法
      - 拍频法
      - 差频法
      - 示波法
        - 李萨如图形法
        - 测周期法
  - 计数法
    - 电容充放电法
    - 电子计数法

频响法又称利用无源网络频率特性测量法，包括电桥法和谐振法。比较法是指将被测频率信号与已知频率信号相比较，通过观、听比较结果，获得被测信号的频率。比较法包括拍频法、差频法和示波法。

计数法有电容充放电法和电子计数法两种。前者利用电子电路控制电容充放电的次数或时间常数，再用磁电式仪表测量充、放电电流的大小，从而指示出被测信号的频率值。后者是根据频率的定义进行测量的一种方法，它用电子计数器显示单位时间内通过被测信号的周期个数来实现频率的测量。由于数字电路的飞速发展和数字集成电路的普及，电子计数器的应用已十分广泛。利用电子计数器测量频率具有精确度高，显示醒目直观，测量迅速，以及便于实现测量过程自动化等一系列突出优点。可见，该方法是目前最好的，也是我们将要重点讨论的频率测量方法。

4.2 电子计数法测量频率

4.2.1 电子计数法测量频率的原理

1. 基本原理

根据频率的定义，若某一信号在 T 时间内重复变化了 N 次，则可知该信号的频率为

$$f_x=\frac{N}{T} \tag{4.2}$$

针对上述原理，可采用数字电路中的门电路（如与门）来实现，其原理框图如图 4.3 所示。在与门 A 端加入被测信号被整形后的脉冲序列 f_x，在 B 端加入宽度为 T 的控制信号（常称为闸门信号），取 $T=1\text{s}$，则 C 端仅能在 T 期间内有被测脉冲出现，然后送计数器计数，设计数值为 N。由图 4.3 中与门的 C 端可以直接得出

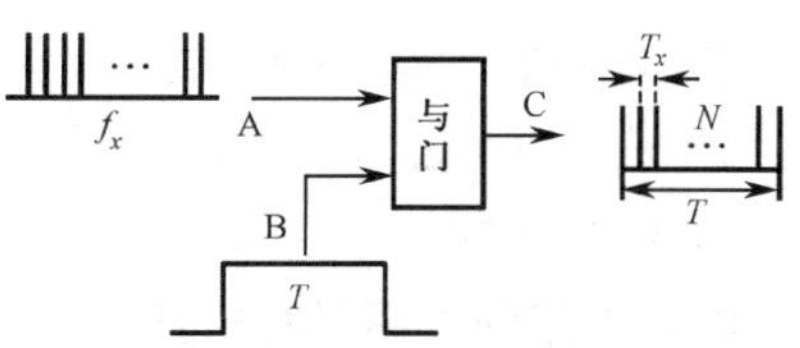

图 4.3　测量频率的原理框图

$$NT_x=T$$

因此

$$f_x=\frac{N}{T}$$

这就实现了式(4.2)的测量频率原理。其方法可简述为“定时计数”,其实质属于比较法,比较的时间基准是闸门信号 T。

2. 组成框图

如图 4.4 所示为计数式频率计组成框图及波形图。它主要由以下 4 部分组成。

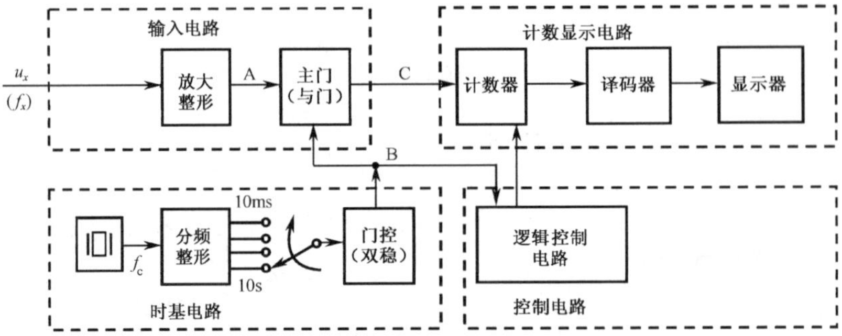

(a) 组成框图

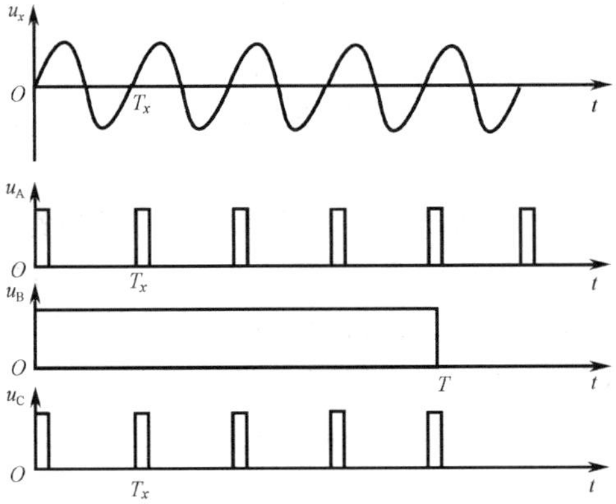

(b) 波形图

图 4.4 计数式频率计框图及波形图

1) 时基电路

时间基准电路简称为时基电路,其作用就是提供准确的闸门时间 T。它一般由高稳定度的石英晶振、分频整形电路与门控(双稳)电路组成。晶振输出的正弦信号作为标准频率信号,频率为 f_c,周期为 T_c,经 m 次分频,整形得到周期为 $T=mT_c$的窄脉冲,以此窄脉冲触发门控电路,从门控电路输出端即得所需要的宽度为 T 的脉冲,它又称为闸门脉冲。为了测量需要,在实际的计数式频率计中,时间基准选择开关分若干挡位。因此时基电路具有以下两个特点。

① 标准性。闸门时间准确度应比被测频率高一个数量级以上,故晶振频率稳定度通常要求达 $10^{-6}\sim10^{-10}$。

② 多值性。闸门时间不一定为 1s,应让用户能够根据测量频率精度和速度的不同要求自由选择,如 10ms,100ms,1s,10s 等。

2) 输入电路

输入电路的作用是将被测信号转换为可计数的窄脉冲。它一般由放大整形电路和主门(如前述与门,因为是主要的核心门电路,故称为主门)电路组成。被测信号(频率为 f_x,周期为 T_x)经放大、整形、微分得周期为 T_x的窄脉冲,送到主门的一个输入端,其波形变换过程如图 4.5 所示。主门的另一控制端输入的是时基电路产生的闸门脉冲。只有在闸门脉冲开启主门期间,周期为 T_x的窄脉冲才能经过主门，在主门的输出端产生输出；在闸门脉冲关闭主门期间，周期为 T_x 的窄脉冲不能在主门的输出端产生输出。在闸门脉冲控制下，主门输出的脉冲将送至计数器计数，所以主门输出的脉冲称为计数脉冲。相应地，这部分电路也称为计数脉冲产生电路。

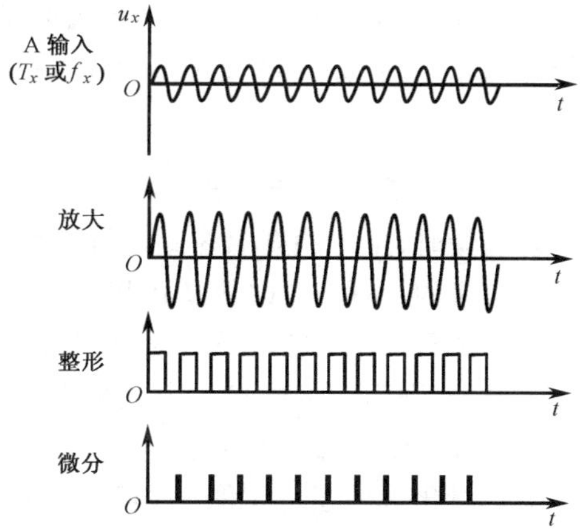

图 4.5　输入电路工作波形图

3）计数显示电路

这部分电路的作用，简单地说，就是累计被测信号重复的次数，显示被测信号的频率。它一般由计数器、逻辑控制电路、译码器和显示器组成。在逻辑控制电路的控制下，计数器对主门输出的计数脉冲实施二进制计数，其输出经译码器转换为十进制数，输出到显示器中进行显示。因为闸门时间 T 都是 10 的整数次幂，即 10ms，100ms，1s，10s 等，所以显示出的十进制数就是被测信号的频率，其单位可能是 Hz、kHz 或 MHz。

4）控制电路

控制电路的作用是产生各种控制信号，去控制各电路单元的工作，使整机按一定的工作流程完成自动测量的任务。在控制电路的统一指挥下，电子计数器的工作按照“复零—测量—显示”的流程自动进行，如图 4.6 所示。在测量时，电子计数器的工作过程如下。

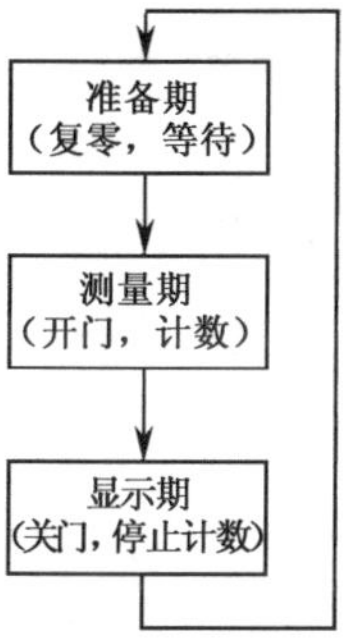

图 4.6　电子计数器的工作流程

准备期　在开始进行一次测量之前应当做好准备工作，使各计数电路回到原始状态，并抹掉读数，这一过程称为复零。在复零完成后，控制电路撤掉对门控电路的闭锁信号（解锁），门控电路处于等待状态，等待一个闸门信号（秒信号）的触发。

测量期　通过闸门信号选择开关从时基电路中选取 1Hz 的频率标准信号作为开门时间控制信号。门控电路在 1Hz 频率标准信号的触发下产生秒脉冲，使主门准确地开启 1s 时间。在这 1s 时间内，输入信号通过主门到计数电路计数这段时间称为测量时间。

显示期　在一次测量完毕后，关闭主门，把计数结果送到显示器去显示。为了便于读取或记录测量结果，显示的读数应当保持一定的时间（显示时间长短通常是可调的，如 0.1～20s）。在这段时间内，主门应当被闭锁，这段时间称为显示时间。显示时间结束后，再做下一次测量的准备工作。

4.2.2　误差分析

在测量中，误差分析计算是不可少的。理论上讲，不管对什么物理量进行测量，不管采用什么样的测量方法，只要进行测量，就可能有误差存在。误差分析的目的就是找出引起测量误差的主要原因，从而有针对性地采取有效措施，减小测量误差，提高测量精确度。虽然电子计数法测量频率的方法有许多优点，但这种测量方法也存在着测量误差。下面来分析电子计数法测量频率的误差。

由第 2 章相对误差传递公式(2.43)可对式(4.2)求得

$$\frac{\Delta f_x}{f_x}=\frac{\Delta N}{N}-\frac{\Delta T}{T} \tag{4.3}$$

从式(4.3)可以看出:电子计数法引起的频率测量相对误差由电子计数器计数脉冲相对误差和标准时间相对误差两部分组成。因此,对这两种相对误差可以分别加以讨论,然后相加得到总的频率测量相对误差。

1. 量化误差——±1 误差

在测量时,主门的开启时刻与计数脉冲之间的时间关系是不相关的,即它们在时间轴上的相对位置是随机的。这样,即使是在相同的主门开启时间 T(先假定标准时间相对误差为 0)内,计数器所计得的数却不一定相同。如图 4.7(a)所示,第一种情况进入 8 个脉冲,而第二种情况却只进入 7 个脉冲,即引起可能多 1 个或少 1 个的±1 误差,这是频率量化时带来的误差,故称量化误差,又称脉冲计数误差或±1 误差。

上述量化误差还可用图 4.7(b)进行进一步的分析。图中,T 为计数器的主门开启时间,T_x 为被测信号周期,Δt_1 为主门开启时刻至第一个计数脉冲前沿的时间(假设计数脉冲前沿使计数器翻转计数),Δt_2 为主门关闭时刻至下一个计数脉冲前沿的时间。设计数值为 N(处在 T 区间之内的窄脉冲个数,图中 $N=6$),由图可得

$$T = NT_x + \Delta t_1 - \Delta t_2 = \left(N + \frac{\Delta t_1 - \Delta t_2}{T_x}\right)T_x$$

$$\Delta N = \frac{\Delta t_1 - \Delta t_2}{T_x} \tag{4.4}$$

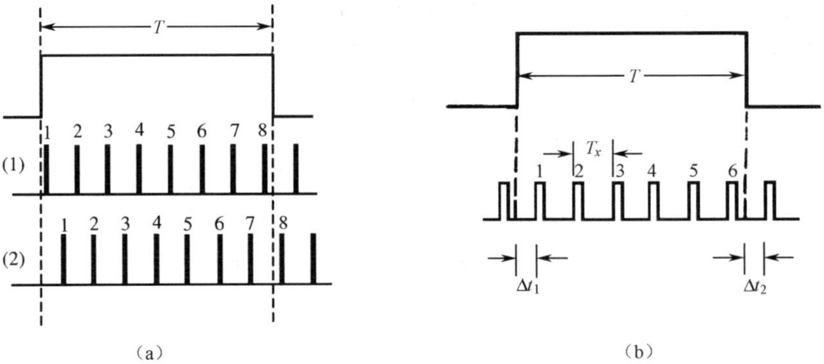

图 4.7 量化误差

考虑 Δt_1 和 Δt_2 都是不大于 T_x 的正时间量,由式(4.4)可以看出:$(\Delta t_1-\Delta t_2)$虽然可能为正或为负,但它的绝对值不会大于 T_x,ΔN 的绝对值也不会大于 1,即$|\Delta N|\leqslant 1$;ΔN 为计数增量,它只能为实整数,可对照图 4.7 进行分析,在 T、T_x 为定值的情况下,可以令$\Delta t_1 \to 0$ 或$\Delta t_1 \to T_x$,也可令$\Delta t_2 \to 0$ 或 $\Delta t_1 \to T_x$,经如上讨论可得 ΔN 的取值只有 3 个可能值,即$\Delta N=0$或$\Delta N=1$ 或$\Delta N=-1$。所以,脉冲计数最大绝对误差即为量化误差

$$\Delta N = \pm 1 \tag{4.5}$$

联系式(4.5)和式(4.2),可写出脉冲计数最大相对误差为

$$\frac{\Delta N}{N} = \pm \frac{1}{N} = \pm \frac{1}{f_x T} \tag{4.6}$$

式中,f_x 为被测信号的频率,T 为闸门时间。由式(4.6)不难得到结论:脉冲计数相对误差与被测信号的频率和闸门时间成反比。被测信号的频率越高,闸门时间越宽,此项相对误差越小。

2. 闸门时间误差(标准时间误差)

如果闸门时间不准,造成主门开启时间或长或短,显然要产生测量频率误差。闸门信号 T 是

通过晶振信号分频得到的。设标准频率为 f_c(周期为 T_c),分频系数为 m,所以有

$$T = mT_c = m\frac{1}{f_c} \tag{4.7}$$

由相对误差传递公式可得

$$\ln T = -\ln f_c$$

$$\frac{\Delta T}{T} = \frac{\partial(\ln T)}{\partial f_c}\Delta f_c = -\frac{\Delta f_c}{f_c} \tag{4.8}$$

式(4.8)表明,闸门时间相对误差在数值上等于晶振频率的相对误差。由于它是测量频率的比较标准,故也称标准频率误差或时基误差。通常,对标准频率准确度 $\Delta f_c/f_c$ 的要求是根据所要求的测量频率准确度提出来的,例如,若测量方案的最小计数单位为 1Hz,而 $f_x=10^6$ Hz,则在 $T=1$s 时的测量频率准确度为 $\pm 1\times10^{-6}$(只考虑量化误差)。为了使标准频率误差不对测量结果产生影响,晶振的输出(标准)频率准确度 $\Delta f_c/f_c$ 应优于 1×10^{-7},即比量化误差引起的测量频率误差小一个数量级。

4.2.3 结论

综上所述,可得如下结论。

① 电子计数器直接测量频率的误差主要有两项,即量化误差和标准频率误差。一般总误差可通过分项误差绝对值合成,即

$$\frac{\Delta f_x}{f_x} = \pm\left(\frac{1}{f_x T} + \left|\frac{\Delta f_c}{f_c}\right|\right) \tag{4.9}$$

可把式(4.9)画成如图 4.8 所示的误差曲线,即 $\Delta f_x/f_x$ 与 T、f_x 及 $\Delta f_c/f_c$ 的关系曲线。从图可见,在 f_x 一定时,闸门时间 T 选得越长,测量频率准确度越高。而当 T 选定后,f_x 越高,则量化误差对测量结果的影响越小,测量频率准确度越高。但是,随着量化误差影响的减小,标准频率误差 $\Delta f_c/f_c$ 将对测量结果产生影响,并以 $|\Delta f_c/f_c|$(图中为 5×10^{-9})为极限,即测量频率准确度不可能优于 5×10^{-9}。

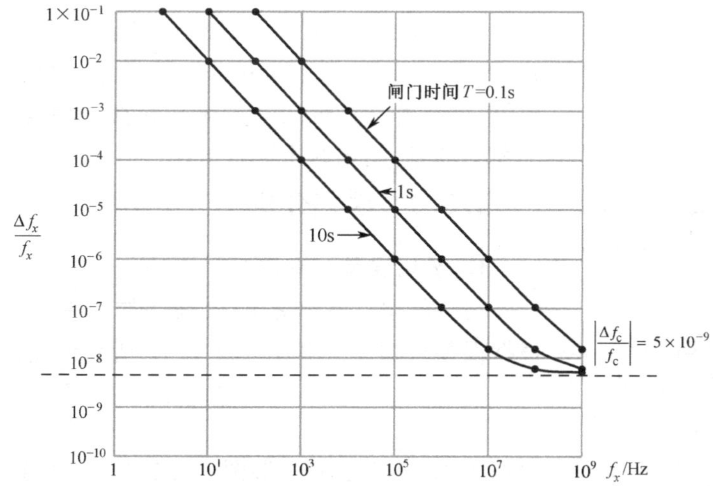

图 4.8 电子计数器测量频率的误差曲线

② 测量低频时,由于量化误差而产生的测量频率误差大得惊人。例如,$f_x=10$Hz,$T=1$s 时,由量化误差引起的测量频率误差可达 10%,所以,测量低频时不宜采用直接测量频率方法。

4.3 电子计数法测量时间

本节介绍的时间的测量主要是指与频率对应的周期、相位及时间间隔等时间参数，且重点讨论周期的测量。周期是频率的倒数，既然电子计数器能测量信号的频率，自然会联想到电子计数器也能测量信号的周期。两者在原理上有相似之处，但又不等同，下面进行具体的讨论。

4.3.1 电子计数法测量周期的原理

图 4.9 所示为测量周期的组成框图。

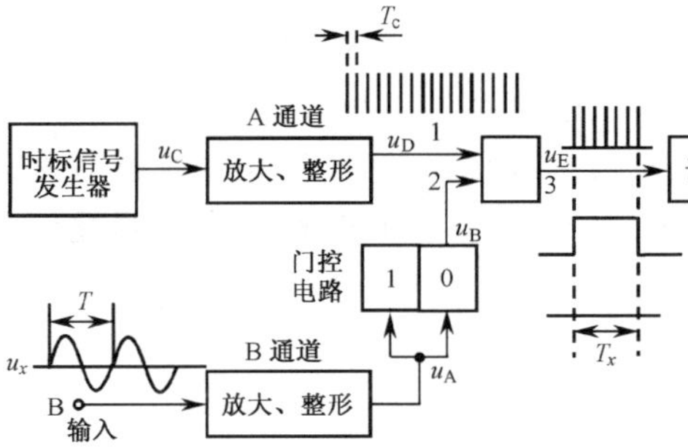

图 4.9 测量周期的组成框图

将它与图 4.4(a)对照，可以看出，它是将图 4.4 中晶振标准信号和输入被测信号的位置对调而构成的。当被测信号为正弦波时，图中各点波形如图 4.10 所示。可以看出，被测信号经放大整形后，形成控制闸门的脉冲信号，其宽度等于被测信号的周期 T_x。晶振的输出经倍频后得到周期为 T_c 的时间标准信号(简称时标信号)，加于主门输入端，在闸门时间 T_x 内，时标信号脉冲通过闸门形成计数脉冲，送至计数器计数，经译码显示计数值 N。由图 4.10 所示的波形图可得

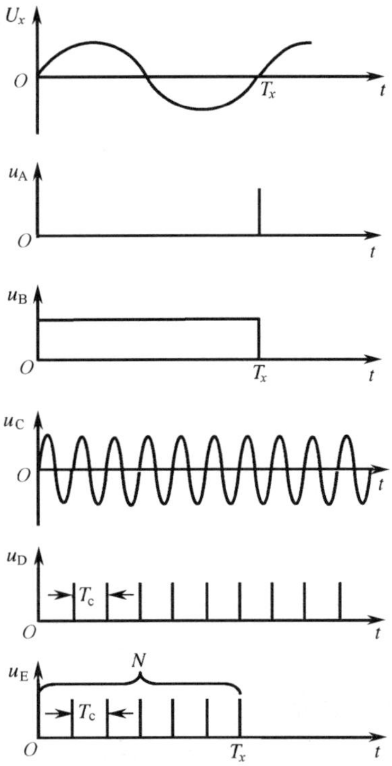

图 4.10 图 4.9 中各点波形图

$$T_x = NT_c = \frac{N}{f_c} \tag{4.10}$$

当 T_c一定时，计数结果可直接表示为 T_x值。例如，当 $T_c = 1\mu s$，$N = 562$ 时，$T_x = 562\mu s$；当 $T_c = 0.1\mu s$，$N = 26\ 250$ 时，$T_x = 2625.0\mu s$。在实际电子计数器中，根据需要，T_c可以有几种数值，用有若干挡位的开关实施转换，显示器能自动显示时间单位和小数点，使用起来非常方便。

4.3.2 误差分析

1. 量化误差和标准频率误差

与分析电子计数法测量频率的误差类似，这里 $T_x = NT_c$。根据误差传递公式并结合图 4.11 所示误差曲线，可得

$$\frac{\Delta T_x}{T_x} = \frac{\Delta N}{N} + \frac{\Delta T_c}{T_c} \tag{4.11}$$

根据图 4.10 所示的波形图，由式(4.10)可得

$$N = \frac{T_x}{T_c} = T_x f_c，而\ \Delta N = \pm 1$$

所以，式(4.11)可写成

$$\frac{\Delta T_x}{T_x} = \pm \frac{1}{T_x f_c} \pm \frac{\Delta T_c}{T_c} = \pm \frac{1}{T_x f_c} \pm \frac{\Delta f_c}{f_c} \tag{4.12}$$

由式(4.12)可知,测量周期时的误差表达式与测量频率的表达式形式相似,但应注意符号的角标不同。很明显,T_x越大(即被测频率越低),量化误差对测量周期精确度的影响越小;标准频率f_c越高(或将晶振频率倍频),测量周期的误差越小。

如图4.11所示为测量周期时的误差曲线,图中有3条曲线,其中$10T_x$和$100T_x$两条曲线是采用多倍期测量时的误差曲线。

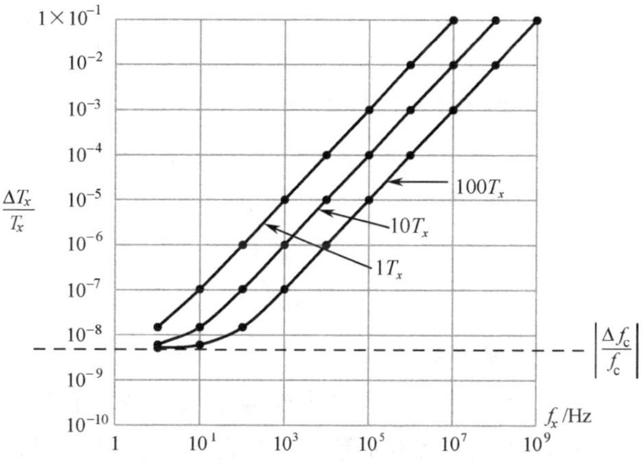

图4.11 测量周期时的误差曲线

2. 触发转换误差

实际上,在测量周期时,除了以上两项误差,还有一项触发转换误差必须考虑。因为闸门信号是由通过B通道的被测信号产生的,即通过施密特电路把被测信号变成方波,并触发门控电路产生控制主门开启的闸门信号。当无噪声干扰时,主门开启时间刚好等于一个被测周期T_x;当被测信号受噪声干扰时,图4.12(a)给出了一种简单的情况,即干扰为一个尖峰脉冲U_n,U_B为施密特电路触发电平。可见,施密特电路将提前在A'_1点触发,于是形成的方波周期为T_x,即产生ΔT_1的误差,称为触发转换误差。一个近似分析,可利用图4.12(b)来计算ΔT_1,图中直线ab为A_1点的正弦波切线,即接通电平处正弦曲线的斜率为

$$\tan\alpha = \frac{du_x}{dt}\Big|_{u_x=U_B}$$

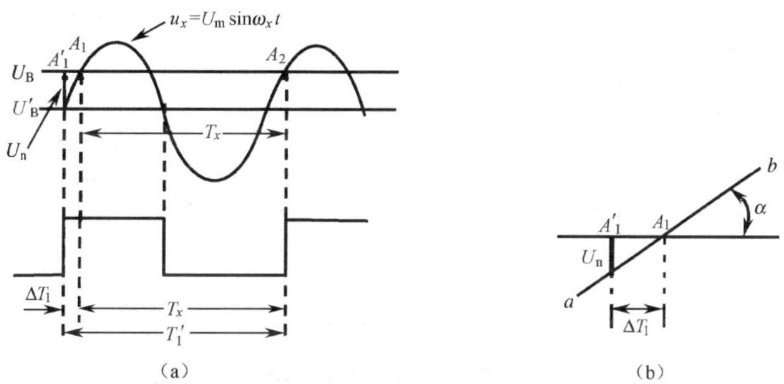

图4.12 触发转换误差的产生与计算

从图4.12(b)可得
$$\Delta T_1 = \frac{U_n}{\tan\alpha} \tag{4.13}$$

式中,U_n为噪声幅度。

设被测信号为正弦波$u_x=U_m\sin(\omega_x t)$,则

$$\tan\alpha = \frac{du_x}{dt}\Big|_{u_x=U_B} = \omega_x U_m\cos(\omega_x t_B)$$
$$= \frac{2\pi}{T_x}U_m\sqrt{1-\sin^2(\omega_x t_B)} = \frac{2\pi U_m}{T_x}\sqrt{1-\left(\frac{U_B}{U_m}\right)^2}$$

将上式代入式(4.13),实际上,$U_B \ll U_m$,得

$$\Delta T_1 = \frac{T_x}{2\pi} \times \frac{U_n}{U_m} \tag{4.14}$$

式中，U_m为被测信号幅度。

同样，在正弦信号下一个上升沿上（图 4.12 中 A_2点附近）也可能存在噪声，即也可能产生触发转换误差 ΔT_2

$$\Delta T_2=\frac{T_x}{2\pi}\times\frac{U_n}{U_m}$$

由于噪声都是随机的，所以 ΔT_1 和 ΔT_2 都属于随机误差，可按下式

$$\Delta T_n=\sqrt{(\Delta T_1)^2+(\Delta T_2)^2}$$

来合成，于是可得

$$\frac{\Delta T_n}{T_x}=\frac{\sqrt{(\Delta T_1)^2+(\Delta T_2)^2}}{T_x}=\pm\frac{1}{\sqrt{2}\pi}\times\frac{U_n}{U_m} \tag{4.15}$$

3. 多周期测量

进一步分析可知，多周期测量可以减小触发转换误差和量化误差。可以利用图 4.13 来进行说明，图中取周期倍乘系数 10，即测 10 个周期。从图可见，两个相邻周期由于触发转换误差所产生的 ΔT 是互相抵消的，例如，第一个周期 T_{1x}终了，噪声 U_n'使 T_{1x}减小 ΔT_2，则第二个周期却由于 U_n'使 T_{2x}增大 ΔT_2。所以，测 10 个周期，只有第一个周期开始时产生的触发转换误差 ΔT_1 和第 10 个周期终了时产生的 ΔT_2 才会产生测量周期误差。

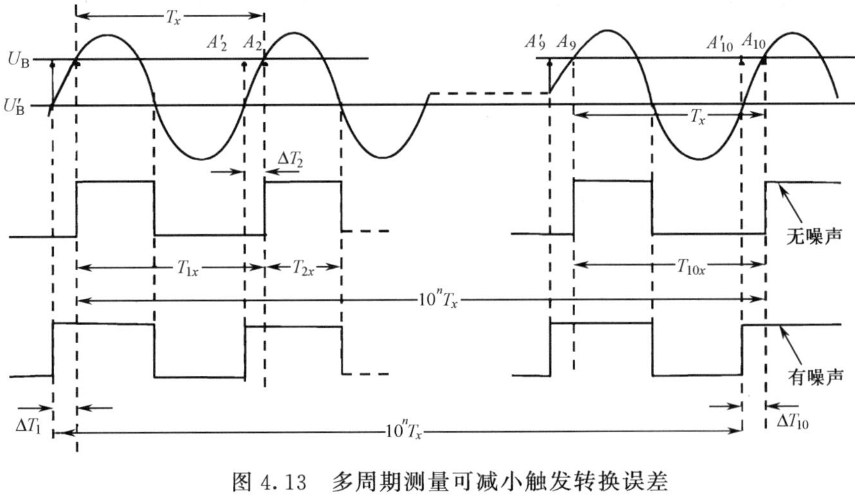

图 4.13　多周期测量可减小触发转换误差

多周期倍乘后，被测周期 T_x'为

$$T_x'=10^n\ T_x \tag{4.16}$$

由于计数器的计数结果 N 增大到原来的 10^n 倍，则量化误差为

$$\frac{\Delta N}{N}=\pm\frac{1}{10^n\ T_x f_c}$$

由图 4.13 可知，T_x'的触发转换误差带来的绝对误差 ΔT_n 为

$$\Delta T_n=\frac{T_x}{\sqrt{2}\ \pi}\times\frac{U_n}{U_m}$$

$$\frac{\Delta T_n}{T_x'}=\frac{T_x}{10^n\ T_x\sqrt{2}\ \pi}\times\frac{U_n}{U_m}=\frac{1}{\sqrt{2}\times10^n\ \pi}\times\frac{U_n}{U_m}$$

T_x'测量周期误差为

$$\frac{\Delta T'_x}{T'_x}=\frac{\Delta T_n}{T'_x}+\frac{\Delta N}{N}+\left|\frac{\Delta f_c}{f_c}\right|$$

$$\frac{\Delta T'_x}{T'_x}=\pm\left(\frac{1}{10^n T_x f_c}+\frac{1}{\sqrt{2}\times 10^n \pi}\times\frac{U_n}{U_m}+\left|\frac{\Delta f_c}{f_c}\right|\right) \tag{4.17}$$

由式(4.16)，利用相对误差传递公式可得

$$\frac{\Delta T'_x}{T'_x}=\frac{\Delta T_x}{T_x}$$

结合式(4.17)，在多周期测量模式下，测量周期误差公式为

$$\frac{\Delta T_x}{T_x}=\pm\left(\frac{1}{10^n T_x f_c}+\frac{1}{\sqrt{2}\times 10^n \pi}\times\frac{U_n}{U_m}+\left|\frac{\Delta f_c}{f_c}\right|\right)$$

4. 结论

综上所述，可得如下结论。

① 用计数器直接测量周期的误差主要有 3 项，即量化误差、触发转换误差和标准频率误差。

② 采用多周期测量可提高测量准确度。

③ 提高标准频率，可以提高测量周期分辨率。

④ 在测量过程中尽可能提高信噪比 U_m/U_n。

4.3.3 中界频率

现在来研究量化误差对测量频率和测量周期的影响。从图 4.8 中可以看出，测量频率误差是随着被测频率的增高而减小的；从图 4.11 可以看出，测量周期误差是随着被测频率的降低而减小的。因此，会在某个频率上，出现测量频率、测量周期误差相等的情况，如图 4.14 所示。图中，两条曲线交点处的频率称为中界频率。

将式(4.6)和式(4.12)中的量化误差表达式联立可得

$$\frac{\Delta f_x}{f_x}=\frac{\Delta T_x}{T_x}$$

故
$$\frac{1}{f_x T}=\frac{1}{T_x f_c}$$

令
$$f_x=\frac{1}{T_x}=f_M$$

则
$$f_M=\sqrt{\frac{f_c}{T}} \tag{4.18}$$

式中，f_M 为中界频率，f_c 为标准频率，T 为闸门时间。

图 4.14 中给出了不同闸门时间(0.1s, 1s, 10s)及不同标准频率(10MHz，100MHz，1GHz)的交叉曲线。现以 $T=1s$，$f_c=100MHz$ 为例，可查知 $f_M=10kHz$。

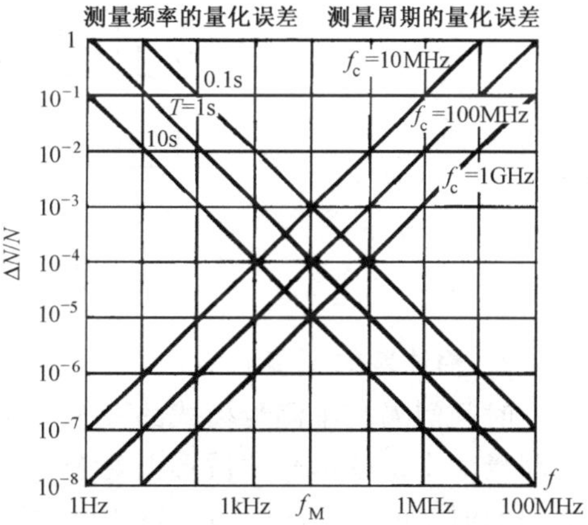

图 4.14 测量频率量化误差与测量周期量化误差

因此，当 $f_x>f_M$ 时，宜测量频率；当 $f_x<f_M$ 时，宜测量周期。这给使用带来不便，因为要查知所用状态下的中界频率。这是当前通用计数器的缺点。

4.3.4 时间间隔的测量

实际上，测量周期本质上是测量时间间隔，即在一个周期信号波形上，测量同相位两点之间的时间间隔。本节将时间间隔的测量扩展到同一个信号波形上两个不同点之间的时间间隔的测量，如脉冲宽度的测量；或者两个信号波形上，两个不同点之间的时间间隔，如相位差的测量。

1. 基本测量模式

时间间隔的基本测量模式原理框图如图 4.15(a)所示，两个独立的输入通道(B 和 C)可分别设置触发电平和触发极性(触发沿)。输入通道 B 为起始通道，用来开通主门。而来自输入通道 C 的信号为计数器的终止信号，工作波形如图 4.15(b)所示。图 4.15 所示的基本测量模式有两种工作方式：当跨接于两个输入端的选择开关 S 断开时，两个通道是完全独立的，来自两个信号源的信号控制计数器工作；当 S 闭合时，两个输入端并联，仅一个信号加到计数器上，但可独立地选择触发电平和触发极性，以完成起始和终止功能。

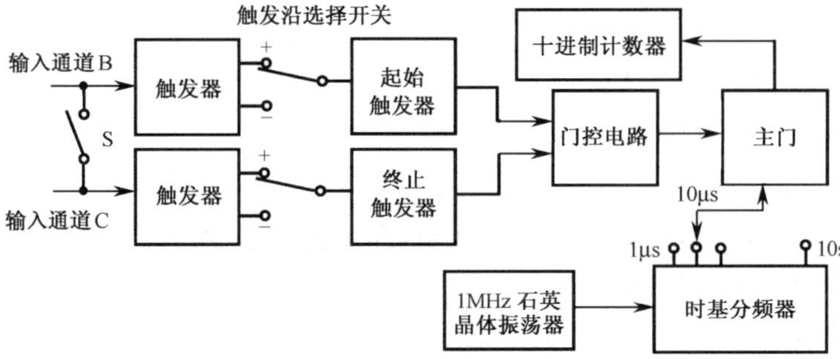

(a) 原理框图

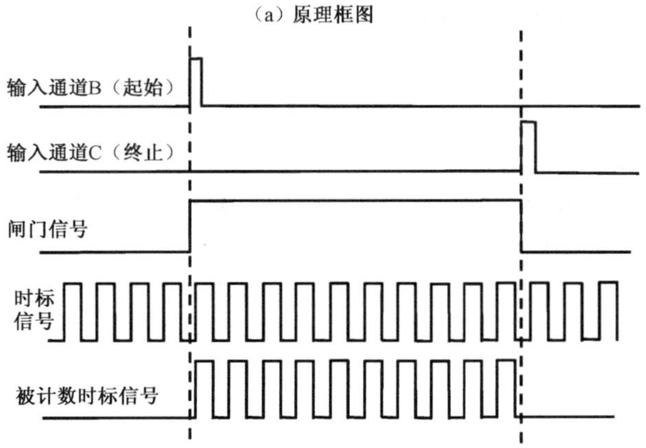

(b) 工作波形

图 4.15　时间间隔的基本测量模式

2. 相位差的测量

时间间隔基本测量模式的一个应用实例是相位差的测量，如图 4.16 所示。这种测量，实际上是测量两个正弦信号的波形上两个相应点之间的时间间隔。在图 4.16 中，是测量两个波形过零点之间的时间间隔(t_1或 t_2)。当两个波形幅度相同时，可使测量误差最小，为此，可将两个通道的触发电平调至零。为了减小系统误差，可利用两个通道的触发沿选择开关，第一次都置于“+”端，测得 t_1；第二次都置于“−”端，测得 t_2，取平均可得准确值

$$t_\varphi = \frac{t_1 + t_2}{2}$$

要知道 t_φ 对应的相位值，必须测量此时信号的周期 T，因为一个周期 T 对应的相位是 360°，则 t_φ 对应的相位为

$$\varphi = \frac{t_\varphi}{T} \times 360°$$

3. 脉冲宽度的测量

脉冲宽度的测量仍可用图 4.15(a)来说明。由于脉冲宽度是以 50%脉冲幅度来定义的,因此,为了获得高的测量准确度触发电平,必须准确设置在 50%脉冲幅度位置。性能优良的计数器具有一个校准好的电平或用于高精度电平调整的校准电平输出。测量时,将被测信号加至图 4.15(a)中的输入通道 B,触发沿选择开关置于"+"端,并将开关 S 合上,将 C 端的触发电平也调至 50%的脉冲幅度,触发沿选择开关置于"-"端,各点工作波形如图 4.17 所示。可见,主门的开通时间为 τ,即脉冲宽度。在 τ 时间内,时标信号脉冲通过主门计数。

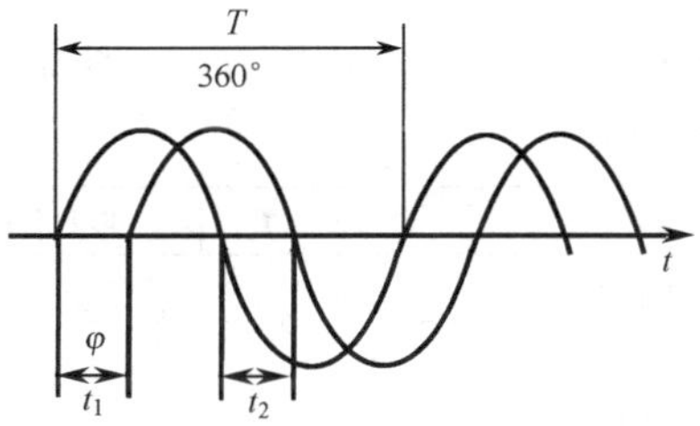

图 4.16 相位差的测量

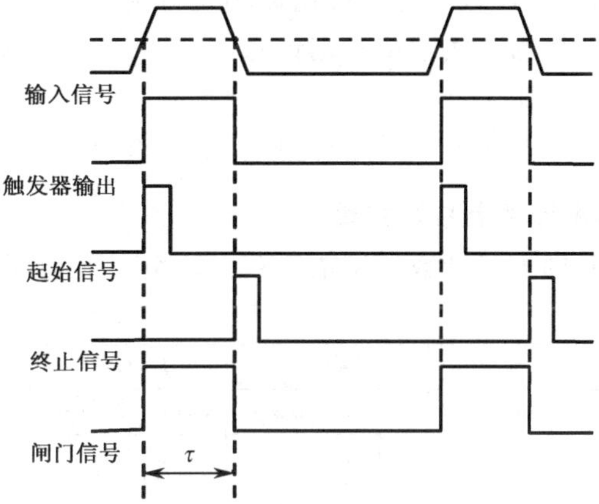

图 4.17 脉冲宽度测量工作波形

同理,也可实现对脉冲上升时间和下降时间的测量。只要按照这些时间参数的定义设置好触发电平和触发极性即可,不过这时要求时标信号频率要更高一些,以获得更好的准确度。

4.4 通用计数器

4.4.1 概述

电子计数器于 20 世纪 50 年代初期问世,它是出现最早、发展最快的一类数字式仪器。今天的电子计数器与其初期相比,面貌已焕然一新。就其功能而言,早已冲破了初期只能测量频率或计数的范围,成为一机多能的仪器;就其所采用的元器件而言,不但早已晶体管化,并且已经大量采用集成电路,特别是近几年来采用了大规模集成电路,使仪器在小型化、耗电、可靠性诸方面都有很大的改善;就其性能而言,它有测量精度高、速度快、自动化程度高,以及直接数字显示、操作简便等特点。目前,电子计数器已几乎完全代替模拟式频率测量仪器。

1. 分类

电子计数器按照功能不同可划分为以下四大类。

1) 通用计数器

通用计数器是一种具有多种测量功能、多种用途的"万能"计数器,它可测量频率、周期、多周期平均频率比、时间间隔,具有自检、累加计数、计时等功能,配上相应插件可测量相位、电压、电流、功率、电阻等电参数,配合传感器还可测量长度、位移、重量、压力、温度、转速、速度与加速度等非电参数。

2) 频率计数器

频率计数器是指专门用来测量高频和微波频率的计数器,功能限于测量频率和计数,其频率范围往往很宽。

3）时间计数器

时间计数器是以时间测量为基础的计数器。这类计数器都在不同程度上采用了计算技术，其测时分辨率和准确度很高，已达 ps 量级。

4）特种计数器

特种计数器是具有特种功能的计数器，包括可逆计数器、预置计数器、序列计数器、差值计数器等。

此外，电子计数器还可按用途不同分为测量用计数器和控制用计数器。通用计数器、频率计数器和时间计数器均属于测量用计数器；特种计数器则属于控制用计数器，它在工业生产和自动控制技术中十分有用。

由于应用最多的是通用计数器，故本节对通用计数器进行进一步讨论。

2. 通用计数器技术特性

根据我国电子计数器型谱系列，按部标规定，通用计数器的主要技术特性如表 4.1 所示。

表 4.1 通用计数器的主要技术特性

公司	型号	频率范围	周期范围	动态范围	测时分辨率	时基老化率
数英仪器	SS7402	1～200MHz	1ns～10000s	50mVrms～1.0Vrms	25ps	1×10^{-8}/日
中电仪器	3213AA	1～350MHz	4ns～1000s	15mVrms～2.27Vrms	50ps	5×10^{-9}/年
是德科技	53230A	1～350MHz	2ns～100000s	20mVpp～5Vpp	20ps	5×10^{-8}/年
泰克科技	FCA3100	1～300MHz	3.3ns～1000s	30mVpp～10Vpp	50ps	5×10^{-8}/年

4.4.2 通用计数器的功能

通用计数器系列产品很多，大多可以测量频率、周期、多周期平均频率比、时间间隔，具有自检、累加计数、计时等功能。这些功能在前面大多已介绍过，这里仅对自检、频率比测量、累加计数等功能进行补充说明。

1. 自检

自检（自校）是指在由测量频率模式的时基电路提供的闸门时间内，对测量周期模式的时标信号（频率较高的标准频率信号）进行计数，用以检查计数器的整机逻辑功能是否正常。图 4.18 给出了自检原理框图。由于这时的闸门信号和时标信号均为同一个晶振的标准信号经过适当倍频或分频而得到的，因此其计数结果是已知的，显示数字是完整的。若闸门时间为 T，选择晶振的标准信号作为时标信号，其频率为 f_c（即 $T_c=1/f_c$），则根据式（4.10）可知，计数结果应为

$$N=\frac{T}{T_c}=f_cT$$

例如，闸门时间 T 选 1s，选择晶振的标准信号作为时标信号，其频率为 $f_c=100$MHz，那么显示的数字应是 $N=100000000$。如果每次测量均稳定地显示这个数字，则说明仪器工作正常。

应当指出，在自检状态下，由于闸门信号和时标信号均由同一个晶振产生，具有确定的同步关系，因此计数器这时不存在量化误差。

2. 频率比（A/B）测量

频率比是指加于 A、B 两路信号源的频率比值。根据频率和周期的测量原理，可得频率比测量的工作原理，其原理框图如图 4.19所示。

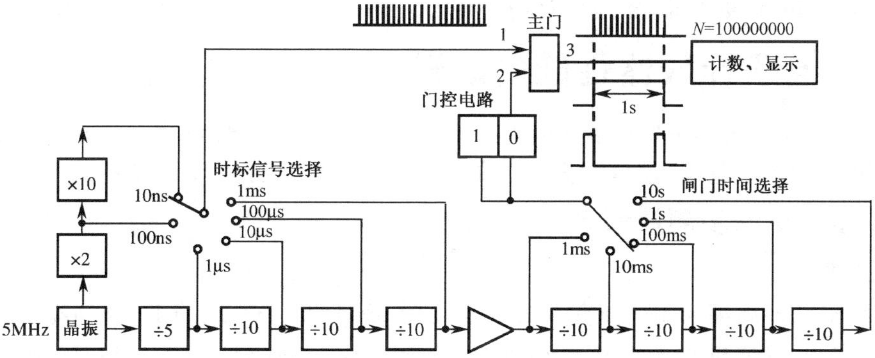

图 4.18　自检原理框图

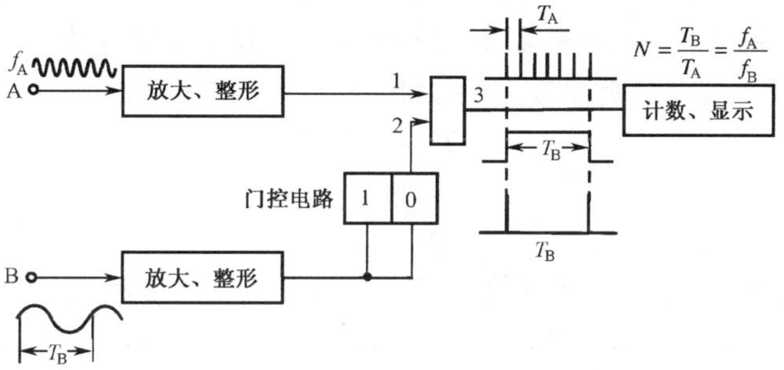

图 4.19　频率比测量原理框图

同周期测量一样，为了提高频率比的测量精度，也可扩大被测信号 B 的周期数。如果周期倍乘放在"$\times 10^n$"挡上，由多周期测量可知，计数结果为

$$N = 10^n T_B f_A = 10^n \frac{f_A}{f_B}$$

应该注意，按图 4.19 测量频率比时，要求 $f_A > f_B$。应用频率比测量的功能，可方便地测得电路的分频或倍频系数。

3. 累加计数(计数 A 的测量)

累加计数是指在一定的时间(通常是比较长的时间，如自动统计生产线上的产品数量)内记录信号 A(如产品通过时，传感器产生的光电信号)经整形后的脉冲个数。由于主门开放的时间比较长，因而对控制主门的开、关速度要求不高，可用手动开关来控制门控电路状态的转换，其原理框图如图4.20所示。

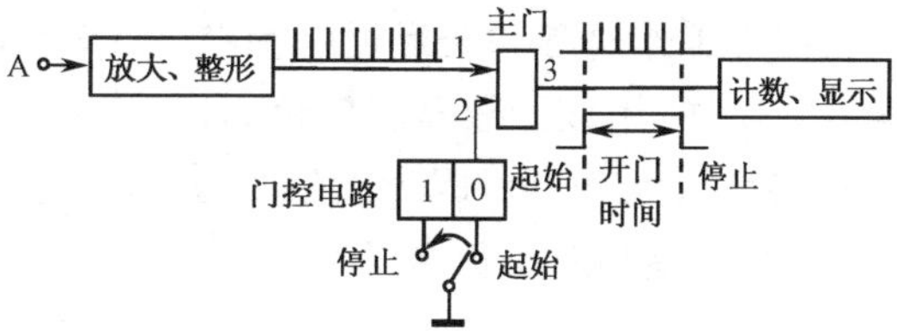

图 4.20　累加计数原理框图

闸门时间 T 由手动控制，T 由较长时间，由式(4.1)可知，此时计数结果 N 即为累加计数结果。

4. 计时

如果计数器对内部的时标信号——秒信号(或者微秒信号、毫秒信号)进行计数，主门用手控或遥控方式，则显示的累计数即为总共所经历的时间。此时，计数器的功用类同于电子秒表，它计时精确，常用于工业生产的时间控制。

由式(4.10)可知,计数结果 N 对应计时时间 $t=NT_c$。

※4.5 电子计数器性能的改进

电子计数器性能改进的主要内容有:如何减小测量误差,尤其是量化误差;如何提高测时分辨率;如何提高测量的频率范围,以至可测量更高波段的频率。现分别进行叙述。

4.5.1 多周期同步测量频率

1. 工作原理

图 4.21 给出了多周期同步测量频率的原理框图,图 4.22 是对应的工作波形。

其工作过程是:单片机预置一定宽度(如 1s)的闸门信号,加至 D 触发器以形成同步闸门信号 T;被测信号频率 f_x分两路加入,一路加至 D 触发器作为 CP 时钟,和预置闸门信号一起作用,在 Q 端形成同步闸门信号(见图 4.22 中的 T 波形),并分别加到主门 1 和 2 上,将主门 1 和 2 同时打开;这时,被测频率 f_x通过主门 1 进入计数器 1,对进入的 f_x周期数进行计数,得计数值 N_x;同时,晶振标准频率 f_0通过主门 2 进入计数器 2,得计数值 N_0,其工作波形如图 4.22所示。由图可得

$$N_x T_x = N_0 T_0 \tag{4.19}$$

因此

$$f_x = \frac{N_x}{N_0} \times f_0 \tag{4.20}$$

由于实际上是通过测量 T_x而求其倒数得到 f_x的,所以也称为倒数计数器。

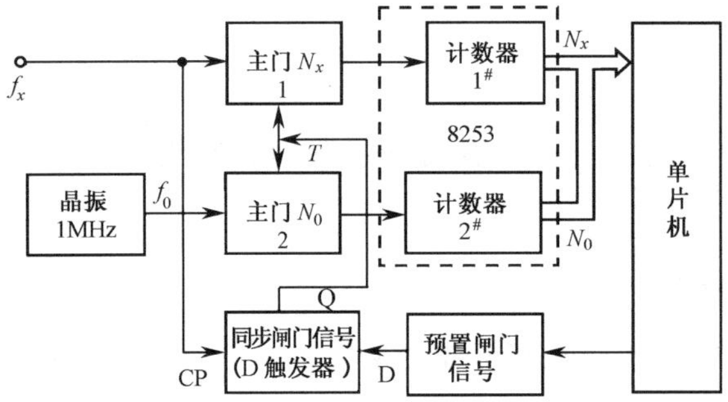

图 4.21 多周期同步测量频率原理框图

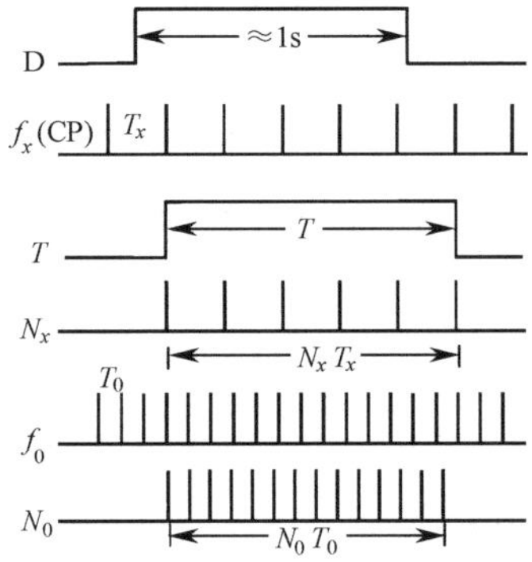

图 4.22 多周期同步测量频率工作波形

2. 误差分析

由以上工作过程和波形可以看出,N_x对被测信号 T_x的计数是与闸门信号同步的,故不存在量化误差。这样,用该计数器测量频率,不管频率高低,其精度是相同的。这时,误差仅发生在计数器 2 对 f_0的计数值 N_0上,因为主门 2 与 f_0之间并无同步关系,故仍存在量化误差。不过,通常 $f_0 \gg f_x$,故量化误差相对小得多。

3. 利用 MCS－51 单片机实现多周期同步测量频率

MCS－51 单片机定时器 T_1 工作于计数模式下,其计数脉冲为被测信号 f_x,定时器 T_0 工作于定时模式下,其计数脉冲为 MCS－51 单片机系统时钟的 12 分频信号 $f_c/12$。两个定时器计数初值均为 0,均设置为硬件启动定时器,利用延时程序在 P1.0 产生预置闸门信号 T。预置闸门信号在 D 触发器的作用下与被测信号 f_x 同步,产生同步闸门输出信号连接单片机的 $\overline{\text{INT1}}$ 和 $\overline{\text{INT0}}$,作为定时器 T_1 和 T_0 的硬件启动信号。闸门时间结束后,定时器 T_1 的计数结果为 N_x,定时器 T_0 的计数结果为 N_0,多周期同步测量频率的结果见式(4.20)。

【例 4.1】 分别用通用计数器和多周期同步计数器对 50Hz 正弦信号频率进行测量，计算其量化误差。设闸门时间为 1s，晶振标准频率为 1MHz。

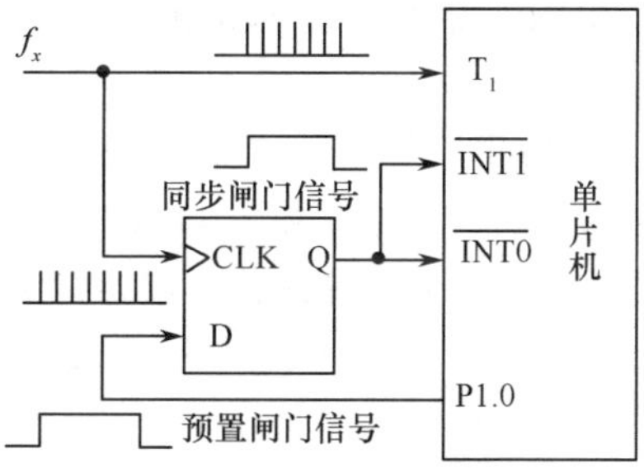

图 4.23 利用 MCS－51 单片机实现多周期同步测量频率原理框图

解：通用计数器测量频率的量化误差为

$$\frac{\Delta N}{N}=\frac{\pm 1}{N}=\frac{0.02}{1}=2\times 10^{-2}$$

多周期同步计数器测量频率的量化误差为

$$\frac{\Delta N}{N}=\frac{\pm 1}{N}=\frac{1\times 10^{-6}\text{s}}{1\text{s}}=1\times 10^{-6}$$

这里为计算方便，从原理概念出发来进行计算。因为在 1s 的闸门时间内，非同步的通用计数器的量化误差是 1 个 50Hz 信号的周期 0.02s，而多周期同步计数器的量化误差是 1 个 1MHz 晶振频率的周期 1×10^{-6} s，所以得出上面计算结果。由此可知，采用多周期同步计数器对测量频率和测量周期都是等精度的，误差均为 1×10^{-6}，故称多周期同步计数器为等精度计数器，也称为"智能"计数器。

4.5.2 提高测时分辨率的方法

在直接计数器中，为了提高测时分辨率和精度，必须提高标准时钟频率，但是，时钟频率的提高意味着计数速度的提高。即使采用 1GHz 时钟频率，测时分辨率也只能达到 1ns，因此，必须用其他方法来提高测时分辨率。

近年来，出现了不少以时间测量为基础的计数器，如平均法计数器、内插法计数器、游标法计数器等。这些计数器均可以达到进行精确时间间隔测量所需的高分辨率。例如，HP5345A 型计数器（平均法）的单次测时分辨率为 2ns，多次平均测量的测时分辨率可达 2ps；HP5360A 型计数器（内插法）的单次测时分辨率为 100ps；HP5370A 型通用时间间隔计数器（游标法）的单次测时分辨率为 20ps。这些以时间测量为基础的计数器，都在不同程度上采用了计算技术，它们与直接计数器相比，无论在性能上、功能上，还是在自动化程度上都有很大的提高。

采用内插法的计数器，可以大大提高时间间隔测量的分辨率。如果在频率测量中同时应用内插法和多周期同步法，则测量频率的分辨率比只用多周期同步法的倒数计数器又有了进一步的提高。内插法通常分为模拟内插技术和数字内插技术（游标法），现分别介绍其基本原理。

1. 内插法计数器

内插法测时间间隔原理如图 4.24(a)所示。测量时间间隔 T_x，计数器实际测量的是 τ_0、τ_1 和 τ_2 三个参数，其中：τ_0 为起始脉冲后的第一个时钟脉冲与终止脉冲后的第一个时钟脉冲之间的时间间隔，τ_1 为起始脉冲与第一个时钟脉冲之间的时间间隔，τ_2 为终止脉冲与紧接着到来的时钟脉冲之间的时间间隔。

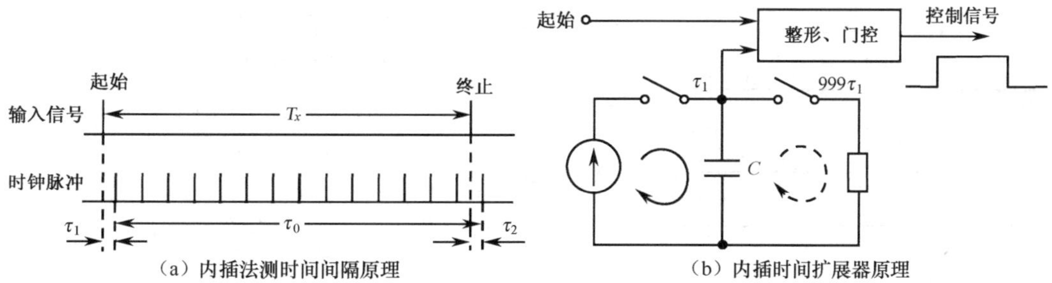

(a) 内插法测时间间隔原理　　(b) 内插时间扩展器原理

图 4.24 内插法测时间间隔原理及内插时间扩展器原理

由图 4.24(a)可知，被测时间间隔 T_x 为

$$T_x=\tau_0+\tau_1-\tau_2 \tag{4.21}$$

τ_0 的测量与普通计数器的相同，即累计该时间间隔内出现的时钟脉冲数。两个“零头”时间 τ_1 和 τ_2 采用内插法来测量，即先用两个内插器将 τ_1 和 τ_2 分别扩展 1000 倍，然后再在扩展后的时间间隔内，对同一个时钟脉冲进行计数，故被测时间间隔 T_x 为

$$T_x=\left(N_0+\frac{N_1}{1000}-\frac{N_2}{1000}\right)T_0 \tag{4.22}$$

式中，N_0为在 τ_0 内的计数值，N_1为在 $1000\tau_1$ 内的计数值，N_2为在 $1000\tau_2$ 内的计数值，T_0为时钟脉冲的周期。

计数过程结束后，再按式(4.22)进行运算，最后就可直接显示被测时间间隔的读数。

实现时间扩展的线路有好几种，图 4.24(b)所示为内插时间扩展器原理。以起始扩展器为例，在 τ_1 时间内，用一个恒流源对一个电容充电，随后以充电时间 τ_1 的 999 倍的时间放电至电容原电平。内插扩展器控制门由起始脉冲开启，在电容 C 恢复至原电平时关闭。扩展器控制的开门时间为 τ_1 的 1000 倍，在 τ_1 时间内计得时钟脉冲数为 N_1；类似地，终止内插器也将 τ_2 扩展 1000 倍，得计数值 N_2。

由此可见，用模拟内插技术，虽然在测量 τ_1、τ_2 时，量化误差依然存在，但其相对大小可缩小为原来的 1/1000，使计数器的分辨率提高了 3 个量级。例如，$T_0=100\text{ns}$，则普通计数器的分辨率不会超过 100ns，内插后，其分辨率提高到 0.1ns，这相当于普通计数器用 10GHz 时钟频率时的分辨率。

利用上述原理，可以测量周期和频率。这时，计数器计得的仍然是时间间隔。在这种情况下，除了测量 τ_0、τ_1 和 τ_2，还要确定在这个时间间隔内被测信号有多少个周期 N_x。这样，就可以通过以下公式计算得到周期 T_x和频率 f_x

$$T_x=\frac{\left(N_0+\dfrac{N_1-N_2}{1000}\right)T_0}{N_x} \tag{4.23}$$

$$f_x=\frac{1000N_x}{(1000N_0+N_1-N_2)T_0} \tag{4.24}$$

2. 游标法计数器——数字内插技术

游标法测量时间间隔的原理，与用游标卡尺测量机械长度的原理是相同的。它使用两个时钟信号，其频率分别为 $f_1=1/T_1$ 和 $f_2=1/T_2$。f_1 和 f_2 非常靠近，频率较低的 f_1 是主时钟信号，频率较高的 f_2 是游标时钟信号。两个时钟信号均由门控冲击振荡器产生，即在外信号的触发下，才开始振荡，振荡的初始相位取决于触发信号。用位于被测时间起点处的起始脉冲触发主时钟振荡器，用位于终点处的停止脉冲触发游标时钟振荡器。开始时，主时钟信号将导前于游标时钟信号。但因为 $f_1<f_2$，故游标时钟信号将逐渐追上主时钟信号，如图 4.25 所示。

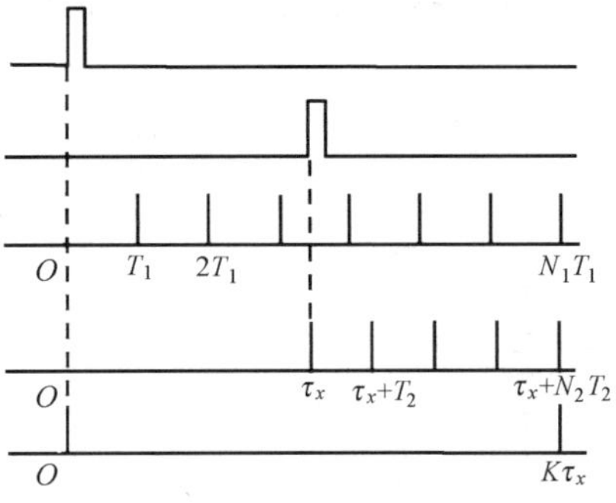

图 4.25　游标法测量时间间隔的原理

如图 4.25 所示被测时间间隔为

$$N_1T_1=\tau_x+N_2T_2 \tag{4.25}$$

$$\tau_x=N_1T_1-N_2T_2 \tag{4.26}$$

扩展系数为

$$K=\frac{N_1T_1}{\tau_x}=\frac{N_1T_1}{N_1T_1-N_2T_2}=\frac{1}{1-\dfrac{N_2T_2}{N_1T_1}} \tag{4.27}$$

在这种情况下,需用两个计数器分别计出 N_1 和 N_2。

典型的游标法测量时间间隔的原理框图如图 4.26 所示。门控冲击振荡器在起始或停止信号触发下开始振荡,分别产生与起始、停止信号同步的时钟脉冲。当两个时钟脉冲相位符合时,符合电路输出一个信号,使振荡器停振,用两个计数器分别计出两个振荡器输出的周期数 N_1 和 N_2。

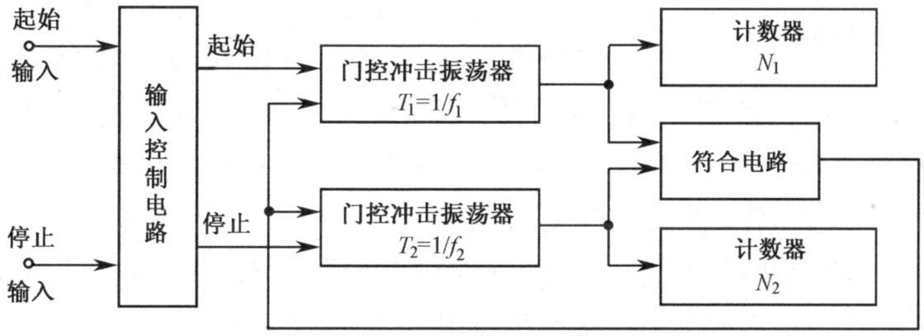

图 4.26　游标法测量时间间隔的原理框图

游标法的原理简单,但用这种方法来实现精密时间间隔测量时,在技术上需要解决以下几个问题。

① 时钟频率 f_1 和 f_2 的稳定度要求极高,要想实现扩展系数为 K 的测量,那么考虑一切因素在内的频率稳定度(包括长期和短期稳定度)必须达到 $1/K^2$ 的数量级。由式(4.27)可得 $\Delta\tau_x/\tau_x=-K\Delta f_1/f_1=K\Delta f_2/f_2$。若要 $\Delta\tau_x$ 不超过一个字,即 $\Delta\tau_x/\tau_x\leqslant 1/K$,则要求 $\Delta f_1/f_1$ 和 $\Delta f_2/f_2$ 必须达到 $1/K$ 的数量级。

② 当分辨率很高时,Δf 应当很小,因此两个时钟电路必须进行严格屏蔽,否则可能因频率牵引而不能正常工作。

③ 要实现高精度和高分辨率,符合电路的工作速度也应该很高。

由于存在上述一些技术上的困难,因此游标法长期未得到实际应用。近年来提出的相位锁定型同步触发振荡器解决了上述的一些困难。它巧妙地把冲击振荡器与锁相环结合起来,使冲击振荡器的信号既能与外触发信号同步,又能有很高的频率稳定度。

4.5.3　微波计数器

最高工作频率是计数器的主要技术指标之一。要提高计数器的计数速度,主要考虑下列两个因素。

① 计数器的基本计数单元是双稳态触发器。要提高计数速度,首先必须提高触发器的最高工作频率。对于饱和开关式触发器来说,由于存储效应、电路电容对充放电时间的影响,以及抗干扰性等方面的考虑,其最高工作频率在 100MHz 左右。计数频率高于 100MHz 的高速计数器中的触发器,可以使用隧道二极管、非饱和型电流开关等。晶体管电流开关克服了饱和存储效应所引起的延迟时间,其工作频率可达 1500MHz 以上;隧道二极管触发器的工作频率也可达 1000MHz。

② 计数器由多级触发器组成。根据不同的编码,计数器各级触发器之间可能有反馈,也可能要求加反馈。反馈总伴随着延迟,因此,计数器的反馈方案意味着计数速度的降低。为了提高计数速度,应该考虑不加反馈的计数方案,对计数器的前级更应特别注意。通用计数器能直接计数的频率在 1.5GHz 以下。要对微波波段的信号频率进行数字测量,必须采用频率变换技术,将微波频率变换成 1GHz 以下的频率,以便直接计数。

1. 变频法

变频法(或称外差法)是指将被测微波信号经差频变换成频率较低的中频信号,再由电子计数器计数。变频法的原理框图如图 4.27 所示。它把计数器主机内送出的标准频率 f_c 经过谐波发生

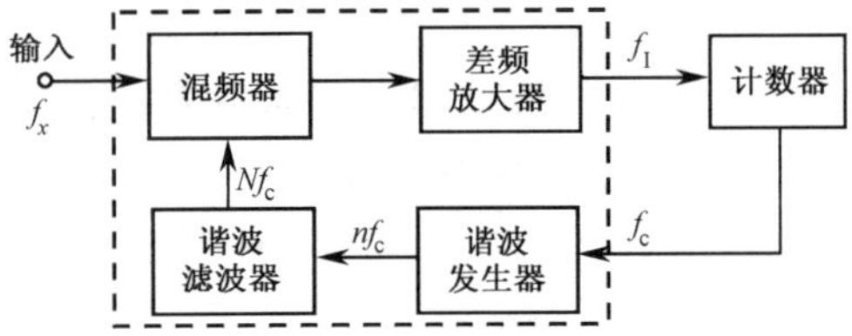

图 4.27　变频法的原理框图

器产生高次谐波，再由谐波滤波器选出所需的谐波分量 Nf_c，与被测频率 f_x 混频出差频 f_I。若由计数器测出 f_I，则被测频率 f_x 为

$$f_x = Nf_c \pm f_I \tag{4.28}$$

自动变频式微波计数器的原理框图如图 4.28 所示。谐波发生器采用阶跃恢复二极管，以产生丰富的谐波。谐波滤波器采用 YIG（钇铁石榴石，一种单晶铁氧化体材料）电调谐滤波器，其谐振频率在很宽的范围内可调。扫描捕获电路产生的阶梯波电流，控制 YIG 电调谐滤波器的外加磁场，使 YIG 电调谐滤波器的谐振频率从低到高步进式地改变，从而可逐次地选出标准频率的各次谐波。当某次谐波 Nf_c 与被测频率 f_x 的差频 $f_I=(f_x-Nf_c)$ 落在差频放大器的带宽（110MHz）范围内时，差频信号经放大、检波后输出一个直流电压，使扫描捕获电路自动停止扫描，因而 YIG 电调谐滤波器固定地调谐在 N 次谐波上。与此同时，通过控制电路将谐波频率 Nf_c 预置在显示器里，而计数器对差频放大器输出的差频信号进行计数，这样，在显示器上就可直接读出被测频率 f_x，即

$$f_x = Nf_c + f_I$$

由于从低到高选择谐波与 f_x 差频，故在式(4.28)中，f_I 前应取加号，即得上式。

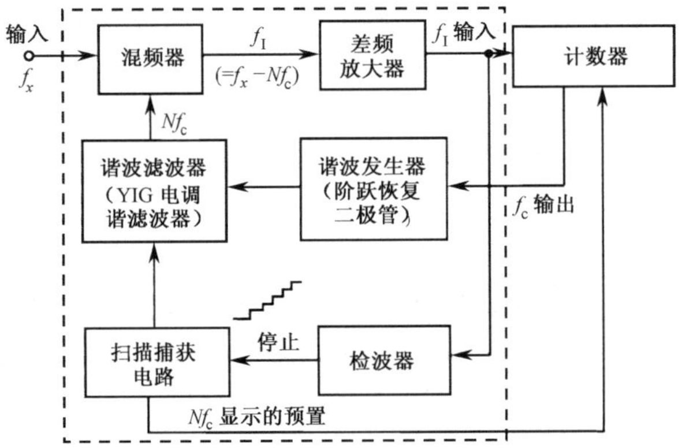

图 4.28　自动变频式微波计数器的原理框图

例如，某被测频率 f_x=6 980.034 752MHz，设计数器输出的标准频率 f_c=100MHz，故选择 69 次谐波（N=69）与 f_x 差频，得差频 $f_I=(f_x-Nf_c)$=80.034 752MHz。它由计数器直接测出。最终显示数字

$$f_x = Nf_c + f_I = 6\,900 + 80.034\,752 = 6\,980.034\,752\text{MHz}$$

式中，数字 69 是直接预置到显示器的，80.034 752 是计数得到的数字。

全自动变频式微波计数器的关键部件是 YIG 电调谐滤波器和谐波发生器，此外，还包括自动控制、数据处理、D/A 转换器等电路。这种方案的优点是分辨率高，在 1s 的测量时间内有 1Hz 的分辨率。但是，由于到达混频器的高次谐波信号 Nf_c 的幅度较低，因此仪器的灵敏度较低，一般只能达到 100mV 左右。

2. 置换法

置换法的原理是，利用一个频率较低的压控振荡器的 N 次谐波，与被测频率 f_x 进行分频式锁相，从而把 f_x 转换为较低的频率 f_L（通常为 100MHz 以下）。置换法的简化原理框图如图 4.29 所示。当锁相环锁定时，被测频率为

$$f_x = Nf_L + f_c \tag{4.29}$$

式中，f_L 为压控振荡器(也称置换振荡器)的频率，f_c 为计数器输出的标准频率。

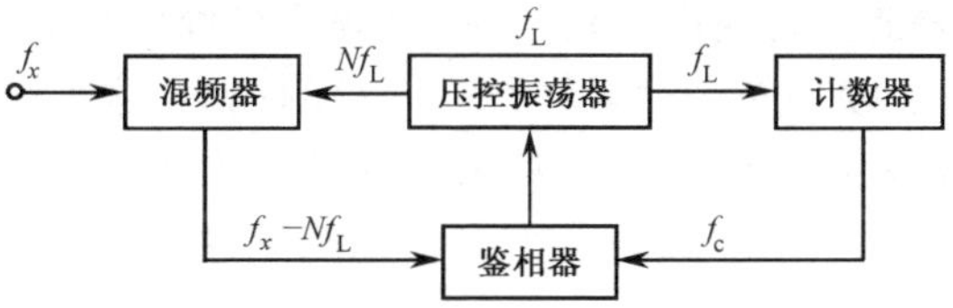

图 4.29 置换法的简化原理框图

全自动置换法微波计数器的方框图如图 4.30 所示。输入微波信号通过功率分配器分成 A、B 两路进入混频器。A 路为主通道，被测频率 f_x 与压控振荡器频率 f_L 的谐波 Nf_L 在混频器 A 中进行混频，其差频输出 $f_I=(f_x-Nf_L)$。当 f_I 落在差频放大器的通频带内时，它将通过放大器并在鉴相器中与标准频率 f_c 进行比较。用鉴相器的输出电压去控制压控振荡器，使它停止扫频，并由锁相环保证与 f_x 锁定。当环路锁定时，则得到式(4.29)的频率关系式。f_L 可由计数器直接计数，故只要确定谐波次数 N，就可知被测频率 f_x。

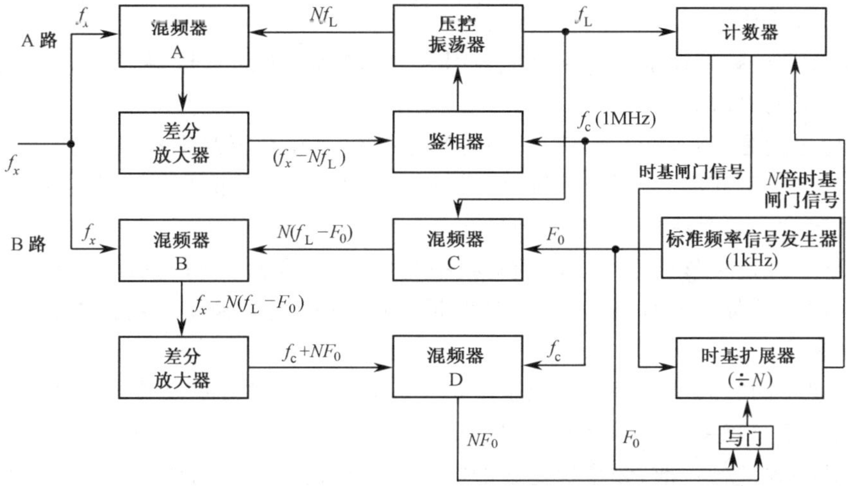

图 4.30 全自动置换法微波计数器的方框图

为了确定谐波次数 N，附加了 B 路(辅助通道)。在混频器 C 中，标准频率信号发生器产生的标准频率信号 F_0(1kHz)与 f_L 进行混频，取出差频分量(f_L-F_0)；在混频器 B 中，被测频率 f_x 与差频(f_L-F_0)的 N 次谐波混频，其差频输出为

$$f_x - N(f_L - F_0) = f_x - N[(f_x - f_c)/N - F_0] = f_c + NF_0$$

在混频器 D 中，差频放大器输出的(f_c+NF_0)与 f_c(1MHz)混频，其差频输出为 NF_0。将 NF_0与 F_0加至与门比较，则可确定出谐波次数 N。为了做到直读，时基扩展器把计数器输出的时基闸门信号扩大 N 倍，即闸门时间延长 N 倍，并在计数器中预置 f_c(1MHz)的初始值，则计数器显示的读数为 Nf_L+f_c。

由于置换法应用了锁相电路，环路增益高，因此整机灵敏度高，但闸门时间需要延长 N 倍，因而在同样测量时间的情况下，与变频法相比较，其分辨率较差。此外，由于受锁相环的限制，被测信号的调频系数不能过大。

※4.6 标准频率源的测量

标准频率源(简称频率源)主要是指各种不同等级频率标准、频率合成器和通用计数器中的高稳定石英晶体振荡器(简称晶振)。对频率源的基本要求可以用“稳”“准”两个字来概括,即频率源的频率应该是高度准确的,并能保持高度稳定。所以,频率准确度和频率稳定度是频率源的两项主要指标。对频率源的测量属于频率精密测量(频率计量)的内容,这种测量是通过在一个频率源(被测)和另一个准确度更高的频率源之间进行比对来实现的。由于一个频率源的准确度是由它的频率稳定度来保证的,因此检定一个频率源的主要内容是测量它的频率稳定度。本节主要阐述频率稳定度的基本概念、表征方法和测量原理。

4.6.1 频率稳定度的定义

频率稳定度是指在一定时间间隔内,频率源的频率准确度的变化,所以实际上是频率不稳定度,它表征频率源持续工作于恒定频率上的能力。各种频率源的频率值由于受内外因素的影响,总在不断地变化。这些变化大体上可分为以下两种。

① 系统性的或确定性的变化,如构成频率源的元器件的老化或系统性漂移,环境温度、供电电压等外界条件变化所引起的频率漂移。

② 非确定性的或随机性的变化,其主要原因是各种噪声对输出信号进行寄生调频和调相,从而产生频率的随机起伏。

基于上述原因,对频率稳定度的定义应该引入时间概念,因此有长期、短期频率稳定度之分,但它们之间没有严格的界限。

长期频率稳定度是指长时间(年或月)内的频率变化。在石英晶振中,长时间的频率漂移主要是由石英晶振的老化引起的,它属于系统性的或确定性的变化,其值与频率的随机性变化无关。所以,长期频率稳定度一般是指以年或月计时的老化率。

短期频率稳定度是指秒或毫秒内的随机频率变化,这种无规则的随机变化与长时间的频率漂移无关。例如,用于计数器的石英晶振,其输出频率在1s内是否稳定具有重要意义,故常用“1秒频率稳定度”来表征。

下面,对上述不同时间间隔的频率稳定度定义的表征和测试规程及数据的处理分别进行讨论。

应当指出,在第3章中曾对信号发生器输出频率的准确度和稳定度做了定义,见式(3.1)至式(3.3),这里对频率源进行校准,频率稳定度的定义是类似的。但因对频率源要求更高,故测试校准的时间更长些,采用的方法更严谨一些。

4.6.2 长期频率稳定度的表征

长期频率稳定度是指石英晶振老化引起的振荡频率在其平均值上的缓慢变化,即频率的老化漂移。多数高稳定的石英晶振经过足够时间的预热后,其频率的老化漂移往往呈现出良好的线性(增大或减小),如图4.31所示。

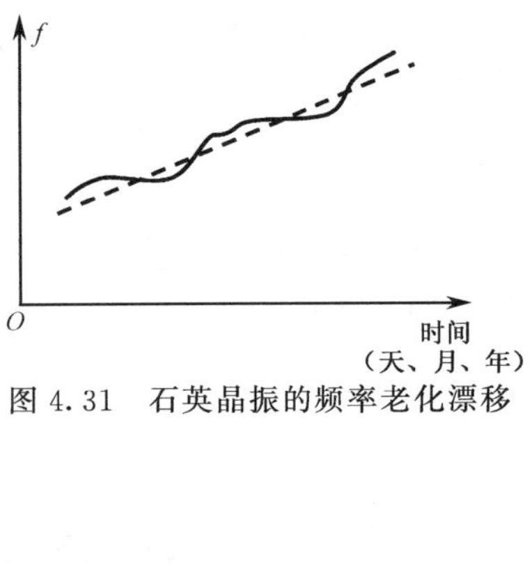

图4.31 石英晶振的频率老化漂移

对石英晶振来说,通常用1天内的频率平均漂移作为长期频率稳定度的表征,称为“日老化率”。图4.32(a)所示为1天的老化率(日老化率)曲线。用1天内频率平均漂移的相对值表示

$$K=\frac{f_2-f_1}{f_0} \tag{4.30}$$

式中,f_2和f_1为老化率曲线上相隔1天(24小时)的两个频率值,f_0为标称频率。

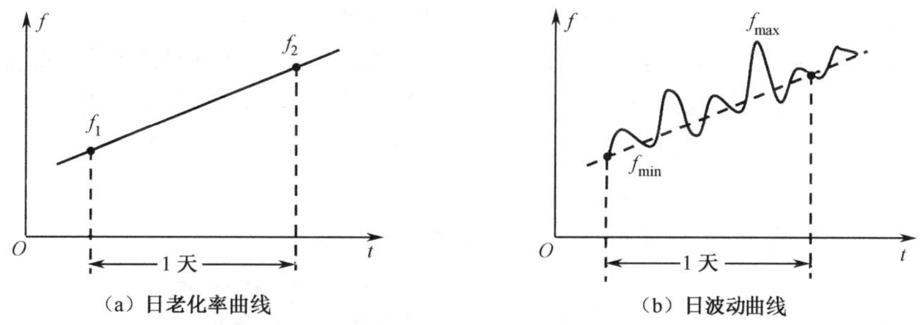

图 4.32　日老化率曲线与日波动曲线

实际上，图 4.32(a)所示的日波动曲线是由离散的测试点通过数据处理后得到的。通常利用最小二乘法得到日老化率。在实际测量中，需要连续测 1 周或 1 月，设每天测 1 个数据，共测 n 天，则依次得 n 个等精度测量数据 $f_1, f_2, \cdots, f_i, \cdots, f_n$。于是可利用最小二乘法拟合得到一条老化率曲线，不难求得其斜率的估计值

$$\hat{\beta}=\frac{\sum_{i=1}^{n}(f_i-\bar{f})(t_i-\bar{t})}{\sum_{i=1}^{n}(t_i-\bar{t})^2} \tag{4.31}$$

式中，t_i 为采样时序，用自然数列(1,2,3,…,n)表示，$\bar{f}$ 为 n 次测量的平均值，即

$$\bar{f}=\frac{1}{n}\sum_{i=1}^{n}f_i \tag{4.32}$$

$$\bar{t}=\frac{1}{n}\sum_{i=1}^{n}t_i=\frac{1}{n}(1+2+3+\cdots+n) \tag{4.33}$$

$$K=\frac{\hat{\beta}}{f_0} \tag{4.34}$$

当外界条件(温度、供电电压等)恒定时，1 天内的振荡频率，除老化漂移外，还将产生频率的随机起伏，如图 4.32(b)所示。可用日波动来综合表征老化漂移和随机起伏这两种频率变化。日波动是指频率源经规定时间的预热以后在 24 小时内频率的最大变化，从图 4.32(b)可得日波动

$$S=\frac{f_{max}-f_{min}}{f_0} \tag{4.35}$$

式中，f_{max}，f_{min}分别为 24 小时内频率的最大值和最小值，f_0为标称频率。

按 JJG 180—2002 检定规程，测量日波动时可每隔 1 小时测量 3 个数据，取算术平均值作为一次测量结果，每次测量的采样时间 $T \geqslant 10$s，连续测 24 小时，共得 25 个数据。从其中取出 f_{max}和 f_{min}，用式(4.35)进行计算。

JJG 180—2002 检定规程对电子测量仪器内石英晶振计量性能的要求是：开机特性为$10^{-6}\sim10^{-11}$，日波动为 $10^{-6}\sim10^{-11}$，日老化率为 $10^{-6}\sim10^{-11}$，1 秒频率稳定度为 $10^{-8}\sim10^{-12}$，频率复现性为 $10^{-6}\sim10^{-11}$，频率准确度为 $10^{-5}\sim10^{-10}$。

4.6.3　短期频率稳定度的表征

讨论短期频率稳定度时，由于时间间隔如此之短，以致长时间的频率漂移可忽略不计，所以可作为随机过程来处理。短期频率稳定度用来表征一个频率源的输出频率所能达到的最高精密度界限。

一个频率源的输出信号可用下列数学模型近似描述

$$v(t)=A_0\sin[2\pi f_0t+\varphi(t)] \tag{4.36}$$

式中，A_0为输出信号幅度。实际上，输出信号幅度不是恒定的，也有幅度起伏，或者叫寄生调幅。由于一个调幅波的合成矢量与原载波矢量同相或反相，故幅度起伏并不直接造成信号的相位起伏和频率起伏，而且一般A_0远大于幅度起伏，故在分析频率稳定度时可不考虑幅度起伏。f_0为标称频率。$\varphi(t)$为由噪声引起的信号的相位起伏。

目前，对短期频率稳定度的表征提出了两种基本定义，即

$$\text{短期频率稳定度}\begin{cases}\text{时域定义 —— 用相对频率起伏来表征}\\ \text{频域定义 —— 用相位噪声来表征}\end{cases}$$

1. 短期频率稳定度时域定义

1）表达式

短期频率稳定度的时域表征是用相对频率起伏的采样方差来表示的，实质上就是描述由于噪声的影响，频率的各次测量值相对于平均值的离散情况。

从式(4.36)可得频率源输出信号的瞬时相位为

$$\Phi(t)=2\pi f_0t+\varphi(t) \tag{4.37}$$

因为瞬时角频率是相位对时间的变化率(微分)，即$\omega=\mathrm{d}\Phi/\mathrm{d}t$，故瞬时频率为

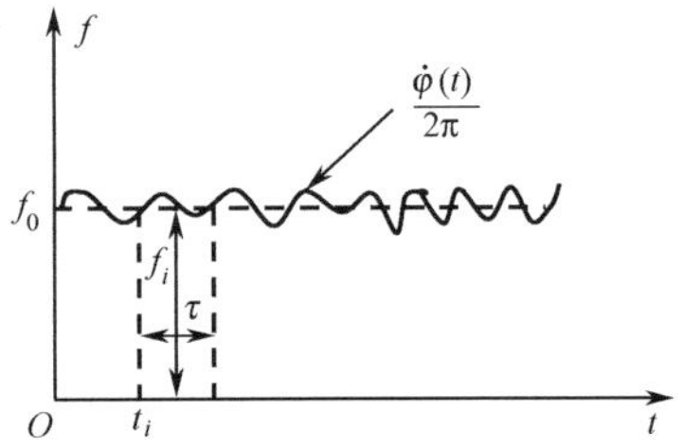

图 4.33　瞬时频率曲线

$$f(t)=\frac{\frac{\mathrm{d}\Phi}{\mathrm{d}t}}{2\pi}=f_0+\frac{\dot\varphi(t)}{2\pi} \tag{4.38}$$

式中，$\dot\varphi(t)=\dfrac{\mathrm{d}\varphi}{\mathrm{d}t}$。

从图 4.33 可见，理想的频率源f_0不随时间变化而变化，如图中虚线所示，但由于受噪声影响，频率源的输出频率$f(t)$将在f_0处上下起伏，如图中曲线所示。$\dfrac{\dot\varphi(t)}{2\pi}$反映了频率的瞬时变化，可以用它来度量输出频率偏离其平均值的程度。

2）数据处理

$\dfrac{\dot\varphi(t)}{2\pi}$是一个随机变量，因此在测量数据处理方面，可求各种不同定义的方差。

（1）标准差

从第 2 章可知，实验测量不可能进行无限多次，故标准差实际上是方差的估计值，可用贝塞尔公式来计算

$$s\left(\frac{\dot\varphi(t)/2\pi}{f_0}\right)=\frac{1}{f_0}\sqrt{\frac{\sum\limits_{i=1}^{n}(f_i-\bar f)^2}{n-1}}$$

或简写成

$$s=\frac{1}{f_0}\sqrt{\frac{\sum\limits_{i=1}^{n}(f_i-\bar f)^2}{n-1}} \tag{4.39}$$

式中，f_0为标称频率，f_i为第i次测量所得频率值，$\bar f$为频率的平均值，即n次测量值取平均为

$$\bar{f}=\frac{1}{n}\sum_{i=1}^{n}f_i \tag{4.40}$$

应该指出，由频率计数器测得的 i 次测量值，实际上是一个平均值，如采样时间为 τ（即闸门时间为 τ），则 f_i 为 τ 时间内的平均值（见图 4.33）

$$f_i=\frac{1}{\tau}\int_{t_i}^{t_i+\tau}f(t)\,\mathrm{d}t \tag{4.41}$$

可见，s 描述了一个频率源在 τ 秒内的平均频率围绕其平均值 $\bar{f}$ 的起伏偏差。

(2) 阿伦（Allan）方差

当存在闪烁相位噪声时，将对频率源信号产生直接的相位调制，这种噪声属于 $1/f$ 噪声或低频噪声。由于闪烁相位噪声的存在会使标准差发散，因此，测量次数越多，σ 越大。这样，用标准差来描述短期频率稳定度将产生困难。采用阿伦方差可克服这一困难。阿伦方差定义为

$$\sigma_a^2=\frac{1}{2mf_0^2}\sum_{i=1}^{m}(f'_i-f_i)^2 \tag{4.42}$$

或写成方差的平方根

$$\sigma_a=\frac{1}{f_0}\sqrt{\frac{\sum\limits_{i=1}^{m}(f'_i-f_i)^2}{2m}} \tag{4.43}$$

式中，m 为采样组数，相邻二次为一组；f_i 和 f'_i 为两次相邻测量在采样时间 τ 内的平均值，见式(4.41)。

在测量阿伦方差时，其采样方法与标准差不同，图 4.34 给出了两者的区别。对阿伦方差来说，两次相邻测量之间是无间隙时间的，若第 i 次测得在 τ 内的平均频率 f_i，则第 $(i+1)$ 次测得的也是在 τ 内的平均频率 f_{i+1}，而 $t_i+\tau=t_{i+1}$。采用两台计数器和必要的控制电路，使得在一台计数终止时，另一台即开始计数，就可实现无间隙的连续测量。

从阿伦方差的上述定义可知，阿伦方差描述的是相邻两次频率差的起伏。由于在相邻两次采样中，由闪烁相位噪声引起频率缓慢起伏作用来不及显露出来，因而阿伦方差是收敛的。通常，取若干不同的采样（测量）时间 τ，分别测得相应的 $\sigma_a(\tau)$，再画出 $\sigma_a(\tau)$ 与 τ 的关系曲线，如图 4.35所示，用以表征短期频率稳定度。

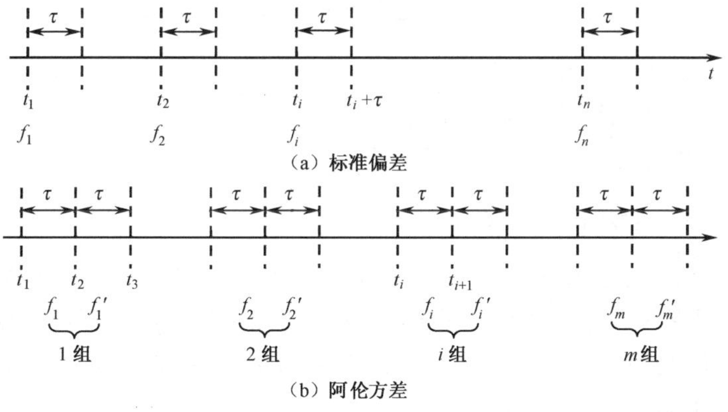

图 4.34　阿伦方差与标准偏差在采样方法上的区别

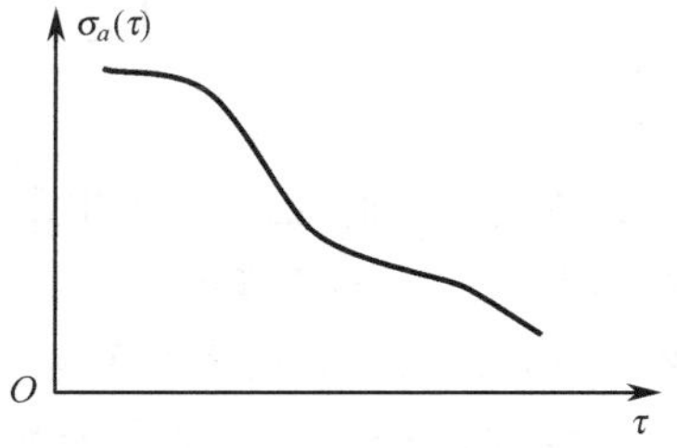

图 4.35　$\sigma_a(\tau)$ 与 τ 的关系曲线

不同用途的标准频率源，采用不同的 $\sigma_a(\tau)$，来表征 τ 时间内的频率稳定度。例如，在计数器中，选用闸门时间为 1s 的情况最多，故频率源的输出频率在 1s 内准不准具有决定性意义。所以，

用于计数器内的石英晶振需要检定1秒频率稳定度，即所谓秒级稳定度。按JJG 180—2002检定规程，在测秒级稳定度时，采样时间$\tau=1\text{s}$，采样组数$m=100$，若无条件实现无间隙测量，则间隙时间应小于5s。

相对频率起伏用来表征大于10ms时间内的短期频率稳定度是非常有用的。当频率不稳定发生的速率高于这一量级时，由于测量上的困难，时域表征会失去优越性。

3）测量方法

短期频率稳定度的时域测量是建立在与标准频率比对的基础上的。要完成这种比对，必须具备两个条件：① 作为基准的标准频率，其准确度和稳定度至少应比被测频率源的高一个量级；② 测量（比对）设备的测量准确度至少应比被测频率源的高3倍。

具体的测量方法通常有：计数器直接测量法、测差频周期法、差频倍增法、示波器李萨如图形法等。在JJG180—2002电子测量仪器内石英晶振检定规程中推荐采用以下方法。

（1）计数器直接测量法

按图4.36连接仪器，被测晶振的输出信号加到计数器的测量频率输入端，计数器外标（外部标准频率）输入端接入参考标准频率（频率稳定度优于被测晶振3倍，如数英仪器公司的TR2005C铷原子标准频率源）。

计数器直接测量被测晶振频率的平均值f_x，然后按下式计算

$$y(\tau)=\frac{f_x-f_0}{f_0} \tag{4.44}$$

式中，$y(\tau)$为相对平均频率偏差，f_x为被测晶振在τ内的平均频率，f_0为被测晶振的标称频率，τ为平均时间或采样时间。

测量1秒频率稳定度时，选$\tau=1\text{s}$；测量其他技术指标时，选$\tau=10\text{s}$。

图4.36　计数器直接测量法

（2）频差倍增法

此法实质是将被测频率源的频率起伏进行倍增，其连接图如图4.37所示。将被测晶振的频率和参考标准频率加到频差倍增器相应的输入端，电子计数器外标输入端接入参考频标。

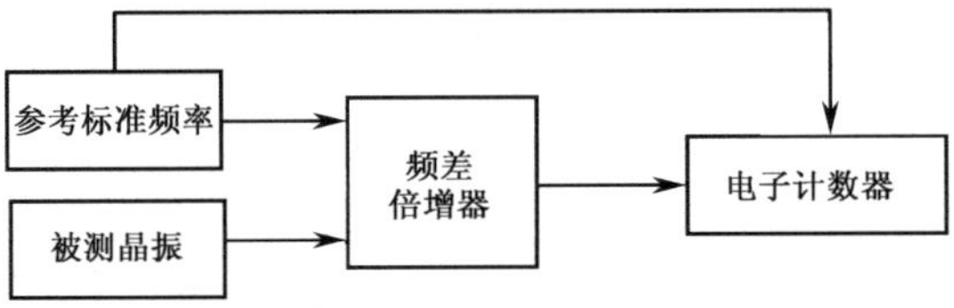

图4.37　频差倍增法连接图

频差倍增器的原理框图如图4.38所示。设原始差频$F=f_x-f_r$，即$f_x=f_r+F$，其中，f_r为标准频率。f_x经m倍频器（$\times m$），输出频率为（mf_r+mF），而f_r经（$m-1$）倍频器（$\times(m-1)$），输出频率为$(m-1)f_r$，两者经混频器M_1，得差频f_r+mF。这是一次差频倍增过程，即差频被增大m倍。同理，经第二级倍增可从混频器M_2输出f_r+m^2F。

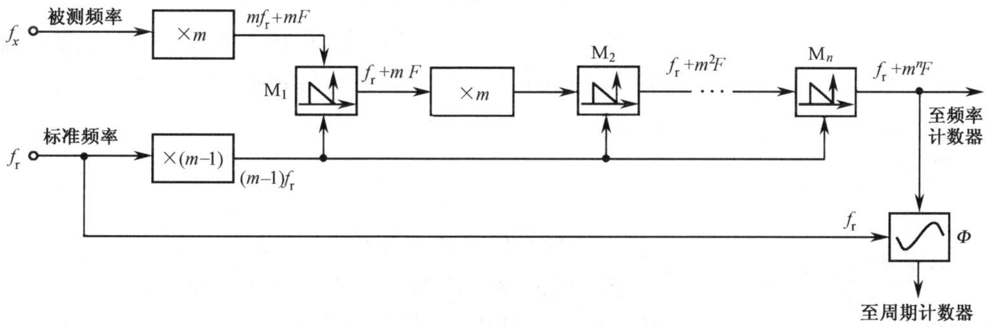

图 4.38　频差倍增器的原理框图

这样经 n 级倍增可从混频器 M_n 得 f_r+m^nF。一般 $m=10$，$n=1\sim4$，即最大可倍增 10^4。

经过 n 级倍增后的输出频率 f_r+m^nF，可以用计数器直接测量，也可通过鉴相器测量倍增后的差频 m^nF。由于被测频率源的频率起伏被大大增强，故对测量设备测量准确度的要求可大大降低。

由计数器测得的差频为 $F_m=m^nF$，实际差频为 $F=F_m/m^n$，故被测频率源的准确度为

$$\frac{\Delta f}{f_0}=\frac{F}{f_0}=\frac{F_m}{m^nf_0} \tag{4.45}$$

应该指出，上述两种方法还会产生测量周期的触发转换误差，以及由于鉴相器和频差倍增器对信号产生的相位抖动而引起的误差，但这些误差可以通过采取相应措施减小。

2. 短期频率稳定度频域定义

相位噪声的概念可通过图 4.39 来说明。当一个理想单频正弦波的振荡频率源 f_0 很稳定时，其时域波形相位过零点的位置在短期内（通常指 1 秒内）应当是稳定不变的，如图 4.39(a)所示。相应地，在频域中的频谱应是一条谱线 f_0，如图 4.39(c)所示。但是当因噪声等随机因素引起频率不稳定时，时域中相位过零点位置会抖动，称为噪声对相位的寄生调制，如图 4.39(b)所示。从式(4.38)可知，相位变化则频率也会发生变化，在频域中对应的频谱不是 f_0 一条谱线了，而是如图 4.39(d)所示扩散为一个连续频谱。频谱从 f_0 向两边扩展范围的宽窄与频率稳定度相关。频率稳定度越好，则扩展范围越窄，谱值变化越陡。因此在频域可用相位噪声大小来表征短期频率稳定度。

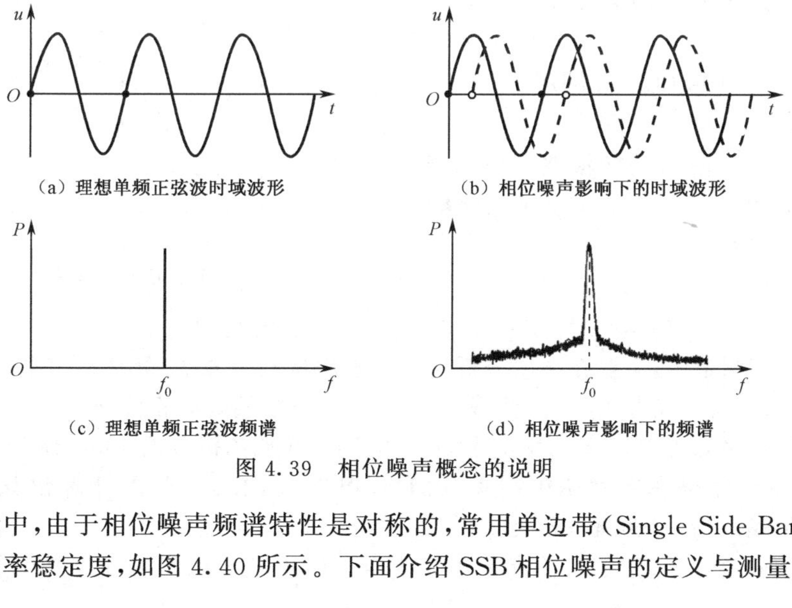

图 4.39　相位噪声概念的说明

在实际测量中，由于相位噪声频谱特性是对称的，常用单边带(Single Side Band，SSB)相位噪声来表征短期频率稳定度，如图 4.40 所示。下面介绍 SSB 相位噪声的定义与测量方法。

1) SSB 相位噪声的定义

SSB 相位噪声 $L(f)$ 定义为：在偏离频率源 f_0 的频偏 f_{off} 处，每赫兹带宽的单边带功率 P_{SSB} 与频率源功率 P_0 之比，通常用 dB 表示，图 4.40 为其示意图。

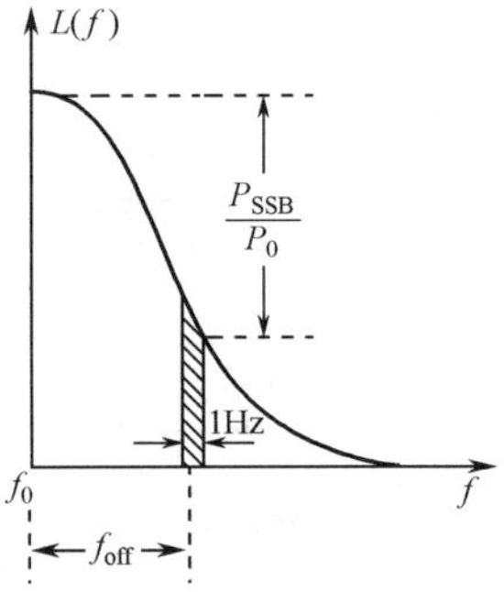

图 4.40　SSB 相位噪声示意图

$$L(f) = 10\lg \frac{P_{SSB}}{P_0} \tag{4.46}$$

2) SSB 相位噪声的测量

SSB 相位噪声的测量方法有直接频谱分析仪法、检相器法和检频器法等。其中，直接频谱分析仪法应用较多。关于频谱分析仪的原理与应用将在第 8 章中介绍。当有条件时，可采用昂贵的“相位噪声测量系统”直接进行测量。

在 SSB 相位噪声测量中，由于频谱分析仪通常使用功率电平(单位 dBm)，这样将式(4.46)转换为对数形式

$$L(f) = 10\lg P_{SSB} - 10\lg P_0 = L(f_{off} - L(f_0)) \tag{4.47}$$

式中，$L(f_0)$代表频率源功率电平，$L(f_{off})$代表频偏 f_{off}处归一化的 1Hz 等效噪声带宽内使用有效值检波器获得的噪声功率电平。对频率源而言，功率电平可以直接从频谱分析仪轨迹上用峰值读取。但对于频偏 f_{off}处噪声功率电平而言，要进行以下两项修正。

① 带宽修正

由于频谱分析仪使用的是可变分辨率带宽(RBW)滤波器及通常的采样检波器，这与相位噪声测量所要求的参数不一致，必须进行等效转换。在频谱分析仪中，分辨率带宽通常采用 4 阶高斯滤波器的带宽，并采用 3dB 作为带宽标度，而噪声带宽则采用对等区域的等效折算带宽(见图 4.41)。一般而言，4 阶模拟滤波器的噪声带宽和分辨率带宽之比为 1∶1，而数字高斯滤波器的带宽是 1.065(以下以模拟滤波器进行说明)。

这样归一化的 1Hz 噪声带宽 B_N 和分辨率带宽 RBW 的换算关系为

$$B_N = 1.1 \times \mathrm{RBW}/1\mathrm{Hz}$$

将 SSB 噪声功率电平的修正 L_{B_N} 换算成对数形式为

$$L_{B_N} = 10\lg(1.1 \times \mathrm{RBW})$$

② 幅度修正

在频谱分析仪中，使用采样检波器对噪声电平的测量比有效值低 2.5dB。考虑上述两点修正因素，$L(f_{off})$应加上 2.5dB。

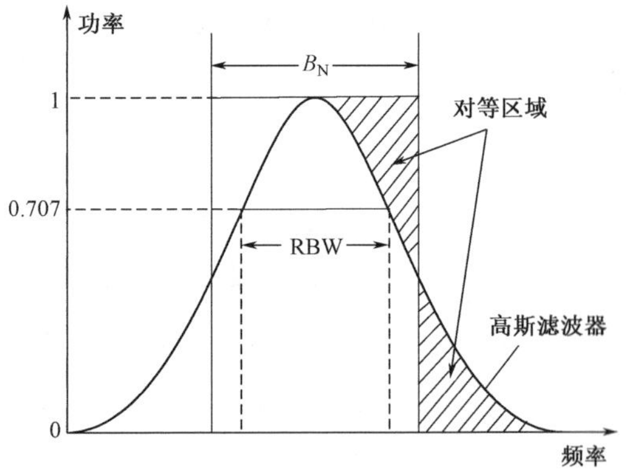

图 4.41　噪声带宽和分辨率带宽关系

因此，修正后式(4.47)变为

$$L(f) = L(f_{off}) - L(f_c) + 2.5 - 10\lg(1.1 \times \mathrm{RBW}) \tag{4.48}$$

这样，相位噪声测量中，只要在频谱分析仪上分别测量频率源 f_0 处功率电平$L(f_0)$和频偏 f_{off}处噪声功率电平 $L(f_{off})$，代入式(4.48)计算即可得到该点频偏处的相位噪声。

例如，被测的频率源为 1GHz，功率电平为－10dBm，在偏离该载波 100kHz 处的噪声功率电平读数为－82.5dBm，分辨率带宽 RBW 是 10kHz，根据式(4.48)可以计算出该频率源在频偏 100kHz 处的相位噪声为－110.4dBc/Hz。

应当指出，这里频偏 f_{off}取值目前尚无统一规定。由于频率源相位噪声的单边带的宽窄差异

较大，故通常取一个至多个点，如在 100Hz、1kHz、10kHz、20kHz、100kHz、1MHz、10MHz 等频率上进行测试，或绘制出一条曲线。

4.6.4 频率标准的获取

在频率测量中，有时需要一个标准频率源来做比对。当前，可从以下两个方面获得频率标准。

1. 无线广播系统

通常有以下途径：

① BPL——长波授时系统(LORAN 或长河二号系统)；

② BPM——短波授时系统；

③ 超短波——CCTV 电视信号场逆程播发的标准时间、标准频率；

④ 卫星定位(授时)系统；

⑤ 网络 IRIG－B 时码及电话授时系统(ACTS)。

过去比较经济方便的方法是从电视发射信号中提取色度副载波信号，其频率为：$f_{SL}=4\,433\,618.25\text{Hz}$，准确度不高。现在有 GPS 定位、定时系统，其驯服钟频率 10MHz 的不确定度为 1pps。GPS 校频精度为 1×10^{-11}。2000 年年底，建成北斗一号系统，向中国提供服务。2012 年年底，建成北斗二号系统，向亚太地区提供服务。2018 年年底，完成 19 颗卫星发射组网，完成基本系统建设，向全球提供服务。2020 年前后，完成 30 颗卫星发射组网，全面建成北斗三号系统。2035 年前还将建设完善更加泛在、更加融合、更加智能的综合时空体系。

2. 频率源

若采用高档石英频率标准源和铷原子钟标准频率源、铯原子钟标准频率源等高级频率标准则会有更小的不确定度。实际测量中的工作基准常由经一级标准校准过的恒温高稳定度石英晶振来担任。有的低相噪、低漂移的双恒温槽高稳晶振配备了高精度授时型 GPS 接收机，采用独特的 GPS 频率测控技术，对晶振的输出频率进行精密测量与校准，使 GPS 驯服晶振的输出频率精确同步在 GPS 系统上，准确度优于 1×10^{-12}，不用进行校准就能始终提供高精度的频率信号。其相当于一台高性能的铷原子钟，却同时具有十分优良的短期稳定性和超低的相位噪声。

数英仪器公司生产的 SF3910A 铷原子钟标准频率源的日频率漂移为 3×10^{-12}/天。SF6224 北斗驯服时间统一系统，对铷原子钟标准频率源进行驯服，驯服频率准确度为 1×10^{-12}/24 小时，保持准确度为 1×10^{-11}/卫星失锁后 24 小时内，频率稳定度为 3×10^{-12}/s。

4.7 调制域测量

4.7.1 调制域分析概述

“调制域”是 20 世纪 80 年代末提出的新概念。人们对时域(Time Domain)反映的幅度 V 与时间 T 的关系(如示波器)和频域(Frequency Domain)反映的幅度 V 与 F 的关系(如频谱分析仪)比较熟悉(见图 4.42)，而对调制域(Modulation Domain)的观察和分析近年来才开始进行。由图 4.42 可知，调制域反映了频率 F 和时间 T 之间关系。这样，对一个调制信号可以进行三维观测，从三个方面去分析研究。调制域为人们观测信号提供了一个新的窗口，一些在时域和频域无法观察到的现象，在调制域却能比较容易看到。例如，图 4.43 所示的锁相环中压控振荡器(VCO)的频率阶跃响应，能从仪器屏幕上直观地显示出环路的捕捉过程，能精确地测出阶跃前后的频率，跃变中的过冲、振铃、上升时间及新频率的建立时间，这些数据可在屏幕上部分显示出来，这是以往常规仪器无法做到的。从频率与时间的关系来看，调制域分析仪可以用来测量锁相环与 VCO 的特征，测量各种不同的扩频系统(包括无线局域网、无绳电话及军用通信系统)中收发同步跳频的情况,还可对捷变雷达的脉冲内信息进行精确分析,以及测量杂波干扰机的噪声带宽等。频率与周期(时间间隔)及相位有着相应的关系,所以调制域分析仪同样可用于分析时间间隔变化与时间的关系,也可用于分析相位变化与时间的关系;可用于测量雷达脉冲重复周期的抖动,数字通信系统中数字脉冲间隔的抖动;通过监测换能器还可用于测量磁带、磁盘、光盘驱动器及打印机绘图仪等机电设备的抖动特性。可见,由于调制域分析仪可以使频率(或相位、时间间隔)对时间的关系得到快速、直观、精确的测量,因而有着日益广泛的应用前景。

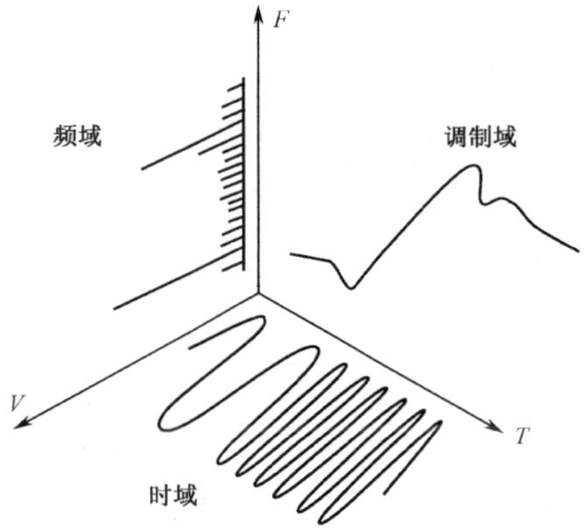

图 4.42　一个频率跳变信号的三维波形

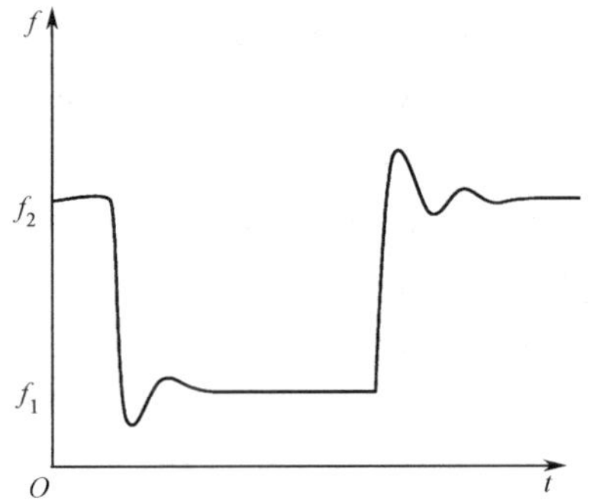

图 4.43　锁相环中 VCO 的频率阶跃响应

4.7.2　调制域分析的关键技术

调制域分析主要研究频率随时间变化的情况,因此其关键的技术为如何动态、连续地测量频率。对于频率的测量,现在大多采用电子计数器,本章前面已介绍过,其基本原理是定时计数。但由于它是按"复零准备→开门计数→关门读数"程序测量频率的,因此存在"开门计数"之外丢失被测信号的"死区"时间,不能连续不断地进行测量。近年,提出了一种技术——"Zero Dead Time Counter"(无死区时间计数器,简称 ZDT 计数器),解决了动态连续测量变化频率的难题。从原理上讲,ZDT 计数器主要由两路计数器组成,其原理框图如图 4.44 所示。一路称为事件计数器(Event Counter),对被测信号经过处理的过零点进行计数;另一路称为时间计数器(Time Counter),对时基脉冲进行连续计数。作为定时的时间单位,时基脉冲间隔越小,则测量精度越高。两路计数器是同步对应工作的。

现以频率测量为例,通过图 4.45 来说明其工作过程。

设输入的被测信号是两个不同频率的正弦波,由过零点处理电路放大、微分、整形后,得到图 4.45(d)所示的脉冲列,然后送到事件计数器中计数。这里的"事件"是指信号一个周期的时间间隔,如图 4.45(d)中的 T_1和 T_2所示。与此同时,时间计数器对时基脉冲(设其周期为 T_c)进行同步计数,其波形如图 4.45(e)所示(图中略去了触发同步等信号)。经过存储和数据处理,可求得 T_1、T_2与 T_c的对应关系,即求得被测信号的频率 f_1和 f_2。

$$T_1 = N_1 T_c,\ f_1 = 1/T_1 = f_c/N_1$$
$$T_2 = N_2 T_c,\ f_2 = 1/T_2 = f_c/N_2$$

从原理上讲,只要出现一个"事件",即一个周期,就可测出频率,故 ZDT 计数器可以动态地进行瞬时频率的测量。不过事实上,载波信号不会只有一个周期,可通过多个"事件"计数,然后求平均频率,精确度会更高。同理,相位或时间间隔也可以作为"事件",而且过零处理交叉点的阈值可以由用户设定。因此,同样可以用来分析相位或时间间隔与时间的关系。

ZDT 计数器的实现可以有多种方案,如双路计数法、周期计时法、移位存储法、双路计数器加内插补偿法等。

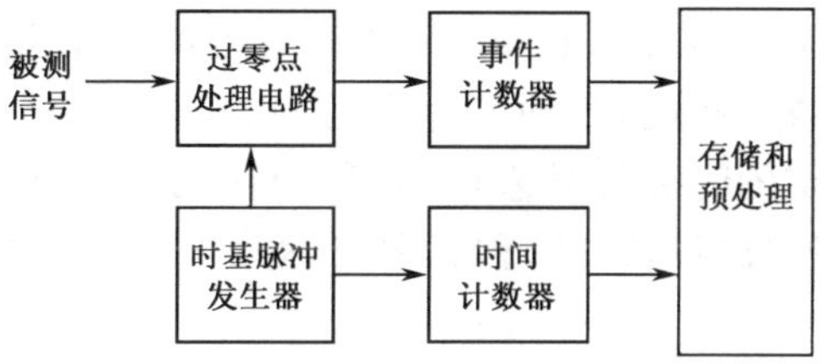

图 4.44　ZDT 计数器原理框图

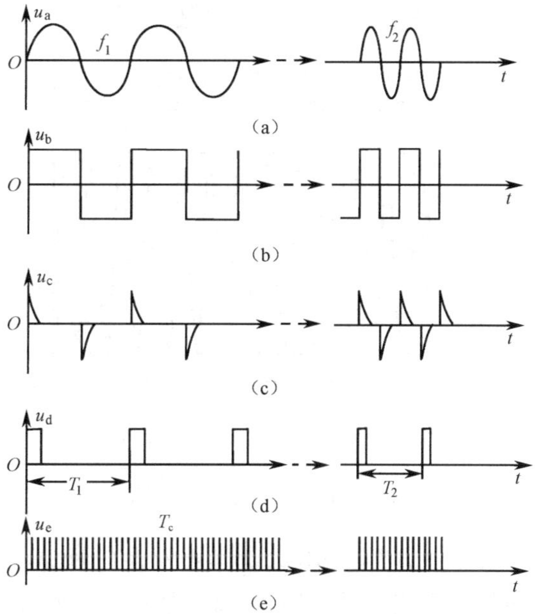

图 4.45　ZDT 计数器工作波形

4.7.3　调制域分析仪的应用

调制域分析仪的主要测量对象为：频率，周期，时间间隔（正负时间间隔、连续时间间隔），实时运算的时间间隔直方图，相位偏移（单通道）和 A 相对 B 的相位，时间偏差（抖动），专门测量（包括脉冲宽度、占空比和上升/下降时间）等，可直接通过各种不同的测量方法获取结果。

调制域分析仪的主要分析功能有：频率、相位、时间间隔相对于时间轴的变化显示，单次或多次平均，任何测量结果的直方图显示，测量结果的数值显示，调制分析（峰-峰偏移、中心频率、调制速率），抖动频谱分析，各种参数统计（平均、最大、最小、方差、均方差、有效值、概率），阿伦方差计算等。抖动和调制都可利用机内的分析功能方便地进行定量分析。另外，仪器还具有组合触发和选通功能，用于捕获复杂输入信号的特定部分。下面就调制域测试的某些功能做简要的介绍。

1. 直接观测频率变化（调制）

调制域分析仪可连续地对频率进行测量，描绘出各种随时间变化的测量结果。由于它不存在频率计数器或时间间隔分析仪两次测量之间的死区时间，因而是一种分析信号的良好方法。这种测量技术保持了两次测量之间的关系，只需进行单次捕获，即可完成所有的测量工作，而不需要频率计数器通常采用的麻烦而费时的包络提取法。图 4.46 示出了某调频信号在调制域分析仪上的图像显示。在该显示图上部可直接读出载波频率、调频速率和峰-峰偏移。

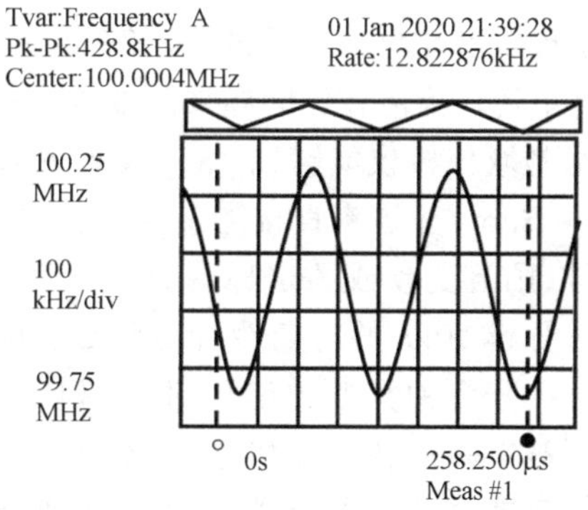

图 4.46　调频信号图像显示

在调制域分析仪中，X 轴表示测量所经历的时间，这与示波器是一样的。不同的是，调制域分析仪 Y 轴显示的是信号的频率、时间间隔或相位，而非电压的幅值。图 4.46 表明了信号（载波）频率随时间变化的情况。因此，所显示的正弦波揭示了对载波的调制情况，正弦波的频率即是调频速率，而该正弦波的幅度则是调频频偏。

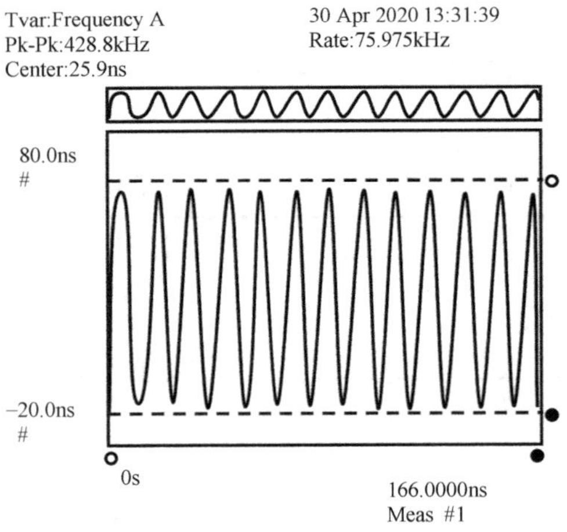

图 4.47　时钟信号抖动的测量

2. 信号抖动测试

图 4.47 所示为调制域分析仪对某一随时间变化的时间偏移的测量结果。进行这种测量的目的是观察时钟信号的抖动，该显示结果表明了对同一频率的“理想”时钟信号的偏移。在图像的上部给出了抖动的频率和峰-峰偏移，图中显示的数据——时钟抖动的周期性成分和随机性成分，可提供深入了解所需的有用信息。首先测量时钟信号边沿出现的时间，并将其与具有同频率的“理想”时钟信号边沿出现的时间进行比较，然后将它们的差别随时间变化的关系用图形表示出来。一个理想的时钟信号是没有抖动或调制的，因而不存在时间偏移。对于一个非常稳定的时钟信号来说，这种变化或偏移可能小至 1ns 或几百 ps。但是，如果存在任何抖动或不希望有的调制，则这种偏移可达几十或者几百 ns 的量级。利用这种方法，可以测量小至 200ps 的偏移。

调制域分析仪显示的数值可根据需要来定。例如，电信应用中规定，用单位间隔(UI)，即一个时钟周期来表示抖动。为了将时间偏移变为单位间隔，应该把每次测量结果除以信号的周期。利用调制域分析仪内部具有的数学运算能力，很容易做到这一点。

调制域分析仪用记录信号边沿出现时间的方法来测量时间间隔、频率或相位随时间的变化关系。所谓边沿，通常定义为正向或负向的电压瞬变。随着每一边沿时间的记录，调制域分析仪连续不断地计算边沿的数量。这就是说，在每一边沿的时间标记之间不存在时间的盲区。在达到预定的测量次数之后，即可根据测量要求处理各时间标记与边沿。

其他测量，如相位或上升/下降时间的测量，则可通过对时间和“事件”计数的操作来实现。

3. 对抖动的频谱分析

用“背靠背”或连续的方式进行时间间隔(或频率、相位)测量可以获得信号抖动的更完整的图像。如果对这种数据实行 FFT(快速傅里叶变换)，则可以抖动谱的形式展示出抖动的所有分量。这大大简化了确定潜在抖动源的过程。例如，如果设计人员能够确认抖动主要在 50 或 100 周每秒处出现，则可将电源作为潜在的问题来源加以检查。

调制域分析仪能够以 150ps(有效值)的单次(Single Shot)分辨率直接测量频率高达 500MHz 的信号(用下变频或预定标的方法还可以更高)，它可以分辨 10ps 的周期性抖动分量。因此，这一技术可用于多种类型的信号，任何频率的时钟信号皆可被考察。各种随机信号，像开通中的数字电话信息或者来自磁盘驱动器的数据等也易于测量。为了确定是否有其他调制或抖动频率，可对数据进行 FFT 以得到抖动的频谱。信号 FFT 分析测量如图 4.48 所示。

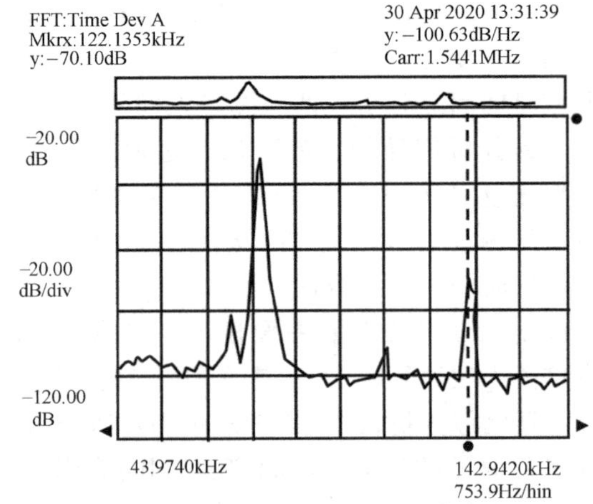

图 4.48　信号 FFT 分析测量

测量时间偏移随时间变化关系得到的抖动谱，与测量频谱分析仪所展示的电压随时间变化关系得到的频谱很相似。但是，与频谱分析仪展示原始模拟输入信号的所有频率分量不同，时间偏移-时间关系的抖动谱展示的是输入信号的抖动(调制)的所有频率分量。

抖动谱分析的主要优点是能够展示抖动的所有来源。

利用 FFT 的特性，不难观测到靠近载波 0.01Hz 甚至更近的抖动分量。将频率跨度除以区宽，即可得到 FFT 的总区数，它恰好是由调制域分析仪所收集到的测量总数的一半。

4. 跳频在通信对抗中的应用

在通信对抗中，跳频通信具有较强的抗检测、抗干扰能力，是现代军事通信采用的重要制式。它能在高速连续不规则跳变载频的过程中实施通信，使敌方难以检测识别与干扰。因此，在通信对抗中，对战术电台频率进行快速测量是首要的任务。不论战场监视，或者情报搜索，还是干扰机的引导，都要快速及时地测出敌方电台的跳变频率，即侦察到对方的跳频图案。当前，战斗网无线电台的跳频频率已做到 60～1000 跳每秒甚至更高，且按伪随机码做不规则跳变，其驻留时间仅为 1ms 至几 ms，用传统的测量频率方法是无法及时测出其跳频图案的。采用调制域分析技术可以快速连续测出跳变频率，并可在微机的屏幕上直观地显示出跳频图案，如图 4.49所示。

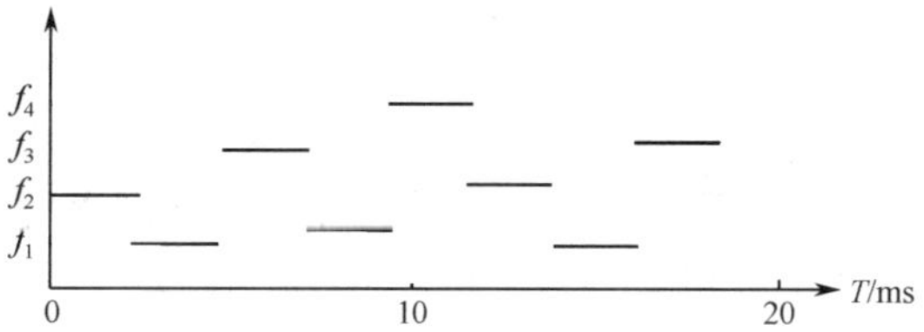

图 4.49　跳频图案

思考题与习题

本章小结

4.1　测量频率的方法按测量原理可以分为哪几类？

4.2　说明通用计数器测量频率、周期、时间间隔和自检的工作原理。

4.3　分析通用计数器测量频率和周期的误差，以及减小误差的方法。

4.4　提高测时分辨率的方法有哪些？

4.5　长期频率稳定度和短期频率稳定度是怎样定义的？如何测量？

4.6　调制域分析仪的关键技术是什么？有何用途？

4.7　天文(历书)秒准确度可达 $\pm 1\times 10^{-9}$，问一天的误差有几秒？某铯原子钟准确度可达 $\pm 5\times 10^{-14}$，问一天的误差有几秒？要多少年才会产生 1 秒的误差？

4.8　用计数式频率计测量频率，闸门时间(门控时间)为 1 秒时，计数器读数为 5400，这时的量化误差为多大？如果将被测信号倍频 4 倍，又把闸门时间扩大到原来的 5 倍，则此时的量化误差为多大？

4.9　用一个 7 位电子计数器测量一个 $f_x=5\text{MHz}$ 的信号频率，试分别计算当闸门时间置于 1s、0.1s 和 10ms 时，由 ±1 误差产生的测量频率误差。

4.10　用某计数式频率计测量频率，已知晶振频率 f_c 的相对误差为 $\Delta f_c/f_c=\pm 5\times 10^{-8}$，门控时间 $T=1\text{s}$，求：

(1) 测量 $f_x=10\text{MHz}$ 时的相对误差；

(2) 测量 $f_x=10\text{kHz}$ 时的相对误差，并找出减小测量误差的方法。

4.11　用某计数式频率计测量周期，已知晶振频率 f_c 的相对误差为 $\Delta f_c/f_c=\pm 5\times 10^{-8}$，时标信号周期为 100ns，周期倍乘为 100，求测量 10μs 周期时的测量误差。

4.12　用某电子计数器测量一个 $f_x=10\text{Hz}$ 的信号频率，当信号的信噪比 $S/N=20\text{dB}$ 时，分别计算当“周期倍乘”置于“×1”和“×100”时，由于触发转换误差所产生的测量周期误差，并讨论计算结果。

4.13　用多周期法测量某被测信号的周期，已知当被测信号重复周期为50Hz时，计数值为100 000，内部时标信号周期为1μs。若采用同一周期倍乘和同一时标信号去测量另一未知信号，已知计数值为15 000，求未知信号的周期。

4.14　某计数式频率计，测量频率闸门时间为1s，测量周期时，周期倍乘最大为×10 000，时标信号周期为100ns，求中界频率。

4.15　欲测量一个标称频率 $f_0=1\text{MHz}$ 的石英晶体振荡器，要求测量精确度优于 $\pm1\times10^{-6}$，在下列几种方案中，哪一种是正确的？为什么？

(1) 选用E312型通用计数器（$\Delta f_c/f_c\leqslant\pm1\times10^{-6}$），闸门时间置于1s。

(2) 选用E323型通用计数器（$\Delta f_c/f_c\leqslant\pm1\times10^{-7}$），闸门时间置于1s。

(3) 选用E323型通用计数器（$\Delta f_c/f_c\leqslant\pm1\times10^{-7}$），闸门时间置于10s。

4.16　利用频差倍增法来提高测量精度时，设被测频率源的标称频率 $f_0=1\text{MHz}$，闸门时间 $\tau=1\text{s}$，欲将±1个字误差降到 1×10^{-11}，试问倍增器倍增次数应为多少？

4.17　提高测时分辨率的方法有哪些？简述每种方法的特点。

4.18　用游标法测量图4.50中的 τ_x，设 $f_1=5\text{MHz}$，$f_2=5.01\text{MHz}$，求 τ_x。

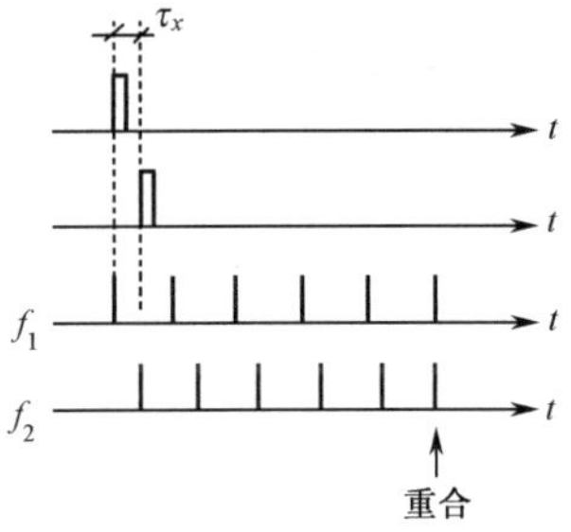

图4.50　题4.18图

第5章 电压测量

本章要点

- 电压测量的重要性，对电压测量的要求和分类
- 模拟式直流、交流电压的测量及高频、脉冲、噪声电压的测量
- 数字电压表的组成原理、工作特性和分类
- 积分式和比较式 A/D 转换器及数字多用表的组成原理与特点
- 数字电压表的误差与干扰

5.1 概述

1. 电压测量的重要性

电压是电子测量的一个主要参数。在集总参数电路里，表征电信号能量的三个基本参量为：电压、电流和功率。但是，从测量的观点来看，测量的主要参量是电压，因为若在标准电阻的两端测出电压值，就可通过计算求得电流或功率。此外，包括测量仪器在内的电子设备，它们的许多工作特性均可视为电压的派生量，例如，调幅度、波形的非线性失真系数等。在非电参数测量中，大多数物理量（如温度、压力、振动、速度等）的传感器也都是以电压作为输出的。因此，电压测量是其他许多电参数、非电参数测量的基础。

2. 对电压测量的基本要求

由于在电子电路测量中所遇到的待测电压具有频率范围宽、幅度差别悬殊、波形形式多等特点，所以对电压测量提出了一系列的要求，主要概括如下。

1）应有足够宽的电压测量范围

通常，待测电压的下限为十分之几 μV 至几 mV，而上限可达几十 kV。随着科学技术的发展，还要求测量非常小的电压值，即要求电压测量仪器具有非常高的灵敏度。目前，已出现灵敏度高达 1nV 的数字电压表。

2）应有足够宽的频率范围

一般，在集总性电路中，交流电压的频率范围从几 Hz 到几百 MHz，甚至达 GHz 量级。目前，模拟电压表可测量的频率范围要比数字电压表高得多。例如，92C 型模拟射频电压表频率上限达 1.2GHz，而 DP100 型数字多用表只能达 25MHz。

3）应有足够高的测量准确度

电压测量仪器的测量准确度一般用下列三种方式之一来表示：① $\beta\%U_{m}$，即满度值的百分数；② $\alpha\%U_{x}$，即读数值的百分数；③ $\alpha\%U_{x}+\beta\%U_{m}$。第一种可能是最通用的，一般在有线性刻度的模拟电压表中都采用这种方式；第二种在有对数刻度的电压表中用得最多；而第三种方法是目前用于有线性刻度电压表的一种较严格的准确度表征，数字电压表都用这种方式。

由于电压测量的基准是直流标准电池，同时，在直流测量中，各种分布性参量的影响极小，因此，直流电压的测量可获得很高的准确度。例如，目前数字电压表测量直流电压的准确度可达 $\pm(0.0005\%U_{x}+0.0001\%U_{m})$，即可达 10^{-6} 量级；而模拟电压表一般只能达到 10^{-2} 量级。至于交流测量，一般需要通过交流—直流（AC/DC）转换（检波）电路，而且当测量高频电压时，分布性参量

的影响不容忽视，再加上波形误差，即使采用数字电压表，交流电压的测量准确度目前也只能达到10^{-2}～10^{-4}量级。

4）有足够高的输入阻抗

电压测量仪器的输入阻抗就是被测电路的额外负载，为了在仪器接入电路时尽量减小它的影响，要求仪器具有高的输入阻抗。目前，直流数字电压表的输入电阻在小于10V量程时可高达10GΩ，甚至更高(可达1000GΩ)；在高量程时，由于分压器的接入，一般可达10MΩ。至于交流电压的测量，由于需通过AC/DC转换电路，故即使采用数字电压表，其输入阻抗也做不高，一个典型数值为1MΩ∥15pF(∥表示并联)。

5）应具有高的抗干扰能力

实际测量一般都是在充满各种干扰的条件下进行的。当电压测量仪器工作在高灵敏度时，干扰将会引入测量误差。显然，对数字电压表来说，对抗干扰能力的这个要求更为突出。

3. 电压测量仪器的分类

电压测量仪器通常有以下几种分类方法。

① 按频率范围分类，有直流电压测量和交流电压测量两种。而交流电压测量按频段范围又分为低频、高频和超高频3类。

② 按被测信号的特点分类，分为脉冲电压测量、有效值电压测量等。

③ 按测量技术分类，可分为两大类：即模拟和数字。

模拟电压表是指针式的，用磁电式直流电流表作为指示器，并在电流表表盘上以电压(或dB)刻度表示。

数字电压表首先将模拟量通过模数(A/D)转换器转换成数字量，然后用电子计数器计数，并以十进制数字显示被测电压值。

模拟电压表由于电路简单、价廉，特别是在测量高频电压时，其测量准确度不亚于数字电压表，故目前乃至今后在电压测量中仍将占有重要地位。

本章主要讨论两个问题，首先讨论交流电压的测量方法，其次讨论电压测量的数字化方法。在讨论第一个问题时，虽然是从模拟电压表出发的，但实际上带有共性。交流电压测量方法的核心是AC/DC转换，显然，在交流数字电压表中，也必须首先完成这一转换过程。

※5.2 模拟电压表测量直流电压

5.2.1 多用表中的直流电流、电压测量

1. 表头

在多用表中，直流电流、电压挡通常由高灵敏度磁电式直流电流表作为指示器。直流电流表俗称表头，图5.1给出了动圈式表头结构的双视图。其工作原理是，利用载流导体与磁场之间的作用来产生转动力矩，使导体框架转动而带动指针偏转，其偏转角度正比于通过线圈的被测电流，即

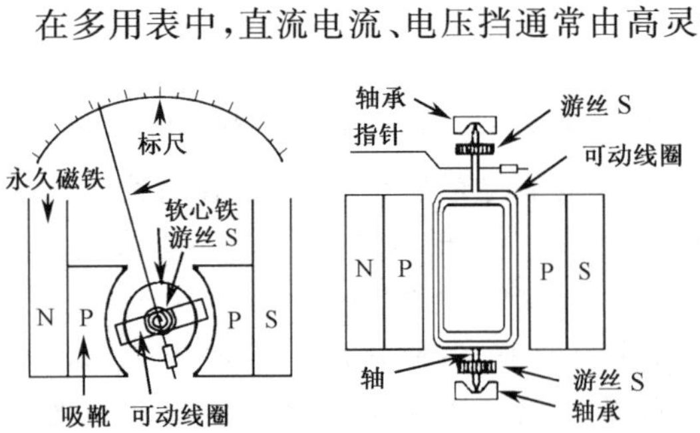

图5.1 动圈式表头结构的双视图

$$I = K\theta$$

式中，K是由设计决定的恒量，它与线圈匝数、线圈面积、磁场强度及游丝扭转力矩有关。K值表示电流表偏转单位角度时所需通过的电流大小，K值越小，电流表越灵敏。这样就可以从指针所

指角度位置来测量电流。

2. 电流量程扩展

表头等效电路如图 5.2 所示。它允许通过的最大电流值称为电流量程 I_m，如 50μA，100μA，1mA 等。由于线圈匝数很多，因此其内阻较大。

设现有一个表头，$I_m=50\mu A$，$r=3k\Omega$。问要测量 500μA 电流怎么办？

如图 5.3 所示，需要并联分流电阻 R_s 以扩展电流量程。因为两路 A，B 端电压相等，即

$$I_m r=(I-I_m)R_s$$

$$R_s=\frac{I_m}{I-I_m}r=\frac{1}{\dfrac{I}{I_m}-1}r=\frac{1}{n-1}r \tag{5.1}$$

式中，n 称为电流量程扩大倍数，也称分流系数。

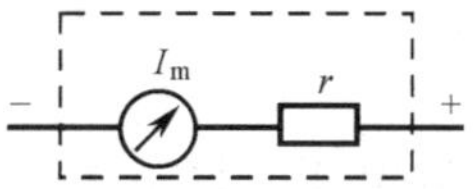

图 5.2　表头等效电路

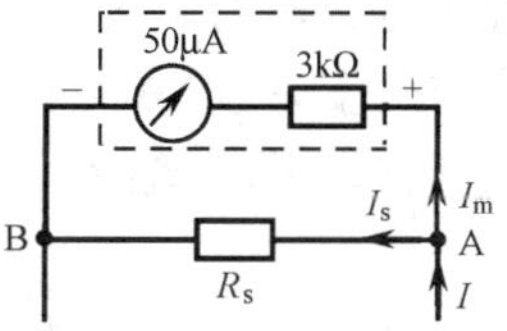

图 5.3　电流量程扩展

3. 直流电压测量

用表头能否直接测量电压？由于表头的内阻是一定的，当在表头两端加上不同电压时，指针偏转角度也不同，因此经过校准，在表盘上按电压数值刻度后，就可用来测量电压。不过，由于表头内阻较小，容许通过的电流又很小，所以它能测量的电压范围也很小。现以 $I_m=50\mu A$，$r=3k\Omega$ 的表头为例，图 5.4 所示为由表头构成的电压表，在指针指示满度时，它两端的电压为

$$U_m=I_m\times r=50\times10^{-6}\times3\times10^3=0.15V$$

即它所能测量的最大电压为 0.15V。为了能测量较高的电压，需串联倍压电阻 R_{RP} 来扩展量程

$$U=I_m(r+R_{RP})$$

$$R_{RP}=\frac{U}{I_m}-r \tag{5.2}$$

这时，电压表的内阻为

$$R_V=r+R_{RP}=\frac{U_m}{I_m} \tag{5.3}$$

图 5.5 给出了多用表直流电压挡量程扩展的原理电路图。图中，除最小量程 $U_0=I_mR_0$ 外，又增加了 U_1、U_2、U_3 三个量程。根据所需扩展的量程，不难算出 3 个倍压电阻值分别为

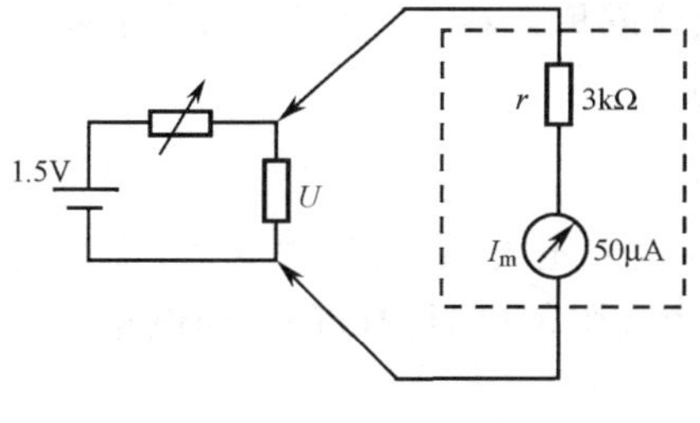

图 5.4　用表头直接测电压

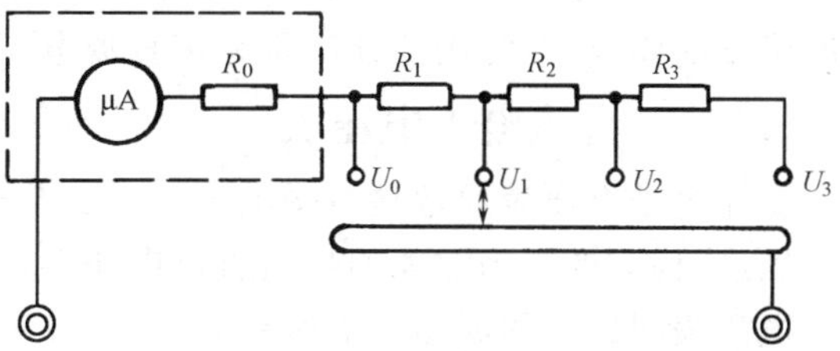

图 5.5　多用表直流电压挡量程扩展原理电路图

$$R_1=(U_1/I_m)-R_0$$
$$R_2=(U_2-U_1)/I_m$$
$$R_3=(U_3-U_2)/I_m$$

通常，把电压表内阻R_V与量程U_m之比定义为电压表的电压灵敏度(Ω/V，欧姆每伏)

$$K_V=\frac{R_V}{U_m}=\frac{1}{I_m} \tag{5.4}$$

“Ω/V”数越大，表明为使指针偏转同样角度所需的驱动电流越小。“Ω/V”数一般标在电压表表盘上，可依据它推算出不同量程时的电压表内阻，即

$$R_V=K_VU_m \tag{5.5}$$

例如，某电压表的“Ω/V”数为20kΩ/V，则5V量程和25V量程时，电压表内阻分别为100kΩ和500kΩ。

磁电式直流电压表的结构简单，使用方便，其误差除来源于读数误差外，主要取决于表头本身和扩展电阻的准确度，一般在±1%左右，精密电压表可达±0.1%。其主要缺点是灵敏度不高和输入电阻低。在量程较低时，输入电阻更小，其负载效应对被测电路工作状态及测量结果的影响不可忽略。

图5.6所示为用普通直流电压表测量高输出电阻电路的直流电压。设被测电路输出电阻为R_0，被测电压实际值为E_0，电压表内阻为R_V，则电压表读数值为

$$U_0=\frac{E_0}{R_0+R_V}\times R_V=\frac{E_0}{R_0+R_V}\times\frac{U_m}{I_m}$$

读数相对误差为

$$\gamma=\frac{U_0-E_0}{E_0}=-\frac{R_0}{R_0+R_V} \tag{5.6}$$

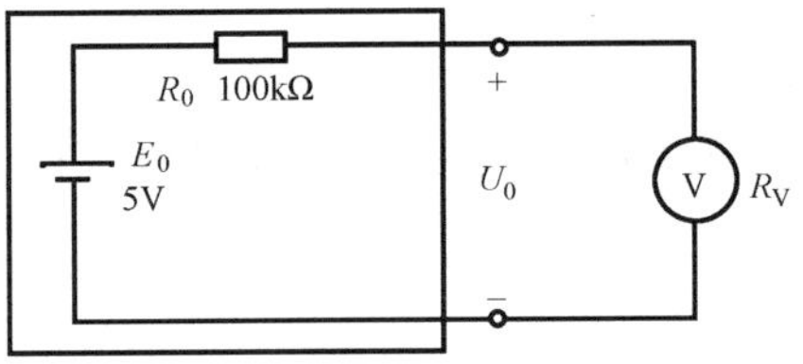

图5.6 用普通直流电压表测量高输出电阻电路的直流电压

由式(5.3)、式(5.6)可见，低压挡时，R_V更小，对测量结果影响更大。为了消除这一影响，可使用两个不同量程挡U_1、U_2进行测量。将电压表的两次读数值U_{01}、U_{02}代入下式，计算出被测电压的近似值

$$E_0\approx\frac{(K-1)}{K-\dfrac{U_{02}}{U_{01}}}\times U_{02} \tag{5.7}$$

式中，$K=\dfrac{U_2}{U_1}$。

例如，按照图5.6的连接方式，电压表的“Ω/V”数为20kΩ/V，先后用5V量程和25V量程测量端电压U_0的读数值分别为2.50V和4.17V，代入上式计算得$E_0=5.01$V。

虽然采用上述办法可消除R_V对测量结果的影响，但是比较麻烦。在工程测量中，为了满足测量准确度的要求，最常用的办法是采用直流电子电压表进行测量。

5.2.2 直流电子电压表

直流电子电压表通常是由磁电式表头加装跟随器(以提高输入阻抗)和直流放大器(以提高测量灵敏度)构成的。当需要测量高直流电压时，在输入端接入由高阻值电阻构成的分压电路。直流电子电压表组成框图如图5.7所示。

图5.8所示为集成运算放大器型电子电压表(MF—65型)的原理图。在理想运算放大器情况下，$U_F\approx U_i$，$I_F\approx I_0$，所以

$$I_0=\frac{U_i}{R_F}=\frac{KU_x}{R_F}$$

式中，K 为分压器和 FET 跟随器的电压传输系数，即流过电流表的电流 I_0 与被测电压 U_x 成正比。

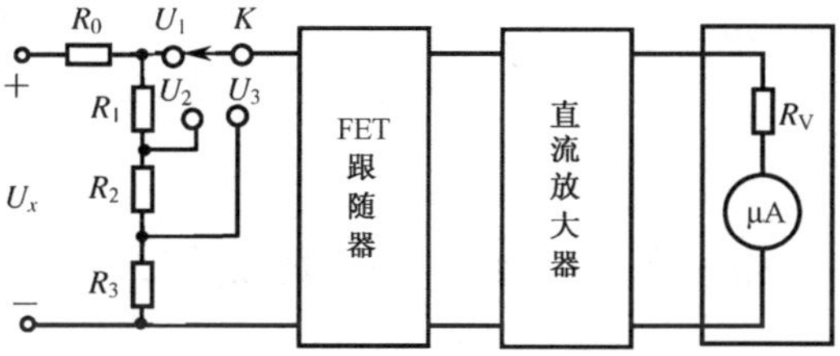

图 5.7　直流电子电压表组成框图

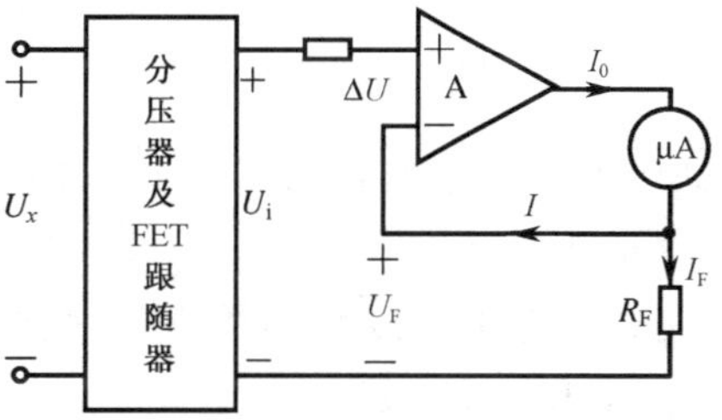

图 5.8　集成运算放大器型电子电压表的原理图

为保证该电压表的准确度，各分压电阻和反馈电阻 R_F 都要使用精密电阻。

在上述使用直流放大器的电子电压表中，直流放大器的零点漂移限制了电压表灵敏度的提高。为此，电子电压表中常采用斩波式放大器或称调制式放大器以抑制零点漂移，使其能测量 μV 级的电压。

5.3　交流电压的测量

5.3.1　交流电压的表征

交流电压可以用峰值、平均值、有效值、波形因数及波峰因数来表征。

1. 峰值

某一周期性交流电压 $u(t)$ 在一个周期内所能达到的最大值称为该交流电压的峰值，用符号 U_P 表示，如图 5.9 所示。当不加注明时，$u(t)$ 包括直流分量 U_0 在内。根据待测系统中直流分量 U_0 的不同数值，峰值又可以分为峰-峰值 U_{PP}、正峰值 U_{P+} 和负峰值 U_{P-}。应当注意区分峰值 U_P 和振幅值 U_m。峰值是从零电平开始计算的，而振幅值则以直流分量的电平作为参考，它仅仅反映交变部分振动的幅度。同样，振幅值也可分为正振幅值 U_{m+} 和负振幅值 U_{m-}。当 $U_0=0$ 时，振幅值即为峰值。习惯上，常常笼统地用峰值而不用振幅值这一名称。

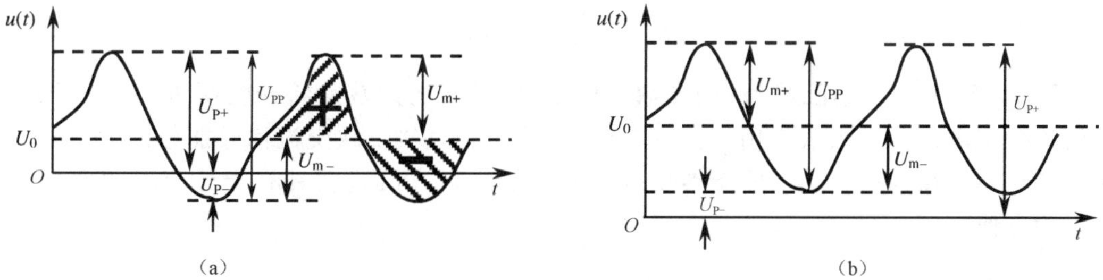

图 5.9　交流电压的峰值

2. 平均值

平均值的定义有如下 3 种。

1）电压平均值 $\overline{U}$

$$\overline{U}=\frac{1}{T}\int_0^T u(t)\,\mathrm{d}t \tag{5.8}$$

式中，T 为交流电压的周期。

当 $u(t)$ 中含有直流分量时，$\overline{U}=U_0$；当 $u(t)$ 中不含直流分量时，$\overline{U}=0$。

2）全波平均值

交流电压绝对值在一个周期内的平均值称为全波平均值，即

$$\overline{U}=\frac{1}{T}\int_0^T |u(t)| \mathrm{d}t \tag{5.9}$$

全波平均值的意义可由图 5.10(a)来说明。

3）半波平均值

交流电压正半周或负半周在一个周期内的平均值称为半波平均值，并分别用符号 $U_{+1/2}$ 或 $U_{-1/2}$ 表示，如图 5.10(b)、(c)所示。

对于纯粹（正负半周对称）的交流电压，全波平均值为

$$\overline{U}=2\overline{U}_{+1/2}=2\overline{U}_{-1/2}$$

通常，在未特别注明时，平均值是指式(5.9)，即全波平均值。

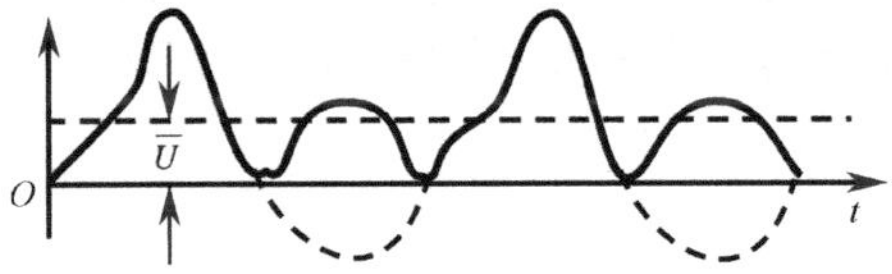

（a）全波平均值

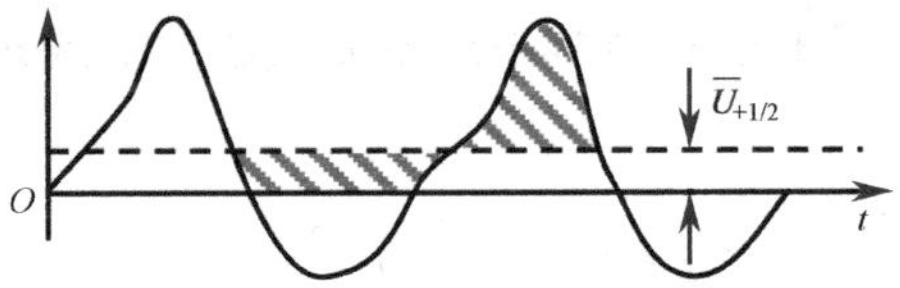

（b）正半波平均值

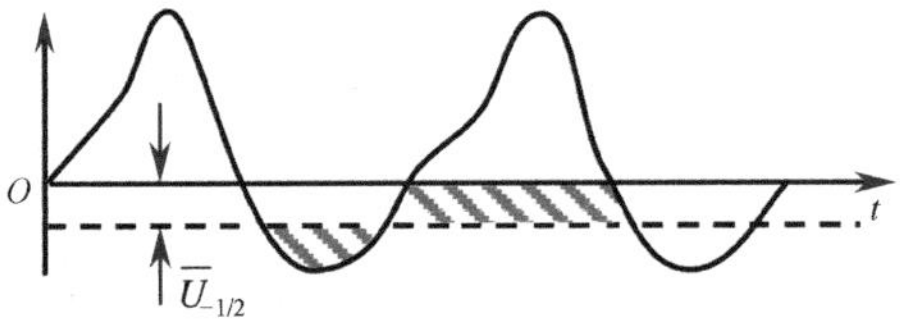

（c）负半波平均值

图 5.10　全波及半波平均值

3. 有效值

若某一交流电压 $u(t)$ 在一个周期内通过纯阻负载所产生的热量与一个直流电压 U 在同样情况下产生的热量相等，则 U 的数值即为 $u(t)$ 的有效值，U 和 $u(t)$ 的数学关系为

$$U=\sqrt{\frac{1}{T}\int_0^T u^2(t)\mathrm{d}t} \tag{5.10}$$

在实际中，有效值是应用最广泛的参数。例如，电压表的读数除特殊情况外，几乎都是按正弦波有效值进行定度的。有效值应用广泛，一方面是由于它直接反映交流信号能量的大小，这对于研究功率、噪声、失真度、频谱纯度、能量转换等十分重要；另一方面，它具有十分简单的叠加性质，计算起来极为方便。

4. 波形因数

交流电压的波形因数定义为该电压的有效值与平均值之比，即

$$K_{\mathrm{F}}=\frac{U}{\overline{U}} \tag{5.11}$$

5. 波峰因数

交流电压的波峰因数定义为该电压的峰值与其有效值之比，即

$$K_{\mathrm{P}}=\frac{U_{\mathrm{P}}}{U} \tag{5.12}$$

表 5.1 列出了几种交流电压的参数。

表 5.1　几种交流电压的参数

名称	波　形	峰值	有　效　值	平　均　值	波 形 因 数	波 峰 因 数
半波整流正弦波	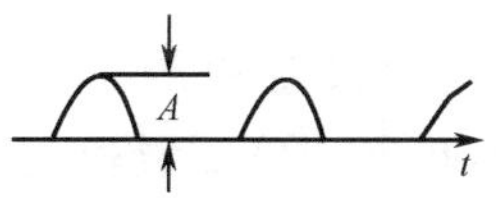	A	$\frac{A}{2}$	$\frac{A}{\pi}\approx 0.318A$	$\frac{\pi}{2}\approx 1.57$	2
全波整流正弦波	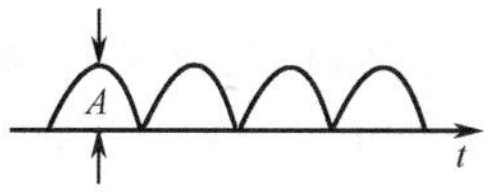	A	$\frac{A}{\sqrt{2}}\approx 0.707A$	$\frac{2}{\pi}A\approx 0.637A$	$\frac{\pi}{2\sqrt{2}}\approx 1.11$	$\sqrt{2}\approx 1.414$
三角波	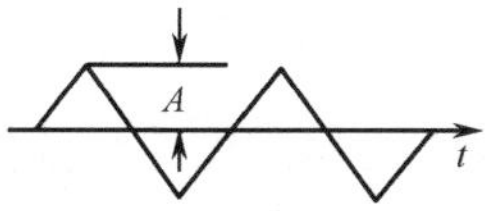	A	$\frac{A}{\sqrt{3}}\approx 0.577A$	$\frac{A}{2}=0.5A$	$\frac{2}{\sqrt{3}}\approx 1.15$	$\sqrt{3}\approx 1.73$
力波	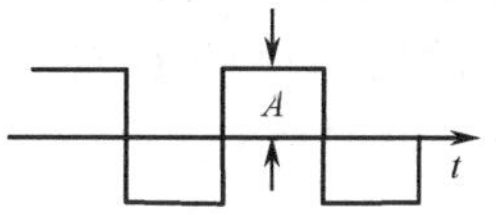	A	A	A	1	1
脉冲波	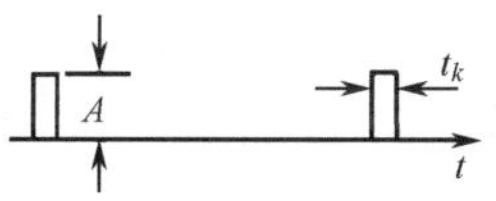	A	$\sqrt{\frac{t_k}{T}}A$	$\frac{t_k}{T}A$	$\sqrt{\frac{T}{t_k}}$	$\sqrt{\frac{T}{t_k}}$
隔直脉冲波	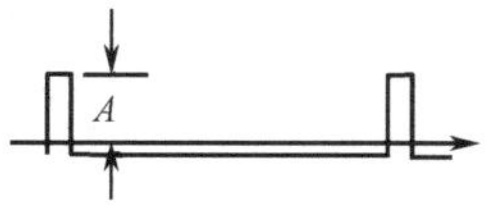	A	$\sqrt{\frac{t_k}{T-t_k}}A$	$\frac{t_k}{T-t_k}A$	$\sqrt{\frac{T-t_k}{t_k}}$	$\sqrt{\frac{T-t_k}{t_k}}$
梯形波	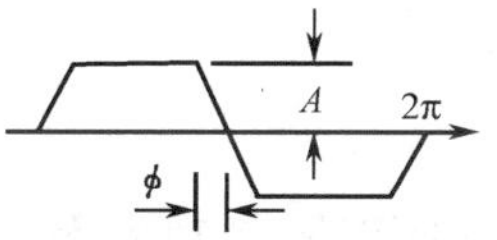	A	$\sqrt{1-\frac{4\phi}{3\pi}}A$	$\left(1-\frac{\phi}{\pi}\right)A$	$\frac{\sqrt{1-\frac{4\phi}{3\pi}}}{1-\frac{\phi}{\pi}}$	$\frac{1}{\sqrt{1-\frac{4\phi}{3\pi}}}$
白噪波		A	$\approx\frac{A}{3}$	$\approx\frac{A}{3.75}$	$\sqrt{\frac{\pi}{2}}\approx 1.25$	≈ 3

5.3.2　交流电压的测量

在实际应用中,交流电压大多采用电子电压表来测量,它通过 AC/DC 转换器将交流电压变换成直流电压。这里,转换器实际上就是检波器。按检波器的响应特性可分为:均值、峰值和有效值三种。

电子电压表按电路的组成形式又可以分为三种类型:放大—检波式、检波—放大式和外差式。下面分别进行讨论。

1. 均值电压表

1) 均值电压表的组成

均值电压表是放大—检波式电子电压表,也可简称均值表。均值电压表一般可以做到 mV 量级,频率范围为 20Hz～10MHz,故又称为视频毫伏表。它由阻抗变换器、可变量程衰减器、宽带放大器、平均值检波器和电流表等组成,如图 5.11 所示。

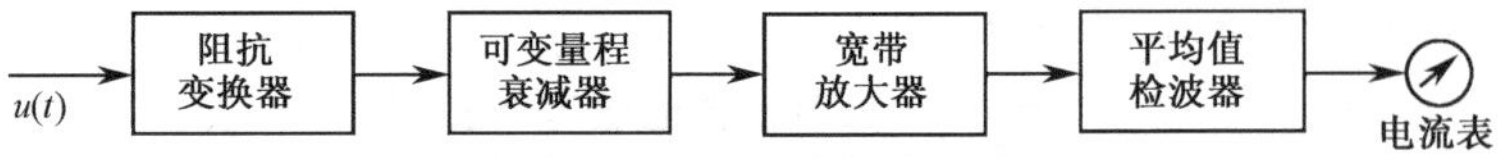

图 5.11　均值电压表的组成

图 5.11 中，阻抗变换器是均值电压表的输入级。通常，采用射极跟随器或源极跟随器来提高均值表的输入阻抗。它的低输出阻抗还便于与其后的衰减器相匹配。可变量程衰减器通常为阻容分压电路，用来改变均值电压表的量程，以适应不同幅度的被测电压。宽带放大器通常采用多级负反馈电路，其性能的好坏往往是决定整个电压表质量的关键。平均值检波器通过整流和滤波(即检波)提取宽带放大器输出电压的平均值，并输出与它成正比的直流电流，最后驱动电流表指示电压的大小。

2）均值检波器

图 5.12 所示为均值检波的常见电路。其中，图(a)和图(c)分别为常见的半波整流式电路和全波整流式电路，图(b)和图(d)则分别是图(a)与图(c)的简化形式，由于用电阻 R 代替二极管，因此必然使检波器的损耗增加，并使流经电流表的电流减小。其中，图(b)中的 R 应选择适当，以保证充放电的时间常数相等。电流表两端并联的电容用来滤掉整流后的交流成分，并可避免它在电表动圈上的损耗。

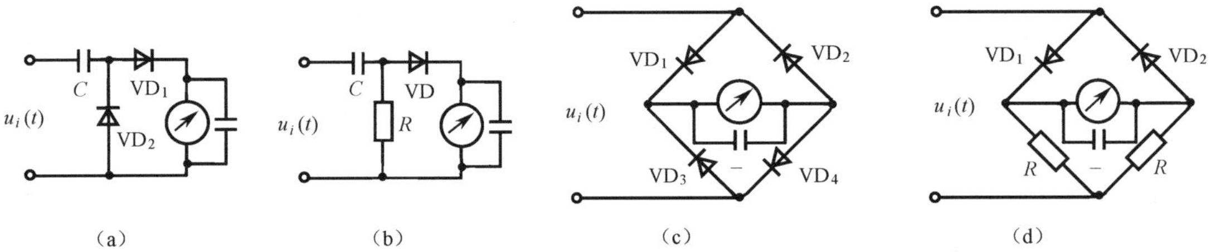

图 5.12　均值检波的常用电路

下面以图 5.12(c)为例，讨论均值检波器的工作特性。

设被测电压为 $u_i(t)$，电流表内阻为 r_m，VD_1～VD_4的正、反向电阻分别为 R_d和 R_r。一般，R_d为 100～500Ω，r_m为 1～3kΩ(个别专用微安表的 r_m可小到几十 Ω)。由于 $R_r \gg R_d$，忽略反向电流的作用，则流过微安表的平均电流为

$$\bar{I}=\frac{1}{T}\int_0^T \frac{|u_i(t)|}{2R_d+r_m}\mathrm{d}t=\frac{\overline{u_i}(t)}{2R_d+r_m}=\frac{\bar{U}}{2R_d+r_m} \tag{5.13}$$

式(5.13)表明，流过微安表电流的平均值只与被测电压的平均值有关，而与波形无关，且与平均值成正比。可见，全波均值检波器会响应被测电压的平均值。

灵敏度是均值检波器的一个重要参数，其定义为

$$S_d=\frac{\bar{I}}{U_m} \tag{5.14}$$

对于全波均值检波器，$\bar{U}=\dfrac{2}{\pi}U_m$，可推导出

$$S_d=\frac{\bar{I}}{U_m}=\frac{2}{\pi}\times\frac{1}{2R_d+r_m} \tag{5.15}$$

因此，欲提高灵敏度，应减小 R_d和 r_m的值。

可以证明，全波均值检波器的输入阻抗为

$$R_i = 2R_d + \frac{8}{\pi^2} r_m \tag{5.16}$$

式中，若取 $R_d = 500\Omega$，$r_m = 2\text{k}\Omega$，可得 $R_i \approx 2.6\text{k}\Omega$。可见，均值检波器的输入阻抗很低，用它做成的电子电压表，应在检波前加高输入阻抗的放大器。因此，均值电压表一般都是放大—检波式电子电压表。

3）刻度特性

根据正弦波电压及有效值的实际意义，均值电压表的读数 α 都用正弦波有效值进行定度，即

$$\alpha = U_\sim = K_{F\sim} \overline{U}_\sim = K_{F\sim} \overline{U}_x \tag{5.17}$$

式中，$K_{F\sim}$ 为定度系数，或称为刻度系数；$\overline{U}_x$ 为被测电压的平均值。

比较式(5.17)和式(5.11)可得 $K_F = K_{F\sim} = 1.1$。其中，"～"表示正弦波。取 $1/K_F = 1/1.11 \approx 0.9$，则

$$\overline{U}_x = \frac{\alpha}{K_{F\sim}} = 0.9\alpha \tag{5.18}$$

由于均值电压表中还有阻抗变换器、衰减器和宽带放大器等电路，它们的传输系数直接反映在各量程的刻度中，因此，均值电压表的读数间接反映了被测量（平均值）的大小，式(5.18)反映了这种关系，即均值电压表的读数乘以 0.9 等于被测电压的均值。

同理，对于半波均值电压表有

$$\overline{U}_x = 0.45\alpha \tag{5.19}$$

式(5.19)表明，半波均值电压表的读数乘以 0.45 就等于被测电压的平均值。

4）波形误差

用均值电压表测量非正弦波电压时，其读数应进行修正

$$U_x = K_{Fx} \overline{U}_x = 0.9 K_{Fx} \alpha \tag{5.20}$$

式中，K_{Fx} 为被测电压的波形因数。

如果不进行修正，把读数当成有效值，将产生波形误差

$$\gamma_W = \frac{\text{测量值} - \text{真实值}}{\text{测量值}} \times 100\% = \frac{\alpha - U_x}{\alpha} \times 100\% \tag{5.21}$$

式中，γ_W 为波形误差。

将式(5.20)代入式(5.21)，则有

$$\gamma_W = \frac{\alpha - 0.9K_{Fx}\alpha}{\alpha} \times 100\% = (1 - 0.9K_{Fx}) \times 100\% \tag{5.22}$$

显然，测量正弦波电压时，$\gamma_W = 0$。由于各波形的波形因数与正弦波的相差不大，因此，均值电压表的波形失真小。但是，当用均值电压表测量失真正弦波电压的有效值时，其测量误差不仅取决于各次谐波的幅度，也取决于它们的相位。这是因为一个失真的正弦波电压的波形，不仅决定于各谐波成分的幅度，也与它们的相位有关。

【例 5.1】 用均值电压表测量一个三角波电压，读得测量值为 10V，试求全波平均值、有效值和峰值分别为多少伏？波形误差是多少？

解： 因为被测电压波形为三角波，式(5.17)变为

$$\alpha = U_\sim = K_{F\sim} \overline{U}_\sim = K_{F\sim} \overline{U}_\Delta$$

所以

$$\overline{U}_\Delta = \frac{\alpha}{K_{F\sim}} = \frac{10}{1.11} = 9\text{V}$$

由式(5.11)可得

$$U_{\Delta}=K_{F\Delta}\overline{U}_{\Delta}=1.15\times 9=10.35\approx 10.4V$$

由式(5.12)可得

$$U_{P\Delta}=K_{P\Delta}U_{\Delta}=1.73\times 10.35=17.9V$$

由式(5.21)可得

$$\gamma_W=\frac{\alpha-U_{\Delta}}{\alpha}\times 100\%=\frac{10-10.4}{10}\times 100\%=-4\%$$

均值电压表电路简单，灵敏度高，波形失真小，因此得到了广泛的应用。DA16 型、DA12 型、GB—9 型、GB—10 型毫伏表均属此类。

常用的 DA16 型毫仪表的频率范围为 20Hz～2MHz，测量范围为 100μV～300V，最小量程为 1mV，误差为±3%，输入电阻为 1.5MΩ。而 DA12 型毫仪表的频率范围为 30Hz～10MHz，最小量程为 1mV。

指针式万用表属于电工仪器，它的交流电压测量挡采用了半波均值检波器，并以正弦波有效值进行刻度，也可用于交流电压的测量。由于指针式万用表依据直接测量原理工作，且灵敏度低，因此，主要用于工频(50Hz)及要求不高的低频(一般为几到几十 kHz 以下)电压的测量。

2. 峰值电压表

峰值电压表的工作频率范围宽，输入阻抗较高，有较高的灵敏度，但存在非线性失真。

1）峰值电压表的组成

峰值电压表也可简称峰值表，属于检波一放大式电子电压表，又称为超高频毫伏表。它由峰值检波器(置于机箱外探头中)，以及分压器、直流放大器和电流表等(置于电压表机箱中)组成，如图 5.13 所示。

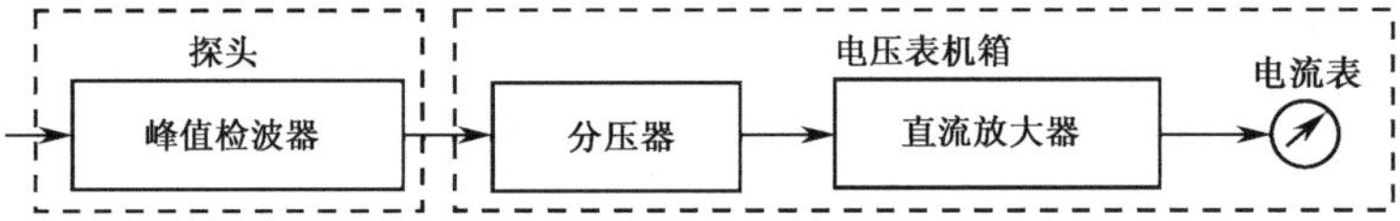

图 5.13　峰值电压表

2）峰值检波器

峰值检波器是指检波输出的直流电压与输入交流信号峰值成比例的检波器。常见的峰值检波器有串联式和并联式两种，如图 5.14 所示。其中，串联式峰值检波器无隔直能力；而并联式峰值检波器具有隔直能力，且用得较多。

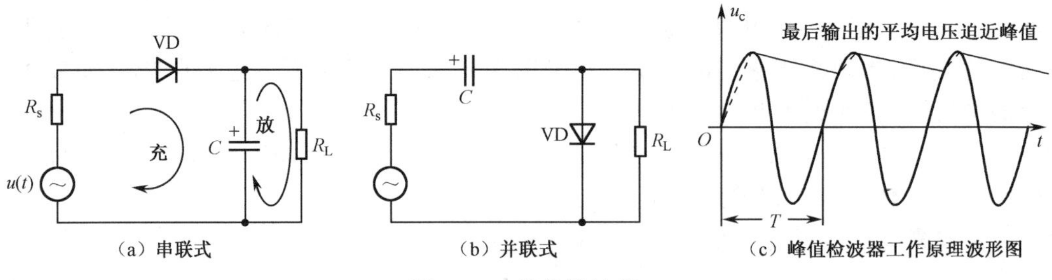

图 5.14　峰值检波器

图 5.14 中，检波元件 R_L，C 的值选得不同时，可以适应不同频率的电压的测量。但对其基本要求是，使检波器的充电时间常数远小于放电时间常数，同时，放电时间常数也要远大于输入信号

中最大的周期 T_{max}，即

$$\tau_1 \ll \tau_2, \quad \tau_2 \gg T_{max} \tag{5.23}$$

式中，τ_1 为充电时间常数，τ_2 为放电时间常数。

而且，被测回路的内阻 R_s应较小，而负载电阻 R_L要大（R_L常取 $10^7 \sim 10^8 \Omega$），以保证式(5.23)成立。这样，输出的直流电压（R_L两端的电压）正比于被测电压的峰值。图 5.14(a)、(b)中的输入电阻分别为

$$R_s = \frac{1}{2}R_L \quad （串联式） \tag{5.24}$$

$$R_s = \frac{1}{3}R_L \quad （并联式） \tag{5.25}$$

由于 R_L取值很大，峰值检波器作为输入级也可使峰值电压表具有很高的输入电阻，它常被做在仪器的探头内，以减小引线的长度，输入电容可小到 1～3pF。因此，峰值电压表适合于高频电压的测量。

峰值检波器的工作原理可以通过图 5.14(a)、(c)来说明。在上述电路参数式(5.23)的条件下，当交流电压 $u(t)$波形正半周加向二极管时，$u(t)$对电容 C 快速充电，如图 5.14(c)中虚线所示；当 $u(t)$波形峰值过后，C 上的电压大于 $u(t)$，这时二极管截止，C 慢速放电，如图 5.14(c)中实线所示；当 $u(t)$第 2 个周正半周加向二极管时，在 $u(t)$高于 C 上电压期间，$u(t)$继续向 C 充电。如此重复几周，最后处于动态平衡状态时，电容 C 上电压的平均值接近$u(t)$的峰值。

在实际应用中，为了提高检波效率，常采用双峰值检波电路，如图 5.15 所示。为了保证峰值检波，C_1，C_2及 R_L应选得足够大。双峰值检波器在 R_L上的直流电压 $U_L = 2U_P$，但输入电阻比图 5.14 中的要低。

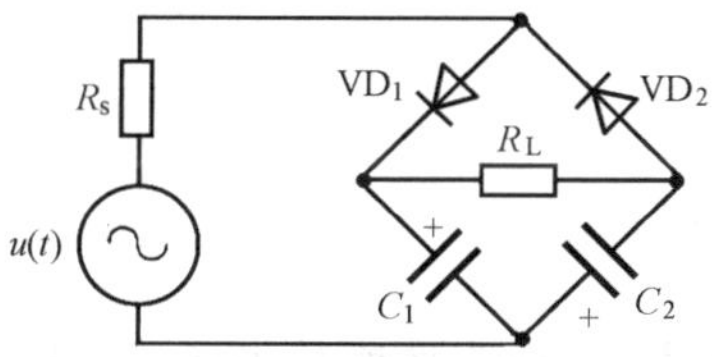

(a) 串联式

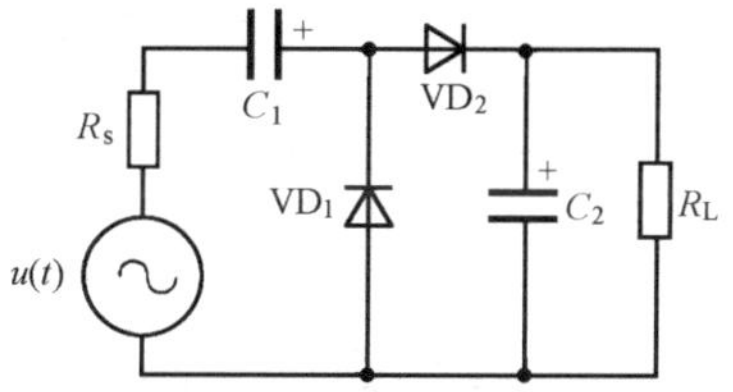

(b) 并联式

图 5.15　双峰值检波电路

峰值检波器中，流经负载电阻 R_L的电流非常小，无法推动磁电式电流表。因此，直流放大器是检波一放大式电子电压表中必不可少的部分。

峰值电压表中的直流放大器多做成斩波式（调制式）放大器，即将直流转换成交流，放大后，再转换成直流。其特点是增益高，噪声低，漂移小，灵敏度可达几十 μV。因此，常称峰值电压表为超高频毫伏表。

3) 刻度特性

峰值电压表响应被测电压的峰值已按正弦波有效值进行定度，则其读数 α 为

$$\alpha = U_{\sim} = \frac{U_{P\sim}}{K_{P\sim}} = \frac{U_{Px}}{K_{P\sim}} \tag{5.26}$$

式中，U_{Px}为被测电压的峰值。

由式(5.26)可得

$$U_{Px} = \sqrt{2}\alpha \tag{5.27}$$

式(5.27)表明，峰值电压表的读数乘以$\sqrt{2}$后所得的就是输入电压的峰值。

4）波形误差

由于峰值电压表的读数没有直接的物理意义，因此测量非正弦波电压时，如果不进行换算，将产生波形误差。由式(5.12)可得

$$U_x=\frac{U_{Px}}{K_{Px}}=\frac{K_{P\sim}\alpha}{K_{Px}}$$

$$\gamma_W=\frac{\alpha-U_x}{\alpha}\times 100\% \tag{5.28}$$

即

$$\gamma_W=\frac{\alpha-\dfrac{K_{P\sim}\alpha}{K_{Px}}}{\alpha}\times 100\%=\left(1-\frac{K_{P\sim}}{K_{Px}}\right)\times 100\% \tag{5.29}$$

式中，K_P为输入电压的波峰因数。

【例 5.2】 用峰值电压表测量一个三角波电压，读得测量值为 10V，试求全波平均值、有效值和峰值分别是多少？波形误差是多少？

解：

$$\alpha=U_{\sim}=\frac{U_{P\sim}}{K_{P\sim}}=\frac{U_{P\Delta}}{K_{P\sim}}$$

$$U_{P\Delta}=K_{P\sim}\alpha=1.414\times 10=14.14\text{V}\approx 14.1\text{V}$$

由式(5.12)可得

$$U_{\Delta}=\frac{U_{P\Delta}}{K_{P\Delta}}=\frac{14.14}{1.732}=8.16\text{V}\approx 8.2\text{V}$$

由式(5.11)可得

$$\overline{U}_{\Delta}=\frac{U_{\Delta}}{K_{F\Delta}}=\frac{8.16}{1.15}=7.096\text{V}\approx 7.1\text{V}$$

由式(5.28)可得

$$\gamma_W=\frac{\alpha-U_{\Delta}}{\alpha}\times 100\%=\frac{10-8.2}{10}\times 100\%=18\%$$

可见，用峰值电压表测量失真的正弦波电压或非正弦波电压时，若将读数当成输入电压的有效值，就会产生波形误差，而且，峰值电压表的波形失真较大。但用峰值电压表测量正弦波电压时，读数就是有效值。

DA－1 型、DA－4 型、HFJ－8 型、HFJ－8A 型、DYC－5 型等超高频毫伏表都是峰值电压表。其中，DA－1 型的频率范围为 10kHz～1000MHz，测量范围为 0.3mV～3V，误差优于±1%(3mV 挡)。HFJ－8 型的频率范围为 5kHz～300MHz，测量范围为 1mV～3V。HFJ－8A 型的频率范围为 5Hz～1GHz，测量范围为 1mV～3V，可扩展到 300V。

3. 有效值电压表

在实际测量中，遇到的往往是失真的正弦波电压，且难以知道其波形参数(K_F和 K_P)，因此，电压表若能响应有效值，测量其有效值就变得比较容易，而且还不必像均值电压表或峰值电压表那样进行换算。

有效值电压表属于放大－检波式电子电压表，其交流－直流转换电路主要有热电偶式和计算式(5.7 节介绍)两种。

热电偶式是依据有效值的物理定义来实现测量的。热电偶在非电量测量或传感器课程中已介绍过，图 5.16 给出了热电偶的结构图。若将被测电压变成热能加在热电偶上，热电偶将产生相应

的电势$E=kU^2$。但由于热电偶具有非线性的转换关系，利用热电偶进行 AC/DC 转换时，应进行线性化处理。热电偶式有效值电压表如图 5.17 所示，由宽带放大器、测量热电偶 T_1、平衡热电偶 T_2和高增益的直流放大器 A 等部分组成。其测量及线性化过程如下。

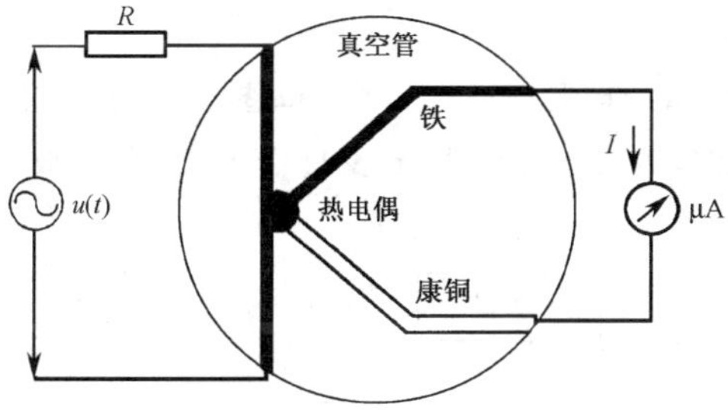

图 5.16　热电偶结构图

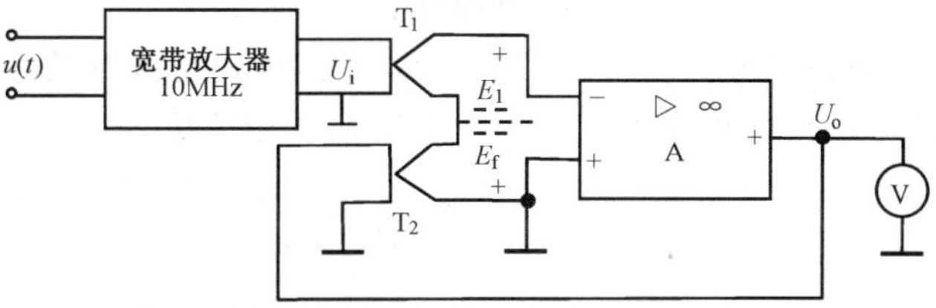

图 5.17　热电偶式有效值电压表

输入信号 $u(t)$经宽带放大器放大后送 T_1，并产生电势 $E_1=k_1U_i^2$。E_1经 A 放大后加热 T_2，T_2产生电势 $E_f=k_2U_o^2$ 作为负反馈电压与 E_1一起加到 A 的输入端。这个过程将一直持续，直至 E_1与 E_f之差 $\Delta E=(E_1-E_f)\to 0$，A 输出稳定的直流电压为止。此时，$E_f=E_1$，且 A 的输出电压 U_o保持恒定，电路平衡。这个平衡一旦被破坏，T_2的负反馈将再次作用，直到电路再次平衡为止。

若 T_1与 T_2的特性完全相同，在电路平衡时必有 $E_1=E_f$，则 $k_2U_o^2=k_1U_i^2$，故 $U_o=U_i$，实现了有效值的测量及转换关系的线性化。

显然，在这个过程中，并不涉及是否知道 U_i的波形，以及 T_1和 T_2有何种转换特性。但是，应考虑宽带放大器的带宽和动态范围：由于带宽的限制，电压中的高次谐波将被抑制；由于动态范围的限制，使信号产生波形失真。如果这两个特性不满足要求，将造成丢失信号有效成分，从而带来波形误差。

一般认为有效值电压表的读数就是被测电压的有效值，即有效值表是响应输入信号有效值的。因此，在有效值电压表中，$\alpha=U_i$，并称这种表为真有效值电压表。

用有效值电压表测量失真正弦波电压的有效值时，波形误差就是信号的失真度；用它测量非正弦波时，波形误差的大小主要取决于宽带放大器的特性。

DA—24 型热电偶式有效值电压表的最小量程为 1mV，最大量程为 300V，频率范围为 10Hz～10MHz，准确度为 1.5 级，刻度线性，波形误差小。其主要缺点是有热惯性，易过载，使用时应注意。

至此，介绍了均值、峰值和有效值三种电子电压表，现将它们主要特性归纳比较于表 5.2 中。

表 5.2　三种电子电压表主要特性的归纳比较

电压表	组成原理	主要适用场合	实测	读数 α	读数 α 的物理意义	
					对正弦波电压	对非正弦波电压
均值	放大—检波式	低频信号 视频信号	平均值 $\overline{U}$	$1.11\overline{U}$	有效值 U	$U=K_{F\sim}\overline{U}_\sim$
峰值	检波—放大式	高频信号	峰值 U_P	$0.707U_P$	有效值 U	$U=U_{P\sim}/K_{P\sim}$
有效值	放大—检波式	非正弦信号	有效值 U	U	真有效值 U	

※5.3.3　高频电压的测量

前面介绍的峰值电压表是实际应用最多的高频电压测量仪器，但这种检波—放大式电子电压表仅能测高频（1000MHz 以下）的大电压（约 0.1V 以上），虽然经过改进后其灵敏度可到 mV、μV 量级，但由于非线性等原因，测量的准确度不高，若有噪声干扰则更难以测量微小电压。下面再介绍两种用于高频小电压测量的电压表。

1. 选频电压表(测试接收机)

在电压测量中,往往要求测量更低的电压,而且还要求从干扰中选出所需的信号,选频测量技术可以实现这个要求。

选频测量以超外差接收原理为基础。图 5.18 所示为选频电压表的简化方框图。由于外差式结构具有良好的选择性,解决了放大器增益与带宽的矛盾,因此,选频电压表具有较高的灵敏度。它的另一个特点是可以从干扰中选取有用的信号。

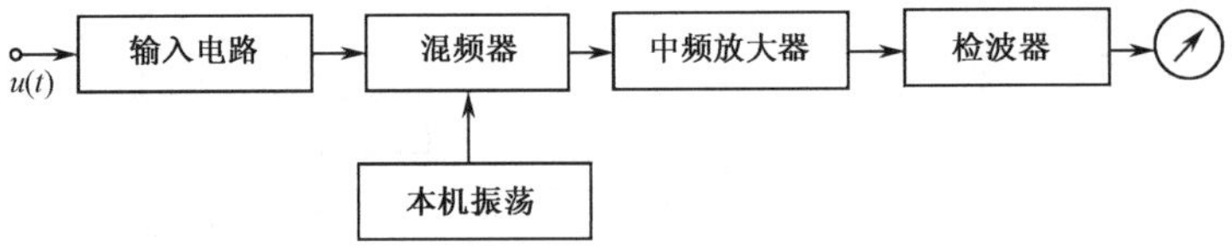

图 5.18　选频电压表的简化方框图

选频电压表也称为外差式电压表或测试接收机,由于其能够测量微伏量级电压,也常称为微伏表。例如,DW—2 型宽频选频电压表的频率范围为 0.1～300MHz,电压范围为 0～15mV,误差不大于±3.5dB。它可用于中、高频小电压的测量,还可用于接收机、发射机、频率、频谱分析、衰减等的测试调整。

又如,RS—3 型高频测试接收机的频率范围为 25～450MHz,测量范围为－5～130dB(0dB＝1μV),频率误差不大于±2%。它可用于开路电压的测量、衰减器的校准等,还可以作为一级计量标准。

2. 标准高频电压源的测量

电压的高精度测量也是以比较测量法为基础的,所以,与标准频率源的测量一样,需要建立各级标准电压源。标准电池可作为直流电压标准,所以直流电压的测量可达到最高的测量准确度。

为了建立一个标准的高频电压作为标准源,以便用来校准其他高频电压表,一般采用与标准直流电压进行比较的方法来获得高的准确度。目前,多利用测热电阻来进行高精度的高频电压测量。所谓测热电阻,实质上是一个非线性电阻,即其阻值随通过它的电流(损耗的功率)变化而变化。利用测热电阻的这一特性,把被测高频电压加到测热电阻两端,由于测热电阻损耗功率而发热,则其阻值将产生变化。再以一个直流电压加到测热电阻两端,若检测的阻值变化与第一次测高频电压时相同,则说明高频损耗功率与直流损耗功率相等。由于直流电压可以精确测量,从而根据电压与功率的基本关系,可以间接求出被测高频电压。

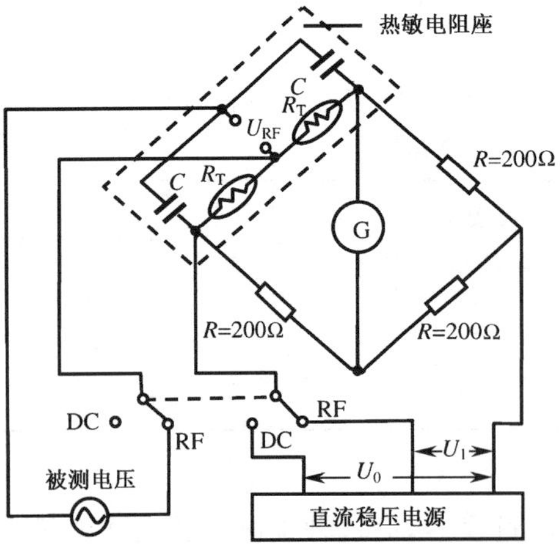

图 5.19　由双测热电阻电桥组成的高频电压测量装置

用测热电阻测量高频电压的原理如下。由于利用电桥来检测测热电阻阻值的变化最为灵敏和精确,故把测热电阻接入电桥电路。目前,双测热电阻电桥应用比较广泛,图 5.19 所示为一个由双测热电阻电桥组成的高频电压测量装置。电桥的测热电阻臂由两个串联的测热电阻 R_T 构成,被测高频电压 U_{RF} 一端接至其中点,另一端通过隔直流电容器 C 分别馈送至串联的测热电阻的两端。这样,对于直流电桥来说,两个 R_T 是串联的;而对 U_{RF} 来说,两个 R_T 是并联的。

测量分两次进行，即所谓二次电压法。

第一次为电桥初平衡，这时将开关扳向“DC”位置，即 U_{RF}不馈至电桥，由高稳定的直流电压 U_0加到电桥一对对角上。调节 U_0，当两个测热电阻的直流损耗功率刚好使两个串联电阻 R_T的总阻值等于 200Ω 时，电桥平衡，这时的电压 U_0可以精确测得。

第二次为电桥再平衡，这时将开关扳向“RF”位置，即 U_{RF}加到两个 R_T两端。这时由于这两个测热电阻要吸取高频损耗功率，而使其阻值产生变化，电桥失去平衡。为了使电桥再平衡，势必要减小直流损耗功率，即将直流电压减小到 U_1。

从两次平衡的功率关系

$$\frac{\left(\frac{U_0}{2}\right)^2}{2R_T}-\frac{\left(\frac{U_1}{2}\right)^2}{2R_T}=\frac{U_{RF}^2}{\frac{R_T}{2}}$$

不难求得被测高频电压的有效值

$$U_{RF}=\frac{\sqrt{U_0^2-U_1^2}}{4} \tag{5.30}$$

这就是二次电压法的全部测量过程。

式(5.30)是在两个假设条件下得到的，即认为两个测热电阻完全对称(阻值和温度特性相同)，以及 $R=2R_T$。当这两个条件不满足时，就会产生测量误差。二次电压法的主要误差来源是测量直流电压 U_0和 U_1产生的误差。尤其是在测量小的高频电压时，U_0与 U_1的差值很小，这时 U_0和 U_1的测量误差对 U_{RF}测量结果的影响很大。当 $U_{RF}=0.2V$ 时，直流电压的测量准确度为 10^{-5}量级(用 DVM 可达到)，利用二次电压法测量 U_{RF}的准确度可达 10^{-3}量级。

目前，双测热电阻电桥被广泛应用在各种高频电压标准源中，例如，国产 DO2 型高频电压标准源的频率范围为 10kHz～2GHz，输出电压范围为 0.2～2V，准确度为±1%。

顺便指出，直流电压标准通常采用标准电池、齐纳管(稳压二极管)和约瑟夫量子电压基准，其中，约瑟夫结阵电压基准(量子基准)已成为当前电压最高自然基准。

5.3.4 电平(分贝)的测量

在通信传输中，通常不直接计算或测量电路某测试点的电压或功率，而是关心传输过程中各部位幅度的相对变化情况。这里，幅度统称为“电平”，它可以是功率、电压或电流，但大多是指电压电平。计算电平与某一电压或功率基准量之比，通常取其对数值并需要引出一个新的度量名称——分贝。

测量中，常用分贝值表示放大器的增益、衰减等，以及音频设备的有关参数，分贝值还用于表示信号和噪声的电平。

1. 分贝的概念

分贝值是被测量与同类的某一基准量比值的对数。常用的被测量是功率和电压。对于功率比，当 $P_x=10P_0$ 时，取对数，得

$$\lg\frac{P_x}{P_0}$$

这是个无量纲的数 1，称为 1 贝尔(B)。在实际应用中，由于贝尔值太大，因此常用它的分数单位分贝(dB)值来度量，即 1B=10dB，所以，以 dB 表示的功率比为

$$10\lg\frac{P_x}{P_0}$$

当 $P_x > P_0$ 时，dB 值为正；而当 $P_x < P_0$ 时，dB 值为负；当 $P_x = P_0$ 时，为 0dB。

由 $P = UI = U^2/R$ 关系式可得电压比的对数

$$10\lg\frac{P_x}{P_0} = 10\lg\frac{U_x^2/R}{U_0^2/R} = 20\lg\frac{U_x}{U_0} \tag{5.31}$$

在实际应用中，按通信传输中的惯例，如图 5.20 所示，设功率基准量 $P_0 = 1\text{mW}$(送话器典型输出功率)，则绝对功率电平为

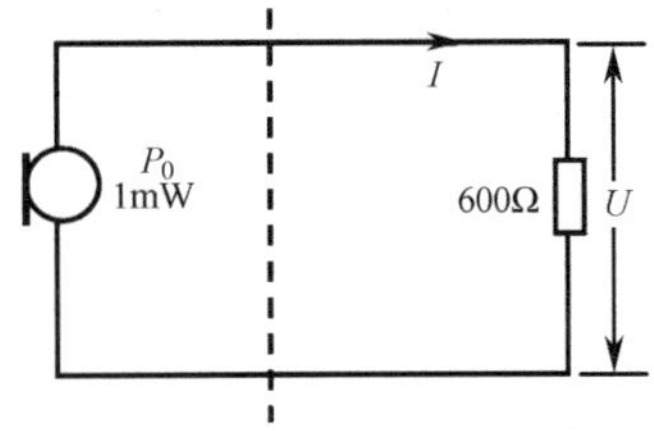

图 5.20　绝对功率电平示意图

$$P_w = 10\lg\frac{P_x}{1\text{mW}}\text{dB} \tag{5.32}$$

此时，若负载电阻为通信中的标准负载 $R = 600\Omega$，则基准电压 $U_0 = \sqrt{P_0 R} = 0.775\text{V}$，绝对电压电平为

$$P_u = 20\lg\frac{U_x}{0.775\text{V}} \tag{5.33}$$

因此，当被测点负载(电平表的输入电阻)为 600Ω 时，绝对电压电平等于绝对功率电平 $P_u = P_W = P$。若负载电阻 Z 不是标准电阻 600Ω，则要加修正项

$$P_w = 10\lg\frac{\dfrac{U_x^2}{Z}}{\dfrac{0.775^2}{600}} = 20\lg\frac{U_x}{0.775} + 10\lg\frac{600}{Z} = P_u + 10\lg\frac{600}{Z} \tag{5.34}$$

2. 分贝值的测量

实质上，分贝值的测量就是交流电压的测量，只是表盘以 dB 分度。通常，它是以基准电压(0.775V)为零电平刻度的，并称为电压电平 P_u[dB]。当被测点负载为 600Ω 时，功率电平 P_w[dB]和电压电平 P_u[dB]相等，故通常电平在表头上公用一个刻度。

一般，零电平刻度总是选在表头满度的 2/3 位置左右，如图 5.21 所示。电压值小于 0.775V 为－dB，而大于 0.775V 为＋dB，例如，－10dB 刻度相当于 0.245V，其余类推。很明显，表头零点应刻度为 $-\infty$dB。

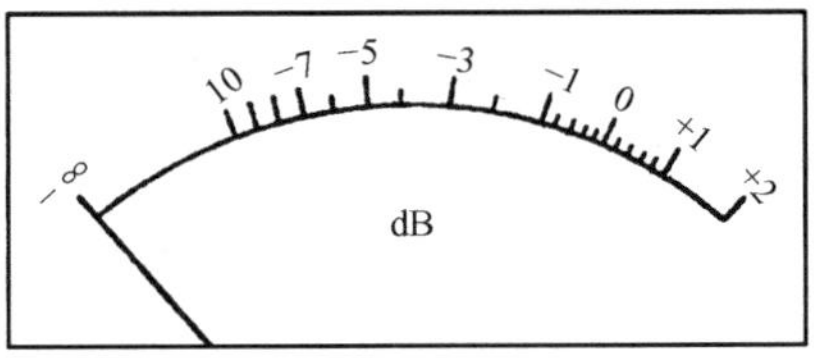

图 5.21　电平表的表头刻度

从表头刻度可以看出，分贝值范围很小，那么，怎样满足大分贝值的测量呢？实际电平表的输入端可串入步进衰耗器，其步进范围较大。例如，步进衰耗器置于＋10dB 挡，表头上读数为－3dB，则被测电平为＋7dB。

应当指出，分贝值的测量必须在额定的频率范围内，而且这里的电压是指正弦波有效值。能够测量分贝值的电压表常称为电平表，如选频电平表、宽频电平表等。

在实际应用中，若电平表输入电阻不是标准的 600Ω，可按式(5.34)进行修正。

※5.3.5　噪声电压的测量

噪声是随机信号，它的幅度、相位、频率均是随机的，其概率分布属正态高斯分布，故又称高斯噪声。高斯噪声电压的测量，最好采用真有效值电压表。但由于均值电压表的价格优势，人们常用它来测量噪声电压，这时要求解决读数的修正、仪器的带宽、满度波峰因数等问题。

1. 读数的修正

高斯噪声电压的有效值就是它的瞬时值 u 的均方根，即标准差。瞬时值 u 的平均值为

$$\overline{U}=-\frac{1}{\sigma\sqrt{2\pi}}\int_{-\infty}^{\infty}\mid u\mid \exp\left[-\frac{u^2}{2\sigma^2}\right]\mathrm{d}u=\sqrt{\frac{2}{\pi}}\sigma$$

高斯噪声电压的波形因数为

$$K_{\mathrm{Fn}}=\frac{\sigma}{\overline{U}}=\sqrt{\frac{\pi}{2}}\approx 1.25 \tag{5.35}$$

因此,用均值电压表测量噪声电压有效值U_{n}时,有

$$U_{\mathrm{n}}=K_{\mathrm{Fn}}\overline{U}=1.13\alpha \tag{5.36}$$

即将读数乘以修正因数 1.13 就可得噪声电压的有效值,或者在分贝指示时将示值加上 20lg 1.13≈1.1dB即可。

2. 仪器的带宽

由于噪声电压的频带 BW_n很宽,在噪声电压测量时,要求仪器响应它的功率。因此,测量仪器的带宽 BW_{-3dB}应以损耗噪声功率最小为原则,如 3%~5%。此时,要求仪器的带宽为噪声频带的 8~10 倍,即

$$BW_{-3dB}\geqslant(8\sim 10)BW_n \tag{5.37}$$

3. 满度波峰因数

在电压表中,常用满度波峰因数间接反映放大器的动态范围。所谓满度波峰因数,是指电压表所承受输入信号的最大允许波峰因数。三角波、正弦波电压对电压表满度波峰因数的要求分别为$\sqrt{3}$和$\sqrt{2}$。据统计,高斯噪声电压波峰因数超过 2.6 的峰值出现的概率为 1%,即电压表的满度波峰因数为 2.6 时,电压表因放大器削波所产生的误差不超过 1%。

一般,若电压表的满度波峰因数大于 4.4,那么对高斯噪声电压的测量足够了。有效值电压表的满度波峰因数通常为 10,而均值电压表的一般为 1.4~2。当使用均值电压表测量时,可使表头指针指向 1/2 满度附近,以提高它的测量精度。

由于带宽及满度波峰因数的原因所造成的误差,总是会使读数偏低。此外,在测量时,还应有足够的测量时间,而对宽带噪声电压的测量就不必考虑测量时间了。

※5.3.6 脉冲电压的测量

对于脉冲电压,常用示波器进行测量。使用示波器还可以方便、直观地测量脉冲的其他参数,如 t_r,t_f,t_w,τ/T 等。只有在个别情况下才使用脉冲电压表测量脉冲的峰值。一般不使用峰值电压表测量脉冲电压的幅度,因为其波形误差过大。

1. 脉冲电压表的原理

脉冲电压表响应脉冲电压的峰值,并以峰值进行定度。在脉冲电压表中,将峰值检波器的负载电阻尽量增大,或用跟随器代替它。这可通过脉冲保持电路来实现,如图 5.22 所示。VT_1为射极跟随器,可以减小对信号源的影响,被测脉冲电压经 VD_1对 C_2充电;VT_2,VT_3接成源极输出电路,VT_2源极电位跟随 C_2上的电压,经 VD_2对 C_3充电。C_3可比 C_2大,这样 C_3上的电压在整个脉冲周期内维持被测脉冲电压的峰值,然后再经直流放大并驱动电流表,从而实现脉冲电压的测量。

2. 高压脉冲幅度的测量

测量高压脉冲幅度,往往用电容分压,通过示波器测量,但分压比不稳定,容易引起振荡,因此,可采用如图 5.23 所示的充放电法测量高压脉冲幅度电路。

图 5.23 中,VD 是高压硅堆,R_1是限流电阻,与 C_1,R_2等构成峰值检波器。微安表直接指示脉

冲幅度。R_3是标准电阻，C_2是旁路电容。当正向脉冲输入时，VD 导通，C_1充电；在脉冲休止期，VD 截止，C_1放电，可由 DVM 测得脉冲幅度。

图 5.23 中，R_2的取值决定于脉冲的幅度，可取几十到几百 MΩ。R_3上的电压为毫伏级，用微安表指示时可忽略。开关 S 用于保护数字电压表，测量时合上。

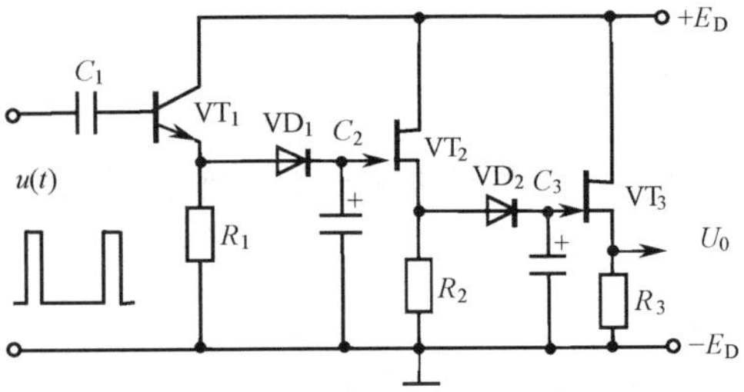

图 5.22　脉冲保持电路

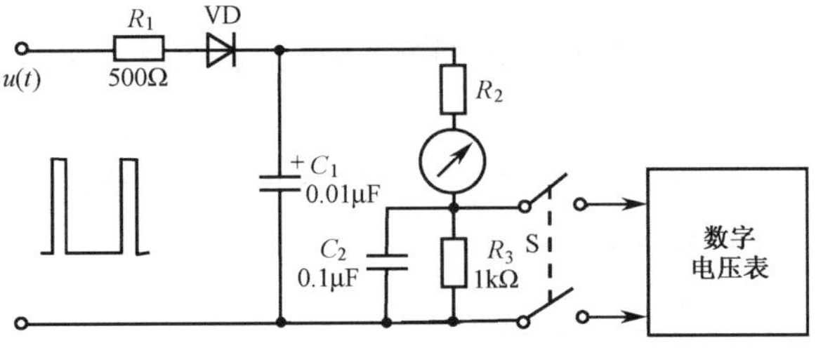

图 5.23　充放电法测量高压脉冲幅度电路

5.4　数字电压表概述

5.4.1　数字电压表的组成原理

数字电压表（DVM，Digital Voltmeter）是一种利用模数（A/D）转换原理，将被测电压（模拟量）转换为数字量，并将测量结果以数字形式显示出来的电子测量仪器。一台典型的直流数字电压表主要由输入电路、A/D 转换器、控制逻辑电路、显示器，以及电源电路等组成，如图 5.24 所示。输入电路和 A/D 转换器统称为模拟电路部分，显示器和控制逻辑电路统称为数字电路部分。因此一台数字电压表除供电电源外，主要由模拟电路和数字电路两大部分构成。

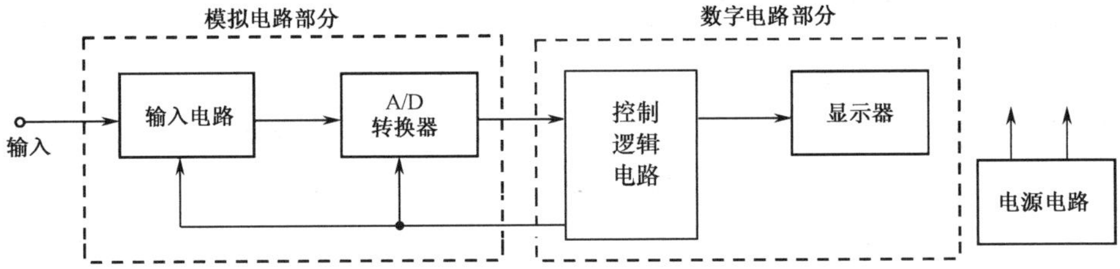

图 5.24　直流数字电压表的原理框图

A/D 转换器是数字电压表的核心。由于在数字电压表中使用 A/D 转换器的目的是把被测电压转换成与之成比例的数字量，因而是一个电压—数字转换器。由于电压是一个最基本的电量，且其他许多物理量都能方便地转换成电压，因此电压—数字转换是一种最基本、最常用的 A/D 转换方式。由于实现电压—数字转换的原理和方案有很多种，因而相应地，也有各种不同类型的数字电压表。

数字电压表与指针式（模拟）电压表相比，具有精度高、速度快、输入阻抗高、数字显示、读数准确方便、抗干扰能力强、测量自动化程度高等优点。它的数字输出可由打印机记录，也可送入计算机中进行数据处理。它与计算机及其他数字测量仪器、外围设备（扫描仪、计时器、绘图仪等）配合，可构成各种快速自动测试系统。目前，数字电压表广泛用于电压的测量和校准。数字电压表中最通用、最常见的是直流数字电压表，在此基础上，配合各种适当的输入转换装置（如交流—直流转换器、电流—电压转换器、欧姆—电压转换器、相位—电压转换器、温度—电压转换器等），可以构成能测交流电压的交流数字电压表，能测电压、电流、电阻的数字多用表，以及能测相位、温度、压力等多种物理量的多功能数字仪器。

5.4.2 数字电压表的主要工作特性

1. 测量范围

测量范围包括量程的划分、各量程的测量范围(从零到满度的显示位数)及超量程能力。此外,还应写明量程的选择方式(如手动和自动)。

1) 量程

量程的扩大借助于分压器和输入放大器来实现,不经放大/衰减的量程称为基本量程。基本量程也是测量误差最小的量程。例如,DS-14 型的量程分为 500V、50V、5V、0.5V 共 4 挡,其中 5V 挡为基本量程(不经放大/衰减,直接加到 A/D 转换器上)。

2) 位数

位数是表征数字电压表性能的一个最基本的参量。通常用 1 位整数加分数的形式表示:能显示 0~9 所有数字的位数为整数位,分数位的数值以最大显示值中最高位数字为分子,以满量程时的最高位数字为分母。例如,1999≈2000,称为 $3\frac{1}{2}$ 位;39999≈40000,称为 $4\frac{3}{4}$ 位;499999≈500000,称为 $5\frac{4}{5}$ 位。

3) 超量程能力

超量程能力是数字电压表的一个重要性能指标。最大显示值为 9999 的 4 位表是没有超量程能力的,而最大显示值为 19999 的 4 位表则有超量程能力,允许有 100% 的超量程。

有了超量程能力,当被测量超过正规的满量程时,读取的测量结果就不会降低精度和分辨率。例如,满量程为 10V 的 4 位数字电压表,当其输入电压从 9.999V 变成 10.001V 时,若数字电压表没有超量程能力,则必须换用 100V 量程挡,从而得到"10.00V"的显示结果,这样就丢失了 0.001V 的信息。

此外,也常用百分数来表示超量程能力,例如,$3\frac{1}{2}$ 位(≈2000)比 3 位(≈1000)有 100% 的超量程能力。

2. 分辨率

分辨率是数字电压表能够显示的被测电压的最小变化值,也就是使显示器末位跳一个字所需的输入电压值。显然,在不同的量程上,数字电压表的分辨率是不同的。在最小量程上,数字电压表具有最高的分辨率,常把最高分辨率作为数字电压表的分辨率指标。分辨率可以用量程除以最大显示值来求取。例如,$3\frac{1}{2}$ DVM,2V 量程的分辨率为 2V/1999≈1/1000V=1mV,也可用一个字对应的电压值表示,2V 量程最大值为 1.999V,一个字对应 0.001V,即 1mV。有时也用百分比表示,例如,$3\frac{1}{2}$ DVM 的分辨率为 0.05%。

由于分辨率与数字电压表中 A/D 转换器的位数有关,位数越多,分辨率越高,故有时称具有多少位的分辨率。例如,称 12 位 A/D 转换器具有 12 位分辨率,有时也用最低有效位 LSB 的步长表示,把分辨率说成分辨率 $1/2^{12}$ 或 1/4096。同时,分辨率越高,被测电压越小,电压表越灵敏,故有时把分辨率称为灵敏度。

应当指出,数字电压表的分辨率(或分辨力)不同于准确度。分辨率与准确度属于两个不同的概念。前者表征仪表的"灵敏性",即对微小电压的"识别"能力;后者反映测量的"准确性",即测量结果与真值的一致程度。两者无必然的联系，因此不能混为一谈，更不能将分辨率误以为是类似于准确度的一项指标。实际上，分辨率仅与仪表显示位数有关，而准确度则取决于A/D 转换器等的总误差。从测量角度看，分辨率是理想的“虚”指标（与测量误差无关），准确度才是“实”指标（表征测量误差的大小）。

因此，分辨率只是在理想情况下测量准确度的上限。例如，选用分辨率为 24 位的 A/D 转换器，由于噪声干扰等因素的影响并不能保证实现 24 位的准确度。通常在设计上，分辨率应高于准确度，保证分辨率不会制约可获得的准确度，以确保从读数中能检测出微小的变化量。

3. 最大允许误差与不确定度

当前数字电压表厂家在技术指标中大多给出最大允许绝对误差 ΔU，其表示方式为

$$\Delta U = \pm(a\% \times U_x + b\% \times U_{\mathrm{m}}) \tag{5.38}$$

式中，U_x 为被测电压的读数（指示值），U_{m} 为电压表的量程值，a 为误差的相对项系数，b 为误差的固定项系数。

式(5.38)等号右边第一项与 U_x 成正比，称为读数误差；第二项为不随读数变化而改变的固定误差项，称为满度误差。读数误差包括转换系数（刻度系数）、非线性等产生的误差。满度误差包括量化、偏移等产生的误差。由于满度误差不随读数变化而改变，因此也可用“n 个字”来表示，即

$$\Delta U = \pm(a\% \times U_x + n \text{ 个字}) \tag{5.39}$$

有的厂家还给出 $\Delta U = \pm(a \times \mathrm{ppm} \times U_x + b \times \mathrm{ppm}\% \times U_{\mathrm{m}})$ 等形式。式中，ppm 是英文百万分之一的缩写，即 10^{-6}。下面通过一个实例来说明这些表示方式都是等效的。

【例 5.3】 现有 DS－14 型 $4\frac{4}{5}$ 位 DVM，其使用手册上给出的误差表示方式为 $\pm(0.006\%U_x + 0.002\%U_{\mathrm{m}})$，基本量程为 5V，试变换误差的各种表示方式。

解：对应于式(5.38)，这里 $a=0.006$，$b=0.002$，$U_{\mathrm{m}}=5\mathrm{V}$ 可以演变为以下形式：

$$\begin{aligned}\Delta U &= \pm(0.006\%U_x + 0.002\%U_{\mathrm{m}}) \\ &= \pm(0.00006U_x + 0.00002 \times 5\mathrm{V}) \\ &= \pm(60 \times 10^{-6}U_x + 0.0001\mathrm{V}) \\ &= \pm(60\mathrm{ppm}U_x + 1 \text{ 个字})\end{aligned}$$

因为 $4\frac{4}{5}$ 位 DVM 在 5V 量程上的最大显示值为 4.9999V，末位跳 1 个字需 100μV，正好是其满度误差值 0.0001V，所以可以用 1 个字来表示。因此，本例中给出的几种表示方式是等效的，不同的厂家可以选取其中的一种用法。

厂家给出的绝对误差 $\pm\Delta U$ 实际上也就是该数字电压表的最大允许误差，即该仪器的置信区间。这是由厂家产品质量决定的，不是通过多次测量由标准差求得的，故属 B 类标准不确定度。

第 2 章已经指出最大允许误差的“模”，即绝对值 $|\Delta U|$，就是置信区间的半宽 a，由它可以求得 B 类标准不确定度。

现仍用例 5.3 中 DS－14 型 DVM 来求其在 5V 量程上测量 3V 电压时的不确定度

$$a = \Delta U = 60 \times 10^{-6} \times 3\mathrm{V} + 0.0001\mathrm{V} = 280\mu\mathrm{V}$$

由于最大允许误差 ΔU 在 5V 量程上对测量值都有影响，即其在 5V 范围内出现的概率相同，故应属于均匀分布。因此，这里 a 即为均匀分布的半宽，按表 2.10 查得 $k=\sqrt{3}$。

故该数字电压表示值的 B 类标准不确定度为

$$u(\Delta U) = 280\mu\mathrm{V}/\sqrt{3} = 162\mu\mathrm{V}$$

顺便指出,式(5.38)的绝对误差形式也可转换为任一读数下的相对误差

$$\gamma=\frac{\Delta U}{U_x}=\pm\left(a\%+b\%\times\frac{U_{\mathrm{m}}}{U_x}\right) \tag{5.40}$$

由此式可见,$|\gamma|$随读数 U_x 增大而减小,故在测量电压时,要正确选择量程,以提高测量精度。此结果与模拟电压表是一致的。

4. 测量速度

测量速度是每秒对被测电压的测量次数或者测量一次所需的时间,它主要取决于数字电压表中所采用的 A/D 转换器的转换速度。A/D 转换器可在内部或外部的启动信号触发下工作。数字电压表内部有一个触发振荡器(称为采样速率发生器),以提供内触发信号,改变采样时钟的重复频率,则可改变测量速度。

5. 输入阻抗与输入电流

目前,多数数字电压表的输入级用场效应管组成。在小量程时,其输入阻抗可达10^4 MΩ以上;在大量程时(如 100V、1000V 等),由于使用了分压器,输入阻抗一般为 10MΩ。

数字电压表的输入等效电路不能只用一个简单的无源电阻 R_{i}来代表,而必须用如图 5.25 所示的有源网络来等效。这是因为,数字电压表采用场效应管作为输入级时,管中有漏电流 I_0(在 25℃时,通常为 10pA 以下),这个电流将通过被测信号源,从而在被测信号源内阻 R_{s}上建立一个附加的电压 I_0R_{s}(见图 5.26)。这个电压与被测电压 U_x叠加后,会引起测量误差。由于 R_{s}不同,I_0R_{s}之值也不同,因此 I_0的影响不能用调零的办法来消除。为了减小其影响,必须减小 I_0的数值,例如,DS-14 型 DVM 规定 $I_0<5\times10^{-10}$ A。

此外,在测量交流电压时,输入阻抗中不仅有电阻成分,而且包含并联电容部分。当测量更高频率(几 MHz 以上)的交流信号时,还可能包含电感部分。

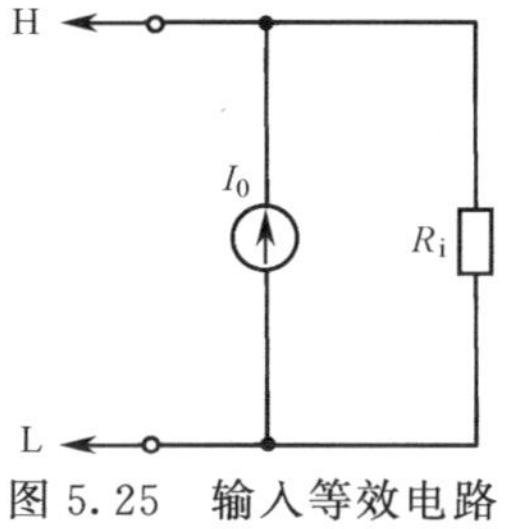

图 5.25 输入等效电路

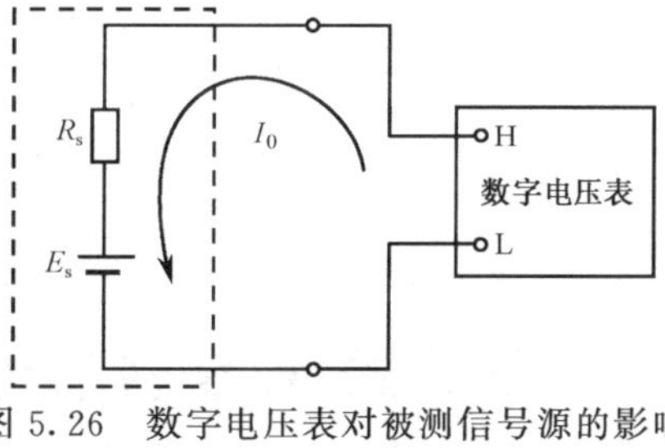

图 5.26 数字电压表对被测信号源的影响

6. 响应时间

响应时间是数字电压表跟踪输入电压突变所需的时间。响应时间与量程有关,故可按量程分别确定或规定最长响应时间。响应时间可分为如下三种。

① 阶跃响应时间:用以衡量对阶跃输入电压的响应速度。

② 极性响应时间:是指对极性自动变换的响应时间。

③ 量程响应时间:是指对量程自动变换的响应时间。

7. 抗干扰能力——串模抑制比和共模抑制比

数字电压表的内部干扰有漂移及噪声,外部干扰有串模干扰及共模干扰。关于串模干扰与共模干扰的起因及其抑制方法将在 5.8 节中讨论。

上述工作特性是相互关联的,例如,在固有误差中,由于存在量化误差,因此满度误差 $b\%U_{\mathrm{m}}$不可能优于分辨率。又如,抗干扰能力与测量速度是互相矛盾的,积分式数字电压表的抗串模干扰

能力强，但很难达到每秒 100 次的测量速度。相反，比较式数字电压表具有较高的测量速度，每秒可达 10^5 次以上，但其抗干扰能力很差。

5.4.3 数字电压表的分类

1. 按结构形式分

① 台式：通常为 $5\frac{1}{2}$ 位以上的数字电压表，由于精度高，工艺结构较复杂，体积重量较大，售价也较高，故一般做成机箱形式，置于工作台上使用。

② 便携式：通常 $3\frac{1}{2}$ 及 $4\frac{1}{2}$ 位数字电压表都融合在数字多用表中，由于精度一般，故可做成便于携带的袖珍式结构。

③ 面板表：面板表也称数字表头，多为 $3\frac{1}{2}$～$4\frac{1}{2}$ 位直流电压表，只有一个基本量程，如 0～5V，置于机器面板上，用来取代原来的指针式表头。

2. 按 A/D 转换器原理分

自从 20 世纪 50 年代初期数字电压表面世以来，已经出现了许多种实现 A/D 转换的不同方法。一般来说，这些方法可以分为两大类：积分式和比较式。实现这两大类 A/D 转换的方法也在逐步发展，下面提供的方法虽然不能包括所有方法，但也可看出数字电压表发展的一个概况：

- A/D转换器
  - 积分式（间接比较式）
    - 双斜积分式、三斜积分式、多斜积分式
    - 脉冲调宽式
    - V/F 转换（压频）式
    - Σ—Δ 型
  - 比较式
    - 反馈比较式
      - 逐次逼近比较式
      - 余数循环比较式
    - 直接比较式
      - 并联比较式
      - 分级型（流水线式）

这些方法基本上是按提出的时间排列的。

5.5 积分式 A/D 转换器

5.5.1 双斜积分式 A/D 转换器

1. 工作原理

基本的双斜积分式 A/D 转换器原理框图如图 5.27(a)所示。它由模拟电路和数字电路两部分构成。模拟电路部分由基准电压源 $+U_r$ 和 $-U_r$、模拟开关 S_1～S_4、积分器和比较器等组成，数字电路部分由控制逻辑电路、时钟发生器、计数器与寄存器等组成。积分器的第一次积分是对输入电压 U_i 进行的定时(T_1)积分，第二次积分是对基准电压进行的定值积分。通过两次积分得到与输入电压的平均值成正比的时间间隔 T_2，即实现 V/T 转换。在 T_2 的时间内对时钟脉冲进行计数，最后完成电压—数字转换。在控制逻辑电路的控制下，实现一次转换的过程如下，如图 5.27(b)所示。

1）准备期

S_4 接通，积分器的输入为 0，输出也为 0，即积分器处于保持状态。同时，计数器复零，整个电路处于休止状态。

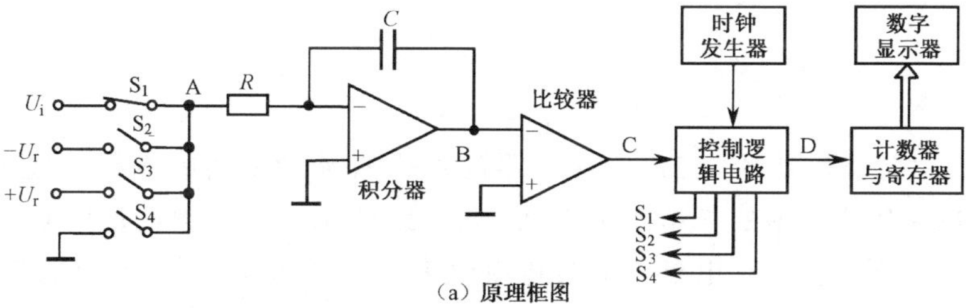

（a）原理框图

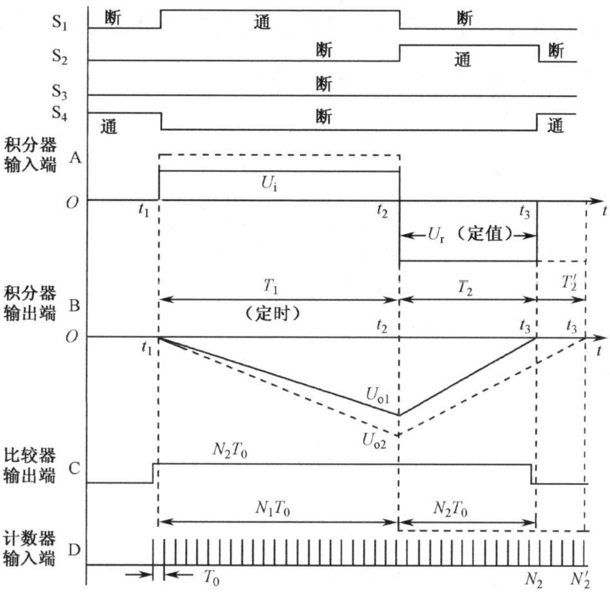

（b）一次转换过程

图 5.27　双斜积分式 A/D 转换器

2）采样（第一次积分）期

在 t_1 时刻，S_4 断开，S_1 接通，积分器对输入电压 U_i 进行积分，经固定时间 T_1 后，在 t_2 时刻把 S_1 断开，终止对 U_i 的积分。此时，积分器的输出电压为 U_{o1}，即

$$U_{o1}=-\frac{1}{RC}\int_{t_1}^{t_2}U_i\,dt=-\frac{T_1}{RC}\overline{U_i} \tag{5.41}$$

式中，$\overline{U_i}$ 为输入电压 U_i 在 T_1 内的平均值，即

$$\overline{U_i}=\frac{1}{T_1}\int_{t_1}^{t_2}U_i\,dt \tag{5.42}$$

3）比较（第二次积分）期

在 t_2 时刻，S_1 断开，S_2 或 S_3 接通（取决于输入电压极性），把与输入电压极性相反的基准电压接入积分器，即当输入电压为正时，让 S_2 接通，接入负基准电压，如图 5.27(b)所示；反之，输入电压为负时，让 S_3 接通，接入正基准电压，积分器往相反方向积分，输出从 U_{o1} 逐渐趋向于 0。在 t_3 时刻，积分器输出电压为 0，比较器检测出过 0 点，并输出一个跳变信号，经控制逻辑电路，使积分器停止积分。由此可得

$$0=U_{o1}-\frac{1}{RC}\int_{t_2}^{t_3}(-U_r)\,dt$$

故

$$U_{o1}=\frac{-U_r}{RC}T_2 \tag{5.43}$$

式中
$$T_2=t_3-t_2$$

当输入电压 U_i 较大时，如图 5.27(b)积分器输入端 A 波形中的虚线所示，这时充电电流增大，对应的积分器输出端 B 波形中的充电斜率变大，如虚线所示，T_1 结束时的终点电压由原来的 U_{o1} 也增大到 U_{o2}。在比较期，反向充电到零的落点由原来的 t_3 右移到 t_3'，相应地，T_2 和 N_2 也分别增大到 T_2'和 N_2'。综上所述，由于 $N_2\propto T_2\propto U_{o1}\propto U_i$，所以可以将模拟电压转换为对应的数字量。

从这个 A/D 转换过程可见，这是一种间接的转换方式，是将电压量转换为相应的时间量，再通过测量时间获得数字量 D，即进行 $U\rightarrow T\rightarrow D$ 的转换。

2. 关系式

将式(5.41)代入式(5.43)，得

$$\frac{T_1}{RC}\overline{U_i}=\frac{T_2}{RC}U_r \tag{5.44}$$

$$T_1\overline{U_i}=T_2U_r \tag{5.45}$$

由此可得

$$\overline{U_i}=\frac{U_r}{T_1}T_2 \tag{5.46}$$

当用同一时钟 T_0 对 T_1、T_2 进行计数时，即 $T_1=N_1T_0$，$T_2=N_2T_0$，则

$$\overline{U_i}=\frac{U_r}{N_1}N_2=eN_2 \tag{5.47}$$

式中，e 为刻度系数，表示一个数字代表多少伏电压（V/Word，即伏每字）。例如，$U_r=10\text{V}$，$N_1=10\ 000$，则 $e=U_r/N_1=1\text{mV/Word}$。

上述关系式推导过程比较严谨，但太烦琐，不易记住。下面介绍两种简便的方法。

1）面积相等

从图 5.27(b)积分器比较端 A 波形可以看出，第一次积分的面积 $S_1=T_1\overline{U_i}$，按工作原理，它应与第二次积分的面积 $S_2=T_2U_r$ 相等，即 $S_1=S_2$，故 $T_1\overline{U_i}=T_2U_r$，与式(5.45)结果一样。

2）电荷相等

根据双斜积分的原理，T_1 期间充电电荷 $Q_1=(\overline{U_i}/R_1)T_1$ 应与 T_2 期间放电电荷 $Q_2=(U_r/R_2)T_2$ 相等，则 $Q_1=Q_2$，故

$$\frac{\overline{U_i}}{R_1}T_1=\frac{U_r}{R_2}T_2 \tag{5.48}$$

当充放电电路中限流电阻不等时，式(5.48)应用很方便；当 $R_1=R_2$ 时，则与式(5.45)的结果相同。

3. 双斜积分式 A/D 转换器的特点

1）抗串模干扰能力强

所谓串模干扰，是指与被测信号串联，加到双斜积分式 A/D 转换器输入端的干扰信号，如图 5.28(a)所示。图中，U_i 为被测电压，U_n 为串模干扰信号。因为积分器对输入信号有平均作用[见式(5.42)]，所以，如果采样周期 T_1 取为干扰信号周期的整数倍，则可以使由干扰信号引起的影响趋于零，如图 5.28(b)所示。通常在双斜积分式 A/D 转换器中干扰信号影响最大的是 50Hz 工频分量，因此采样周期应选取

$$T_1 = n \times 20\text{ms} \qquad n = 1,2,3,\cdots$$

当然，对脉冲性质的干扰信号，双斜积分式 A/D 转换器也有一定的平均作用，但难以减小到 0，如图 5.28(c)所示。

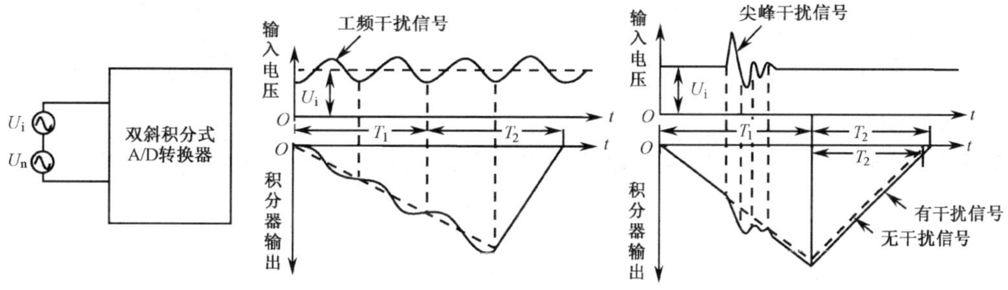

(a)　　(b)　　(c)

图 5.28　双斜积分式 A/D 转换器

2）对积分元件及时钟信号的稳定性和准确度要求大为降低

因为，在采样和比较测量两个阶段内使用的是同一积分器和时钟信号，其影响可以相互抵消，对它们只要求有足够的短期稳定性即可。

3）测量灵敏度较高

有效地解决了干扰问题，只要适当选择 R、C、T_1，积分器可以得到很高的增益($A = T_1/RC$)，可测量 mV 级电压。

4）测量速度慢

为了抑制电源 50Hz 工频干扰，一般 T_1 取 20～100ms，再加上 T_2 等时间，故测量速度一般只有 5～30 次/s。

5）积分器、比较器中运算放大器的零点漂移会带来转换误差

下面专门来讨论这个问题。

※4. 双斜积分式 A/D 转换器自动校零技术

双斜积分式 A/D 转换器中的积分器与比较器的零点漂移用零点漂移电压 U_{os} 来表示，它与被测电压 U_i 一起加在积分器的输入端，自然会引起转换误差

$$U_o = A(U_i + U_{os}) \tag{5.49}$$

克服 U_{os} 影响的措施，通常有以下三种：

① 选用低漂移的运算放大器作为积分器、比较器；

② 软件补偿——在习题 5.17 中介绍了一种方法，通过作业自行论证；

③ 硬件补偿——采用动态校零电路，下面进行介绍。

动态校零技术能有效地补偿上述零点漂移，它在电压—数字转换器中获得广泛应用。

现以一个放大器为例来说明动态校零技术的原理。在图 5.29 所示的电路中，设放大器的零点漂移电压为 U_{os}，显然，放大器既放大了有用的输入电压，也放大了有害的零点漂移电压。假定放大器的增益为 A，则其输出电压见式(5.49)。

动态校零技术是指在电路的工作过程中周期性地插入“零采样期”，利用采样—保持技术，记录电路的零点漂移电压值，然后在工作期内用此电压抵消电路中的零点漂移电压，从而达到消除漂移影响、自动校准零点的目的。具体电路有两种形式。

1）并联式校零电路

并联式校零电路如图 5.30 所示，C_0 为存储电容，电路工作过程如下。

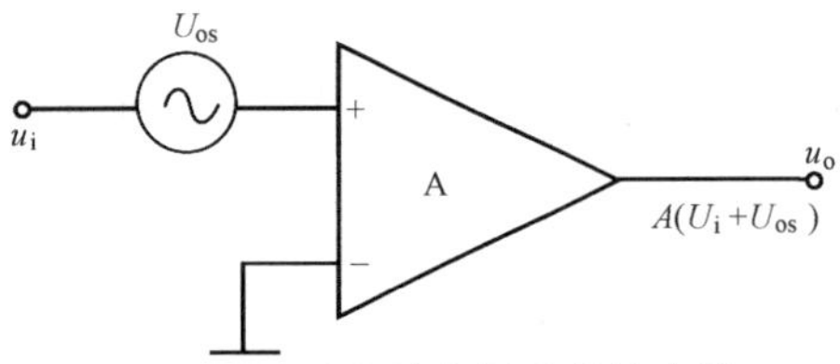

图 5.29 具有零点漂移的放大器

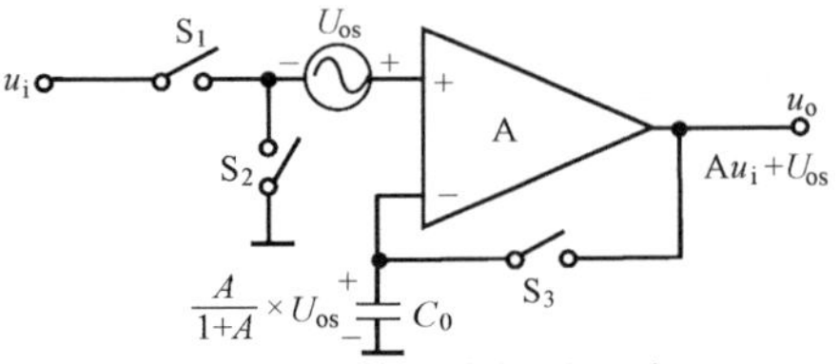

图 5.30 并联式校零电路

(1) 零采样期

模拟开关 S_1 断开，S_2、S_3 接通，放大器被接成一个输入端接地的电压跟随器，其输出电压为

$$U_o = A(U_{os} - U_o)$$

故

$$U_o = \frac{A}{1+A}U_{os} \tag{5.50}$$

此电压存储于电容 C_0 中。

(2) 工作期

模拟开关 S_1 接通，S_2、S_3 断开，放大器为正常的放大工作状态，其输出电压为

$$U_o = A\left(U_i + U_{os} - \frac{A}{1+A}U_{os}\right) = A\left(U_i + \frac{1}{1+A}U_{os}\right) \tag{5.51}$$

将式(5.51)与式(5.50)比较可见，零点漂移的影响减小为原来的 $1/(1+A)$。

在动态校零的放大器中，零采样期和工作期是交替进行的。放大器断续地输出有用信号。

2) 串联式校零电路

串联式校零电路如图 5.31 所示，其工作过程如下。

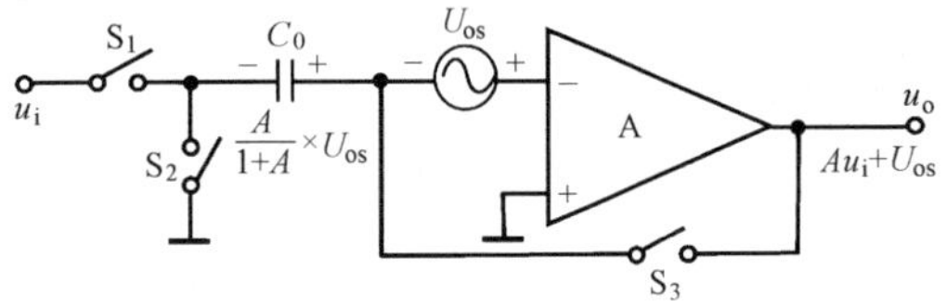

图 5.31 串联式校零电路

(1) 零采样期

模拟开关 S_1 断开，S_2、S_3 接通，放大器被接成一个输入端接地的电压跟随器，其输出电压为

$$U_o = -A(U_{os} - U_o)$$

故

$$U_o = -\frac{A}{1+A}U_{os}$$

此电压存储于电容器 C_0 中。

(2) 工作期

S_1 接通，S_2、S_3 断开，电路为放大工作状态，其输出电压为

$$U_o = -A\left(U_i - \frac{A}{1+A}U_{os} + U_{os}\right) = -A\left(U_i - \frac{1}{1+A}U_{os}\right) \tag{5.52}$$

把式(5.52)与式(5.50)比较可见，零点漂移的影响减小为原来的 $1/(1+A)$。

采用动态校零电路这种硬件补偿方法在实际中得到广泛应用，并将其做成专门的大规模集成电路(如 8052A 和 7103A、TSC7135 等)，使用起来很方便。

5. 单片双斜积分式 A/D 转换器

随着大规模集成电路的发展，上述双斜积分式 A/D 转换器已做成专用集成芯片。将积分器、比较器及数字逻辑电路集成在一块芯片上，只要配上少量的外围电路(基准电源、控制开关及显示器等)就可以构成一个简单而实用的数字电压表。常见的集成双斜积分式 A/D 转换器的型号和主要特性如表 5.3 所示。表中型号前通常冠有生产公司的代号，如 ICL、TSC、AD、CH、CC、DG、MC

及 5G 等，这里略去了。

表 5.3　常用的集成双斜积分式 A/D 转换器的型号和主要特性

型号	转换位数	转换速度	电源范围	功耗	显示	校零技术	说明
7106	$3\frac{1}{2}$	1～15Hz	+9V	16mW	LCD	自动校零	应用广
7107	$3\frac{1}{2}$	1～15Hz	±5V	几百 mW	LED		
7116	$3\frac{1}{2}$	1～15Hz	+9V	16mW	LCD		
7117	$3\frac{1}{2}$	1～15Hz	±5V	几百 mW	LED		
7126	$3\frac{1}{2}$	1～3Hz	+9V	1mW	LCD	自动校零	7106 改进
14433	$3\frac{1}{2}$	4～10Hz	±4.5～8V	8mW	BCD 码	自动校零	
7109	$3\frac{1}{2}$	≤30Hz	+5V		二进制码		
7135	$4\frac{1}{2}$	≤30Hz	±5V		BCD 码	自动校零	
7555	$5\frac{1}{2}$	≤20Hz	+5V		BCD 码		四斜积分

下面对便携式数字电压表中常用的双斜积分式 A/D 转换器 7106 进行简要介绍。

7106 把模拟电路与数字电路集成在一块芯片上，属于大规模 CMOS 集成电路，其工作原理与 7126、7135 基本一致。7106 是目前在各种数显表和万用表中使用较多的一种芯片。7106 构成的 $3\frac{1}{2}$位基本表电路如图 5.32 所示。其具有以下特点。

① 采用单电源供电，特别适用 9V 叠层电池，可使仪器便携化。电压范围较宽，在 7～15V 范围内可正常工作。

② 内部有异或门输出电路，特别适用于直接驱动 LCD 显示屏。

③ 功耗很低。芯片本身消耗电流仅为 1.8mA，功耗约 16mW，在 1 节 6F22 型 9V 叠层电池供电下，能连续工作 200 小时。若正常使用，可用 1 年左右。

④ 输入阻抗极高。典型值为 $10^{10}\Omega$，对输入信号无衰减作用。

⑤ 制造与装配容易，无须外加有源器件，配上电阻、电容和 LCD 显示屏，就能构成一块直流数字电压表。

⑥ 内部有时钟电路。根据需要，可采用阻容振荡器或频率稳定性很高的石英晶体振荡器，也可外接时钟信号。

⑦ 能通过内部的模拟开关实现自动调零和自动显示极性的功能，利用外部异或门（或者异或非门）还可获得超量程（越限溢出）标志信号。

⑧ 在芯片内部，V_+ 端与 COM 端之间，有一个稳定性很高的 2.8V（典型值）基准电压源。通过电阻分压器可获得所需要的基准电压 U_{REF}，以保证 A/D 转换的准确度，转换准确度为±0.05%±1个字。

⑨ 噪声低，失调温漂和增益温漂均很小，具有良好的可靠性，使用寿命长。

7106 的缺点是 A/D 转换的速度较低，规定为 1～15 次/s，通常选 2.5～5 次/s，但已能满足常规仪器的需要。7106 的工作温度范围是 0～70℃，但受 LCD 显示屏限制，整个仪器不能超过 40℃，相对湿度小于 80%。基本量程 U_m＝200mV，也叫基准挡。

图 5.32 中，R_1、C_1 为时钟振荡器电路；R_2、R_3 是基准电压 U_{REF} 的分压电路，通过调整 R_2 的值可以改变基准电压；R_4、C_3 为输入端阻容滤波电路，用以提高仪器的抗干扰能力，并能增强仪器的过载能力（因为 7106 输入阻抗很高，输入电流极小，故可取 $R_4=1\text{M}\Omega$，$C_3=0.1\mu\text{F}$）；C_2、C_4 分别是基准电容和自动调零电容；R_5、C_5 分别是积分电阻和积分电容。

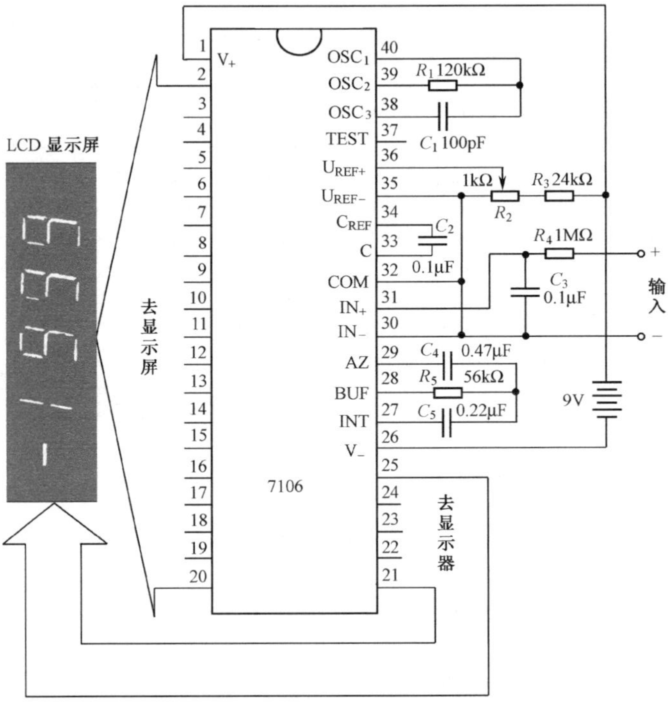

图 5.32　7106 构成的 $3\frac{1}{2}$ 位基本表电路

7106 的 COM 端一般要与面板上的表笔插孔 COM 连通，作为地线。如果要将图 5.32 中的基本量程 200mV 改装成 2V，只需改变 R_2、C_4 和 R_5 的数值即可，其余元件值不变。

※5.5.2　脉冲调宽式 A/D 转换器

脉冲调宽式 A/D 转换器将被测电压转换成与之成比例的脉冲宽度，即进行 V/T 转换，属于积分式。

为了便于理解，先通过图 5.33 来说明脉冲调宽的机理。图中虚线所示的 $\pm U_c$ 称为节拍方波，它起测量控制作用，正负对称，一周平均值为零，不直接参与电压转换。图中实线所示的 $\pm U_r$ 是基准电压接入的时间波形。当被测输入电压 $U_x=0$ 时，$\pm U_r$ 接入时间相等，一周平均值为零。现设有一正的被测输入电压 U_x 加入（图中横实线），在调宽电路的控制下，要增长 $-U_r$ 的接入时间 T_2，缩短 $+U_r$ 的接入时间 T_1，使一周内的电压平均值为零。图中以图形面积大小来进行形象直观的说明。T_2 中，以向右上倾斜线的一块面积与 T_1 所占面积抵消（$+S_0=-S_0$），剩下的（T_2-T_1）所占面积与 U_x 所占面积抵消（$+S_1=-S_1$），保持一周内平均电压为零。

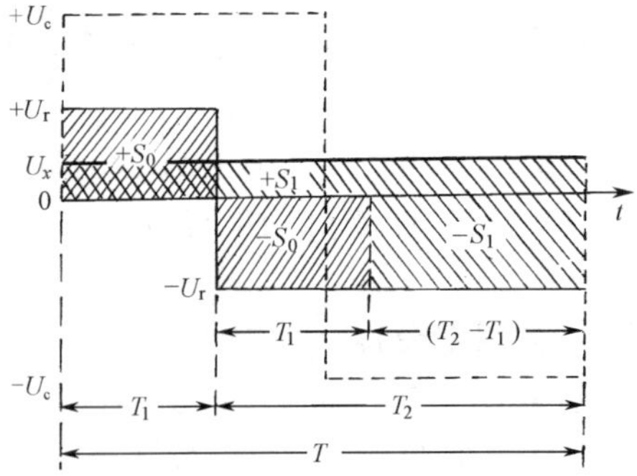

图 5.33　脉冲调宽的机理

若被测电压（即 $+S_1$）增大，$-S_1$ 也增大，即（T_2-

T_1)增宽，实现了脉冲调宽的作用：$U_x \propto (T_2 - T_1)$，这样只要测出$(T_2 - T_1)$则可求得U_x。

下面以原理框图(见图 5.34)和工作波形图(见图 5.35)来说明上述机理的具体实现方法。图 5.34 中，积分器有三个输入端，分别加入被测输入电压U_x、基准电压$\pm U_r$和幅度为$\pm U_c$的节拍方波，积分器对这三个输入电压之和进行积分。积分器的输出电压u_0与零电平进行比较，当$u_0>0$时，比较器的输出驱动开关 S 使$+U_r$加于积分器输入端；当$u_0<0$时，S 使$-U_r$加于积分器输入端，即电路构成了一个闭环反馈系统。在节拍方波的作用下，系统按一定的节拍动作。基准电压$+U_r$、$-U_r$的接通时间受输入电压U_x大小的控制，形成脉冲宽度调制波形，其重复周期取决于节拍方波的周期，它在一个周期内的平均值与输入电压大小相等、极性相反。

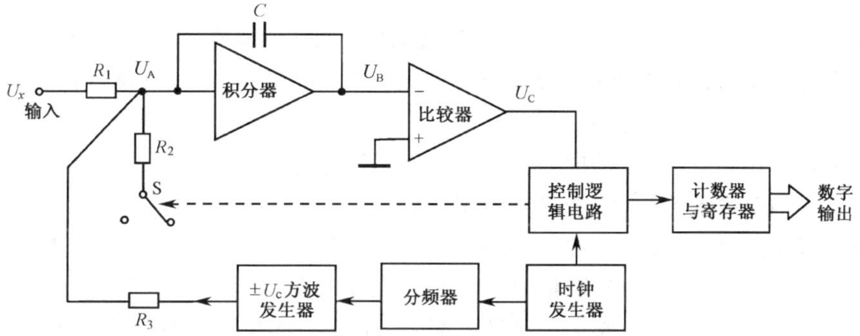

图 5.34　原理框图

在图 5.35 中画出了脉冲调宽式 A/D 转换器的时间波形及相位关系，图(a)是积分器的各输入波形U_A，图(b)是积分器输入合成波形U_A(实际中是观测不到的)，图(c)是积分器的输出波形U_B，图(d)是比较器的输出波形U_C。

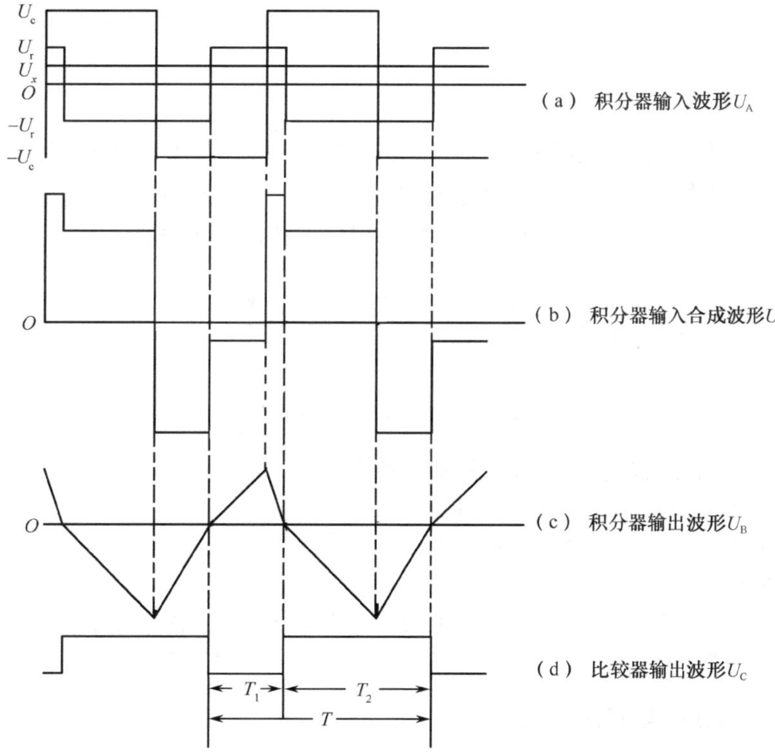

图 5.35　工作波形图

在积分器电荷平衡状态下，积分电容充电电荷和放电电荷相等，考虑到节拍方波在一个周期内 $+U_c$ 和 $-U_c$ 接入时间相等，略去其充、放电荷，有

$$\frac{U_x}{R_1}T+\frac{U_r}{R_2}T_1-\frac{U_r}{R_2}T_2=0$$

当 $R_1=R_2$ 时，上式改写成

$$U_xT=U_r(T_2-T_1)$$

则

$$U_x=\frac{T_2-T_1}{T}U_r=2\frac{U_r}{T}\left(T_2-\frac{T}{2}\right) \tag{5.53}$$

从式(5.53)可知，当 T 一定时，U_x 与 T_2 成比例，从而实现 V/T 转换。当 U_x 变化时，积分输出的过零点改变，则 T_2 随之改变，在 T_2 期间计数即得 U_x 值。脉冲调宽式 A/D 转换器的精度主要取决于 U_r、R_1、R_2、C，而与节拍电压 U_c 无关。

在设计脉冲调宽式 A/D 转换器时，应考虑以下几个问题：

① 应满足 $U_x<U_r$ 的条件，否则会发生超量程现象。

② 要确保整个系统受节拍方波控制，应满足条件 $U_c\geqslant U_r+|U_x|$，故一般选取 $U_c\geqslant 2U_r$。

③ 节拍方波的周期最好选为工频信号周期的整数倍，以获得良好的串模抑制性能。

④ 在 $U_c\geqslant 2U_r$ 的条件下，系统从一个稳定状态到另一个稳定状态所需的响应时间一般约为 $5T$，故脉冲调宽式 A/D 转换器的响应时间较长。

脉冲调宽式 A/D 转换器在每一个转换周期内要往返积分 4 次，如图 5.35 所示，使积分器的动态范围减小，从而减少非线性失真的影响。它比双斜积分式的线性度可以高两个数量级，所以脉冲调宽式 A/D 转换器是一种高精度 A/D 转换器。英国 Solartron 公司采用该技术生产出世界上第一台 $8\frac{1}{2}$ 位 DVM。

※5.5.3 V/F 转换式 A/D 转换器原理

V/F 转换式 A/D 转换器将被测模拟电压转换成脉冲频率，属于积分式，也称为压频式。被测电压通过积分后输出的线性变化电压，控制一个振荡器，产生与被测电压成正比的频率值，再用电子计数器测量该频率值，用以表示被测电压的大小。V/F 转换原理框图如图 5.36 所示。

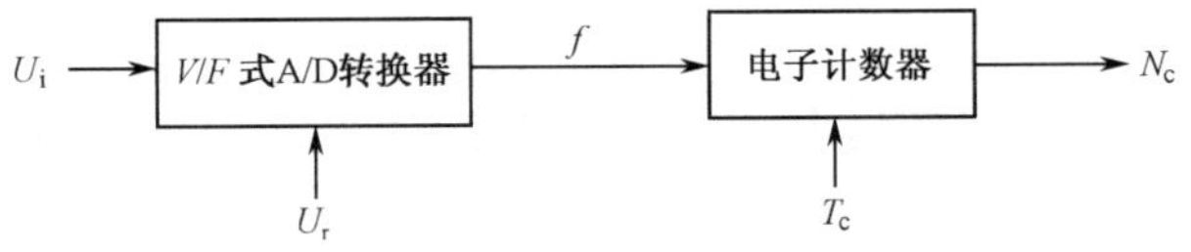

图 5.36　V/F 转换原理框图

能实现 V/F 转换的方法较多，分为三种基本类型：

V/F 转换方法
- 定时复原式——复零式、交替积分式
- 定面积复原式——电荷平衡式
- 电压反馈式

通常，电荷平衡式、电压反馈式等在数字电压表中应用最广。限于篇幅，下面仅介绍电荷平衡式 A/D 转换器的工作原理。

1. 电荷平衡式 A/D 转换器工作原理

电荷平衡式 A/D 转换器的原理框图如图 5.37 所示。从图可见，它由积分器、基准电压 $\pm U_r$、比较器 A 和 B、控制电路、计数器、寄存器、时钟发生器等构成。

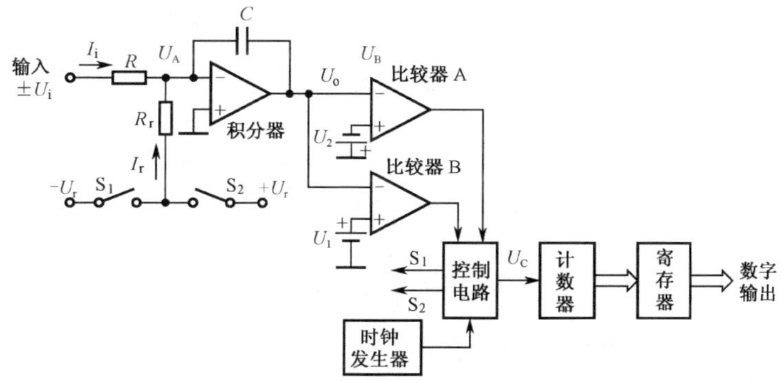

图 5.37　电荷平衡式 A/D 转换器的原理框图

当积分器输入端加上正电压 U_i时，积分器的输出电压 U_B将负向线性增大。当 U_o达到比较器 A 的比较电平 $-U_1$ 时，比较器 A 的输出电平从“高”变为“低”，使控制电路接通开关 S_1。故负的基准电压 $-U_r$接入积分器输入端，其接通时间为某一固定值 T_r（为了准确控制 T_r，可从时钟脉冲经分频获得控制信号，即 $T_r=k_1T_0$，T_0 为时钟脉冲周期，k_1为分频电路的分频比）。在 S_1接通期间，等效于向积分器输入端送去一个一定幅度（$-U_r$）、一定宽度（T_r）的反馈脉冲。

反之，当积分器输入端加上负电压 $-U_r$时，积分器的输出电压 U_o将正向线性上升。当 U_B达到比较器 B 的比较电平 $+U_1$ 时，控制电路接通 S_2。其接通时间仍为 T_r，即向积分器输入端反馈一个一定幅度、一定宽度的正脉冲。

在 S_1或 S_2接通时间 T_r内，积分器对(U_i-U_r)进行积分。若选 $|U_r|>|U_i|$，则积分方向与原来对 U_i的积分方向相反。T_r一结束，又对 U_i进行积分。上述过程周而复始地继续下去，以保持系统处于动态平衡状态。平衡时，各点工作波形如图 5.38 所示。

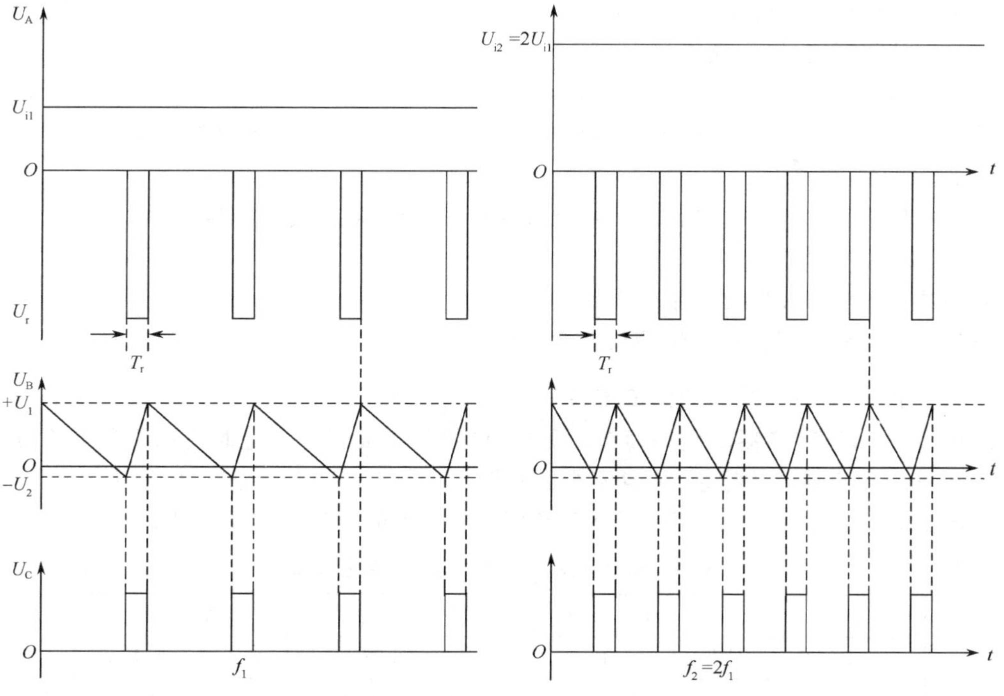

图 5.38　电荷平衡式 A/D 转换器工作波形

2. 关系式

在电荷平衡的状态下，积分电容 C 在每个转换周期 T 内，由 U_i 充得的电荷量 Q_1 与由 U_r 放掉的电荷量 Q_2 正好相等，且

$$Q_1=\frac{\overline{U_i}}{R}\cdot T$$

$$Q_2=\frac{U_r}{R_r}\cdot T_r$$

式中，R 为对 U_i 的积分电阻，R_r 为对 U_r 的积分电阻。

根据 $Q_1=Q_2$ 的关系，求得积分器输出信号的频率为

$$f=\frac{1}{T}=\frac{R_r}{RU_rT_r}\overline{U_i}=\frac{R_r}{RS}\overline{U_i} \tag{5.54}$$

由上式可见，转换电路的输出频率 f 与输入电压 $\overline{U_i}$ 成正比。由于 f 与 U_r、T_r 有关，设计 $S=U_rT_r$ 矩形脉冲面积保持恒定，称伏秒脉冲。故称式(5.54)为定面积复原式。$\overline{U_i}$ 越大，伏秒脉冲数越多，输出频率 f 越高。

最后，在给定的时间 T_c 对输出频率 f 计数，则计数器中计得的数值为

$$N=T_cf$$

由上式可见，计数器的计数值 N 与输入电压 $\overline{U_i}$ 成正比，从而实现了对输入电压的 A/D 转换。

3. 电荷平衡式 A/D 转换器的优缺点

电荷平衡式 A/D 转换器相对于双斜积分式来说具有如下优点：

① 由于 N 与 C 无关，因此积分电容即使有吸收效应也不会产生误差；

② 时钟频率的短期变化不会产生误差；

③ 测量与计数同时进行，故能提高测量速度；

④ A/D 转换时间与输入电压 U_i 大小无关，且为一定值，故各 A/D 转换器之间易于同步；

⑤ 抗干扰性能好，也便于实现遥测，因为输出的频率信号便于用光电耦合器来隔离，也可调制在射频信号上进行无线传送；

⑥ 不易产生不工作区(死区)，即使输入电压很小也有较高的转换精度。

电荷平衡式 A/D 转换器存在如下缺点：

① 积分器零点漂移和偏移会带来误差；

② 基准电压的稳定度直接影响计数脉冲的数目 N。

4. V/F 转换式 A/D 转换器的集成电路

V/F 转换式 A/D 转换器的电路简单，可以用廉价的集成型 555 定时器和积分电路自己搭建。现在 V/F 转换专用集成芯片很多，而且不少芯片既可进行 V/F 转换，还可进行 F/V 转换，这给实际应用带来很大的方便。表 5.4 列出了部分常用集成芯片的型号和主要特性。

表 5.4 部分常用集成芯片的型号和主要特性

型　号	电　压	频　率	功　能
5GVFC32	0～10V	500kHz	V/F 或 F/V 转换
BG382	0.01～10V	0.01～10kHz	V/F 转换
AD537	±30V	150kHz	V/F 转换

续表

型　　号	电　　压	频　　率	功　　能
AD654	±30V	500kHz	V/F 转换
AD650	±5V	1MHz	V/F 或 F/V 转换
5GVFC32	0～10V	500kHz	V/F 或 F/V 转换
AD652	±5V，±12～±36V	2MHz	V/F 或 F/V 转换
AD7742	$\pm V_{REF}$	3MHz	V/F 转换

※5.5.4　Σ-Δ 型 A/D 转换器

Σ-Δ 型 A/D 转换器的工作过程是：首先从输入信号中减去 D/A 转换器的输出信号（即差分信号，用 Δ 表示），接着在规定时间内对差分信号进行积分，因此把这种转换器称为Σ-Δ 型 A/D 转换器。其特点是，以很低的采样分辨率（1 位）和很高的采样率将模拟信号数字化，并利用过采样、噪声整形和数字滤波技术增加有效分辨率。

Σ-Δ 型 A/D 转换器由很简单的模拟电路（一个比较器、一个开关、一个或几个积分器及模拟求和电路）和十分复杂的数字信号处理电路构成。要深入了解Σ-Δ 型 A/D 转换器的工作原理，需具备采样、噪声整形、数字滤波和采样抽取等基本概念，这里只通过图解的方法，了解Σ-Δ 型 A/D 转换器的基本转换原理。

图 5.39 给出了一阶Σ-Δ 型 A/D 转换器的原理框图。虚线框内是Σ-Δ 调制器，它以 Kf_s采样率将输入信号转换为由 1 和 0 构成的连续串行数据流。1 位 DAC 的输入由串行数据流驱动，1 位 DAC 的输出以负反馈形式与输入信号求和。

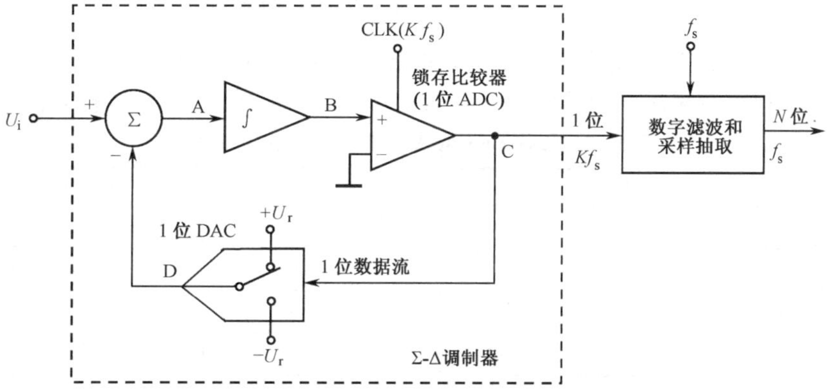

图 5.39　一阶Σ-Δ 型 A/D 转换器的原理框图

图 5.40 给出了图 5.39 中 A、B、C、D 各点的波形图。其中，图 5.40(a)是输入电压 $U_i=0$ 的情况，输出为 0，1 相间的数据流。如果数字滤波器对每 8 个采样值取平均，所得到的输出值为 4/8，则这个值正好是 3 位双极性输入 A/D 转换器的 0。当输入电压$U_i=+1/4U_r$时，则信号波形如图 5.40(b)所示。求和输出 A 点的正、负幅度不对称，引起正反向积分斜率不等，于是Σ-Δ 调制器输出 1 的个数多于 0 的个数。如果数字滤波器仍对每 8 个采样值取平均，所得到的输出值为 5/8，则这个值正好是 3 位双极性输入 A/D 转换器对应于$+1/4U_r$的转换值。可见，Σ-Δ 调制器输出中 1 的密度将正比于输入电压的变化，实现了 A/D 转换的目的。

上述Σ-Δ 型 A/D 转换器的调制器中只用了一个积分与求和环节，称为一阶Σ-Δ 型 A/D 转换器。为了改善性能，可采用更多的积分与求和环节。高阶Σ-Δ 型 A/D 转换器可以获得更高的信号噪声比。

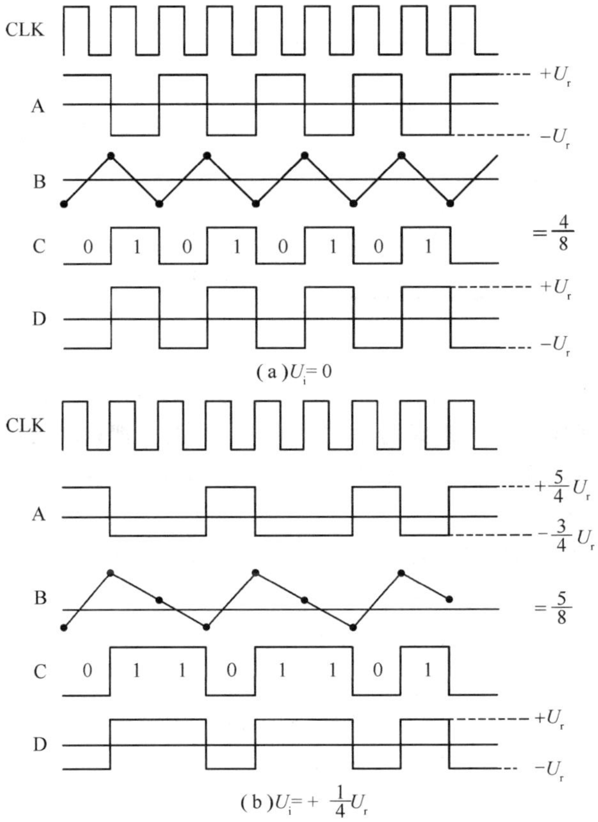

图 5.40　图 5.39 中 A、B、C、D 各点的波形图

新型高集成度Σ-Δ 型 A/D 转换器性能不断提高，ADS1282 的分辨率已做到 31 位，主要用于地震监测和能源勘探，得到越来越广泛的应用。表 5.5 列举了几种Σ-Δ 型 A/D 转换器的主要特性。

表 5.5　几种Σ-Δ 型 A/D 转换器的主要特性

型号	位数	采样率	通道数	接口	SNR(dB)
ADS1606	16	5MSa/s	1	并行	102
ADS1675	24	4MSa/s	1	串行	107
ADS1282	31	4kSa/s	2	SPI	130
AD9262	16	160MSa/s	2	SPI	89
AD9874	24	26MSa/s	1	串行	—
MAX11403	16	800kSa/s	4	SPI	—
MAX11214	24	32kSa/s	1	SPI	140
ISL26104	24	4kSa/s	4	SPI	—

5.5.5　积分式 A/D 转换器的发展

1. 双斜积分式 A/D 转换器的不足

① 精确度不够高，自动校零后也仅做到 $3\frac{1}{2}$～$4\frac{1}{2}$位。要提高到 $5\frac{1}{2}$～$8\frac{1}{2}$位怎么办？

② 转换速度慢，因为每次测量都要经历复零、采样、比较三个阶段，尤其采样阶段 T_1 按 n 倍工频周期设计，测量速度一般只有 5～ 30 次/s。要提高到 500～1000 次/s 需采用什么措施？

当前积分式 DVM 精度已达 $8\frac{1}{2}$ 位，测量速度高的可达 1000 次/s。在高精度、高速度的 DVM 产品中，各厂商都有自己的专利技术，不会公开其关键技术与工艺。下面仅介绍改进的基本思路。

2. 改进的基本途径

① 放弃 $T_1=nT$ 的设计原则，采用对工频干扰进行滤波、屏蔽等措施，从而缩短 T_1 采样期。

② 三斜积分——比较期 T_2 分步进行。因为双斜积分比较期的长短是与被测电压成正比的，在满量程时，T_2 最大。原因可从式(5.47)看出。为了保证分辨率，刻度系数 e 要小，基准电压不能太大，则比较期对积分电容反向充电速度慢。若将双斜积分式改为三斜积分式，其原理框图如图 5.41所示。图 5.42 所示是其积分器输出波形图，它将比较期分为两个阶段。

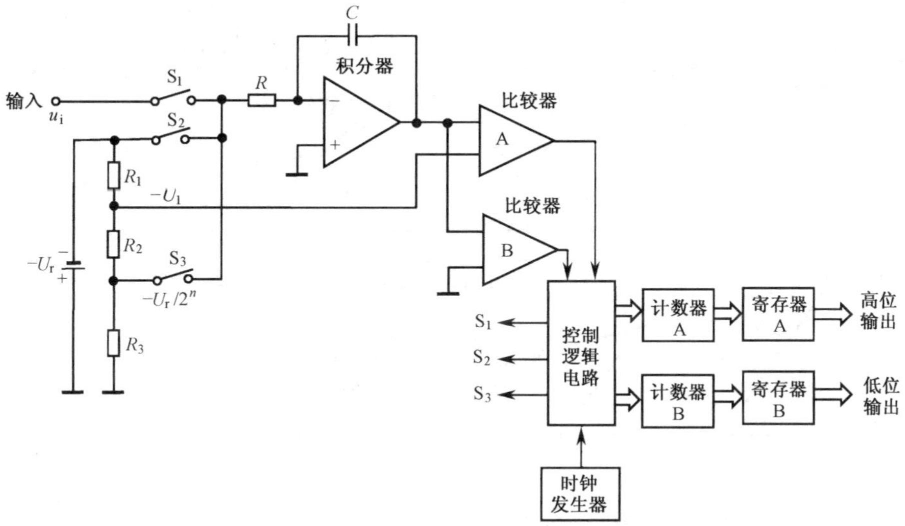

图 5.41 三斜积分式 A/D 转换器的原理框图

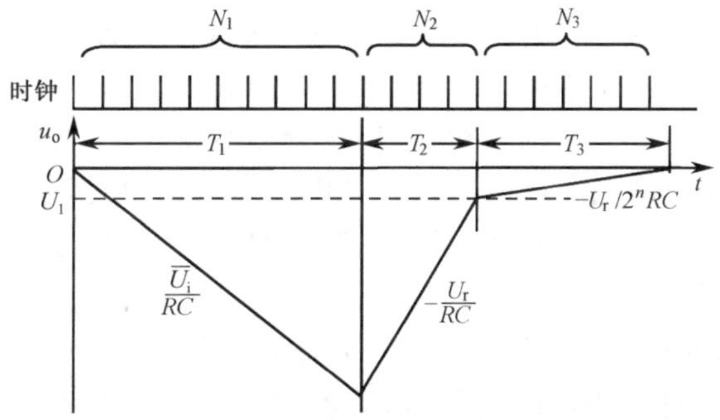

图 5.42 三斜积分式 A/D 转换器的积分器输出波形图

比较期Ⅰ(快速积分期) S_2 接通，S_1、S_3 断开，积分器对 U_r 进行积分，积分器输出电压以较快的斜率上升，同时，计数器 A 从 0 开始计数。当积分器的输出电压上升到比较电平 U_1 时，比较器输出一个信号，通过控制逻辑电路发出一个与时钟脉冲同步的控制信号，去断开 S_2，接通 S_3，故积分器停止对 U_r 进行积分，改为对 $U_r/2^n$ 进行积分，同时使计数器 A 停止计数。比较期Ⅰ的积分时间 T_2 由计数器 A 测出，相应的计数值为 N_2。

比较期Ⅱ(慢速积分期) S_3 接通，S_1、S_2 断开，积分器对 $U_r/2^n$ 进行慢速积分。当积分器的输出电压上升到 0V 时，比较器 B 输出一个信号去控制电路，因而控制电路使 S_3 断开，积分器停止积分。慢速积分时间 T_3 由计数器 B 测出，相应的计数值为 N_3。

计数值 N_2、N_3 进行加权相加，得到与 $\overline{U}_i$ 相应的数字输出。

由于
$$\frac{\overline{U}_i}{RC}T_1=\frac{U_r}{RC}T_2+\frac{U_r/2^n}{RC}T_3$$

故
$$\overline{U}_i=\frac{U_r}{N_1 2^n}(2^n N_2+N_3) \tag{5.55}$$

③ 多斜积分——边采样边比较。多斜积分式 A/D 转换器的积分器输出波形图如图 5.43 所示，其转换过程可分为 3 个阶段，即积分期 T_1、返回期 T_2 和自动校零期 T_3。

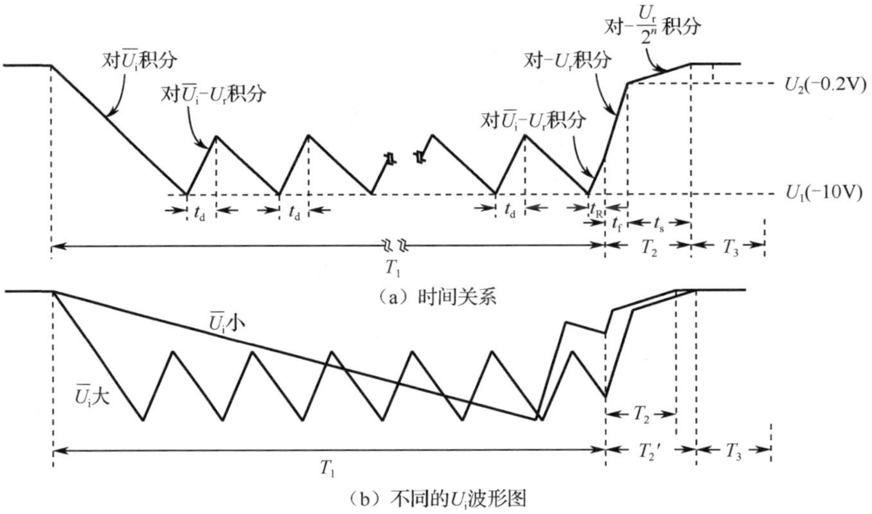

图 5.43　多斜积分式 A/D 转换器的积分器输出波形图

积分期 T_1　在这段时间内，对输入电压和反馈的基准电压进行积分。首先，积分器对输入电压 U_i 进行积分（积分电容 C 充电）。当积分到比较电压 U_c 时，积分器输入端又接入一个极性相反的基准电压（接通时间 t_d 为某一固定值）。这时积分器经过一段时间后对（U_i-U_r）电压进行反向积分（C 放电）。当 t_d 结束后，基准电压被断开，使积分电容又由 U_i 充电，经时间 t_c 后，其输出电压又达到 U_c。此时，再次接通基准电压放电。这种充电过程与放电过程在整个 T_1 期间不断重复，充放电次数取决于输入电压 U_i 的大小，即 T_1 期间出现 t_d 的数目 n_d 正比于 U_i。这一工作过程和电荷平衡式 A/D 转换器完全相同。

放电期 T_2　在这段时间内，断开输入电压并接通基准电压，让积分电容完全放电，使积分器输出电压返回到零电平。为了进一步提高分辨率，放电期 T_2 又以 $U_2=+0.2\text{V}$ 为界，划分为快速放电期 t_f 和慢速放电期 t_s。积分电压大于 U_t 时为快速放电期，而小于 U_t 时为慢速放电期。

自动校零期 T_3　在这段时间内积分器被复零，并自动消除系统零点漂移和偏移的影响。

根据图 5.43(a)所标注的时间关系，可按电荷平衡原则写出如下方程

$$\frac{\overline{U}_i}{R_1}T_1=\frac{U_r}{R_2}t_d n_d+\frac{U_r}{R_2}t_R+\frac{U_r}{R_2}t_f+\frac{U_r}{2^n R_2}t_s$$

或

$$\overline{U}_i=\frac{R_1}{R_2}\frac{U_r}{T_1}(n_d t_d+t_R+t_f+t_s/2^n) \tag{5.56}$$

式中，n_d为在 T_1内 t_d的个数，t_R为 t_d在 T_1内的剩余时间，R_1为输入电压 U_i的积分电阻，R_2为基准电压 U_r的积分电阻，U_r为快速放电期 t_f内接入的基准电压，$U_r/2^n$ 为慢速放电期 t_s内接入的基准电压。

若取 $R_1=2R_2$，$T_1=N_1T_0$，$t_d=N_dT_0$，以及 $t_R=n_RT_0$，$t_f=n_fT_0$，$t_s=n_sT_0$，则式(5.56)变为

$$\overline{U_i}=\frac{2U_r}{N_1}(n_dN_d+n_R+n_f+n_s/2^n) \tag{5.57}$$

当输入电压不同时，多斜积分式 A/D 转换器的积分器输出波形图如图 5.43(b)所示。

从上述工作过程可见，多斜积分式 A/D 转换器采用的是 V/T 转换方式，具有电荷平衡式和三斜积分式的特点。它在加上输入电压之后就可进行测量和计数，既不像双斜积分式那样需要单独的采样期，也不像电荷平衡式那样需要等待期，因此缩短了测量时间，或者说在相同测量时间的情况下可以获得更高的分辨率。

HP3455A 数字多用表采用了多斜积分式 A/D 转换器，其原理框图如图 5.44 所示。它由基准电压源 U_r、模拟开关 S_1～S_6、积分器 A_1、斜率放大器 A_2、绝对值放大器 A_3、极性检测比较器 C_1、电压比较器 C_2和电压比较器 C_3等组成。绝对值放大器是一个增益为 1 的放大器，其作用是把积分器的输出电压$\pm U_o$均变成$+U_o$。与积分器输入端相连的开关 S_1～S_4按照输入电压的正负极性及 T_2中的快速与慢速放电要求进行换接。在 t_s内，自动校零开关 S_6接通，因此通过积分器及斜率放大器构成闭合环路，在积分电容中存入与两个放大器偏移电压极性相反的校正电压，以自动补偿零点偏移。

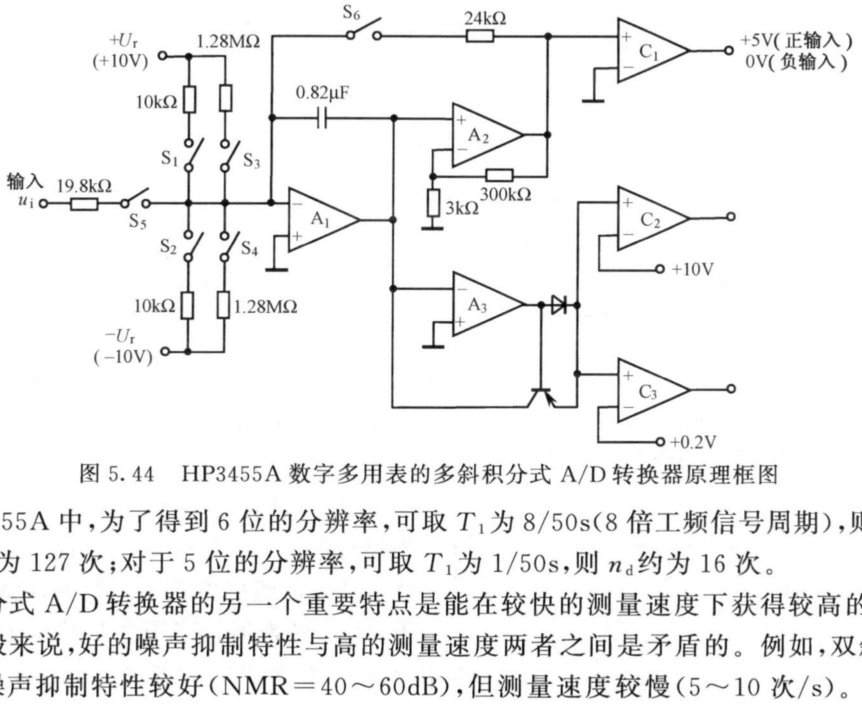

图 5.44　HP3455A 数字多用表的多斜积分式 A/D 转换器原理框图

在 HP3455A 中，为了得到 6 位的分辨率，可取 T_1为 8/50s(8 倍工频信号周期)，则在满度输入电压时，n_d约为 127 次；对于 5 位的分辨率，可取 T_1为 1/50s，则 n_d约为 16 次。

多斜积分式 A/D 转换器的另一个重要特点是能在较快的测量速度下获得较高的串模干扰抑制能力。一般来说，好的噪声抑制特性与高的测量速度两者之间是矛盾的。例如，双斜积分式 A/D 转换器的噪声抑制特性较好(NMR＝40～60dB)，但测量速度较慢(5～10 次/s)。比较式 A/D 转换器的测量速度较快(几千次/s)，但噪声抑制特性很差(NMR＝0dB)。为了改善比较式的噪声抑制特性，可在输入端加上滤波器，此时其 NMR 可提高到 40～60dB，但测量速度却降低为几次/s。是德科技 3458A 数字多用表采用多斜积分式 A/D 转换器，在电源周期倍数的积分时间为 1s，10s，100s 时，可获得 NMR＝60dB 的抗干扰能力。

5.6 比较式 A/D 转换器

比较式 A/D 转换器的基本工作原理是把被测输入电压与转换器内部的一套基准电压进行比较，通过不断比较，不断鉴别，把电压转换成数字量。按转换电路结构和工作原理可分为：

- 比较式 A/D转换器
  - 反馈比较式
    - 逐次逼近比较式
    - 余数循环比较式
  - 直接比较式
    - 并联比较式
    - 分级型（流水线式）

5.6.1 逐次逼近比较式 A/D 转换器

逐次逼近比较式 A/D 转换器的基本原理是用被测电压和一个可变的已知电压（基准电压）进行比较，直至达到平衡，测出被测电压。所谓逐次逼近比较，就是将基准电压分成若干基准码，未知电压按指令与最大的一个码（通过 D/A 转换）进行比较，逐次减小，比较时大者弃、小者留，直至逼近被测电压。

1. 物理思想

可用天平称重的平衡过程来形象地说明逐次逼近比较式 A/D 转换的工作过程，这有利于理解这种转换的基本概念。图 5.45 画出了天平的示意图，设有 8g、4g、2g、1g 共 4 个标准砝码。操作时，将未知质量的砝码 W_x 放在盘 2 上，在盘 1 上依次从最大砝码 8g 开始对分搜索，大则弃，小于、等于则留，并记录在表 5.6 中。对分搜索过程示意图如图 5.46 所示。

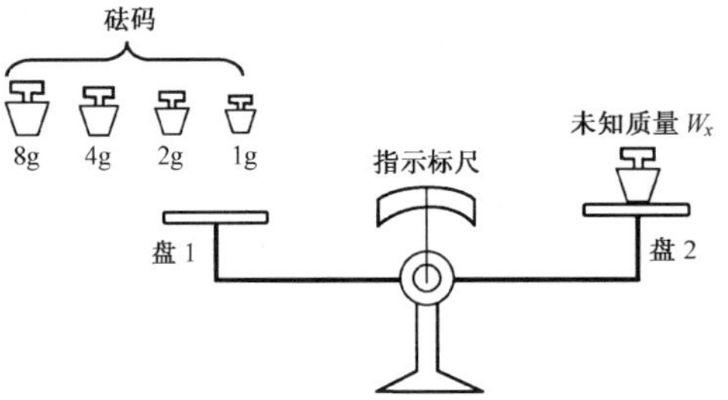

图 5.45 天平示意图

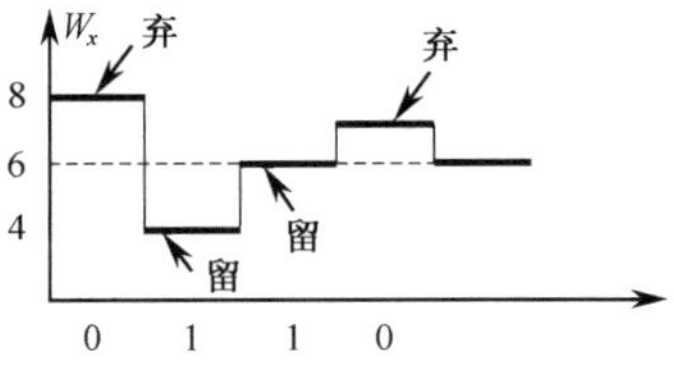

图 5.46 对分搜索过程示意图

表 5.6 对分搜索过程

砝码 W_0	比较	结果	记录
8g	$W_0>W_x$	弃	0
4g	$W_0<W_x$	留	1
2g	$W_0=W_x$	留	1
1g	$W_0>W_x$	弃	0

可见，天平的平衡过程就是用若干标准砝码逐次比较逼近被测质量的过程。在逐次逼近比较式 A/D 转换器中所产生的过程与上述天平平衡过程类似，图 5.47 所示为逐次逼近比较式 A/D 转换器的组成方框图。图中，比较器相当于天平，D/A 转换器相当于电砝码，逐次逼近寄存器（Successive Approximation Register，SAR）由移位寄存器和数码寄存器及一些门电路组成，它在时钟脉冲作用下逐次提供代表不同基准电压的基准码（电砝码），并通过 D/A 转换器输出量化的基准电压，后者加到比较器上与 U_x 相比较，用来代替人工操作的过程。

※2. D/A 转换器

考虑到可能有些读者对 D/A（数模）转换器不太了解，下面简单介绍 D/A 转换器的工作原理。为了叙述方便，图 5.48 给出 4 位 D/A 转换原理图。

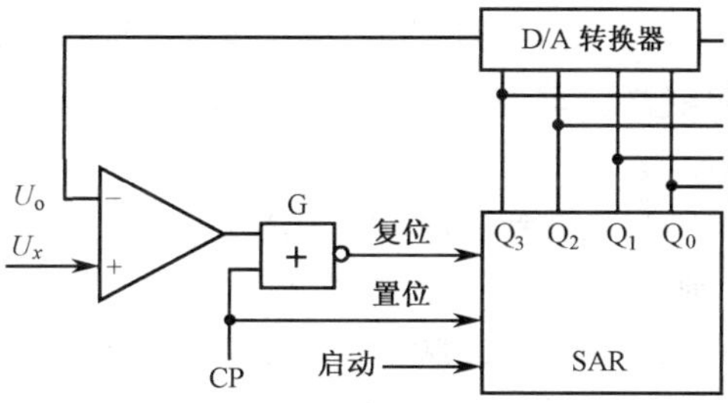

图 5.47　逐次逼近比较式 A/D 转换器的组成方框图

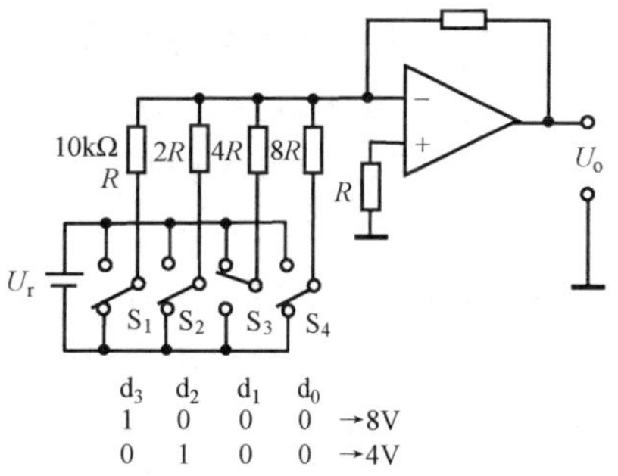

图 5.48　4 位 D/A 转换原理图

图 5.48 中，U_r是基准电压源，S_1～S_4是 4 个数位模拟开关，R，$2R$，$4R$，$8R$ 是 4 个权电阻（若设 $R=10\text{k}\Omega$，则 4 个电阻值分别为 10kΩ，20kΩ，40kΩ，80kΩ，且 4 路电流依次减小），A 为运算放大器，在此起求和作用，并将电流转换为电压 U_o。工作时，由输入的 4 位数字 d_1～d_4的状态驱动 4 个开关。当输入"1111"时，4 个开关全合上，输入总电流最大，U_o也最大；当输入"0000"时，输入电流为零，$U_o=0$。由此，可写出输出电压表达式为

$$U_o=\frac{U_r}{2^4}(d_3\times 2^3+d_2\times 2^2+d_1\times 2^1+d_0\times 2^0) \tag{5.58}$$

例如，设 $U_r=16\text{V}$，当输入数码为"0110"时，输出电压为

$$U_o=\frac{16}{2^4}(0\times 2^3+1\times 2^2+1\times 2^1+0\times 2^0)=\frac{16}{16}\times(4+2)=6\text{V}$$

由此可见，上述电路实现了 D/A 转换的功能，能使输出电压与输入数字量成正比。

实际的 D/A 转换器当然要复杂得多，例如，位数都是 8 位以上，数位模拟开关采用场效应管做的程控开关，权电阻网络为 Π 或 T 型电阻网络等，但是基本组成原理是相同的，如图 5.49 所示。其输出电压表达式为

$$U_o=\frac{U_r}{2^n}(d_{n-1}\times 2^{n-1}+d_{n-2}\times 2^{n-2}+\cdots+d_1\times 2^1+d_0\times 2^0) \tag{5.59}$$

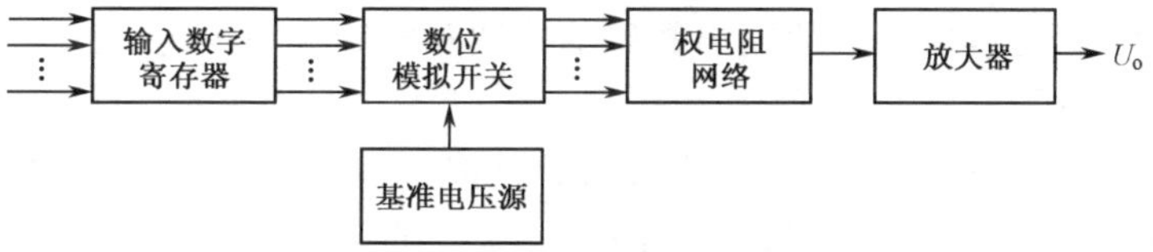

图 5.49　D/A 转换器原理框图

由于大规模集成电路的发展，已有多种性能各异的 D/A 转换器集成芯片可供选用，表5.7列出了几种常用的 D/A 转换器的型号及参数。

表 5.7　常用的 D/A 转换器的型号及参数

型　号	位　数	建立时间	通　道	输出类型	接　口
DAC0832	8	1μs	1	电流输出	并行
MAX5189	8	25ns	2	电流/电压输出	并行
DAC5662	12	20ns	2	电流输出	并行
LTC2625	12	7μs	8	轨到轨电压输出	I²C
DAC900	10	30ns	1	电流输出	并行
AD9746	14	30ns	2	电流输出	并行/SPI

3. 逐次逼近比较式 A/D 转换原理

有了上面的基本概念，逐次逼近比较式 A/D 转换原理就不难理解了。为了叙述简便，仍用图 5.47 来进行说明，其中 D/A 转换器则用图 5.48 所示的电路。设被测电压 $U_x=6\text{V}$，比较器的特性类似于天平，当 $U_o>U_x$ 时，输出为“0”；当 $U_o\leqslant U_x$ 时，输出为“1”。

工作开始时，系统启动 SAR。当第一个时钟脉冲 CP 上升沿到来时，使 SAR 的高位 Q_3 置“1”，则 D/A 转换器输入“1000”，$U_r=16\text{V}$，输出 $U_o=8\text{V}$，加到比较器与被测电压 U_x 相比较，因为这时 $U_o>U_x$，比较器输出 $U_c=0$，使或门 G 处于开放状态。当第一个时钟脉冲 CP 下降沿到来时，可经 G 门将 Q_3 复位。当第二个 CP 上升沿到来时，使 SAR 的 Q_2 置“1”，D/A 转换器输入为“0100”，输出 $U_o=4\text{V}$，加至比较器，使 $U_c=1$，关闭 G 门，第二个 CP 的下降沿不能将 SAR 的 Q_2 复位，D/A 转换器的输入保留为“0100”，其余类推。整个工作过程与天平称重过程类似，其中 D/A 转换器输出电压 U_o 向 U_x 的逼近的过程也与图 5.46 一样，只不过将质量 W_x 换成电压 U_x，逐次逼近比较过程见表 5.8。

表 5.8 逐次逼近比较过程

8V(d_3)	4V(d_2)	2V(d_1)	1V(d_0)	U_o	比较结果	状态
1	0	0	0	8	$U_o>U_x$	弃
0	1	0	0	4	$U_o<U_x$	留
0	1	1	0	6	$U_o<U_x$	留
0	1	1	1	7	$U_o>U_x$	弃
0	1	1	0	6	$U_o=U_x$	

最后 SAR 输出为“0110”，这就是最终得到的 A/D 转换器的输出数据，从而完成了一次 A/D 转换的全部比较过程。若用作数字电压表，只需将 SAR 的输出数据送经译码器，然后以十进制数显示被测结果即可。

从以上讨论还可看到，由于 D/A 转换器输出的基准电压是量化的，因此，A/D 转换精度主要决定于 D/A 转换器的位数。

逐次逼近比较式 A/D 转换器的准确度由基准电压、D/A 转换器和比较器的漂移等决定，其转换时间与输入电压大小无关，仅由它的输出数码的位数和时钟频率决定。这种 A/D 转换器能兼顾速度、精度和成本 3 个主要方面的要求。

总的来说，逐次逼近比较式 A/D 转换器采用对分搜索逐次逼近的直接比较方法，转换速度较快，但由于直接与被测电压比较，也容易受到干扰。

表 5.9 列出了几种常用的逐次逼近比较式 A/D 转换器。

表 5.9 常用的逐次逼近比较式 A/D 转换器

型号	位数	通道数	输入电压范围	采样率	接口
ADC0809	8	8	0～5V	10kSa/s	并行
MAX197	12	8	±10V，±5V，0～10V，0～5V	100kSa/s	并行
AD7819	8	1	0～5V	200kSa/s	并行
AD7262	12	2	0～5V	1MSa/s	SPI
ADS7958	8	4	0～5V	1MSa/s	SPI
ADS7881	12	1	0～2.5V	4MSa/s	并行

5.6.2 余数循环比较式 A/D 转换器

上述逐次逼近比较式 A/D 转换器完成了一次全部比较过程之后，不一定正好等于被测电压值，只能是逼近该值，因此会有残差。若要减小误差，提高分辨率，只有增加位数，而位数太多，不仅电路复杂，增加成本，关键是末位比较电压太小，易受干扰噪声影响，以至无法工作。

若将完成了一遍全部比较过程之后相差的余数电压(残差)保存下来，放大后再比较一次，当有误差时再比较一遍，这样反复循环比较下去，则分辨率可以无限提高。这种方法称为余数循环比较。它在硬件上比较简单，无须很多位数，通过循环比较就可以获得很高的分辨率。

余数循环比较式 A/D 转换器与逐次逼近比较式 A/D 转换器具有类似的工作原理，是一种常见的逐次逼近比较方法的多周期转换(或称多节拍转换)，其框图如图 5.50 所示。图中，A_1的放大倍数为 1，A_2的放大倍数为 10。被测电压 U_i通过开关 S_1(位置 1)作用于比较器 C 的同相输入端。D/A 转换器的输出 U_D作用于 C 的反相输入端。D/A 转换器所需基准电压的极性由控制电路根据 C 输出端的状态进行选择。C 同相端的输入电压 U_i及 D/A 转换器输出电压 U_D同时作用于 A_1的两个输入端，所得余数电压经 A_2进行放大，并通过开关 S_2(位置 1)作用于采样保持电路 S/H_1。至此第一次比较结束，所得数码为 D/A 转换器的输入数码，尚有余数存储电压 $U_i'=U_2=10(U_i-U_D)$ 存于 S/H_1中。第二次比较时，S_1置于位置 3，以上次余数存储电压 U_i'加到 C 的同相输入端，进行第二次比较。在第二次比较时，S_2在位置 2，得余数存储电压$10(U_i'-U_D)$存于 S/H_2中，作为第二次比较时的 U_i'。如此循环下去，所以有余数循环比较式 A/D 转换器之称。假设在多次循环比较过程中，每次(或每个节拍)得数码 N_n，n 为循环比较次数，$n=1,2,\cdots$，则余数循环比较式 A/D 转换器总的转换结果 N 为各次转换时数码 N_n的加权，即

$$N=N_1\times 10^0+N_2\times 10^{-1}+\cdots+N_n\times 10^{-(n-1)} \tag{5.60}$$

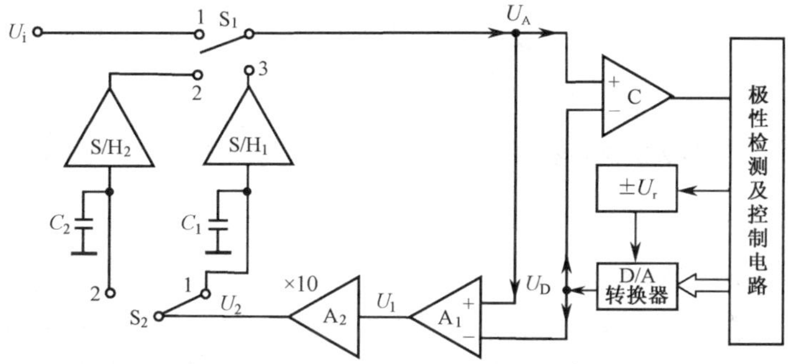

图 5.50　余数循环比较式 A/D 转换器原理框图

式(5.60)中，假设 D/A 转换器是 1 位 BCD 码转换器。若为二进制码，则有

$$N=N_1\times 16^0+N_2\times 16^{-1}+\cdots+N_n\times 16^{-(n-1)} \tag{5.61}$$

式(5.61)中，假设 D/A 转换器为 4 位二进制码转换器。当然，这时 A_2的放大倍数应该为 16。

现以输入电压 $U_i=+7.9053$V 为例，用表 5.10 说明 5 次余数循环比较过程。

表 5.10　余数循环比较过程

序号	输入电压或上次余数存储电压 U_A/V	极性判别	数据判别 8 4 2 1	D/A 转换器输出电压 U_D	余数电压/V	余数存储电压/V
1	+7.9053	+	0111	7	+0.9053	+9.053
2	9.053	+	1001	9	0.053	0.53
3	0.53	+	0000	0	0.53	5.3
4	5.3	+	0101	5	0.3	3.0
5	3	+	0011	3	0	0

在该例中，D/A 转换器为 1 位 BCD 码转换器，根据表 5.10 的转换过程得余数循环比较式A/D

转换器的转换结果为

$$N=7\times10^{0}+9\times10^{-1}+0\times10^{-2}+5\times10^{-3}+3\times10^{-4}=7.9053\ \text{V}$$

因为式(5.60)采用BCD码,所以权值的底数为10,A_2 的放大倍数应该为10。

由于余数循环比较式A/D转换器的转换速度快,每次极性判别和数据判别都很快,因而在某些转换时刻可能出现判别不确定甚至误判的情况。然而,余数循环转换本身具有自动纠错能力,即使在转换过程中出现某些判别错误,最后也能给出正确结果,可按表5.10的方式试验之。

余数循环比较式A/D转换器的特点如下。

① 分辨率高。从上例可知,转换过程可以不断地进行下去,每转换一次,分辨率就可以提高一个数量级。然而,实际还要受以下因素限制:电路元器件的热噪声,保持电容的泄漏和介质的吸收效应,以及D/A转换器的非线性等。因此,目前余数循环比较式A/D转换器的分辨率还仅限于 $10^{-6}\sim10^{-7}$ 量级。

② 转换速度快。它不像积分式A/D转换器那样受采样期 T_1 的限制,其转换速度仅受下列因素限制:D/A转换器的转换速度,比较器、衰减器、余数放大器、S/H(采样/保持)电路的响应速度,以及开关 S_1 改变位置时余数电压的建立时间等。据资料介绍,完成一次22位转换约需1.6ms时间,远低于积分式A/D转换器的转换时间,因此这种A/D转换器用于数字多用表可以大大提高读数速率。

是德科技公司的 $6\frac{1}{2}$ DMM 34465A在进行直流电压测量时,最高分辨率达1μV,读数速率为5000个读数每秒。普源精电公司的 $6\frac{1}{2}$ DMM DM3068在进行直流电压测量时,最高分辨率达100nV,读数速率为10000个读数每秒。

泰克科技公司的 $8\frac{1}{2}$ DMM 2002和是德科技公司的 $8\frac{1}{2}$ DMM 3458A在进行直流电压测量时,最高分辨率均达10nV。

5.6.3 并联比较式A/D转换器

并联比较式A/D转换器(Flash A/D转换器)转换速度很快,最高采样率可达1000MSa/s。现以一个简单的电路来说明其工作原理,如图5.51所示。它由三个比较器 C_1、C_2、C_3 和一串基准电压构成。被测的输入电压 U_i 同时加到三个比较器的同相输入端,基准电压加到比较器的反相输入端。各比较器的基准电压分别为:0.25V,0.5V,0.75V。当输入电压 U_i 比基准电压低时,比较器输出低电平"0";反之,输出高电平"1"。U_i 的范围和各比较器的输出电平的关系如表5.11所示。

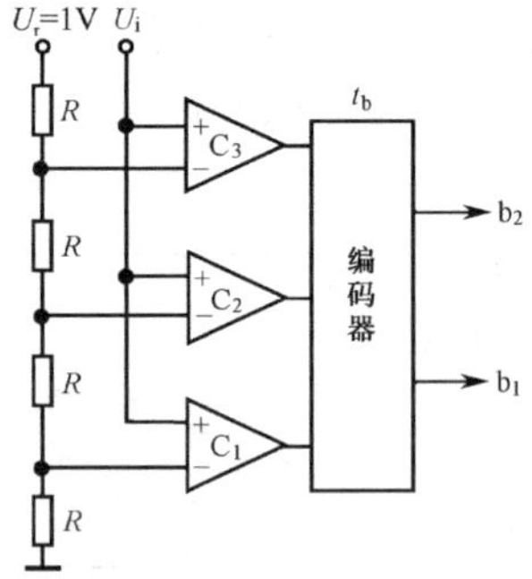

图5.51 并联比较式A/D转换器原理电路

表5.11 输入电压与各比较器输出电平的关系

输入电压 U_i	比较器 C_3 C_2 C_1	编码器 b_2 b_1
$U_i<0.25$V	0 0 0	0 0
0.25V$<U_i<$0.5V	0 0 1	0 1
0.5V$<U_i<$0.75V	0 1 1	1 0
0.75V$<U_i$	1 1 1	1 1

由表 5.11 可见，三个比较器的输出电平将反映输入电压 U_i的大小。比较器的输出电平经编码器转换为二进制码或 BCD 码后作为 A/D 转换器的输出。可见，输出数码 b_2b_1能反映输入电压 U_i的大小，实现了 A/D 转换的功能。

并联比较式 A/D 转换器的优缺点如下。

① 由于采用同时比较方式，因此它是一种速度最快的 A/D 转换器，其转换时间主要取决于比较器的上升时间及编码器的工作延迟时间等。目前，3 位或 4 位的并联比较式 A/D 转换器的转换时间可达 10ns。

② 转换时间为固定值，不随输入电压的改变而变化。

③ 电路复杂，需要的元器件多，成本高。为了得到 n 位的分辨率，并联比较式 A/D 转换器需要 2^n-1 个比较器。例如，要得到 8 位的分辨率，则需要 255 个比较器，而且编码器的逻辑电路也要相应增加。只有采用现代大规模集成电路技术，才能将这种转换器做成产品。表 5.12 中列出了几种并联比较式 A/D 转换器产品。

表 5.12　并联比较式 A/D 转换器产品

型号	位数	采样率	输入电压	比较器个数
AD9002	8	150MSa/s	ECL 电平	256
AD9020	10	60MSa/s	±1.75V	512(特技)
AD9016	6	500MSa/s	ECL 电平	63
ADC—833	6	15MSa/s	2.5～10V	63

顺便指出，超高速 A/D 转换器一般指每秒转换超过 20×10^6 次，即 20MSa/s 的并联比较式 A/D 转换器。这类 A/D 转换器目前在数字示波器、瞬态信号测试、视频图像采集等领域获得广泛应用。

※5.6.4　分级型（流水线式）A/D 转换器

并联比较式 A/D 转换器转换速度很高，但分辨率只有 6～10 位，要想再提高位数，即使用集成工艺制造也很困难。得到高速、高分辨率 A/D 转换器的一种设计思想是，将两个(或多个)低分辨率的并联比较式 A/D 转换器组合起来，合并为一个高分辨率的 A/D 转换器。

这种类型的 A/D 转换器称为分级型 A/D 转换器(Subranging A/D 转换器或 Multistage A/D 转换器)。如果分级型 A/D 转换器由两级并联比较式 A/D 转换器构成，则这种 A/D 转换器称为半闪烁型(Half-Flash)A/D 转换器。图 5.52 所示为 8 位半闪烁型 A/D 转换器的原理框图，它包含两个 4 位并联比较式 A/D 转换器，每一个含有 15 个比较器，总计 30 个比较器，比 8 位并联比较式 A/D 转换器所需要的 255 个比较器少得多。

其工作过程有点像余数循环比较式 A/D 转换器。被测电压 u_i(有效值 U_i)加至 ADC_1 作为高 4 位转换器，产生 8 位数字 D_N的高 4 位 D_M(d_7～d_4)，分别送至三态门输出并送至 4 位 D/A 转换器转换成模拟电压 U_o，将输入电压 U_i和 U_D同时加至求差电路求得其余数电压，再送低 4 位 ADC_2进行转换产生低 4 位数字 D_L(d_3～d_0)，经三态门与高 4 位输出值 D_H一起构成了 8 位数字 D_N输出。

4 位 D/A 转换器输入为 d_7～d_4，由式(5.58)可知 4 位 D/A 转换器输出电压为

$$
\begin{aligned}
U_o &= U_r(d_7\times2^{-1}+d_6\times2^{-2}+d_5\times2^{-3}+d_4\times2^{-4})\\
&= \frac{U_r}{2^4}(d_7\times2^3+d_6\times2^2+d_5\times2^1+d_4\times2^0)
\end{aligned}
$$

假设 ADC_2 的 4 位转换结果 d_3，d_2，d_1和 d_0，经过基准电压为$\frac{U_r}{16}$的 D/A 转换器转换，输出电压

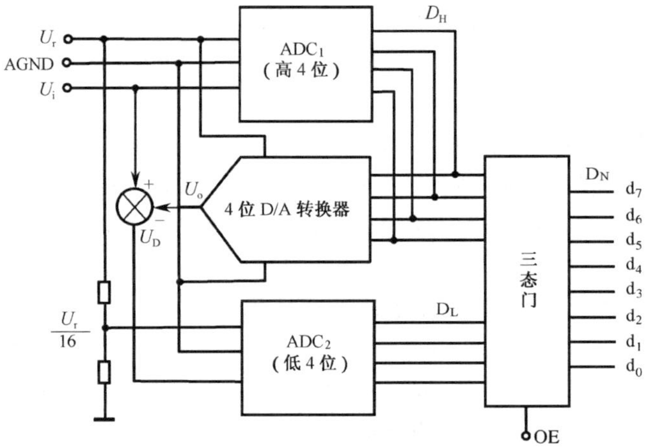

图 5.52　8 位半闪烁型 A/D 转换器原理框图

U_{o1}，则被测电压为 $U_i=U_o+U_{o1}$。式中，

$$U_{o1}=\frac{U_r/16}{2^4}(d_3\times 2^3+d_2\times 2^2+d_1\times 2^1+d_0\times 2^0)$$

$$U_i=\frac{U_r}{2^4}(d_7\times 2^3+d_6\times 2^2+d_5\times 2^1+d_4\times 2^0)+\frac{U_r/16}{2^4}(d_3\times 2^3+d_2\times 2^2+d_1\times 2^1+d_0\times 2^0)$$

$$=\frac{U_r}{2^8}(d_7\times 2^7+d_6\times 2^6+d_5\times 2^5+d_4\times 2^4+d_3\times 2^3+d_2\times 2^2+d_1\times 2^1+d_0\times 2^0)$$

由上式可知，8 位半闪烁型 A/D 转换器转换结果即为 $d_7\sim d_0$。

半闪烁型 A/D 转换器的元器件数量比完全并联式的少得多，因此能降低多位 A/D 转换器的制造难度和成本，但由于存在两级 A/D 转换器并增加了一级 D/A 转换器和一个求差电路，并且它们之间都是串行工作的，所以总的转换速度低于完全并联比较式的，不过仍比逐次逼近比较式的速度高，转换时间一般仅需 1μs。

需要说明的是，在实际产品中，通常将 ADC_1 量化后的余数电压 U_D 放大后直接与参考电压 U_r 相比较，进行第二级转换。如果余差信号电压的范围不能恰好覆盖 ADC_2 的输入电压范围，将导致非线性和失码。另外，ADC_1 和 D/A 转换器的建立时间及精度是限制半闪烁型 A/D 转换器工作速度的一个重要因素。如果建立时间不充分，势必导致转换结果出现误差。所以，在很多半闪烁型 A/D 转换器中都采用了数字校正技术。这种校正技术可以解决半闪烁型A/D转换器的大部分固有误差。同时，由于校正逻辑降低了对建立时间的要求(即允许前级转换存在一定的误差)，转换速度可以大大提高。目前，16 位分辨率的分级型 A/D 转换器最高转换速度已接近 50MHz。

为了进一步减少比较器的数量，或者达到更高的分辨率，在实际产品中还有三级甚至三级以上的分级型 A/D 转换器。图 5.53 和图 5.54 分别为 4 级 12 位分级型 A/D 转换器 AD9220/AD9221/AD9223 的结构框图和时序图。由于各级之间是串行工作的，因此，对于一个 M 级的分级型 A/D 转换器来说，需要 M 个转换周期才能最终完成转换。为了不降低采样率，通常可采用“流水线”(类似于工厂流水生产线)结构。流水线型分级 A/D 转换器的最大优点是，各级转换器可以并行工作，每个转换周期都可以输出一个数据。这样，由于流水线结构的特点，每级的输出都要锁存，每级的输入都要用采样保持器(SHA 或 T/H)来确保信号稳定。另外，这种 A/D 转换器具有内在的 M 个周期的流水线延迟(Pipeline Delay 或称 Latency)，即从转换开始到转换结果出现需要 M 个时钟周期(见图 5.54 中第 N 个数据的转换过程，图中的 M 为 4)，但输出数据的速率仍等于时钟速率。对于数据通信和视频转换来说，几个采样周期的延迟可能不会带来太大的问题，但对带有数据反馈回路和基于微处理器的数据采集系统来说，应注意解决数据同步的问题。

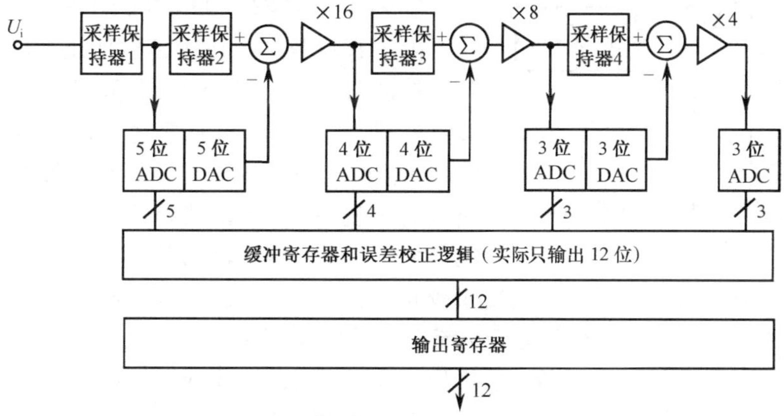

图 5.53　AD9220/AD9221/AD9223 的结构框图

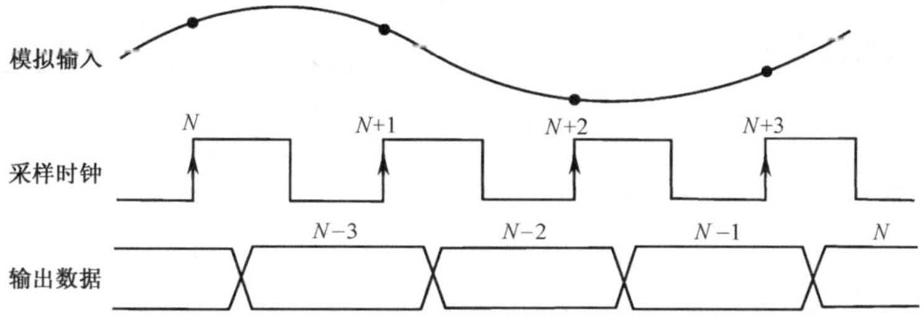

图 5.54　AD9220/AD9221/AD9223 的时序图

前面两节介绍了各种 A/D 转换器的工作原理，为了进一步了解各种 A/D 转换器的特性，表 5.13列出了 6 种常用 A/D 转换器的比较对照表。

表 5.13　6 种常用 A/D 转换器的比较对照表

类型	并联比较式	分级型	逐次逼近比较式	Σ-Δ 型	积分式	V/F 转换式
主要特点	超高速	高速	速度精度价格等综合性价比较高	高分辨率 高精度	高精度，低成本 高抗干扰能力	低成本 高分辨率
分辨率	6～10 位	8～16 位	8～16 位	16～24 位	12～16 位	8～16 位
转换时间	几十 ns	几十～几百 ns	几～几十 μs	几～几十 ms	几十～几百 ms	几十～几百 ms
采样率	几十 MSa/s	几 MSa/s	几十～几百 kSa/s	几十 kSa/s	几～几十 Sa/s	几～几十 Sa/s
价格	高	高	中	中	低	低
主要用途	超高速 视频处理	视频处理 高速数据采集	数据采集 工业控制	音频处理 数字仪器	数字仪器	数字仪器 简易 A/D 转换器

5.7　数字多用表

数字多用表(Digital Multi Meter，DMM)是具有测量直流电压、直流电流、交流电压、交流电流及电阻等多种功能的数字测量仪器。

数字多用表以测量直流电压的直流数字电压表(DVM)为基础，通过交流—直流 (AC/DC)电压转换器、电流—电压(I/V)转换器、电阻—电压(R/V)转换器，把交流电压、电流和电阻转换成直

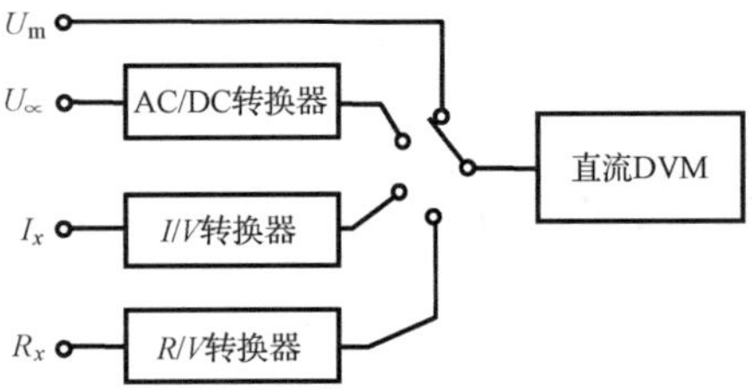

图 5.55　数字多用表的组成框图

流电压。数字多用表的组成框图如图 5.55 所示。

5.7.1　交流—直流转换器

由于直流数字电压表是线性化刻度的仪器，因此，同其配接的所有各种转换器，应能把被测量线性地转换成直流电压。这就是说，若要对交流电压进行高精度的数字测量，则AC/DC转换器必须是线性的。在 5.2 节介绍模拟电压表中，常用检波器构成简单的AC/DC转换器，但这种 AC/DC 转换器的转换特性是非线性的。这种非线性在模拟电压表中可以用非线性的刻度来校正。但是，直流数字电压表本身无法做这样的校正，因此这种简单的 AC/DC 转换器不适用于交流电压的数字测量。

交流电压的幅度可用平均值、有效值、峰值三个量来表示，相应地，AC/DC 转换器也有平均值转换器、有效值转换器和峰值转换器之分。目前，以前两者最常见。

在数字多用表中，AC/DC 的转换主要按真有效值的数学定义用集成电路实现。因为

$$U=\sqrt{\frac{1}{T}\int_0^T u_i^2\,dt} \tag{5.62}$$

直接用集成电路的乘、除法器能进行均方根运算，从而构成均方根式的有效值。AC/DC 转换器的原理可用图 5.56 来说明。乘、除法器对 X、Y、Z 三个输入量进行 XY/Z 的运算。被测信号 u_i送到 X、Y 输入端，从 XY/Z 端输出的电压经平均值电路(有源低通滤波器)再送回 Z 输入端，故直流输出电压为

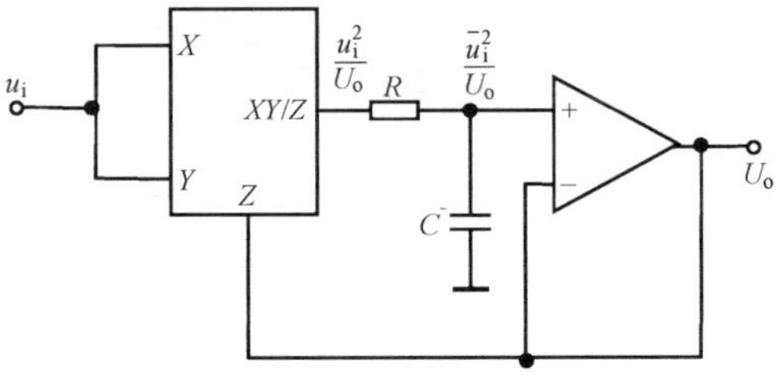

图 5.56　AC/DC 转换器的原理

$$U_o=\frac{\overline{u_i^2}}{U_o}$$

即

$$U_o=\sqrt{\overline{u_i^2}} \tag{5.63}$$

现在已有多种型号的真有效值转换器 RMS-DC 转换的专用集成芯片，如表 5.14 所示。

表 5.14　RMS-DC 转换的专用集成芯片

型　号	输入范围	−3dB 带宽	转换准确度
AD536AK	0～7Vrms	450kHz	±2mVrms±0.2%读数
AD8436	0～3Vrms	1MHz	±10μV+0.5%读数
AD637	0～7Vrms	8MHz	±5mVrms±0.2%读数
LTC1966	5mVrms～1Vrms	800kHz	0.1%
LTC1967	5mVrms～1Vrms	4MHz	0.1%
LTC1968	5mVrms～1Vrms	15MHz	0.1%

5.7.2　电流—电压转换器

将电流转换成电压的一种最简单的方法是让被测电流 I_x 流过标准电阻 R_s，则标准电阻两端的电压为 $U_x=I_xR_s$，测量出这个电压，便能得到被测电流的大小。

为了减小转换器的内阻，R_s一般选得很小，常在几欧姆以下，因此，U_x一般不太大。为了测量小电流，需要对 U_x进行放大，如图 5.57 所示。这里采用高输入阻抗的同相放大器，以减小转换器

对 R_s的旁路作用而带来的附加误差。

在测量几毫安以下的小电流时，更多的是采用图 5.58 所示的基本 I/V 转换电路。由于运算放大器的输入阻抗非常高，因此，可以认为被测电流 I_x全部流入反馈电阻R_s。同时，又由于运算放大器的增益非常大，因此运算放大器的输出电压为

$$U_x = I_x R_s \tag{5.64}$$

因为这是带有强负反馈的并联电压反馈放大器，所以这种转换器的内阻接近于零。但由于运算放大器的输出电流等于输入电流 I_x，因此这种 I/V 转换器不适合测量大电流，否则可能超过运算放大器的容许功耗。由式(5.64)可知，改换电阻 R_s，则可改换 I/V 转换器的量程。

当被测电流非常小时，对运算放大器的输入端必须采取防护措施以减小漏电流。

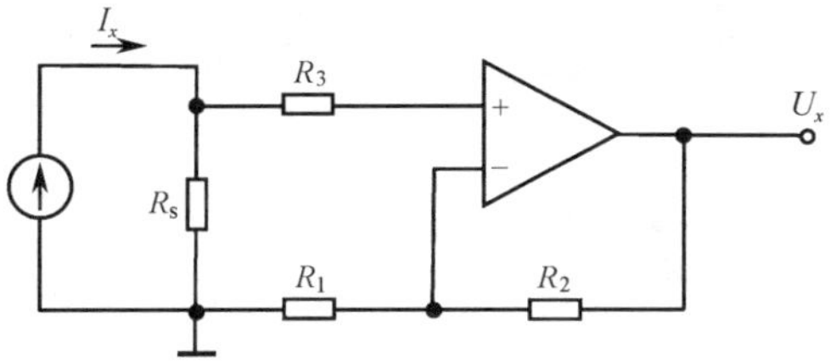

图 5.57 放大电压的 I/V 转换电路

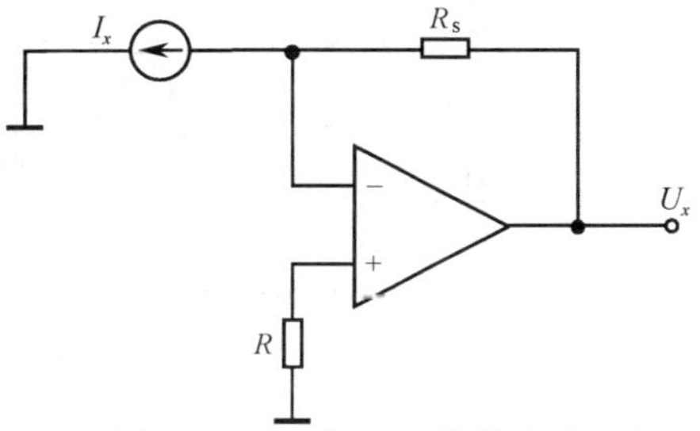

图 5.58 基本 I/V 转换电路

5.7.3 电阻—电压转换器

1. 恒流法

在被测的未知电阻 R_x 中流过已知的恒定电流 I_s时，在 R_x 上产生的电压降为 $U=R_xI_s$，故通过恒定电流可实现 R/V 转换。

图 5.59(a)所示为利用运算放大器实现 R/V 转换的基本电路。被测电阻 R_x和标准电阻 R_s分别置于反馈电路的两支路中，当输入一个基准电压 U_r时，由于Σ点为虚地点，则流过运算放大器的电流为

$$I_s = \frac{U_r}{R_s} \tag{5.65}$$

即 I_s是由 U_r、R_s形成的恒定电流。此电流流经 R_x产生的电压为

$$U_x = I_s R_x = \frac{U_r}{R_s} R_x \tag{5.66}$$

由此可见，运算放大器的输出电压 U_o与 R_x 成正比，改变 R_s则可改变 R_x的量程。因为 I_s要流过运算放大器，所以这种电路不适合测量几欧姆以下的小电阻。

数字多用表常用的恒流电路如图 5.59(b)、(c)所示。它们由运算放大器 A 构成的跟随器和恒流输出管 BG(或 BG_1、BG_2)组成，其输出电流为

$$I_s = \frac{U_s}{R_s} = \frac{R_1 U_r}{R_1 + R_2} \times \frac{1}{R_s} \tag{5.67}$$

在图 5.59(d)中，通过放大器 A_1来放大基准电压，其输出电流为

$$I_s = \frac{U_r}{R_s} \times \frac{R_1}{R_3} \tag{5.68}$$

采用恒流法的 R/V 转换器的误差取决于 I_s的准确度，即取决于 U_r、R_s、R_1、R_2、R_3等的精度。其次，运算放大器的零点偏移和漂移也会引起 I_s的变化。

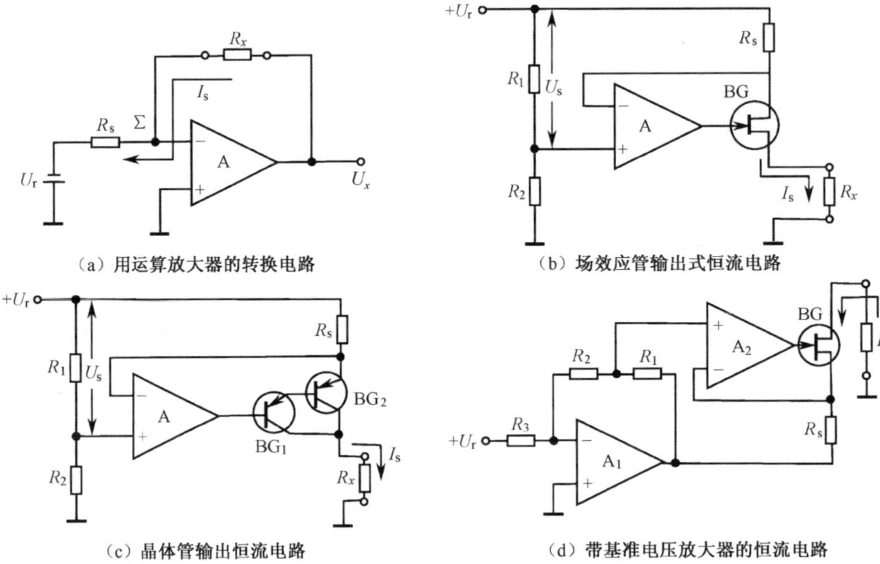

（a）用运算放大器的转换电路　　（b）场效应管输出式恒流电路

（c）晶体管输出恒流电路　　（d）带基准电压放大器的恒流电路

图 5.59　恒流法 R/V 转换电路

2. 电阻比例法

在图 5.60 中画出了用电阻比例法构成的 R/V 转换电路，它与双斜积分式 A/D 转换器配合，可实现电阻—数字转换。由图可知

$$U_x = -IR_x, \quad U_s = IR_s$$

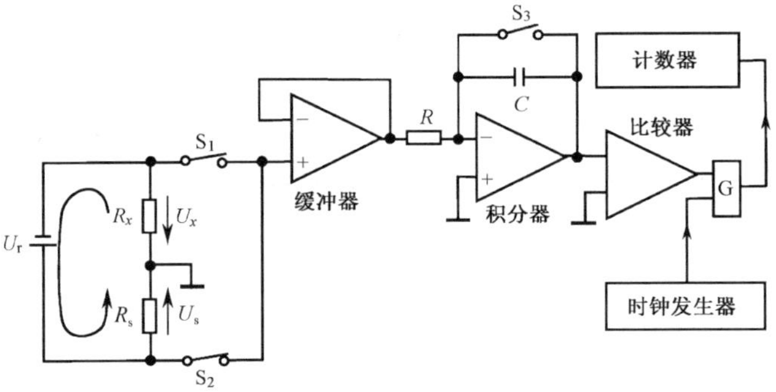

图 5.60　电阻比例法 R/V 转换电路

故

$$U_x = -\frac{U_s}{R_s}R_x \propto R_x$$

为了测出 R_x 上的电压 U_x，可让双斜积分式 A/D 转换器先在固定时间 T_1 内对 U_x 进行积分，然后再对 U_s 进行反向积分。当积分器的输出电压回到 0 时，第二次积分结束，则第二次积分的时间为

$$T_2 = \frac{U_x}{U_s}T_1 = \frac{R_x}{R_s}T_1$$

故

$$R_x = \frac{R_s}{T_1}T_2 \propto T_2 \tag{5.69}$$

用 T_2 去打开与门 G，则计数器对时钟计得的数字即代表 R_x 的数字量。由于在电阻 R_x、R_s 中

流过同样的电流，因此电阻比例法不需要精密的基准电流。

5.7.4 数字多用表的发展近况

近年来，数字多用表迅速得到了普及，性能也有很大的提高，特别是大规模集成电路 LSI 的发展，使数字多用表在小型化、低功耗、低成本方面有很大进步。

数字多用表大致分为以下两类。

1) 便携式

便携式数字多用表的位数不多，通常为 $3\frac{1}{2}$位；精度不高，一般在 0.2%～0.5%范围内；体积、重量和耗电甚小，且大多做成手持式的。近年又推出了 $4\frac{1}{2}$位和 $4\frac{2}{3}$位精度较高的便携式数字多用表。表 5.15 列出了几种具有代表性的便携式数字多用表的主要性能。

表 5.15 几种具有代表性的便携式数字多用表的主要性能

公　司	型　号	位　数	功　能	直流电压准确度	直流电压分辨率	附加功能、接口
胜利	81D	$3\frac{3}{4}$	测 U,I,R,C,f	0.5%+4	0.1mV	自动量程
仪器	86E	$4\frac{1}{2}$	测 U,I,R,C,f	0.05%+8	10μV	自动量程，USB
优利德	UT136D	$3\frac{3}{4}$	测 U,I,R,C,f	0.8%+1	0.1mV	自动量程
优利德	UT71E	$4\frac{3}{4}$	测 U,I,R,C,f	0.025%+5	10μV	自动量程
华谊仪表	PM8229	4000 计数	测 U,I,R,C,f	0.2%+2	0.1mV	自动量程
华谊仪表	PM18C	6000 计数	测 U,I,R,C,f	0.5%+3	0.1mV	自动量程
福禄克	106	6000 计数	测 U,I,R,C,f	0.5%+3	1mV	自动量程
福禄克	87—V/C	$4\frac{1}{2}$	测 U,I,R,C,f	0.05%+1	10μV	自动量程
是德科技	U1231A	$3\frac{1}{2}$	测 U,I,R,C,f	0.5%+2	0.1mV	自动量程
是德科技	U1280	$4\frac{1}{2}$	测 U,I,R,C,f	0.025%+5	1μV	自动量程

2) 台式

台式数字多用表的位数较多，精度及自动化程度较高。各厂家都有自己的专利技术，近年已做到 $8\frac{1}{2}$位的精度。表 5.16 列出了几种具有代表性的台式数字多用表的主要性能。

应当指出，现代数字多用表做到 $8\frac{1}{2}$位，已经做到了电压表测量的极限值。因为 $8\frac{1}{2}$位数字多用表能测量的最小电压已到 nV 量级，这已是电路热噪声的电平量级了，所以至今没有研制 $9\frac{1}{2}$位数字多用表。因为测量灵敏度的理论极限取决于在电路中的电阻所产生的热电噪声。图 5.61 给出了电压测量的理论极限图，表明了不同源电阻（将电阻看作噪声电压源 $U_n^2 = 4kTRB$，其中，k 为玻尔兹曼常数 1.38×10^{-23}J/K；T 为源的绝对温度，单位为 K；R 为源电阻，单位为 Ω；B 为噪声带宽，单位为 Hz。源电阻 R 越大，噪声电压 U_n 越大）的噪声电压值。图 5.61 中按噪声电压影响大小划分为三个区域：正常测量区域、接近理论极限区域和被噪声禁止的区域。在被噪声禁止的区域是无法测量到电压的，源电阻越大，禁止区域越大。对于数字多用表来说，在低源电阻情况下可以测到 0.1μV；而当源电阻为 1MΩ 时，对于 1μV 的测量已经接近理论极限了；当源电阻为 1TΩ 时，只能测量到 mV 级的电压。而对于这种小于 μV 级的低电压测量，要选用专门的纳伏表，如泰克科技公司的 2182A 纳伏表，其量程为 10.00000mV，分辨率为 1nV，24 小时准确度为±20ppm 读数±4ppm 量程（关于电压测量的理论极限计算可参考 KEITHLEY 低电平测量手册，第 6 版）。

表 5.16　几种具有代表性的台式数字多用表的主要性能

公　司	型　号	位　数	电压测量最高灵敏度	1V 量程直流电压准确度/年	A/D 转换类型	其他功能
普源精电	DM3068	$6\frac{1}{2}$	100nV	±35ppm 读数 ±6ppm 量程	Σ-Δ	USB、RS-232、GPIB、LAN
固玮电子	GDM—9061	$6\frac{1}{2}$	100nV	±48ppm 读数 ±7ppm 量程	Σ-Δ	USB、RS-232、GPIB、LAN
常州同惠	TH1963	$6\frac{1}{2}$	100nV	±40ppm 读数 ±7ppm 量程	—	USB、RS-232、GPIB、LAN
泰克科技	DM6500	$6\frac{1}{2}$	100nV	±25ppm 读数 ±6ppm 量程	—	USB、RS-232、LAN
是德科技	34465A	$6\frac{1}{2}$	1μV	±35ppm 读数 ±4ppm 量程	多斜积分式	USB、LAN
泰克科技	2002	$8\frac{1}{2}$	10nV	±19ppm 读数 ±12ppm 量程	多斜积分式	GPIB
是德科技	3458A	$8\frac{1}{2}$	10nV	±8ppm 读数 ±0.3ppm 量程	多斜积分式	GPIB

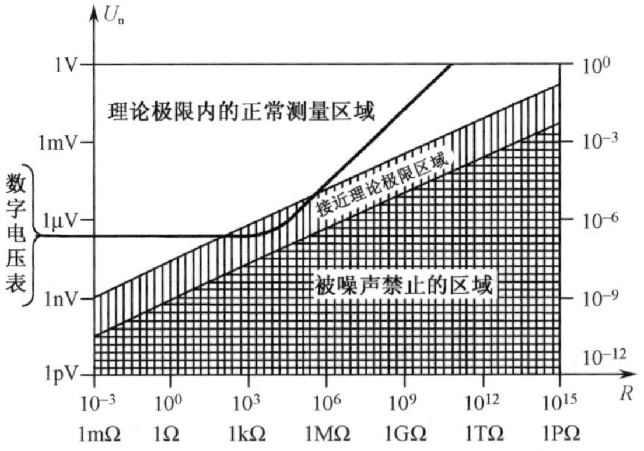

图 5.61　电压测量的理论极限图

5.8　数字电压表的误差与干扰

前面几节主要讨论数字电压表测量的技术原理，而要制作一台实际的数字电压表，从设计开始时就要研究如何减小误差和防止干扰。本节对这两个问题分别进行讨论，以加深对数字电压表性能的理解。

5.8.1 数字电压表测量误差公式

数字电压表的误差公式通常有如下两种表示形式：

形式1 $$\Delta=\pm(a\%\times U_x+b\%\times U_m) \tag{5.70}$$

形式2 $$\Delta=\pm(a\%\times U_x+d) \tag{5.71}$$

式中，Δ 为测量结果的绝对误差，U_x为被测电压的指示值（读数），U_m为所在量程的满度值，$a\%$为电压表转换系数引起的误差，$b\%$为电压表除转换系数误差以外的测量误差，d 为以数字表示的 $b\%\times U_m$误差值。

在式(5.70)中，第一项称为增益误差，因为它和电压表的转换系数有关，例如，衰减器的分压比，以及放大器的增益所引起的误差，以 Δa 表示；第二项称为偏移误差，例如，放大器的失调电压、A/D 转换器的量化误差等因素所产生的误差，它在全量程范围内都是固定值，以 Δb 表示。因此式(5.70)中的两项误差可以分别表示为

$$\Delta a=a\%\times U_x \tag{5.72}$$

$$\Delta b=b\%\times U_m \tag{5.73}$$

Δa、Δb 与 U_x的关系如图 5.62(a)所示，图中，$\Delta=\Delta a+\Delta b$。

由式(5.70)还可以得到测量的相对误差 γ 的表达式为

$$\gamma=\frac{\Delta}{U_x}=\pm\left(a\%+b\%\times\frac{U_m}{U_x}\right) \tag{5.74}$$

图 5.62(b)表示了 γ 与 U_x的关系。由图可见，相对误差的第一项 $a\%$不随 U_x的增大而改变；而相对误差的第二项 $b\%\times(U_m/U_x)$随 U_x的增大而逐渐减小，直至$U_x=U_m$时，它等于 $b\%$。因此，使用中要注意选择合适的量程，使 U_x在所选量程上有较大的读数值，使 U_x尽量接近 U_m。

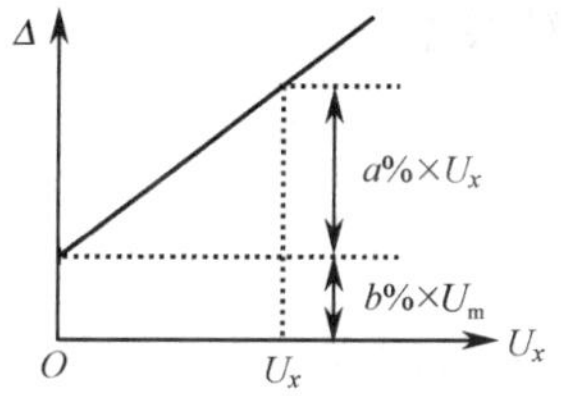

(a) Δa、Δb与 U_x 的关系

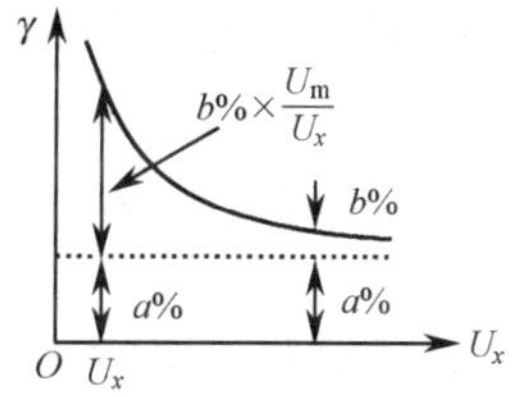

(b) γ与 U_x 的关系

图 5.62 测量误差与被测电压 U_x 的关系

5.8.2 数字电压表主要部件误差分析

如图 5.24 所示，数字电压表主要由输入电路、A/D 转换器、显示器、控制逻辑电路及电源电路等组成。首先，假设控制逻辑电路部分没有误差。而 A/D 转换器的误差通常表现为量化误差，当满量程的数码 N 已定后，该误差也已确定，因此这里不进行分析。下面仅对双斜积分式数字电压表的输入部分进行误差分析，包括输入电路中的衰减器、放大器及双斜积分式 A/D 转换器的模拟电路部分。

1. 输入电路的误差

如前所述，在电压测量中为了适应被测信号的不同幅度范围，需要划分量程。实际上，这个量程借助于输入电路将被测信号衰减或放大，使之限制在一个额定的范围内，以便后继电路（如 A/D 转换器）能正常工作。这个额定值通常为 5～10V。对于大的被测信号，必须通过衰减器进行衰减，而小的被测信号要用放大器进行放大。因此，数字电压表的输入电路由衰减器和放大器组成，其原

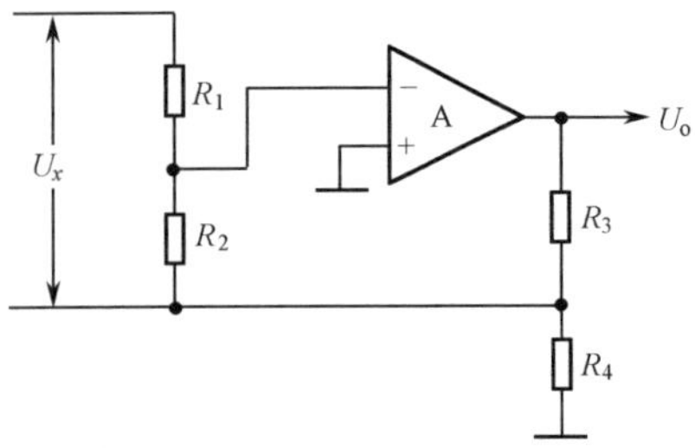

图 5.63　数字电压表的输入电路原理图

理电路图如图 5.63 所示。图中，R_1、R_2组成衰减器，起分压器作用；A 和 R_3、R_4组成串联电压负反馈放大器，把远小于 10V 的被测信号放大至接近 10V。

在此电路中，输出电压 U_o 可以表示为

$$U_o=-\left(\frac{R_2}{R_1+R_2}\right)\frac{A_d}{1+FA_d}U_x \tag{5.75}$$

式中，$\frac{R_2}{R_1+R_2}$为衰减器的衰减系数，下面以 k 表示；A_d为放大器 A 的开环放大倍数；F 为放大器 A 的反馈系数；$\frac{A_d}{1+FA_d}$为反馈放大器的闭环放大倍数。

在式(5.75)中，当电阻 R_1、R_2不为理想值时，就会引起衰减系数的误差；当 R_3、R_4不为理想值时，就会引起反馈系数 F 的误差；当 A_d不够大及放大器的输入电阻 R_i不够大时，也会引起误差。总之，这些都使数字电压表产生测量误差。

将衰减系数以符号 k 代入式(5.75)得

$$U_o=-k\ \frac{A_d}{1+FA_d}U_x \tag{5.76}$$

按式(5.76)可求得由于上述因素引起的输入电路相对误差。对式(5.76)求对数得

$$\ln U_o=-[\ln k+\ln A_d+\ln U_x-\ln(1+FA_d)] \tag{5.77}$$

对式(5.77)求微分并认为 U_x为定值得

$$\frac{\Delta U_o}{U_o}=-\left(\gamma_k+\frac{1}{A_d(1+FA_d)}\gamma_{A_d}-\frac{FA_d}{1+FA_d}\gamma_F\right) \tag{5.78}$$

式中，γ_k，γ_{A_d}，γ_F 分别为衰减器、放大器、反馈系数的相对误差，即

$$\gamma_k=\Delta k/k,\quad \gamma_{A_d}=\Delta A_d/A_d,\quad \gamma_F=\Delta F/F$$

由式(5.78)可知，测量的相对误差 $\Delta U_o/U_o$不只是各分项相对误差之和，而且要乘以相应的传递系数。

这里必须指出，如果衰减器的衰减系数为 1，反馈放大器的增益为 1，则称为数字电压表的基本量程。由式(5.78)可知，在基本量程上，测量误差最小。从电路上来说，这时的测量不用衰减器，而且放大器的反馈系数为 1，上述引进误差的因数已被削弱，所以测量精度最高。

以上误差属于误差公式的 Δa 部分。此外，放大器的失调电流及等效失调电压会引起测量误差，它们的温漂也会引起测量误差，这些属于误差公式的 Δb 部分。

2. A/D 转换器的误差

这里以双斜积分式 A/D 转换器为例进行讨论。从工作原理已知其 A/D 转换结果，式(5.46)可进一步表示为下式

$$T_2=\frac{T_1}{U_r}\times U_x$$

上式的转换关系看上去很简单，似乎误差来源很少，但是，双斜积分式 A/D 转换器是由许多元器件组成的，在一次 A/D 转换过程中，它们都有可能引入相应的测量误差，使测量结果产生误差量 ΔT_2。

当考虑误差因素时，双斜积分式 A/D 转换器的模拟电路部分如图 5.64 所示。由图可见，产生测量误差的因素有如下几个方面。

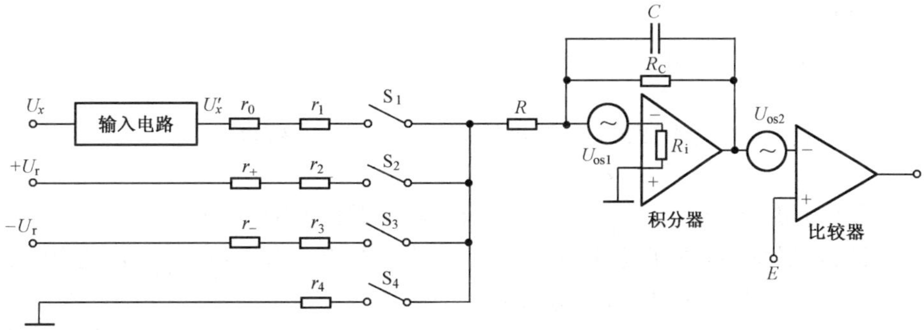

图 5.64　包含误差因素的双斜积分式 A/D 转换器的模拟电路部分

① 积分器输入端的各种电阻，包括：输入电路部分的等效输出电阻 r_0，基准源 $\pm U_r$ 的内阻 r_+、r_-，各个开关 S 的导通电阻 $r_1 \sim r_4$，由于它们各不相同，以致在 T_1、T_2 内的时间常数各不相同，导致测量误差。

② 开关 S 一般由场效应管构成，其驱动电压产生的结电容充放电流将参与积分过程；另一方面，开关断开时的电阻性泄漏电流也将参与积分过程，两者都要造成 A/D 转换误差。

③ 积分器开环放大系数 A_{d2} 不可能为无穷大，使 A/D 转换特性呈非线性；积分器输入电阻 R_i 和积分电容的泄漏电阻 R_C 也不可能为无穷大，导致积分电阻发生变化。

④ 当积分器的频响不够宽时，其响应速度将会受到限制，输出产生延时，从而造成转换误差。

⑤ 积分器和比较器的失调电压 U_{os1}、U_{os2} 与它们的温漂使比较器的实际转换电平偏移，从而造成转换误差。

⑥ 比较器的预置比较电平 E 若不稳定，必将产生误差。当此电平为地电位时，由于接地不良也要产生误差。

⑦ 比较器的不灵敏区也要产生误差。

总之，以上各种因素对 A/D 转换结果都会引起误差。T_2 的误差最大为 ΔT_2，但是可以将 ΔT_2 分为 ΔT_{21} 和 ΔT_{22} 两部分，ΔT_{21} 属于误差公式的 Δa 部分，而 ΔT_{22} 属于 Δb 部分。

5.8.3　数字电压表测量的误差合成

前面已经对数字电压表主要部件产生误差的原因进行了分析，但是，总的测量误差为多少呢？这需要对各部件产生的误差进行合成。在前述讨论中，仅对数字电压表的输入电路和 A/D 转换器的模拟电路部分所产生的误差进行分析，现以这两部分为例讨论数字电压表的误差合成问题。

1. 误差链及 *a*、*b* 误差系数的计算

1）误差系数 a 的求得

由多个部件构成的仪器可以用其链状电路结构的框图表示其输入、输出关系，如图 5.65 所示，图中的输入为被测电压 U_x，输出为测量的读数值 N（在双斜积分式数字电压表中正比于 T_2），其中 $\phi_1, \phi_2, \cdots, \phi_n$ 为各部件的传递系数。

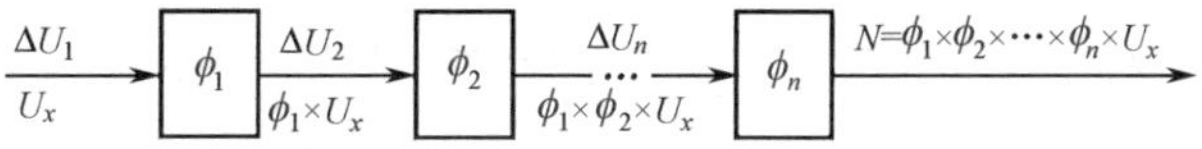

图 5.65　仪器的链状电路结构框图

由链状图可以写出

$$N = \phi_1 \times \phi_2 \times \cdots \times \phi_n \times U_x$$

对上式取对数并求微分，得

$$\frac{\mathrm{d}N}{N}=\frac{\mathrm{d}\phi_1}{\phi_1}+\frac{\mathrm{d}\phi_2}{\phi_2}+\cdots+\frac{\mathrm{d}\phi_n}{\phi_n}+\frac{\mathrm{d}U_x}{U_x}$$

由于 U_x 是被测量，认为是不变的，故令 $\mathrm{d}U_x/U_x=0$，由上式可得

$$\gamma_N=\gamma_{\phi_1}+\gamma_{\phi_2}+\cdots+\gamma_{\phi_n} \tag{5.79}$$

式中，γ_N 为仪器总的相对误差，$\gamma_{\phi_1}, \gamma_{\phi_2}, \cdots, \gamma_{\phi_n}$ 为仪器各部件的相对误差。

式(5.79)说明仪器总的相对误差是各部件相对误差之和。而且，式(5.79)是由于仪器的转换系数产生的误差，属于误差公式中的 Δa 部分，即

$$\Delta a=a\%\times U_x=\gamma_N\times U_x$$

也即

$$\gamma_N=a\%$$

或

$$a=\gamma_N\times 100 \tag{5.80}$$

2）误差系数 b 的求得

在仪器的每个部件中还存在不随被测量 U_x 变化的误差量，例如，元器件的失调电压及温漂。这种误差属于误差公式的 Δb 部分，现在讨论其分析方法。

在图 5.65 中，认为每个部件所产生的有关 Δb 项的绝对误差都归算到各部件自身的输入端，它们分别为 $\Delta U_1, \Delta U_2, \cdots, \Delta U_n$。将它们全部归算到仪器的输入端可得

$$\Delta U=\Delta U_1+\frac{\Delta U_2}{\phi_1}+\cdots+\frac{\Delta U_n}{\phi_1\times\phi_2\times\cdots\times\phi_{n-1}} \tag{5.81}$$

因此，在仪器的输入端总的绝对误差为

$$\Delta b=b\%\times U_{\mathrm{m}}=\Delta U$$

或者

$$b=\frac{\Delta U}{U_{\mathrm{m}}}\times 100 \tag{5.82}$$

2. 总误差的求取方法

按照式(5.80)和式(5.82)分别求得 a、b 两项误差的合成，并以 a_γ 和 b_γ 表示，而后得总误差的 Δa 和 Δb 部分。就数字电压表的输入电路和 A/D 转换器的模拟电路部分而言，假设输入电路的误差为 a_1 和 b_1，A/D 转换器的模拟电路部分的误差为 a_2 和 b_2，并且输入电路的传递系数为 ϕ_1，则得

$$a_\gamma=a_1+a_2 \tag{5.83}$$

$$b_\gamma=b_1+\frac{b_2}{\phi_1} \tag{5.84}$$

这里必须指出，前面仅对数字电压表两个部件产生的误差进行合成。严格地说，应该考虑对所有部件产生的误差进行合成，才是完善的结果，所以式(5.83)和式(5.84)应该分别表示为

$$a_\gamma=a_{\gamma 1}+a_{\gamma 2}+a_{\gamma 3}+\cdots+a_{\gamma n} \tag{5.85}$$

$$b_\gamma=b_{\gamma 1}+\frac{b_{\gamma 2}}{\phi_1}+\cdots+\frac{b_{\gamma n}}{\phi_1\times\phi_2\times\cdots\times\phi_{n-1}} \tag{5.86}$$

则数字电压表的测量误差的表达式如下：
绝对误差为

$$\Delta_v=\pm(a_\gamma\%\times U_x\pm b_\gamma\%\times U_{\mathrm{m}}) \tag{5.87}$$

相对误差为

$$\gamma_v = \pm\left(a_\gamma\% \pm b_\gamma\% \times \frac{U_m}{U_x}\right) \tag{5.88}$$

5.8.4 电压测量的干扰及其抑制技术

电压测量从模拟方法到数字方法，在测量精度上不断提高。模拟电压表的测量精度达 10^{-2} 量级，数字电压表的测量精度达 10^{-5}～10^{-6} 量级，最高可达 10^{-8} 量级。虽然电压的数字测量精度比模拟测量精度有了很大提高，但是由于实践的需要，还要求进一步提高电压测量的精度。这里主要讨论影响电压测量精度的各种因素，以及为了提高测量精度而采取的各种措施。

1. 影响电压测量精度的因素

由于噪声及干扰信号的存在，很难实现电压的精密测量，尤其是对微小电压的精密测量。通常有以下两种干扰。

1）随机性干扰

在电压测量的过程中，随机性干扰信号是不确定的，例如，数字电压表内部电子元器件的热噪声、元器件的散弹噪声及测量现场的电磁干扰等。

2）确定性干扰

确定性干扰通常分为串模（NM，Normal Model）干扰和共模（CM，Common Model）干扰两种，如图 5.66所示。在图 5.66(a)中，干扰电压与被测电压 U_x 串联加到数字电压表两个输入端 H 和 L（即测量电位的高端和低端）之间，故称串模干扰，通常以 U_{nm} 表示。串模干扰一般来自被测电压本身，如稳压电源中的纹波电压、测量接线上感应的工频或高频电压。串模干扰的频率范围从直流、低频直至超高频，其波形有周期性的正弦波或非正弦波，也有非周期性的脉冲和随机干扰。在图 5.66(b)中，干扰电压（U_{cm}）同时作用于数字电压表的 H 端和 L 端，即数字电压表的 H 端和 L 端受到干扰信号的同等影响（包括幅度和相位），故称为共模干扰。产生共模干扰的原因往往是测量系统的接地问题，由于被测电压与数字电压表相距较远，以至两者的地电位（即它们的参考电位）不一样，有时共模电压高达几伏甚至几百伏。此外，被测电压本身也可能含有共模电压分量。

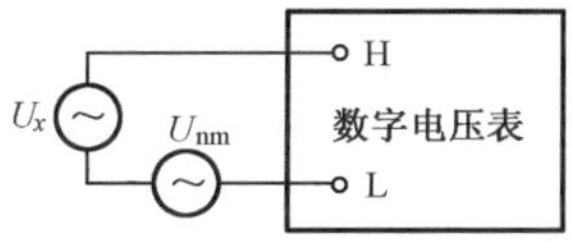

（a）串模干扰

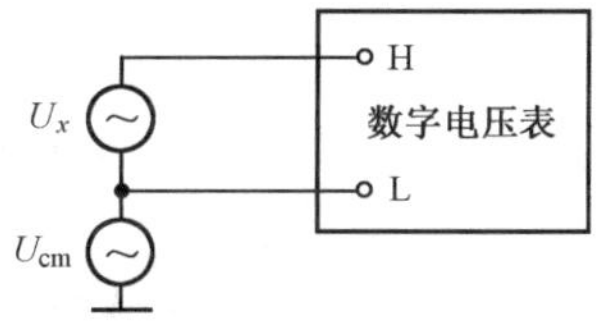

（b）共模干扰

图 5.66 数字电压表的串模干扰和共模干扰示意图

2. 串模干扰的抑制方法

常见抑制串模干扰的方法有输入滤波法和积分平均法两种。输入滤波法利用低通滤波器滤除被测电压中的高频干扰分量，但这会影响数字电压表对被测电压的响应速度，降低读数速率，这是造成在数字电压表中测量精度高时读数速率低的原因之一。下面对积分平均法进行讨论。

积分式数字电压表具有对串模干扰的平均作用，由 5.5 节可知，积分式数字电压表在某一时间内对被测信号进行积分，取平均值，因此具有优良的抑制串模干扰能力。现在对图 5.27所示的双斜积分式 A/D 转换器进行讨论。

假设被测电压 U_x 上叠加了一个平均值为零的正弦波干扰电压 U_n（即使是非正弦波电压，也可以分解为各种频率的正弦波分量），即

$$U_n(t)=U_n\sin(\omega_n t+\phi) \tag{5.89}$$

式中,U_n为干扰电压的幅值,ω_n为干扰电压的角频率,ϕ 为干扰电压的初相角(它以 T_1开始积分的时刻为参考,如图 5.27 所示)。

因此,双斜积分式 A/D 转换器的输入电压 U_i为

$$U_i=U_x+U_n(t)$$

它在 T_1内的平均值为

$$\overline{U}_i=\frac{1}{T_1}\int_0^{T_1}U_i\mathrm{d}t=\frac{1}{T_1}\int_0^{T_1}[U_x+U_n(t)]\mathrm{d}t=\overline{U}_x+\overline{U}_n \tag{5.90}$$

式中,$\overline{U}_x$为被测电压在 T_1内的平均值;$\overline{U}_n$为干扰电压在 T_1内的平均值,它表征串模干扰引起测量误差的大小。

为了抑制串模干扰对测量的影响,应该使$\overline{U}_n=0$,因为

$$\overline{U}_n=\frac{1}{T_1}\int_0^{T_1}U_n\sin(\omega_n t+\phi)\mathrm{d}t$$

经演算得

$$\overline{U}_n=\frac{U_nT_n}{\pi T_1}\times\sin\frac{\pi T_1}{T_n}\times\sin\left(\frac{\pi T_1}{T_n}+\phi\right) \tag{5.91}$$

式中,T_n为干扰电压的周期,$T_n=2\pi/\omega_n$。

下面以式(5.91)为依据讨论对串模干扰的抑制问题。由式(5.91)可见,串模干扰引起的误差电压既与 T_1/T_n 有关,也与初相角 φ 有关。欲使$\overline{U}_n=0$,该式中必有一个因子为零,现分别讨论如下。

① 令

$$\sin\frac{\pi T_1}{T_n}=0$$

则

$$\frac{\pi T_1}{T_n}=k\pi \qquad k=1,2,3,\cdots$$

故得

$$T_1=kT_n \tag{5.92}$$

② 令

$$\sin\left(\frac{\pi T_1}{T_n}+\phi\right)=0$$

则

$$\frac{\pi T_1}{T_n}+\phi=n\pi \qquad n=1,2,3,\cdots$$

故得

$$\phi=\left(n-\frac{T_1}{T_n}\right)\times\pi \tag{5.93}$$

若能满足式(5.92)或式(5.93)的条件,则串模干扰就能全部被抑制掉,这证明了积分对串模干扰的平均作用。而实际情况并非如此,现对以上两式做进一步讨论。

1) $\overline{U}_n$与 T_1/T_n 的关系

鉴于干扰信号的初相角是随机的,因此式(5.91)中最后一项因子的取值在$-1\sim+1$之间,现考虑最不利情况取为+ 1,则式(5.91)可以表示为

$$\overline{U}_n=\overline{U}_{n\max}=\frac{U_nT_n}{\pi T_1}\times\sin\frac{\pi T}{T_n} \tag{5.94}$$

现以串模抑制比(NMRR,Normal Mode Reject Rate)定量表示对串模干扰的抑制能力,它定义为

$$\mathrm{NMRR} = 20\ \lg \frac{U_n}{\overline{U}_n} \tag{5.95}$$

式中,U_n为串模干扰电压的幅度,$\overline{U}_n$为干扰电压引起的最大测量误差,NMRR 的单位为 dB。

将式(5.94)代入式(5.95)得

$$\mathrm{NMRR} = 20\lg \frac{\dfrac{\pi T_1}{T_n}}{\sin \dfrac{\pi T_1}{T_n}} \tag{5.96}$$

根据式(5.96)可画出双斜积分式 A/D 转换器对串模干扰的抑制特性曲线,如图 5.67 所示,图中以 T_1为参变量。

从式(5.96)和图 5.67 可以得到以下几种关系。

① 当 T_1/T_n 为整数,即双斜积分式 A/D 转换器的采样期 T_1为干扰电压周期 T_n的整数倍时,NMRR$=\infty$,称为理想抑制条件,这就是图 5.67 的理论证明。

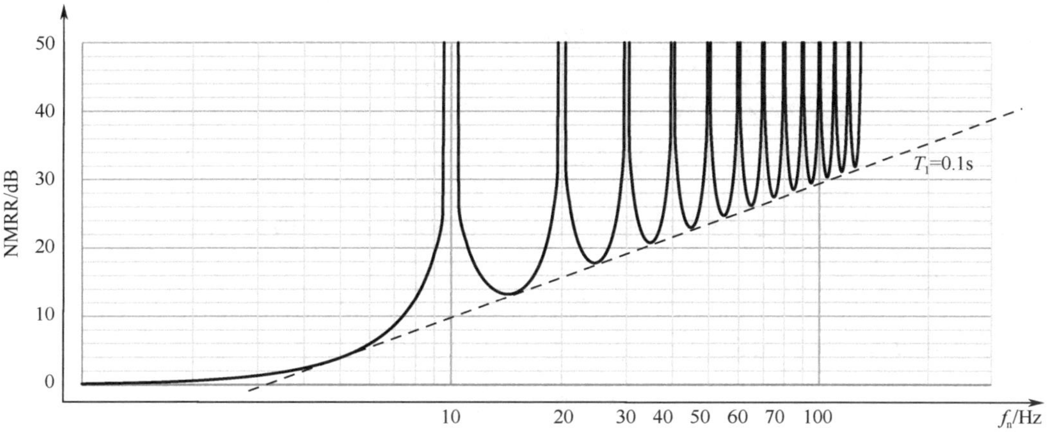

图 5.67 双斜积分式 A/D 转换器的串模干扰抑制特性曲线

② 当 T_1一定时,干扰信号频率 f_n越高(即 T_n越小),双斜积分式 A/D 转换器对串模干扰的抑制能力越强;同理,当 T_n一定时,T_1越大,对串模干扰抑制能力也越强。

③ 当干扰电压的周期偏离理想抑制点,使 T_1/T_n 不等于整数时,NMRR 便急剧下降。这里不再讨论。

2) $\overline{U}_n$与 ϕ 的关系

在讨论$\overline{U}_n$与干扰电压初相角 ϕ 的关系时,根据式(5.94)可以将式(5.91)表示为

$$\overline{U}_n = \overline{U}_{nmax} \times \sin\left(\frac{\pi T_1}{T_n} + \phi\right) \tag{5.97}$$

由式(5.97)可见,当 T_1和 T_n为定值时,干扰电压的 $\overline{U}_{nmax}$也是定值,因此又将是一个随干扰电压初相角 ϕ 变化的正弦函数。如果合理选择 ϕ,使其正弦函数值为零,那么串模干扰的影响也将被完全抑制。

3. 共模干扰的抑制方法

如前所述,产生共模干扰的原因之一是测量系统的接地问题。

1) 共模抑制比的定义

通常,数字电压表与被测信号源相距较远,需要较长的接线。这样,不仅长线会引入串模干扰,

而且还会由于接地不良引入共模干扰。测量系统中的共模干扰等效电路如图5.68所示。

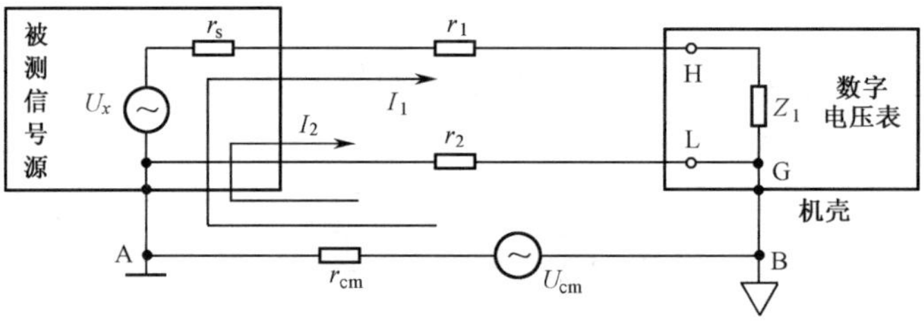

图5.68 测量系统中的共模干扰等效电路

图5.68中，U_{cm}为共模的等效干扰电压，r_{cm}为接地电阻，r_1、r_2为测量接线电阻，r_s为被测信号源内阻，Z_1为数字电压表的输入阻抗。现在参照图5.66(b)讨论由于共模干扰电压U_{cm}的影响，在数字电压表的H端和L端之间产生的等效干扰电压U_{cn}。在图5.68中，U_{cm}在接线上将产生电流I_1和I_2，因此

$$U_{cn}=U_H-U_L=-I_1(r_1+r_s)-(-I_2r_2)$$
$$=-\frac{r_1+r_s}{r_{cm}+r_s+r_1+Z_1}U_{cm}+\frac{r_2}{r_{cm}+r_2}U_{cm}$$

因为$Z_1\gg r_1$，$Z_1\gg r_2$，$Z_1\gg r_s$，$Z_1\gg r_{cm}$，故得

$$U_{cn}\approx\frac{r_2}{r_{cm}+r_2}U_{cm} \tag{5.98}$$

由式(5.98)可见，产生共模干扰电压的主要因素是I_2。又因为$r_{cm}\ll r_1$、$r_{cm}\ll r_2$，所以式(5.98)可以表示为

$$U_{cn}\approx U_{cm}$$

现在定义共模抑制比(CMRR，Common Mode Reject Rate)为

$$\text{CMRR}=20\lg\frac{U_{cm}}{U_{cn}} \tag{5.99}$$

式中，U_{cm}为测量系统中数字电压表受到的共模干扰电压，U_{cn}为共模干扰电压在数字电压表的H端和L端引入的等效干扰电压(相当于串模干扰电压)，CMRR单位为dB。

将式(5.98)代入式(5.99)，得

$$\text{CMRR}=20\lg\frac{r_{cm}+r_2}{r_2}$$

因为$r_{cm}\ll r_2$，故得
$$\text{CMRR}\approx 20\lg 1$$
即
$$\text{CMRR}\approx 0\text{dB} \tag{5.100}$$

对上述分析总结如下。

① 从式(5.98)可见，数字电压表的共模干扰电压可以转换为串模干扰电压，后者和被测电压串联到数字电压表的输入端，所以对于测量误差来说，最终仍是由串模干扰引起的。

② 图5.68所示测量系统不能抑制共模干扰(因为CMRR=0dB)，故需要采取改进措施。

2) 提高共模抑制比的措施

为了在电压测量中提高抗共模干扰能力，减小测量误差，必须对图5.68所示测量系统的结构进行改进。通常采用以下方法：浮置数字电压表的低端，采用双端对称输入电路，浮置双端对称输入电路，采用双重屏蔽和浮置。下面分别介绍浮置数字电压表的低端及采用双重屏蔽和浮置两种方法。

(1) 浮置数字电压表的低端

在图 5.68 所示的电路中，共模干扰的影响主要由 I_2 造成，见式(5.98)，因此要设法削弱 I_2 的影响。有效的方法是浮置低端，即将数字电压表的 L 端与仪器的机壳相隔离(在数字电压表中，L 端的电位是其模拟电路部分的参考电位)，如图 5.69 所示。

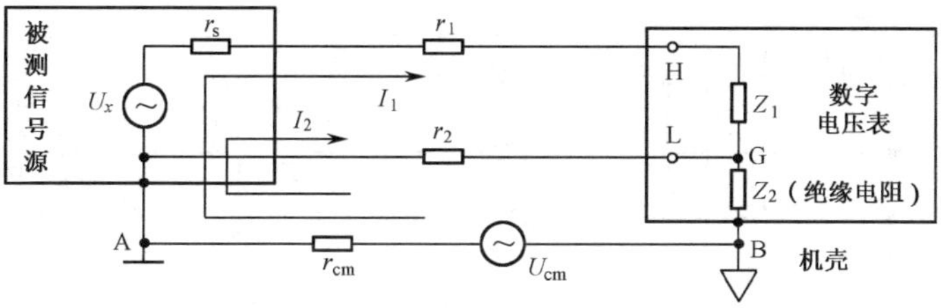

图 5.69　测量浮置数字电压表低端的电压

图 5.69 中在 L 端与机壳之间有一个很大的阻抗 Z_2，表示它们之间是相隔离的，这时在输入端的等效干扰电压为

$$U_{cn} = -I_1(r_1 + r_s) - (-I_2 r_2) \tag{5.101}$$

在图 5.69 中，电流 I_1 和 I_2 为

$$I_1 = \frac{U_{cm}}{r_{cm} + r_s + r_1 + Z_1 + Z_2}$$

$$I_2 = \frac{U_{cm}}{r_{cm} + r_2 + Z_2}$$

由于 $r_1 + r_s + Z_1$ 和 r_2 两条支路并联，并且，$r_1 + r_s + Z_1 \gg r_2$，所以 $I_2 \gg I_1$，则式(5.101)可近似为

$$U_{cn} \approx I_2 r_2$$

将 I_2 的表示式代入上式得

$$U_{cn} = \frac{r_2}{r_{cm} + r_2 + Z_2} U_{cm} \tag{5.102}$$

式(5.102)可近似为

$$U_{cn} \approx \frac{r_2}{Z_2} U_{cm}$$

图 5.69 电路的共模抑制比为

$$\mathrm{CMRR} = 20\lg \frac{U_{cm}}{U_{cn}}$$

把 U_{cn} 的表示式代入得

$$\mathrm{CMRR} = 20\lg \frac{Z_2}{r_2} \tag{5.103}$$

对比式(5.103)和式(5.100)可以看出：由于浮置 L 端，并且 $Z_2/r_2 \gg 1$，所以CMRR不再为零。由此可见，浮置 L 端可以提高电压测量的抗共模干扰能力；并且 L 端与机壳之间隔离得越好，Z_2 值就越大，共模抑制比也就越高。

(2) 采用双重屏蔽和浮置

目前高精度数字电压表都采用这种技术，如图 5.70 所示，用机壳作为外层屏蔽，在机壳内再设置一个内层屏蔽，将数字电压表的模拟电路部分屏蔽起来。在数字电压表模拟电路部分被浮置的 L 端与内层屏蔽之间，以及内、外层屏蔽之间都是高度绝缘的，绝缘阻抗 Z_2、Z_3 都很大。

由图 5.70 可见，共模干扰电压 U_{cm} 经 Z_3、r_{cm} 和 r_3 分压，并认为 r_{cm} 很小可以忽略不计，因此，r_3 上的压降 U'_{cm} 为

$$U'_{cm}=\frac{r_3}{r_3+Z_3}U_{cm}$$

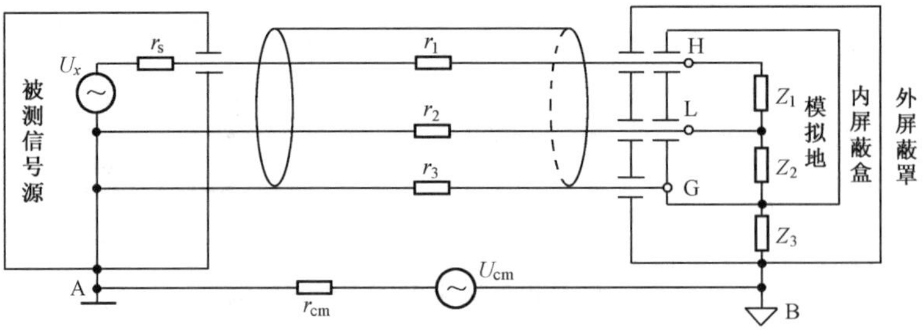

图 5.70　双重屏蔽和浮置的电路原理图

U'_{cm} 再经 Z_2 和 r_2 分压，又因为 $Z_2\gg r_2$，$Z_3\gg r_3$，故在 r_2 上的压降为

$$U_{cn}\approx\frac{r_2}{Z_2}\frac{r_3}{Z_3}U_{cm}$$

因此得共模抑制比为

$$\text{CMRR}=20\lg\frac{Z_2Z_3}{r_2r_3}\tag{5.104}$$

式(5.104)表明，要提高 CMRR 就要加大 Z_2 和 Z_3，即将内部电路浮置起来，内层屏蔽也要浮置起来。例如，当 $Z_2=Z_3=10^6\,\Omega$，$r_2=r_3=1\text{k}\Omega$ 时，由式(5.104)得 CMRR＝120dB，达到了较高的共模抑制水平。此外，在图 5.70 中，一共有 3 根接线和数字电压表相连接，通常采用有屏蔽层的双芯线，屏蔽层就相当于具有内阻 r_3 的接线，而具有内阻 r_1 和 r_2 的接线则是双芯线。由于屏蔽线能使 CMRR 有很大的提高，因此在实际测量中应利用屏蔽线并进行正确连接。

思考题与习题

本章小结

5.1　简述电压测量的基本要求及电压测量仪器的分类方法。

5.2　交流电压表是以何值来标定刻度读数的？真、假有效值的含义是什么？

5.3　利用全波平均值电子电压表测量如图 5.71 所示 3 种不同波形(正弦波、方波、三角波)的交流电压，设电压表的读数都是 1V，问：

(1) 对每种波形，电压表的读数各代表什么意义？

(2) 3 种波形的峰值、平均值及有效值分别为多少？

(3) 根据测量结果，将 3 种波形画在同一坐标图上进行比较。

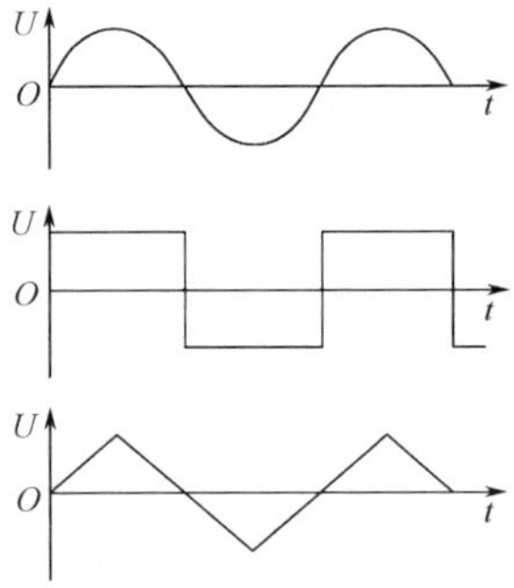

图 5.71　题 5.3 图

5.4　若在示波器上分别观察峰值相等的正弦波、方波、三角波，得 $U_P=5\text{V}$，现在分别采用 3 种不同检波方式并以正弦波有效值为刻度的电压表进行测量，试求其读数分别为多少？

5.5　用峰值电压表和均值电压表分别测量同一波形，读数相等。这可能吗？为什么？

5.6　已知某电压表采用正弦波有效值作为刻度，如何以实验方法判别它的检波类型？试列出两种方案，并比较哪一种方案更合适。

5.7　简述逐次逼近比较式数字电压表和双斜积分式数字电压表的工作原理，并比较它们的优缺点。

5.8　DS－18 型 5 位双斜积分式数字电压表中，$U_2=-6.0000\text{V}$，$f_c=0.75\text{MHz}$，计数器满量程 $N_1=60\,000$，求被测电压 $U_x=2.5000\text{V}$ 时，计数器计数值 N_2 为多大？采样时间 T_1 和测量时间 T_2 分别为多少？

5.9　试画出图 5.72 所示积分器的输出电压的时间波形图，假设图中 $C=1\mu\text{F}$，$R=10\text{k}\Omega$，且模拟开关的接通时间为：

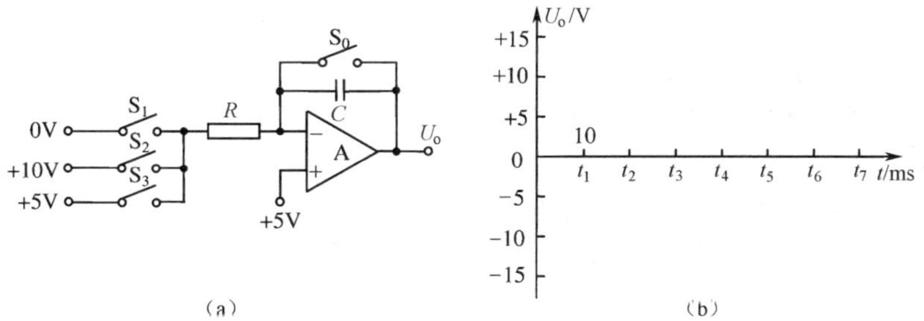

图 5.72　题 5.9 图

$0\sim t_1$(10ms)，S_0、S_1 接通，S_2、S_3 断开；

$t_1\sim t_3$(20ms)，S_1 接通，其他开关断开；

$t_3\sim t_4$(10ms)，S_2 接通，其他开关断开；

$t_4\sim t_5$(10ms)，S_3 接通，其他开关断开；

$t_5\sim t_6$(10ms)，S_0、S_3 接通，S_1、S_2 断开。

假设模拟开关 $S_0\sim S_3$ 和运算放大器 A 均为理想器件。

5.10　图 5.73 所示为某三斜积分式 A/D 转换器的积分器的输出时间波形，设基准电压 $|U_r|=10\text{V}$，试求积分器的输入电压大小和极性。题中假设在采样期和比较期内，积分器的时间常数 RC 相等。

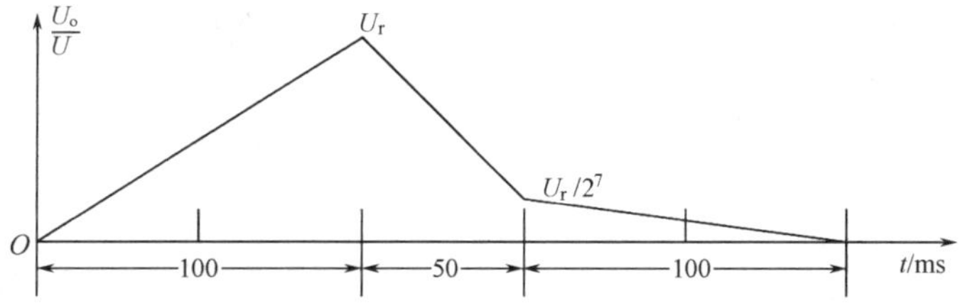

图 5.73　题 5.10 图

5.11　某脉冲调宽式 DVM，其节拍方波的频率为 25Hz，幅度 $U_2=\pm 15\text{V}$，基准电压 $U_r=\pm 7\text{V}$。假设输入电压 $U_i=+3\text{V}$，试求 T_2 及 T_1。

5.12　某逐次逼近比较式 A/D 转换器采用 12 位二进制码，其内部的 A/D 转换器最高位输出为 2048mV，最低位输出为 1mV，设输入电压 $U_x=1893\text{mV}$。

(1) 列表说明逐次逼近的比较过程。

(2) 画出输出电压 U_o 的时间波形图。

(3) 输出数字量是什么？

5.13　在余数循环比较式 A/D 转换器中，输入电压为 $U_i=8.9099\text{V}$，其 D/A 转换器输出为 5 位二进制码(即 8，4，2，1，1/2)，$A_2=16$。试说明其转换过程。

5.14　两台 DVM，最大计数容量分别为 19999，9999。若前者的最小量程为 200mV，试求：

（1）各是几位的 DVM？

（2）第 1 台 DVM 的分辨率是多少？

（3）若第 1 台 DVM 的工作误差为 $0.02\% U_x \pm 1$ 字，分别用 2V 挡和 20V 挡测量 $U_x = 1.56\text{V}$ 电压时，误差各是多少？

（4）其 B 类标准不确定度为多少？

5.15　简述影响电压测量精度的因素有哪些？采用什么办法能够抑制它们对测量的影响？

5.16　在双斜积分式 DVM 中，假设采样期 $T_1 = 100\text{ms}$，工频干扰的频率为 49Hz，幅度 $U_n = 2\text{V}$，初相角 $\phi = 0°$。试求：

（1）由此干扰引起的测量误差 $\overline{U}_n$。

（2）该 DVM 的串模抑制比 NMRR 为多少？

5.17　论述 HP3455 DVM 中校零方案的可行性。如图 5.74 所示，当开关 S→1 时，测得 U_1；当开关 S→2 时，测得 U_2；当开关 S→3 时，测得 U_3。

用计算机进行下面的运算

$$\frac{U_3 - U_1}{U_2 - U_1}$$

则达到自动校零的目的。

5.18　图 5.75 所示为双斜积分式 A/D 转换器，已知 $T_1 = 100\text{ms}$，$T_0 = 100\mu\text{s}$，试求：

（1）刻度系数；

（2）画出工作流程图。

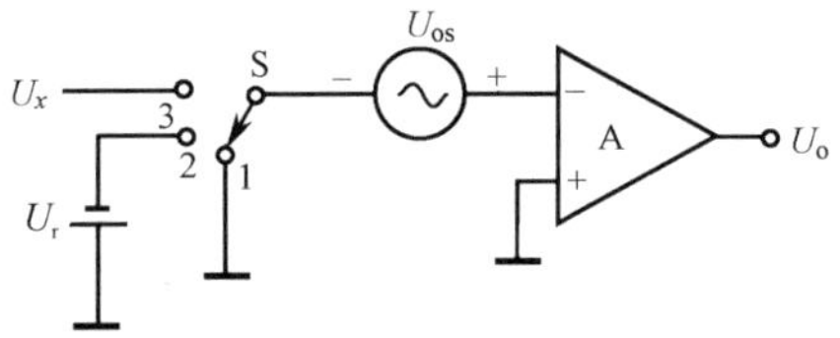

图 5.74　题 5.17 图

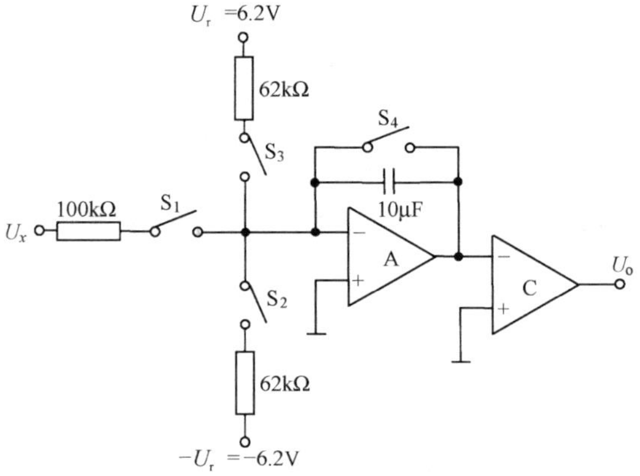

图 5.75　题 5.18 图

5.19　一台 DVM，技术说明书给出的准确度为 $\Delta U = \pm 0.01\% U_x \pm 0.01\% U_m$，试计算用 1V 量程分别测量 1V 和 0.1V 电压时的绝对误差和相对误差，有何启示？其 B 类标准不确定度分别为多少？

第6章 时域测量

本章要点

- 示波器的功用、分类、组成和波形显示原理
- 模拟示波器的组成原理、特性与应用
- 数字示波器的组成原理、信号采集处理技术、特性与功能

6.1 时域测量引论

从本章开始将介绍几种图示式仪器，即能在显示屏幕上直观地看到被测信号的波形等信息的仪器。在4.7节中已指出，对于一个携带信息的模拟调制信号，可以从三个方面去进行研究，即时域（Time Domain）反映的是幅度 U 与时间 T 的关系（如示波器），频域（Frequency Domain）反映的是幅度 U 与频率 F 的关系（如频谱分析仪），另外还有调制域（Modulation Domain）。图6.1给出了一个标准正弦调频信号的三域波形。另外，对于数字信号，可使用逻辑分析仪等数据域仪器进行测量。因此，本章和第8章、第9章将分别介绍三种图示式仪器：示波器（时域）和频谱分析仪（频域）、逻辑分析仪（数据域）。

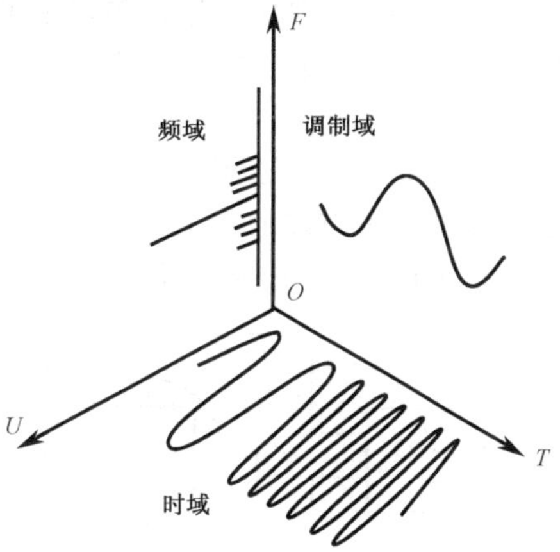

图6.1 标准正弦调频信号的三域波形

6.1.1 示波器的功用

示波器是电子示波器的简称，在维基百科上的定义为："一种能够显示电气信号动态波形的电子测量仪器。它能够将时变的电气信号，转换为时间域上的曲线，使原来不可见的电气信号就此转换为在二维平面上直观可见的光信号，因此能够分析电气信号的时域性质。"因此，示波器是一种基本的、应用最广泛的时域测量仪器。尤其要指出的是，示波器是一种全息仪器，能让人们观察到信号波形的全貌，能测量信号的幅度、频率、周期等基本参数，能测量脉冲信号的脉宽、占空比、上升（下降）时间、上冲、振铃等参数，还能测量两个信号之间的时间和相位关系。这些功能是其他电子仪器难以胜任的，这是由于"百闻不如一见"，视觉获取的信息量是最大的。

由于电子技术的进步，示波器从早期的定性观测，已发展到可以进行精确测量。其他非电物理量亦可以转换成电参数，使用示波器进行观测。因此，示波器除了用来对电信号进行分析、测量，还广泛应用于国防、科研及工农业等领域。

同时，示波器是其他图示式仪器的基础。在学习并掌握了示波器的组成原理之后，对扫频仪、频谱分析仪、逻辑分析仪及医用B超等各种图示式仪器就容易理解了。

6.1.2 示波器的分类

从1947年世界上第一台示波器诞生至今，示波器经历了数十年的发展，出现了各种各样的示波器。大致情况如下。

按技术原理分为：模拟示波器和数字示波器。也有厂家将模拟示波器称为第一代示波器，而将数字示波器按技术进步情况称为第二、第三、第四代示波器。

按显示屏分为：示波管（即 CRT，阴极射线管）、液晶屏（TFT）和荧光屏（VFD）示波器等。

按显示原理分为：光点扫描、光栅扫描、矩阵像素点显示示波器等。

按带宽分档：对于模拟示波器，60MHz 以下为低档，300MHz 以上为高档，最高带宽只做到1GHz～2GHz 水平；对于数字示波器，500MHz 以下为低档，500MHz～2GHz 为中档，2GHz 以上为高档。

按用途主要分为：模拟示波器和专用示波器。以前，由于技术上的原因，模拟示波器的功能有限，故应特殊要求研制了别具特色的专用示波器，诸如：慢扫示波器（超低频示波器，用长余辉荧光粉）、采样示波器（用采样技术将高频信号转换为低频信号，再用模拟示波器显示）、记忆示波器（模拟存储示波管，保持时间只有一周）、多束示波器（能在多电子束示波管上同时观测多个波形）、特种示波器（如高灵敏度等特殊用途的示波器）等。现代性能优异的数字示波器已基本上取代了这些专用示波器。

按外形结构分为：台式、便携式、手持式和适用于仪器总线的模块式示波器。

按功能分为：现代数字示波器正向多功能方向发展，有的示波器具有 2～4 个模拟通道、1 个射频通道及 16 个数字通道，具备时域、频域、调制域及数字域观测分析能力，称为“混合域示波器”。

本教材主要介绍通用的模拟示波器和数字示波器。当今数字示波器虽已占主导地位，但模拟示波器是数字示波器的基础，许多基本原理、术语、技术指标和应用方法都是在模拟示波器的基础上发展起来的，而且有些领域还在应用模拟示波器及其相关的技术产品，因此下面先介绍模拟示波器，然后重点讨论数字示波器。

6.1.3 示波器的组成

示波器主要由 Y（垂直）通道、X（水平）通道和显示屏三大部分组成，如图 6.2 所示。

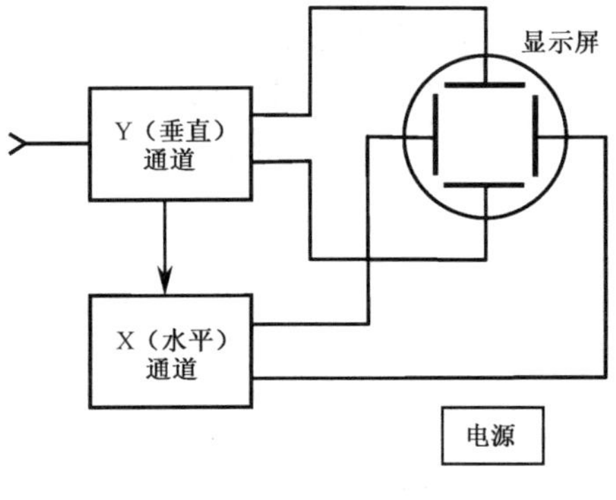

图 6.2 示波器的基本组成

Y（垂直）通道：由探头、衰减器、前置放大器、延迟线和输出放大器组成，实质上是一个多级宽频带、高增益放大器，主要对被测信号进行不失真的线性放大，以保证示波器的测量灵敏度。

X（水平）通道：由触发电路、扫描信号发生器和水平输出放大器组成，主要产生与被测信号相适应的扫描锯齿波。

显示屏：显示屏是示波器三大重要组成部分之一。显示屏的种类很多，下面列出了目前已有的各种显示屏。当前用于示波器的主要是示波管、液晶屏及荧光屏。本章着重介绍当前应用最广的示波管和液晶屏。

显示屏的种类
- 示波管（CRT）
  - 静电偏转：光点轨迹显示——用于示波器、雷达距离显示器、医疗仪器
  - 磁场偏转：光栅增辉显示——用于电视机、医疗仪器、雷达环显等
- 平板显示（FPD）
  - 被动发光：液晶屏（LCD）+背光板——用于数字三用表等小型电子仪器
  - 主动发光
    - 液晶屏（TFT）——用于示波器、计算机显示器、电视机
    - 荧光屏（VFD）——用于示波器、家电产品的显示屏
    - 等离子体显示屏（PDP）——用于电视机
    - 发光二极管（LED）——用于数字仪表、大型广告显示屏
    - 电致发光（EL）板——用于仪表数显、广告装饰
    - 场致发射（FED）——用于场致发射显微镜
    - 有机发光二极管（OLED）——用于智能手机、平板电脑、电视机等

6.2 示波管及其波形显示原理

6.2.1 示波管

示波管属于电真空器件，又称为阴极射线管(CRT)。考虑到这种电真空器件在其他课程中很少提及且应用广泛，故本书专列一节进行介绍。示波管由电子枪、偏转系统和荧光屏3部分组成，置于真空密封的玻璃管内，如图6.3所示。图6.3是示波管沿轴向的剖视图，其结构原理分述如下。

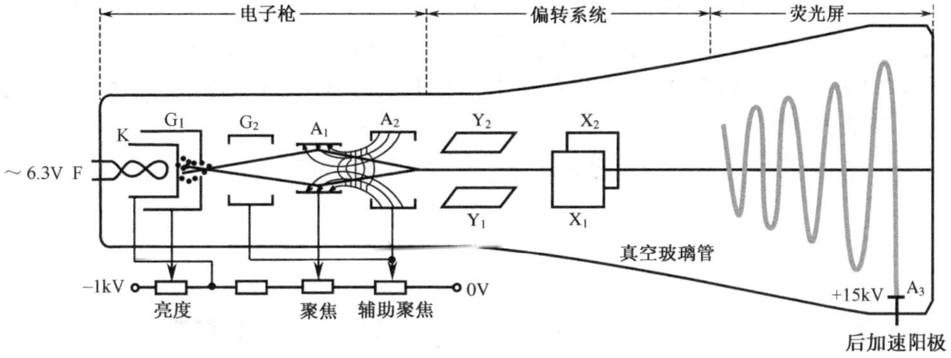

图6.3 示波管

1. 电子枪

电子枪的作用是发射电子并形成强度可控制的很细的电子束。它由以下7部分组成。

① 灯丝F——在交流低压(如6.3V)下，使钨丝烧热，用于加热阴极。

② 阴极K——一个表面涂有氧化钡(其逸出功率小，内部自由电子容易逸出)的金属圆筒，在灯丝加热作用下，温度升高，就能发射电子。

③ 第一栅极G_1——一个端面带有圆孔(电子可以通过)的无底圆筒，套于阴极之外。G_1的电位如图6.3所示，它低于阴极K的电位，可以抑制电子束的大小，即控制电子束轰击荧光屏能量的大小，故调节G_1的电位可以调节示波器的亮度。该电位器旋钮通常置于示波器面板上，供使用者调节亮度用。

应该指出，当控制信号加于G_1时，其亮度可随之改变，则可以传递信息，故将这部分电路称为示波器的z轴电路。

④ 第二栅极G_2——一个较长的圆筒，通常与第二阳极A_2同电位，以使电子束具有较大的近轴性和速度。它还有一个重要作用是，隔离开G_1和第一阳极A_1，以减少亮度调节与聚焦调节的相互影响。

⑤ 第一阳极A_1——一个短圆筒，口径较大，不阻挡电子，主要与A_2构成电子透镜，对电子束起聚焦作用。

⑥ 第二阳极A_2——一个更大的同轴圆筒，其上电压较高，主要与A_1构成电子透镜。电子透镜的机理与光学透镜相似，是通过改变电位来改变电场分布的，使电场等位面的曲率改变，从而改变电子束的方向，达到聚焦的目的。通常，A_2的电位是生产厂家调节好的，置于示波器机箱内；而A_1的电位器旋钮置于示波器面板上，供使用者调节聚焦用。

⑦ 第三阳极A_3——位于荧光屏附近，具有上万伏的高压，用于对电子束加速，故也称后加速阳极，它使电子束有较大的能量轰击荧光屏。它置于荧光屏附近是为了减小对电子偏转的影响，故

先偏转后加速。通常,后加速阳极做成分段式或螺旋形。

2. 偏转系统

通常有两类偏转方式,即静电偏转和磁偏转。静电偏转是以光点为基础显示波形的,如示波器等图示式仪器(扫频仪、频谱分析仪及医疗仪器);磁偏转是以光栅为基础显示图像的,如电视机、计算机显示器。这里主要介绍模拟示波器中常用的静电偏转系统。

图 6.3 中给出的偏转系统是静电偏转方式的。示波管中有 X 偏转板和 Y 偏转板各一对。每对偏转板都由基本平行的金属板构成。每对偏转板上,两板相对电压的变化必将影响电子运动的轨迹。当两对偏转板上的电位两两相同时,电子束打到荧光屏的正中。Y 偏转板上电位的相对变化只影响光点在荧光屏上的垂直位置,X 偏转板上电位的相对变化只影响光点的水平位置,两对偏转板共同配合,才决定任一瞬间光点在荧光屏上的坐标。下面以 Y 偏转板为例,讨论光点在荧光屏上的位移与什么因素有关。

图 6.4 为 Y 偏转系统对电子束的影响示意图。在偏转电压 U_y 的作用下,垂直方向上的偏转距离为

$$y=\frac{sL}{2bU_a}U_y \tag{6.1}$$

式中,L 为偏转板的长度,s 为偏转板中心到荧光屏中心的距离,b 为偏转板之间的距离,U_a 为第二阳极电压。

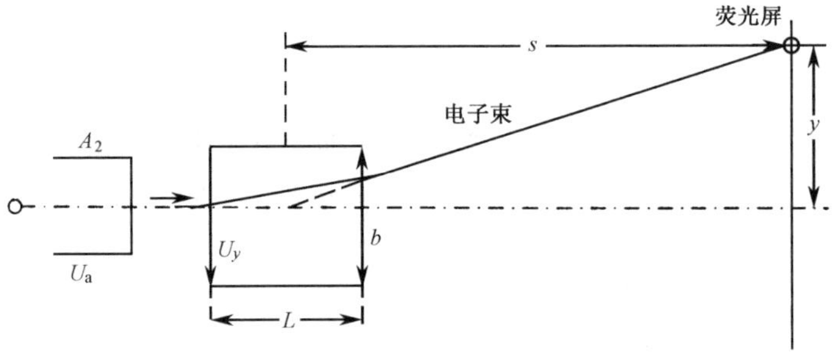

图 6.4　Y 偏转系统对电子束的影响示意图

式(6.1)是一个简化了若干条件的近似公式,下面仅从物理意义上对其进行说明。首先,偏转电压 U_y 越大,造成的偏转电场越强;偏转板长度 L 越长,偏转电场作用的距离就越长,这都会使偏转距离加大。电子通过偏转板,获得一定的垂直方向速度,在脱离偏转板以后,也会有垂直方向的匀速运动分量,所以偏转板到荧光屏之间的距离 s 越长,偏转距离越大。对于同样的 U_y,若板间距离 b 变大,则电场强度和偏转距离都变小。同时,若第二阳极电压 U_a 越大,电子在轴线方向上或者说在 z 方向上的运动速度就会越快,穿过偏转板所用的时间就会减少,电场对它的作用减小,偏转距离也会减小。

当示波管设计好之后,L、b、s 均固定,第二阳极电压 U_a 也基本不变,所以 y 方向上的偏转距离 y 正比于偏转板上的电压 U_y,即

$$y=h_yU_y \tag{6.2}$$

式中,比例系数 h_y 称为示波管的偏转因数,单位为 cm/V。它的倒数 $D_y=1/h_y$,称为示波管的偏转灵敏度,单位为 V/cm。偏转灵敏度是示波管的重要参数,它越小,示波管就越灵敏,观察微弱信号的能力也就越强。在一定范围内,荧光屏上光点偏转的距离与偏转板上所加的电压成正比,这是用示波管观测波形的理论根据。

3. 荧光屏

示波管正面内壁涂的一层荧光物质，可以将高速电子的轰击动能转变为光能，产生光点。当电子束从荧光屏上移去后，光点仍能在荧光屏上保持一定的时间才消失。从电子束移去到光点亮度下降为原始值的10%所延续的时间称为余辉时间。不同荧光材料，余辉时间不一样，小于10μs的为极短余辉，10μs～1ms为短余辉（通常为蓝色，便于摄影感光），1ms～0.1s为中余辉（通常为绿色，眼睛不易疲劳），0.1～1s为长余辉，大于1s为极长余辉（通常为黄色）。由于荧光物质有一定的余辉，同时人眼对观察到的图像有一定的残留效应，尽管电子束每一瞬间只能击中荧光屏上一个点，但我们却能看到光点在荧光屏上移动的轨迹。

要根据示波器用途不同，选用不同余辉的示波管，频率越高要求余辉时间越短。同时，在使用示波器时，要避免过密的电子束长期停在一点上。因为电子的动能在转换成光能的同时还产生大量热能，这会减弱荧光物质的发光效率，严重时还可能在荧光屏上烧出一个黑点。即使示波器只是短时间不用，也应将"辉度"调暗。

6.2.2 示波管波形显示原理

1. 光点扫描显示原理

当X、Y偏转板上未加电压时，电子束对准荧光屏中央打出一个亮点。当上、下Y偏转板为正电位时，光点上移；同理，当左、右X偏转板为正电位时，光点右移；当X、Y偏转板同时加正电位时，光点移向右上角处。即荧光屏上光点的位置取决于X、Y两对偏转板上电场的合力。

若想观测一个随时间变化的信号，例如正弦信号 $f(t)=U_m\sin(\omega t)$，那么只要把被测信号转变成电压加到Y偏转板上，电子束就会在 y 方向上按信号的规律变化。任一瞬间的偏转距离正比于该瞬间Y偏转板上的电压。但是，如果X偏转板间没加电压，那么在荧光屏上只能看到一条垂直的直线，如图6.5(a)所示。这是因为电子束在水平方向上未受到偏转电场的作用。

如果在X偏转板上加一个随时间变化而线性变化的电压，即加一个锯齿波电压，那么光点在水平方向上的变化就反映了时间的变化。若在Y偏转板上不加电压，则光点在荧光屏上构成一条反映时间变化的直线，称为时间基线，如图6.5(b)所示。当锯齿波电压达到最大值时，荧光屏上光点亦达到最大偏转距离，然后锯齿波电压迅速返回起始点，光点也迅速返回最左端，再重复前面的变化。光点在锯齿波作用下扫动的过程称为扫描，能实现扫描的锯齿波电压称为扫描电压，光点自左向右的连续扫动称为扫描正程，光点自荧光屏的右端迅速返回起扫点称为扫描回程。

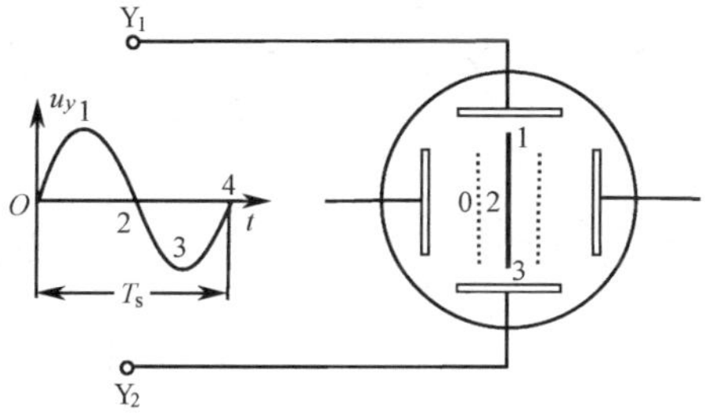

(a) 只加信号电压

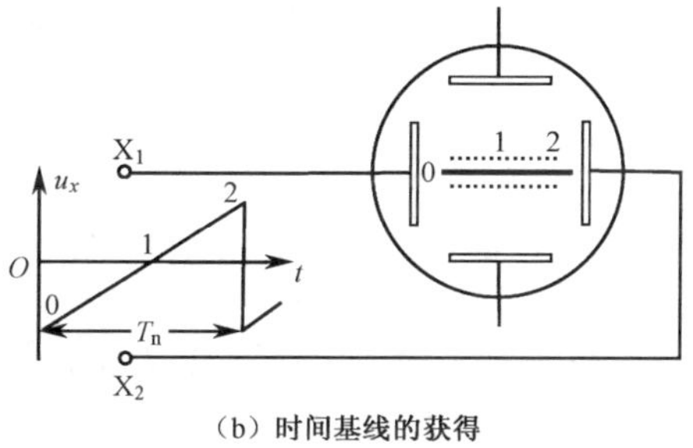

(b) 时间基线的获得

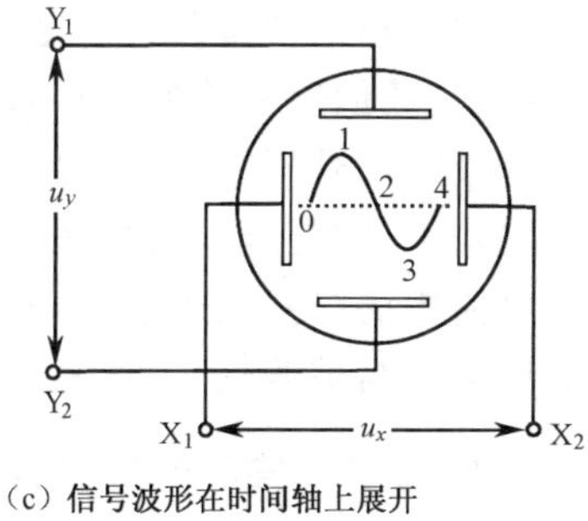

(c) 信号波形在时间轴上展开

图6.5 扫描过程

回程是不希望被看见的，因此将示波器设计为：在扫描正程期间，在示波管第一栅极加正电位，电子束增强，荧光屏上能看到扫描线；在扫描回程期间，第一栅极电位降低，电子束减弱，使荧光屏上看不到回扫线。上述设计通常称为扫描过程的增辉和回扫匿影。

当 y 轴加上被观测的信号，x 轴加上扫描电压时，荧光屏上光点的 y 和 x 坐标分别与这一瞬间的信号电压和扫描电压成正比。由于扫描电压与时间成比例，所以荧光屏上所描绘的就是被测信号随时间变化的波形，如图 6.5(c)所示。

2. 信号与扫描电压的同步

当扫描电压的周期 T_n 是被测信号周期 T_s 的整数倍时，扫描的后一个周期描绘的波形与前一个周期完全一样，荧光屏上得到清晰而稳定的波形，称为信号与扫描电压同步。

图 6.6 所示为扫描电压与被测信号同步时的情况。图中，$T_n=2T_s$，在时间轴上的 8 点处，扫描电压由最大值回到 0，这时被测信号恰好经历了两个周期，光点沿 8→9→10 移动时，重复前一个扫描周期光点沿 0→1→2 移动的轨迹，得到稳定的波形。如果没有这种同步关系，则后一个扫描周期扫描的轨迹与前一个扫描周期的不重合，如图 6.7 所示。

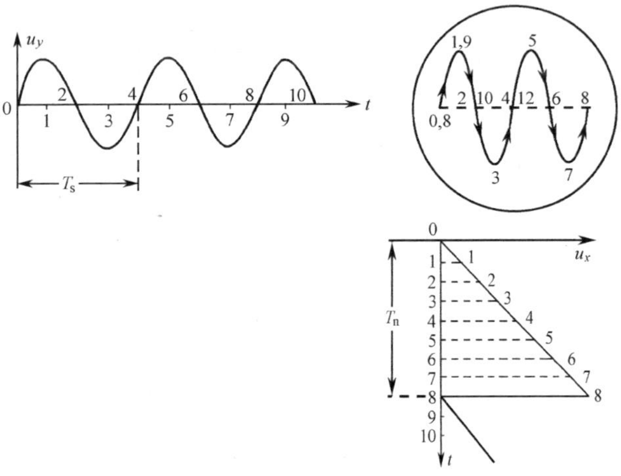

图 6.6　扫描电压与被测信号同步

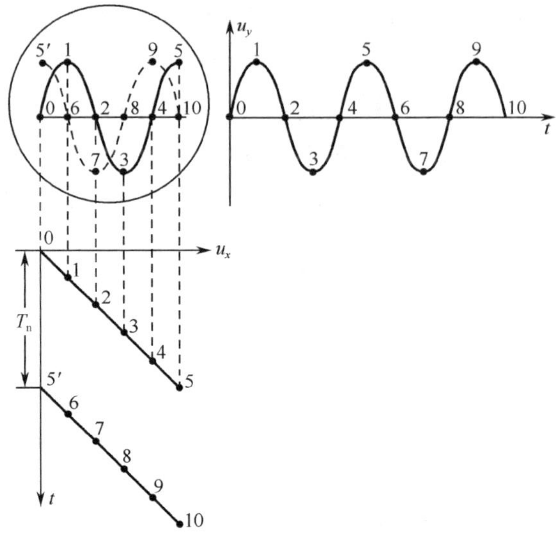

图 6.7　扫描电压与被测信号不同步

在图 6.7 中，$T_n=(5/4)T_s$，第Ⅰ个扫描周期开始，光点沿 0→1→2→3→4→5 移动。当扫描结束时，光点迅速从 5 回到 5′，接着第Ⅱ个扫描周期开始，光点沿 5′→6→7→8→9→10 移动，即不与第一次的扫描轨迹重合。这样，第一次看到的波形为图 6.7 中的实线，而第二次看到的则为图中的虚线，使我们感到波形在从右向左移动，也就是说，显示的波形不再是稳定的了。可见，保证扫描周期是被测信号周期的整数倍，即保证同步关系非常重要。但实际上，扫描电压由示波器本身的时基电路产生，它与被测信号是不相关的，为此常利用被测信号产生一个同步触发信号去控制示波器时基电路中的扫描发生器，迫使它们同步。也可以用外加信号去产生同步触发信号，但这个外加信号的周期应与被测信号有一定的关系。

3. 连续扫描和触发扫描

以上所述为观测连续信号的情况，这时扫描电压也是连续的，这种扫描方式称为连续扫描。但是当观测脉冲过程时，往往感到连续扫描不再适应要求；特别是在研究脉冲持续时间与重复周期之比（即占空比 τ/T）很小的脉冲过程时，问题更为突出。

连续扫描与触发扫描的比较如图 6.8 所示，其中，图 6.8(a)为被测脉冲。若用连续扫描显示，扫描电压的周期有以下两种可能的选择。

(1) 扫描周期 T_n 等于脉冲重复周期 T_s

这种情况如图 6.8(b)所示。不难看出，屏幕上出现的脉冲波形集中在时间基线的起始部分，即图形在水平方向上被压缩，以致难以看清脉冲波形的细节，例如，很难观测它的前、后沿时间。

(2) 扫描周期 T_n 等于脉冲宽度 τ

为了将脉冲波形在水平方向上展宽，必须减小扫描周期，这里取 $T_n=\tau$，如图 6.8(c)所示。在这种情况下，扫描具有这样的特点：在一个脉冲周期内，光点在水平方向上完成的多次扫描中，只有一次扫描出脉冲波形，结果在屏幕上显示的脉冲波形本身非常暗淡，而时间基线却很明亮。这样，给观测者同样带来了困难，而且扫描的同步很难实现。

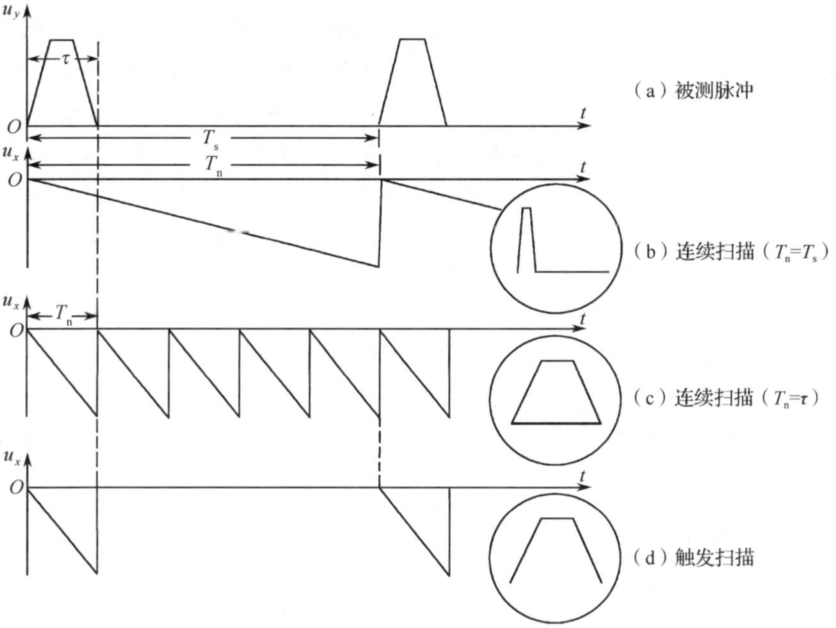

图 6.8 连续扫描和触发扫描的比较

利用触发扫描可解决上述脉冲示波测量的困难。触发扫描的特点是：只有在被测脉冲到来时才扫描一次，如图 6.8(d)所示。所以工作在触发扫描方式下的扫描发生器，平时处于等待工作状态，只有送入触发脉冲时才产生一个扫描电压。

只要选择扫描电压的持续时间等于或稍大于脉冲宽度，脉冲波形就可展宽到几乎布满横轴。同时，由于在两个脉冲间隔时间内没有扫描，因而不会产生很亮的时间基线。实际上，现代模拟示波器的扫描电路一般均可在连续扫描或触发扫描这两种方式下工作。

6.3 平板显示技术

6.3.1 平板显示技术概述

上述显示是基于电真空器件 CRT 进行的，器件比较笨重。近年来，平板显示器件性能不断提高，可以用于示波器中。

平板显示器件主要有液晶屏(LCD)、荧光屏(VFD)、等离子体显示屏(PDP)、电致发光(EL)板等。它们的基本原理都是在正交的条状电极之间放置某种物质，使之产生光效应。这些物质分别是 PN 结、惰性气体及液晶等。当正交电极加上工作电压后，它们就会发光、放电或改变其光学性质，从而实现显示。

由于在示波器中已较多采用 LCD 显示屏，故这里介绍其工作原理。

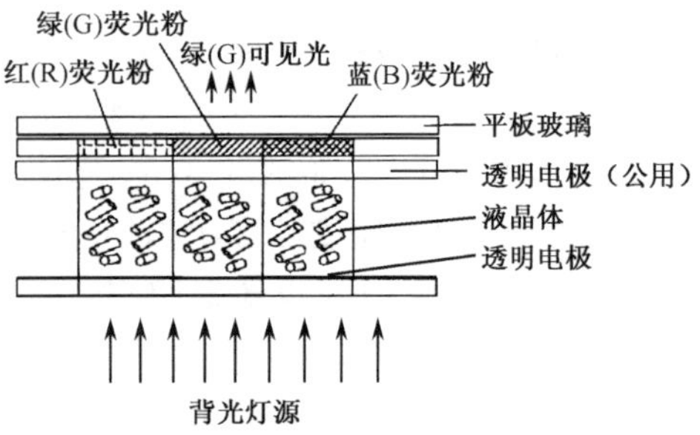

图 6.9　LCD 显示屏的一个像素结构原理图

6.3.2　液晶显示原理

所谓的液晶(Liquid Crystal)，是一种介于液态与固态之间，具有规则性分子排列的有机化合物。它加电或受热后会呈透明的液体状态，断电或冷却后则出现结晶颗粒的混浊固体状态。液晶按其分子结构排列的不同分为三种：脂状、丝(棒)状和醇状。

图 6.9 给出了 LCD 显示屏的一个像素结构原理图，它利用的是丝(棒)物理特性的液晶在其两端加较低电压时会呈现透明状态的特点。在涂有荧光粉的平板玻璃间，按规则要求排列制作大量独立体积的液晶密封腔，组成导光控制源，使用透明的薄膜晶体管为电极，对每一密封腔进行导电控制，并在其背后以类似日光灯管作为光源。在不同电压作用下，液晶通电时按规则旋转有序排列，将背光灯源的灯光导通到屏幕的荧光粉上，使对应的荧光粉发光；不通电时排列混乱，光线无法通过。由于在不同电压作用下产生的透光度不同，所以产生了明暗的区别，依此原理控制每个像素，便可构成所需的图像。

目前，液晶显示有多种不同的工艺技术方式，最为常见的为 TFT(Thin Film Transistor，薄膜晶体管)LCD。从上述原理可以看出，LCD 具有功耗低、体积小、重量轻、超薄、超精细等许多优点。这种新一代 LCD 显示屏，其可视偏转角度能达到 170°以上，已经达到了普通 CRT 显示器的水平，因此目前被广泛地采用。

6.3.3　TFT LCD 的工作原理

图 6.9 中为 LCD 显示屏的一个像素结构原理，为了实现显示，每个像素的后面要配置一个场效应薄膜晶体管。当电压通过导电栅网施加于薄膜晶体管时，液晶介质起着光开关的作用，此时液晶分子定向排列，背射光可以透过 LCD 达到显示的目的。对于一个普通的 1024 ×768 分辨率的 TFT LCD 显示屏，若它的每个像素都由 3 个单元组成，分别负责红、绿和蓝色的显示，则总共需 $1024\times768\times3 = 2\ 359\ 296$ (约 240 万)个单元。这些单元都有一个场效应薄膜晶体管，因而 TFT LCD 技术是微电子技术和液晶技术巧妙结合的高新技术。

LCD 显示屏的驱动方法有静态驱动法、动态驱动法和双频驱动法等。目前应用最广泛的是动态驱动法，对于 TFT LCD 显示屏，其电极的制作和排列采用典型的矩阵式结构，它由许多条状电极组成。每个交叉点就是点阵中的一个点，或称为一个像素，例如图 6.10中的像素点 A，它的位置是(x_1, y_2)。因此，LCD 显示屏采用矩阵式结构，其等效电路如图 6.11 所示。这些正交电极分别称为 Y 电极和 X 电极，或称为扫描电极和信号电极。扫描电极依次加扫描电压 U_{y1}，U_{y2}，…，U_{yj}，…，U_{yn}，每一扫描电压 $U_{yj}(j=1,2,\cdots,n)$驱动显示屏的一行。与此同时，信号电极 x_1，x_2，…，x_i，…，x_m 加驱动信号 $U_{xi}(i=1,2,\cdots,m)$。由图 6.11 可见，在矩阵式结构的 LCD 中，对扫描电极加驱动电压相当于行驱动，对信号电极加驱动电压相当于列驱动。每驱动一行时，就有一组列信号加到 x_1，x_2，…，x_m 电极上。通常，行驱动信号由扫描电路产生；列驱动信号将要显示的信号经过数字化以后写入数据存储器，而后再读出用于显示。现在这种 LCD 显示屏已经广泛用于示波器及其他仪器。

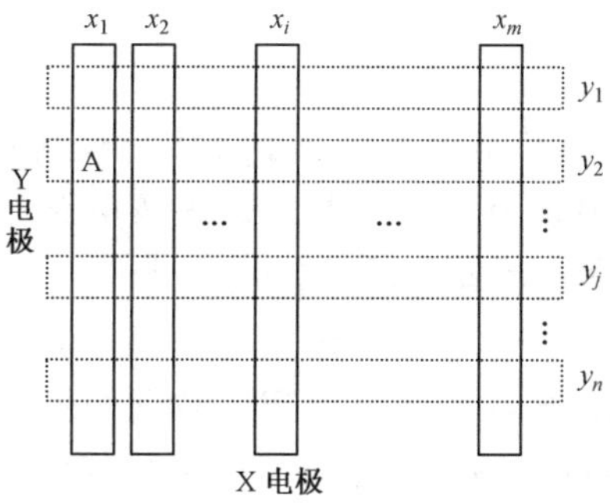

图 6.10　LCD 显示屏的结构

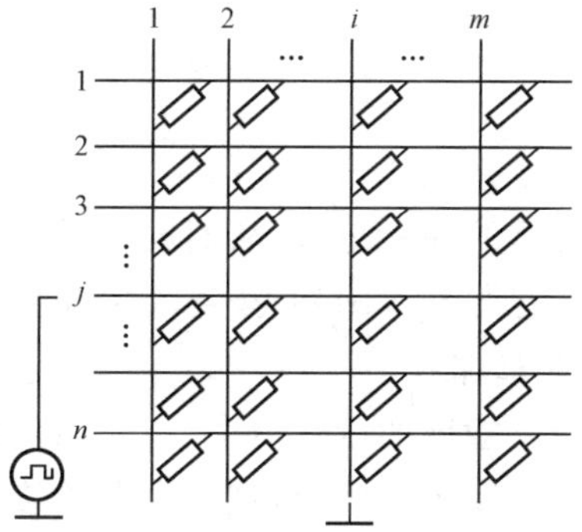

图 6.11　LCD 显示屏的等效电路

6.4　模拟示波器

6.4.1　模拟示波器的组成

模拟示波器是示波器中应用最广泛的一种，它通常泛指采用单束示波管的示波器，包括除采样示波器及专用或特殊示波器以外的各种示波器。它主要由示波管、垂直通道和水平通道 3 部分组成。此外，还包括电源电路，以及由它产生的示波管和仪器电路中需要的多种电源。

模拟示波器中还常附有校准信号发生器，用于产生幅度或周期非常稳定的校准信号，可以直接或间接与被测信号进行比较，可以确定被观测信号中任意两点间的电压或时间关系。模拟示波器的主要组成框图如图 6.12 所示。

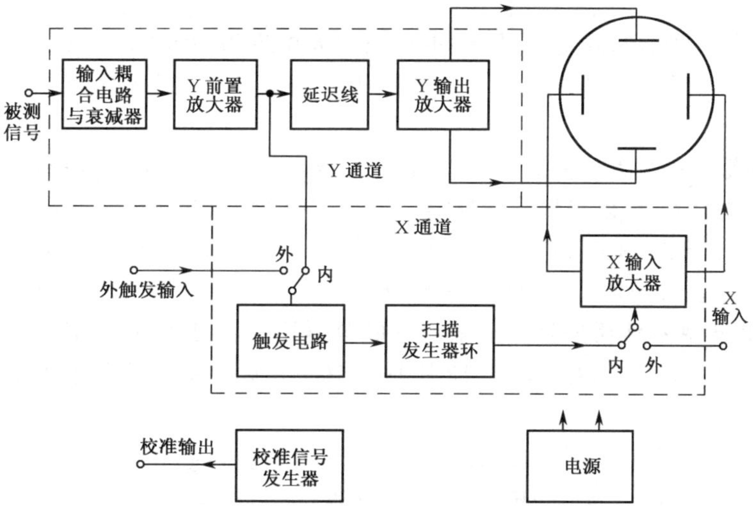

图 6.12　模拟示波器的主要组成框图

6.4.2　示波器的 Y（垂直）通道

示波器的 Y 通道，其任务是将被观测的信号尽量不失真地加到示波管 Y 偏转板上，通常包括探头、输入耦合电路与衰减器、Y 前置放大器、延迟线和 Y 输出放大器等部分。因为示波管的偏转灵敏度是基本固定的，为扩大可观测信号的幅度范围，Y 通道要设置衰减器和放大器，以便把大小不一的信号幅度转换到适合示波管观测的数值(除示波器以外，电压表等很多测量仪器也都有衰减和放大环节，其作用也都是类似的)。由于衰减和放大环节的介入，示波器的偏转灵敏度 D_y 可在很大范围内调节。

1. 探头

探头是连接在示波器外部的一个输入电路部件。它的基本作用是便于直接在被测源上探测信号和提高示波器的输入阻抗，从而展宽示波器的实际使用频带。示波器的探头按电路原理不同分为无源探头和有源探头两种；按功能不同分为电压探头和电流探头两种。

1）无源电压探头

在低频低灵敏度的示波器中，可以用两根普通的导线把被测信号引到示波器的输入端。但当使用高频高灵敏度示波器时，这种简单的连接方法是不行的。首先，未加屏蔽的导线将会感应干扰信号。其次，导线自身的电感、电容可能组成谐振电路，从而大大限制了示波器所能使用的上限频率。这个谐振电路在脉冲信号的作用下还会产生振铃现象，从而使波形产生严重的失真。为了抑制外界干扰信号的影响，可以用同轴屏蔽电缆代替普通导线。普通的同轴电缆虽然有较宽的工作频带，但是它必须在匹配的情况下才能正常工作。同轴电缆的特性阻抗一般都比较低，如 50Ω 或 75Ω，因此它只适用于被测信号源阻抗和示波器输入阻抗都是低阻抗的情况。示波器的高阻抗输入端通常等效为 1MΩ 输入电阻和 10～50pF 输入电容的并联，如图 6.13 右端所示。如果被测信号的源阻抗和电缆的特性阻抗不匹配，那么信号在电缆中会因多次反射而产生严重的失真。因为普通电缆是低损耗的，所以这种因多次反射而导致的失真也就更加严重了。为了减小这种失真，可以给电缆串入一个电阻以达到临界阻尼。更好的办法是采用特制的大损耗电缆，这种电缆的芯线具有较高的电阻率，例如，采用镍-铬电阻线，常称这种高阻电缆为 R 电缆。R 电缆配上适当的接头和探针，就组成传输系数等于 1 的直通无源探头。R 电缆的总电阻应适当，典型数值为 400Ω 左右。

R 电缆实际上是一种分布式电阻-电容网络，其分布电容为 20～30pF/m(普通同轴电缆的分布电容约为 100pF/m)，它与示波器的输入电容一起组成一个 RC 低通滤波器，使得直通探头的频率上限很难超过 15MHz。

可以用电容补偿法提高无源探头的工作频率，这样就组成了如图 6.13 所示的分压器式无源探头电路。调整补偿电容 C，可以得到最佳补偿。进行调整时，可将一个波形良好的方波送入探头，当示波管上显示的波形如图 6.14(a)所示时，表明补偿最佳。过补偿和欠补偿的波形分别如图 6.14(b)和(c)所示。分压器式无源探头不仅可以大大扩展示波器的使用频带宽度，而且由于它的分压作用，还可以扩展示波器的量程上限。它的分压比一般是 10∶1 和 100∶1。另外，它使示波器的输入阻抗也大为提高，如对于图 6.13 所示的 10∶1 无源探头，它的输入阻抗大约是 9MΩ 和 5～15pF 的并联。

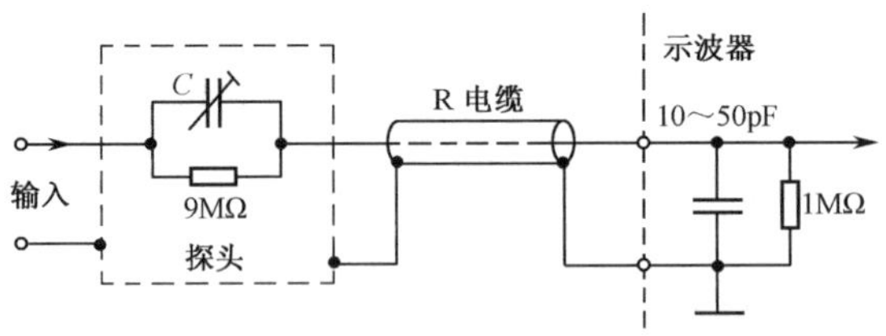

图 6.13　分压器式无源探头电路

图 6.13 所示的无源探头虽较直通探头有所改善，但由于同轴电缆工作在不匹配的情况下，因此，工作频率上限要超过 50MHz 是困难的。现代无源探头在电缆接示波器端附加一个 RLC 阻抗匹配网络，可以把工作频率上限提高到 300MHz 以上。

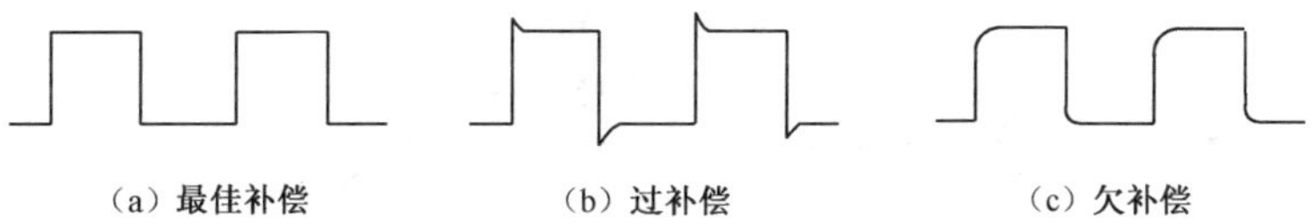

图 6.14　示波器探头补偿波形

2) 有源电压探头

无源探头虽然可以工作到较高的频率,有较好的过载性能,但由于它有分压作用,不宜用来探测很小的信号。有源探头则可以在无衰减的情况下,获得优良的高频工作性能,特别适用于探测高速小信号。早期的有源探头多采用射极跟随器。现在的有源探头更多地采用源极跟随器,它的优点是不需要灯丝,轻巧可靠,温升较小。图 6.15 所示为源极跟随器式有源探头的基本电路,它主要包括 3 个部件,即源极跟随器、电缆和放大器。源极跟随器做成探头形式,可以直接探测被测信号,它一般采用结型场效应管。与绝缘栅场效应管相比,结型场效应管有较低的噪声和较大的过载能力。为了便于和同轴电缆的低阻抗相匹配,在源极跟随器后还加有射极跟随器。当被测信号的频率高于 600MHz 时,应选用有源探头。

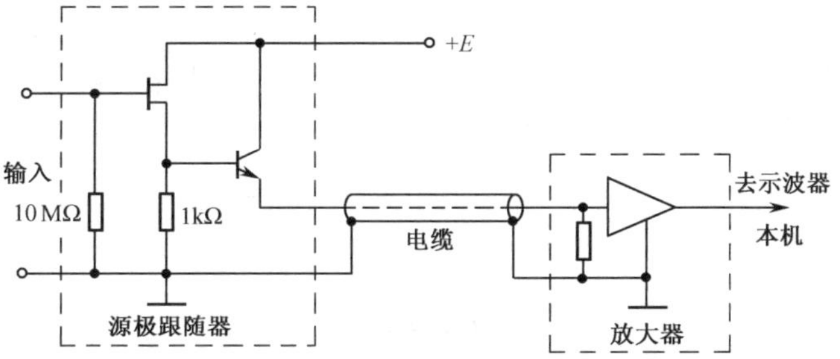

图 6.15　源极跟随器式有源探头的基本电路

3) 电流探头

在线性电路中,电流的波形和幅度可以通过探测电压换算;但在非线性电路中,电流和电压的波形是大不相同的。另外,在某些电路中,直接探测电压是不方便的,甚至是不允许的。例如,高频高 Q 谐振回路中的电压就不好直接探测。在这些情况下,就需要直接探测电流。由于示波器基本上是一个电压探测仪器,因此若用示波器检测电流的波形,就需要一个电流—电压转换器,通常作为示波器的选件做成一个电流探头提供给用户。电流探头也分无源、有源两种类型,具体原理结构这里不再介绍。

2. 输入耦合电路与衰减器

探头经同轴电缆接到示波器主机箱上,即输入耦合电路。输入耦合电路如图 6.16(a)所示。它有个多挡开关,分为 AC、DC 和地 3 种方式。当开关拨向 AC 时,被测信号只有交流成分可以加到后面的衰减器上。当开关拨向 DC 时,被测信号的交、直流成分均可通过。有时为了检查扫描基线是否在零位,可将开关接地。对于被测电路而言,示波器相当于负载,因此希望示波器的输入阻抗越高越好。通常,输入阻抗典型值是 1MΩ 电阻与几十 pF 电容并联的结果,如图 6.16(a)所示,其频率特性曲线如图 6.16(b)所示。可见,被测信号随着频率增高其输入阻抗是不断降低的。对于高频信号源,通常内阻是 50Ω,这时将示波器输入电阻也接成 50Ω,则为匹配状态,可以获得平坦的频率特性,如图 6.16(b)下方直线所示。

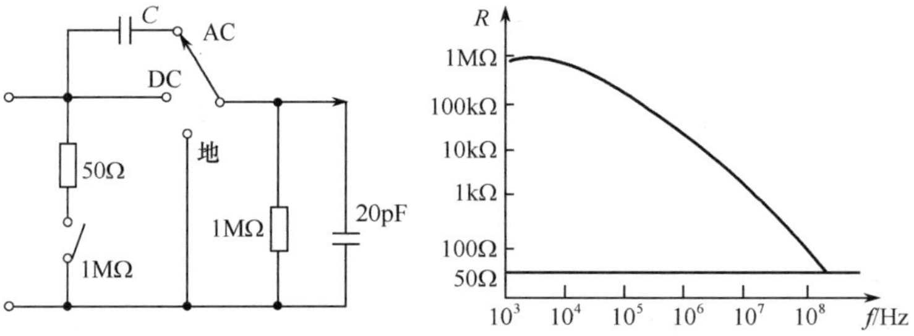

(a)　　　　　　　　　　(b)

图 6.16　输入耦合电路及其频率特性曲线

输入衰减器用来衰减输入信号，以保证显示在显示屏上的信号不致因过大而失真。它常由RC电路组成，其原理示意图如图 6.17 所示。

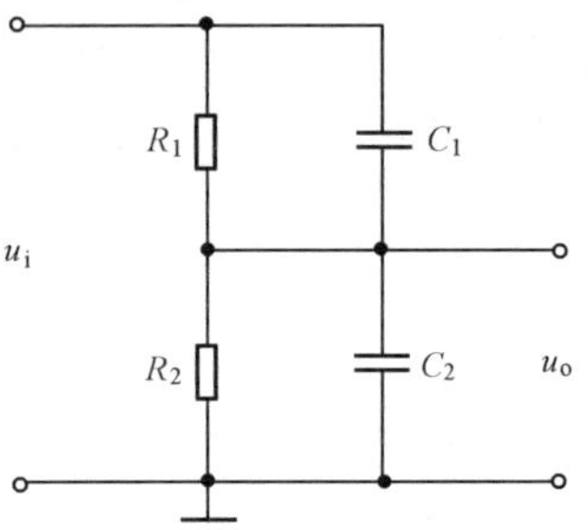

图 6.17　输入衰减器原理示意图

衰减器的衰减量为输出电压 u_o 与输入电压 u_i 之比，也等于 R_1、C_1 的并联阻抗 Z_1 与 R_2、C_2 的并联阻抗 Z_2 的分压比。其中

$$Z_1=\frac{\dfrac{R_1}{j\omega C_1}}{R_1+\dfrac{1}{j\omega C_1}}=\frac{R_1}{1+j\omega R_1C_1}$$

$$Z_2=\frac{R_2}{1+j\omega R_2C_2}$$

当满足

$$R_1C_1=R_2C_2 \tag{6.3}$$

时，Z_1、Z_2 表达式中的分母相同，则衰减器的分压比为

$$\frac{u_o}{u_i}=\frac{Z_2}{Z_1+Z_2}=\frac{R_2}{R_1+R_2} \tag{6.4}$$

这时，分压比与频率无关。图 6.17 中的电容应该计入电路的分布电容，组成衰减器的电容也可有一定的调节范围，只要调整到满足式(6.3)，分布电容的影响就可不予考虑。满足式(6.4)的情况称为最佳补偿。

示波器的衰减器实际上是由一系列 RC 分压器组成的，改变分压比即可改变示波器的垂直偏转因数(或称偏转灵敏度)。这个改变分压比的开关即为示波器灵敏度粗调开关，在面板上常用"V/cm"作为标记。通常，示波器的灵敏度都是按 1—2—5 步进的。例如，0.05～20V/cm 分为9 挡步进。

3. 延迟线

在前面讨论触发扫描时已经介绍过，扫描发生器只有当被测脉冲到来时才工作，也就是说，开始扫描需要一定的电平。因此，扫描的开始时间总是滞后于被测脉冲一段时间 t_T，如图 6.18(a)所示。其结果是，脉冲的上升过程无法被完整地显示出来，因为有一段时间扫描尚未开始。延迟线的作用就是把加到垂直偏转板上的脉冲也延迟一段时间 t_d，使信号出现的时间滞后于扫描开始时间，这样就能够保证在显示屏上可以扫描出包括上升时间在内的脉冲全过程，如图 6.18(b)所示。

对延迟线的要求是，它只起延迟时间的作用，而脉冲通过它时不应产生失真。目前，延迟线有分布参数延迟线和集总参数延迟线两种，前者可采用螺旋平衡式延迟电缆，后者由多节 LC 延迟网络组成。通常 t_d=100～200ns。

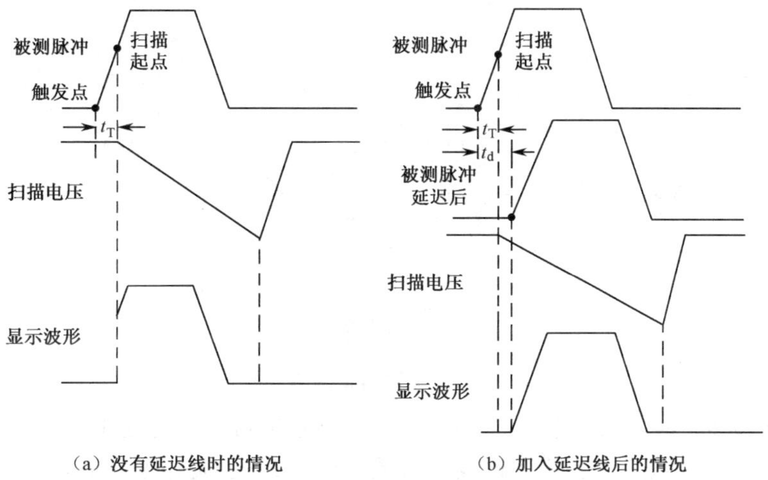

图 6.18　延迟线的作用

4. Y 放大器

Y 放大器使示波器具有观测微弱信号的能力。Y 放大器应该有稳定的增益、较高的输入阻抗、足够宽的频带和对称输出的输出级。

通常，把 Y 放大器分成前置放大器和输出放大器两部分。前置放大器的输出信号一方面引至触发电路，作为同步触发信号；另一方面经过延迟线延迟以后，引至输出放大器。这样，可使加在 Y 偏转板上的信号比同步触发信号滞后一定的时间，保证在显示屏上可看到被测脉冲的前沿。

在 Y 放大器电路中，通常采用一定的频率补偿电路和较强的负反馈，以使在较宽的频率范围内增益稳定，还可采用改变负反馈的方法变换放大器的增益。例如，很多示波器 Y 通道的“倍率”旋钮就常有“×5”和“×1”两个选择。通常，“倍率”置于“×1”处；若把“倍率”置于“×5”处，则负反馈减小，增益增加到 5 倍，这便于观测微弱信号或看清波形某个局部的细节。通过调整负反馈，还可进行放大器增益微调，即示波器灵敏度的微调。灵敏度微调电位器处于极端位置时，示波器灵敏度处于“校正”位置。在用示波器进行定量测量时，放大器的增益应是固定的，这时“倍率”应置于“×1”处，灵敏度处于“校正”位置；在有些示波器中，还用指示灯指示是否处于“校正”位置。

Y 放大器的输出级常采用差分电路，以使加在偏转板上的电压能够对称，差分电路还有利于提高共模抑制比。若在差分电路的输入端馈入不同的直流电位，差分电路两个输出端的直流电位也会改变，进而影响 Y 偏转板上的相对直流电位和波形在 y 方向上的位置。这种调节直流电位的旋钮称为“Y 轴位移”旋钮。

Y 通道原理简单，其主要组成电路从技术上讲是多级宽带高增益差分放大器。但是要做好一个稳定可靠的宽带高增益放大器，在技术、工艺上都有一定的难度，故示波器的带宽是决定示波器售价的主要决定因素。

6.4.3　示波器的 X（水平）通道

图 6.12 仅给出了示波器 X 通道所处的位置，而图 6.19 给出了 X 通道较详细的组成框图。可见，X 通道主要由触发电路、扫描发生器环和 X 放大器组成，现分别进行介绍。

1. 触发电路

触发电路用来选择被测信号波形的起点。为此要产生一个周期与被测信号有关的触发脉冲，由触发脉冲启动扫描发生器环产生一个相应的锯齿波送往 X 放大器及显示屏。由于波形起点→

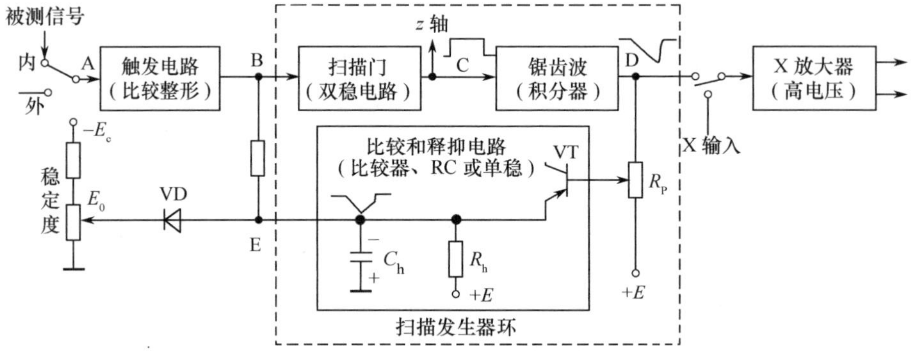

图 6.19　X 通道的组成框图

触发脉冲→扫描锯齿波(时基线)起点三者同步,故在显示屏可看到稳定的波形。

触发电路由一些选择开关、旋钮和比较器组成。选择开关、旋钮通常有以下 3 类。

1）触发源选择

通常是一个 3 路选择开关,说明如下。

“内”触发:利用从 Y 通道来的被测信号作为触发信号,这是最常用的情况。

“外”触发:利用外接信号作为触发信号,但触发信号的周期应与被测信号有一定的关系。“外”触发常用在被测信号不适宜作为触发信号或需要比较两个信号时间关系的情况。

“市电”触发:在观测与市电源有关的信号时,可选“市电”触发,以便于与市电同步。

2）触发耦合方式

通常是一个 4 路选择开关,说明如下。

“DC”直接耦合:让信号的所有成分通过。

“AC”交流耦合:阻挡直流成分并衰减低于 10Hz 的信号(用大的隔直电容)。

“LF”低频抑制:阻挡直流成分并衰减低于 8kHz 的低频信号。

“HF”高频抑制:衰减超过 150kHz 的高频信号。

实际电路中除“DC”外,其他都是由 R、C 组成的耦合电路,只是改变 C 的大小使其对不同频率信号所呈现的电抗[$X_C=1/(\mathrm{j}\omega C)$]衰减不同。

3）触发电平与触发极性选择

经耦合电路选择后的信号波形被加到一个比较整形电路上,其比较电平和极性可以选择。让使用者可以选择在被测信号波形的某一点上开始观测,并将在这一点上产生触发脉冲,启动锯齿波进行水平方向扫描。该功能让使用者可以自由选择被测信号的起点。

同时调整“极性”和“电平”旋钮则可达到上述目的。所谓极性选择是指选择信号的上升沿或下降沿触发。电平选择决定比较器基准的直流电位,如图 6.20 中虚线所示。对于图 6.20(a),要想从正弦波的 A 点开始观测,就要选择正极性、正电平,被测信号由小向大变(即处于上升沿或正斜率),当达到 A 点电平时,比较电路翻转,产生触发脉冲。用“电平”和“极性”旋钮互相配合,可在被测信号波形的任一点触发。图 6.20 给出了 4 种触发位置,水平虚线表示触发电平,与波形实线的交点为触发点。应当指出,现代示波器中设计了“自动触发电路”,使触发点能自动地保持在最佳的触发电平位置。

2. 扫描发生器环

扫描发生器环的组成可参考图 6.19。其中,“扫描门”是一个双稳电路(通常为施密特电路),用来产生一个宽度可控的矩形门信号,其前沿由触发脉冲决定,以启动后级的锯齿波开始扫描,其

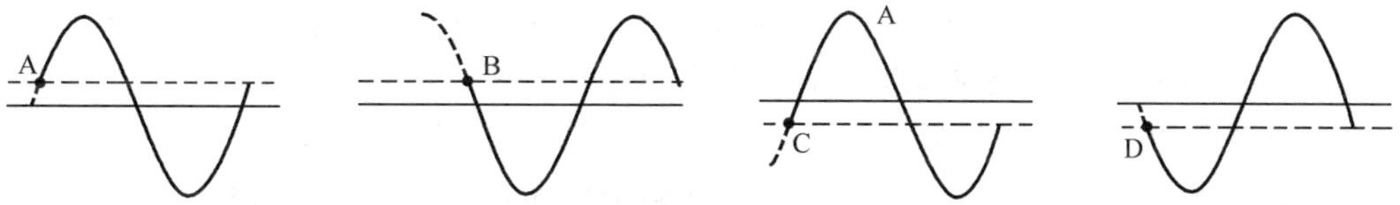

(a) 正极性、正电平　　(b) 负极性、正电平　　(c) 正极性、负电平　　(d) 负极性、负电平

图 6.20　不同触发极性和电平所显示的波形

后沿由脉冲决定，以结束扫描。锯齿波通常用积分器产生，积分器可由运算放大器组成，输入端接直流电源 E 和限流电阻 R 组成恒流源[积分器电路参考图 5.27(a)]，积分电容 C 接在反馈支路上且并联有由扫描门控制的电子开关，其输出电压 u_D 可以写成

$$u_D = -\frac{1}{RC}\int E\,dt = -\frac{E}{RC}t \tag{6.5}$$

可见，u_D 与时间 t 为线性关系，通过改变时间常数 RC 或微调电源 E 可以改变 u_D 的变化斜率，进而改变锯齿波的斜率，也就是扫描时基线的快慢。模拟示波器面板上设有"扫速"多挡开关用来调换时间常数 RC，并定义显示屏单位长度所代表的时间为示波器的扫速 S_s(s/cm)。通常按 1—2—5 步进分为多挡，例如分为 21 挡：0.2μs/cm～1s/cm。同时多挡开关上还附有一个旋钮，用来调节电源 E。应当指出，各挡扫速 S_s(s/cm)是在微调旋钮处于最大值位置上校正的，当用微调改变后 S_s(s/cm)就不准确了。

扫描锯齿波 D 的幅度要保证显示屏上扫描线应有的长度，通常是 10cm。该扫描锯齿波向右加往 X 放大器，同时向下加往比较和释抑电路。当扫描锯齿波长度快要达到 10cm 时，比较器启动释抑电路向负向充电，将 E 点电位向下拉，当拉至双稳电路下触发电平时，扫描门关闭，矩形门信号结束锯齿波回扫，完成一次触发扫描过程。

下面通过一个具体的例子来说明整个触发扫描过程，如图 6.21 所示。假设欲观测一个重复频率为 300Hz 的脉冲波形中的 3 个波形。选择"内"触发，从 Y 通道来的脉冲波形 A 加往触发电路。选择正极性、正电平，则在每个波形 a 点的位置会产生一系列触发脉冲(如图 6.21 中 B 波形所示)，并送到扫描门。

扫描门是一个双稳施密特电路，它具有上、下两个触发电平。静态时工作点的直流电位 E_0 调至(通过"稳定度"旋钮)接近上触发电平的位置(图 6.19 中 B 点位置)，当第 1 个触发脉冲到来时打开扫描门，产生了矩形门信号(如图 6.21 中 C 波形所示)的前沿，同时启动锯齿波开始扫描(如图 6.21 中 D 波形所示)。因为要看 300Hz 的信号，其周期约为 3.33ms，故选"扫速"1ms/cm，10cm 扫描线长度对应时间为 10ms，正好可容纳 3 个脉冲波。当锯齿波快扫到比较和释抑电路中比较电平 U_p 时，释抑电路开始工作，输出一个负向脉冲信号(如图 6.21 中 E 波形所示)，将图 6.19 中 E 点电位下拉，即"抑"的过程，这个 E 波形同时也是加到扫描门输入端的，如 B 波形中虚线所示。当负向脉冲达到下触发电平时，扫描门翻转关闭，矩形门信号结束，锯齿波回扫(设回程时间为 t_b)。同时，释抑电路放电使图 6.19 中 B 点电位回升到原来的 E_0 电平(设释放时间为 t_h)。若设计 $t_h > t_b$，则可保证每次扫描结束回到 E_0 电平后再等待(设等待时间为 t_w)下一次触发扫描，从而确保时基线稳定地在触发脉冲到来时才开始扫描。

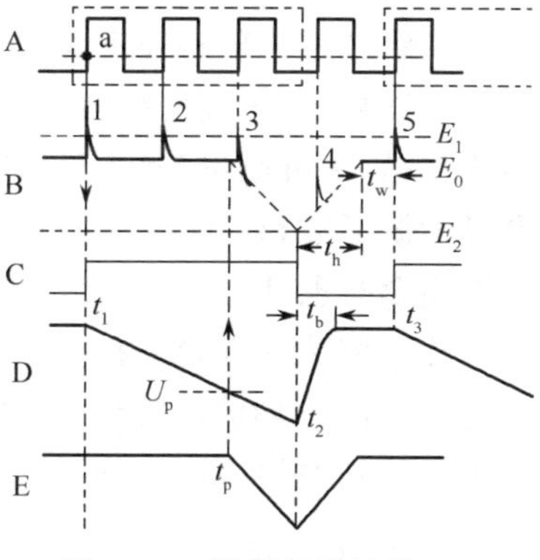

图 6.21　触发扫描过程

图 6.21 中 B 波形上的 2、3 号触发脉冲对扫描门没有影响，因为此时扫描门已经开启，E_0 电平

上的正脉冲不会使它转换到第二态。但 4 号脉冲出现在扫描门已关闭的第二态时，若不是释抑电路将 E_0 电平下拉，锯齿波回扫还未结束就进入下一次触发扫描，则会使下一条扫描时基线的起点错位，这将造成显示的波形不能与第 1 次扫描的波形重合，显示屏上的波形则会左右晃动不稳。

综上所述，要明确 3 个时刻[t_1（扫描开始）、t_p（释抑电路进入"抑"）、t_2（扫描结束，释抑电路开始"释"）]、3 个时间[t_b（回扫时间）、t_h（释放时间）、t_w（等待时间）]和 1 个关系（$t_h > t_b$），从而保证回扫结束后才能开始下一次扫描。

上述"触发扫描"方式有一个不足之处，它要求有信号加入并形成触发脉冲后才能产生扫描锯齿波，显示屏上才会显示时基线和波形。若没有信号加入，则无时基线，显示屏为黑屏，使用者会以为示波器出故障了。因此，希望没有信号加入时示波器应处于自动"连续扫描"方式，使显示屏上显示时基线，当有信号加入时能自动转换为"触发扫描"方式。扫描发生器环既然称为"环"就具备这样的功能。例如，当"稳定度"（能调节 E_0 使触发脉冲与扫描同步，使波形稳定）旋钮将 E_0 提升到上触发电平 E_1 以上时，如图 6.22 所示，扫描发生器环处于自激振荡状态，能产生连续的锯齿波，使显示屏上显示时基线，当有信号加入时又能自动与触发脉冲同步。

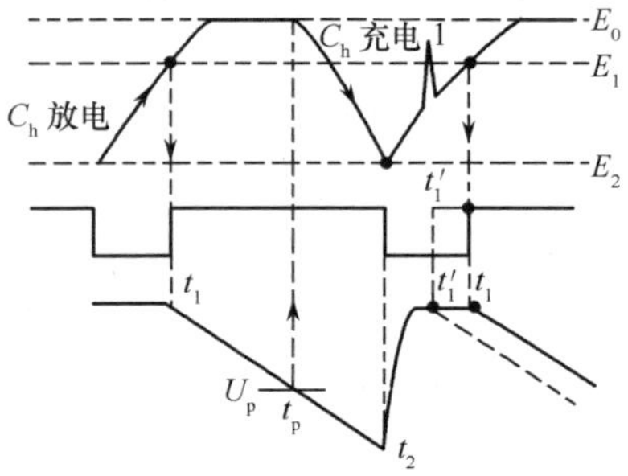

图 6.22　环路自激的工作原理

图 6.22 说明了环路自激的工作原理，可从图 6.19 中释抑电容 C_h 放电讲起，当放电至上触发电平 E_1 时，扫描门打开，锯齿波扫描开始，扫到 U_p，C_h 充电，到 E_2 扫描结束，C_h 又放电，这样反复循环，使环路处于自激状态。若有信号加入，扫描门就会有触发脉冲出现，如图 6.22 所示，C_h 放电，不到 E_1 就被触发脉冲 1 把扫描门打开了（见图 6.22 中下方波形虚线），扫描起点从 t_1 被提前到 t'_1，这时环路被信号所同步。

上述用调节"稳定度"旋钮是最简单的实现方法，实际示波器设计得更完善。例如，通过开关转换扫描发生器环中的电路状态可以进入不同的工作方式。通常有以下三种方式：

"常态"——环路处于触发扫描状态，无信号时无扫描线；

"自动"——环路处于低频连续扫描状态，便于在观测低频信号时易被同步；

"高频"——环路处于高频连续扫描状态，便于在观测高频信号时易被同步。

应该指出，扫描发生器环的发明是示波器发展史上的一个重大进步。它使示波器实现了既可连续扫描，又可触发扫描，且不管哪种扫描都可以与外加信号自动同步。对于不同频率的信号或变更显示波形数，只要变换"扫速"就行了。而早期的示波器如 6.2.2 节所述的那样，需要麻烦地调节扫描周期实现 $T_n = nT_s$ 的关系，以保证与被测信号同步，这给使用者带来很大的困难。

补充说明一点，在图 6.19 中，C 点输出的扫描门信号还应加到示波管的第一栅极（见图 6.3），作为示波器 z 轴的增辉信号，从而实现：当锯齿波正程扫描时，显示屏加亮能看到信号；而逆程时扫描门信号关闭，看不到回扫线。

3. X 放大器

X 放大器通常由差分级联对称放大器组成。其作用是放大扫描锯齿波电压并对称地加至水平偏转板上。由于锯齿波频率比被测信号低，故其带宽仅为 Y 通道的 1/10～1/5，但能够以百伏量级电压送往水平偏转板。

示波器面板上备有旋钮可使扫描线在水平（x）方向上左、右"X 位移"。还有按键可调节 X 放大器增益为"×5"或"×10"，称为"X 扩展"，可让波形横向扩大到 5 或 10 倍。例如，图 6.23 原来屏幕上的波形很多，"×10"后波形在 x 方向上扩展到 10 倍，使用"X 位移"可以选择查看其中一个波形的细节。

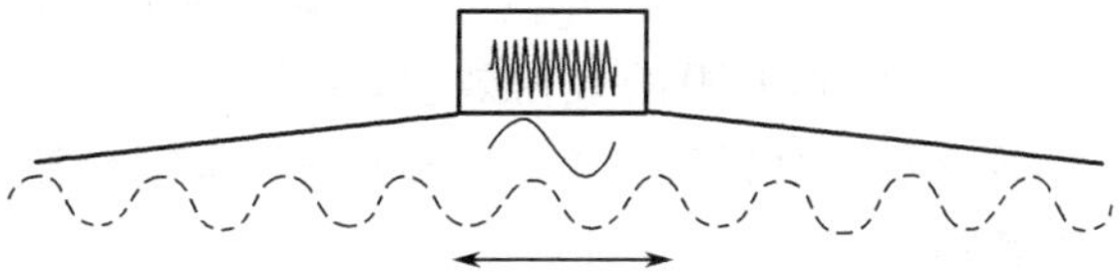

图 6.23　X 扩展示意图

由以上讨论的模拟示波器基本组成可以看出，Y 通道主要是一个放大器，通常用来放大被测信号。在用示波器观测随时间变化的波形时，X 通道的主要任务是产生一个与被测信号同步的，既可以连续扫描，又可以触发扫描的锯齿波电压。但是 X 放大器亦可直接输入一个任意信号，这个信号与 Y 通道的信号共同决定显示屏上光点的位置，构成一个 X-Y 图示仪，这时触发电路和扫描发生器环不起作用。

6.4.4　示波器的多波形显示

在示波测试和测量中，常常需要同时观测几个信号。例如，需要比较电路中若干点之间信号的幅度、相位和时间关系，观测信号通过网络后的相移和失真情况等。有时，即使只观察一个脉冲序列，也希望能把其中某一部分取出来，在时间轴上予以展宽，并在显示屏的另一位置同时显示出来，以便在观测脉冲序列的同时能仔细观测其中的某一部分。这些都需要在一个显示屏上同时显示多个波形。为实现这一目的，常见的方法有多线显示、多踪显示及双时基扫描显示等。

1. 多线显示和多踪显示

1）多线显示

多线显示的示波器称为多线示波器，其有多个相互独立的电子束，常见的有双线示波器。它的示波管内的电子枪可产生两个电子束（多数情况用两个电子枪，也可以用一个电子枪产生两个电子束），并有两套 X、Y 偏转系统。其中两对 X 偏转板往往采用相同的扫描电压，但两个 Y 通道常接入不同的信号，并可单独调整灵敏度、位移、聚焦、辉度等开关或旋钮。

因为双线示波器两个 Y 通道相互独立，因而可以消除通道之间的干扰现象。这种示波器除了观察周期信号，还可以观测同一瞬间出现的两个瞬变现象，即可以实时看到两个瞬变信号。这种能产生多个电子束的示波管，工艺要求较高、价格较贵，这限制了它的普遍应用。

2）多踪显示

多踪显示的示波器称为多踪示波器。它与多线示波器不同，其组成与普通示波器类似，只不过在电路中多了一个电子开关，并具有两个 Y 通道。电子开关在不同的时间里，分别把两个 Y 通道的信号轮流接至 Y 偏转板上，因此在显示屏上可显示多路波形。

以双踪示波器为例，它的 Y 通道原理框图如图 6.24 所示。电子开关轮流接通 A 门和 B 门，A 通道和 B 通道的输入信号分别为 u_A 和 u_B，按一定的时间分割方式轮流被接至 Y 偏转板上，在显示屏上显示。

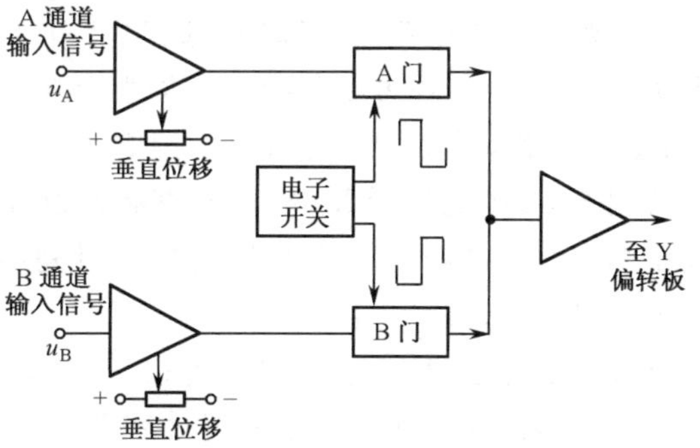

图 6.24　双踪示波器 Y 通道原理框图

根据开关信号的转换速率不同，有两种不同的时间分割方式：交替方式和断续方式。

（1）交替方式

在交替方式下工作时，若第一个扫描周期电子开关使 A 门接通，并显示 u_A 波形，则第二个扫描周期电子开关使B门接通，从而显示 u_B 波形，如此重复，并在屏幕上轮流显示出两个信号波形。若被测信号重复周期不太长，那么利用屏幕的余辉和人眼的残留效应，使人感觉屏幕上同时显示出两个波形，如图 6.25(a)所示。显然，为了实现交替方式的双踪显示，开关信号必须与扫描信号同步。实际上，控制电子开关的开关信号由时基电路提供。

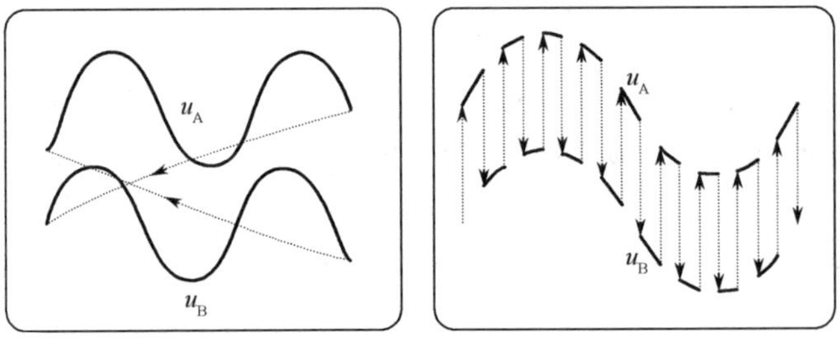

(a) 交替方式　　(b) 断续方式

图 6.25　双踪显示

当检测信号频率较低(低于 25Hz)时，由于交替显示的速率很慢，波形将出现闪烁。

(2) 断续方式

当开关信号频率远大于被测信号频率时，双踪显示将工作在断续方式下。这时，开关信号分别对两个被测信号波形轮流地进行实时采样，所以在屏幕上看到的是由若干采样光点所构成的断续波形，如图 6.25(b)所示。

在断续方式下，由于每个扫描周期同时显示出两个信号波形，所以，即使观测重复频率较低的波形，也可避免闪烁。

在双踪显示时，不管工作在交替方式下，还是在断续方式下，为了显示出两个信号之间的相位(或时间)关系，需要用其中一个信号(A 通道或 B 通道)去触发扫描发生器。在波形转换过程中产生的光迹(如图 6.25 中的虚线)应进行消隐处理。

2. 双时基扫描显示

双时基扫描显示的示波器称为双时基扫描示波器，它有两个独立的触发和扫描电路，两个扫描电路的扫速可以相差很多倍。这种示波器特别适合在观察一个脉冲序列的同时，仔细观察其中一个或部分脉冲的细节，既可看全景，又可看局部。下面用自动双时基扫描示波器为例说明这种工作方式。

自动双时基扫描示波器的组成框图如图 6.26 所示，它工作的有关波形如图 6.27 所示。

图 6.27 中列举的情况是，希望观测到由 4 个脉冲组成的脉冲序列，同时还希望在同一显示屏上仔细观测其中的第 3 个脉冲。这时可用 A 扫描去显示脉冲序列，用 B 扫描去展开第 3 个脉冲。可对照图 6.26 及图 6.27 来讨论这时示波器的工作状况。首先脉冲①达到触发电平，产生 A 触发，在它作用下产生 A 扫描，这个扫描电压将脉冲①～④显示在显示屏上端。与此同时，A 扫描电压与图 6.26 中电位器 R_P 提供的直流电位在电压比较器中进行比较，当电压一致时产生 B 触发，开始 B 扫描。B 扫描比 A 扫描延迟的时间 t_d 可以通过 R_P 来调节，R_P 提供的直流电平称为延迟触发电平。B 扫描的扫速是可以调节的，这里使它的扫描正程略大于脉冲③的周期，则在 B 扫描期间脉冲③被显示出来，它被“拉”得很宽，可以看清它的前后沿、上下冲等细节。

为了能同时观测脉冲序列的全貌及其中某一部分的细节，在 X 通道设电子开关，把两套扫描电路的输出交替地接入 X 放大器。电子开关还控制 Y 线分离电路，在两种不同扫描时，给 Y 放大器加不同的直流电位，使两种扫描显示的波形上下分开。由于荧光屏的余辉和人眼的残留效应，就

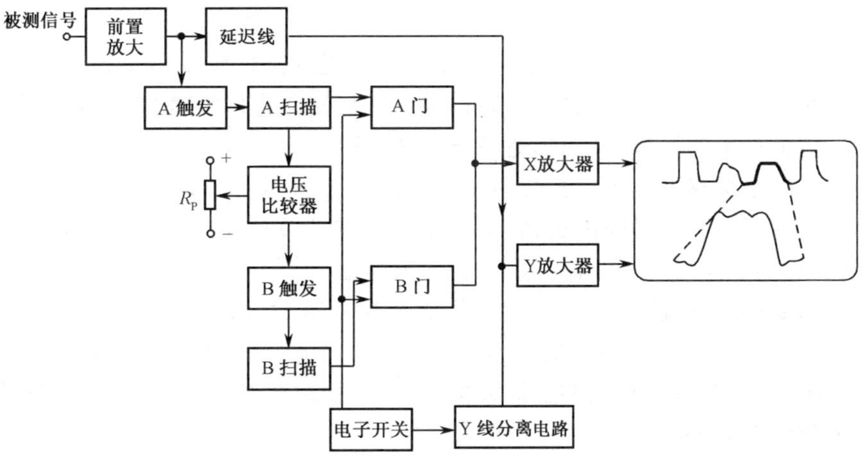

图 6.26　自动双时基扫描示波器的组成框图

使人感到“同时”显示了两种波形。

在讨论模拟示波器的时基电路时已经介绍过，在扫描正程期间，扫描门可以提供增辉脉冲。把 A、B 扫描门产生的增辉脉冲叠加起来，形成合成增辉信号（如图 6.27所示），用它来给 A 通道增辉，则在 A 通道所显示的脉冲序列中，对应 B 扫描期间的那个脉冲③被加亮（如图 6.27右端所示），称为 B 加亮 A。用这种方法可以清楚地表明 B 显示的波形在 A 显示中的位置，这在 A 脉冲序列中有多个基本相似的波形时是很方便的。

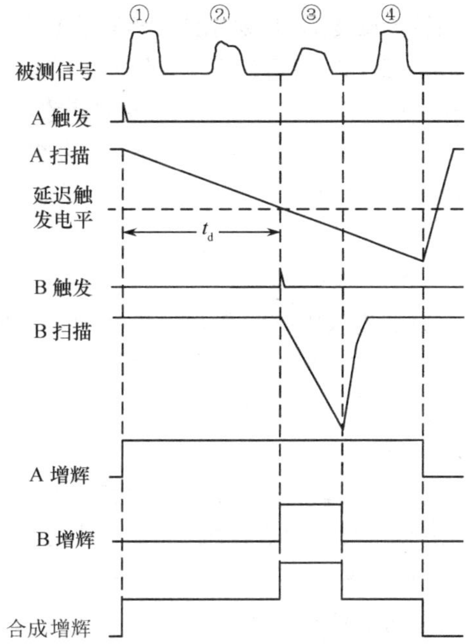

图 6.27　自动双时基扫描示波器工作的有关波形

6.4.5　模拟示波器的应用

1. 模拟示波器的主要技术指标

1）带宽和上升时间

Y 通道的带宽（BW），简称为带宽是指显示屏上显示的图像高度相对于标准频率下降 3dB 时，信号的上、下限频率之差（现代示波器大多可从直流信号开始测量，故下限频率为零）。带宽由 Y 通道电路和 Y 偏转系统的频率响应（即幅频特性）决定。它对于连续信号的显示是很重要的。

对于脉冲等瞬变信号而言，更为重要的是通道的过渡特性，对于 Y 通道主要是上升时间和上冲量等参数。其中上升时间是指，在 Y 通道输入端加一个理想的阶跃信号，显示屏上显示波形从稳定幅度的 10％上升到 90％所需的时间，它和带宽有内在联系，即

$$t_r=\frac{0.35}{BW} \tag{6.6}$$

式中，BW 是带宽，单位为 MHz；t_r是上升时间，单位为 μs。

为了在测量时不产生明显的测量误差，要求 t_r至少比被测脉冲信号的上升时间小 1/3。BW 和 t_r是示波器的重要特性，其他工作特性大多要根据它们来确定。

2）扫描速率（扫速）

扫速反映示波器在水平方向上展开信号的能力。在观察高速瞬变信号或高频连续信号时，示波器屏幕屏上的光点必须进行高速水平扫描；在观测低频慢变化信号时，光点又必须进行相应的慢扫描。光点水平扫描速率的快慢，可用扫速等指标来描述。

扫速是指光点的水平移动速率，用 S_s 表示，单位是 cm/s 或 div/s。在示波器屏幕上 1div（格）一般为 1cm。扫速的倒数称为时间因数，它相当于光点移动单位长度（cm 或 div）所需的时间。为便于计算被测信号的时间参数，示波器常用时间因数标度。

示波器的扫速要适应 Y 通道的带宽，时间因数从最低速到最高速（扫描范围）一般按 1—2—5 的顺序步进分挡（约 20 挡，如：0.2μs/div～1s/div），每挡内能连续调节，以便把显示的图像调到适当宽度。应当指出，连续调节通常应调至最大位置，这是扫速粗调挡的校正位置，否则扫速不准确。一般要求时间因数的误差要小于 10%。

为了方便测量波形的时间参数，习惯上，人们将扫速和时间因数通称为扫速。

3）偏转灵敏度（或称垂直灵敏度、垂直偏转灵敏度）

偏转灵敏度 D_y 反映示波器观察微弱信号的能力。它是指在单位输入信号作用下，光点在屏幕上移动 1cm 或 1div 所需的电压，单位为 mV/cm 或 mV/div。D_y 也按 1—2—5 顺序步进转换，通常分 10 挡，例如，10mV/cm～20V/cm。同时还设有连续微调（增益微调）装置，灵敏度可连续调节。同样，连续微调通常也应调至最大位置，这是 D_y 粗调挡的校正位置，否则灵敏度不准确。

D_y 的倒数叫偏转因数，其误差是保证示波器准确测量信号电平的重要指标，要求误差小于 2%。

4）输入阻抗

示波器输入阻抗一般可等效为电阻和电容并联。由于示波器是一种宽带仪器，因此常把输入电阻和电容单独列出，测量高频信号时要考虑电容的影响。通常，30MHz 的示波器输入电阻为 1MΩ±5%，输入电容小于 30pF；100MHz 的示波器输入电阻为 1MΩ±5%，输入电容小于 22pF。

5）扫描方式

示波器扫描方式可分为连续和触发两种。随示波器功能的扩展，还出现了多种的双时基扫描，主要有延迟扫描、组合扫描、交替扫描等，但此时示波器中要有两套扫描系统。

6）触发特性

为了将被测信号稳定地显示在屏幕上，扫描电压必须在一定的触发脉冲作用下产生。示波器的触发特性是指触发脉冲的取得方式，通常有内触发、外触发、电源触发等几种方式。在这些方式中，都可以从触发信号的不同位置产生触发脉冲，包括不同电平、不同极性。可以按照测量的要求将被测信号所需的部位显示在屏幕上，或者说触发功能为选取一个合适的观测被测信号的窗口提供方便。

此外，示波器还有校准信号（频率、幅度）、额定电源电压、功率消耗、外形尺寸、连续工作时间等技术指标。

2. 模拟示波器的选用原则

选用示波器的主要依据是上述各项技术指标，其中最主要的是带宽。选用多大的带宽，要根据被测信号来确定。

先以观测脉冲信号进行讨论。设输入一个阶跃信号，即上升时间 $t_x=0$。由于示波器本身带宽是有限的，例如 BW=100MHz，因此屏幕上看到的上升时间不是零，按式（6.6）可得上升时间 $t_r=0.35/100\text{MHz}=3.5\text{ns}$，这是示波器本身引起的上升时间。若输入一个上升时间为 t_x 的脉冲信号，这时屏幕上看到的上升时间将受 t_r 影响。由于它们属于两个各自独立的随机参数，应求平方后相加，即屏幕上看到的上升时间 t_{rx} 为

$$t_{rx}=\sqrt{t_x^2+t_r^2} \tag{6.7}$$

则被测信号的上升时间为

$$t_x=\sqrt{t_{rx}^2-t_r^2} \tag{6.8}$$

若每次测试都要这样计算才求得结果，不仅麻烦，也不精确。若式(6.8)根号中的第二项忽略不计，这样屏幕读数就是被测信号值。但什么条件下才能这样忽略呢？经误差分析，可得出屏幕读数的误差公式

$$\frac{\Delta t_{rx}}{t_x}=\frac{t_{rx}-t_x}{t_x}=\sqrt{1+\frac{1}{\left(\frac{t_x}{t_r}\right)^2}}-1 \tag{6.9}$$

由式(6.9)可以画出图 6.28。由图可见，当被测信号上升时间 t_x 与示波器本身上升时间 t_r 相等，即 $t_x/t_r=1$ 时，屏幕读数相对误差 $\Delta t_{rx}/t_x=40\%$，这是不允许的。从图中还可以看出，当 $t_x/t_r=3$ 时，屏幕读数误差为 5%；当 $t_x/t_r=5$ 时，误差为 2%。因此，通常要求选用的示波器上升时间要小于被测信号上升时间的 3～5 倍，即

$$\frac{t_x}{t_r}=3\sim 5 \tag{6.10}$$

对于一般连续信号，根据式(6.6)，可以得到相应的关系

$$\frac{\mathrm{BW}}{f_h}=3\sim 5 \tag{6.11}$$

式中，f_h 是被测信号中的最高频率分量。

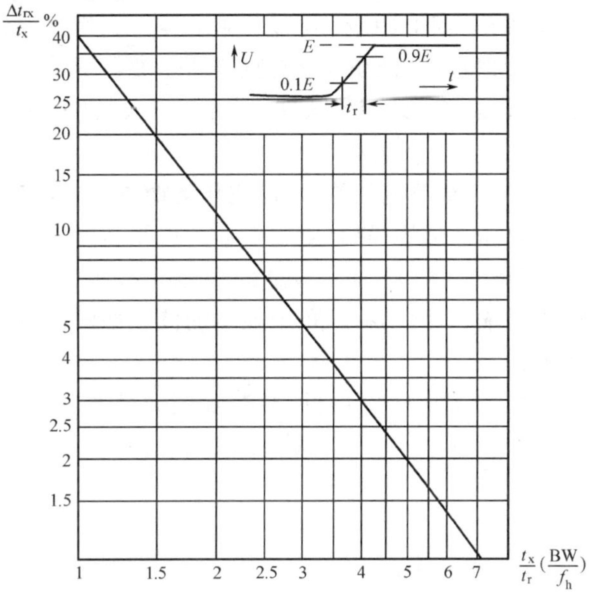

图 6.28 示波器带宽对屏幕读数误差的影响

通过上述分析，式(6.10)和式(6.11)就是选择示波器的主要依据，即示波器的带宽必须是被测信号中最高频率分量的 3～5 倍。这从物理概念上也容易理解，只有让被测信号的各频率分量都能很好地进入示波器，屏幕上的信号才不会有明显的失真。

为加深印象、便于记忆，实际应用中人们提出了选用示波器的经验准则，即 **5 倍准则**：

示波器所需带宽＝被测信号的最高频率分量× 5

使用 5 倍准则选定的示波器的测量误差将不会超过±2%，通常能满足一般实用要求。图 6.29 所示为观测 50MHz 方波时选用不同带宽对波形失真的影响。

3. 模拟示波器的基本测量方法

利用示波器可以进行电压、频率、相位差及其他物理量的测量。下面介绍这几个物理量的基本测量方法，这些方法可以用在各种类型的模拟示波器中，其中有些方法现代示波器可能已不再使用，但其测量原理很经典，值得学习了解。

1) 电压的测量

利用示波器测量电压有它的独特之处，那就是可以测量各种波形的电压幅度，包括脉冲和

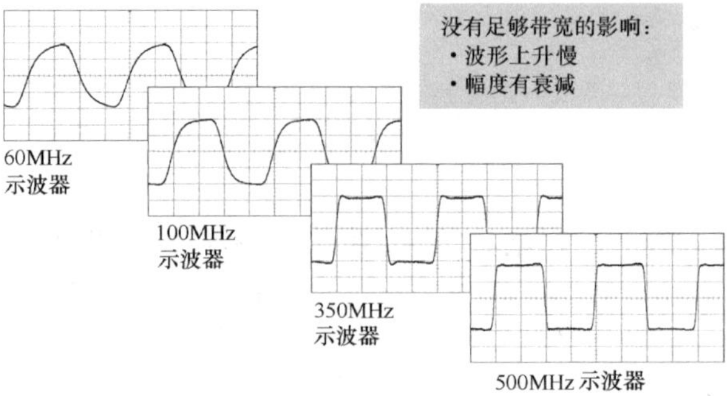

图 6.29　不同带宽对波形失真的影响

各种非正弦波电压的幅度。更有实际意义的是,用示波器可以测量一个脉冲电压波形各部分的电压幅值,如上冲量、顶部下降量等。利用示波器测量电压主要采用直接测量法。

所谓直接测量法,就是直接从示波器屏幕上量出被测电压波形的高度,然后换算成电压值。若已知 Y 通道的偏转灵敏度,则可求得被测电压值

$$U = D_y h \tag{6.12}$$

式中,U 为被测电压峰-峰值或任意两点间电压值,单位为 V;D_y 为偏转灵敏度,单位为V/cm;h 为被测电压波形峰-峰高度或任意两点间高度,单位为 cm。

【例 6.1】 已知示波器的 Y 通道处于“校正”位置,偏转灵敏度开关置于 0.2V/cm,由 Y 输入端直接输入信号,在屏幕上显示的波形如图 6.30 所示,求由 4 个脉冲组成的脉冲序列中,幅度的最大差值。

解: 由图 6.30 可见,脉冲幅度的最大差值为脉冲①与脉冲③的差值,这两点在屏幕上的距离 h 为 1.6cm。由于 Y 通道处于“校正”位置,并为直接输入,因此可利用式(6.12)得到幅度的最大差值

$$U = D_y h = 1.6 \times 0.2 = 0.32\text{V}$$

2) 时间的测量

目前,示波器是测量数字时钟信号和脉冲时间参数的主要工具。一个典型的实际数字时钟信号波形如图 6.31 所示,利用示波器测量时间参数非常直观,而且能提供较多的信息,下面介绍常用的直接测量法。

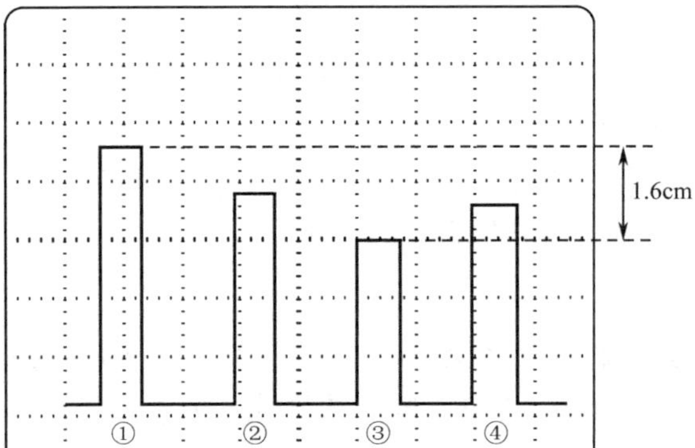

图 6.30　屏幕上显示的波形

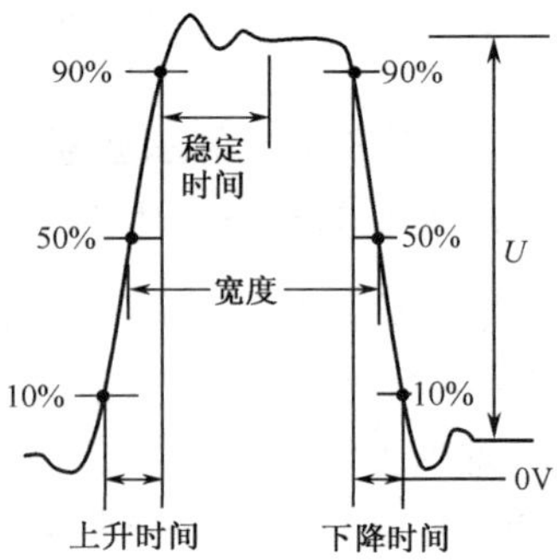

图 6.31　实际数字时钟信号波形

当线性扫描时,示波管荧光屏的水平轴就是时间轴,若扫描电压线性变化的速率和 X 放大器的电

压增益一定，那么扫速也为定值。这样，与电压的直接测量法一样，被测时间 t_x 可由下式求得：

$$t_x = S_s \cdot x \tag{6.13}$$

式中，S_s 为示波器扫速，单位为 s/cm、ms/cm 或 μs/cm；x 为被测时间所对应的光迹在水平方向的距离。

用直接法测量时间时，扫速微调应放在“校正”位置，并调节扫速开关，使选择的扫速恰当，被测时间所对应的光迹长度适中。

直接测量法的测量准确度除决定于示波管的分辨率外，还决定于扫描电压的线性和 X 放大器的增益稳定性。同样，为了提高测量准确度，需要对扫速进行校准，实际上是借助于校准放大器的增益来实现的。例如，在 SBM-10 模拟示波器中，本身可提供两个校准信号：一个是 100μs 的正向尖脉冲，另一个是周期为 50ns 的正弦波。

3）相位的测量

利用示波器测量信号间相位差的方法很多，下面介绍两种简单的方法。

（1）线性扫描法

利用示波器的多波形显示，是测量信号间相位差最直观、最简便的方法。例如，在线性扫描的情况下，利用双踪示波器可以在屏幕上直接显示类似于图 6.32 所示的波形，并比较所观测信号间的相位差

$$\theta = \frac{x_1}{x} \times 360° \tag{6.14}$$

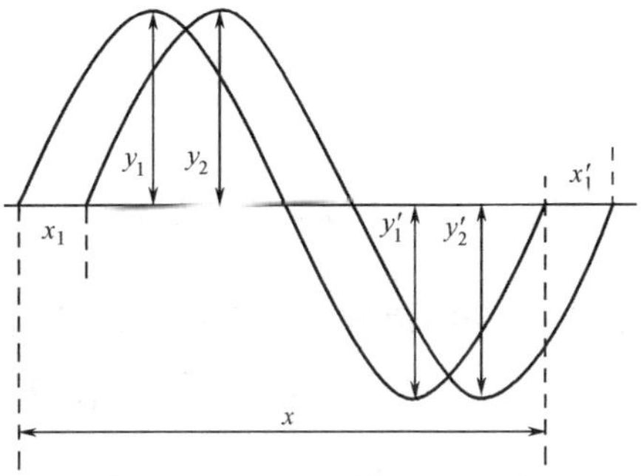

图 6.32　利用双踪示波器显示波形

在用这种方法测量相位差时应该注意，只能用其中一个波形去触发各路信号，而不要用多个信号分别去触发，以便提供一个统一的参考点进行比较。用线性扫描法测量相位差时还要注意，每个波形前半个周期与后半个周期的交界点要准确地与横轴重合，可检查是否做到 $y_1 = y_1'$，$y_2 = y_2'$，还要适当增大信号幅度，使信号与横轴的交界点易于辨认。此外，考虑扫描可能产生的非线性，也可取 x_1 与 x_1' 的平均值作为 x_1 代入式(6.14)中。尽管可以采用一些措施减小误差，但由于光迹的聚焦不可能非常细，读数时又有一定误差，因此这种方法的测量准确度不高，特别当欲观测的波形间相位差较小时更是如此。

（2）李萨如图形法测量相位差（椭圆法）

把两个相位关系不同的正弦波分别加在示波器的 X 和 Y 偏转板上，可以得到不同的李萨如图形，根据这一原理即可以测出波形间的相位差。设

$$u_x = U_{xm}\sin(\omega t + \theta)$$
$$u_y = U_{ym}\sin(\omega t)$$

把它们分别加至示波器的 X 和 Y 偏转板上，得到如图 6.33 所示的图形。调整 x 和 y 的位移，使椭圆的中心与屏幕坐标原点对正（这时椭圆与坐标的上下和左右截距分别相等）。观察图 6.33 中加在 X 偏转板上的电压和李萨如图形的关系，可见

$$\sin\theta = \frac{x_0}{x_m} = \frac{2x_0}{2x_m}$$

$$\theta = \arcsin\frac{2x_0}{2x_m} \tag{6.15}$$

式中，$2x_0$ 为椭圆与横轴相截的距离，$2x_m$ 为屏幕 x 方向上的最大偏转距离。

由图 6.33 也可证明，当 u_x 滞后于 u_y 的角度为 θ 时也可得到式(6.15)的结论。同时，由

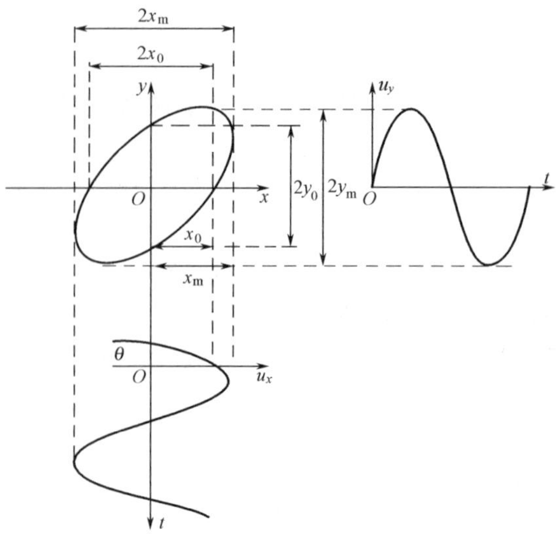

图 6.33 李萨如图形法测量相位差示意图

图 6.33中加于 Y 偏转板上的电压和李萨如图形的关系也可证明，当 X 和 Y 偏转板上的电压相位差为 θ 时（不论导前还是滞后），存在以下关系：

$$\theta = \arcsin \frac{2y_0}{2y_m} \tag{6.16}$$

式中，$2y_0$ 为椭圆与纵轴相截的距离，$2y_m$ 为屏幕 y 方向上的最大偏转距离。以上结论读者可自行证明。

6.5 数字示波器

数字存储示波器（Digital Storage Oscilloscope，DSO），本书中简称为数字示波器，与模拟示波器相对应。随着微电子技术和计算机技术的飞速发展，数字示波器从低级到高级发展得也很快。为了便于读者对数字示波器有一个系统的了解，首先介绍其发展历程中几种典型数字示波器的组成原理和特点，然后介绍信号集处理技术、波形显示技术，最后介绍数字示波器的技术指标和基本功能。

6.5.1 数字示波器的组成原理

1. 模拟+数字存储示波器

图 6.34 所示为早期模拟+数字存储示波器的组成原理框图，可见，它是以传统的模拟示波器为基础的，通过开关切换，能够以模拟和数字两种方式工作。在数字方式下，在 Y 垂直通道前置输入放大器和 Y 输出放大器之间插入 A/D 转换器、RAM、D/A 转换器等数字集成电路，从而把被测的模拟信号转换为数字信号，存入存储器中，再还原成模拟信号，经 Y 输出放大器输出至示波管 Y 偏转板上，以显示在荧光屏上。在 X 通道中，因 Y 输出已是模拟信号，故它仍产生锯齿波电压，在 X 偏转板的扫描控制下显示出波形。

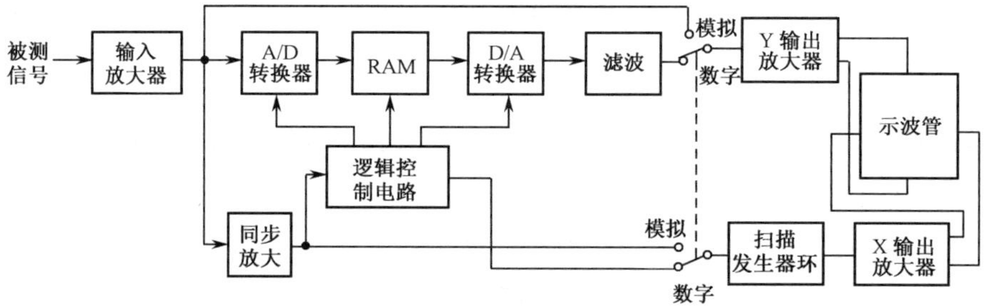

图 6.34 模拟+数字存储示波器组成原理框图

这类模拟+数字存储示波器由于受静电偏转示波管带宽及其他因素限制，其功能和性能的提高较困难。国内主要示波器厂家都生产过这类示波器，如 4441 型示波器，其实时带宽为 20MHz 或 40MHz，最大采样率为 10MSa/s 或 25MSa/s。

2. 单处理器数字示波器

图 6.35 所示为以微处理器为基础的单处理器数字示波器原理框图。该示波器可归属为智能仪器，它主要包括采样通道、X 通道、Y 通道、CRT、微处理器和 GPIB 接口等部分，在微处理器的控制下完成采样、存储、读出、显示和程控等任务，通过数据总线、地址总线和若干控制线互相联系和交换信息。

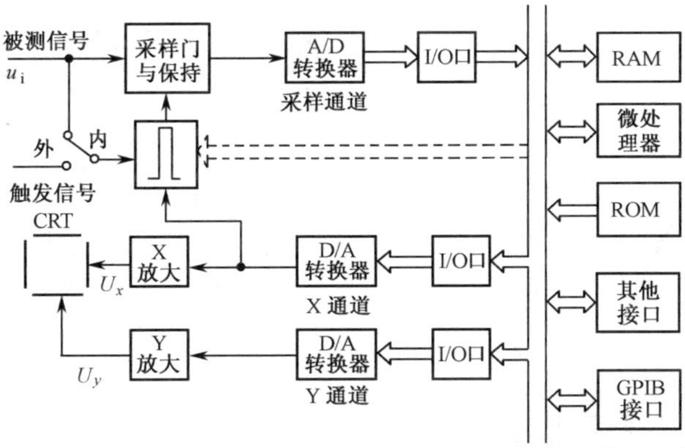

图 6.35 单处理器数字示波器原理框图

控制部分由键盘、微处理器和只读存储器(ROM)等组成。微处理器控制所有 I/O 口、随机存取存储器(RAM)的读/写及地址总线和数据总线的使用。在 ROM 内写有仪器的管理程序。在管理程序的控制下,仪器对键盘进行扫描,产生识别码,并根据识别码提供的指挥信息进行工作。使用者的各种要求通过操作键盘或 GPIB 接口通知管理程序,以便设定偏转灵敏度、扫速等参数,以及其他测试功能。

采样、存储部分(采样通道)首先将被测信号 u_i 采样,经 A/D 转换器转换成数字信号,然后存入 RAM 中。采样脉冲形成电路受触发信号控制,同时也受微处理器控制。图 6.35 中,X 通道在采样、存储时用来控制采样脉冲的形成,在读出、显示时用来形成扫描阶梯波,当然也可以把这两项工作分开完成,直接由微处理器产生对采样的控制信号(如图中虚线所示),而 X 通道只在显示阶段负责产生阶梯扫描信号。

读出、显示部分用来将存储在 RAM 中的数字信号重新恢复成模拟信号,并由 CRT 显示。这时,X 通道产生的阶梯扫描信号把被测信号波形在水平方向上展开。

图 6.36 所示为采样和存储过程的示意图。以观测正弦波为例,采样脉冲 u_s 控制采样门对被测信号 u_i 采样并保持,量化正弦电压 u_{is},经 A/D 转换器转换成数字量 $D_0, D_1, \cdots, D_n$(取 $n=12$),依次存入首地址为 A_0 的 $n+1$ 个存储单元中。

图 6.37 所示为读出和显示过程的示意图。首先找到 RAM 的首地址,依次读出所存数据 D_0,$D_1, \cdots, D_n$(取 $n=12$),经锁存和 D/A 转换,数字量被恢复成模拟量,量化电压 u_y 的每个阶梯的幅值与采样存储时的相应采样值成正比(不考虑转换和量化过程的误差)。同时,微处理器通过 X 通道的 D/A 转换器输出线性上升的阶梯信号——扫描信号 u_x。在 u_y 和 u_x 的作用下,在 CRT 上将产生不连续的光点,这些光点合成被测波形,这和在采样示波器中的情况一样。

屏幕上的扫描线(实际上是不连续光点)的长度是确定的(通常为 10cm 左右)。一个波形显示的点数与 RAM 的容量有关,也是确定的,一般为 256、512 或 1024 等。这样,微处理器根据设定的扫速、显示长度 x 和显示点数 n,就可以计算出采样率,并通过微处理器去控制采样脉冲形成电路。例如,$x=10.24$cm,$n=1024$,设定扫速为 2ms/cm,则可算出采样率为每毫秒 50 点。

数字示波器的采样存储和读出显示速度都是可以任意选择的。例如,可以高速存入、低速读出,也可以相反。这样,在使用上十分灵活方便,例如,采用低速存入、高速读出,那么即使观测甚低频信号波形,也不会像模拟示波器那样,由于屏幕余辉时间不够而使波形产生闪烁。

以上两类数字示波器不用或只用一个微处理器来控制和工作,故难以满足高速采集处理的要求,存在带宽窄、更新率不高、易出现混迭失真等缺点。

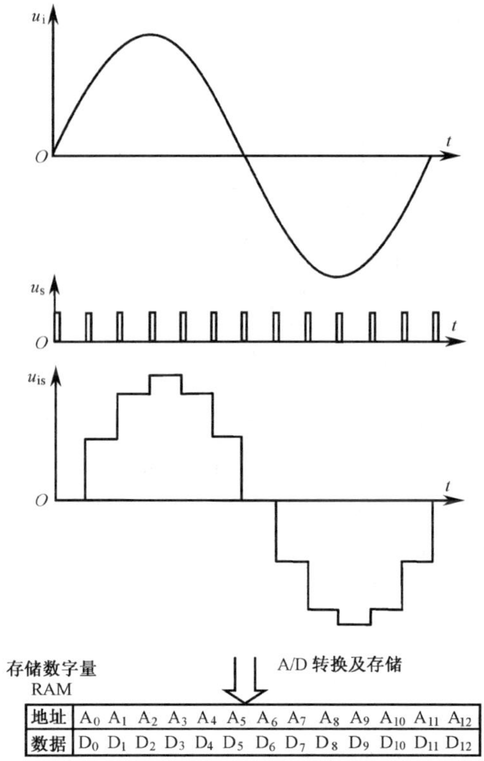

图 6.36　采样和存储过程的示意图

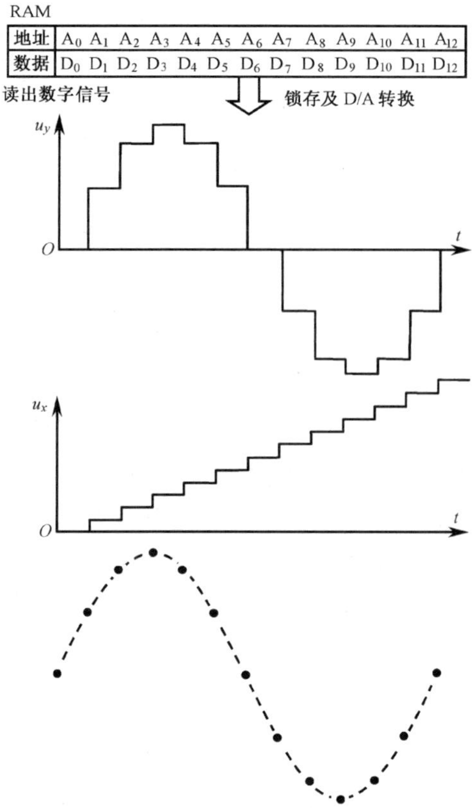

图 6.37　读出和显示过程的示意图

3. 多处理器数字示波器

由于微电子技术的进步，通用或专用的微处理器都价廉物美，故在现代数字示波器(DSO)中采用了多微处理器方案。这类示波器可以用 DS1302CA 示波器来进行说明。DS1302CA 数字示波器简化原理框图如图6.38所示，其中包含了 3 个处理器(主处理器、采集处理器和显示控制器)。

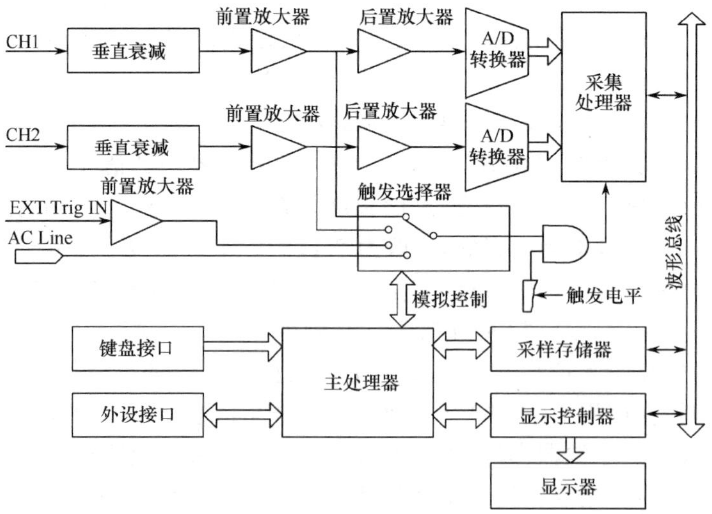

图 6.38　DS1302CA 数字示波器简化原理框图

(1) 模拟部分

模拟部分由双通道组成,被测信号进入示波器后,首先由前面板 V/cm 旋钮实现衰减与增益的控制,包括粗调与微调的控制;然后进入前置放大器,该放大器决定示波器的模拟带宽;之后进入后置放大器以进入 A/D 转换器。

(2) 触发系统

触发系统通过触发选择器切换触发通道,之后进入触发比较器,通过不同的触发电平比较方式实现不同的触发功能。

(3) 采集处理器

双通道 A/D 转换器数据暂存在采样存储器中,采集处理器通过采样系统在触发电平的控制下对 A/D 转换器量化后的波形进行采集。采用实时与等效采样技术,可实现 2GSa/s 的实时采样率与 50GSa/s 的等效采样率。A/D 转换器采用并行+流水线式的复合结构。

(4) 主处理器

主处理器的功能包括对所有电路及各输入/输出接口的控制,同时也对采集处理器采集到的波形进行处理。

(5) 显示控制器

显示控制器从波形存储器中取出按时间顺序的采集数据并将其送往显示器。这要求将波形对应的数据点相关的电压和时间值转换成显示器上的垂直和水平像素位置。再将这些波形的像素位置对应地送至视频随机存取存储器(或称屏幕存储器、像素存储器、画面缓冲区,该存储器中的存储单元与屏幕像素位置一一对应)相应的存储位置上。注意,这里不用 D/A 转换器,而是直接将波形数据变为屏幕上的像素显示,可大大提高显示更新率以实现高速显示。

现代 DSO 在向功能模块化方向发展,通常一台 DSO 可由四大功能模块组成,即捕获(Capture)、观察(View)、测量(Measurement)与分析(Analyse)、归档(Document),其原理框图如图 6.39所示。捕获模块包括放大器、A/D 转换器、采样存储器和触发器。被测信号首先经过探头和放大器并归一化后成为 A/D 转换器可以接收的电压,采样和保持电路按固定采样率将信号分割成一个个独立的采样电平,A/D 转换器将这些电平转化成数字采样点,这些数字采样点保存在采样存储器中,并送观察模块和测量与分析模块处理。可见,现代 DSO 中软件数据处理已占很大的比重了。

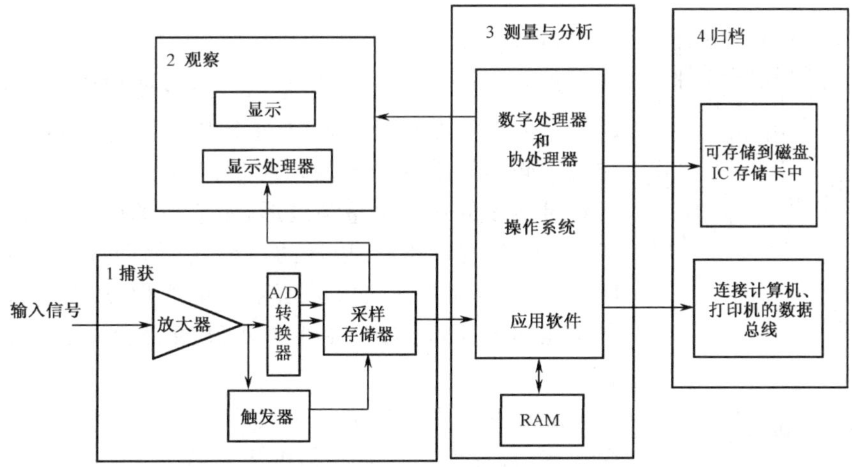

图 6.39　DSO 原理框图

6.5.2 信号采集处理技术

1. 早期数字示波器的缺点

1）更新率低

更新率是指每秒在屏幕上描画扫迹的次数，也称波形捕获率，即每秒可以捕获的波形数目。

早期数字示波器不能像模拟示波器那样进行实时测量，即不能及时地反映被测信号的变化。这是因为它只有一个微处理器，无法满足实时处理的要求。微处理器先指挥 A/D 转换器采集一个波形，存入采样存储器中；然后由微处理器进行数据处理，经 D/A 转换器转换成模拟信号送至 Y 偏转板上，并与 X 偏转板上的阶梯波同步显示；接下来再采集下一个波形。两次采集之间的时间称为死区时间或失效时间，在此期间不能采集信号，否则会造成信号丢失，如图 6.40(a)所示。

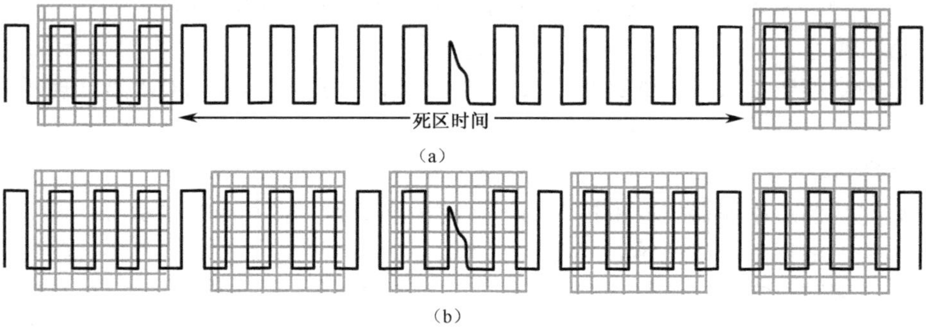

图 6.40　更新率低造成的信号丢失和改进情况

同时，更新率低会造成显示响应慢，使屏幕上看到的不是正在发生的波形，而是从采样存储器中调出来的前几个周期的波形，这对用示波器监视进行电路调试带来很多不便。

检验示波器更新率是否满足要求，一个简便的方法是将函数信号发生器连到示波器上，然后快速地更换波形（如正弦波→方波→三角波），看屏幕上显示的波形是否能快速地跟上变化。

为此，现代 DSO 在提高更新率上做了很大的改进，如 Tektronix 公司采用 InstaVu 技术使得更新率达到每秒 400 000 次波形以上，可以做到“模拟示波器的感觉、数字示波器的性能”的效果。在有些资料及本书中，将这种高更新率 DSO 称为“数字实时存储示波器”。改进情况如图 6.40(b)所示。

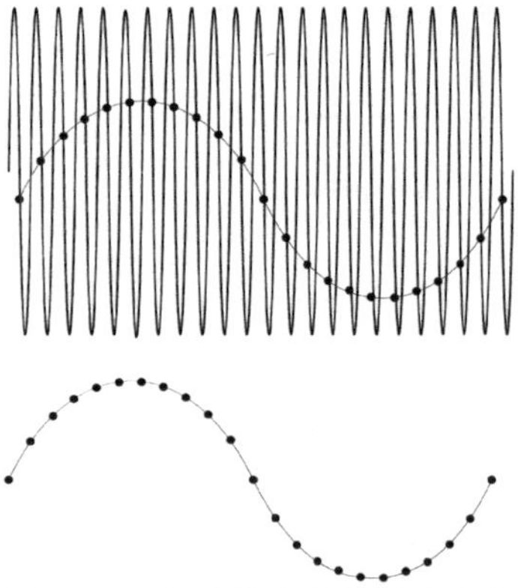

图 6.41　欠采样造成的混迭失真

2）有混迭失真

混迭失真也称频混、假象，是 DSO 使用中要防止的现象。造成混迭失真的原因是欠采样，采样频率太低，违背了采样定理（采样频率必须至少高于被测信号最高频率分量的 2 倍以上），即未采到足够多的样点来重构波形，而造成的假象。在图 6.41 中，对于一个比采样频率 f_s 稍低的正弦波[如图 6.41(a)所示]和一个低频正弦波[如图 6.41(b)所示]，如果以 f_s 进行采样，则有可能产生相同的采样结果（图中以小圆圈表示），这就是混迭产生的影响。

避免混迭失真的措施主要有两个：一个是过采样，即提高采样频率（采样率），在各种情况下都满足采样定理的要求；另一个是峰值检测（包络检测），以峰值作为基本的采样点，再补上其他的采样点，则不会出现混迭失真（详见后述)。

上述两个缺点是现代 DSO 设计和使用中要防止的问题。

2. 采样方式

DSO 的采样方式分为实时采样和等效采样(非实时采样),其中等效采样又可分为随机采样和顺序采样,如图 6.42 所示。

1) 实时采样

实时采样是指对每个采集周期的采样点按时间顺序进行简单的排列就能表达一个波形,如图 6.42(a)所示。这种 DSO 测量的重复信号和测量的单次信号具有相同的带宽,也称实时带宽(Real-Time BW)。为了提高带宽,必须提高采样频率(采样率)。示波器的带宽定义为,当示波器输入不同频率的等幅正弦信号,屏幕上显示的幅度相对于标准频率下降 3dB 时的频率范围。也就是说,在频率上限以外可能存在被测信号的高频分量。因此,如果规定采样率只高于实时带宽的 2 倍,而非实际被测信号上限频率的 2 倍,则违背了采样定理,在使用中将会产生混迭失真。为了避免混迭现象的发生,目前实时采样 DSO 的采样率一般规定为带宽的 4～5 倍,同时还必须采用适当的内插算法才行。如果不采用内插显示,则规定采样率应为实时带宽的 10 倍。

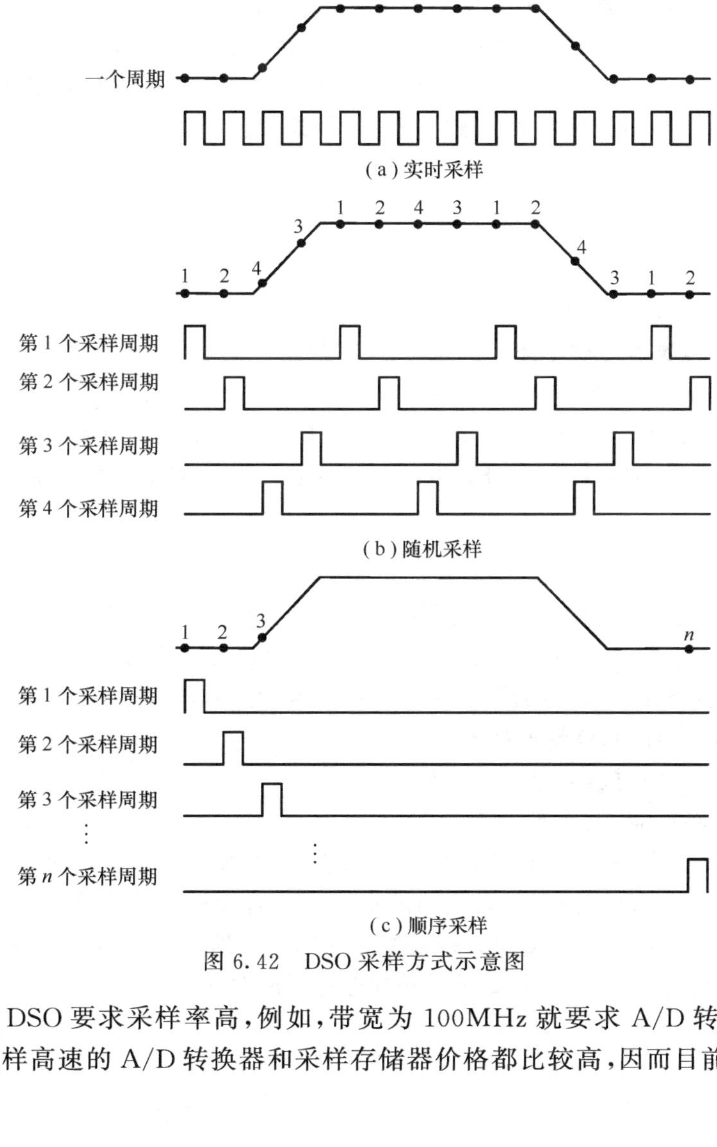

图 6.42 DSO 采样方式示意图

由于实时采样 DSO 要求采样率高,例如,带宽为 100MHz 就要求 A/D 转换器的采样率不能低于 400MSa/s,这样高速的 A/D 转换器和采样存储器价格都比较高,因而目前高带宽并且记录长度长的实时采样 DSO 价格相当昂贵。而实际上大多数测量的都是重复信号，为了以较低的采样率获得较高的重复信号采样测量带宽，必须采用非实时的随机采样或顺序采样技术。事实上，目前大多数 DSO 都同时具备实时和非实时两种采样方式。

2) 随机采样

所谓随机采样，是指每个采样周期采集一定数量的样点，经过多个采样周期的样点积累，最终恢复出被测波形，如图 6.42(b)所示。由于信号与采样时钟之间是非同步的，使得每个采样周期的触发点(由信号沿产生)与下一个采样点之间的时间间隔是随机的。又因为信号是周期性的，可以将每个采样周期的采样等效为对由触发点确定的“同一段波形”的采样。因而通过多个采样周期后，以触发点为基准将各采样周期的样点拼合，可以得到一个重复信号的由触发点确定的一段波形的密集样点，这样就恢复出了这段波形。在每个采样周期，触发点与下一个采样点之间的时间由触发精密内插器测量。恰当地设计内插器，能够大大提高示波器的时间分辨率。如果样点间隔为 10ps，则等效采样率为 100GSa/s。这种 DSO 的重复信号测量带宽主要取决于模拟通道和采样器。

由于随机采样 DSO 能以较低的采样率获得相当高的重复带宽，因此具有很高的性价比。

3) 顺序采样

顺序采样方式主要用于数字采样示波器中，能以极低的采样率(100～200kSa/s)获得极高的带宽(高达 50GHz)，并且垂直分辨率一般在 10bit 以上。由于这种示波器每个采样周期在波形上只取一个样点，如图 6.42(c)所示，每次延迟一个已知的 Δt 时间，要想采集足够多的样点，则需要更长的时间。不能进行单次捕捉和预触发观察也是它的缺点。

3. 采样率

采样率又称为数字化速率，描述方式如下：

① 用采样次数描述，表示单位时间内采样的次数，如 20MSa/s(20×10^6 次/s)。

② 用采样频率描述，如 20MHz。

③ 用信息率描述，表示每秒存储多少位(bit)的数据。例如，每秒存储 160 兆位(160Mb/s)的数据，对于一个 8 位(8bit)的 A/D 转换器来说，就相当于 20MSa/s 的采样率。

采样率高可以提高 DSO 的带宽，但事实上，DSO 的采样率还受到采样存储器容量的限制。一般在不同扫速时，要求采样率是不一样的，以防止采样点过多而溢出采样存储器，其具体定量关系见下述。

4. 采集器件

这里讨论的主要是 A/D 转换器。在数字电压表中介绍过多种 A/D 转换器，由于 DSO 中要求转换速率高，因此可供选用的只有逐次比较式(早期 DSO 用过)和并联比较式。随着微电子技术的发展，各大仪器公司都推出了自己的高速 A/D 转换技术，有的转换速率已超过 10GSa/s。当前，在 DSO 中主要采用下面几种 A/D 转换技术。

① 并联比较式 A/D 转换器：见 5.6.3 节。

② 分级型 A/D 转换器：见 5.6.4 节。

③ 数字带宽复用(DBI)技术：该技术用多个 A/D 转换器(ADC)并联来控制时钟交叉进行采集，图 6.43给出了两个 A/D 转换器并联复用的示意图。这样可使采样率成倍提高，例如，美国特励达力科公司用两个 40GSa/s 的 A/D 转换器组合复用可得到 80GSa/s 的采样率。这种组合方式既降低了对 A/D 转换器的要求，也降低了对采样存储器的要求。

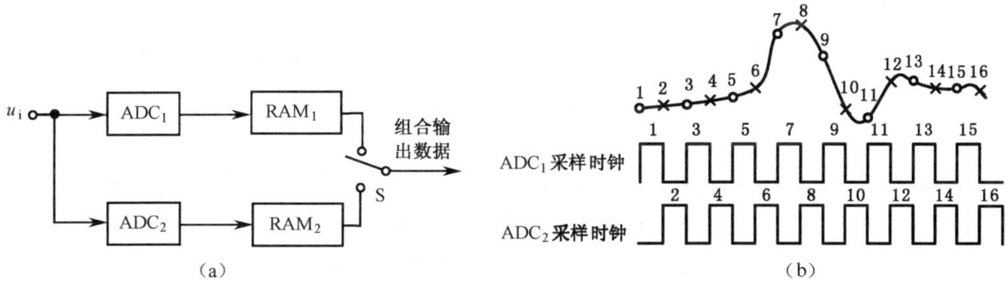

图 6.43　两个 A/D 转换器并联复用示意图

④ CCD+A/D 转换技术:这种方法的原理图如图 6.44 所示。其特点是:重复采样和实时采样相结合,模拟存储和数字存储相结合。首先对被测信号进行重复非实时采样,实现从高频至低频的频率搬移,并借助电荷耦合器件(Charge Couple Device,CCD)进行模拟信号的存储,然后将 CCD 中存储的信号读出并进行 A/D 转换,其数字化结果存入 RAM 中(这是数字存储)。荷兰 Philips 公司和美国泰克公司都已成功地将这种技术应用于 DSO 中。Philips 公司的 PM3355 型 DSO 中以 250MSa/s 的等效采样率对两个通道进行顺序采样,得到 2×128 个样点依次存入两个 CCD 中,而后再以 78kSa/s 采样率对 CCD 中存储的信号进行 A/D 转换,得到的结果存入 RAM 中。可见,这种方案只用 78kSa/s 采样率的 A/D 转换器就可以对被测信号进行 250MSa/s 采样率的等效采样。虽然这种方案经济实惠,但其中采用的是非实时采样示波器。随着当今 A/D 转换技术的提高(采样率已达 40GSa/s),这种方案已失去优势了。

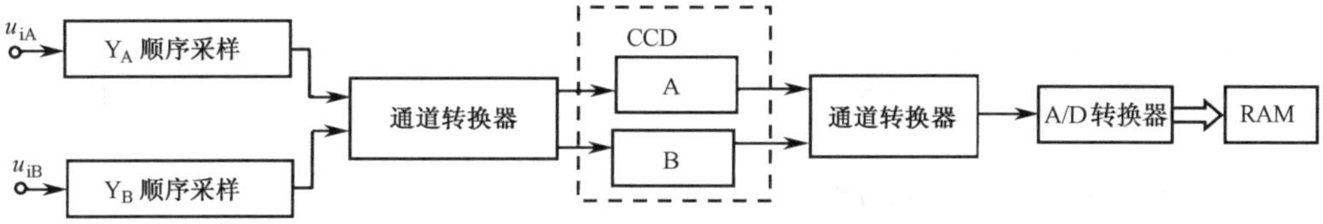

图 6.44　CCD+A/D 转换技术原理图

5. 采样存储器

在 DSO 中,每个新获取的采样数据都必须立即存入采样存储器中,因此它必须具有与采样率同步的连续接收数据的能力。例如,对一个采样率为 2GSa/s、精度为 8bit 的 DSO 来说,其采样存储器必须能以 2×10^9 bps 的速率存入数据。具有如此高的写入速率的存储器是非常难设计的,价格也非常昂贵。常用的解决办法是,利用多个低速存储器分时轮流写入,从而降低对单个存储器的速率要求,但这对示波器的精确定时系统提出了很高的要求。

DSO 的采样存储器具有循环存储功能。所谓循环存储,就是将存储器的各存储单元按串行方式依次寻址,且首尾相接,形成一个类似于图 6.45 所示的环形结构,每次采样数据的存储都按顺序依次进行,当所有单元都存满后,下一轮新的采样数据将覆盖旧的数据(先进先出)。这样,存储器中总是存放有最新的 n_m 个采样数据,n_m 是存储器的容量。该容量在 DSO 中常称为记录长度或存储深度,用能够连续存入的最大字节数或采样点数目表示,单位为 KB 或 pts(样点)。

现在有些 DSO 的显示屏中间上方用一条存储带来显示存储器中波形的存储情况,并指示屏幕上的波形和触发点(用▼表示)在存储器中所处的位置,如图 6.45 下方所示。在 DSO 中,触发点通常设置在对应于屏幕中央的位置(注意:这点不同于模拟示波器。在模拟示波器中触发点对应于屏幕的左侧,波形是随时基线从左向右展开的),也可以通过调节水平通道中的“水平位置”旋钮来改变触发点相对于屏幕中心的位置。

记录长度设计的主要依据是采样的时间长度 T_p 和最高采样率(最小的采样间隔 T_s),即记录长度为

$$L = T_p / T_s$$

例如,若要求 $T_p = 7\text{ms}$,采样率为500MSa/s(即 $T_s = 2\text{ns}$),则要求记录长度 $L = 3.5\text{Mb}$。但这样的设计往往对采样存储器提出了过高的要求,因此在实际设计中要对采集数据进行抽取和插值处理(见后述),然后权衡各方面因素再确定一个合适的记录长度。

采样存储器中 n_m 个采样数据代表了 $n_m \times t_s$ 时间内的被测波形,t_s 为采样时间。

采用循环存储结构,主要是为了观测触发之前的波形情况。由于存储容量有限,所以它只能保存一段被测波形数据。用户总希望观测到被测波形中最有用的一段,这可以由DSO的触发功能来完成,需要对用户感兴趣的波形特征(如电平与极性等,类似模拟示波器的触发选择)做预先定义,当被测波形出现这种特征时就产生触发信号。但如果示波器的数据采样过程是在触发产生后才开始的,那么触发前的波形信息将无法观测到。为了能观测到触发前的波形,采样过程必须预先进行,称为预采样,如图6.46所示。预采样需要保存最新的波形数据,因此需要使用循环存储结构,从而保证在触发发生时,在触发点以前的波形数据已存入采样存储器中。

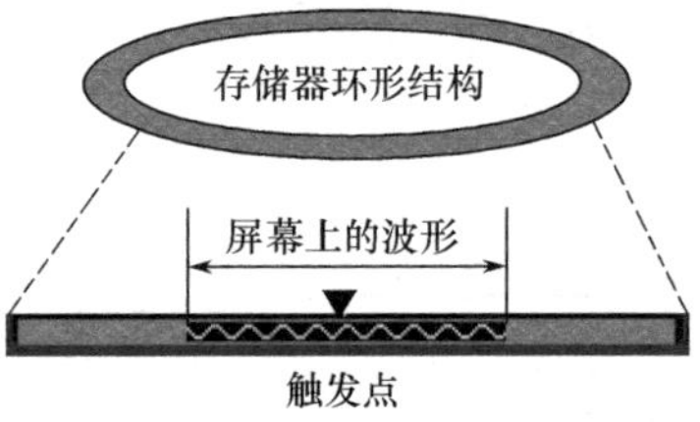

图6.45　存储器环形结构与波形位置

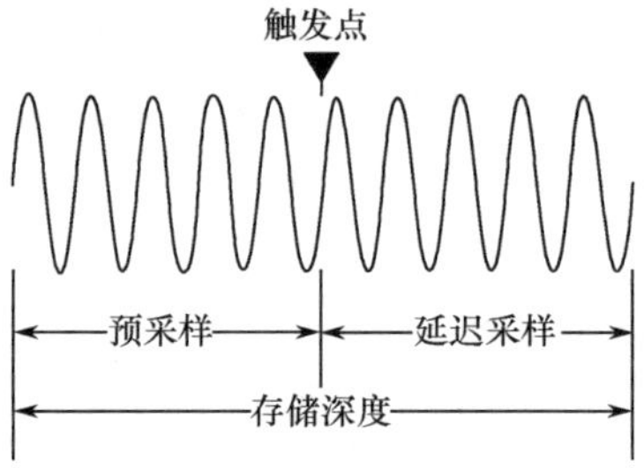

图6.46　预采样与延迟采样

6. 触发功能

触发的概念来自模拟示波器,只有当触发信号出现后才产生扫描锯齿波,显示Y通道的模拟信号。因此,在模拟示波器中,只能观测触发点以后的波形。在DSO中也沿用触发的叫法,设置了触发功能。但这里,触发信号只是在采样存储器中选取信号的一种标志(触发点),以便可以灵活地选取采样存储器中的某部分波形送至显示窗口。通常,DSO设有延迟调节,可以自由地改变触发点的位置。图6.47中,延迟触发有正(+)延迟触发和负(−)延迟触发。

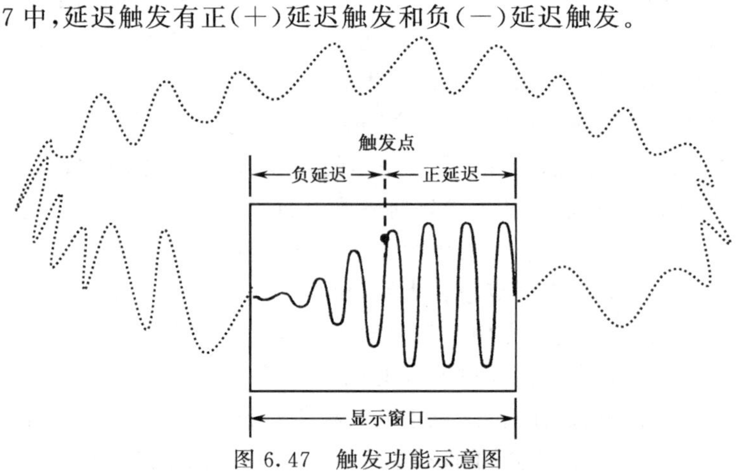

图6.47　触发功能示意图

所谓正延迟，是指可以观测触发点以后的被测信号；所谓负延迟，是指可以观测触发点之前的信号。距离触发点的延迟时间可由程序设定，给波形分析带来很大的方便。负延迟触发功能在模拟示波器中是无法实现的，因为模拟示波器只能在触发点之后产生扫描，显示被测信号，不可能观测到触发前的信号。

另外，DSO 中的触发控制与模拟示波器中的有些类似，说明如下。

- 触发源选择：内触发（可分别由通道 1 或通道 2 触发）、外触发、交流电源触发等。
- 触发耦方式：直接耦合、交流耦合、低频抑制、高频抑制。
- 触发模式选择：自动、正态、单次等。
- 触发类型：在模拟示波器中只有边沿触发，而在 DSO 中提供了许多特定的触发设置，能从采样存储器中根据设定的波形特征作为触发点，然后将这部分波形送至显示窗口，为观测提供方便。表 6.1 列出了多种触发类型的原理与用途。不同型号的 DSO 提供的触发类型不一定都相同，还有一些触发类型，如压摆率触发、逻辑触发、矮脉冲触发、建立和保持触发、超时触发等，需要时可参阅相关说明书。

表 6.1　触发类型的原理与用途

触发类型	原　理	用　途
边沿触发	在信号边沿按给定方向和电平触发	保证周期性信号具有稳定重复的起点
延迟触发	在信号边沿触发点处增加正/负延迟调节	调节触发点在屏幕上出现的位置
脉宽触发	设定脉冲的宽度来确定触发时刻	捕捉异常脉宽信号
斜率触发	依据信号的上升/下降速率进行触发	捕获上升沿异常斜率信号
视频触发	对标准视频信号进行任意行或场触发	检测电视信号质量
交替触发	对两路信号采用不同的时基、不同的触发方式，以稳定显示两路信号	当两路信号中有一路信号不稳定时采用
码型触发	以数字信号的特殊码型作为触发判决条件	查看特定并行逻辑码型
持续时间触发	在满足码型条件后的指定时间内触发	查看连续并行逻辑码型
毛刺触发	在设定的时间内判断信号波形有无上升沿与下降沿紧跟变化的情况	捕捉电路中尖峰干扰
串行触发	混合信号示波器的强大功能模式	检测串行接口（SPI、I^2C、USB、CAN）输入的信号

延迟触发对观测重复的周期信号意义不太大，但对观测单次非周期信号所起的作用就很明显了。例如，图 6.47 所示为观测振荡器起振的过程，选择触发电平介于零和稳定振幅之间的某一数值，触发极性选正（上升沿），负延迟 5 格，则可在屏幕上同时看到触发前后的情况，即显示了从起振到稳定的全过程。这种延迟触发功能也是 DSO 检测故障的一种手段，可以设法利用故障形成触发信号，然后利用负延迟恰好能看到故障发生前后的情况。

毛刺（Glitch）触发具有识别尖峰干扰的功能。正向模式时，若在设定时间内发现一个上升沿后面紧跟着一个下降沿，则必为正尖峰（毛刺）干扰；反向模式时，若发现一个下降沿后面紧跟着一个上升沿，则必为负尖峰干扰。示波器以最高采样率连续不断地采集信号，无尖峰时，示波器不显示，处于“监视”状态。当毛刺触发器发现尖峰干扰时，将使采样停止，并且显示尖峰干扰出现前后的波形数据。图 6.48 所示为毛刺触发捕捉尖峰干扰的波形。有的 DSO 可捕捉 0.6ns

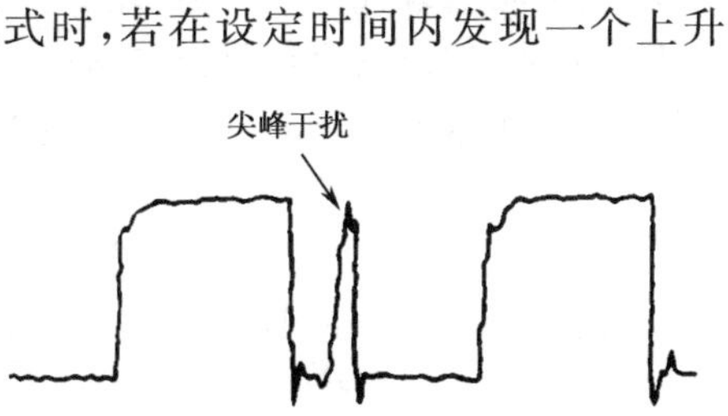

图 6.48　毛刺触发捕捉尖峰干扰的波形

的尖峰干扰。

7. 采样率与记录长度

记录长度(上述采样存储器的容量)决定着 DSO 所捕捉信号的持续期或时间分辨率。一个较长的记录长度可能为更复杂的波形提供更好的描述,允许用户去捕捉更长持续期内的数据事件。但是,由于高速存储器制造技术上的限制,目前 DSO 的记录长度还不可能无限加长。例如,想要在 100ms/cm 的扫速下以 1GSa/s 速率采样,将需要 1000MB 的存储器容量。这就是大多数高采样率 DSO 不能在所有的扫速下保持最大采样率的原因。因此,DSO 不能总是以最高采样率工作,而是与设置的扫速及记录长度有关。当测量周期性重复信号时,DSO 可以工作于随机采样方式,这时采样率和记录长度不会给测量带来多少影响。但是,当用于捕捉单次信号,或者同时观测高速和低速两种信号(如一行电视信号或一帧数字通信信号)和时间相距较远的事件时,记录长度就显得十分重要了。DSO 的扫速、采样率和记录长度之间存在如下近似关系:

$$L(\text{pts}) \geqslant f_s(\text{MSa/s}) \times S_s(\text{s/cm}) \times 10(\text{cm}) \tag{6.17}$$

式中,L 表示记录长度,单位为 pts;f_s 表示采样率,单位为 MSa/s;S_s 表示扫速,单位为 s/cm;10 表示屏幕水平方向上为 10cm。

式(6.17)是 DSO 为保证屏幕水平时间分辨率而设计的。通常,屏幕水平宽度是 10cm,典型要求应有 500 个采样点,这与 21 万像素的屏幕相对应(576×368=211 968 像素,在水平方向上有 500 个以上的像素点),每格有 50 像素(相当于每毫米有 5 个像素点,故分辨率足够高)。为在应用中保证这个时间分辨率,就要根据所选的扫速来改变采样率。例如,若选用 1ms/cm 扫速,就应提供 50kSa/s 的采样率(采样间隔为 20μs),因为这样正好保证了有 500 个采样点(10ms/20μs=500)。如果采样率太低,采样点太少,则保证不了时间分辨率;如果采样率太高,采样点太多,则采样存储器又会溢出。

早期 DSO 改变扫速则联动改变采样率(实际上是改变 A/D 转换速率,即改变控制 A/D 转换器工作的时钟频率),基本上维持式(6.17)的平衡。但这样的设计存在以下两个缺点。

① 记录长度太短,不能完整记录一个较复杂的信号。只以一个显示窗口设计记录长度,采样点仅有 500~1000 个。但仅 1000 个样点是难以显示一个较复杂波形的,水平时间分辨率很差,可能会丢失波形中一些信息。因此,若增长记录长度,能存储更多的采样点,则可以提高水平时间分辨率,使 DSO 显示的波形与实际波形更接近。

② 不便同时观测快慢信号。只以一个显示窗口设计记录长度,在观测一个含有快慢信号的波形时,例如图 6.49 所示的一行电视信号,若以慢信号调整扫速,可以看到一行完整的信号,但看不清其中电视信号的波形;若以其中快变的电视信号调整扫速,则又看不到一行完整的信号。

研究式(6.17)可以发现:只要等号左边大于右边,即记录长度长,每次采集存储的采样点多,一次就能记录下一个复杂的波形;当右边扫速有较大范围改变时,采样率可以保持不变,克服了上述两个缺点。因此,现代 DSO 都把增长记录长度作为一项重要改进措施,设计超快、超长的采样存储器。现代 DSO 记录长度已做到 768Mpts,保证了高的采样率和对复杂波形的捕获。

图 6.50 所示为几种不同 DSO 的扫速、采样率和记录长度的关系曲线。由式(6.17)可知

$$S_s(\text{s/cm}) \leqslant \frac{L(\text{pts})}{f_s(\text{MSa/s}) \times 10(\text{cm})}$$

示波器 1:$S_{s1} \leqslant \dfrac{1\text{kpts}}{1\text{GSa/s} \times 10\text{cm}} = 100\text{ns/cm}$,对应图 6.50 中 D 点扫速。

示波器 2:$S_{s2} \leqslant \dfrac{120\text{pts}}{500\text{MSa/s} \times 10\text{cm}} = 24\mu\text{s/cm}$,对应图 6.50 中 E 点扫速。

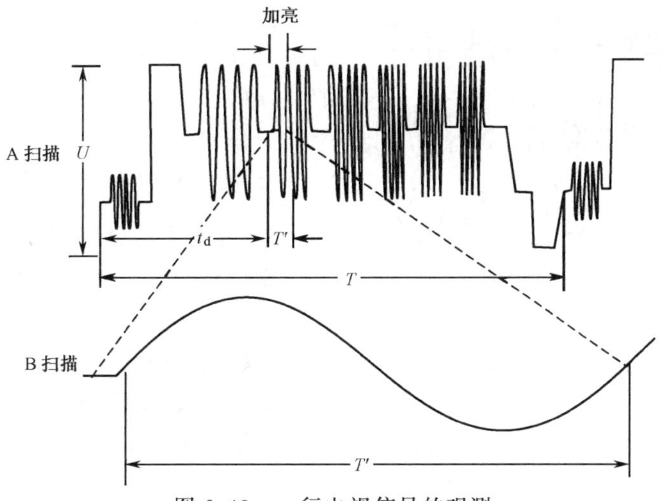

图 6.49　一行电视信号的观测

示波器 3：$S_{s3} \leqslant \frac{1\text{Mpts}}{100\text{MSa/s} \times 10\text{cm}} = 1\text{ms/cm}$，对应图图 6.50 中 F 点扫速。

因此，示波器 1 在扫速高于 100ns/cm 时，可以保持 1GSa/s 的采样率；示波器 2 在扫速高于 24μs/s时，可以保持 500MSa/s 的采样率；示波器 3 在扫速高于 1ms/cm 时，可以保持 100MSa/s 的采样率。

同理，由下式可以获得 DSO 在指定扫速下的最高采样率

$$f_s(\text{MSa/s}) \leqslant \frac{L(\text{pts}))}{S_s(\text{s/cm}) \times 10\text{cm}}$$

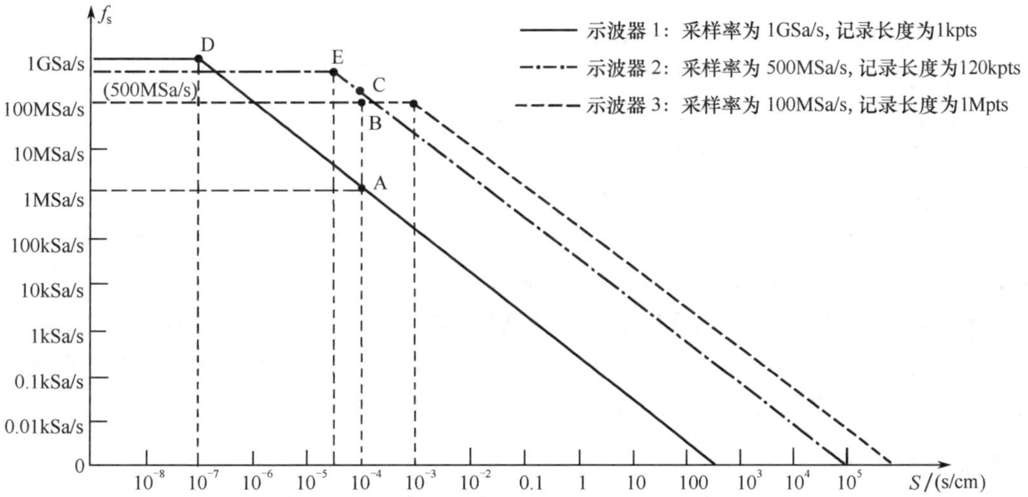

图 6.50　扫速、采样率和记录长度的关系曲线

从图 6.50 的曲线关系可得出结论：记录长度长的 DSO，其扫速在较大范围调节时，采样率不必跟着变化。

应当指出，增长记录长度后，一次捕捉的波形采样点多了，不用改变扫速就可同时观测高速和低速两种信号。但是屏幕只有 10 格 500 点左右的像素，若要捕获 100 000 点的波形，仅有 500 点显示在屏幕上，只能看到波形中的一部分，其余 99 500 点在屏幕外看不见。为此，不少厂家又提出多种波形快速缩放技术（如 MegaZoom、QuickZoom、X-Stream 等）和类似模拟示波器中的多时基显

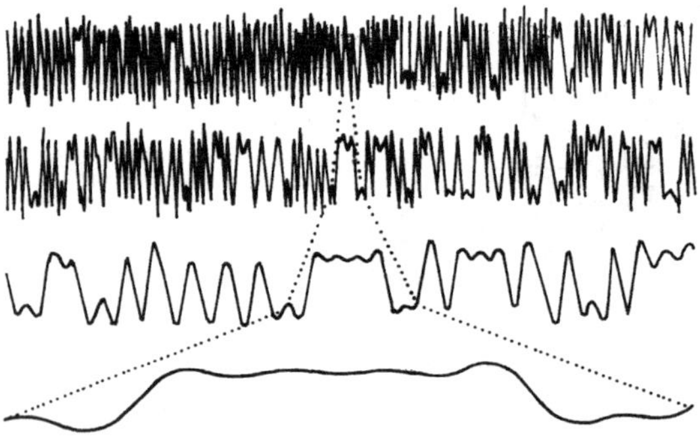

图 6.51 对复杂波形多次局部放大的示意图

示技术，使用户通过左右移动或多次放大深层次的波形分析，既可看到波形的全貌，又可看到局部细节，解决了长记录长度和快速显示处理之间的矛盾。图6.51所示为特励达力科公司采用 X-Stream 技术对复杂波形多次局部放大的示意图。

8. 有效比特分辨率

模拟示波器的垂直分辨率以示波管良好聚焦情况下每格多少线表示，而 DSO 的垂直分辨率是以比特数表示的，所以称为比特分辨率。当前各公司给出的DSO比特分辨率都是DSO内A/D转换器的比特数，一般是8bit。实际上，A/D转换器的真正比特分辨率——有效比特分辨率(EBR)与被转换的信号频率有关。当输入信号频率提高时，其比特分辨率降低，并且不同厂家生产的A/D转换器，其比特分辨率降低的多少也不一样。例如，同样是200MSa/s、8bit的A/D转换器，AD770和CXA1076在输入100MHz满度信号时，前者不到5bit，后者不到4bit。在DSO的整机中，通道噪声、非线性、时基抖动、代码丢失都会引起A/D转换器的有效比特分辨率降低。因此，简单地用A/D转换器比特分辨率表示DSO的垂直分辨率是不科学的；但是，目前还没有统一的DSO有效比特分辨率评价标准和测量方法。

6.5.3 波形显示技术

DSO在高速采集一个信号波形的数据后如何能在显示屏上不失真地重构出来？这要经过一整套复杂的数据处理之后才能实现。例如，采用ARM单片机与FPGA配合设计一个数字处理控制电路。在这个过程中，要处理好最高采样率、记录长度、显示器的像素点数等因素之间的关系，即要进行抽取与内插处理。图6.52形象地给出了这种数据处理的必要性。从图中可以看出：在一定的采样率下，其采样脉冲如图中间的脉冲序列所示，这样采样脉冲间隔对上面低频信号而言，采样点过多，就要求采样存储器有很大的容量（即很长的记录长度），这会增加实现难度或提高生产成本。为此，应抽取部分甚至大部分的冗余采样点。但是，同样的采样脉冲间隔对下面的高频信号而言，采样点又太少了，会使信号失真。为此，应设法内插一些数据点进去，使波形失真小一些。

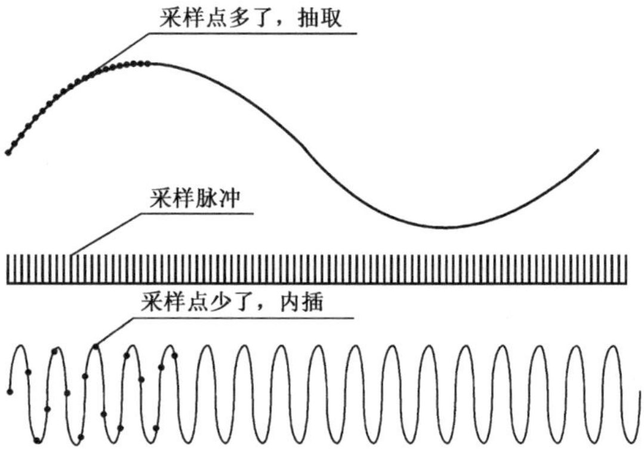

图 6.52 抽取与内插示意图

1. 样点抽取技术

在低频信号情况下，采样点太多，要求采样存储器有很大的容量。例如，对于采样率为1000MSa/s、观测频率为10Hz的正弦信号，每个周期有 100×10^6 个采样点，这就要求用容量很大的采样存储器。为此，要对A/D转换器采样进来的冗余数据进行处理，处理的方法在6.5.2节中已介绍过，可通过改变示波器扫速(s/cm)来降低采样率，从而减少采样点。另一种方法是保持最高采样率不变，然后对冗余数据点进行抽取操作。通常，在抽取之前还要进行抽取滤波；如果A/D转换器的转换速率过快，则还要考虑多相滤波。

在DSP(数字信号处理)中专门设计了一个“抽取器”。对抽取的比例进行限制的原则比较简单，即按比例抽取。极限情况为：当抽取到每个周期的波形只剩下两个采样点时，即停止抽取，且此时这两个采样点应是波形的峰值点（无论是否为正弦波），以防止出现前述的混迭失真现象。因此，在抽取之前，必须对信号进行峰值点标定，该功能在 DSP 中由“峰值搜索与标定”模块来完成。

2. 样点内插技术

在高频情况下，采样点太少，会使显示点不够多。例如，对于采样率为 1000MSa/s，观测频率为 200MHz 的正弦信号，其每个周期只有 5 个采样点。若在屏幕上观测两个周期，则只有 10 个显示点，难以看出是正弦波。通常，一个周期要有 25 个采样点才能保证重构的波形失真较小。

DSO 中常用 DSP 技术设计一个“信号重构模块”或称内插器，将一些数据补充到所有相邻的采样点之间。内插点的多少由“内插倍数”来控制：

内插倍数＝内插后总点数/原波形采样点数

例如，在原始采样数据中，一个周期只有 4 个采样点，屏幕水平方向上有 480 个像素点。若希望在屏幕上看到一个周期的波形，则要求内插倍数为 120（＝480/4），即将 4 个采样点的波形内插成 480 个采样点。

实际上，仅仅内插采样点是不够的，那样屏幕上只能看到离散的亮点，而且要求较大的内插倍数。若在采样点间连接线段（直线或曲线），则可以在较小的内插倍数下得到较好的波形。通常设计中采用一些“插值算法”，这是利用少数采样点推算出整个波形样子的处理方法。

当前，主要有线性内插和曲线内插两种方法，它们都可以解决点显示中的视觉错误问题。线性内插法仅按直线方式将一些点插到采样点之间，在有足够的点可以用来插入的时候，这是一种令人满意的办法。曲线内插法以曲线形式插到采样点之间，可以构成较好的曲线。下面介绍几种常用的内插技术。

1）矢量式显示（线性内插）

某些视觉误差可以通过对显示点叠加一个矢量（按信号规律事先计算好的一系列点）的方法进行修正。但由于矢量仅仅以直线形式加到数据点中，因而数据点常常没有落在信号波形顶部，这样就造成了顶尖幅值误差。当前，许多厂家使用专门的矢量发生器在屏幕上的显示点之间画线。在一般情况下，只需采用 10 个矢量，就可以构成比较容易辨认的波形。

2）正弦内插

这种技术专门用于信号波形的复现。在一般情况下，每个周期使用 2.5 个数据字就足以构成一个较完整的正弦波。但是，正弦内插法有时会对阶跃波形产生副作用。

3）改进型正弦内插

改进型正弦内插可以避免对阶跃波形的不良影响。方法是：引入一个前置数字滤波器，它与插入器相配合，使信号波形的重新组合结果能产生一个良好的外观。前置滤波器监视 3 个最邻近点之间的两个连续斜率的变化。如果斜率出现了突变，而突变又处在一个特定的界限之内，那么就对这个斜率突变处的最临近的点进行修正。修正值大约等于幅值的 10％。

4）$\frac{\sin x}{x}$内插

这种技术的原理是：在采样点之间插入曲线段从而使显示波形平滑。但是，有时由于过于依赖曲线的平滑性而使用很少的采样点（有时每个周期仅有 4 个），因而噪声容易混入数据中。

3. 有效存储带宽

DSO 的有效存储带宽（Useful Storage Bandwidth，USB）描述的是 DSO 观测正弦信号最高频率的能力。实际上，USB 也用来作为 DSO 的单次带宽，也称为数字实时带宽。

前面已经指出，为了避免混淆现象发生，目前实时采样 DSO 的采样率一般规定为带宽的 4～5 倍，同时还必须采用适当的内插算法。如果不采用内插算法，则规定采样率应为实时带宽的 10 倍。因此，在 DSO 中，定义 USB 如下：

$$USB = \frac{f_{smax}}{k} \tag{6.18}$$

式中，f_{smax}为最高采样率；k 为每个周期采样点数，也称为波形重建技术因子。

每个周期采样点数要依据厂家采用的内插技术而定。通常，纯点显示 $k=25$，矢量内插$k=10$，正弦内插 $k=2.5$。因此，USB 的宽度与采样率和波形重组的方法有关。

4. 显示屏

早期的 DSO 多用静电偏转式示波管(CRT)，采用光点矢量显示波形。现代 DSO 多用 LCD 显示屏，关于它们的工作原理在本章前面已介绍过。

6.5.4 技术指标

评价数字示波器性能的主要技术指标包括带宽、采样率、记录长度、触发能力和波形处理性能 5 项。实际上还有一系列技术指标，诸如上升时间、偏转灵敏度、偏转灵敏度误差、垂直分辨率、扫速、扫速误差、触发灵敏度、触发晃动，还有输入阻抗、共模抑制比、通道隔离度和一些瞬态响应等。作为使用者，关心的应该是前面 5 项主要指标，这是因为：如果这 5 项指标能达到要求，那么其他一系列指标也会相应满足要求。

1. 带宽(BW)

若示波器输入不同频率的等幅正弦信号，当屏幕上对应显示的幅度随频率变化而下跌 3dB 时，其频率范围即为带宽，单位为 MHz 或 GHz。这实际上是垂直通道放大器等电路的带宽，也称模拟带宽，这与模拟示波器类同。目前，制作宽带放大器不太困难，而制作超高采样率的 A/D 转换器有较大的难度，因此在 DSO 中更关注的是数字实时带宽。

在 DSO 中有两种与采样率相关的带宽。

① 等效带宽：是指用 DSO 测量重复信号(周期性信号)时的带宽，也称重复带宽。由于使用了非实时采样(随机采样或顺序采样)来重构伪波形，因此等效带宽可以做得很宽，有的达几十 GHz。

② 单次带宽：也称有效存储带宽(USB)，是指用 DSO 测量单次信号时，能完整地显示被测波形的带宽。实际上，一般 DSO 模拟通道硬件的带宽是足够的，主要受波形上采样点数量的限制。因此，单次带宽一般只与采样率和波形重组的方法有关，式(6.18)给出了这种关系。

当 DSO 的采样率足够高，如高于标称带宽的 4～5 倍以上时，它的单次带宽和等效带宽(这时不必使用非实时采样)是一样的，称为数字实时带宽。

2. 采样率

采样率通常指 DSO 进行 A/D 转换的最高速率，是单位时间内对输入模拟信号的采样次数，单位为 MSa/s 或 GSa/s。采样率越高，采样间隔越密，波形失真越小，连信号中的毛刺、尖峰干扰都能采集到。现代 DSO 的最高采样率已可达 120GSa/s 以上。

在 DSO 的使用中，实际采样率是随选用的扫速挡位而变化的。其最高采样率应当对应于最快的扫速。例如，最快扫速为 1ns/cm，按每格 50 个采样点计，50/1＝50GSa/s，即最高采样率是 50GSa/s。当每格采样点数 N 确定后，采样率与扫速成反比：

$$f_s = \frac{N(\text{pts/cm})}{S_s(\text{s/cm})} \tag{6.19}$$

3. 记录长度

记录长度是指 DSO 的采样存储器能够连续存入采样点的最大字节数，单位为 Kpts 或 Mpts（pts 是样点数）。

从图 6.50 可以得到结论：记录长度长的 DSO，扫速在较大范围内调节时，采样率不必跟着变化。同时，增长记录长度后，能存放更多的采样点，并能捕捉到更多波形的细节。因此，虽然高速存储器制作难度大，但厂家还在不断努力增加记录长度，目前已达 2Gpts。

4. 触发能力

表征触发能力的参数很多，主要的有以下两个。

触发灵敏度：是指 DSO 能够触发同步而且稳定显示的最小信号幅度。对有输入衰减器的垂直通道来说，以屏幕上显示的格数来表示；对没有输入衰减器的外触发输入通道来说，以信号电压峰值来表示。由于触发通道频率特性限制，在不同的频段常常规定不同的触发灵敏度指标。

触发类型：现代 DSO 大都提供多种触发类型，如边沿触发、脉宽触发、延迟触发、斜率触发、交替触发、视频触发、码型触发及毛刺触发等。但一些采样率低的示波器，不可能提供毛刺触发。

5. 波形处理性能

现代 DSO 的波形处理平台是微处理器。由于采用了 DSP 等先进技术，因此波形处理能力都较强。但是不同厂家还是各有特色，在硬件系统（如采用 64 位处理器，内核工作频率达 2.5GHz，能以高达 800Mbps 的速率把波形数据送到主存储器中等）和软件系统（如采用 64 位操作系统，软件可寻址 4Gb 的存储器，以及具有波形优化的专利技术等）中都有各自的高端技术，使波形处理性能更趋完美。

在这 5 个指标中，关键的还是带宽。如果能做到大的带宽，其他指标自然也就跟随达到了。

6.5.5 基本功能

DSO 有很多传统模拟示波器所不具备的功能，这些功能也是目前 DSO 所必须具备的，具有一定的代表性。因此，了解这些功能有助于加深对 DSO 的认识，也有助于掌握其原理和更有效地使用它。

1. 自动设置(Auto Set)

这是一种通过软件自动调定 DSO 设置的功能（有些示波器为“Auto Scan”）。为了显示一个未知的重复信号，无须人工调节示波器的垂直、水平等各项设置，只需按下“Auto Scan”键，软件就会对输入波形进行计算，使仪器自动调整到合适的触发通道、合适的触发电平、合适的扫速、合适的偏转灵敏度，从而显示比较理想的波形。当需要频繁地改变被测信号时，可利用该功能键能提高探测速度。应注意，该功能会自动选择触发通道，如果被测信号较微弱，很可能出现触发通道错误，导致无法正常显示波形。

2. 存储/调出(Save/Recall)

这是一种存储或调出 DSO 面板设置参数的功能。当需要多次重复使用某几套设置参数，观测几个不同波形或对同一个波形在不同的设置条件下进行测量时，可以预先设置好几套面板参数存储起来。只要顺序按下“Save”键和一个数字键，示波器会自动把当前的设置参数存到非易失存储器中，关机后也不会丢失。根据测试需要，可以随时把它们调出来（顺序按“Recall”键和相应的数字键），避免每次测量所需的烦琐设置过程，特别适合要反复进行的测试程序，如生产线上的多种波形的重复测量。有的数字示波器可以存储 10 套设置参数。

3. 光标测量(ΔV、ΔT)

DSO具有同时显示两个电压光标和两个时间光标的能力。简单地利用面板上的旋钮,调整这些光标,能够测量波形上任何一点的绝对电平、距离触发点的时间值或者直接读出波形上任意两点的电压差(ΔV)、时间差(ΔT)及电压与时间的相关特性等。图6.53所示为用光标测量脉冲上升时间的典型例子。

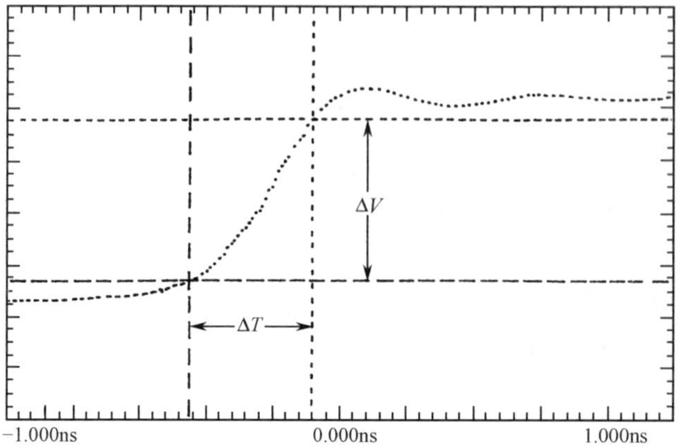

图6.53 用光标测量脉冲上升时间

4. 自动顶—底(Auto Top-Base)

在"ΔV"菜单中,按"Auto Top -Base"键,仪器将用统计平均算法自动地把两个电压光标分别放在波形的顶部和底部。通过ΔV的读数指示,可以立即准确读出波形幅度值或者分别读出顶部或底部的绝对电平值。此外,ΔV光标也能自动放在波形的"10%—90%""20%—80%""50%—50%"(波形的中间)处,以便用于其他特殊测量。图6.54所示为一个用"Auto Top-Base"测量波形幅度的例子。

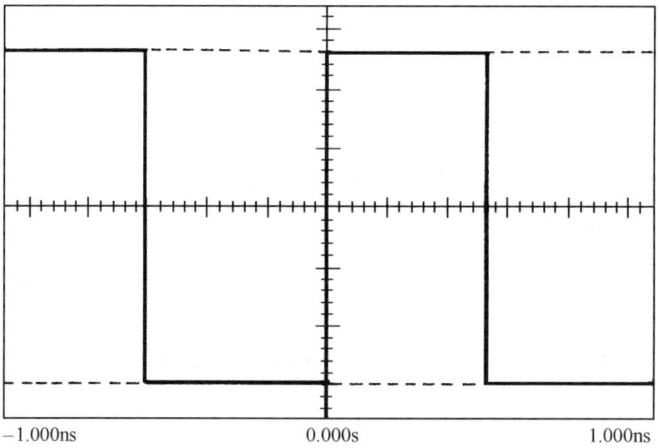

图6.54 用"Auto Top-Base"测量波形幅度

5. 精密沿寻找(Precise Edge Find)

如果已经把电压光标放在波形的"50%—50%"处,就可以在"ΔT"菜单中使用"精密沿寻找"键,让仪器自动地把两个ΔT光标分别放在指定的脉冲沿上。用这个功能可以对不均匀脉冲的脉宽、周期等进行精密测量,也可以进行双通道两个脉冲波形的延迟测量。

6. 自动测量脉冲参数

自动测量脉冲参数包括频率、周期、占空比(脉冲宽度占有率)、上升时间、下降时间、正宽度、负宽度、顶冲、过冲、电压峰-峰值、电压有效值 11 种参数,测量方法符合 IEEE194－1977 标准的规定。这些参数既可以按一个“ALL”键全部一次测出,也可以分别单独测量;可以选择粗测“Coarse”,也可以选择精测“Fine”。粗测时,速度快,能立即显示结果,但测量的结果误差较大;精测结果误差较小,但需要较长的时间。测量时间的长短还与所设置的平均次数有关。图 6.55 所示为自动测量全部脉冲参数的示意图,表 6.2 中列出了矩形脉冲常用参数的定义。

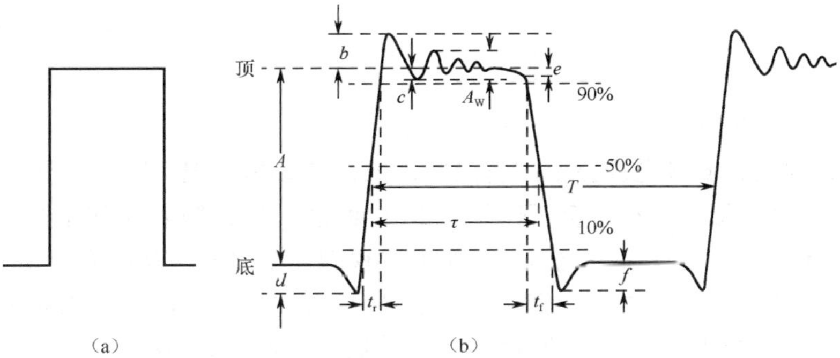

图 6.55　自动测量脉冲参数示意图

7. 可变余辉显示

可变余辉显示是一种数字示波器显示时间的软件控制功能。

在传统模拟示波器中,余辉时间是指电子束扫过之后荧光保留的时间。在高扫速时,测量低重复频率信号,显示波形亮度会严重不足;而低扫速时,由于余辉时间不够,会使波形严重闪烁,或只表现为光点的慢慢移动,甚至无法观测波形。而 DSO 能够通过软件控制波形在显示屏上的保持时间,改变信号显示时间的长短,即所谓的屏幕更新率,或称余辉时间。可编程的余辉时间调节范围为 200ms～10s,无论测量高重复速率信号,还是测量低重复速率信号,只要适当调节余辉时间,都能保持显示波形的亮度不变,也没有波形闪烁现象,并且与所设置的扫速快慢也几乎没有关系。

表 6.2　矩形脉冲常用参数的定义

参数名称		符号	定义
与幅度有关的参数	脉冲幅度	A	脉冲底值和顶值之间的差值
	脉冲的顶冲	S_d	$S_d=\frac{d}{A}\times 100\%$ 式中,d 为脉冲上升时间前,波形的下降失真
	脉冲的上冲(或称前过冲)	S_b	$S_b=\frac{b}{A}\times 100\%$ 式中,b 为紧接着脉冲上升时间后,超过顶值部分的值
	脉冲的下冲(或称后过冲)	S_f	$S_f=\frac{f}{A}\times 100\%$ 式中,f 为紧接着脉冲下降时间后,超过底值部分的值
	衰减振荡(或称阻尼振荡)幅度	S_c	$S_c=\frac{c}{A}\times 100\%$ 式中,c 为紧接着上冲后,超过(负向)顶值部分的值
	脉冲平顶倾斜	S_e	$S_e=\frac{e}{A}\times 100\%$,式中,$e$ 为平顶倾斜值
	脉冲顶部不平坦度	S_W	$S_W=\frac{A_W}{A}\times 100\%$,脉冲顶部的波形失真,用脉冲峰-峰值与脉冲幅度之比的百分数来表示

续表

参数名称		符号	定义
与时间有关的参数	脉冲上升时间(或称前过渡时间)	t_r	脉冲幅度由10%上升到90%的一段过渡时间
	脉冲下降时间(或称后过渡时间)	t_f	脉冲幅度由90%下降到10%的一段过渡时间
	脉冲宽度	τ	在脉冲幅度为50%的两点之间的时间
	脉冲周期	T	指一个脉冲波形上任意一点到相邻脉冲波形上对应点之间的时间
	脉冲宽度占有率	S_τ	$S_\tau=\frac{\tau}{T}\times 100\%$,指脉冲宽度与周期之比

8. 无限长余辉(Infinite)

无限长余辉是利用磁偏转光栅显示的特点实现的。微处理器把每次采集到的波形数据送往显示 RAM 中时,不会冲掉前一次的内容,显示 RAM 中的波形数据随着时间不断积累,显示刷新电路也不断地把 RAM 中的新老数据一起读出,加工成视频信号送往 CRT 显示,从而实现无限长余辉功能。利用这一功能,可以观察正在变化着的信号,如由于漂移、抖动、干扰等因素引起的波形幅度、时间、相位等参数的变化。图 6.56 所示为利用无限长余辉测量抖动的例子。有的 DSO 具有彩色显示功能,更容易看清抖动的变化。

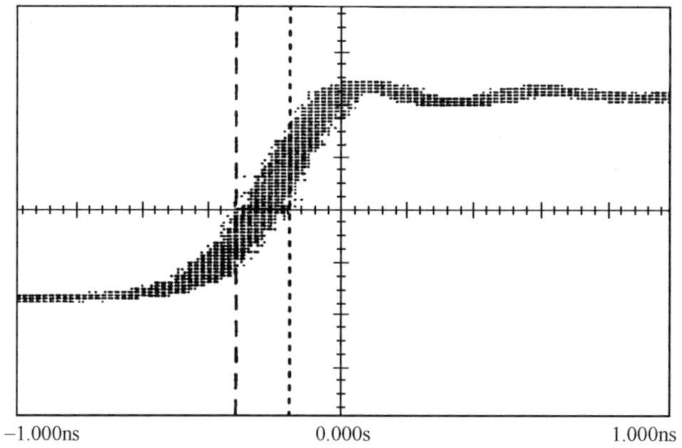

图 6.56　利用无限长余辉测量抖动示例

9. 平均显示

DSO 利用优良的软件设计进行快速连续平均,平均次数可设定为 1～2048 次。利用平均显示,能使波形显示分辨率提高到 8bit,也可以利用平均显示提取淹没在非相关噪声中的信号。

10. 波形存储和像素存储

有的 DSO 设有 4 个波形存储器和 1 个像素存储器。波形存储器的作用是存储作为单值函数的波形。一个波形存储器只能存一个波形。如果存储一个波形到已有内容的存储器中,原来的内容将被覆盖。波形存储器是非易失性存储器,即关机后,存储内容不会丢失。

像素存储器是为存储复杂波形而设的,它是在显示 RAM 中开辟的一个空间,这个 RAM 空间中的每个比特(每 1 位)都对应着显示屏上波形区域的一个像素点。利用像素存储器可以把在无限长余辉方式下波形的变化积累(多值的)结果存储起来,也可以利用“Add to Memory”键把每次测量的波形累加写入像素存储器中。关机后,像素存储器中的内容将消失。

11. 延迟调节(Delay)

延迟调节的目的是改变触发点的位置,以便观察触发前或触发后的波形情况。负的延迟值表示触发前的时间,正的延迟值表示触发后的时间。也可以简单地通过按一个"Delay Ref"菜单软键,使触发点在屏幕右边、左边、中间三者之间进行转换。该功能虽然在测量重复信号时与模拟示波器的水平位移类似,但是在测量单次信号时所起的作用大不相同。

12. 单次捕捉(Single)

相对于示波器正常工作方式来说,单次捕捉实际上只是其中的一个采集周期对信号进行采样的结果。因此,所得到的采样点之间的间隔等于采样率的倒数,在最高采样率为40MSa/s时,采样点间隔为 25ns。如果认为 4 个采样点能够表示 1 个窄脉冲,那么可以捕捉的最窄脉冲宽度为 100ns。

13. 逻辑组合触发

DSO 除了一般示波器所具有的边沿触发方式,还有逻辑组合触发方式,类似逻辑分析仪,规定每个触发源的触发条件为 H、L 或 X,确定各通道信号符合特定逻辑关系时才触发。这一触发功能在测量数字逻辑电路时是很有用的。

14. 捕捉尖峰干扰

对于某些尖峰干扰,正常模式下的 DSO 是难以发现的。例如,用采样率为 2GSa/s 的 DSO 在正常模式下捕捉 2.5ns 的尖峰干扰。当选择时基为 5ns/cm 时,示波器采样率为2GSa/s,采样间隔为 1/(2GSa/s)=0.5ns,小于尖峰宽度,2.5ns 的尖峰干扰能被捕捉到。但当选择时基为100μs/cm以扩展视野看清整个波形时,采样率要降为 500kSa/s,采样间隔增至 2μs,远大于 2.5ns,捕捉尖峰干扰的可能性仅为 2.5/2000=0.125%,基本上捕捉不到尖峰干扰,如图 6.57 所示。

对于具有峰值检测模式的 DSO,可以利用扫速采样、峰值存储技术捕捉尖峰干扰。一方面为了显示完整的长周期波形,选择较大的扫速设定值,这时采样区间变宽;另一方面,为了捕捉尖峰干扰,采用不受扫速设定值和相关采样区间影响的独立的高速采样时钟,一个采样区间对应很多时钟,可以将很多点数字化,但只检出其中的最大值和最小值作为有效采样点,并用存储器存储。这样,无论尖峰干扰位于何处,宽范围的高速采样保证了尖峰干扰总能被数字化,而且尖峰干扰上的采样点必然是本区间的最大值或最小值,故能被可靠地检出、存储并显示出来,其原理如图 6.58所示。该模式非常适合在较慢扫速设定值下捕捉重复的尖峰干扰或单脉冲干扰。注意,峰值检测模式捕捉尖峰干扰与前面讲到的毛刺触发捕捉尖峰干扰的工作原理是不同的。

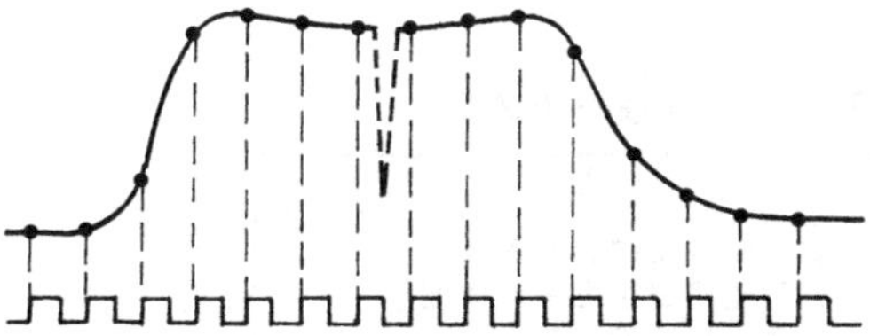

图 6.57　正常模式采样

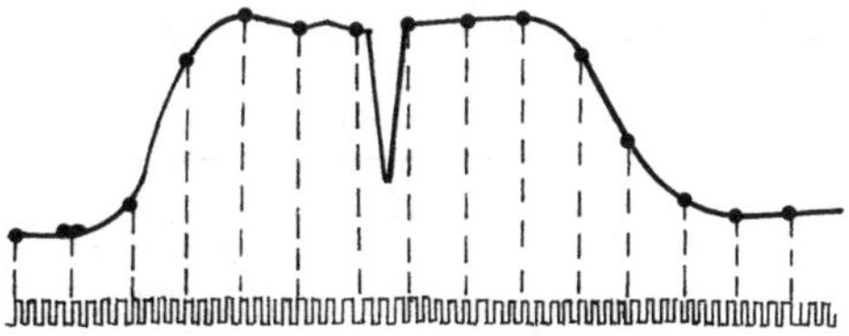

图 6.58　峰值检测模式采样

15. 多种波形显示方式

由于显示信号波形是取自采样存储器的数据,因此 DSO 可以通过软件设计实现多种波形显示方式。例如,基本显示方式是指从采样存储器中读出已有的数据进行显示;刷新显示方式是指不断地从采样存储器中读取当前采集存储的数据,使得屏幕显示不断更新;滚动显示方式是指信号波形在屏幕上从右向左滚动,相当于信号观察的窗口从左至右移动,实际上是在显示过程中新的数据不断从屏幕的右端输入,原有的数据就不断从左端退出。这种滚动方式可以在有限的屏幕范围内观测长时间的信号。

图 6.59 所示为刷新、滚动两种显示方式的示意图。

以上说明的仅仅是 DSO 的部分功能特点，此外还有很多功能，如开机自动测试、自诊断、自校准、探头过压保护、垂直放大、ECL 或 TTL 预设置、可编程的时间释抑或事件释抑、波形运算、绘图、打印、GPIB 接口等，这里不一一介绍。

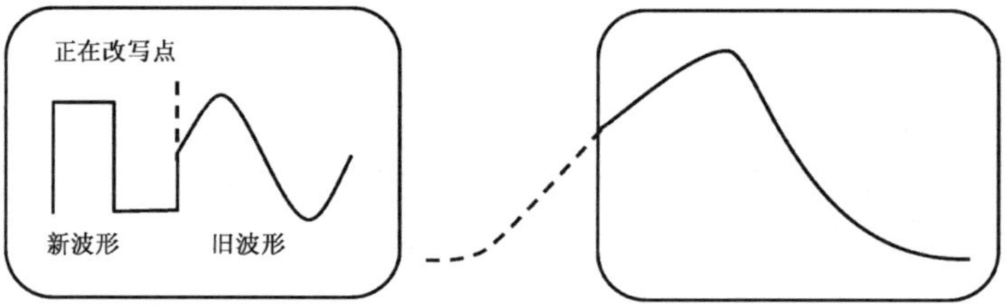

(a) 刷新显示方式　　(b) 滚动显示方式

图 6.59　刷新显示方式和滚动显示方式

6.5.6　数字示波器的应用

1. 示波器的选用

数字示波器和模拟示波器的选用原则相同，都要求示波器带宽大于被测信号最高频率的 3～5 倍，或示波器上升时间小于被测脉冲上升时间的 3～5 倍。

选购示波器，按性能/价格比和市场行情来看，一般来说，购买带宽 100MHz 以下的示波器，当前还是以模拟示波器为主；购买带宽 100MHz 以上的示波器，以数字示波器为主。当然，还要依据购买目的及对特殊功能的要求，综合考虑决定。

2. 模拟示波器与数字示波器比较

20 世纪 40 年代，电子示波器开始兴起。几十年来，示波器由电子管发展到晶体管、集成电路的示波器，由模拟示波器发展到数字示波器。20 世纪 70 年代，模拟示波器发展到高峰，带宽达到 1GHz 以上。但此后进展不大，因为模拟示波器要提高带宽，需要对示波管、垂直放大和水平扫描全面进行改进，技术、工艺难点较多。而数字示波器要改善带宽只需提高前端的 A/D 转换器性能，后端主要是数字电路。随着微电子技术和计算机技术的飞速发展，20 世纪 80 年代，数字示波器异军突起，技术发展很快，各项技术指标赶上并超过了模拟示波器，而且有许多功能是模拟示波器无法实现的。表 6.3 给出了模拟示波器与数字示波器的主要优缺点比较，供选用时参考，其中，数字示波器的缺点随着技术进步将会逐渐改善。

表 6.3　模拟示波器与数字示波器的主要优缺点比较

类　型	优　点	缺　点
模拟示波器	直接操作控制，简单方便 数据更新快 实时带宽和实时显示 垂直分辨率高 价格较低	不能看到触发前的波形 只能用照相方法保留波形 难以显示低重复率信号 不能多通道同时测量
数字示波器	多通道同时采样 负时间测量 单次瞬态信号测量 波形存储与数据处理能力 自动测量能力 易于校准 有数字 I/O 口 可用打印机或绘图仪绘制波形	实时性不如模拟示波器 水平、垂直分辨率不够高 可能出现混迭失真 价格较高

3. 数字示波器产品简介

在 6.1.2 节中曾指出：500MHz 以下的数字示波器为低档，500MHz～2GHz 的为中档，2GHz 以上的为高档。国内外大多厂商主要集中在中低档数字示波器领域，而高档数字示波器市场主要被泰克科技、是德科技、特励达力科三家美国公司所占据。这三家各有优势，都有自己的专利，呈现三足鼎立的局面。

另外，普源精电公司研发了基于自主知识产权的 ASIC 芯片和 UltraVision Ⅱ技术平台的中高档混合信号数字示波器。中档数字示波器还有日本横河、德国 R&S 等公司的产品。表 6.4 给出了几种数字示波器的技术特性。

表 6.4 几种数字示波器的技术特性

公司	型号	带宽/Hz	通道数	最高采样率/(Sa/s)	上升时间/ps	最大记录长度/pts
普源精电	MSO8204	2G	4+16	10G(1ch) 5G(2ch) 2.5G(4ch)	175	500M
中电仪器	4456E	1G	4+16	5G(1，2ch) 2.5G(3，4ch)	400	500M
鼎阳科技	SDS5104X	1G	4+16	5G	400	250M
泰克科技	DPS77004SX	70G(2ch) 33G(4ch)	4+16	200G	13	1G
是德科技	DSOZ634A	63G(2ch) 33G(4ch)	4+16	160G(2ch) 80G(4ch)	7	2G
特励达力科	LabMaster 10Zi－A	100G	高达 40	240G	4.5	1.5G

近 20 多年来，示波器领域技术发展迅猛，在信号捕获、波形处理技术上不断有新的突破；在结构上有台式、便携式、手持式多种型号供选择；在功能上已集成了时域、频域、模拟、数字及射频信号的分析功能，创新地提出了"混合域"示波器的新概念。随着微电子技术、计算机技术、软件技术的发展，示波器技术的发展也必将日新月异。

国产中高档数字示波器受高速 A/D 转换芯片限制，发展较为缓慢，普源精电公司的 MSO8000 系列数字示波器基于 UltraVision Ⅱ技术平台，搭载了该公司自主研发的核心芯片，拥有最大 2GHz 的带宽，500Mpts 的记录长度，10GSa/s 的采样率，以及 600 000wfms/s(波形数每秒)的高更新率。普源精电公司自主研发的 Phoenix 芯片组突破了国产示波器 1GHz 的带宽限制，在中高档数字示波器领域迈出了新的一步。

决定数字示波器带宽和采样率这两项关键指标的芯片有三颗，分别是：宽带差分探头放大器芯片 γPhoenicis，带宽达到 6GHz；示波器信号处理芯片 Ankaa，采样率达到 10GSa/s，具备模拟信号调制和示波器数字信号处理功能；模拟前端芯片 β Phoenicis，带宽达到 4GHz。它们在系统中依次串联，三者共同决定了数字示波器的带宽，因此它们的带宽性能要均衡，否则就会成为系统的短板。而芯片的命名来自组成"凤凰座"的天体，意指"凤凰涅磐"，即普源精电公司在这 10 年芯片研发之路上最终修得正果。

4. 数字示波器使用简介

通用数字示波器面板组成大同小异，现以普源精电公司生产的 DS1012D 经济型混合信号数字示波器(两个模拟通道，最高 100MHz 带宽，1GSa/s 实时采样率)为例进行介绍，如图 6.60所示。

面板左面为显示屏(64K 色 TFT LCD),旁边是 5 个与屏幕菜单对应的操作键,右面是功能操作键/钮。为尽量减少面板上操作键/钮的数量,通常采用硬、软键结合,主、子菜单嵌套及多功能键/钮等方式。图 6.60 中操作键/钮可划分为 5 个区域:垂直控制区、水平控制区、触发控制区、常用菜单区和运行控制区。现分别简介如下。

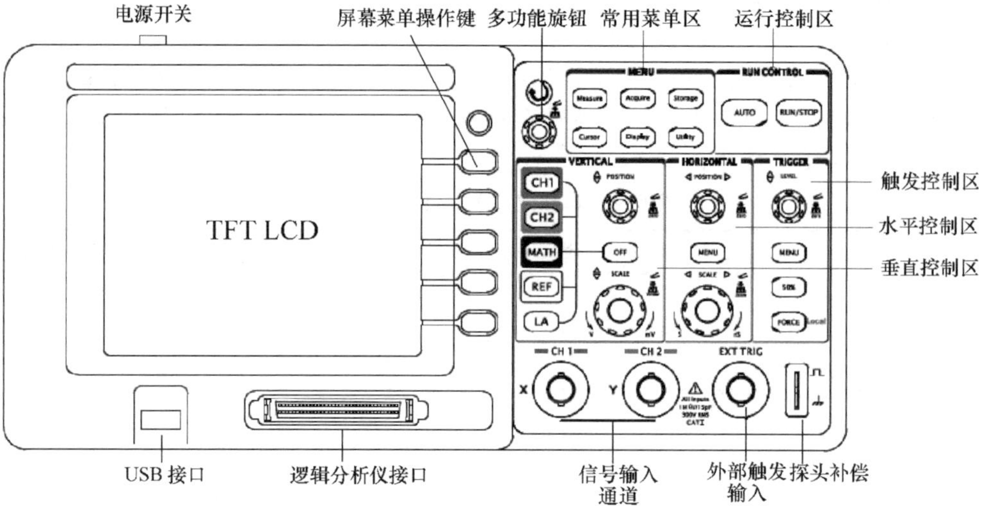

图 6.60 通用数字示波器面板示例

(1) 垂直控制区

垂直控制区如图 6.61 所示。

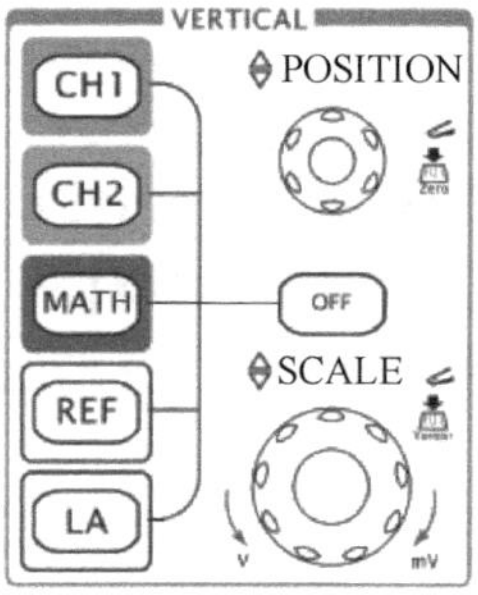

图 6.61 垂直控制区

POSITION(垂直位移)旋钮:可调整所有通道波形的垂直位置。若按下此旋钮则回零(屏幕中央位置)。

SCALE(垂直偏转灵敏度)旋钮:其粗调挡以 1—2—5 顺序步进,转动时屏幕左下角有相应的挡位指示(20mV/cm～10V/cm)。按下此旋钮可微调波形幅度,顺时针为增大,至最大时为校正状态。

左边 5 个按键分别为:CH1(通道 1),CH2(通道 2),MATH(数学运算,可对两通道信号进行加、减、乘及 FFT 运算),REF(可将实时测量的波形与用户预存储的参考模板波形进行比较),LA(进入 16 通道逻辑分析仪状态)。

例如,按CH1键,屏幕右侧会显示 5 个操作菜单项:耦合、带宽限制、探头、数字滤波、挡位调节及反相。若按下“探头”对应的菜单操作键,则在“探头”菜单项左方会弹出一个下拉菜单,有 1×、5×、10×、50×、100×、500×、1000×几种衰减系数供选择。实际上,这里是在调节探头及 Y 通道输入端衰减器的倍数。其他菜单项操作方法类似。

图 6.62 给出了通道 1 输入一个正弦波的屏幕标志说明。因为信号含有直流分量,所以耦合选“直流”。又因为带宽不限制,所以“带宽限制”选“关闭”。“探头”选 1000×,偏转灵敏度选 100mV/cm,这时,正弦波幅度为 1000×100mV×4=400V。

(2) 水平控制区

水平控制区如图 6.63 所示。

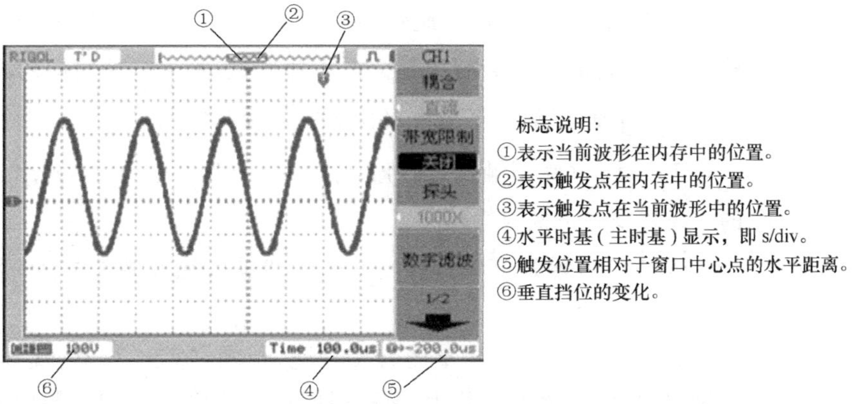

图 6.62　通道 1 输入一个正弦波屏幕标志说明

POSITION（水平位移）旋钮：可调整所有通道波形的水平位置。若按下此旋钮，则会使触发位置立即回到屏幕中央。

SCALE（水平扫描速度）旋钮：其粗调挡以 1—2—5 顺序步进，在屏幕右下方有相应的挡位指示（2ns/cm～50s/cm）。按下此旋钮为迟延扫描状态，可调节被放大区域的大小。

MENU（时间菜单）键：按下此键，屏幕右侧显示操作菜单项：延迟扫描（关闭为单时基，打开为双时基）、时基（分 Y-T、X-Y 及 Roll 三种方式）、采样率（显示系统采样率）、触发位移（调整实际触发点相对于内存中心点的位置，通过 POSITION 旋钮调节）。

例加，打开延时扫描，这时相当于模拟示波器中的双时基状态，用来放大一段波形，以便查看图像细节，如图 6.64 所示。在延迟扫描下，显示屏被分成两个显示区。屏幕上半部分显示原来的波形，被放大的区域可通过转动 POSITION 旋钮左右移动，并可以通过转动 SCALE 旋钮扩大或缩小选择区域。屏幕下半部分显示选定的波形区域经过水平扩展后的波形。

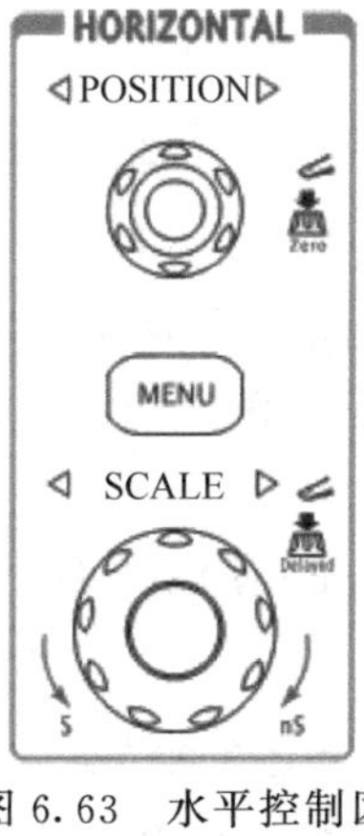

图 6.63　水平控制区

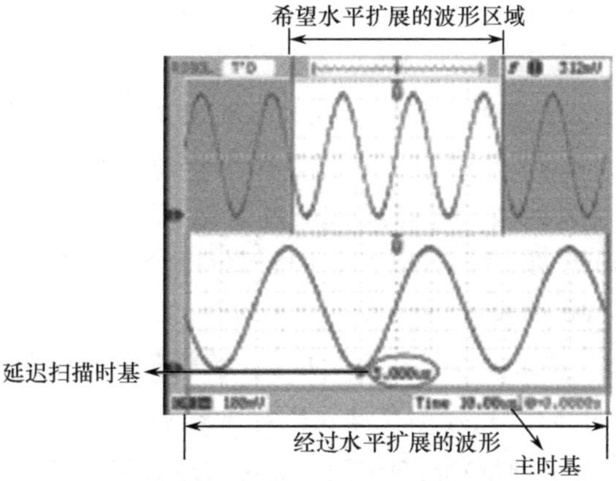

图 6.64　延迟扫描

X-Y 方式与模拟示波器类同。这里选择从通道 1 进入的信号作为水平轴，从通道 2 进入的信号作为垂直轴，可以在屏幕上显示两路信号的相位、频率的关系，形成李萨如图形。

在 Roll 方式下，可从屏幕右侧到左侧滚动更新采样点，波形从右向左逐步移动。

（3）触发控制区

触发控制区如图 6.65 所示。

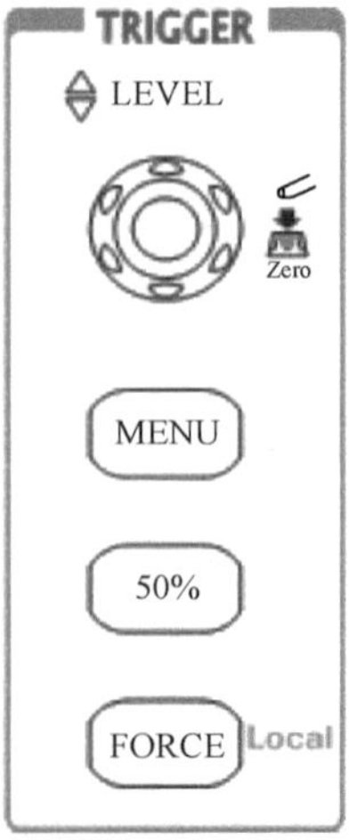

图 6.65　触发控制区

LEVEL(触发电平)旋钮:用来设定触发点对应的信号电压。调节该旋钮时,屏幕右下方会有指示。按下此旋钮,触发电平立即回零。

50%键:将触发电平设定在触发信号幅值的垂直中点处。

FORCE(强制触发)键:强制产生一个触发信号,主要用于触发方式中的"普通"和"单次"模式。

MENU(触发菜单)键:按下此键即进入触发系统界面,屏幕右侧显示操作菜单项。

数字示波器拥有丰富的触发功能,包括:边沿、脉宽、视频、斜率、交替、码型、持续时间触发。其中,持续时间触发是将码型触发和脉宽触发完美结合的新型触发方式。关于这些触发的含义可参阅表 6.1。在图 6.62的显示屏上方给出了当前波形在内存中的位置(图中①处),本例触发信号不在内存的零位,而是在②处,这里比零位迟延了 200μs(见图中⑤)。

数字示波器有三种触发方式:自动(在没有检测到触发条件下也能采集波形,相当于模拟示波器的"自动"方式),普通(只有满足触发条件时才采集波形,相当于模拟示波器的"正态"方式),单次(当检测到一次触发时采集一个波形,然后停止)。

(4) 常用菜单区

常用菜单区如图 6.66 所示,该区设有 6 个菜单按键。

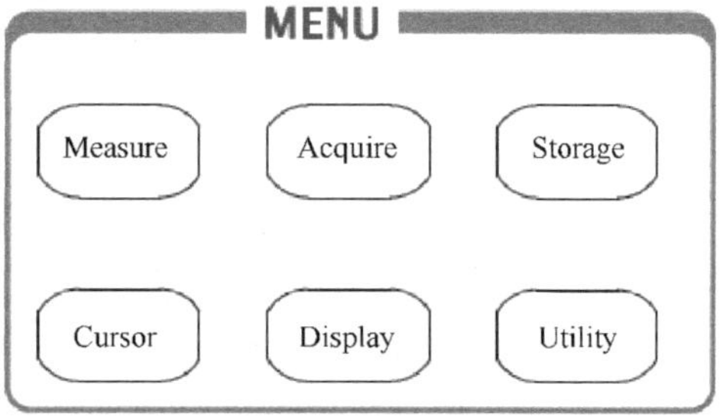

图 6.66　常用菜单区

Acquire(采样设置)键:按下此键,屏幕右侧显示操作菜单项,分别是:获取方式(普通、平均、峰值检测),平均次数(在 2 ~256 范围内以 2 的 N 次幂步进设置平均采样次数),采样方式(可选实时采样或等效采样),记录长度(长存储为 512kpts 或 1Mpts,普通存储为 8kpts 或 16kpts),sinx/x(选择波形 sin$x$/x 插值方式或线性插值方式)。

Measure(自动测量)键:该系列示波器提供 22 种自动测量的波形参数,包括 10 种电压参数和 12 种时间参数:峰-峰值、最大值、最小值、顶端值、底端值、幅值、平均值、均方根值、过冲、预冲、频率、周期、上升时间、下降时间、正占空比、负占空比、延迟(1→2 通道间上升时间的时延)、延迟 1→2(1→2 通道间下降时间的时延)、相位(1→2 通道间上升沿处相位差)、相位(1→2 通道间下降沿处相位差)、正脉宽和负脉宽。

Storage(存储设置)键:按下该键,屏幕右侧显示操作菜单项,分别是:存储类型(波形存储或设置存储)、内部存储、外部存储及磁盘管理等。

Cursor(光标测量)键:允许用户通过移动光标进行测量操作。光标测量有 3 种方式:自动测量、手动测量和追踪测量。在追踪测量时,水平与垂直光标交叉构成十字光标。十字光标自动定位在波形上,通过旋动多功能旋钮可以调整十字光标在波形上的水平位置。示波器同时显示光标点的坐标。

Display(设置显示系统)键:按下此键,屏幕右侧显示操作菜单项,分别是:显示类型(矢量,即采样点之间通过连线的方式显示;点,即直接显示采样点),清除显示(清除所有先前采集的显示及任何从内存或 USB 存储设备中调出的轨迹),波形保持(选关闭时,记录点以高刷新频率变化;选无限时,记录点一直保持,直至波形保持功能被关闭),波形亮度(可调范围为 0%~100%),屏幕网格(可以选择打开背景网格及坐标;或选择打开坐标,关闭背景网格;或选择关闭背景网格及坐标)等功能。

Utility(设置辅助系统)键:按下此键,屏幕右侧显示操作菜单项,分别是:接口、声音、语言、测试、录制、打印、自校等。例如,波形录制功能不仅可以录制两个通道的输入波形,还可以录制 Pass/Fail 检测输出的波形,最多可以录制 1000 帧,并可通过回放和保存功能达到更好的波形分析效果。

(5) 运行控制区

该区只有两个执行按键。

AUTO(自动设置)键:快速设置和测量信号。按 AUTO 键后,屏幕右侧显示操作菜单项:多周期(屏幕自动显示多个周期信号),单周期(屏幕自动显示单个周期信号),上升沿(自动设置并显示上升时间),下降沿(自动设置并显示下降时间)。

RUN/STOP(运行/停止)键:运行和停止波形采样。该键常用于单次测量。

下面通过一个具体例子学习该示波器的使用方法。

【例 6.2】观测电路中的一个未知信号,迅速显示该信号,并测量信号的频率和峰-峰值。

(1) 欲迅速显示该信号,按如下步骤操作:

① 将探头的衰减系数设定为 10×,并将探头上的开关设定为 10×。

② 将通道 1 的探头连接电路被测点。

③ 按下 AUTO 键。

数字示波器将自动设置为使波形显示达到最佳状态。在此基础上,可以进一步调节垂直、水平挡位,直至波形的显示符合要求。

(2) 欲测量信号频率和峰-峰值,按如下步骤操作:

① 测量峰-峰值

按下 Measure 键以显示自动测量菜单项。

按下 1 号菜单操作键以选择信源 CH1。

按下 2 号菜单操作键选择测量类型:电压测量。

在“电压测量”下拉菜单中选择测量参数:峰-峰值。

此时,可以在屏幕左下角看到峰-峰值的显示。

② 测量频率

按下 3 号菜单操作键选择测量类型:时间测量。

在“时间测量”下拉菜单中选择测量参数:频率。

此时,可以在屏幕下方看到频率的显示。

通过上述简单介绍可以体会到,数字示波器的功能相当丰富,限于篇幅不能展开详细讨论。需要时,可参阅产品的“用户手册”进一步了解各项功能。

思考题与习题

本章小结　　参考阅读

6.1　模拟示波器由哪些主要电路单元组成?它们各起什么作用?它们之间有什么联系?

6.2　模拟示波器垂直(Y)通道包括哪些主要电路?它们的主要作用和主要工作特性是什么?

6.3　简述模拟示波器扫描发生器环的各个组成部分及其作用。

6.4　试比较触发扫描和连续扫描的特点。

6.5　参照图 6.19 中比较和释抑电路的工作原理,试设计一个单稳态电路取代它,并模仿

图 6.21格式画出其工作原理的波形图。

6.6 在示波器的水平和垂直偏转板上都加正弦信号所显示的图形叫李萨如图形。如果都加上同频、同相、等幅的正弦信号，请逐点画出屏幕上应显示的图形；如果是两个相位差为 90°的正弦信号，用同样方法画出显示的图形。

6.7 在模拟示波器使用中如何按下表中要求设置扫速(s/cm)。

信号频率	屏幕显示		
	1 个波形	5 个波形	10 个波形
50Hz			
1kHz			
1MHz			

6.8 有台 TDS2012 示波器，扫速范围为 5ns/cm～50s/cm，偏转灵敏度为 2mV/cm～5V/cm(探头衰减系数为 10∶1)。要在屏幕上显示一个 10MHz、峰-峰值为 16V 的正弦波，问如何选择 V/cm 和 s/cm?

6.9 某示波器的荧光屏的水平长度为 10cm，现要求在上面最多显示两个周期的 10MHz 正弦信号(幅度适当)，问该示波器的扫速应该为多少?

6.10 用示波器观测周期为 8ms，宽度为 1ms，上升时间为 0.5ms 的矩形正脉冲。试问：用示波器分别测量该脉冲的周期、脉宽和上升时间，扫速(s/cm)开关应在什么位置(示波器扫速范围为 0.05μs/cm～0.5s/cm，按 1—2—5 顺序控制)?

6.11 欲观察上升时间 t_r为 50ns 的脉冲波形，现有下列 4 种技术指标的示波器，试问选择哪一种示波器最好? 为什么?

(1) BW=10MHz，$t_r \leqslant 40$ns　　(2) BW=30MHz，$t_r \leqslant 12$ns

(3) BW=15MHz，$t_r \leqslant 24$ns　　(4) BW=100MHz，$t_r \leqslant 3.5$ns

6.12 什么是实时采样和非实时采样? 采样示波器由哪些部分组成? 各组成部分有何作用?

6.13 用 8 位 ADC(转换时间为 100μs、输入电压范围为 0～5V)作为数字示波器 Y 通道的 A/D 转换器。试问：

(1) Y 通道能达到的有效存储带宽是多少?

(2) 信号幅度的测量分辨率是多少?

6.14 某数字示波器，设水平分辨率 N=100 点/cm，当扫速分别为 5μs/cm、5ms/cm、5s/cm 时，其对应的采样率为多少? 有何启示?

6.15 有 A、B 两台数字示波器，最高采样率均为 200MSa/s，其中 A 的记录长度为 1kpts，B 的记录长度为 1Mpts，当扫速从 10ns/cm 变到 1000ms/cm 时，试计算其采样率的变化情况，并仿照图 6.50 的形式用曲线表示出来。这对选用数字示波器有何启示?

6.16 如图 6.67 所示，三个波形是同一个信号在中高档数字示波器不同的工作模态下获得的，试问分别是什么工作模式?

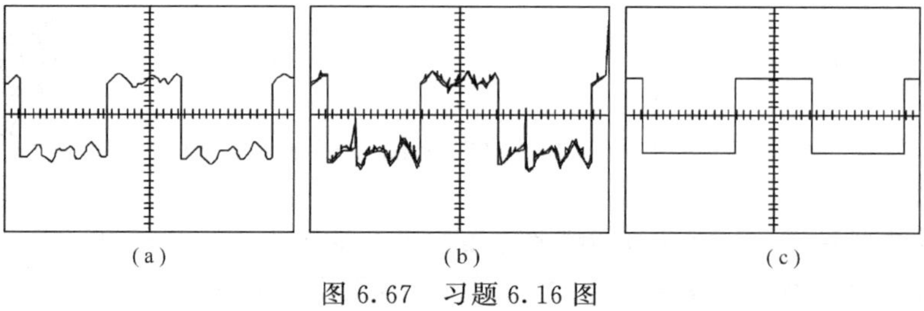

(a)　(b)　(c)

图 6.67　习题 6.16 图

6.17 数字示波器的 Auto Set 功能，可以使仪器自动调整到合适的触发通道、合适的触发电平、合适的扫速、合适的垂直灵敏度，从而显示比较理想的波形。简述该功能的设计方案。

第 7 章　阻 抗 测 量

本章要点

- 阻抗的定义、表示和基本特性
- 电阻的测量
- 电感、电容的测量

7.1　概述

7.1.1　阻抗的定义与表示

阻抗是表征一个元器件或电路中电压、电流关系的复数特征量，可表示为

$$\dot{Z}=\frac{\dot{U}}{\dot{I}}=R+\mathrm{j}X=|Z|\mathrm{e}^{\mathrm{j}\varphi}=|Z|(\cos\varphi+\mathrm{j}\sin\varphi) \tag{7.1}$$

式中，$\dot{Z}$ 为复数阻抗；$\dot{U}$ 为复数电压；$\dot{I}$ 为复数电流；R 为复数阻抗的实部(即电阻分量)；X 为复数阻抗的虚部(即电抗分量)；$|Z|$ 为复数阻抗的绝对值(或模值)，$|Z|=\sqrt{R^2+X^2}$；φ 为复数阻抗的相角(即电压 U 与电流 I 之间的相位差)，$\varphi=\arctan\dfrac{X}{R}$。它们之间在复平面上的关系如图 7.1 所示。

导纳 Y 是阻抗 Z 的倒数，即

$$Y=\frac{1}{Z}=\frac{1}{R+\mathrm{j}X}=\frac{R}{R^2+X^2}+\mathrm{j}\frac{-X}{R^2+X^2}=G+\mathrm{j}B \tag{7.2}$$

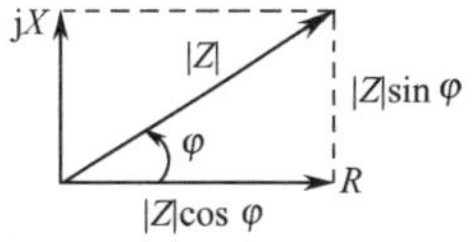

图 7.1　阻抗的矢量图

式中，G 和 B 分别为导纳的电导分量和电纳分量。导纳的极坐标形式为

$$Y=G+\mathrm{j}B=|Y|\mathrm{e}^{\mathrm{j}\varphi}$$

式中，$|Y|$ 和 φ 分别为导纳的幅度和导纳角。

7.1.2　阻抗元件的基本特性

在电子技术中，随着频率及电路形式的不同，可分为集总参数电路和分布参数电路。本章只讨论频率在几百兆赫兹以下的集总参数电路元件(如电感线圈、电容器、电阻器等)的阻抗测量。

在某些特定条件下，电路元件可近似地看成理想的纯电阻或纯电抗。但是，严格地说，任何实际的电路元件不仅是复数阻抗，而且其数值一般都会受所加的电流、电压、频率及环境温度、机械冲击等的影响而变化。特别是当频率较高时，各种分布参数的影响将变得十分严重。这时，电容器可能呈现感抗，而电感线圈也可能呈现容抗。下面分析电感线圈、电容器和电阻器随频率改变而变化的情况。

1. 电感线圈

电感线圈的主要特性为电感 L，但不可避免地还包含损耗电阻 r_L 和分布电容 C_f。在一般情况下，r_L 和 C_f 的影响较小。将电感线圈接于直流电源并达到稳态时，则可视为电阻。当接于频率不高的交流电源时，可视为理想电感 L 和损耗电阻 r_L 的串联；当频率继续增高时，仍可将其视为 L 和 r_L 的串联，但因 C_f 的作用，等效的 r_L 和 L 将随频率变化而变化；当频率很高时，C_f 的作用显著，可视为电感和电容的并联。由此可见，在某一频率范围内，电感线圈可由若干理想元件组成的等效电

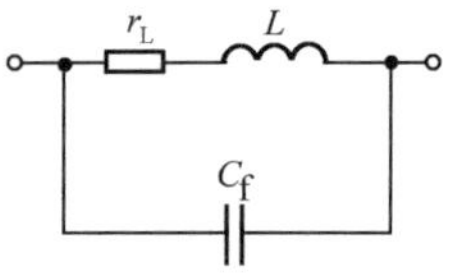

图 7.2 电感线圈的高频等效电路

路近似表示。近似的准确度越高，适应的频率范围越宽，电路的形式也越复杂。当研究某一频率范围内的元件特性时，在满足准确度要求的前提下，可用简单的等效电路表示。图 7.2所示为电感线圈的高频等效电路。

由图 7.2 可知电感线圈的等效阻抗为

$$
\begin{aligned}
Z_{dx} &= \frac{(r_L + j\omega L)\dfrac{1}{j\omega C_f}}{r_L + j\left(\omega L - \dfrac{1}{\omega C_f}\right)} = \frac{r_L + j\omega L}{j\omega C_f r_L + (1 - \omega^2 LC_f)} \\
&\approx \frac{r_L}{(\omega C_f r_L)^2 + (1 - \omega^2 LC_f)^2} + j\omega \frac{L(1 - \omega^2 LC_f)}{(\omega C_f r_L)^2 + (1 - \omega^2 LC_f)^2} \\
&= R_{dx} + j\omega L_{dx}
\end{aligned} \tag{7.3}
$$

式中，R_{dx}为等效电阻，L_{dx}为等效电感。

令 $\omega_{0L} = \dfrac{1}{\sqrt{LC_f}}$为其固有谐振角频率，并设 $r_L \ll \omega L \ll \dfrac{1}{\omega C_f}$，则式(7.3)可简化为

$$
Z_{dx} = R_{dx} + j\omega L_{dx} \approx \frac{r_L}{\left[1 - \left(\dfrac{\omega}{\omega_{0L}}\right)^2\right]^2} + j\omega \frac{L}{1 - \left(\dfrac{\omega}{\omega_{0L}}\right)^2} \tag{7.4}
$$

由式(7.4)可见，当 $f < f_{0L} = \dfrac{\omega_{0L}}{2\pi} = \dfrac{1}{2\pi\sqrt{LC_f}}$时，$L_{dx}$为正值，这时电感线圈呈感抗；当 $f > f_{0L}$时，L_{dx}为负值，这时电感线圈呈容抗；当 $f = f_{0L}$（严格地说，$f \approx f_{0L}$）时，$L_{dx} = 0$，这时为纯电阻$\dfrac{L}{C_f r_L}$，由于 C_f及 r_L均很小，故电感线圈呈高阻。

当 $f \ll f_{0L}$时，由式(7.4)可知，R_{dx}及 L_{dx}均随频率的增高而增大。

2. 电容器

电容器的等效电路如图 7.3(a)所示，其中，除理想电容 C 外，还包含介质损耗电阻 R_j，由引线、接头、高频趋肤效应等产生的损耗电阻 R，以及在电流作用下因磁通引起的电感 L_0。当频率较低时，R 和 L_0的影响可以忽略，电容器的等效电路可以简化为如图 7.3(b)所示的电路。当频率很高时，R_j的影响比 R 的影响小得多，L_0的影响不可忽略，这时的等效电路如图 7.3(c)所示，相当于一个 LC 串联谐振电路。若令 $f_{0C} = \dfrac{1}{2\pi\sqrt{L_0 C}}$为固有串联谐振频率，可以看出：当 $f < f_{0C}$时，电容器呈容抗，其等效电容随频率的升高而增大；当 $f = f_{0C}$时，电容器呈纯电阻；当 $f > f_{0C}$时，电容器呈感抗。

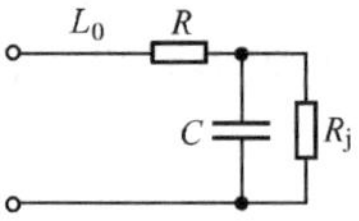

(a) 电容器的等效电路

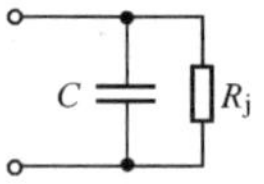

(b) 低频等效电路

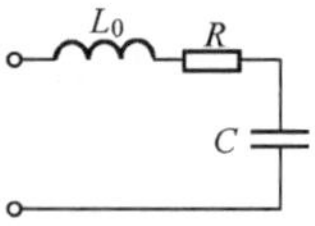

(c) 高频等效电路

图 7.3 电容器的等效电路

3. 电阻器

电阻器的等效电路如图 7.4 所示，其中，除理想电阻 R 外，还有串联剩余电感 L_R及并联分布

电容 C_f。令 $f_{0R}=\dfrac{1}{2\pi\sqrt{L_R C_f}}$为其固有谐振频率，当 $f<f_{0R}$时，等效电路呈感性，电阻与电感皆随频率的升高而增大；当 $f>f_{0R}$时，等效电路呈容性。

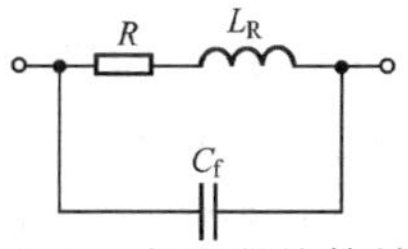

图 7.4 电阻器的等效电路

4. Q 值

通常用品质因数 Q 衡量电感、电容及谐振电路的质量，其定义为

$$Q=\frac{2\pi\ \text{磁能或电能的最大值}}{\text{一个周期内消耗的能量}}$$

对于电感线圈可以导出

$$Q_L=\frac{2\pi fL}{r_L}=\frac{\omega L}{r_L} \tag{7.5}$$

对于电容器，若仅考虑介质损耗及泄漏因数，则品质因数为

$$Q_C=\frac{1}{\omega CR} \tag{7.6}$$

在实际应用中，常用损耗角 δ 和损耗因数 D 来衡量电容器的质量。损耗因数定义为 Q 的倒数，即

$$D=\frac{1}{Q}=R\omega C=\tan\delta\approx\delta \tag{7.7}$$

式中，损耗角 δ 的含义如图 7.5 所示。对于无损耗理想电容器，$\dot{U}$ 与 $\dot{I}$ 的相位差为 $\theta=90°$；而有损耗时，$\theta<90°$。损耗角 $\delta=90°-\theta$，电容器的损耗越大，则 δ 也越大，其值由介质的特性所决定，一般 $\delta<1°$，故 $\tan\delta\approx\delta$。

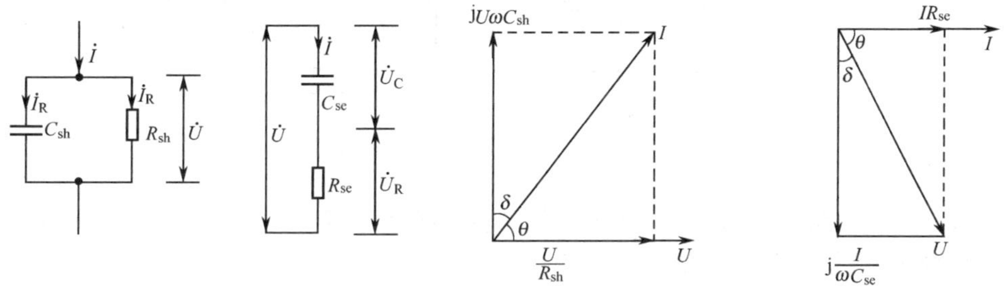

(a) 并联等效电路　(b) 串联等效电路　(c) 图 (a) 的矢量图　(d) 图 (b) 的矢量图

图 7.5 有损耗电容器的等效电路及矢量图

7.1.3 阻抗测量的特点和方法

通过前面对 R、L、C 基本特性的分析，可以明显地看出，电感线圈、电容器、电阻器的实际阻抗受各种因素的影响而变化，所以，在选用和测量 R、L、C 值时必须注意以下两点。

1. 保证测量条件与工作条件尽量一致

过强的信号可能使阻抗元件表现出非线性，不同的温湿度会使阻抗表现出不同的值，尤其是在不同频率下，阻抗的变化可能很大，甚至其性能完全相反(例如，当频率高于电感线圈的固有谐振频率时，阻抗变为容性)。因此，测量时所加的电流、电压、频率、环境条件等必须尽可能地接近被测元件的实际工作条件，否则，测量结果很可能无多大价值。

2. 了解元件的自身特性

在选用元件时，要了解各种类型元件的自身特性。例如，线绕电阻只能用于低频状态，电解电容的引线电感较大，铁心电感要防止大电流引起的饱和。因此在测量时，要根据各种类型元件的自身特性，选择合适的测量方法和仪器。

阻抗的测量方法很多，但常用的基本方法有4种，即伏安法、电桥法、谐振法(Q表法)和现代数字化仪器法。

在实际测量中究竟使用哪种方法，应根据具体情况和要求来选择。例如，在直流或低频时使用的元件，用伏安法最简单，但准确度稍差；在音频范围内，选用电桥法准确度较高；在高频范围内，通常利用谐振法，这种方法准确度并不高，但比较接近元件的实际使用条件，故测量值比较符合实际情况。随着电子技术的发展，数字化、智能化的测试仪器不断推出，给阻抗测量带来了快捷和方便。

7.2 电阻的测量

7.2.1 伏安法

伏安法的理论根据是欧姆定律，即 $R=U/I$，其测量直流电阻的原理如图7.6所示。具体方法是直接测量被测电阻上的端电压和流过的电流，再计算出电阻值。此法看来简单易行，但要准确测量，需要根据具体情况选择合适的仪器和测量方法。例如，电阻工作在直流状态和交流(低频)状态下，所选用的仪器则不相同。测量方法不同对仪器的要求也不相同，图7.6(a)所示电路要求电压表内阻要大，而图7.6(b)所示电路要求电流表内阻要小，否则会给测量带来较大的误差。

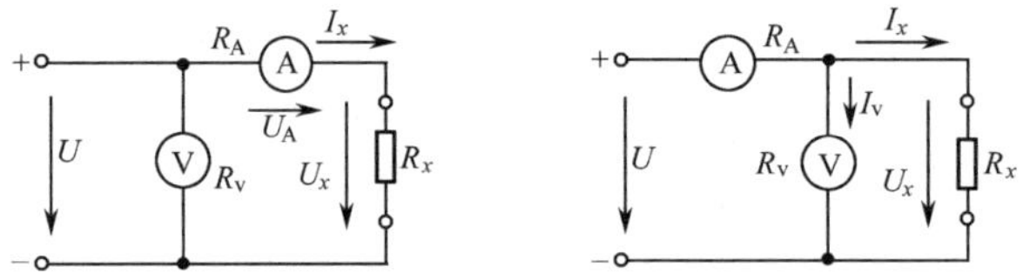

(a) 第一种方案　　(b) 第二种方案

图7.6　伏安法测量直流电阻的原理

对于图7.6所示电路，通常在直流状态下用伏安法测量电阻，它与低频(如50～100Hz)状态下的测量结果相差很小，因而不必选用交流仪器。

由于伏安法是实现阻抗定义的方法，因此，下面介绍的阻抗测量方法，从原理上讲，大多都属于伏安法。

7.2.2 多用表中的电阻挡

1. 模拟式指针多用表中的欧姆挡

1) 测量原理

图7.7所示为欧姆表的原理电路图。考虑到多用表要与电压、电流测量公用表笔，黑表笔为公共端(COM)，红表笔为测量电流、电压的正端，故电池极性必须按图中的接法，才能保证表针顺时针偏转。这时，红表笔是连接到电池负极的，当用来测量二极管、三极管时，要记住这个特点。

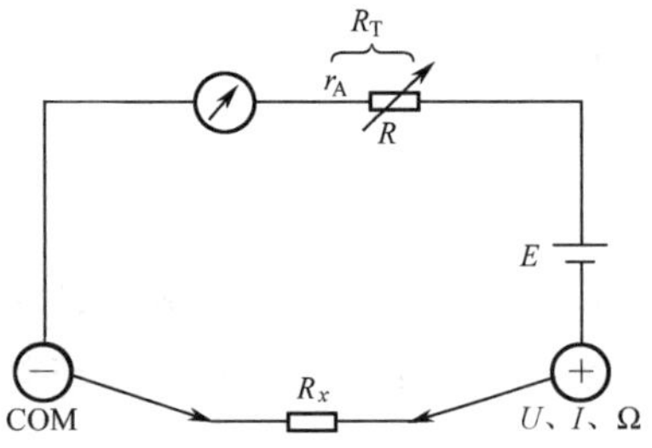

图7.7　欧姆表的原理电路图

由图7.7中可以看出：当 $R_x=0$ 时，相当于红、黑表笔短路，调节内阻 R_T(包含电表内阻 r_A 和可调电阻 R)使表头中

电流达最大值 I_m，表盘上的刻度应是 0。

当 $R_x=\infty$时，相当于开路，表头中电流值为 0，表盘上的刻度是∞。

当 $0<R_x<\infty$时，电流值应为

$$I=\frac{E}{R_T+R_x}=\frac{E}{R_T\left(1+\frac{R_x}{R_T}\right)}=\frac{I_m}{1+\frac{R_x}{R_T}} \tag{7.8}$$

由式(7.8)可以看出，I 与 R_x 是非线性关系，会导致欧姆表表盘刻度不均匀。

当 $R_x=R_T$时，$I=I_m/2$，指针将处于表盘中央，故将 R_T称为中值电阻。可以证明，这时测量误差最小(见第 2 章最佳测量点的选择)。这一特点不同于电流表、电压表。

2) 欧姆表的量程

从图 7.8 所示表盘看上去，欧姆表能从 0Ω 测量到∞，好像不用换量程了，但仔细研究就会发现，表盘两端刻度太密，若 $R_x<1\text{k}\Omega$ 或 $R_x>100\text{k}\Omega$，读数则难以分辨了，故还应设计不同的量程，以满足各种电阻值的测量读数精度要求。

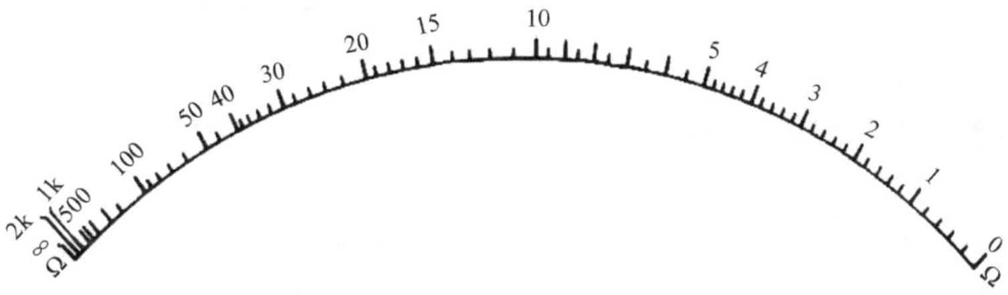

图 7.8 欧姆表表盘

由式(7.8)可以看出，在欧姆表中更换量程应更换内阻(即中值电阻)。表 7.1 所示为某欧姆表量程与中值电阻的关系。应当指出，当测量大电阻值时，中值电阻 $R_T=100\text{k}\Omega$，要保证电流能达满度值，需更换高电压电池，如 9V 或 15V 重叠电池。

表 7.1 某欧姆表量程与中值电阻的关系

中值电阻 R_T	10Ω	100Ω	1kΩ	10kΩ	100kΩ
读数倍乘	×1Ω	×10Ω	×100Ω	×1kΩ	×10kΩ
电池电压 E	1.5V	1.5V	1.5V	1.5V	9V

3) 欧姆表的使用

欧姆表经常用来测量电阻、二极管、三极管等元器件，使用中要注意以下 3 点。

① 调零：由于多用表中干电池的新旧不同，要保证 $R_x=0$ 时指针能对准 0，在测量前要进行调零，即将两表笔短路，调整电表内阻，使电流达最大值，则指针对准 0。应当指出，实际调零电路要比图 7.7 的原理电路稍复杂些，能保证在调零过程中保持中值电阻基本不变。

② 极性：当用来测量二极管、三极管时，要注意红表笔对应的是电池的负极。

③ 量程：不同量程的中值电阻不同，相应的测量电流大小也不同。例如，经常用×1kΩ 挡测量二极管、三极管，是由于这时中值电阻为 10kΩ，相应的最大电流 $I=1.5\text{V}/10\text{k}\Omega=150\mu\text{A}$，不会损坏晶体管；若用×1Ω 挡，这时中值电阻为 10Ω，相应的最大电流为 $I=1.5\text{V}/10\Omega=150\text{mA}$，则可能损坏晶体管。

2. 数字多用表中的电阻挡

图 7.9 给出用数字多用表测量电阻的原理电路，利用运算放大器组成一个多值恒流源，实现多量程电阻测量，各量程电流、电压值如表 7.2 所示。恒流 I 通过被测电阻 R_x，由数字电压表

(DVM)测出其端电压 U_x，则 $R_x=U_x/I$。

上述例子是大部分便携式数字多用表使用的测量方法，由于不含微处理器，故要配置好各量程的电压值直接对应被测电阻的欧姆值。由于便携式数字多用表只有 $3\frac{1}{2}\sim 4\frac{1}{2}$ 位的量程，故测量精度不太高，对微小电阻和特大电阻需要采用其他测量方法。

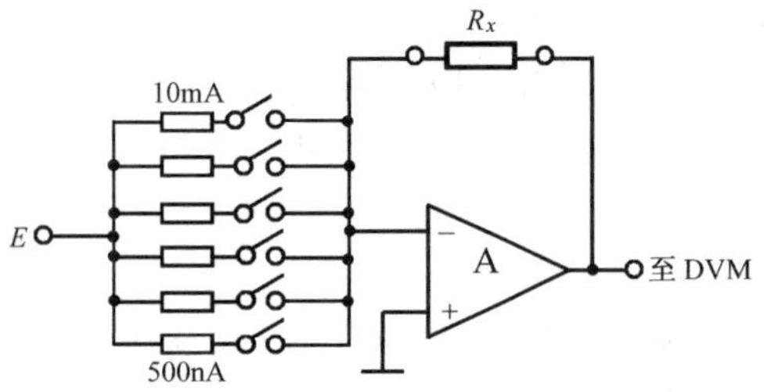

图 7.9　用数字多用表测量电阻的原理电路

表 7.2　图 7.9 中各量程电流、电压值

量程	测试电流	满度电压
200Ω	10mA	2.0V
2kΩ	1mA	2.0V
20kΩ	100μA	2.0V
200kΩ	10μA	2.0V
2000kΩ	5μA	10.0V
20MΩ	500nA	10.0V

3. 微小电阻值的测量

在台式数字多用表中有两种测量电阻模式。

1) 两线(端)法

两线法测量电阻的原理电路如图 7.10(a)所示。DVM 内部提供的测试电流 I 通过 H-L 端和测试线馈送至被测电阻 R_x，电压测量(采样)端 S_1-S_2 通过短路片分别接至 H-L 端。在两线法中，当测量低值电阻时，测试线电阻(典型值 0.5～2Ω)引起的误差不可忽视。从图 7.10(a)可知，测量 S_1-S_2 两端的电压包含测试电流在两根测试线上的压降 $I(R_{11}+R_{12})$，结果检测电阻的示值为 $R_x+R_{11}+R_{12}$。

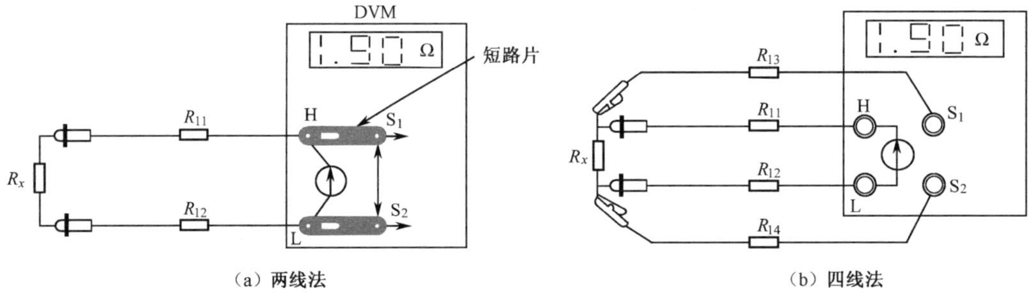

图 7.10　测量电阻原理电路

2) 四线(端)法

四线法为低电阻值的测量提供了较高的准确度，在这种模式下，测试电流的馈送与电压测量是分开的，即分别用两根测试线完成，其原理电路如图 7.10(b)所示。可见，通过第二对测试线加到电压测量端 S_1-S_2 的电压是 R_x 两端的压降 IR_x，而 R_{11} 和 R_{12} 的压降已不包括在内。由于 DVM 为高阻抗输入，故测试线电阻 R_{13} 和 R_{14} 不会影响电压的测量准确度。

在使用长调试线时，四线法具有重要意义，例如，在一个实际的自动测试系统中，调试线往往要通过好几个开关继电器才能接到被测器件，而调试线电阻和继电器接触电阻约为几百 mΩ。

4. 高电阻值的测量

测量高电阻值可采用电压源分压的方法，其原理电路如图 7.11(a)所示。当输入阻抗 Z 很大

时，流经 R_r和 R_x的电流相等，可得

$$\frac{U_x}{R_x}=\frac{U_r-U_x}{R_r}$$

$$R_x=\frac{U_x}{U_r-U_x}R_r \tag{7.9}$$

可见，R_x与 U_x之间呈非线性关系。当仪器内装有微处理器时，可以按式(7.9)计算被测电阻 R_x的值。

由于高电阻值 R_x很大，因此，进行实际测量时要求如下。

① 缓冲放大器必须有极高的输入阻抗。仪器的直流输入缓冲器采用级联型场效应对管作为高输入阻抗级。

② 电路绝缘良好。为避免缓冲放大器、印制电路板等造成泄漏，对印制电路板材料、工艺、防潮等方面要采取措施。

③ 采用误差修正技术，修正原理电路如图 7.11(b)所示。其方法是：

- VT_1导通，对 U_r进行测量；
- VT_2导通，对 R_r和 Z(等效泄漏电阻)的分压影响进行测量；
- S 吸合，将 R_x接入分压电路后进行测量，最后通过计算，消去分压误差。

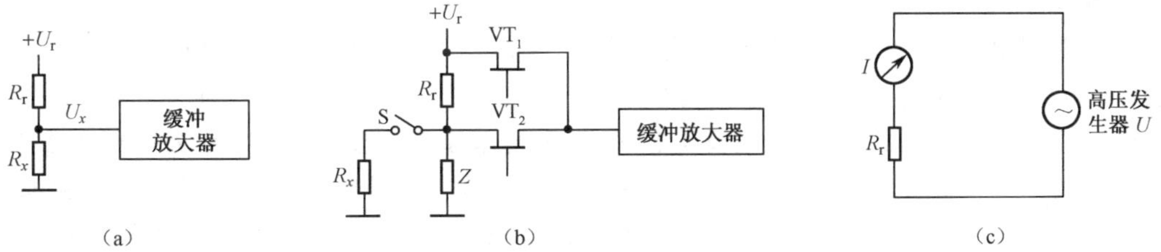

图 7.11　测量高电阻值原理电路

顺便指出，对于更大的电阻值(如绝缘电阻)的测量方法是采用摇表或兆欧表，其原理电路如图 7.11(c)所示。按欧姆定理，在高电阻值 R_x 上加一个很高的电压 U，测出这时回路中的电流 I，则可算出 $R_x=U/I$。图中，高压发生器在电工用的摇表中是一个小巧的手摇发电机。在较高级的兆欧表中使用电子高压发生器，例如，美国 Fluke 公司生产的 1550 型兆欧表，可提供 500V、1kV、2.5kV、5kV 的输出电压，能测量高达 1TΩ($1T\Omega=10^{12}\Omega=10^6 M\Omega$)的绝缘电阻。

7.2.3　电桥法

电桥法又称零示法，它利用指零电路作为测量的指示器，工作频率很宽，能在很大程度上消除或削弱系统误差的影响，精度很高，可达到 10^{-4}。

图 7.12 所示为交流电桥原理电路，由 Z_x、Z_2、Z_3、Z_4共 4 个桥臂组成，$\dot{U}$ 为信号源，G 为检流计。桥臂接入被测元件(或电阻电感电容)，调节桥臂中的可调元件使检流计指示为 0，电桥处于平衡状态，则可得电桥平衡条件为

$$Z_xZ_4=Z_2Z_3 \tag{7.10}$$

根据式(7.10)，可以计算出被测元件 Z_x的量值。电桥平衡时有

$$|Z_x||Z_4|=|Z_2||Z_3| \tag{7.11}$$

和

$$\varphi_x+\varphi_4=\varphi_2+\varphi_3 \tag{7.12}$$

式中，$|Z_x|\sim|Z_4|$为复数阻抗 Z_x、Z_2、Z_3、Z_4的模，$\varphi_x\sim\varphi_3$ 为复数

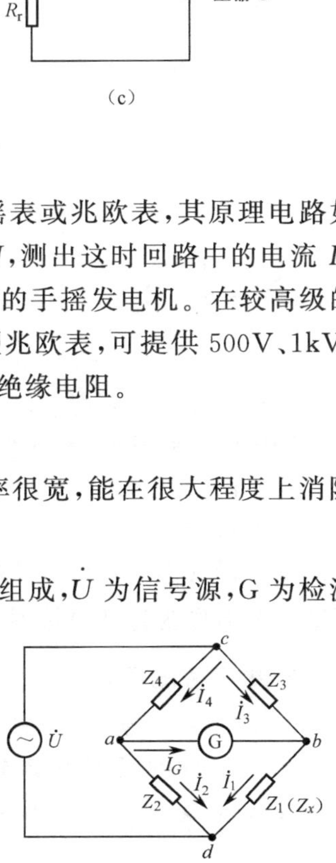

图 7.12　交流电桥原理电路

阻抗 Z_x、Z_2、Z_3、Z_4的阻抗相角。

式(7.11)和式(7.12)表明,交流电桥平衡必须同时满足以下条件:电桥的 4 个桥臂中,相对桥臂阻抗的模的乘积相等(模平衡条件),相对桥臂阻抗相角之和相等(相位平衡条件)。

当被测元件为电阻元件时,取 $Z_x=R_x$,$Z_2=R_2$,$Z_3=R_3$,$Z_4=R_4$,则图 7.12 所示为一个直流电桥,且有

$$R_x=\frac{R_2R_3}{R_4} \tag{7.13}$$

电桥法的测量误差主要取决于各桥臂阻抗的误差及各部分之间的屏蔽效果。另外,为保证电桥的平衡,要求信号源的电压和频率稳定,特别是波形失真要小。

应当指出,在实际应用中,测量电阻采用直流双臂电桥(也称凯尔文电桥)。信号源是直流电源,通常采用大容量的蓄电池。这种直流电桥能消除由于接线电阻和接触电阻造成的测量误差,测量小电阻的准确度可达到 10^{-5}。

7.3 电感、电容的测量

7.3.1 电桥法

1. 组成原理

实际上,采用电桥法的阻抗测量仪都是多功能仪器,常称为万能电桥。Qsl8A 型就是其中一种。它是交流电桥,可测量电阻、电感和电容、Q 值及电容器的损耗等,是一种多用途、宽量程的便携式仪器。下面就以 Qsl8A 型万能电桥为例介绍其工作原理。图 7.13 所示为电桥的整体框图。

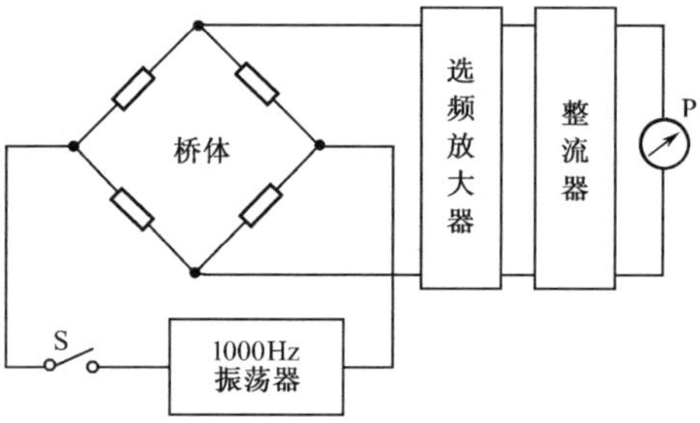

图 7.13　电桥的整体框图

它主要由桥体、信号源(1000Hz 振荡器)和晶体管指零仪(P)3 部分组成。桥体是电桥的核心部分,由标准电阻、标准电容及转换开关组成。通过转换开关切换,可以构成不同的电桥电路,对电阻、电容、电感进行测量。

要实现式(7.11)和式(7.12)两个平衡条件,必须按照一定的方式配置桥臂的阻抗。为了使电桥结构简单、调节方便,通常两个桥臂为纯电阻。如果两相邻桥臂接入纯电阻,则另外两相邻桥臂必须接入同性阻抗(同为感性或同为容性);如果将相对桥臂接入纯电阻,则另外一对桥臂必须为异性阻抗。这是初步判断电桥接法是否正确的依据。

为了同时满足两个平衡条件,交流电桥至少应有两个可调节的标准元件。通常,用一个可变电阻和一个可变电抗调节平衡。在极少数电桥中,也可用两个可变电抗来获得平衡。由于标准电容器的精确度常高于标准电感线圈的精确度,且受外磁场和温度变化的影响也较小,因此,大多采用标准电容器作为标准电抗器。

2. 电桥法测量电容

测量电容时,桥体连接成图 7.14 所示的串联电容电桥。被测电容器接在 1、2 两端,C_x 为被测电容器的电容,R_x 是它的等效串联损耗电阻。调节桥臂中可调电阻使电桥平衡,此时,根据电桥的平衡条件:$Z_xZ_4=Z_2Z_3$,可导出

$$R_4\left(R_x+\frac{1}{\mathrm{j}\omega C_x}\right)=R_3\left(R_2+\frac{1}{\mathrm{j}\omega C_2}\right) \tag{7.14}$$

$$R_4R_x+\frac{R_4}{\mathrm{j}\omega C_x}=R_3R_2+\frac{R_3}{\mathrm{j}\omega C_2}$$

由实部相等可得

$$R_x=\frac{R_3}{R_4}R_2 \qquad (7.15)$$

由虚部相等可得

$$C_x=\frac{R_4}{R_3}C_2 \qquad (7.16)$$

由式(7.7)可得

$$\tan\delta_x=\frac{1}{Q}=\omega C_2R_2 \qquad (7.17)$$

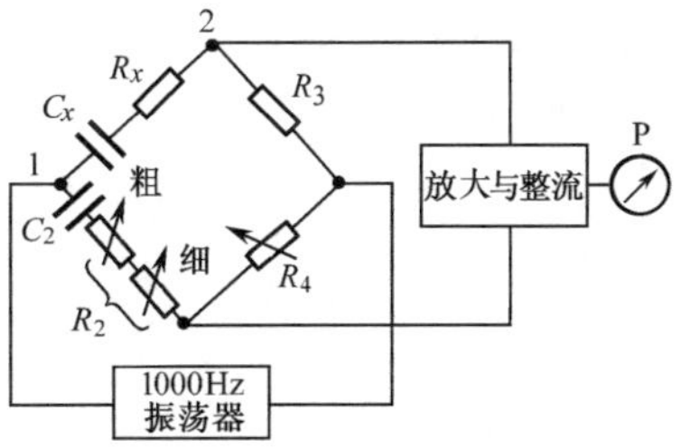

图 7.14　串联电容电桥

式中，$\tan\delta_x$ 为损耗系数，δ_x 是电容器的损耗角。C_x、R_x和 $\tan\delta_x$ 都可以从面板上读出数值。

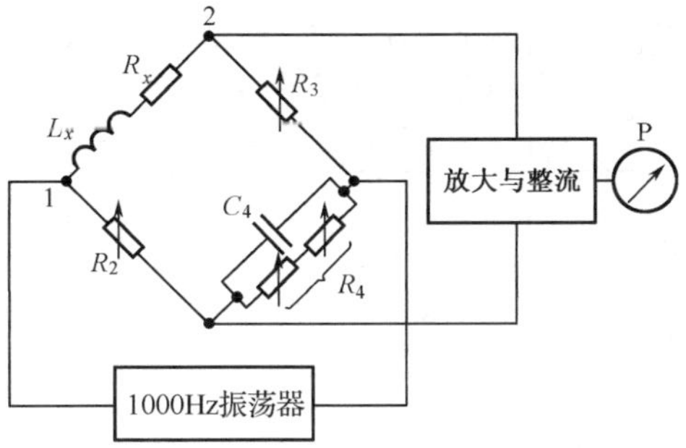

图 7.15　测量电感的麦克斯韦电桥

3. 电桥法测量电感

测量电感时，桥体连接电路如图 7.15 所示(麦克斯韦电桥)。被测电感线圈接在 1、2 两端，L_x是它的电感，R_x是它的等效串联损耗电阻。当电桥平衡时，由平衡条件可以导出

$$L_x=R_2R_3C_4$$

$$R_x=\frac{R_2R_3}{R_4}$$

$$Q=\omega C_4R_4$$

应当指出，这里只列举了两种电桥。实际上，不同厂家、不同型号的产品，综合了多种不同特点的电桥以获得更好的性能。表 7.3 列出了常用电桥的特点、基本线路和平衡条件。

表 7.3　常用电桥的特点、基本线路和平衡条件

特　　点	基 本 线 路	平 衡 条 件
直流电桥：用于 1Ω 到几 MΩ 范围内电阻的精密测量	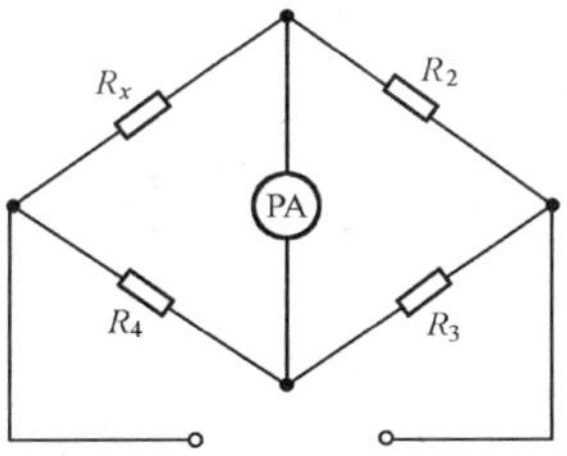	$R_x=\frac{R_2}{R_3}R_4$
串联电容比较电桥：用于测量小损耗电容，便于分别读数。若调节 R_2 和 R_4，可直接读出 C_x和 $\tan\delta_x$	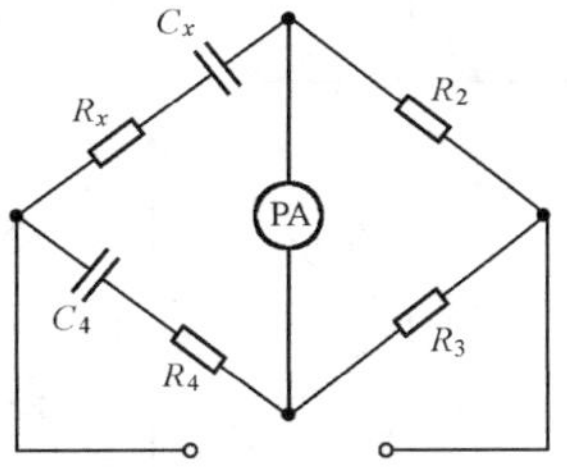	$C_x=\frac{R_3}{R_2}C_4$ $R_x=\frac{R_2}{R_3}R_4$ $\tan\delta_x=\omega C_4R_4$

续表

特　　点	基本线路	平衡条件
并联电容比较电桥：用于测量较大损耗电容，便于分别读数	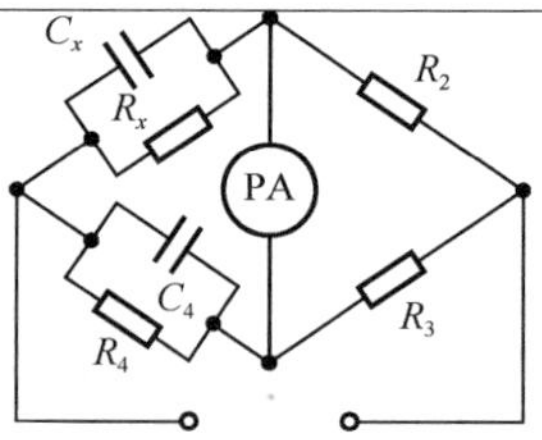	$C_x=\frac{R_3}{R_2}C_4$ $R_x=\frac{R_2}{R_3}R_4$ $\tan\delta_x=\frac{1}{\omega C_4R_4}$
高压电桥（西林电桥，Schermg Bridge）：用于测量高压下的电容或绝缘材料的介质损耗，便于分别读数。调节 R_2 和 C_3 可直接读出 C_x 和 $\tan\delta_x$	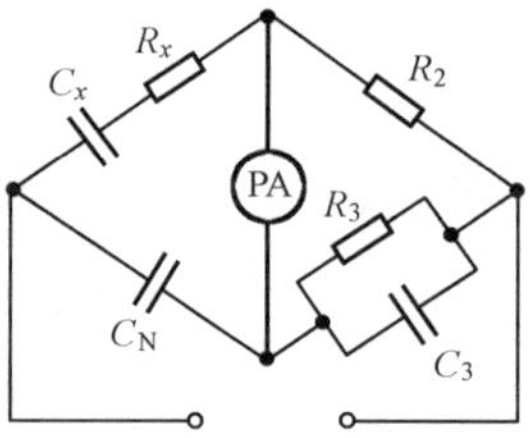	$C_x=\frac{R_3}{R_2}C_N$ $R_x=\frac{C_3}{C_N}R_2$ $\tan\delta_x=\omega C_3R_3$ （C_N 为高压电容）
麦克斯韦-文氏桥：用于测 Q 值不高的电感。若选 R_3，R_4 为可调元件，则可直接读出 L_x 和 Q_x	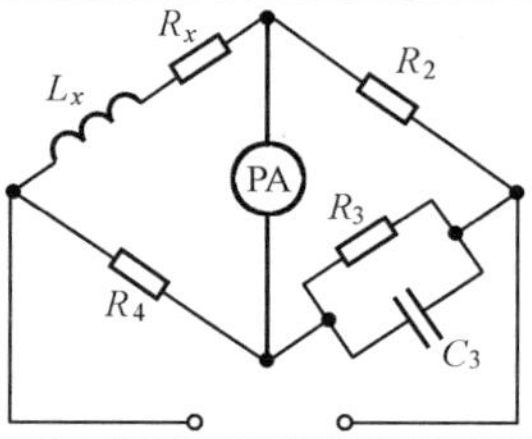	$L_x=R_2R_4C_3$ $R_x=\frac{R_2R_4}{R_3}$ $Q_x=\omega C_3R_3$
麦克斯韦电感比较电桥：用于测量 Q 值较低的电感，电阻 R_0 通过开关 S 可串接 L_x 或 L_4，以便调节平衡	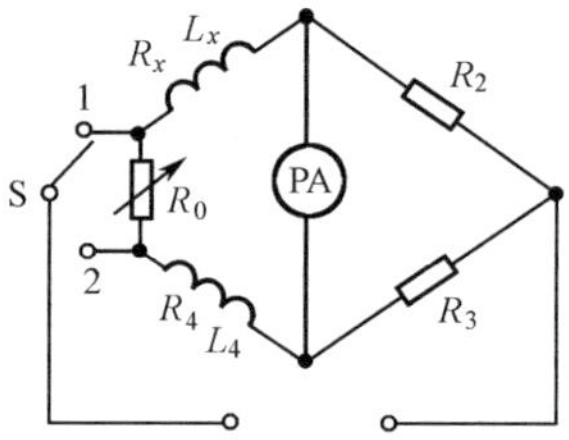	$L_x=\frac{R_2}{R_3}L_4$ S 置“1”$\begin{cases} R_x=\frac{R_2}{R_3}(R_4+R_0) \\ Q_x=\frac{\omega L_4}{(R_4+R_0)} \end{cases}$ S 置“2”$\begin{cases} R_x=\frac{R_2}{R_3}R_4-R_0 \\ Q_x=\frac{\omega L_4}{R_4-\frac{R_3}{R_2}R_0} \end{cases}$
串联 RC 电桥（海氏电桥）：用于测量值较大的电感	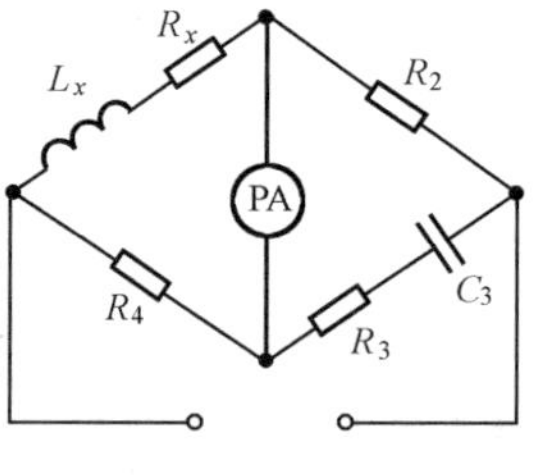	$L_x=\frac{R_2R_4C_3}{1}+(\omega C_3R_3)^2$ $R_x=\frac{R_2R_4R_3(\omega C_3)^2}{1+(\omega C_3R_3)^2}$ $Q_x=\frac{1}{\omega C_3R_3}$
欧文电桥：用于电感的高精度测量	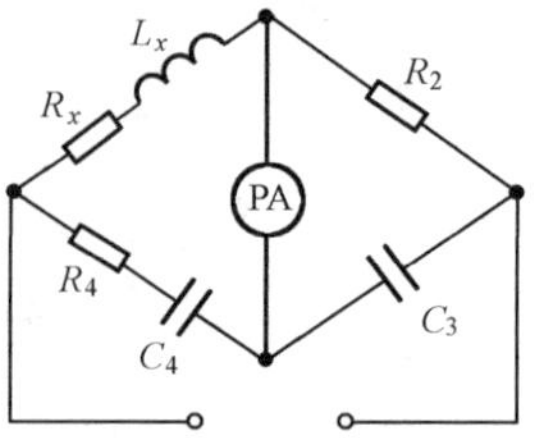	$L_x=R_2R_4C_3$ $R_x=\frac{C_3}{C_4}R_2$ $Q_x=\omega C_4R_4$

7.3.2 谐振法(Q 表)

谐振法是测量阻抗的另一种基本方法。它是利用调谐回路的谐振特性而建立的测量方法。其测量精度虽然不如交流电桥法高,但是由于测量线路简单方便,在技术实现上的困难要比高频电桥少(主要是杂散耦合的影响),再加上高频电路元件大多用于调谐回路中,故用谐振法进行测量也比较符合其工作的实际情况。所以在高频电路参数(如电容、电感、品质因数、有效阻抗等)测量中,谐振法是一种重要的手段。

典型的谐振法测量仪器是 Q 表,所以谐振法又称 Q 表法,其工作频率范围相当宽。谐振法测量原理电路如图 7.16 所示,它包括由振荡源 U_s、已知元件和被测元件组成的谐振回路及谐振指示器。当回路达到谐振时,有

$$\omega=\omega_0=\frac{1}{\sqrt{LC}}$$

且回路总电抗为 0,即

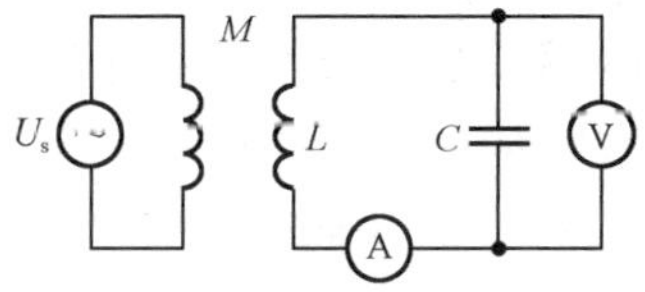

图 7.16 谐振法测量原理电路

$$X=\omega_0 L-\frac{1}{\omega_0 C}=0$$

$$L=\frac{1}{\omega_0^2 C}$$

$$C=\frac{1}{\omega_0^2 L} \tag{7.18}$$

测量回路与振荡源之间采用弱耦合,使振荡源对测量回路的影响小到可以忽略不计。谐振指示器一般用电压表并联在回路上,或用热电偶式电流表串联在回路中,它们的内阻对回路的影响应尽可能小。

将回路调至谐振状态,根据已知的回路关系式和已知元件的数值,求出未知元件的参数。

1. 谐振法测量电感

测量小的电感时,用串联替代法,其原理电路如图 7.17 所示。首先将 1、2 两端短接,调节标准的可变电容 C 到较大电容值 C_1 位置,调节信号源频率,使回路谐振,此时有

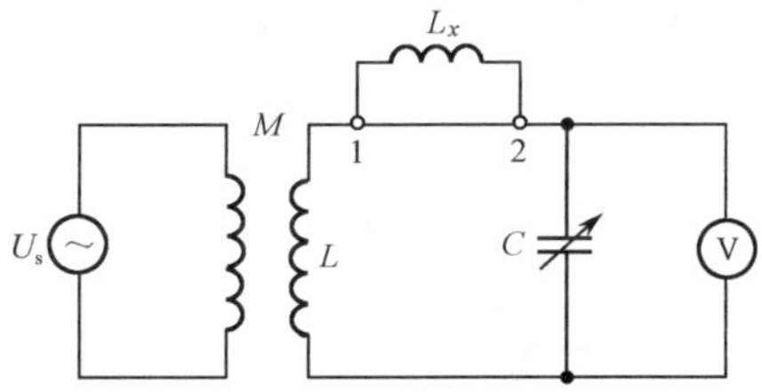

图 7.17 串联替代法原理电路

$$L=\frac{1}{4\pi^2 f^2 C_1} \tag{7.19}$$

然后去掉 1、2 之间的短路线,将 L_x 接入回路,保持信号源频率不变,调节 C 使回路再次谐振,记下电容值 C_2,此时

$$L_x+L=\frac{1}{4\pi^2 f^2 C_2} \tag{7.20}$$

将式(7.20)和式(7.19)相减,并整理,得

$$L_x=\frac{C_1-C_2}{4\pi^2 f^2 C_1 C_2} \tag{7.21}$$

测量较大的电感时,常采用并联替代法,其原理电路如图 7.18 所示。先不接 L_x,调节 C 调小电容值 C_1 位置,调节信号源频率使回路谐振,此时有

$$\frac{1}{L}=4\pi^2 f^2 C_1 \tag{7.22}$$

然后接入 L_x,保持信号源频率固定不变,调节 C 使回路再次谐振,记下电容值 C_2,此时

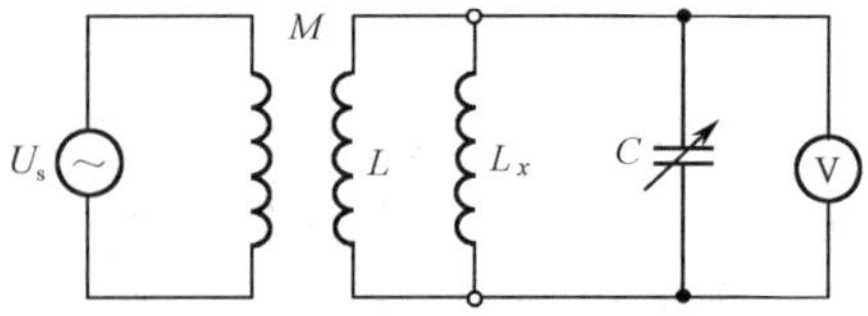

图 7.18　并联替代法原理电路

$$\frac{1}{L}+\frac{1}{L_x}=4\pi^2 f^2 C_2 \tag{7.23}$$

将式(7.23)和式(7.22)相减，再取倒数，可得

$$L_x=\frac{1}{4\pi^2 f^2(C_2-C_1)} \tag{7.24}$$

2. 谐振法测量电容

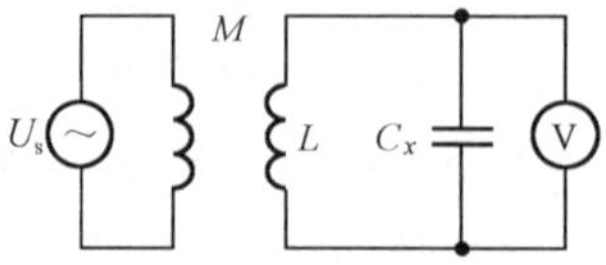

图 7.19　直接法原理电路

1）直接法测量电容

按图 7.19 把被测电容 C_x 接好，调节振荡源频率 f 使电压表指示最大，则被测电容为

$$C_x=\frac{1}{4\pi^2 f^2 L} \tag{7.25}$$

直接法测量电容的误差包含：分布电容(线圈和接线分布电容)引起的误差；当频率过高时，引线电感引起的误差；当回路 Q 值较低时，谐振曲线很平坦，不容易准确找出谐振点(电压表指示值最大)，从而产生的误差。

2）替代法测量电容

用替代法测量电容，可以消除由于分布电容引起的测量误差，其原理电路如图 7.20 所示。C 是一个已定度好的可变电容，其电容值变化范围大于被测的电容值。在不接 C_x 的情况下，将 C 调到某一电容值较大的位置 C_1，调节信号源频率，使回路谐振。然后接入被测电容 C_x，信号源频率保持不变，此时回路失谐，重新调节 C 使回路再次谐振，这时电容值为 C_2，根据式(7.25)，则被测电容 $C_x=C_1-C_2$。

上述方法称为并联替代法，它适合测量小电容。其测量误差主要取决于可变标准电容的刻度误差。

当被测电容大于可变电容的最大值时，必须用串联替代法，其原理电路如图 7.21 所示。先将图中 1、2 两端短路，调到电容值较小位置，调节信号源频率使回路谐振，这时电容值为 C_1。然后拆除短路线，将 C_x 接入回路，保持信号源频率不变，调节 C 使回路再次谐振，此时电容值为 C_2，显然，C_1 等于 C_2 与 C_x 的串联值，即 $C_1=C_2C_x/(C_2+C_x)$。由此得

$$C_x=\frac{C_2C_1}{C_2-C_1} \tag{7.26}$$

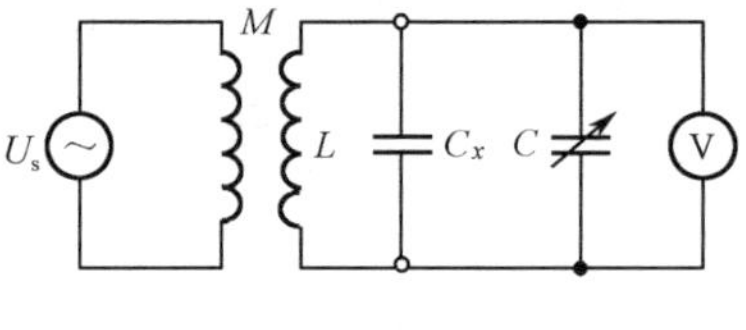

图 7.20　并联替代法原理电路

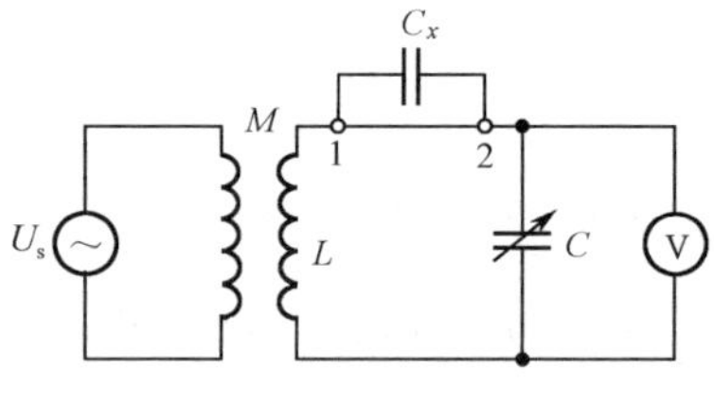

图 7.21　串联替代法原理电路

在被测电容比可变电容大很多的情况下，C_1 和 C_2 的值非常接近，测量误差增大，因此这种测量方法也有一定范围限制。

3. Q 表的工作原理

低频电桥应用广泛，但不能用于对高频元件的测量，特别是对分布参数的影响难以在电桥平衡时予以消除，所以几乎没有用于高频的电桥。那么，高频元件参数如何测量呢？通常选用一种称为

高频 Q 表的测量仪器进行测量。高频 Q 表不仅可以测量电感器的参数，如电感、品质因数等，还可以用于测量电工材料的高频介质损耗，以及电感的分布电容等。

Q 表是根据谐振原理制成的测量仪器，可在高频(几十 kHz 至几十 MHz，甚至几百 MHz)下测量电感线圈的 Q 值、电感、分布电容，电容器的电容、分布电感、损耗，电阻器的电阻、介质的损耗、介电常数和回路阻抗等参数。由于电子电压表表盘刻度的指示 Q 值，是表示整个谐振回路的 Q 值，不等于回路中某一元件(例如接入的被测线圈)的 Q 值，因此要得到被测元件的 Q 值必须考虑回路中其他部件损耗(称为残量)的影响，也就是说，必须进行必要的修正，这是 Q 表的一个特别重要的特点。Q 表的原理电路如图 7.22 所示。

Q 表由一个频率可变的高频振荡器、一个标准的可变电容和一个高阻抗的电子电压表组成。当谐振电路谐振时，电容(或电感)上的电压为

$$U_c = IX_C = \frac{U_s}{R} \times \frac{1}{\omega C_s} = QU_s \tag{7.27}$$

即 U_c为高频电压 U_s的 Q 倍。如果用电子电压表分别(如图 7.22 中开关 S 置 1 或 2)测出其相应的数值，就可以很容易地计算出 Q 值。

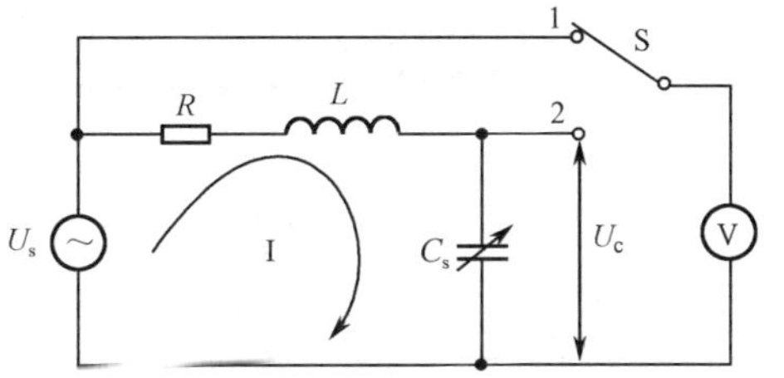

图 7.22　Q 表的原理电路

如果信号源高频电压有效值为 U_s，在测量过程中保持恒定数值，那么，谐振时电容上的电压正比于被测线圈的 Q 值，也就是说，电子电压表上的读数正比于线圈的 Q 值，因此电子电压表的表盘可直接按 Q 值分度。改变高频电压 U_s可以扩展 Q 值的测量范围，比如 U_s减小为原来的 $1/n$，那么 Q 值指示便扩大 n 倍。

为了保持高频电压 U_s为一个恒定数值(一般 10mV)，通常用电子电压表来监视 U_s是否在规定的刻度上。

为了扩大 Q 表的用途，通常将振荡器的频率和可变电容均加以定度，这样在回路调谐时，除了从电子电压表读出 Q 值，还可以从振荡器和可变电容的刻度盘上读出 f 和 C_s的数值，从而根据下式

$$f = \frac{1}{2\pi\sqrt{L_x C_s}} \tag{7.28}$$

的关系计算出线圈的电感 L_x。为了方便起见，在可变电容的刻度盘上加一条电感刻度，那么在测量一些特定频率时，可以不经计算而直接由刻度盘读出 L_x值。

国产 Q 表，如 QBG－3 型的技术参数为：$Q=10\sim600$，分 3 挡，准确度为 $\pm15\%$；$L=0.1\mu\text{H}\sim100\text{mH}$，分 6 挡，准确度为 $\pm5\%$；$C=1\sim469\text{pF}$，$f_0=50\text{kHz}\sim50\text{MHz}$，分 7 挡，有 7 个特定频率点。

7.3.3　数字化方法

1. 便携式数字万用表中的 L、C 测量

便携式数字万用表(DMM)的核心部分是 DVM。为降低成本选用了时间常数法，其原理如图 7.23所示。这里的时间常数 τ，对于图 7.23(a)电路，$\tau=RC$；对于图 7.23(b)电路，$\tau=L/R$。现以测量电容 C 为例，当图 7.23(a)所示电路中加入阶跃电压 U_s时，其输出电压为

$$U_o(t) = U_s(1 - e^{-\frac{t}{\tau}})$$

当 $U_o=2/3U_s$时，用时基电路 555 可实现此控制，可以求得

$$t = \tau\ln3 = RC\ln3 = (R\ln3)C \tag{7.29}$$

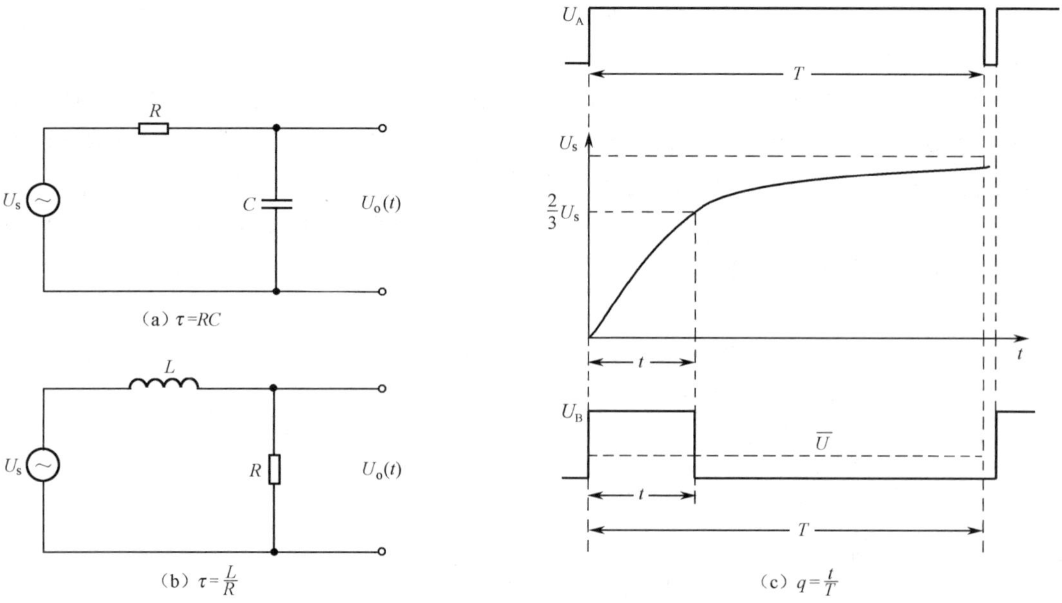

图 7.23　时间常数法测量 L、C 的原理

式中，R 为已知的标准电阻，即 t 值与 C 成正比。从图 7.23(c)可以看出，只要测出当 $U_o=2/3U_s$ 时的 t 值，即可求得电容 C。

具体实现方法是，在数字万用表中利用 DVM 和双时基电路 NE556(内含两个 555)就可以测量电容，令其中 A_1 作为多谐振荡器，A_2 作为单稳态触发器，如图 7.24 所示。

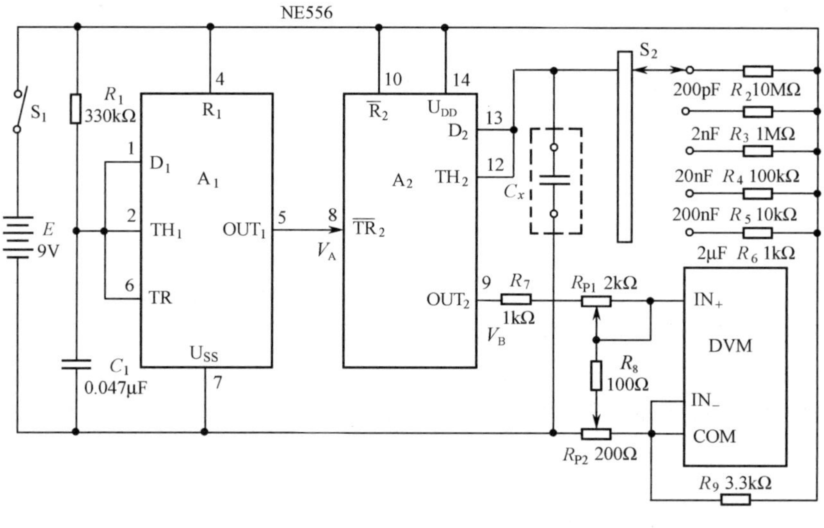

图 7.24　数字万用表中的电容测量电路

设 A_1 和 R_1、C_1 构成的多谐振荡频率为

$$f_0=\frac{1.44}{R_1C_1}=\frac{1.44}{330\text{k}\Omega\times0.047\mu\text{F}}\approx 90\text{Hz}$$

其振荡周期 $T=0.011\text{s}$。因电路中未接定时电阻，故其脉冲占空比 $q_1\approx100\%$。

设 A_2 与 $R_2\sim R_6$、C_x 组成单稳触发器，C_x 是被测电容。现以 2μF 挡为例，说明其测量原理。从 A_2 第 9 脚输出脉冲的宽度，由式(7.29)可得[见图 7.23(c)]

$$t = R_6 \ln 3 C_x = 1.1 \times 1000 \times C_x = 1.1 \times 10^3 C_x$$

因为 A_1 的振荡周期 $T=0.011\text{s}$，所以 A_2 输出脉冲的占空比

$$q_2 = \frac{t}{T} = \frac{1.1 \times 10^3 C_x}{0.011} = 1.0 \times 10^5 C_x \tag{7.30}$$

即 q_2 与 C_x 成正比。从图 7.23(c)可以看出，T 是控制自动测量的工作周期，是固定不变的，故关键是对 t 的测量。其最经济方便的方法是，将幅度为 U_o、宽度为 t 的脉冲在 T 内进行平均，转换为直流电压 $\overline{U}$，而 $\overline{U}$ 可直接由 DVM 测出。

因此，用 DVM 测出 $\overline{U}$ 值，就反映出被测电容 C_x 的大小($C_x \propto t \propto \overline{U}$)。只要适当调整电路，即可直接显示出被测电容的值。图 7.24 中，电位器 R_{P1} 做满量程调节，R_{P2} 做零点调节，在不接 C_x 时，使 DVM 的显示为 0。

2. 台式数字万用表中的 *L*、*C* 测量

L、*C* 的数字化测量方法是，首先利用正弦信号在被测阻抗的两端产生交流电压，然后将实部和虚部分离，最后利用电压的数字化测量来实现。台式数字万用表的核心是双斜积分式 DVM。下面以双斜积分式 DVM 为基础介绍阻抗的数字化测量。

1) 电感—电压(L/V)转换器

电感—电压转换器的原理如图 7.25 所示。图中，运算放大器 A 为阻抗—电压转换部分，两个同步检波器实现虚、实部分离，完成交流—直流电压转换，并提供基准电压。

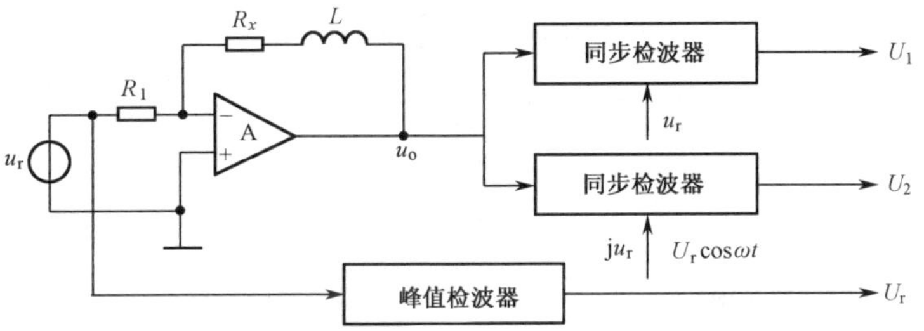

图 7.25　电感—电压转换器

设标准正弦信号为 $u_r = U_r \sin\omega t$，则 u_o 为

$$u_o = -\frac{U_r R_x}{R_1} \times \sin\omega t - \mathrm{j}\frac{U_r \omega L_x}{R_1} \times \sin\omega t \tag{7.31}$$

u_o 经同步检波后，输出实、虚部幅度为

$$U_1 = -\frac{U_r}{R_1} R_x \tag{7.32}$$

$$U_2 = -\frac{U_r}{R_1} \omega L_x \tag{7.33}$$

利用双斜积分式 DVM 可以实现 R_x、L_x、Q_x 的测量。对应第 5 章双斜积分式 DVM 中的式(5.47)，这里有

$$U_x = \frac{U_r}{N_1} N_2 \tag{7.34}$$

(1) R_x 的测量

将式(7.32)中的 U_1 作为被测电压 U_x，U_r 作为基准电压接入双斜积分式 DVM 中，则有

$$\frac{U_r}{R_1}R_x = \frac{U_r}{N_1}N_2$$

即

$$R_x = \frac{R_1}{N_1}N_2 \tag{7.35}$$

利用式(7.35)选择合适的 R_1，可直接读出 R_x。

(2) L_x的测量

将式(7.33)中的 U_2作为被测电压 U_x，代入式(7.34)得

$$\frac{U_r\omega L_x}{R_1} = \frac{U_r}{N_1}N_2$$

即

$$L_x = \frac{R_1}{N_1\omega}N_2 \tag{7.36}$$

选择适当的 R_1和 ω，可直接读出 L_x的值。

(3) Q 值的测量

将 U_2作为被测电压，U_1(进行极性转换)作为基准电压接入双斜积分式 DVM 中，则有

$$U_2N_1 = U_1N_2 \tag{7.37}$$

将式(7.32)和式(7.33)代入式(7.37)得

$$\frac{U_r}{R_1}\omega L_xN_1 = \frac{U_r}{R_1}R_xN_2$$

即

$$Q_x = \frac{\omega L_x}{R_x} = \frac{N_2}{N_1}$$

即可直接读出 Q 值。

2) 电容—电压(C/V)转换器

考虑到电容器常用的等效电路形式，电容—电压转换时，电容采取并联形式。图 7.26 所示为它的阻抗—交流转换部分。

利用上述方法，设标准正弦信号为 $u_r = U_r\sin\omega t$，则

$$u_o = -G_xR_1U_r\sin\omega t - \mathrm{j}\omega C_xR_1U_r\sin\omega t \tag{7.38}$$

可得 $U_1 = -G_xR_1U_r$；$U_2 = -\omega C_xR_1U_r$。

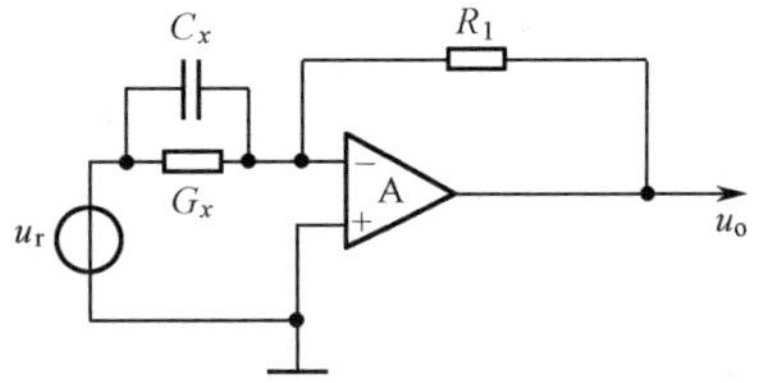

图 7.26　阻抗—交流转换部分

再利用双斜积分式 DVM，可得

$$C_x = \frac{1}{\omega R_1N_1}N_2 \tag{7.39a}$$

$$G_x = \frac{1}{R_1N_1}N_2 \tag{7.39b}$$

$$D_x = \tan\delta = \frac{G_x}{\omega C_x} = \frac{N_2}{N_1} \tag{7.39c}$$

式(7.39)表明，选取适当的参数，电容、并联导纳及损耗角正切均可直接用数字显示。

3. 智能化 LCR 测量仪

国内外主要仪器厂家还生产了内含微处理器的各种 LCR 参数测量仪。这种专用的 LCR 测量

仪具有多功能、多参数、多频率、高速度、高精度、大屏幕、菜单方式显示等优点，不过价格较昂贵。

带微处理器的智能化 LCR 测量仪通常根据欧姆定律，采用矢量电压—电流法，将阻抗看成正弦交流电压与电流的复数比值，即

$$\dot{Z}=\frac{\dot{U}}{\dot{I}}=R+\mathrm{j}X \tag{7.40}$$

其基本原理与上述台式数字万用表中阻抗的测量类似，但具体实现方法不同。这里，将一个标准阻抗 $\dot{Z}_s$ 与被测阻抗 $\dot{Z}_x$ 串联，如图 7.27 所示，则可得到

$$\dot{Z}_x=\frac{\dot{U}_x}{\dot{U}_s}\dot{Z}_s \tag{7.41}$$

这样，对阻抗 $\dot{Z}_x$ 的测量变成了对两个矢量电压比的测量。两个矢量电压的测量方法通常是，用一个电压表通过开关转换分时进行测量。可以使用固定轴法和自由轴法将矢量除法转换成标量除法。在早期产品中采用固定轴法，如图 7.28(a)所示，难以保证两个矢量相位严格一致，硬件电路相当复杂，调试困难，可靠性低。在现代产品中，大多采用自由轴法，如图 7.28(b)所示。自由轴法不是把复数阻抗坐标固定在某一指定的矢量电压的方向上，坐标轴的选择可以是任意的，参考电压可以不与任何一个被测电压的方向相同，但应与被测电压之一保持固定的相位关系，如相差 α，且在整个测量过程中保持不变。由图 7.28(b)可得

$$\dot{U}_x=U_{xx}+\mathrm{j}U_{xy} \tag{7.42}$$

$$\dot{U}_s=U_{sx}+\mathrm{j}U_{sy} \tag{7.43}$$

由此可得

$$\begin{aligned}\dot{Z}_x&=R_s\frac{\dot{U}_x}{\dot{U}_s}=R_s\frac{U_{xx}+\mathrm{j}U_{xy}}{U_{sx}+\mathrm{j}U_{sy}}\\&=R_s\left(\frac{U_{xx}U_{sx}+\mathrm{j}U_{xy}U_{sy}}{U_{sx}^2+U_{sy}^2}+\mathrm{j}\frac{U_{xx}U_{sx}-\mathrm{j}U_{xx}U_{sy}}{U_{sx}^2+U_{sy}^2}\right)\end{aligned}$$

式中，用标准电阻 R_s代替 Z_s，显然，只要知道每个矢量在直角坐标轴上的两个投影值，经过四则运算，即可求出结果。

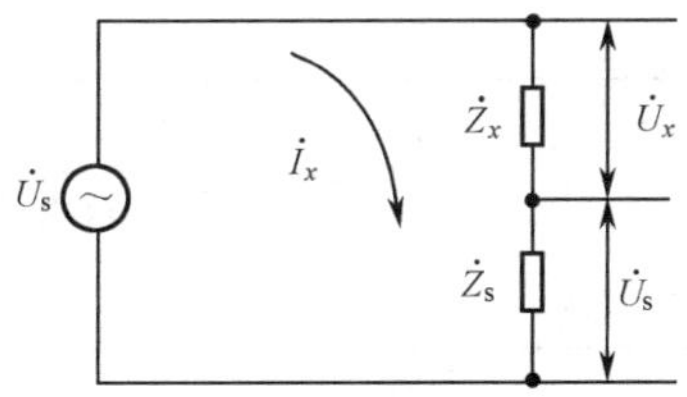

图 7.27　引入标准阻抗测试原理

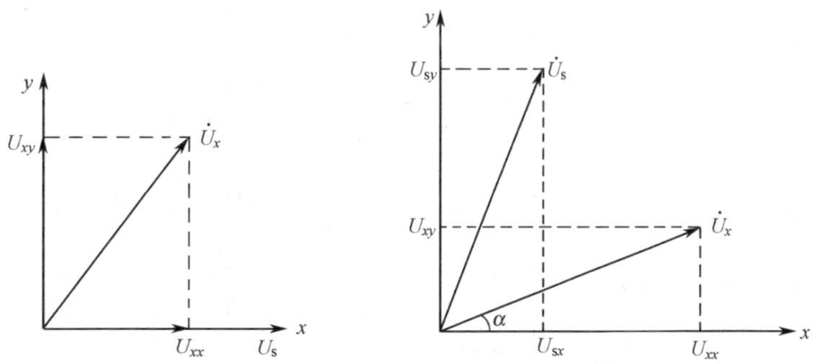

（a）固定轴法　　（b）自由轴法

图 7.28　固定轴法与自由轴法的矢量关系图

自由轴法测量原理框图如图 7.29 所示，图中相敏检波器的参考电压由受微处理器控制的自由轴坐标发生器提供，它是任意方向的精确的正交基准信号。相敏检波器通过开关选择 $\dot{U}_x$ 和 $\dot{U}_s$，便可得到它们的投影分量，然后由 A/D 转换器转换成数字量，经接口电路送到微处理器中存储，最后，微处理器对其进行计算，得到待测数。

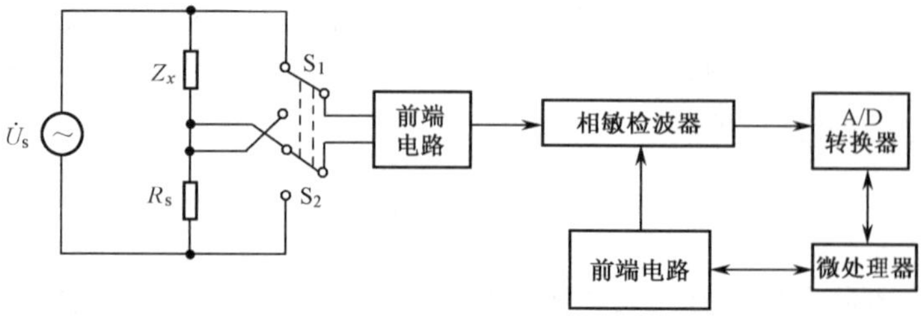

图 7.29　自由轴法测量原理框图

交流电压 $\dot{U}_x$ 和 $\dot{U}_s$ 的测量包括幅度和相位的测量，方法是：采用相敏检波器对每个电压进行两次测量。在两次测量中，相敏检波器参考电压是正交的，应有精确的 90°的相位差关系。而对于参考电压与被测电压之间的相互关系，只要求相对稳定，而不要求精确确定。

自由轴法虽然采用矢量电流—电压法的基本原理，但其精确的正交坐标系主要靠软件来产生和保证，硬件电路大大简化，还消除了固定轴法难于克服的同相误差，提高了精确度；同时被测参数是通过微处理器获得的，因而除了可以得到常用的 L、C、R，损耗角正切值 D、品质因数 Q、等效串联电阻 ESR，还可方便地计算出其他多种阻抗参数，如阻抗模 $|Z_x|$、导纳模 $|Y|$、串联电抗 X、并联电纳 B、并联电导 G、阻抗相角 θ 等。

目前，智能化 LCR 测量仪仍在向宽量程、高准确度、智能化和兼有测量与分选两种功能方向发展。当前参数可测范围及准确度如下。

- 电阻 R：0.01μΩ～10^{18}Ω，准确度为±0.001%。
- 电容 C：10^{-19}～20F，准确度为±10^{-6}。
- 电感 L：0.01nH～20mH，准确度为±0.05%。

表 7.4 所示为当前国内外几种典型产品的性能参数对比。

表 7.4　当前国内外几种典型产品的性能参数对比

公　司	型　号	测 量 参 数	测试信号频率/幅度	基本准确度	测 试 速 度	结　构
同惠电子	TH2822E	L、C、R、Z、DCR、D、Q、θ、ESR	频率 100Hz，120Hz，1kHz，10kHz，100kHz；幅度 0.3Vrms，0.6Vrms，1Vrms	0.1%	最快：250ms 最慢：667ms	便携式
固玮电子	LCR－916	L、C、R、Z、DCR、D、Q、θ、ESR	频率 100Hz，120Hz，1kHz，10kHz，100kHz；幅度 0.6Vrms	0.2%	800ms	便携式
是德科技	U1733C	L、C、R、Z、DCR、D、Q、θ、ESR	频率 100Hz，120Hz，1kHz，10kHz，100kHz；幅度 0.74Vrms	0.2%	1s	便携式
同惠电子	TH2838H	Cs、Cp、Ls、Lp、D、Q、R、Rs、Rp、X、Z、Rdc、G、B、Y、Vdc、Idc、θ	频率 20Hz～2MHz；幅度 5mVrms～20Vrms	0.05%	最快：5.6ms 最慢：480ms	台式
固纬电子	LCR－8230	Cs、Cp、Ls、Lp、D、Q、R、Rs、Rp、X、Z、Rdc、G、B、Y、θ	频率 10Hz～30MHz；幅度 10mVrms～2Vrms	0.08%	最快：25ms 最慢：600ms	台式
是德科技	E4980A	Cs、Cp、Ls、Lp、D、Q、R、Rs、Rp、X、Z、Rdc、G、B、Y、Vdc、Idc、θ、Δ%	频率 20Hz～2MHz；幅度 0～2.0Vrms	0.05%	最快：5.6ms 最慢：480ms	台式

思考题与习题

本章小结

7.1　测量电阻、电容、电感的主要方法有哪些？它们各有什么特点？对应于每种方法举出一种测量仪器。

7.2　某直流电桥测量电阻 R_x，当电桥平衡时，3 个桥臂电阻分别为 $R_1=100\Omega$，$R_2=50\Omega$，$R_3=25\Omega$。求电阻 R_x。

7.3　判断如图 7.30 所示的交流电桥中哪些接法是正确的？哪些是错误的？并说明理由。

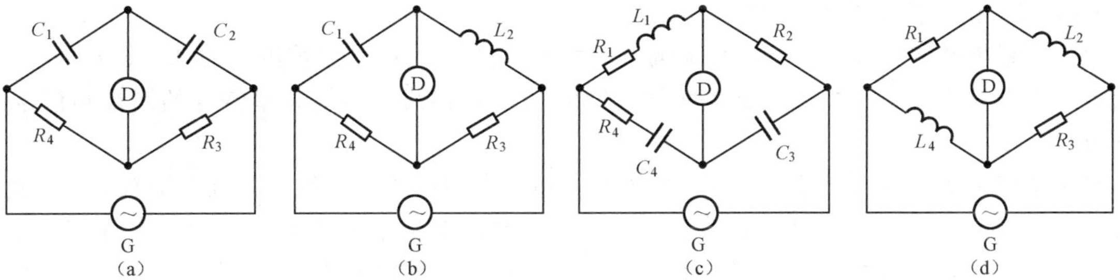

图 7.30　交流电桥的接法判断

7.4　试推导图 7.31 中交流电桥平衡时计算 R_x 和 L_x 的公式。若要求分别读数，如何选择标准元件？

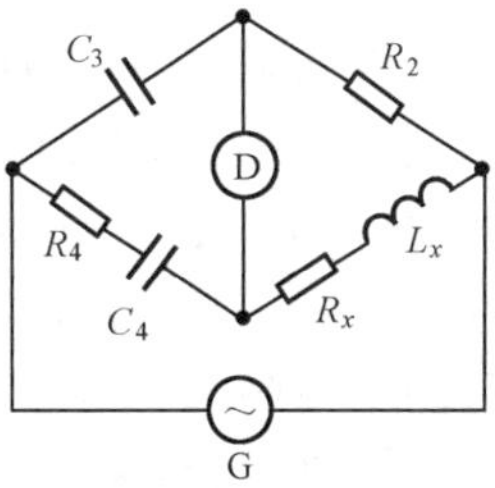

图 7.31　交流电桥平衡条件的推导

7.5　用替代法测量电容的方法有什么优点？为什么当 $C_x>(C_{max}\sim C_{min})$ 时必须采用串联接法测量电容？电桥平衡条件是什么？如何选择可调元件。

7.6　某交流电桥平衡时有下列参数：Z_1 为 $R_1=2000\Omega$ 与 $C_1=0.5\mu F$ 相并联，Z_2 为 $R_2=1000\Omega$ 与 $C_2=1\mu F$ 相串联，Z_4 为 $C_4=0.5\mu F$，信号源角频率 $\omega=10^2 rad/s$，其中 Z_1 和 Z_2 为相对的臂，Z_3 和 Z_4 为相对的臂，求阻抗 Z_3 的元件值。

7.7　简述用 Q 表测量 L、C、Q 的原理。

7.8　利用谐振法测量某电感的 Q 值。当可变电容为 100pF 时，电路发生串联谐振。保持频率不变，调节可变电容，半功率点处的电容分别为 102pF 和 98pF，求该电感的 Q 值。

7.9　利用串联谐振法测量某电感线圈，已知 $\omega=10^8 rad/s$，当 L_x 短路时，测得谐振时 $C_1=30\mu F$，$Q_1=130$。接入后保持不变，重新调谐，测得谐振时 $C_2=20\mu F$，$Q_2=100$，求被测电感 L_x 及 Q 值。

7.10　并联替代法可以测量小电容。那么，能否利用这个道理测量电感线圈的分布电容？

7.11　简述利用虚、实部分离法测量阻抗的原理。

7.12　试说明自由轴法测量阻抗的原理和特点。

第8章　频域测量

本章要点

- 扫频仪的原理与应用
- 微波网络特性和网络分析仪的工作原理
- 频谱分析仪的用途、原理与分类
- 扫频外差式频谱分析仪的原理、特性和应用
- 实时频谱分析仪的工作原理

由线性系统频域分析发展起来的频域测量技术，是当前对模拟系统测量的基本技术，在线性系统测量中具有重要意义。本章将涉及两个基本测量问题，即线性系统频率特性的测量和信号的频谱分析。

线性系统频率特性的测量与被测系统的工作频率密切相关。在低频和高频波段，所接触到的参数都是集总参数，描述电路工作的参数只集中在理想的电路元件(如电阻、电感、电容)上，而连接元件的导线被认为是无关的，仅起传输信号的作用。这是一种近似的处理方法，只有在电路及元件尺寸远远小于输入信号的波长时才成立。实际上，导线本身有电阻、电感，导线间有电容。这些参数均匀分布在导线上，称为分布参数。随着频率的提高，这些分布参数的作用将不断增大到不能忽略的程度。因此，通常对线性系统频率特性的测量分为两个频段来讨论。

在高频(30～300MHz)段主要介绍扫频仪(频率特性测试仪)。

在微波(300MHz～300GHz)段主要介绍网络分析仪。

但这种划分不是绝对的，实际上有些扫频仪可能工作到更高的频率，而有些网络分析仪可能工作到更低的工作频率。应当指出，这里讲的网络是指由器件、元件组成的电子网络。

在频域测量中，频谱分析仪是应用广泛的重要仪器。它可用来分析信号的频率特性，测量频谱纯度、频率稳定度、调制度等，是本章讨论的重点。

8.1　线性系统幅频特性的测量

频率特性的基本测量方法取决于加到被测系统中的测试信号。经典的测量方法以正弦波点频法为基础，是一种静态测量方法。而采用正弦波扫频测量或称动态测量方法制成的扫频仪，广泛地应用在低频、高频线性系统的幅频特性测量中。

在线性电路系统中，当加入正弦信号后，其输出响应仍是正弦信号，但与输入的正弦信号相比，其幅度和相位发生了变化，在一般情况下，其幅度和相位都是频率的函数。在技术基础课程中已经知道，正弦稳态下的系统函数或传输函数 $H(\mathrm{j}\omega)$ 反映该系统激励与响应的关系

$$H(\mathrm{j}\omega)=\frac{U_{\mathrm{o}}(\mathrm{j}\omega)}{U_{\mathrm{i}}(\mathrm{j}\omega)}=H(\omega)\mathrm{e}^{\mathrm{j}\varphi(\omega)} \tag{8.1}$$

式中，$H(\omega)$也可写成 $H(f)$，就是下面要测量的幅频特性。$\varphi(\omega)$是相频特性，本节不讨论。

8.1.1　静态频率特性测量:点频法

点频法就是逐点测量幅频特性的方法，其原理框图如图 8.1(a)所示。图中正弦信号源接于被测电路输入端，由低到高不断改变其频率，其电压不应超过被测电路的线性工作范围，且尽量保持不变。用测量仪器(如低频或高频电压表)，在各个频率点上测出输出信号与输入信号的幅度比，即可得幅频特性。以 f 为横坐标，以幅度比为纵坐标，就可逐点描绘出类似图 8.1(b)的幅频特性曲线。若测量仪器为相位

计，能测出各个频率点上输出信号与输入信号的相位差，则可描绘出相频特性曲线。

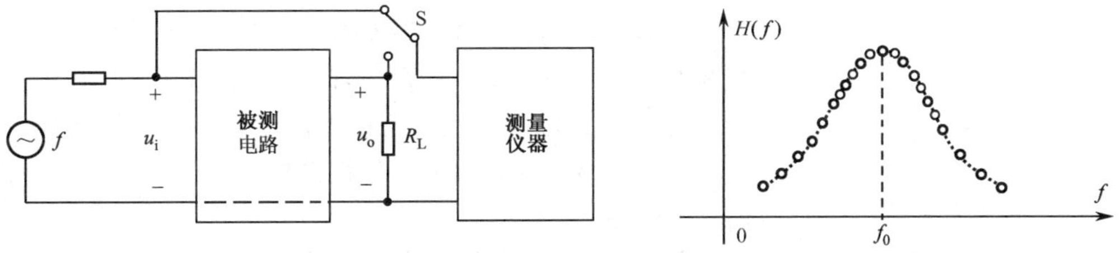

（a）原理框图
（b）幅频特性曲线

图 8.1　点频法

点频法原理简单，需要的仪器也不复杂，所测出的幅频特性曲线是我们需要的电路系统在稳态情况下的静态特性曲线。但由于要逐点测量，操作烦琐、费时，并且频率离散而不连续，可能遗漏掉某些特性突变点。这种方法一般只用于实验室测试研究，若用于生产线，则效率太低。

如果在测试过程中，使信号源输出的频率能自动地从低到高连续变化，并且周期性重复，利用检波器将输出包络检出送到示波器上显示，就可以自动地描绘出幅频特性曲线了。

8.1.2　动态频率特性测量：扫频法

1. 扫频法的工作原理

扫频法测量电路幅频特性的原理如图 8.2 所示。在图 8.2(a)的原理框图中，除被测电路外，其余部分为扫频仪。扫频仪的核心为压控振荡器（VCO），在第 3 章中已介绍过。扫描信号可以设计为锯齿电压波[图 8.2(a)中的 u_1，u_2]，它经放大后被加到示波管的 X 偏转板上。幅度不变，而频率在一定范围内连续变化的正弦波[图 8.2(a)中的 u_3]，加到被测电路（如调谐放大器）的输入端。由于调谐放大器的增益随频率而变，故其输出信号 u_o的幅度也随频率而变，u_o的包络反映了该放大器的幅频特性[图 8.2(a)中的 u_4]，再经峰值检波器取出其包络[图 8.2(a)中 u_5]经放大后被加到示波管的 Y 偏转板上，在荧光屏上就会直接显示出该调谐放大器的幅频特性曲线。

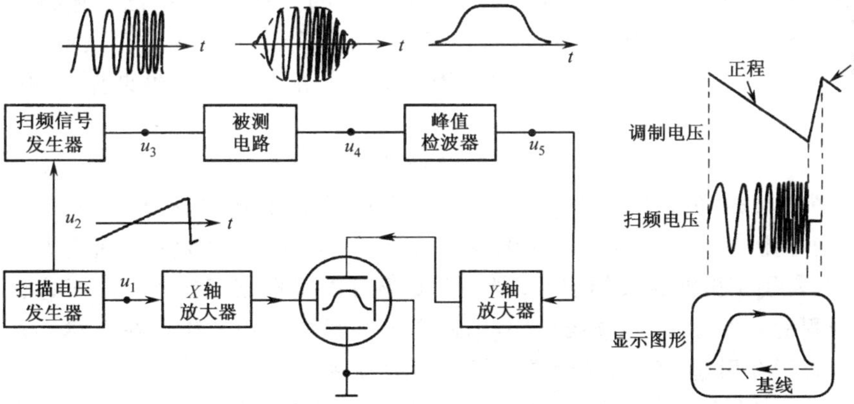

(a) 原理框图
（b）扫频信号

图 8.2　扫频法测量电路频率特性的原理

从上述原理可知，扫频法可以实现频率特性的自动测绘，而且不会像点频法那样遗漏掉某些细节的问题。更值得注意的是，扫频法是在一定扫频速度下获得被测电路的动态频率特性的，比较符合被测电路的实际应用情况。

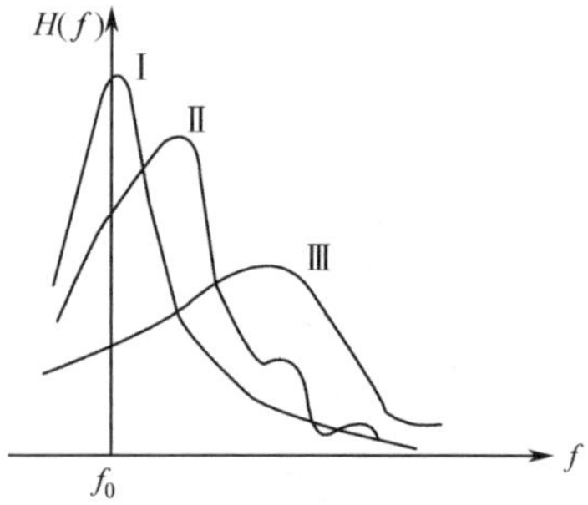

图 8.3　动态特性曲线

2. 动态频率特性

随着扫频速度的提高，频率特性曲线将向扫频方向偏移，如图 8.3 所示。图中，Ⅰ为静态特性曲线，Ⅱ、Ⅲ为依次提高扫频速度时的动态特性曲线。可以看出动态频率特性曲线有以下特点：① 顶部最大值下降；② 特性曲线被展宽；③ 扫频速度越高，偏移越严重。

其原因是，通常与频率特性有关的电路实际上是由动态元件电感、电容等组成的（如调谐电路），信号在其上建立或消失都需要一定的时间，扫频速度太高时，信号在其上来不及建立或消失，故谐振曲线出现滞后且展宽现象，即"失敏"或"钝化"现象。

这种动态频率特性与静态频率特性的变异，在实际应用中要注意处理好。在扫频仪中，因选用的扫频速度较低（如 50Hz），故基本上可认为测绘的是静态频率特性。在后面介绍的频谱分析仪中，这种变异会使频谱分析仪分辨率变低，灵敏度下降，故在频谱分析仪的设计与应用中，都要认真考虑动态频率特性带来的影响。

3. 扫频信号源

上述扫频法测量中，扫频信号的产生是关键。在此简要介绍扫频信号的产生方法与技术特性。

1）扫频信号的产生方法

主要通过自动调谐方式改变振荡器的频率，使之连续地变化，实现扫频，通常有下列方法。

① 磁调电感：通过改变低频磁心的导磁系数改变振荡回路中高频线圈的电感，从而实现振荡频率的改变。其特点是电路简单，能在寄生调幅较小的条件下获得较大的扫频宽度，适用于几十到几百 MHz 的频段。

② 变容二极管电调扫频：变容二极管是 PN 结电容随外加偏置电压高低变化而变化的二极管。PN 结电容 C_d 与外加反向偏置电压 U 的关系近似成反比。

③ YIG 电调扫频：YIG 是单晶铁氧体材料钇铁石榴石的简称，具有铁磁谐振特性。YIG 电调扫频的基本原理是：将 YIG 材料做成小球形状，适当定向后置于直流磁场 H_0 内。利用单晶铁氧体内电子的自旋产生磁矩，在外加偏置磁场的作用下运动并由此产生铁磁谐振，谐振频率 f（单位 MHz）为

$$f = 0.0112\ H_0$$

式中，H_0 即为外置直流磁场强度，单位为 A/m。由上式可见，谐振频率 f 与 YIG 小球的尺寸无关，仅随 H_0 的大小线性变化。这种方式的无载 Q 值可达 10^4 量级，损耗低且稳定性好。

YIG 电调扫频常用于微波频段的信号，利用下变频可以实现宽带扫频。由于这种扫频方式可覆盖高达 10 倍频程的频率范围，扫频线性好，因而得到广泛的应用。缺点在于建立外加偏置磁场的速度不能过快，否则会引起 H_0 的滞后进而影响扫频线性。

④ 合成扫频源：同时具有扫频源和合成源特性的信号源被称为"合成扫频源"。在第 3 章中已介绍了直接数字频率合成法。

合成扫频源通过软件使扫频源按照一定的频率间隔和停留时间，将输出频率依次锁定在一定范围内的一系列频点上，达到扫频效果。与变容二极管、YIG 等模拟扫频方式相比，合成扫频源的输出频率准确，但实际上是一种自动跳频的连续波工作方式，频率不是完全连续变化的，而且各频点之间必须保证留有足够的频率预置及捕获时间。因为合成扫频源的频率连续步进可以做得非常小，甚至远小于整机频率输出分辨力，所以从宏观上看，这种扫频源的频率是连续变化的。

2）扫频信号的技术特性

① 有效扫频宽度：即扫频源输出的扫频线性和振幅平稳性均符合要求的最大频率覆盖范围，一般用相对值表示

$$\frac{\Delta f}{f_0}=\frac{f_2-f_1}{(f_1+f_2)/2} \tag{8.2}$$

式中，$\Delta f=f_2-f_1$，表示扫频起点 f_1 与终点 f_2 之间的频率范围；$f_0=(f_1+f_2)/2$，表示扫频输出的中心频率或平均频率。

通常，当 $\Delta f \ll f_0$ 时，称为窄带扫频；而当 $\Delta f \geqslant f_0$ 时，称为宽带扫频。

② 扫频线性：表示压控振荡器的压控特性 f-U 曲线的非线性（或线性）程度，可以用线性系数表征

$$\text{线性系数}=\frac{k_{0\max}}{k_{0\min}}$$

式中，$k_{0\max}$为压控振荡器（VCO）的最大控制灵敏度，即 f-U 曲线的最大斜率（$\mathrm{d}f/\mathrm{d}U$）；$k_{0\min}$为 VCO 最小控制灵敏度，对应于 f-U 曲线的最小斜率。由上式可见，线性系数越接近 1，f-U 曲线的线性就越好，说明扫频信号的频率变化规律与控制电压的变化规律越一致。

③ 振荡平稳性：通常用扫频信号的寄生调幅表示。调幅系数为

$$M=\frac{A_2-A_1}{A_2+A_1}\times 100\%$$

式中，A_1 和 A_2 分别指发生寄生调幅时的最大和最小幅度，如图 8.4 所示。

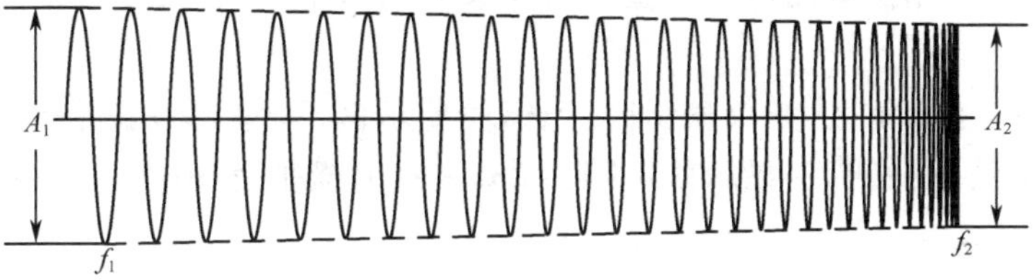

图 8.4　变容二极管扫频寄生调幅

对变容管扫频振荡器而言，只有采用电容指数$n=2$ 的超突变容二极管才能得到线性的 f-U 曲线，否则就无法完全避免扫频非线性。

8.1.3　扫频仪举例：SA1140C 数字频率特性测试仪

SA1140C 数字频率特性测试仪是数英仪器公司研制的产品，它采用 DDS（直接数字合成器）作为扫频信号源，并应用了 DSP 和微处理器（MCU）等先进技术，是较先进的数字式自动频率特性测试仪。该仪器可完成幅频特性和相频特性的测量。

1. 主要技术指标

频率范围：20Hz～140MHz。

扫频方式：线性扫描、对数扫描、点频。

扫频输出平坦度：小于±0.5dB。

扫频非线性：小于 10％。

2. 组成原理

SA1140C 的原理框图如图 8.5 所示。其电路主要分两部分：以微处理器为核心的接口电路，主要完成控制命令的接收、特性曲线的显示、测试数据的输出等功能；以 DSP 为核心的测试电路，主要完成扫频信号的产生、扫频信号输出幅度的控制、输入信号幅度的控制、特性参数的产生等功

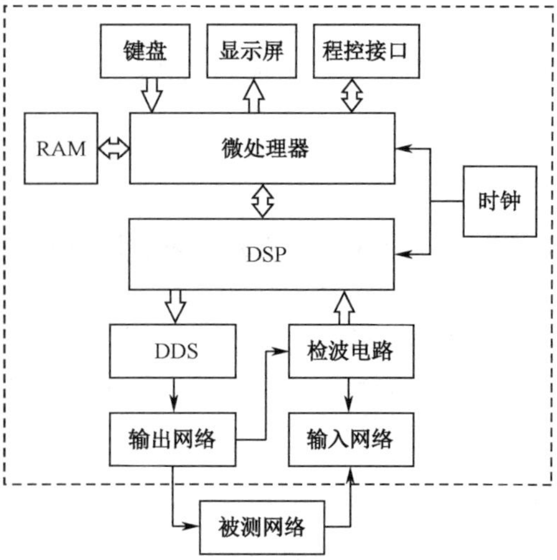

图 8.5　SA1140C 的原理框图

能。微处理器将接收到的控制命令传递给 DSP,DDS 电路在 DSP 的控制下产生等幅扫频信号,经输出网络输出给被测网络,被测网络的响应信号通过输入网络处理后送检波电路,DSP 将检波电路测得的数据处理后送微处理器,显示屏在微处理器的控制下显示特性曲线。

1）扫频信号源

由图 8.5 可知,扫频信号源由 DDS 和输出网络组成。DSP 控制 DDS 扫频起点频率、扫频步进频率和扫频终点频率,输出扫频正弦信号。输出网络包含滤波器和衰减电路,由滤波器滤除高次谐波,由衰减电路完成幅度调节。扫频信号源应具有以下功能:能产生频率作线性或对数变化的扫频信号;扫频信号的输出是等幅的,且具有一定的功率;扫频宽度大且中心频率可调;扫频信号的线性度良好;能产生和扫频信号同步的频率标记;输出阻抗恒定。

2）检测单元

检测单元由输入网络和检波电路组成,主要完成幅度检测及相位检测功能。幅度检测单元由检波器及放大电路组成,具有 50Ω 和 1MΩ 两种输入阻抗,针对不同的应用,可选择不同的输入阻抗,有较好的频率特性。相位检测单元由鉴相器及放大电路组成,有较好的相位检测特性。

3）显示屏

显示屏分 5 个区:主显示区、菜单显示区、光标值显示区、频率增益显示区、状态显示区。主显示区显示被测网络的特性曲线,主显示区点阵为 250×200,横轴有 10 个大格,纵轴有 8 个大格。

3. 各单元工作原理

1）扫频单元

扫频单元工作原理框图如图 8.6 所示。

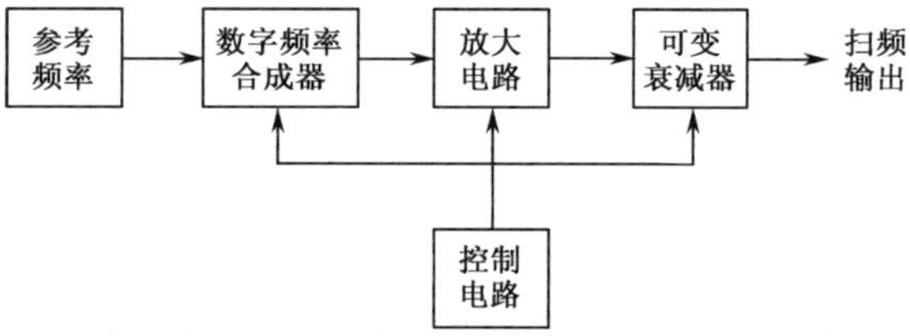

图 8.6　扫频单元工作原理框图

由图 8.6 可看出,扫频信号由数字频率合成器产生。合成扫频源通过软件使扫频源按照一定的频率间隔和停留时间,将输出频率依次步进锁定在一定范围内的一系列频点上,达到扫频效果。该仪器扫频步进精细,可优于 1Hz;扫频线性度高,由于输出频率直接由数字控制,因此扫频线性失真很小;扫频宽度宽,可实现全频段扫频。为了获得等幅且具有一定功率的扫频输出,采用了宽带放大器进行放大,以满足输出电平的要求,然后经衰减器送至输出端。

2）检测单元

(1) 幅度检测单元

传统的峰值检测为二极管检波方式,载波信号经二极管峰值检波转换成电压信号后,由对数放大器对其进行放大,获得载波电平的 dB 值,送显示单元。其由分离元件组成,电路复杂,稳定性较差。而该仪器采用集成芯片对载波电平进行测量。该集成芯片的特点是,在一个芯片内部集成了宽带对数放大器、1.8V 精密电压基准源及模拟标点电路和接口电路,能够测量扫频范围内信号的电平，芯片稳定度高，外围电路简单，工作温度范围宽。

(2) 相位检测单元

传统的相位差测量仪需要采用多片中小规模集成电路，不仅电路复杂，测量相位差的精度不高，而且适用的频率范围窄，只能测量低频或中频信号。而该仪器采用集成芯片对载波相位进行测量，可精确测量两个独立的射频(RF)、中频(IF)或低频(如音频)信号的相位差。相位检测器采用乘法器，能实现精确的相位平衡，在很宽的频率范围内，相位差的测量精度与信号电平无关。乘法器相位检测原理简述如下。

图 8.7 所示为由模拟乘法器和低通滤波器(LPF)组成的相位检测电路。

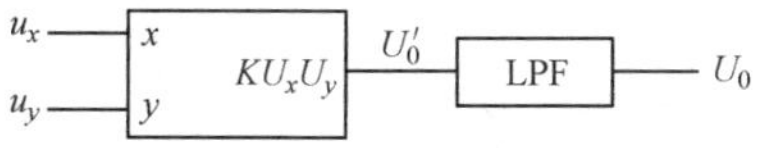

图 8.7 相位检测电路

设 $u_y=U_y\cos\omega t$，$u_x=U_x\cos(\omega t+\phi)$，则

$$U_0'=KU_y\cos\omega t\cdot U_x\cos(\omega t+\phi)=\frac{KU_xU_y}{2}[\cos\phi+\cos(2\omega t+\phi)] \tag{8.3}$$

U_0'经过低通滤波器后，滤去二倍频率成分，即可获得与输入信号相位差的余弦成正比的直流电压

$$U_0=\frac{KU_xU_y}{2}\cos\phi \tag{8.4}$$

幅度检测及相位检测在同一个芯片内完成，对数放大器和相位检测电路对输入信号进行处理后，以电流的形式把增益和相位差信息送至输出放大器，再由输出放大器决定增益灵敏度和相位灵敏度。

对数放大器能将一个宽范围的输入信号变成一个窄范围的 dB 刻度输出，其输出电压为

$$U_{\mathrm{OUT}}=U_{\mathrm{SLP}}\cdot\lg(U_{\mathrm{IN}}/U_{\mathrm{Z}}) \tag{8.5}$$

式中，U_{SLP}为增益斜坡电压，U_{IN}为输入电压，U_{Z} 为参考电压，代表输入信号相对参考电压的分贝比。

相位差输出电压的表达式为

$$U_{\mathrm{PHS}}=U_{\Phi}\cdot[\Phi(U_{\mathrm{INA}})-\Phi(U_{\mathrm{INB}})] \tag{8.6}$$

式中，U_{PHS}为相位斜坡电压，单位是 mV/°；Φ 为每个信号的相位，单位是°(度)。

幅度及相位检测输出电压经 A/D 转换器转换为数字量，由控制单元处理后送显示单元。

4. 应用举例

图 8.8 所示为用该仪器测试一个比较典型的双 T 型四端口 RC 选频网络的电路和频率特性曲线。网络带阻滤波器，在 $f_0=1/(2\pi RC)$ 处的增益 $G=0$，且相位移为 0。当 $R=10\mathrm{k}\Omega$，$C=22\mathrm{nF}$ 时，这两种电路的 f_0 理论上都等于 723Hz。测试该电路时，可把始点频率设为 20Hz，终点频率设为 1kHz。图 8.8(a)所示为 RC 选频网络电路。图 8.8(b)所示为仪器显示的相频特性曲线，图中实线(彩屏上是红色线)是幅频特性曲线，虚线(彩屏上是绿色线)是相频特性曲线。

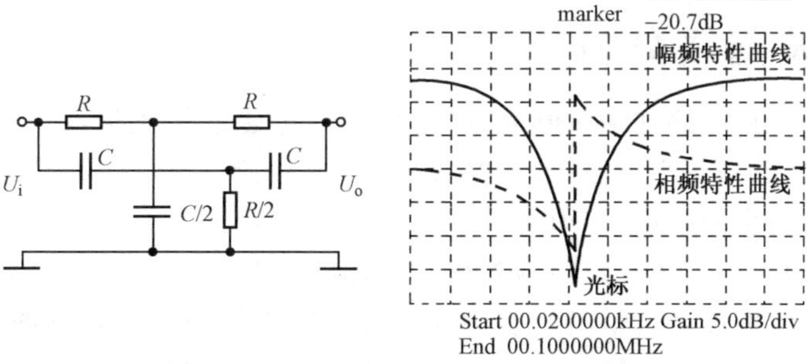

(a) (b)

图 8.8 双 T 型四端口 RC 选频网络的电路和频率特性曲线

测试 RC 带阻网络时测试仪参数的设置见表 8.1。RC 带阻网络的判读结果见表 8.2。

表 8.1　测试 RC 带阻网络时测试仪参数的设置

功能选择	菜单名称	参数设置
频率	频率	对数
	始点	20Hz
	终点	0.1MHz
增益	输出	－20dB
	输入	0dB
	基准	006
	增益	5.0dB/div
光标	光标	常态(或差值)
	光标 1	开
	光标 2	开(自动)
	光标 3	关
	光标 4	关
	光标幅频	测量幅频特性曲线时选中
	光标相频	测量相频特性曲线时选中
显示	幅频	开
	相频	开
系统	声音	开
	输入阻抗	高阻
	扫描时间	2 倍

表 8.2　RC 带阻网络的判读结果

幅频特性	谐振频率 f_0	0.792kHz	相频特性	最小相位	趋近于 0
	下边频 f_{CL}	134Hz		最大相位	趋近于±∞
	上边频 f_{CH}	4.21kHz		相位超前区间	$>f_0$
	带宽	3.92kHz		相位滞后区间	$<f_0$
	f_0点电路增益	－26.9dB		f_0点相位特性	双向、间断

※8.2　微波网络分析仪

微波一般是指频率在 300MHz～300GHz 范围内的电磁波。通常，将微波划分为米波(0.3～3GHz)、厘米波(3～30GHz)和毫米波(30～300GHz)3 个波段。

前面已指出，随着频率的提高，当电路的工作波长和电路元件的物理尺寸可比拟时，电路的分布参数的作用将不断增大而不能忽略。故对微波电路，人们关心的不再是集总元件上的电压和电流关系，而是传输介质中电波的传输特性。因而对微波网络的测量技术与前述的低频测量有很大不同。

微波测量的参数可分为微波网络参数和微波信号特性两大类。本节主要讨论微波网络参数的测量原理。

本节先介绍微波网络的一些基本特性和参数，然后介绍两种（标量和矢量）网络分析仪的组成原理和主要功能。

8.2.1 微波网络参数

所谓微波网络，只是对实际的物理实体所进行的数学抽象。虽然用网络方法不能研究元件内部各点的场强，但微波元件的作用是通过它对微波信号的传输特性来表征的，而这一传输特性可用网络表示。因此，当网络输入端的电压、电流及输出端的电压、电流之间的相互关系已知时，微波元件的特性也就完全确定了。

微波网络端口是根据微波元件所外接的均匀传输线的数目来确定的。若只外接 1 根传输线，则代表该元件的网络为单端口网络，如匹配负载、短路活塞等。若微波元件与 2 根、3 根或 4 根均匀传输线相连，则分别称该元件为双端口、三端口或四端口网络。描述这些网络外部特性的电参数称为网络参数。

为测量这些参数，要将多端口网络转化为双端口网络，而双端口网络的反射参数又可转化为单端口网络来进行测量。因此，微波网络参数测量包括单端口和双端口网络参数的测量。

1. 双端口网络的 *S* 参数

描述双端口网络外部特性的参数有多种，但应用最多的是散射参数 S，如图 8.9 所示。图中，a_1、a_2 是网络的输入，b_1、b_2 是网络的输出，其中 b_1、a_2 是由网络反射产生的。用方程表示它们的关系为

$$b_1 = S_{11}a_1 + S_{12}a_2 \tag{8.7}$$

$$b_2 = S_{21}a_1 + S_{22}a_2 \tag{8.8}$$

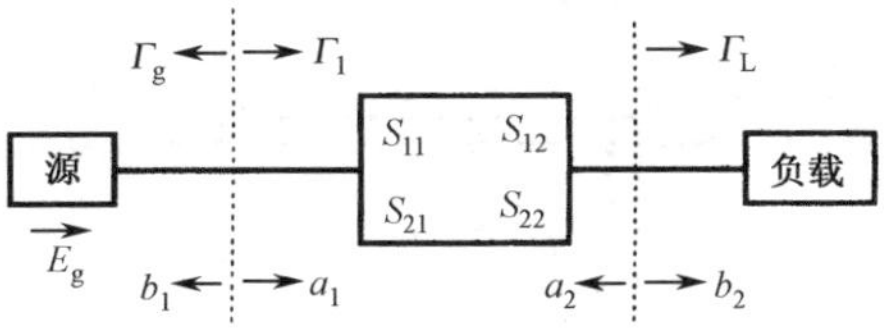

图 8.9 双端口网络的 S 参数

式中，S 及 a、b 均为复数。

对单端口网络，常用反射参数 Γ 表示其电特性

$$\Gamma = \frac{b_1}{a_1} \tag{8.9}$$

反射系数与输入阻抗间有固定的转换关系

$$Z_{in} = Z_0 \frac{1+\Gamma}{1-\Gamma} \tag{8.10}$$

式中，Z_0为传输线的特性阻抗。当在双端口网络的终端接上匹配负载时，可以像测量单端口 Γ 那样，测量其反射参数 S_{11} 或 S_{22}。

反射系数与电压驻波比 ρ 的关系为

$$|\Gamma| = \frac{\rho - 1}{\rho + 1} \tag{8.11}$$

由于反射系数的变化范围为 $0 \leqslant |\Gamma| \leqslant 1$，因而驻波比的变化范围为 $1 \leqslant \rho < \infty$。驻波比 ρ 是大于或等于 1 的无量纲的实数。

反射参数（Γ、S_{11}、S_{22}，有时也称阻抗参数）和传输参数（S_{12}、S_{21}）都是复数。但在微波工程中，为表征元器件的匹配程度，常用反射系数的模值 $|\Gamma|$ 或有关的标量参数，作为主要技术指标，这种方法简单，成本较低。故把反射参数分为标量反射参数（$|\Gamma|$、$|S_{11}|$、$|S_{22}|$ 及驻波比 ρ）和矢量反射参数（Γ、S_{11}、S_{22} 及 Z）两种。同理，传输系数也分为标量传输系数（$|S_{21}|$、$|S_{12}|$ 及衰减 $A = -20\lg|S_{21}|$）和矢量传输系数（S_{21}、S_{12}）两种。

在实际测量中，有时还用到回波损失（RL）这一参数，其定义为

$$\mathrm{RL} = -20\lg|\Gamma| \ \mathrm{dB} \tag{8.12}$$

回波损失表示反射波损失的大小。当 RL→∞时，网络的反射波为 0，即匹配状态。

2. 反射计与定向耦合器

反射计的基本作用是将传输线上由被测负载所引起的反射波和入射波分离开来，以便比较它们的大小和相位，从而确定被测负载的反射系数，或换算成驻波比及输入阻抗。反射计的概念在微波测量中非常重要，它除了能测量微波网络的反射参量，还是组成现代微波测量仪器的基础，微波网络分析仪就要用到它。

反射计的基础是定向耦合器，因此要对定向耦合器的原理及主要技术指标做简要介绍。

定向耦合器由微波传输线构成。同轴线、带状线、微带线、矩形波导和圆形波导这些传输线均可构成定向耦合器。因此，从结构上看，定向耦合器种类繁多，差别很大。但从定向耦合器的耦合机构看，主要有分支耦合、平行耦合、小孔耦合和匹配双 T 耦合 4 种。尽管这些定向耦合器的结构形式不同，但其等效网络均可用图 8.10表示。

如图 8.10 所示，①和②两路在主线上，③和④两路在副线上。至于副线中是③端还是④端与①端彼此隔离，要看定向耦合器的结构才能决定。假定①端为输入端，②端为直通端，③端为耦合端，④端为隔离端。当②、③和④端均外接匹配负载时，令①端输入功率为 P_1，直通端输出功率为 P_2，耦合端输出功率为 P_3，隔离端输出功率为 P_4。利用各端功率之间的关系即可表示定向耦合器的方向性。描述定向耦合器的主要技术指标如下。

1）耦合度

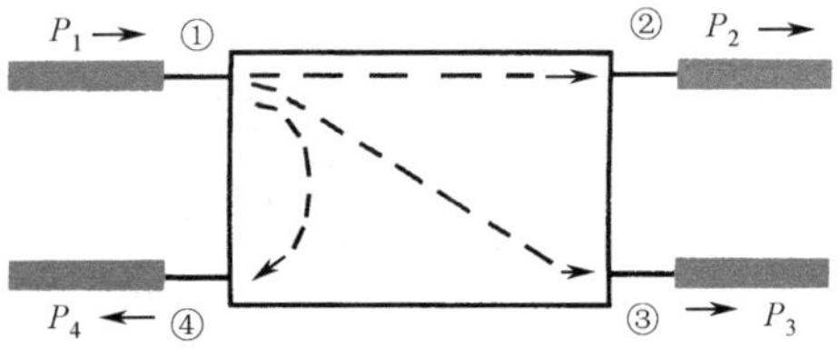

图 8.10　定向耦合器等效网络

耦合度也称过渡衰减，它等于输入端功率 P_1 与耦合端功率 P_3 之比，用分贝表示为

$$C = 10\lg\frac{P_1}{P_3}\ \text{dB} \tag{8.13}$$

2）隔离度

隔离度表示 P_1 与 P_4 之比，用分贝表示为

$$D = 10\lg\frac{P_1}{P_4}\ \text{dB} \tag{8.14}$$

反映隔离度的指标也可用定向性表示。定向性代表耦合端输出功率 P_3 与隔离端输出功率 P_4 之比，表示为

$$C' = 10\lg\frac{P_3}{P_4} = 10\lg\frac{P_1}{P_4} - 10\lg\frac{P_1}{P_3}$$

或

$$C' = (D - C)\ \text{dB} \tag{8.15}$$

即定向性等于隔离度与耦合度之差。

3）输入驻波比 ρ

输入驻波比 ρ 指②、③和④端均外接匹配负载时，①端的输入驻波比。

4）带宽

带宽是指当耦合度、隔离度和输入驻波比均满足指标要求时，定向耦合器的工作带宽。

8.2.2　网络分析仪的组成

一个网络分析仪包含 4 个主要部分：信号源，用于产生入射信号；信号分离设备，用于分离入射、反射及透射信号；接收机，用于接收微波信号并转化为中频信号；信号处理和显示设备，用来处理中频信号和显示结果。其组成框图如图 8.11 所示。

1. 信号源

工作在射频或微波的信号源，产生用于激励被测器件的入射信号。通过扫描信号源的频率，就可以测出被测器件的频率响应特性。信号源的频率范围、频率稳定度、频谱纯度、输出功率电平和电平控制都是影响测试精度的因素。网络分析仪中的信号源主要有两种类型：扫频振荡器和合成扫频振荡器（包括合成信号发生器）。前者价格较低，但其频率精度和稳定性远低于后者。如果被测器件的响应在扫频振荡器的残余调频宽度内变化显著（如晶体滤波器的特性），就需要使用更稳定的信号源（如合成信号发生器或合成扫频振荡器）。同样，如果器件的相位响应在相应的频率范围内变化很快（电长度很长的器件，如电缆等），也需要使用频率稳定的信号源（如合成信号发生器），以防止漂移。

2. 信号分离设备

测试过程的第2步就是分离入射、反射和透射的信号。信号分离后，就可以分别测出它们各自的幅度和相位。信号分离可采用定向耦合器、电桥、功率分配器，甚至高阻探头来完成。图8.12至图8.14为3种电压传输测试的结构形式，其中，DUT（Device Under Test）称为被测器件。

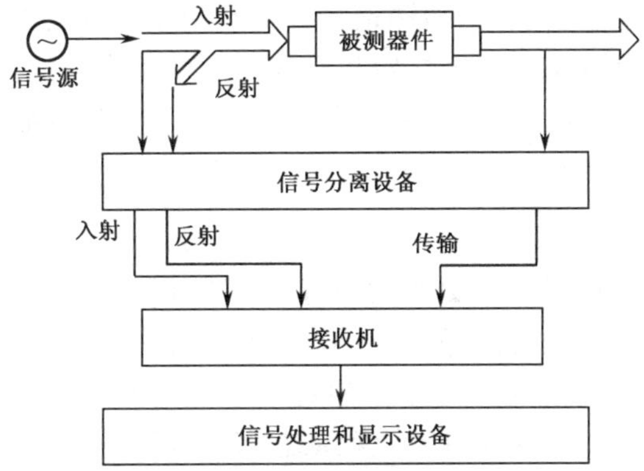

图8.11　网络分析仪的组成框图

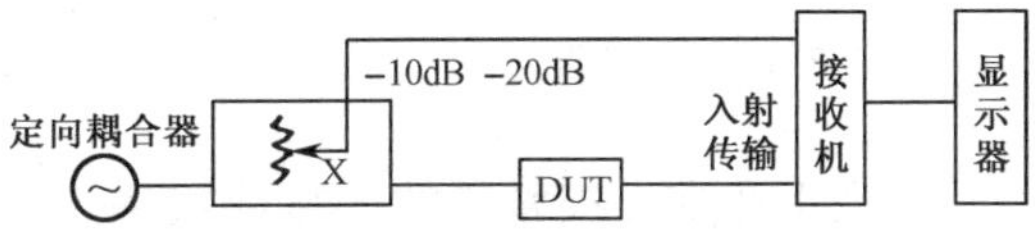

图8.12　电压传输测试的结构形式1

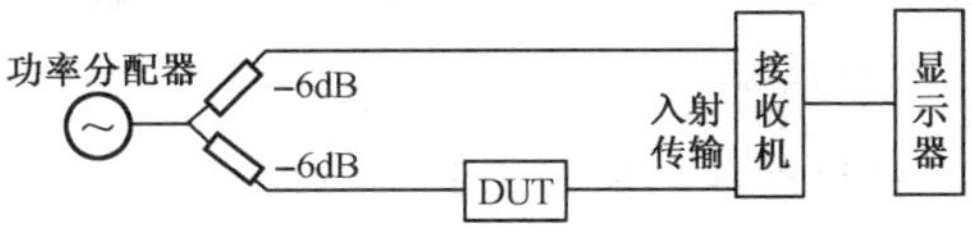

图8.13　电压传输测试的结构形式2

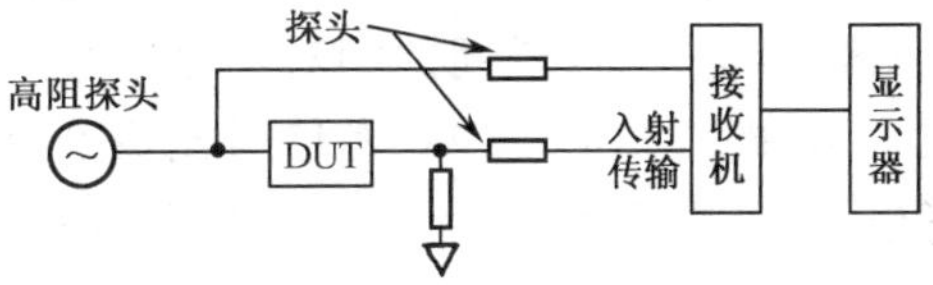

图8.14　电压传输测试的结构形式3

图8.12应用定向耦合器分离的形式，前面已介绍过。图8.13应用双电阻功率分配器对入射信号和透射信号进行采样。入射信号被平均地分配到两个臂上，每个臂上的输出信号功率比入射信号功率低6dB。功率分配器的一个主要用途就是使测试产生很好的源匹配。如果功率分配器的一个输出端与参考指示器相连，另一端通过被测器件与传输指示器相连，就可以通过显示的反射信号和入射信号间的比值调整功率分配器中的电阻，来实现测试中的等效源匹配。所有在功率分配器之前对源匹配有影响的因素都被排除掉了。功率分配器具有非常宽的频带、极好的频率响应，并且在测试设备输入端具有较好的匹配。图8.14中，当环境不是典型的75Ω或50Ω时，测试中应使用高阻探头。注意，探头的阻抗一定要比电路的阻抗大，以免引入不必要的负载。

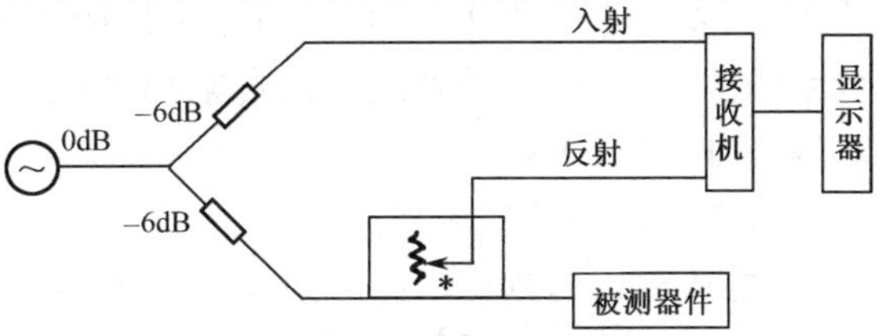

*电桥或双向耦合器

图8.15　反射测试结构

反射测试结构如图8.15所示。反射测试需要定向器件，入射信号和反射信号的分离可采用双定向耦合器或电桥实现。这两种方法主要的不同在于涉及的功率电平。定向耦合器在主臂中损耗较小,但由于电桥在较宽的频率范围内具有较好的响应,所以通常使用电桥。

3. 接收机

接收机用于将射频信号或微波信号转化为中频或直流信号,以便进行精密测试。在网络分析仪中主要有 3 种接收方法,如图 8.16 至图 8.18 所示。最简单的方法是使用二极管检波器作为宽频带传感器,它能将入射的所有射频能量转化为与入射功率成比例的直流信号。另外两种类型的接收机是宽波段调谐接收机,它们既可以采用基波混频输入结构,也可以采用谐波混频输入结构,将射频信号转化为中频信号。调谐接收机带有中频窄带滤波器,用于滤除干扰信号,并且扩展接收机的噪声空间。

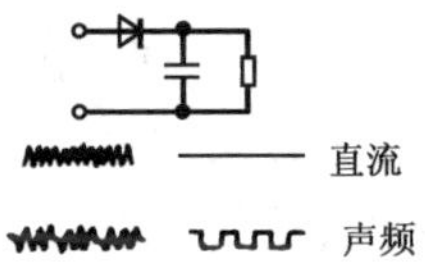

图 8.16　二极管

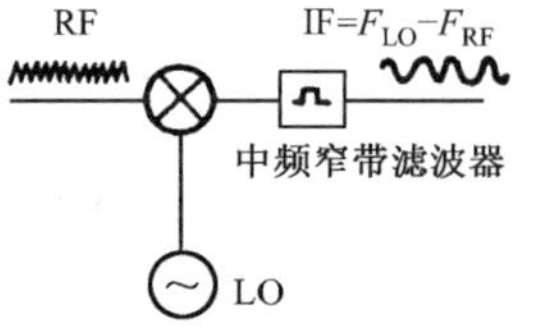

图 8.17　基波混频

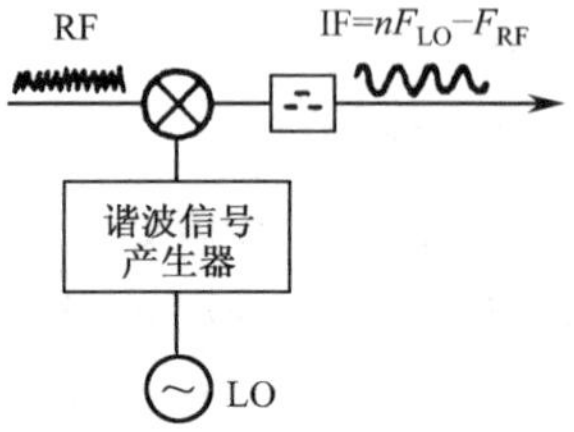

图 8.18　谐波混频

一般,采用宽带二极管检波的接收机用于标量网络分析仪中,而调谐接收机则用于矢量网络分析仪中。标量测试系统价格较低并且易于实现,矢量测试系统调谐接收机具有很大的动态范围,并且避免了谐波响应和干扰响应,它也可以测试输入信号的相位关系,并且具有为提高测试精度而进行复杂校准的能力。

4. 信号处理和显示设备

当探测到射频信号后,信号处理和显示设备用于对信号进行处理并显示测试数据。网络分析仪实际上是具有一个参考通道和至少一个测试通道的多通道接收机。网络分析仪可以测试各通道中的绝对信号电平、通道间的相对信号电平(比率)及通道间的相位差。相对信号比率的测试通常用分贝表示,即未知信号与参考信号比值的对数值。这就使仪器具有全程动态特性,既可测高电平响应,又可测低电平响应。例如,0dB 表示两个信号电平是相同的,±20dB 表示两个信号电平间的比值为 100∶1。所有网络分析仪中的相位测试都是相对的,它将参考通道中的信号相位当作 0 相位,测试通道中的信号与参考通道中的信号之间的相位差。

8.2.3　自动网络分析仪

前面介绍了点频法和扫频法。点频法能用调配和校正的方法使系统的失配、跟踪和方向性误差都减到最小,因而能得到很高的测量精度,但测量速度慢、烦琐。扫频法快速、直观,能在宽频带内给出待测器件的性能参数,但在宽频带下很难计算所有的误差。为了发挥点频测量和扫频测量的优点,克服它们的缺点,有效的方法是把微波网络分析仪和计算机结合起来,用计算机去控制测量系统的各个部分,并处理好来自幅相接收机的数据。这种用计算机控制的网络分析仪就称为自动网络分析仪(ANA)。

自动网络分析仪测量速度快、精度高。它采用"步进—频率扫描"方式,在有限频带内进行点频测量,能从测试的数据中扣除系统的误差,且可以把测得的 S 参数转换为 Z、Y 或 H 参数,能求出群延迟、电压驻波比、回波损失、衰减或其他所需要的参数。

自动网络分析仪由程控微波信号源、电子开关、A/D 转换器和数据处理等几部分组成,如图 8.19所示。

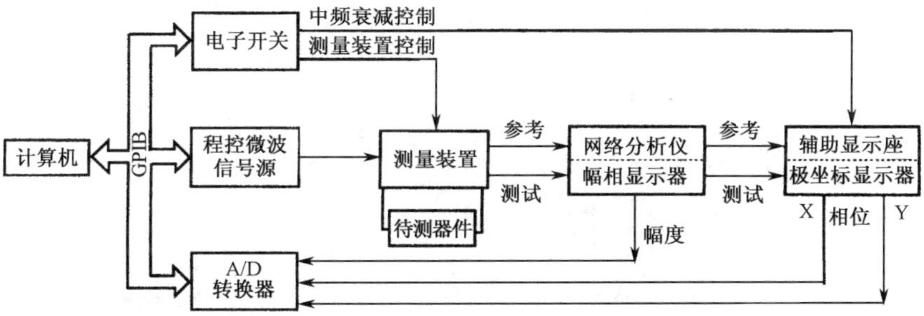

图 8.19 微波自动网络分析仪的基本框图

在测量过程中，计算机控制微波信号源，通过电子开关控制测量装置的 S 参数选择开关和辅助显示座，实现全自动化测量。辅助显示座用来实现中频衰减控制。程控微波信号源输出的功率经过测量装置分为两路，即参考信号和测试信号，它们被送到网络分析仪中，由幅相显示器和极坐标显示器显示出测量的结果。由计算机输出测试结果时，幅度取自幅相显示器的模值输出，相位取自极坐标显示器的X和Y输出，用来计算相位角度。然后将幅度和相位数据送到数字处理部分的A/D转换器中，数字化后由计算机打印输出。数据处理部分有较强的功能，它可以转换输出参数的形式，如把 S_{21} 或 S_{12} 变为插入损耗或衰减，将相位数据变为群延迟等。

最后，在表8.3中列出几种典型的网络分析仪的型号与主要参数，供选用时参考。

表 8.3 几种典型的网络分析仪的型号与主要参数

公　司	型　号	名　称	频率范围	动态范围	通道数
中电仪器	36110	标量网络分析仪	10MHz～110GHz	－50～＋20dBm	3
中电仪器	3656D	矢量网络分析仪	300kHz～20GHz	125dB	4
鼎阳电子	SVA1075X	矢量网络分析仪	100kHz～7.5GHz	DANL～＋20dBm	2
是德科技	E5071C	矢量网络分析仪	300kHz～20GHz	123dB	4
泰克科技	TTR－506A30	矢量网络分析仪	100kHz～6GHz	122dB	4

8.3 频谱分析仪概述

8.3.1 信号的时域与频域分析

在“信号与系统”课程中学过，一个电信号的特性可以用一个随时间变化的函数 $f(t)$ 表示，同时也可用一个频率 f 或角频率 ω 的函数 $F(\omega)$ 表示。这两种表示之间的关系在数学上可表示为一对傅里叶变换关系

$$f(t)=\frac{1}{2\pi}\int F(\omega)\mathrm{e}^{\mathrm{j}\omega t}\mathrm{d}\omega \tag{8.16}$$

$$F(\omega)=\int f(t)\mathrm{e}^{-\mathrm{j}\omega t}\mathrm{d}t \tag{8.17}$$

上述关系可以由图8.20形象地表示出来。图中从时域 t 方向描述的电信号就是示波器上看到的波形 $f(t)$。从频域 f 方向看到的这个信号，可表示为一组沿频率轴排列的正弦信号频率的集合，即 $F(\omega)$，也就是 $f(t)$ 中所包含的各频率分量。各频率分量沿 f 轴按大小排列的图形，称为频谱图。频谱分析仪能测量和显示电信号的频谱，通常只给出振幅谱或功率谱，不直接给出相位信息。

示波器和频谱分析仪从不同角度观测同一个电信号，各有不同的特点。示波器从时域上容易区分电信号的相位关系，如图8.21(a)所示为基波与二次谐波起始峰值对齐的合成波形（线性相加），图8.21(b)所示为基波与二次谐波起始相位相同合成的波形。两者合成波形相差很大，在示

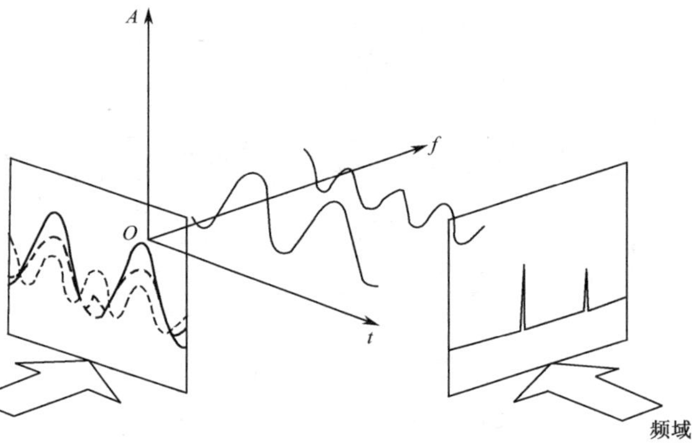

图 8.20 时域与频域观测之间的关系

(a) (b)

图 8.21 不同相位合成的波形

波器上可以明显地看出来，而在频谱分析仪上仍是两个频率分量，看不出差异。但是，如果合成电路(如放大器)有非线性失真，即基波和二次谐波信号不能线性相加，两者则有交互作用，像混频器一样会产生新的频率分量，这在示波器上是难以觉察到的，而在频谱分析仪上则会明显看到由于非线性失真带来的新的频谱分量。可见，示波器和频谱分析仪有各自的特点，并起到互为补充的作用。

8.3.2 频谱分析仪的主要用途

现代频谱分析仪有着极宽的测量范围，观测信号频率可高达几十 GHz，幅度范围超过 140dB，故有着相当广泛的应用场合，以至被称为射频万用表，成为一种基本的测量工具。目前，频谱分析仪主要应用于以下一些方面。

① 正弦信号的频谱纯度：测量信号的幅度、频率和各寄生频谱的谐波分量。

② 调制信号的频谱：测量调幅波的调幅系数、调频波的频偏和调频系数，以及它们的寄生调制参数。

③ 非正弦波的频谱：如测量脉冲信号、音频视频信号等。

④ 通信系统的发射机质量：如测量载频频率、频率稳定度、寄生调制，以及频率牵引等。

⑤ 激励源响应：如测量滤波器的传输特性、放大器的幅频特性、混频器与倍频器的变换损耗等。

⑥ 放大器的性能：如测量幅频特性、寄生振荡、谐波与互调失真等。

⑦ 噪声频谱的分析。

⑧ 电磁干扰：可测定辐射干扰和传导干扰、电磁干扰，也可以用来侦察敌台或敌方施放的干扰。

8.3.3 频谱分析仪的分类

频谱分析仪从工作原理上可分为模拟式与数字式两大类。模拟式频谱分析仪是以模拟滤波器为基础的，数字式频谱分析仪是以数字滤波法或快速傅里叶变换分析法为基础的。

- 模拟式
  - 实时 —— 并联滤波法
  - 非实时
    - 顺序滤波法
    - 可调滤波法
    - 扫频外差法
- 数字式
  - 数字滤波法
  - 快速傅里叶变换(FFT)分析法
- 混合式
  - 扫频式＋FFT
  - 实时频谱分析仪

8.3.4 频谱分析仪的工作原理

1. 模拟式频谱分析仪

一个标准正弦调幅信号的频谱图如图 8.22(a)所示，现在设计一个频谱分析仪，采用滤波器将这 3 根频谱选出来。有以下方案可以考虑：

方案 1：并联滤波法(也称顺序滤波法) 设计一组带通滤波器(BPF)，频谱图如图 8.22(b)所示，对应的电路图如图 8.23 所示。这些滤波器的中心频率是固定的，并按分辨率的要求依次增大，在这些滤波器的输出端分别接有检波器和相应的检测指示仪器。这种方案的优点是能实时地选出各频谱分量，缺点是结构复杂、成本高。

方案 2：可调滤波法 设计一个中心频率可调的滤波器，频谱图如图 8.22(c)所示，对应的电路图如图 8.24 所示。看来电路得到大大简化，然而可调滤波器的通频带难以做得很窄，其可调范围也难以做得很宽，而且在调谐范围内难以保持恒定不变的滤波特性，因此只适用于窄带频谱分析。

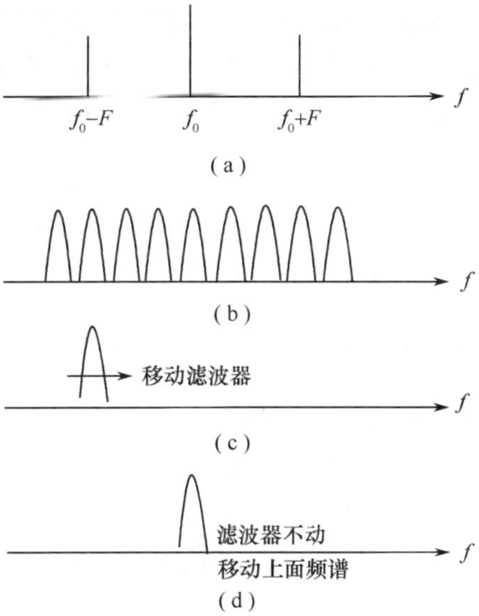

图 8.22 频谱图

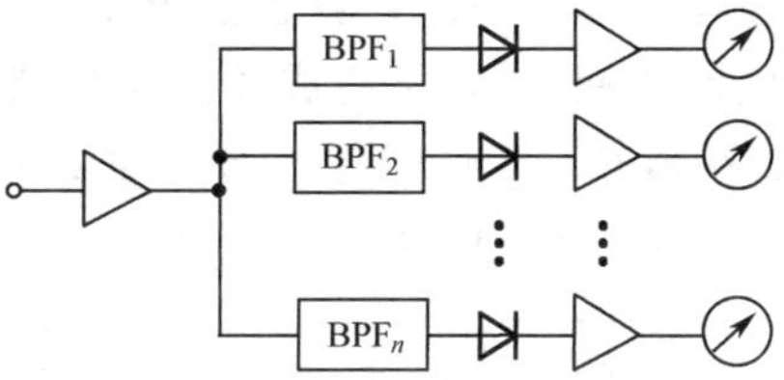

图 8.23 并联滤波法电路图

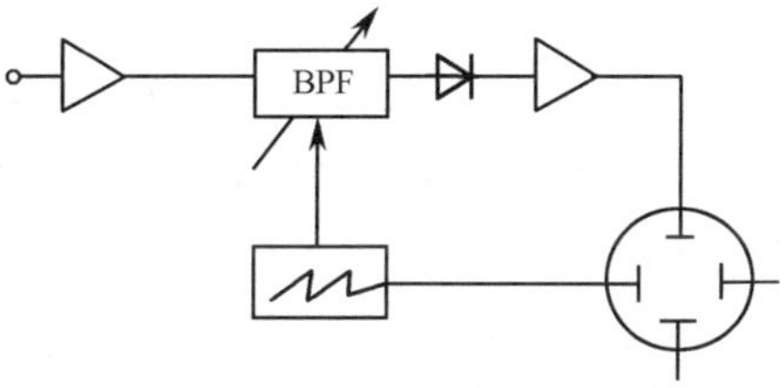

图 8.24 可调滤波法电路图

以上两个方案都通过改变滤波器来找频谱，是以百变应对万变，难度自然很大。能否改变思维方法，采用逆向思维，以不变应万变呢？

方案 3：扫频外差法 这个方案是滤波器不变，让频谱依次移入滤波器中，频谱图如图 8.22(d)所示，对应的电路图如图 8.25 所示。图中滤波器的中心频率是不变的，被测信号与扫频的本振混频，将被测信号的频谱分量逐个移入滤波器中，然后与扫频锯齿波信号同步地加在示波管上显示出来。具体原理和实现方法在 8.4 节中讨论。

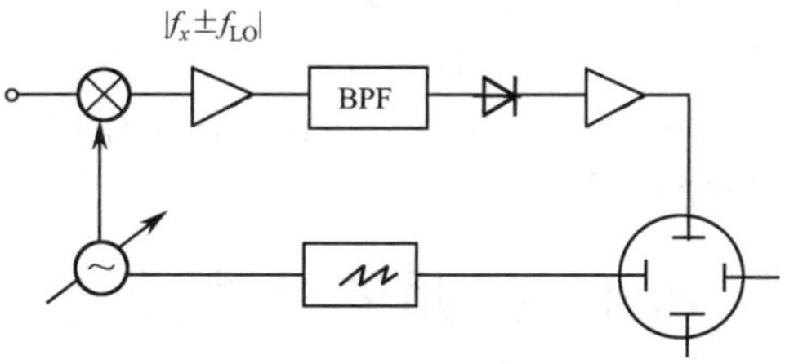

图 8.25 扫频外差法电路图

2. 数字式频谱分析仪

实现数字式频谱分析仪主要有两种方法，其中数字滤波法是仿照模拟频谱分析仪，用数字滤波器代替模拟滤波器，其原理框图如图 8.26 所示。图中，为了实现数字化，在滤波器前加入了采样保持电路和 A/D 转换器，数字滤波器的中心频率可由控制和时基电路顺序改变。

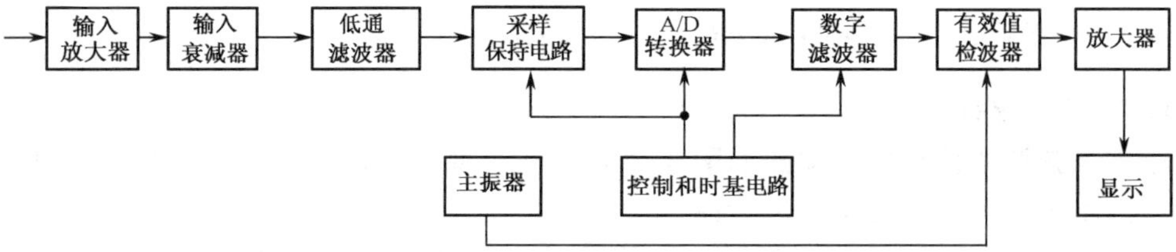

图 8.26　数字式频谱分析仪原理框图

所谓数字滤波，其主要功能是对数字信号进行过滤处理。由于输入/输出都是数字序列，所以数字滤波器实际上是一个序列运算加工过程。与模拟滤波器相比，它具有滤波特性好、可靠性高、体积小、重量轻、便于大规模生产等优点。但是，目前数字系统速度还不够高，故在使用上还有局限性。

快速傅里叶变换(FFT)分析法是一种软件计算法。若知道被测信号 $f(t)$ 的采样值 f_k，则可用计算机按快速傅里叶变换的计算方法求出 $f(t)$ 的频谱。现已有专门的 FFT 计算器，将它与数据采集和显示电路相配合，则可组成频谱分析仪，其原理框图如图 8.27 所示。图中低通滤波器、采样电路、A/D 转换器和存储器等组成数据采集系统，它将被测信号转换成数字量，送入 FFT 计算器中计算出被测信号的频谱，并显示在显示器上。

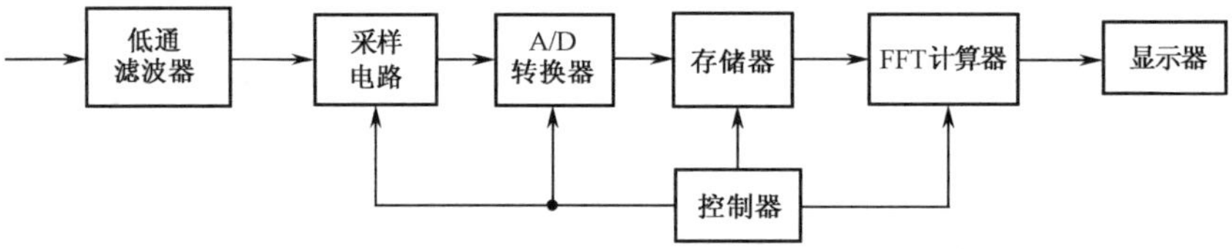

图 8.27　快速傅里叶变换式频谱分析仪原理框图

通常采用 DSP(Digital Signal Processor，数字信号处理器)来完成 FFT 的频谱分析功能。在速度上明显超过传统的模拟式频谱分析仪，能够进行实时分析。但当前受 A/D 转换器等器件性能限制，工作频段还较低。但是，现代频谱分析仪将外差式扫描频谱分析技术与 FFT 数字信号处理技术结合起来，通过混合型结构集成了两种技术优点。

快速傅里叶变换式频谱分析仪常做成多通道的，这样不但可以同时分析多个信号的频谱，而且还可测量各个信号之间的相互关系，例如，可测量信号之间的相关函数、交叉频谱等。

最后应当指出，通常应用的大多是扫频外差式模拟频谱分析仪。较好的现代频谱分析仪则采用模拟与数字混合的方案，采用“数字中频”技术，在中频上进行 A/D 转换，然后进行 FFT 分析。纯数字式 FFT 频谱分析仪目前主要用于低频段，但随着数字技术的进步，数字式频谱分析仪有着很好的发展前景。

8.4　扫频外差式频谱分析仪

8.4.1　工作原理

现以一个具体的例子来说明扫频外差式(简称扫频式)频谱分析仪的工作原理，如图 8.28 所示。

设被测信号是载频为 700kHz 的标准调幅波，按理论分析它应有 3 根谱线(699kHz、700kHz、701kHz)，如图 8.28(a)所示。下面研究如何使这 3 根谱线显示在屏幕上。图 8.28(b)所示为一个扫频式频谱分析仪原理框图，可以看成是由“外差接收机＋示波器”组成的。现从锯齿波扫描电压开始讨论其工作原理，扫描电压向右加到示波管的 X 偏转板上产生扫描时基线，向左加至扫频本

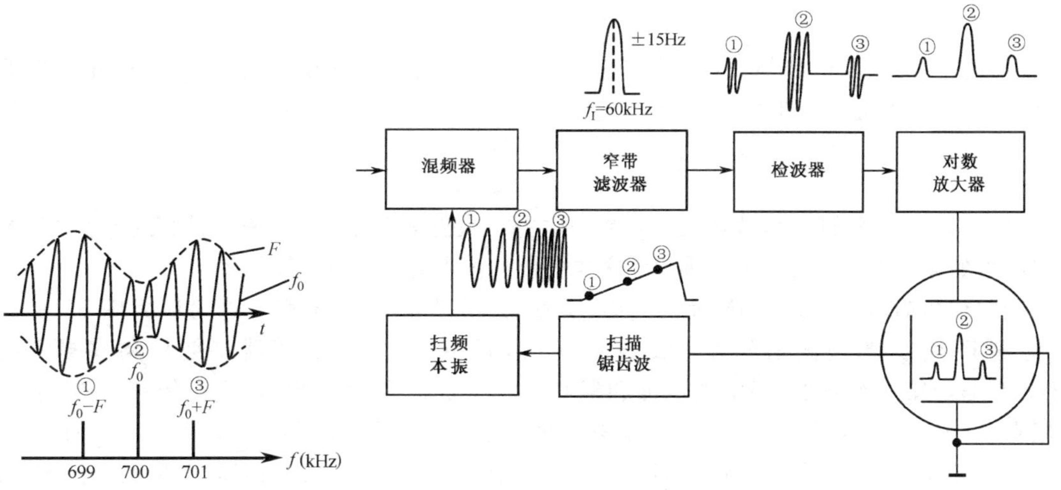

(a)被测信号　　(b)原理框图

图 8.28　扫频式频谱分析仪工作原理

振产生频率从低到高的线性调频波。设扫描电压扫到图中①点时，扫频本振输出频率为 759kHz，这时与被测信号的第 1 根谱线对应的频率 699kHz 混频，得差频 60kHz，正好落入窄带滤波器中，输出一个 60kHz 的信号波形(见检波器上的波形①)，然后经检波器得包络波形①再经放大加到示波管 Y 偏转板上，与扫描时基线①处同步显示出第 1 根谱线。同理，设当扫描电压扫到②点时，扫频本振输出频率为 760kHz，与被测信号第 2 根谱频混频，也得差频 60kHz 落入窄带滤波器中，输出信号波形②，检波并放大后与扫描时基线同步在屏幕上显示出第 2 根谱频。同理，显示出第 3 根谱线。

因此，扫频式频谱分析仪的原理可以简述为：扫频的本振与信号混频后，使信号的各频谱分量依次地移入窄带滤波器中，检波并放大后与扫描时基线同步显示出来。其要点是移频滤波。

应该指出，实际的频谱分析仪要比图 8.28(b)复杂一些。下面通过两个实例进行说明。

8.4.2　实例 1：BP－1 型频谱分析仪

BP－1 型频谱分析仪是成都前锋电子仪器厂生产的早期产品，虽然性能指标不高，但利用它讲解整机工作原理比较简明易懂。图 8.29 所示为 BP－1 型频谱分析仪的原理框图，其测试频率范围为100Hz～30MHz，从图中可以看出，其具有以下特点。

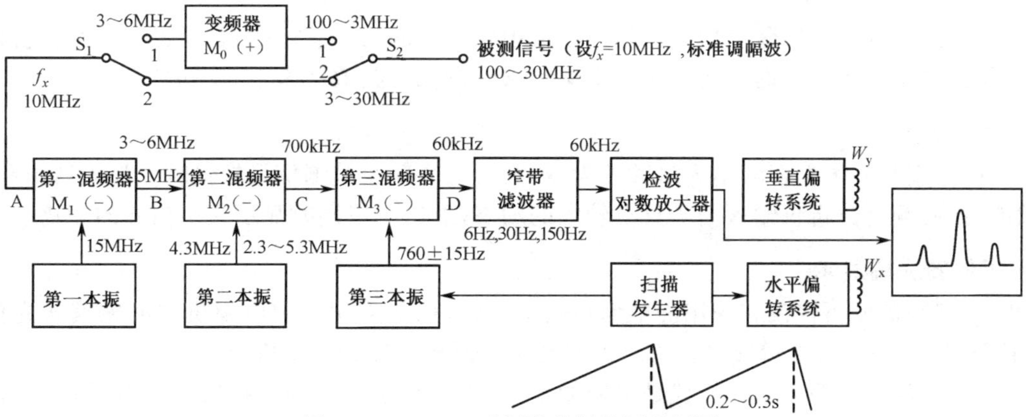

图 8.29　BP－1 型频谱分析仪原理框图

1. 多级变频

频谱分析仪的主要电路是一台超外差接收机。为了提高分辨频谱能力，就要提高接收机的选择性，而决定选择性的通频带为

$$\Delta f = \frac{f}{Q} \tag{8.18}$$

谐振回路的 Q 值提高较困难，故欲使 Δf 减小，主要措施是降低信号频率 f，因此要通过多次变频将被测信号的频谱搬移到较低的中频上，这样窄带滤波器才容易实现。

现选取被测信号为 $f_x = 10\text{MHz}$ 的标准调幅波，说明其工作过程。这时应将图 8.29 中开关 S_1、S_2 均置于 2 处（当被测信号在 3MHz 以下时，置于 1 处，让变频器将信号频率提升到 3～6MHz），信号经第一变频器（通常把本振和混频合在一起时称为变频器）变至第一中频 5MHz（第一本振有 10 个波段，这时选 15－10＝5MHz）；再送第二变频器，调谐第二本振至 4.3MHz，与第一中频 5MHz 在第二混频器混频后得第二中频 700kHz，再送至第三变频器变到第三中频 60kHz。注意，第三本振是扫频的，它将 3 根谱线依次地移入窄带滤波器中，其工作过程见图 8.28。图 8.29 中，窄带滤波器实际上就是第三中频放大器，它的带宽有 6Hz、30Hz、150Hz 共 3 挡可选。上述工作过程在图 8.29 中 A、B、C、D 各点处的时域波形图及对应的频谱图如图8.30所示。

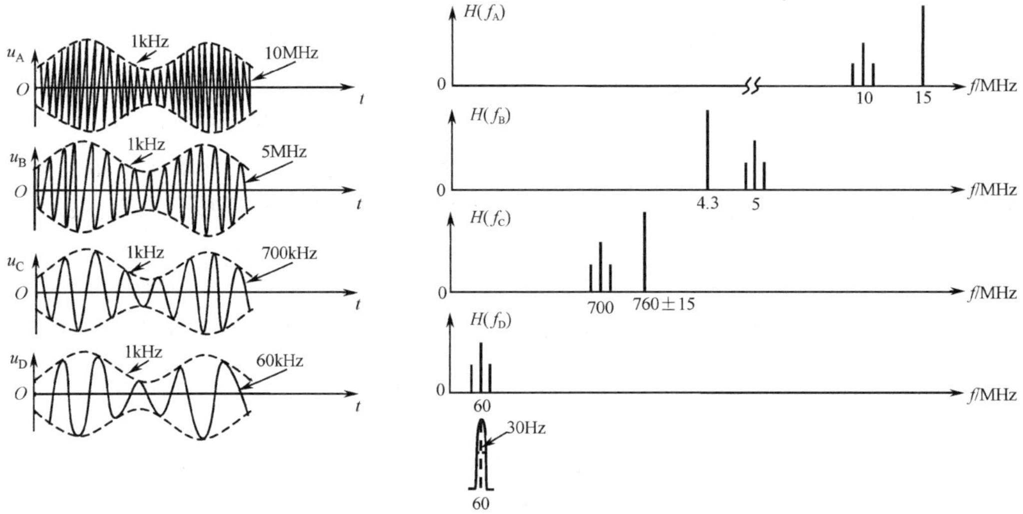

图 8.30　各点处的时域波形图及对应的频谱图

2. 多级放大

在多级变频的同时，实际上信号也是经各级中频放大的，其主要目的是要提高频谱分析仪的灵敏度，以便能测量微弱信号的频谱。BP－1 型频谱分析仪的灵敏度为 1～20mV。

3. 对数放大

检波后的视频放大器通常串入对数放大器，其目的是防止被测信号较强时使放大器饱和，提高抗过载能力，使频谱分析仪输入信号具有较大的动态范围，可以同时显示大小信号的频谱。

4. 磁偏转光栅显示

BP－1 型频谱分析仪没有采用静电偏转式示波管，而是采用黑白电视机中的磁偏转光栅显示 9 寸显像管，以获得较大显示屏幕。关于光栅显示的原理请参阅电视机资料。

应当指出，BP－1 型频谱分析仪是早期的产品，为了易于扫频和获得较高的分辨率，设计在第三本振时进行扫频，通常称为扫中式。若在第一本振时进行扫频，可以在更宽的频率范围内看到更

多的信号频谱，通常称为全景式。早期全景式频谱分析仪（例如，BP—12 型频谱分析仪）为了看全景频谱分布，而看不清楚各频谱内的谱线结构。但是现代频谱分析仪，由于电子技术的进步，大多采用全景式方案，而分辨率可以做得很高。

以上通过 BP—1 型频谱分析仪介绍了频谱分析仪的组成原理，它与现代频谱分析仪相比，在组成原理上类似，只不过现代频谱分析仪在具体电路技术上更先进一些。例如，本振电路都采用了锁相技术或频率合成技术，大大提高了本振频率稳定度指标，同时中频滤波器的通频带也可以做得很窄，使频谱分析仪的性能大为改善。

8.4.3 实例 2：AV4051 系列频谱分析仪

图 8.31 所示为中电仪器公司公司生产的 AV4051 系列频谱分析仪原理简化框图。这是一台由微处理器控制，操作系统为 Windows 7，三次变频的超外差扫频式频谱分析仪。

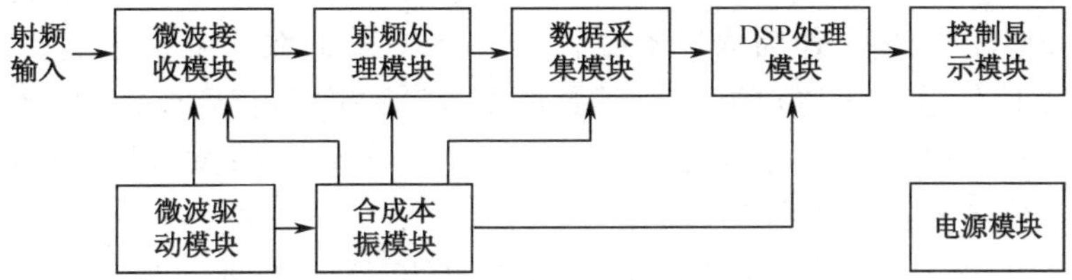

图 8.31 AV4051 系列频谱分析仪原理简化框图

微波接收模块的变频原理框图如 8.32 所示。0 波段，3Hz～4GHz 信号由输入端依次经 14dB 开关隔直程控步进衰减器、58dB 程控步进衰减器、开关双工器，进入低波段变频组件，与第一本振（YIG 振荡器）的信号（5.225～9.325GHz）进行混频得 5.225GHz 中频，经过 5.225GHz 带通滤波器到低波段变频组件中的第二变频器，与第二本振的 4.8GHz 差频得 425MHz 第二中频。当频率小于 1.1GHz 且频宽小于 5MHz 时，整机自动进入相噪优化模式，输入信号与第一本振（YIG 振荡器）的 2 分频信号（2.825～4.525GHz）进行混频得 2.825GHz 中频，经过 2.825GHz 带通滤波器到低波段变频组件中的第二变频器，与第二本振的 2 分频信号 2.4GHz 差频得第二中频 425MHz。

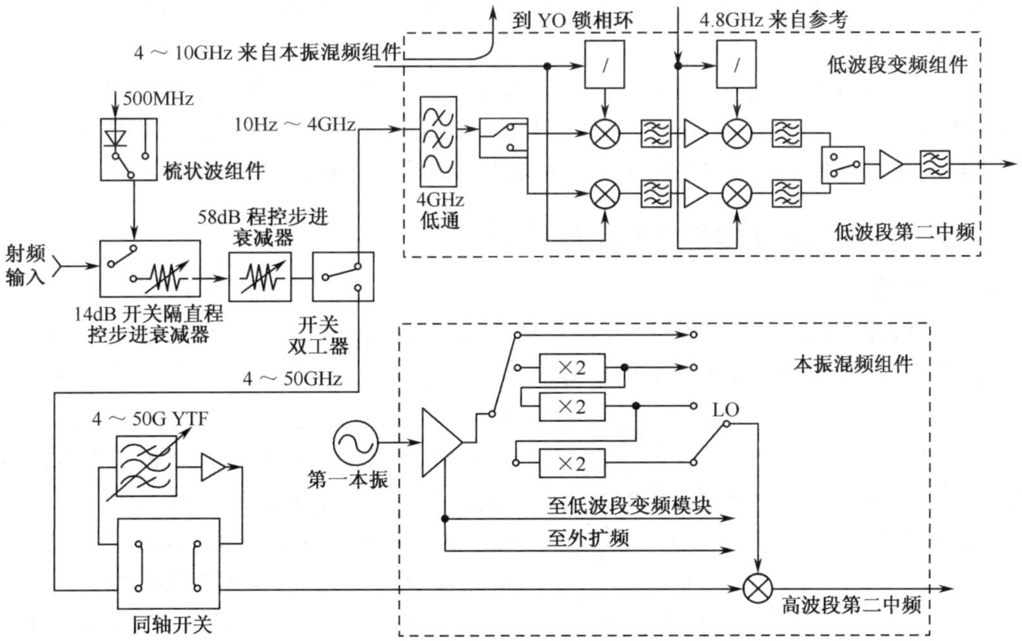

图 8.32 微波接收模块的变频原理框图

高波段分为 1、2、3、4、5 共计 5 个波段。4～50GHz 的信号，依次经 14dB 开关隔直程控步进衰减器、58dB 程控步进衰减器、开关双工器、同轴开关（预选旁路，选件）、4～5G YTF（YIG Tune Filter，YIG 调谐滤波器）、低噪声放大器，或者在宽带分析模式下不经过 YTF，预选旁路 YTF 后，在本振混频组件中与第一本振信号在内嵌的混频器进行基波混频得到第二中频。

射频处理模块将低波段、高波段和外混频三路输入信号经开关选择后，合成一路信号进行平坦度补偿，补偿后的 425MHz 的信号经过一个功分器，一路实现宽带中频输出（在宽带分析模式下中频为 375MHz），一路与合成本振模块输出的 500MHz 的第三本振混频输出 75MHz 的中频信号。

合成本振模块主要由 4 个环路构成，即参考环、取样环、YTO（YIG Turned Oscillator，YIG 调谐振荡器）和小数环。在单环模式下，3～10GHz 的本振信号先经过 2 分频后，进入小数分频模块，固定中频为 50MHz，与来自参考环的 50MHz 鉴相，误差信号送至 YTO 的驱动线圈，调整 YTO 频率，直到取样中频输出等于 50MHz 为止。在四环模式下，4～9GHz 的本振信号进入取样器，由取样环提供 618～905MHz 的信号作为取样本振。30～64MHz 的取样中频输出和小数环的 20 分频输出进行鉴相，误差信号送至 YTO 的驱动线圈，调整 YTO 频率，直到取样中频输出等于小数环输出为止。锁相合成大大提高了本振频率的稳定度，小数环输出的微步距（mHz）实现了本振以 1mHz 步进，从而使频率分辨率达到 1Hz。

数据采集模块包含窄带采集、宽带采集、基带采集和 DSP 处理 4 块电路板。窄带采集板以 100MHz 的速率量化带宽为 40MHz 的 75MHz 中频信号，板上 FPGA 可以实现数字下变频及 I/Q 数据分离，进行 I/Q 数据的存储，并传送给 DSP 处理板或者控制显示模块。宽带采集板以 500MHz 采集带宽为 200MHz 的 425MHz 中频信号，板上 FPGA 可以实现数字下变频及 I/Q 数据分离，进行 I/Q 数据的存储，并传送给 DSP 处理板或者控制显示模块。米波混频器进行基波混频得到第二中频。

DSP 处理模块主要完成扫描检测模式下的频谱分析功能和宽带记录模式下的宽带记录与回放功能。在扫描检测模式下，DSP 处理板把窄带采集板或者宽带采集板的预处理数据送到三个 DSP 中进行频谱分析，最后将处理结果传送给控制显示模块做显示处理；在宽带记录模式下，把窄带采集板或者宽带采集板的数据传送给记录仪，完成存储功能，或者将记录仪中的数据返回控制显示模块进行显示处理。

控制显示模块控制频谱分析仪的内部操作，通过 I/O 口从前面板键盘或外部计算机接收各种请求，由存储在闪存卡中的控制程序决定控制显示模块执行的功能。控制显示模块通过微波驱动模块向 YTO、YTF、程控步进衰减器、射频开关等微波部件提供有关控制信号。

※8.5　实时频谱分析仪(RTSA)

8.5.1　概述

上述扫频式频谱分析仪属于非实时频谱分析仪，它要求被测信号相对稳定不变，才能让扫频的本振与被测信号进行差频，再依次将被测信号的各频谱分量移入窄带滤波器中，然后与扫描锯齿波同步送往显示器，则在屏幕上可看到各频谱分量。但是，如果被测信号是迅速动态变化的，则在慢速的扫频过程中可能漏掉某些频谱分量。图 8.33 给出了用扫频式频谱分析仪测量动态信号频谱的情况。图 8.33(a)为某瞬间的动态频谱图，此刻主峰右侧有一个频谱分量 F_k，而频谱分析仪这时

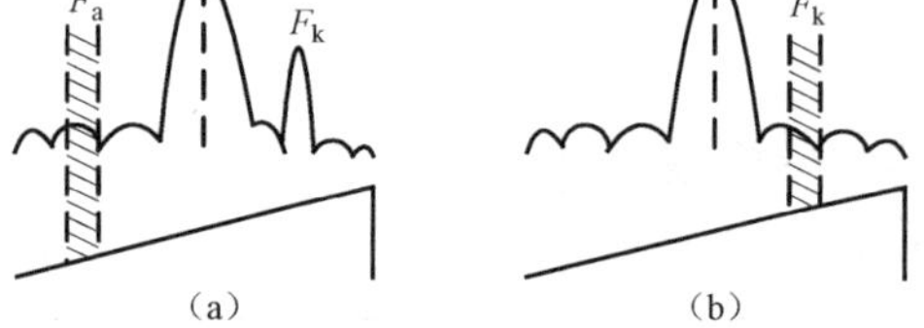

图 8.33　扫频式频谱分析仪的动态信号频谱图

只扫描到 F_a 频段;当频谱分析仪扫描到 F_k 频段时,如图 8.33(b)所示,频谱分量 F_k 已经消失了。因此,扫频式频谱分析仪不能满足动态信号频谱的测量。

实时频谱分析仪能选取射频信号中要分析的某一频段(即实时采集带宽),把信号无缝地捕获到内存中,然后通过 DSP 在多个域(时域、频域、调制域等)中分析信号,从而可以可靠地检测到随时间变化的射频信号的特点。简而言之,实时频谱分析仪先将要分析的信号快速采集(捕获到动态信号频谱)到内存中,然后用软件分析其频谱等特性。

8.5.2 工作原理

1. 系统组成原理

图 8.34 所示为典型的实时频谱分析仪(Real Time Signal Analyzer,RTSA)原理框图。被测信号通过信号调制(图中以衰减器表示)后加入低通滤波器,以滤除镜频干扰信号,然后与扫频的本地振荡器(本振)混频,得到中频信号 IF,经中频带通滤波后加往 A/D 转换器,转换为数字信号,然后传送到 DSP(数字信号处理器)上,DSP 负责管理仪器的触发、内存和分析功能。RTSA 经过专门优化,提供了实时触发、无缝信号捕获(采集)和时间相关多域分析功能。此外,A/D 转换器的技术进步可以实现高动态范围和低噪声转换,使 RTSA 的性能相当于或超过许多扫频式频谱分析仪的基本射频性能。除了频谱显示,它还具有时域显示(相当于示波器)、调制域显示及编码显示等功能。

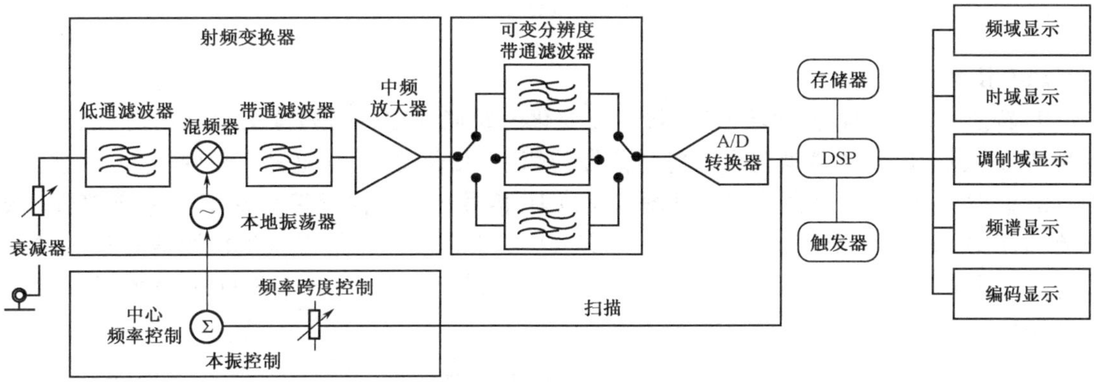

图 8.34　典型的实时频谱分析仪原理框图

2. 数据的捕获与存储("样点—帧—块"三层级结构)

A/D 转换器采集是按三个数据层级进行的。图 8.35 所示为"样点—帧—块"三层级结构的示意图。最低层是"样点",A/D 转换器采集时域信号是一个样点接一个样点采集的(样点的时间间隔取决于采样率和采集的频率范围),每个样点包含幅度和相位信息的 I/Q 对。第二层是"帧",帧由一批整数个(如 1024 个)连续样点组成,是可以用快速傅里叶变换(FFT)把时域数据转换到频域的基本单位,即每帧可产生一个频谱图。最高层是"块",它由许多无缝连接的相邻帧组成。块的长度(也称为采集长度)是一个连续采集表示的总时间。块内部表示输入信号时没有时间间隔。在实时频谱分析模式下,它无缝地捕获每个块,并存储在内存中。然后使用 DSP 技术进行后期处理,分析信号的频率、时间和调制特点。在标准频谱分析模式下,RTSA 步进超过最大实时带宽的

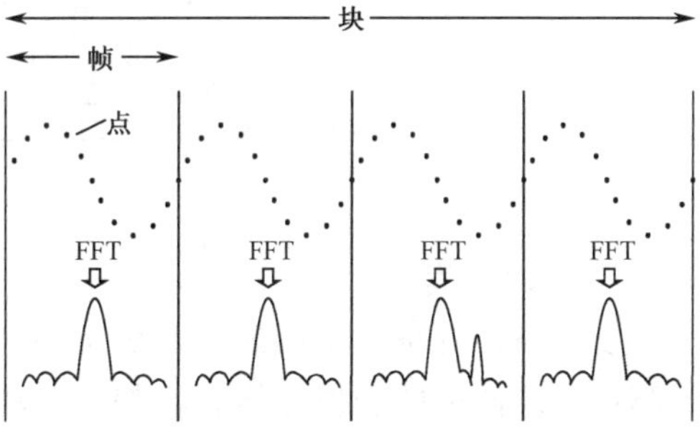

图 8.35　"样点—帧—块"三层级结构示意图

频段中的 RF 前端，来仿真扫频仪。

图 8.36 显示了块采集模式，可以实现实时无缝捕获。对块内部的所有帧，每个采集在时间上都是无缝的，但在块之间不是无缝的。在一个采集块中的信号处理完成后，将开始采集下一个块。一旦块存储在内存中，就可以进行各种软件处理了。例如，实时频谱模式下捕获的信号可以在解调模式和时间模式下进行分析。通过把采集长度除以帧长度，可以确定块内部采集的帧数。用户输入的采集长度要四舍五入，因此块包含整数个帧。最大采集长度为几秒到几天，取决于选择的测量扫频跨度和仪器的内存深度。

例如，泰克科技公司的 RSA7100 系列实时频谱分析仪，最大带宽为 800Hz，FFT 最大数量达 1 470 000次每秒。

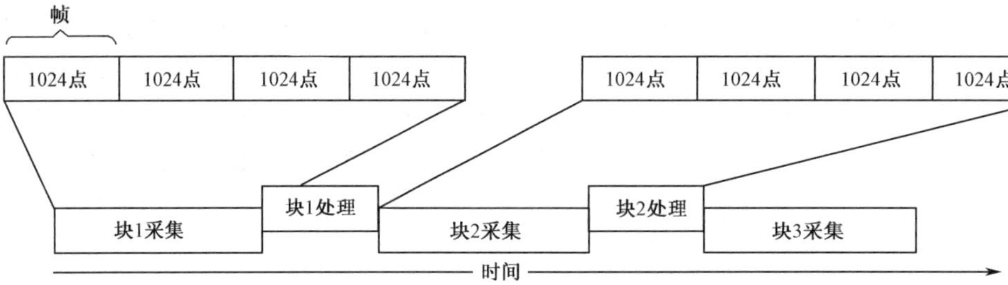

图 8.36 块采集模式

3. DSP 技术

A/D 转换器捕获和存储的数据，是将连续变化的时域模拟信号转换为离散的时域数字信号，这些时域的中频(IF)样点数据包含了射频信号的幅度、相位等信息，通过 DSP 技术可以进行多域分析。图 8.37 显示了 DSP 模块组成框图。模拟 IF 信号经过传输频带滤波和 A/D 转换器。数字下变频/抽样模块把样点转换成同相(I)和正交(Q)基带信号流。触发模块检测信号条件，控制采集和定时。基带 DSP 系统使用 I 和 Q 基带信号及触发信息，通过 FFT、调制、功率测量、统计等手段，进行频谱分析。

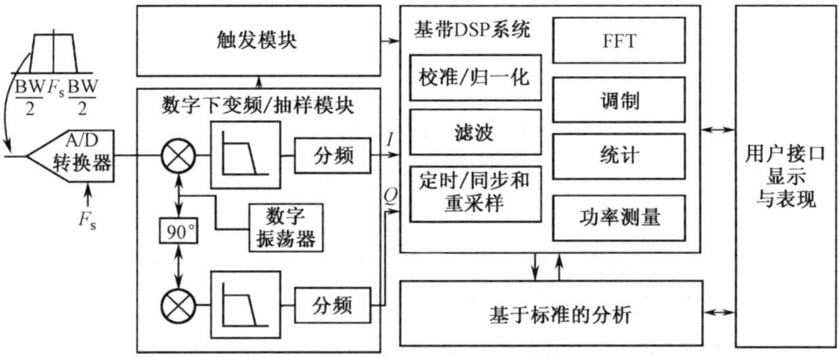

图 8.37 DSP 模块组成框图

4. 实时触发

实时频谱分析仪中的触发不同于扫频式频谱分析仪中的触发，正像数字示波器中的触发不同于模拟示波器中的触发那样。在扫频式频谱分析仪中，先触发扫描锯齿波产生扫频信号，然后显示各频谱分量，即只能看到触发后的信号。而在实时频谱分析仪中，触发信号只是在采集存储过程中选取信号的标志，以便灵活地选择要分析的“窗口”。一旦定义了实时触发条件，仪器准备开始采集，实时频谱分析仪会连续检查输入信号，考察指定的触发事件。在等待这个事件发生时，信号会不断数字化，时域数据循环通过先进先出方式捕获缓冲器，在累积新数据时，缓冲器会丢弃最老的数据。这使得实时频谱分析仪在检测到触发事件时，能够把触发前和触发后的数据保存到内存中。这一过程可以无缝采集指定的块，其中信号用连续的时域样点表示。

在数字示波器中有多种触发方式，实时频谱分析仪也类似，它提供了实时频域触发和其他直观的触发模式。例如，它有一个重要功能是实时频率模板触发，允许用户根据频域中的特定事件触发采集。灵活的频率模板触发器为可靠地检测和分析动态 RF 信号提供了一个强大的工具。它还可以用来进行传统频谱分析仪不可能完成的测量，例如，在存在强大的 RF 信号时捕获小电平瞬时事件，在拥挤的频谱范围内检测特定频率上的间歇性信号。

一旦这些数据存储在内存中，就可以使用不同的显示画面进行处理和分析，如功率与频率关系、频谱图和多域图。样点数据一直在随机访问的内存中，直到它被后续采集覆盖，另外，它还可以保存到实时频谱分析仪的内置硬盘中。

5. 频谱图显示

频谱图是一个重要的测量项目，它直观地显示了频率和幅度怎样随时间变化。图 8.38 显示了动态信号频谱图。在频谱图上，横轴表示频率，纵轴表示幅度，前后表示时间。最老的帧显示在图的后面，最新的帧显示在图的前面。这一测量显示了频率随时间变化的 RF 信号，它还揭示了在时间块末尾附近出现和消失的小瞬时信号。由于数据存储在内存中，可以使用标尺，“在时间上向回滚动”频谱图。实时频谱分析仪提供了多种彩色精美的多域视图，在教材中难以表示出来。

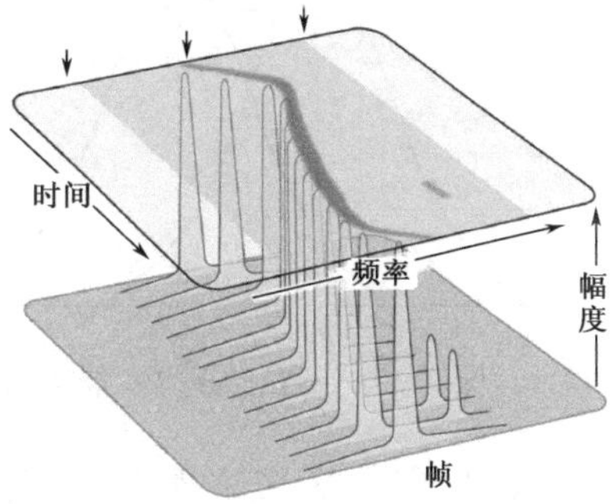

图 8.38　动态信号频谱图

8.6　频谱分析仪的主要技术特性

本节不罗列频谱分析仪的所有技术特性，而仅就几项主要技术特性来说明其含义及它们之间的相互关系。由于频谱分析仪主要组成部分是超外差接收机，因此其主要技术特性类似于接收机，包括选择性、灵敏度、动态范围等。

8.6.1　选择性

接收机的选择性是指选择有用信号的能力；在频谱分析仪中，则表明选择信号频谱的能力，习惯上用频谱分辨率来表示选择性的优劣。顾名思义，频谱分辨率是指能把靠得最近的相邻两个频谱分量（两条相邻谱线）分辨出来的能力。从 8.4 节介绍的频谱分析仪工作原理可知，分辨率高低主要取决于窄带中频滤波器的带宽。但要深入分辨率的概念和了解影响因素，还需进一步进行分析讨论。

1. 分辨率的定义

首先，要明确在频谱分析仪显示屏上看到的频谱图是被测信号的谱线，还是窄带中频滤波器的幅频特性的图形。

回顾前面扫频式频谱分析仪的工作原理可知，是扫频的本振使信号频谱分量依次移入滤波器中的。实际上就是信号逐渐地扫过滤波器，这相当于用扫频信号测绘滤波器的幅频特性曲线（前面讲的扫频仪就是这样工作的）。因此，频谱分析仪屏幕上显示的是以信号谱线为中心的滤波器的幅频特性曲线。

频谱分析仪的分辨率主要取决于滤波器频率特性的带宽，通常带宽用－3dB 点和－60dB点描述，带宽越小，分辨率越高。

分辨率带宽（－3dB 带宽）：滤波器的－3dB 带宽用于区别两个等幅信号的最小频率间隔的能力，如图 8.39 所示。当两个频率的距离等于滤波器半功率点带宽（－3dB 带宽）时，两条曲线中间有一个凹陷。当凹陷比峰值低 3dB 时，就能明显地区分出两个峰，也就是能分辨出两条谱线。故此通常用－3dB 带宽（BW）作为分辨率的技术指标，也称为分辨率带宽（RBW）。

－60dB 带宽：滤波器的－60dB 带宽用于区别两个信号幅度不等的情况，如图 8.40 所示。在这种情况下，幅度较小的信号容易被淹没在幅度较大信号的裙边之下，从而使实际分辨率变差。通常，把两个相邻频谱分量幅度相差 60dB 时的分辨率称为裙边分辨率，它主要取决于滤波器的－60dB带宽，故用 BW_{60dB}表示。

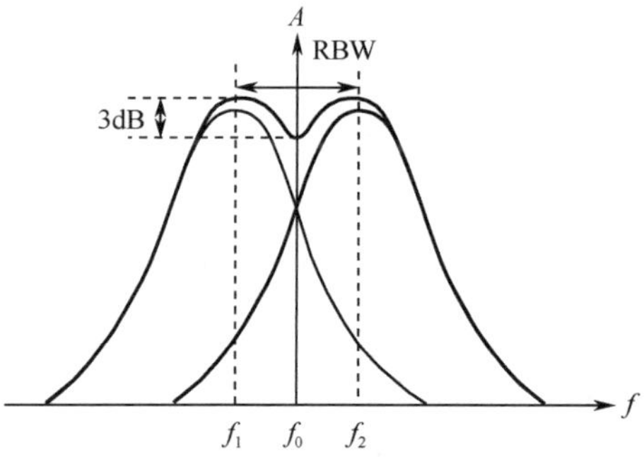

图 8.39　－3dB 分辨率带宽 RBW

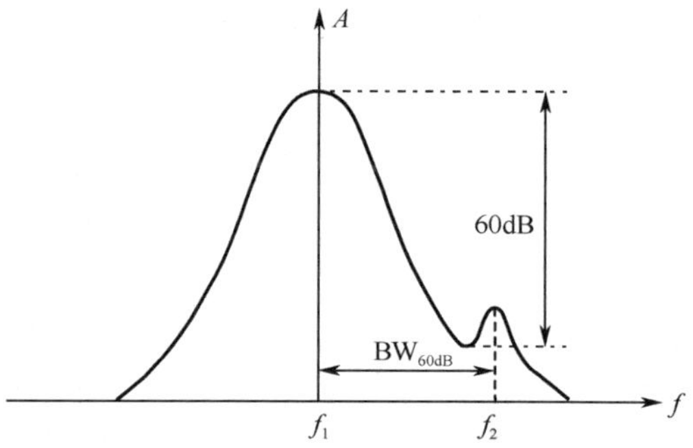

图 8.40　裙边分辨率示意图

形状因子：为了描述滤波器频率选择性的优劣，把滤波器在－60dB 处的带宽与－3dB 处带宽之比称为滤波器通频带特性的形状因子 FF

$$FF = \frac{BW_{60dB}}{RBW} \tag{8.19}$$

形状因子 FF 也称为滤波器的选择性或矩形系数。FF 的理想值应为 1。在老式频谱分析仪中，FF＝25/1；现代频谱分析仪中所设计的模拟滤波器幅频特性曲线呈高斯分布，可做到 FF＝15/1～11/1。

随着数字信号处理技术的发展，在一些新型频谱分析仪中运用了数字滤波器。在设计上，第三中频信号经过较窄的滤波器后，已变为几千赫兹（如 4.8kHz）的中频信号，故可以对其进行数字化处理。可用一定速率（如 6.4kHz）的 A/D 转换器进行数据采集，对采集的信号量化后，再进行 FFT 运算，用软件完成数字滤波的功能。与模拟滤波器相比，数字滤波器响应速度快，选择性好，可以达到 FF＝5/1。

频谱分析仪的分辨率反映了频谱分析仪档次的高低，经济型的为 1kHz～3MHz，多功能中档型的为 30Hz～3MHz，高档型的为 1Hz～3MHz。多数频谱分析仪的分辨率带宽均是以 1—3—10 顺序步进的，实际上也可以设计成连续变化的。

2. 动态频率特性与自适应关系

上述分辨率实际上是中频窄带滤波器的静态分辨率，即是由扫频速度比较缓慢的情况下得到的静态频率特性所决定的。当扫频速度非常快时，其幅频特性曲线不同于静态的，如图 8.41 所示。其谐振峰巅向扫频方向偏移，峰值下降，3dB 带宽被展宽，特性曲线不对称。扫频速度越高，偏离则越大。其原因是，中频窄带滤波器实际是由惰性元件电感、电容组成的谐振电路，信号在其上建立或消失都需要一定的时间。当扫频速度太快时,信号在其上来不及建立或消失,故谐振曲线出现滞后与展宽现象,即“失敏”或“钝化”现象。因此,要掌握好扫频速度,否则频谱分析仪的分辨率带宽会被展得太宽,使频谱分辨率变差。

因此,频谱分析仪要求使用者正确选择静态分辨率带宽和扫频速度,而扫频速度取决于扫频范围(通常称为跨度 SPAN)和扫描时间(ST)的选择,以使动态分辨率带宽为最佳值。为了保持正确的读数状态,应遵循

$$ST = K\frac{SPAN}{RBW^2} \qquad (RBW < VBW) \qquad (8.20)$$

式中,K 为比例因子,取值与滤波器的类型及其响应误差有关。对 4 级或 5 级级联的模拟滤波器,K 取 2.5;对高斯数字滤波器,K 可取 1 甚至小于 1 的值。

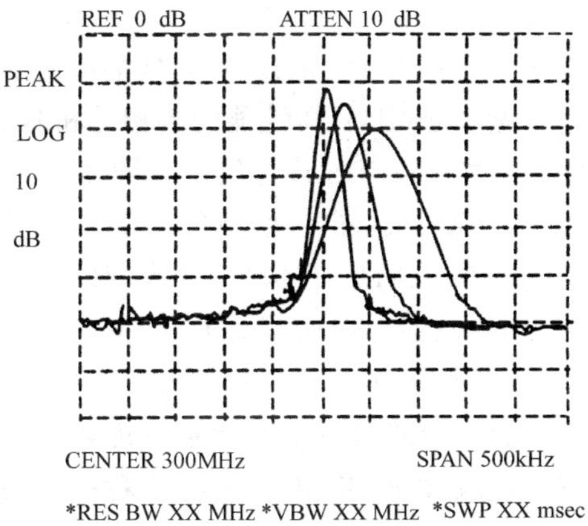

图 8.41 动态幅频特性曲线

式(8.20)中,VBW 是频谱分析仪的视频带宽。当视频带宽小于分辨率带宽时,所需的最小扫描时间受限于视频滤波器的响应时间。视频带宽越宽,视频滤波器响应或建立时间越短,扫描时间相应也越短。视频带宽与扫描时间成线性反比关系,视频带宽减小为 $1/n$,扫描时间增加n 倍。

式(8.20)表明在一定的扫频范围下,分辨率带宽越窄,要求的扫描时间越长,但是扫描时间太长就会使测量速度变慢。例如,选 SPAN=1MHz 的扫频宽度,RBW=100Hz 的分辨率带宽,所需的扫描时间至少为 100s,这样的测量速度太慢了,因此就要减小扫频宽度,缩短扫描时间。总而言之,要选择既满足扫频宽度要求,又满足分辨率带宽要求的最快的扫描时间。

早期频谱分析仪要求使用者正确选择静态分辨率带宽和扫频速度,以使动态分辨率带宽为最佳值,这给初次使用者带来了困惑与不便。

现代频谱分析仪由于采用了计算机管理,具有自适应算法,计算机根据当前跨度 SPAN 的大小,为用户自动选择适当的分辨率带宽 RBW 及视频带宽 VBW,再由以上参数决定当前的扫描时间 ST,通过调节扫描时间来维持一个经校准的显示。也就是说,现在的频谱分析仪大多能自动配置扫描时间,根据选取的扫频宽度和分辨率带宽自动地选择最快的可允许扫描时间。

3. 影响分辨率的因素

上述中频窄带滤波器的带宽是决定分辨率的关键因素,但实际上,影响分辨率的还有其他多种因素,主要的有如下两项。

1) 本振的稳定度

本振,特别是第一级本振影响最大。通常,频谱分析仪的第一本振是电调谐电路,加到这些电极上的电压是或多或少带有一定纹波的直流电压。这些纹波使振荡器的输出频谱不是单一的振荡频率,而是带有少量调频的振荡波,因此,其输出频谱是频率抖动的。对于这样的输出频谱,称为振荡器的剩余调频(Residual FM)。剩余调频定义为,没有任何别的调制时振荡器的固有短期频率不稳定度。这种不稳定度会使本振输出频率抖动,与信号混频后,剩余调频会模糊信号,以至于在剩余调频之内的两个信号不能被分辨出来。这意味着,频谱分析仪的剩余调频决定了最小分辨率带宽,决定了频谱分析仪的最大分辨率带宽。

因此,在频谱分析仪上所看到的最小分辨率带宽,在一定程度上是由本振的稳定性决定的。在

低成本的频谱分析仪中，采用开环本振，没有采取改善 YIG 振荡器固有剩余调频的措施，其最小分辨率带宽一般为 1kHz；中等性能的频谱分析仪采用锁相本振，有一定的稳定措施，最小分辨率带宽可做到 100Hz；高性能的频谱分析仪采用了完善的频率合成技术来稳定本振频率，因此分辨率带宽可以做到 10Hz 甚至更低。图 8.42 所示为本振剩余调频为 1kHz 时对分辨率带宽的影响，当分辨率带宽较大（图中为 3kHz）时，看不到剩余调频的影响，只有当分辨率带宽接近剩余调频最大频偏（如图中 1kHz、100Hz）时，影响才会显示出来，使滤波器响应曲线边缘粗糙不规则。如果滤波器再变窄，还会出现更多的尖峰，使信号无法分辨。

2）本振的相位噪声

频谱分析仪本振频率稳定度还会受到噪声干扰的影响，使其相位随时间起伏变化，称为相位噪声。在频域上，其相位噪声（也称边带噪声）会在各频谱分量的两边出现，如图 8.43 所示。图中，小信号被相位噪声掩盖，影响了分辨率。这些噪声边带影响大信号附近小信号的分辨率。

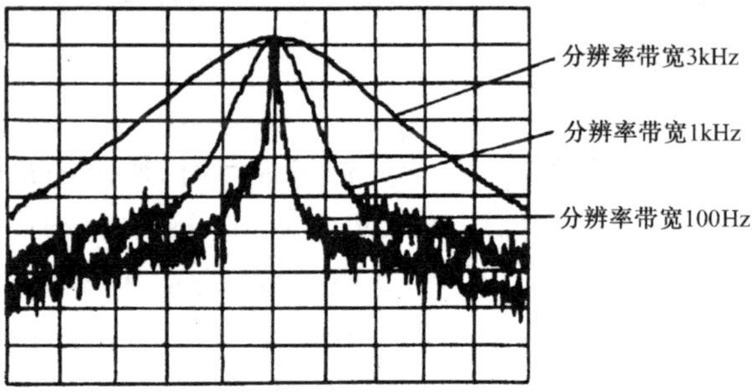

图 8.42　本振剩余调频对分辨率带宽的影响

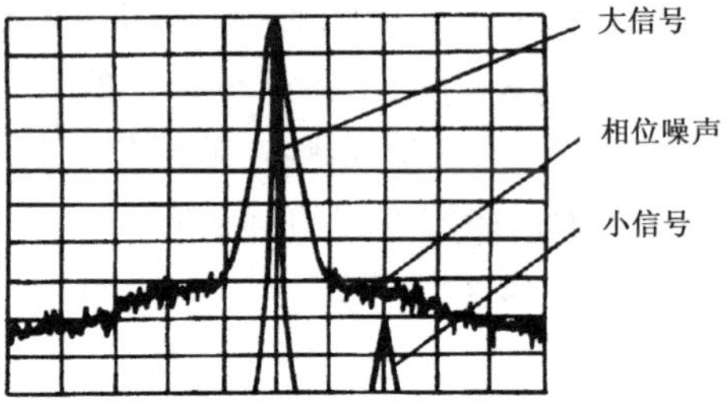

图 8.43　本振相位噪声对分辨率带宽的影响

综上所述，频谱分析仪的分辨率主要用分辨率带宽 RBW 表征，高档的已做到 1Hz。通常在 1Hz～3MHz范围内按 1—3 量级步进。

8.6.2　灵敏度

灵敏度是表示接收机接收微弱信号的能力，而限制接收机灵敏度提高的主要因素是内部噪声电平。频谱分析仪在不加任何信号时也会显示噪声电平。显示平均噪声电平（Displayed Average Noise Level，DANL）通常称为本底噪声（Noise Floor）。本底噪声在频谱图中表现为接近显示屏底部的噪声基线。因此，被测信号若小于本底噪声就测不出来了。

本底噪声是频谱分析仪自身产生的噪声，其大部分来自中频放大器第一级前的器件与电路的热噪声，且是宽带白噪声。而频谱分析仪的分辨率带宽只允许通过一小部分噪声能量到包络检波器及视频滤波器中。因此，本底噪声大小与分辨率带宽有关。

频谱分析仪灵敏度定义为：在特定的分辨率带宽下，或归一化到 1Hz 带宽时的本底噪声，常以 dBm 为单位。一般数量级为：－100～－150dBm。

频谱分析仪灵敏度指标表达的是，频谱分析仪在没有信号存在的情况下，因噪声而产生的读数，只有高于该读数的输入信号才可能被检测出来。因此，灵敏度常常也用最小可测的信号幅度表示，其数值上等于显示平均噪声电平 DANL。因为这时信号功率等于平均噪声功率，显示屏上的功率电平被加倍（增加 3dB），信号将高出噪声 3dBm，如图 8.44(a)所示。

通过上述讨论，可以得到两个重要结论。

① 若提高灵敏度，即降低最小可测信号，则要求频谱分析仪必须降低内部噪声电平。

② 减小分辨率带宽，可以降低内部噪声电平，图 8.44(b)所示为分辨率带宽减小为原来的 1/10时，噪声电平下降 10dB 的示意图。因此，减小分辨率带宽，可以提高灵敏度。但减小分辨率

带宽会大大增加测量的时间。

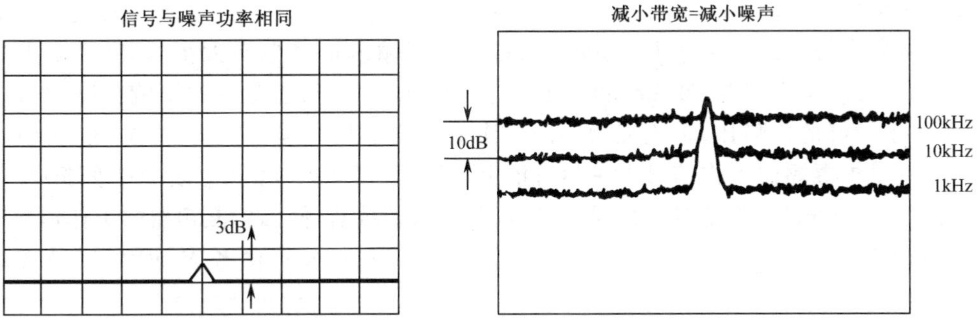

（a）与噪声相同的两个信号功率之和在噪声中形成3dB波峰

（b）分辨带宽减小为原来的1/10，噪声电平下降10dB

图 8.44 噪声电平

8.6.3 动态范围

动态范围表征频谱分析仪同时测量大小信号的能力，用最大信号与最小信号之比的 dB 值表示。

影响动态范围的因素主要有 3 个：混频器的内部失真、内部噪声电平和本振相位噪声。下面只从物理概念上进行说明，而不做深入分析。

1. 混频器的内部失真——限制了最大信号电平

由专业基础课程可知，混频器是一个非线性电路，但由于高频信号电压幅度远小于本振电压幅度，因此 u_s+u_L 的包络起伏很小。在这很小的电压范围内，混频二极管静态特性曲线的斜率可以近似看成直线，这时，u_s、u_L 基波混频输出的中频电压幅度近似与高频信号电压幅度成正比，也就是说，在变频过程中，虽有频谱变换，但输出中频频谱的结构与输入高频频谱的结构没有相对的变化，即没有失真。但是，当高频信号电压幅度加大时，上述近似线性条件不成立，混频中高次谐波的影响加剧，使输出中频频谱不同于输入高频频谱，则在混频器内部产生了失真。尤其是二次、三次谐波的失真影响更严重，称为二阶、三阶失真。二阶失真以基波功率增量的平方增加，三阶失真则以立方增加。因此，为减小混频器内部失真，输入高频信号不能太大，这影响了频谱分析仪的动态范围。

2. 内部噪声电平——限制了最小信号电平

因为动态范围是最大与最小可测信号电压幅度之比，内部噪声电平限制了最小信号，故将噪声电平称为噪声门限。

通常，噪声电平的测量，是通过使频谱分析仪工作在最大的增益状态和最小的分辨率带宽情况下得到的。而且，噪声电平是分辨率带宽的函数，当分辨率带宽减小为原来的 1/10 时，噪声电平下降 10dB。例如，分辨率带宽从 10kHz 变为 1kHz 时，噪声电平变化(dB)为 10lg(1kHz/10kHz)=−10dB。

应当注意，这些测量都是在频谱分析仪输入衰减量为 0dB(最大灵敏度)的情况下进行的。这实际上就是频谱分析仪测量最小信号的能力。

图 8.45 所示为动态范围与噪声电平和失真信号的关系。图中纵坐标为动态范围或信噪比，很多时候二者可以互换使用的噪声或失真信号电平，以 dBc(在混频器中低于信号电平的 dB 数，即噪声或失真信号与输入信号功率之比，一般用 dBc 表示功率相对值)表示，横坐标为混频器工作信号电平(等于参考电平与衰减器之差)，以 dBm 表示。从图中可以看出，混频器最佳输入信号电平在

—30～—40dBm时，对应纵坐标动态范围最大，可达—80dBm。若混频器输入增大，则二阶、三阶失真加大，使动态范围缩小。例如，在混频器输入信号电平为—10dBm时，二阶失真使动态范围缩为—40dBm，三阶失真使动态范围缩为—30dBm。若混频器输入信号电平太小，则噪声电平的影响加大。图中画出了分辨率带宽为10kHz和1kHz时，噪声电平对动态范围的影响。图中可直观地看出：一方面，为了最好的信噪比，希望混频器的工作信号电平尽可能高；但另一方面，希望产生的内部失真最小，则要求混频器工作信号电平尽可能低。因此，衰减器设值要在这两者间折中考虑，即最大动态范围在这些曲线的交叉点处。应用时，要调节输入衰减器，使加到混频器的工作信号电平保持在—30～—40dBm之间，这样可以得到最高的信噪比和最高的信号失真比，从而使测量误差最小。

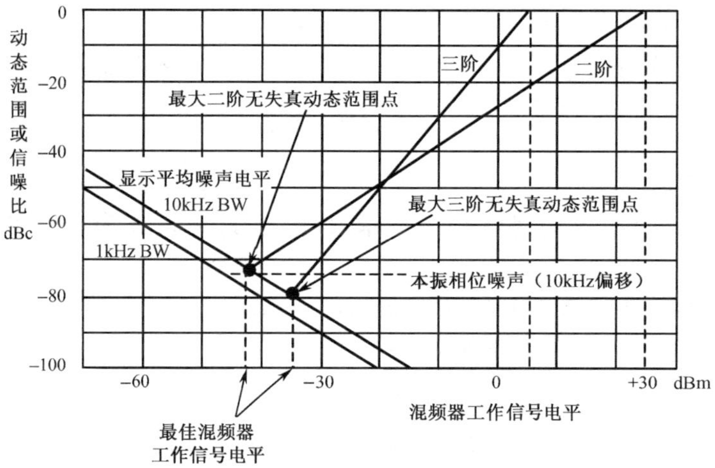

图8.45 动态范围与噪声电平和失真信号的关系

3. 本振相位噪声——限制了观测近端微弱信号的能力

在近端测试时(即测量点离信号载波较近时，如100kHz之内)，若由于本振频率不稳定性引起相位噪声，动态范围还要变小，因为相位噪声边带限制了观测微弱信号的能力。图8.45所示为近端测试动态范围受本振相位噪声影响的示意图。原来只考虑10kHz BW与三阶失真时，动态范围可达—80dBc。图中，虚横线表示计入本振相位噪声(10kHz偏移处)的影响后，会将动态范围限制为—75dBc。

综上所述，频谱分析仪的应用要注意上述影响因素，以获得较大的动态范围。通常频谱分析仪的动态范围一般为70～120dBc。

应当指出，频谱分析仪除了上述技术特性，还有输入频率范围、频率扫描宽度(SPAN)、频率精度及幅度精度等性能指标，这里就不一一介绍了。

8.6.4 典型产品简介

表8.4给出了几种型号频谱分析仪的技术特性参数。

表8.4 几种型号频谱分析仪的技术特性参数

公　　司	型　　号	频率范围	实时分析带宽	分辨率带宽	相位噪声(@1GHz 10kHz)	显示平均噪声电平
中电仪器	AV4051E	3Hz～26.5GHz	550MHz	1Hz～3MHz	—129dBc/Hz	—154dBm/Hz 2GHz
普源精电	RSA5065	9kHz～6.5GHz	40MHz	10Hz～10MHz	—108dBc/Hz	—143dBm/Hz 2GHz

续表

公　　司	型　　号	频率范围	实时分析带宽	分辨率带宽	相位噪声(@1GHz 10kHz)	显示平均噪声电平
数英仪器	SA9275	9kHz～7.5GHz	—	10Hz～1MHz	−96dBc/Hz	−152dBm/Hz 2GHz
是德科技	N9030B−526	2Hz～26.5GHz	510MHz	1Hz～3MHz	−129dBc/Hz	−136dBc/Hz 1GHz
泰克科技	RSA5126B	1Hz～26.5GHz	165MHz	0.1Hz～5MHz	−113dBc/Hz	−157dBm/Hz 2GHz
罗德与施瓦茨	R&S FSW26	2Hz～26.5GHz	800MHz	1Hz～10MHz	−140dBc/Hz	−159dBm/Hz 2GHz

各种频谱分析仪前面板外观结构类似，图 8.46 所示为 AV4051E 前面板。

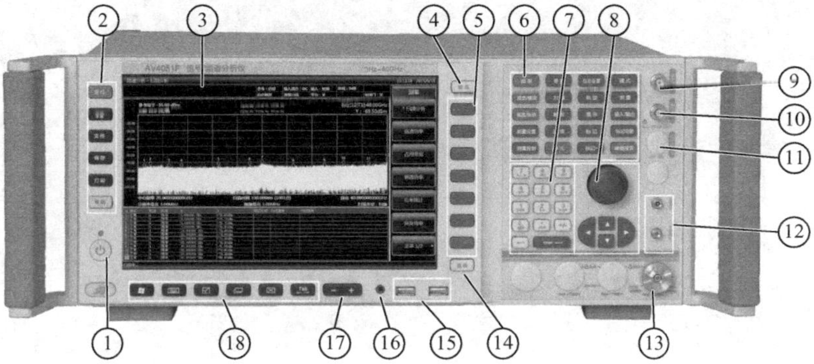

图 8.46　AV4051E 前面板

AV4051E 前面板的组成及功能见表 8.5。

表 8.5　AV4051E 前面板的组成及功能

编　　号	说　　明	编　　号	说　　明	编　　号	说　　明
①	电源按钮	⑦	数字键区	⑬	射频输入
②	系统功能键区	⑧	旋钮、箭头键	⑭	返回键
③	显示区	⑨	触发输入	⑮	USB 接口
④	取消键	⑩	音频输入	⑯	耳机插孔
⑤	软键	⑪	噪声源驱动	⑰	音量键
⑥	测量设置键区	⑫	外混频接口	⑱	窗口键

图 8.47 所示为 AV4051E 在频谱分析模式下的一个操作界面，说明如下(其他应用模式或功能下的操作界面可能会略有不同)。

① 标题栏，显示正在进行的测量模式/测量功能。

② 参数输入区，用于测量设置的输入字段。

③ 仪器设置信息面板，用于显示仪器当前的设置信息，如参考时钟(内部/外部)、输入源、触发方式、扫描方式、衰减量、轨迹平均类型及平均次数、时间门开/关等。

④ 显示轨迹信息。

⑤ 显示激活的标记信息。

⑥ 显示区数据的测量设置。图 8.47 中为参考电平、刻度类型、刻度/格、中心频率、扫描时间(扫描点数)、频宽、分辨率带宽、视频带宽、扫描类型。

⑦ 仪器和状态信息,用于显示测量进度和提示错误信息。

⑧ 显示测试图表。

⑨ 显示最近一次按键对应的软键菜单。

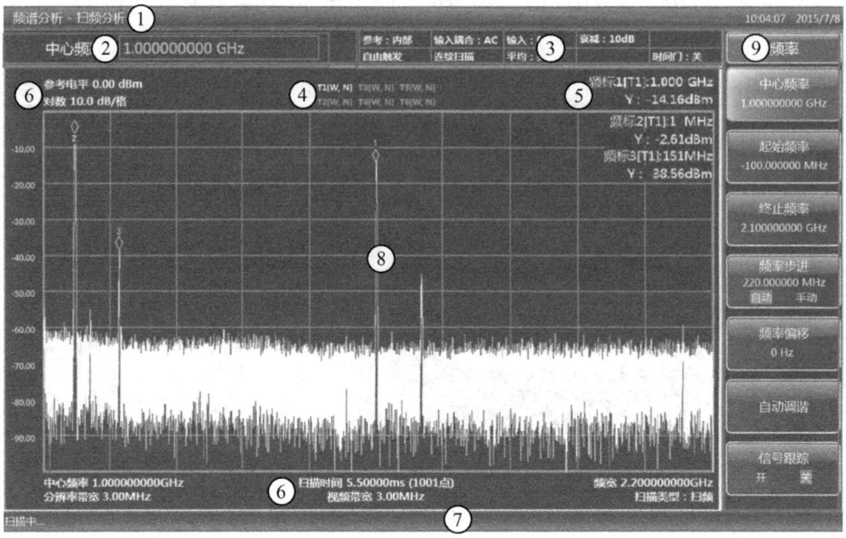

图 8.47 AV4051E 在频谱分析模式下的一个操作界面

8.7 频谱分析仪的应用

频谱分析仪是一种综合性的、多功能的信号特性测试仪器。它不但广泛地用于电子科学技术的各个领域,同时在声学、光学、振动等科学技术中也是必不可少的测试设备。如果配上跟踪发生器,频谱分析仪不但能进行信号分析,还能测试各种线性和非线性电路。因此,频谱分析仪被誉为射频万用表。

由于频谱分析仪具有灵敏度高、频带宽等特点,因此在射频及微波频率下使用特别得心应手。例如,频谱分析仪一般可测量到 μV 级微弱信号,而一般示波器只能测到 mV 级,一般频率计只能测到几十 mV 级。频谱分析仪频率范围可从几 kHz 到几十 GHz,而示波器频带高于几百 MHz 就很昂贵了。尤其对信号的失真及调制信号的测试,更显示出频谱分析仪的优越性,例如,信号 5% 的失真在示波器上难以觉察,而在频谱分析仪上,极小的失真都能看出来。

本节简要地介绍频谱分析仪的一些典型应用原理和方法。

8.7.1 测量正弦信号

使用频谱分析仪最常见的测量任务是确定信号的电平和频率。在测量某个未知信号时,通常可以利用"复位"键,将频谱分析仪切换到预先设定的配置状态进行测量。本节以仪器内部校准信号作为输入,介绍如何测量一个简单正弦信号。

1. 信号输入

如果输入信号电平可能高于+30dBm(=1W),则在频谱分析仪的射频输入端口的前面必须加功率衰减器，否则超过 30dBm 的信号电平会损坏射频衰减器或输入混频器。同时也必须考虑当前所有信号的总功率。

2. 测量内部 500MHz 校准信号

【步骤 1】复位频谱分析仪。按“复位”键，将仪器恢复至一个已设定的配置状态。

【步骤 2】打开内部 500MHz 校准信号。按“输入/输出”键，弹出输入/输出软键菜单：按“校准端口”→“500MHz”软键，选择内部 500MHz 校准信号；按“输入端口射频校准”软键，选择输入端口。

这时，仪器内部校准信号被连接到射频输入端口上，在屏幕上应可以观测到 500MHz 校准信号。

3. 优化信号显示

为了更好地观测校准信号，需要调整测量设置。

【步骤 1】设置中心频率为校准信号频率（500MHz）。按“频率”键，然后按“中心频率”软键，通过数字键区输入 500MHz。

【步骤 2】减小频宽至 20MHz。按“频宽/横轴”键，然后通过数字键区输入 20MHz。

【步骤 3】设置参考电平至－10dBm。按“幅度/纵轴”键，然后通过数字键区输入－10dBm。

这时校准信号频谱显示在轨迹中间，可以直观清楚地观测到信号，如图 8.48 所示。

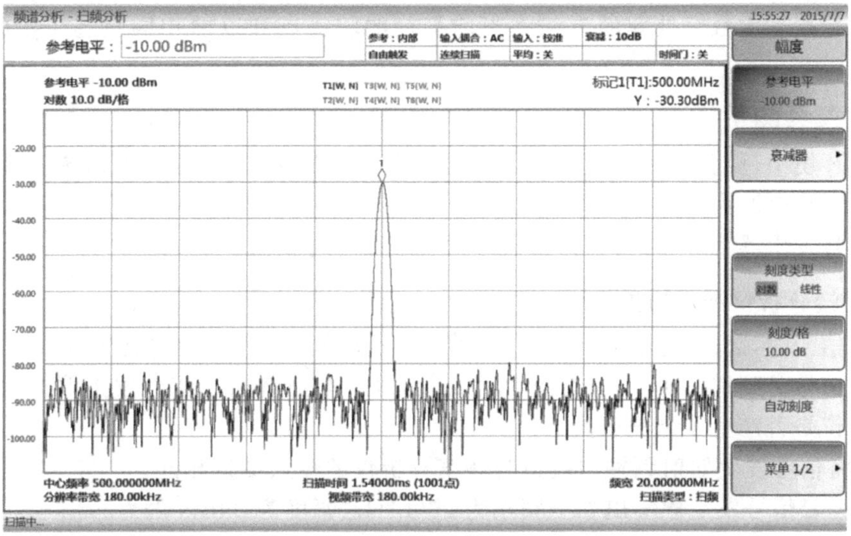

图 8.48　设置优化后的校准信号频谱

8.7.2　测量小信号

输入衰减器会影响输入信号的电平，如果输入信号非常接近噪声基底，减小衰减量，可以将信号从噪声中提取出来。

1. 测量小信号的方法

【步骤 1】复位频谱分析仪。

【步骤 2】设定信号发生器，连接频谱分析仪。设定信号发生器的输出频率为 300MHz，幅度为－80dBm，将信号发生器的射频输出端口与频谱分析仪的射频输入端口相连。

【步骤 3】设定频谱分析仪的中心频率为 300MHz，频宽为 5MHz，参考电平为－40dBm，衰减量为 10dB。

【步骤 4】移动信号峰值到中心频率 300MHz 处。

【步骤 5】频宽减小到 1MHz。

为了更加清晰地观察到被测信号，可以调整衰减量为 0dB。但是需要注意，一旦测量完成后，应将衰减量恢复，以保护射频输入端口。

2. 使用减小分辨率带宽的方法测量小信号

分辨率带宽会影响频谱分析仪内部噪声基底，但对测量的连续波信号的电平没有影响。噪声幅度变化量和分辨率带宽之间的关系可以由下式来表述

$$\Delta L = 10\log\frac{BW_1}{BW_2} \tag{8.21}$$

式中：ΔL 为噪声幅度变化量，单位为 dB。BW_1 和 BW_2 为不同的分辨率带宽，单位为 Hz。所以当分辨率带宽减小为原来的 1/10 时，噪声基底下降 10dB。

3. 使用平均值检波并增加扫描时间的方法测量小信号

当频谱分析仪的噪声基底掩盖了小信号时，使用平均值检波并增加扫描时间的方法，可以平滑噪声，从而提高信号的可见度。更长的扫描时间可以得到更好的平均噪声方差。

4. 使用视频平均的方法测量小信号

视频平均是指采用数字处理的方法将当前扫描的轨迹点和以前相同轨迹位置的平均值再做平均。

8.7.3 失真测量

在拥挤的环境中，设备间的相互干扰是普遍存在的问题。例如，在窄带系统中常遇到二阶、三阶交调失真和高阶交调失真。这些失真大多是由系统中的放大器和混频器等器件产生的。大多数传输装置和信号发生器都含有谐波，谐波成分常常需要进行测量。

1. 识别频谱分析仪产生的失真

当输入大信号时，会引起频谱分析仪的失真，从而影响真实信号的失真测量结果。使用衰减器可以确定哪个信号是频谱分析仪内部产生的失真信号。本例将通过信号发生器产生的输入信号，分析频谱分析仪是否产生了谐波失真。

【步骤 1】将信号发生器射频输出端口与频谱分析仪的输入端口相连。

【步骤 2】设置信号发生器输出一个频率为 200MHz、幅度为 0dBm 的点频信号。

【步骤 3】设置频谱分析仪为频谱分析模式。

【步骤 4】设置频谱分析仪的中心频率为 400MHz，频宽为 500MHz。

从频谱轨迹可以看出，信号产生的谐波失真距离 200MHz 原始信号有 200MHz 的频偏，如图 8.49所示。

【步骤 5】利用峰值搜索标记频谱分析仪中心频率到第一个谐波失真的位置。

【步骤 6】频宽设置为 50MHz，重新标记中心频率。

【步骤 7】衰减量设置为 0dB，并打开差值标记。

【步骤 8】将衰减量增大到 10dB。

注意观测差值标记的读数，该读数是衰减量为 0dB 和 10dB 时产生的失真差值。当衰减量改变时，如果差值标记读数大于等于 1dB，则说明频谱分析仪产生了一定的失真。当差值标记读数不明显时，也可增大衰减量。

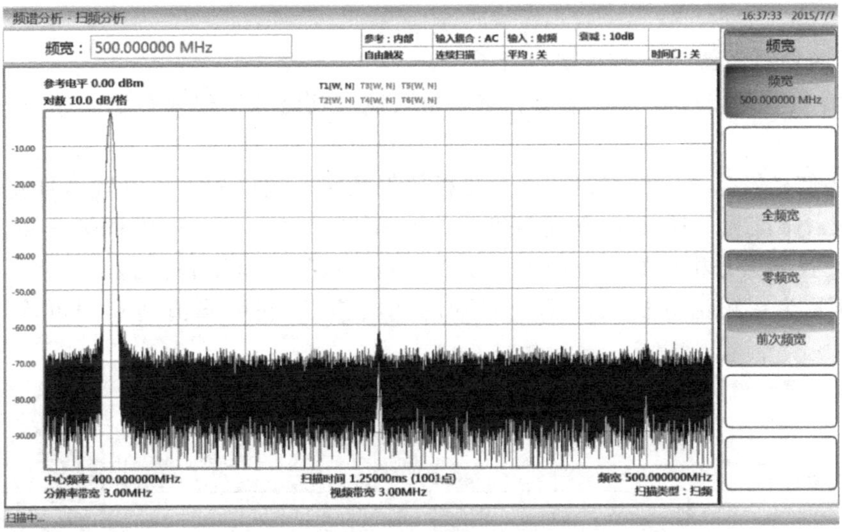

图 8.49 观测谐波失真

差值标记的幅度读数有两个来源：第一，增大射频衰减量，导致信噪比降低，会引起该读数偏正；第二，频谱分析仪产生的谐波失真减小，会引起该读数偏负。该读数越大，说明测量误差越大，可以通过改变衰减量来减小该读数的绝对幅度。

2. 快速谐波测量方法

本例测量信号发生器产生的频率为 1GHz、功率为－10dBm 的信号的谐波成分，使用频谱分析仪的 500MHz 校准信号，但一定要将频谱分析仪的起始频率和终止频率调整到与信号的频率及其谐波相适应的大小。

【步骤 1】将信号发生器输出端口与频谱分析仪的射频输入端口相连。

【步骤 2】设置频谱分析仪为频谱分析模式，并复位。

【步骤 3】设置起始频率为 800MHz 和终止频率为 2.5GHz。

【步骤 4】通过视频带宽平滑噪声，以提高分辨率。

【步骤 5】为提高测量精度，利用峰值搜索将基波峰值电平标记为参考电平。

【步骤 6】利用峰值搜索激活第二标记——次峰值，此时固定标记标注在基波上，活动标记位于二次谐波的峰值点上。

8.7.4 噪声信号测量

在通信系统中，通常用信噪比来表征噪声的大小。系统中加入的噪声电平越大，信噪比越差，对调制信号的解调也就越困难。在通信系统中，信噪比测量也指载波与噪声的比值测量。

【步骤 1】设置频谱分析仪为频谱分析模式，并复位。

【步骤 2】使用 500MHz 的内部校准信号作为频谱分析仪的输入。

【步骤 3】设定中心频率为 500MHz，频宽为 1MHz，参考电平为－10dBm，衰减量为 40dB。

【步骤 4】将标记放置于信号峰值位置，然后放置差值标记到频偏 200kHz 的噪声位置。

【步骤 5】打开噪声标记功能观看信噪比。

8.7.5 AM 信号解调

调制就是将低频或基带信号（声音、音乐、数据）转换成高频信号。在调制过程中，载波信号的某些特征（通常为频率或幅度）会随基带信号幅度的瞬时变化做相应的比例变化。频谱分析仪在解调 AM 信号时，可作为固定调谐（时域）的接收机使用，即利用零频宽模式恢复载波信号中的幅度调制信号。

1）利用射频频谱测量 AM 信号调制深度

通过信号发生器可以产生 AM 信号。将一根天线与频谱分析仪射频输入端口相连，可以解调出 AM 信号。

【步骤 1】将信号发生器输出端口与频谱分析仪射频输入端口相连。设置信号发生器输出载波频率为 100MHz，幅度为 −10dBm，调制深度为 5%，调制速率为 34kHz 的调幅信号。

【步骤 2】设置频谱分析仪的中心频率为 100MHz，频宽为 500kHz。

图 8.50 所示为在频谱分析仪屏幕上看到的调幅信号，利用峰值搜索即可确定载波信号的频率。

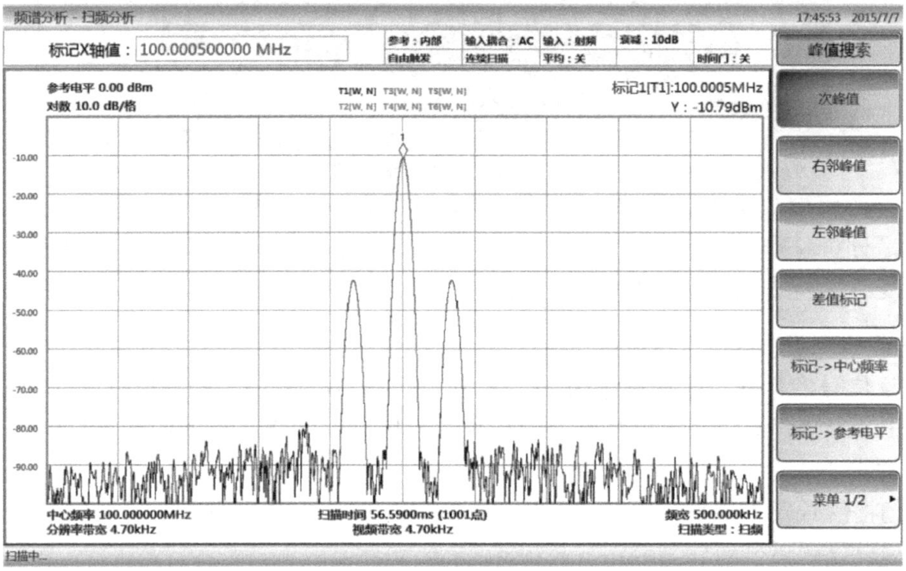

图 8.50　调幅信号

【步骤 3】利用“峰值搜索”的次峰值标记，得到载波与边带信号的差值。由差值标记可读出两个信号的频率差值，该值即为被测调幅信号的调制速率，两个信号的幅度差值可用于确定调制深度。得到以 dB 为单位的幅度差值后，也可根据下式求出调制深度

$$AM\% = 200 \times 10^{-\frac{\Delta dB}{20}}\% \tag{8.22}$$

式中，ΔdB 为载波和边带信号的幅度差值。

2）利用解调波形测量 AM 调制深度

本例介绍如何将频谱分析仪作为固定调谐(时域)的接收机来测量 AM 信号的调制深度，测量结果是一个百分数。

【步骤 1】将信号发生器输出端口与频谱分析仪射频输入端口相连。设置信号发生器输出载波频率为 300MHz，幅度为 −10dBm，调制信号为 1kHz，调制深度为 80%的调幅信号。

【步骤 2】复位频谱分析仪，设置中心频率为 300MHz，频宽为 500kHz，分辨率带宽为 30kHz，扫描时间为 20ms。

【步骤 3】设置 Y 轴幅度刻度单位为电压。

【步骤 4】将信号峰值置于靠近参考电平处。

【步骤 5】改变 Y 轴显示刻度为线性刻度。

【步骤 6】设置频谱分析仪为零频宽，进行时域测量，扫描时间为 5ms。

【步骤 7】使用视频触发功能来稳定显示轨迹。

【步骤 8】关闭所有标记，将频谱分析仪设为自由触发模式。

【步骤 9】增加扫描时间到 5s，减小视频带宽到 30Hz，使波形显示为一个水平的信号。

【步骤 10】将水平信号置于 Y 轴的中间位置，然后增大视频带宽到 100kHz，缩短扫描时间到 5ms，使波形显示为一个正弦波。

【步骤 11】测量 AM 信号的调制深度。为了使测得的调制深度为百分比，可以通过如下方法读取轨迹：设置从顶格到底格为 100% 的调制深度，读取波形轨迹在 Y 轴上的格数就可以确定信号的调制深度。

思考题与习题

本章小结

8.1　测量一个谐振放大器的通频带可以使用哪些方法？

8.2　动态频率特性与静态频率特性相比有何不同？

8.3　网络特性参数是怎样定义的？通常用什么方法进行测试？

8.4　网络分析仪由哪些主要部分组成？各部分起何作用？

8.5　标量网络分析仪与矢量网络分析仪有何不同？主要有哪些用途？

8.6　简述频谱分析的各种方法的原理和特点。

8.7　什么是实时频谱分析？扫频外差式频谱分析仪为什么只能进行非实时分析？

8.8　什么是频谱分析仪的分辨率？它与哪些因素有关？

8.9　要想较完整地观测频率为 20kHz 的方波，频谱分析仪的扫频宽度至少应达到多少？

8.10　在外差式频谱分析仪中，用 100Hz 分辨率带宽分析 20Hz～20kHz 的信号，需要分析多长时间？

8.11　为何说扫频外差式频谱分析仪属于非实时频谱分析仪？

8.12　简述实时频谱分析仪的工作原理，并分析它包含了哪些关键技术。

第 9 章　数据域测试

本章要点

- 数据域的基本概念
- 数据域测试系统与仪器
- 逻辑分析仪的组成、原理和应用
- 可测性设计技术
- 数据域测试的应用

前面的章节讨论了时域、频域及调制域的测试方法，它们是测试模拟电路和系统的行之有效的经典方法，但对于复杂的数字电路和系统却难以奏效。因为在数字电路和系统中，处理的信息是用离散的二进制信息来表示的。这种二进制信息常用高电平表示 1，低电平表示 0，多个二进制位(bit)的组合就构成一个数据。因此，在现代数字电路和系统中，对其数据信息的测试技术就称为数据域测试技术，简称数据域测试。

在当今的信息社会里，数字集成电路与计算机技术日益普及和发展，系统越来越庞大和复杂，为确保数字电路和系统的性能与可靠性，迫切需要对数据域测试技术进行研究。关于数据域测试的基本理论和方法已有不少专著，本章只做概要介绍。本章重点介绍逻辑分析仪的组成、原理与应用。

9.1　数据域测试概述

9.1.1　数据域的基本概念

1. 数据信息——数据流

在数据域测试中首先要明确所测试的信号的种类。

- 信息：只有两种逻辑状态的二进制符号(1/0 或高/低电平)。
- 数据字：多个二进制位组合构成的一个数据。
- 数据流：大量数据字有序的集合。

图 9.1 所示为一个十进制计数器的数据流表示方式，输入为时钟(CLK)信号，输出为计数器的状态。

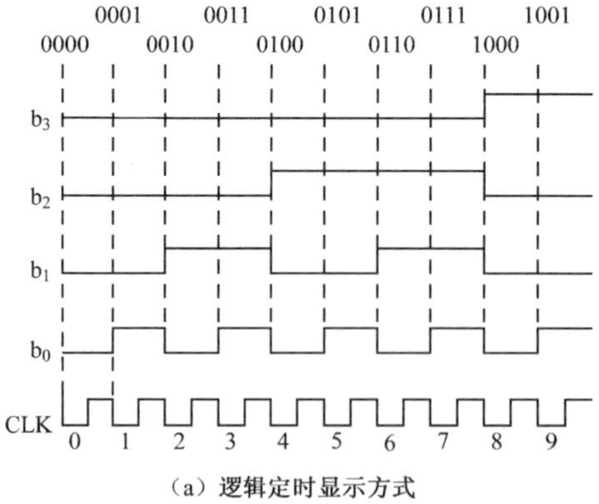

(a) 逻辑定时显示方式

	b_3	b_2	b_1	b_0
No.0	0	0	0	0
No.1	0	0	0	1
No.2	0	0	1	0
No.3	0	0	1	1
No.4	0	1	0	0
No.5	0	1	0	1
No.6	0	1	1	0
No.7	0	1	1	1
No.8	1	0	0	0
No.9	1	0	0	1

(b) 逻辑状态显示方式

图 9.1　数据流的表示方式

这个计数器的输出是由 4 位二进制码组成的数据流。这个数据流可以用高、低电平表示两种逻辑状态，如图 9.1(a)所示的逻辑定时显示方式，随着时钟脉冲的进入，每个脉冲下降沿使数据流的高、低电平产生依次的计数变化。也可以用数据字表示,如图 9.1(b)所示的逻辑状态显示方式,这种数据字是由各信号状态的二进制码组成的。这两种表示方法形式虽然不同,但所表示的数据流内容却是一致的。

数字信号除了用离散的时间作为自变量,还可以用事件序列作为自变量。当然,上述计数器中计数时钟的出现也可以看成一种事件,但这种时钟往往是等周期的,计数器输出通常是等间隔时间的数据流。但是,在很多情况下,所研究的数据流并不是等时间间隔出现的。

在数据域分析中,通常关注的不是每根信号线上电压的确切数值,而只需要知道其处于低电平还是高电平,以及各信号互相配合在整体上表示什么意义。通常,认为数据域分析就是研究数据流、数据格式、设备结构和用状态空间概念表征的数字系统的特征。

2. 数字系统的特点

① 信号通常按时序传递。

② 信号几乎都是多位传输的。

③ 信息的传递方式多种多样。

④ 信号的速度变化范围很宽。

⑤ 信号往往是单次的或非周期性的。

⑥ 数字系统故障判别与模拟系统不同。

9.1.2 数据域测试的任务与故障模型

1. 数据域测试的任务及相关术语

1) 对数字系统故障的诊断

具体可分两步进行:① 故障侦查,或称故障检测,判断被测系统中是否存在故障;② 故障定位,查明故障原因、性质和产生的位置。

被测对象因构造特性的改变而产生缺陷(Defect),称为物理故障。缺陷是指物质上的不完善性。例如,在制造期间,焊点开路、接线开路或短路、引脚短路或断裂、晶体管被击穿等。缺陷将导致电路产生错误的运作,称为失效(Failure)。缺陷所引起的电路异常操作称为故障(Fault),故障是缺陷的逻辑表现。例如,电路中某与门的一个输入端开路,这一缺陷可等效于该输入端固定为 1 的故障。但缺陷和故障两者之间并不是一一对应的,有时一个缺陷可等效于多个故障。

由于故障而导致电路输出不正常,称为出错或错误(Error)。电路中出现故障并不一定立即引起错误,例如,其电路中某引线发生固定为 1 的故障,而该引线的正确逻辑值也为 1,则电路虽发生故障,却未表现出错误。

2) 对数字系统性能的测试

具体可分为两类:① 参数测试,对表征被测对象性能的静态(直流)、动态(交流)参数的测试;② 逻辑功能测试,对表征被测对象性能的逻辑功能的测试。

参数测试是指测量出被测对象的某些参数的实际值或极限值,或对被测对象工作时的传播时延、脉冲宽度、前后沿等参数进行验证,看它们是否符合预期的指标。这类测试一般在元器件制造完成后进行。参数测试往往需要借助传统的时域和频域测试技术(非本章讨论的内容)。

逻辑功能测试是检查被测对象能否实现其预期逻辑功能的一大类测试,这类测试不仅在被测对象设计、制造之中及之末进行,而且也经常在被测对象的实际运行中作为一种维护和检修手段使用。实际上,所谓的数据域测试,主要指逻辑功能测试。

通常测试器通过集成电路的引脚或电路板的边缘连接器,向被测对象施加测试激励,并检测被测对象的响应。那些可以由测试器直接驱动的输入称为主输入,可以由测试器直接检测的输出称为主输出。例如，引线并封装在芯片外的芯片输入、输出引脚就是被测芯片的主输入和主输出。如果在被测对象的主输入处同时施加一组数据，侦查或诊断出了故障 a，则称这组数据是故障 a 的测试图形(Test Pattern)或测试矢量(Test Vector)，或简称为一个测试。借助一定算法或工具，获得电路测试矢量的过程称为测试生成。常将一个测试集所侦查的故障数与电路总故障数之比定为故障覆盖率。使用尽可能少的硬件成本和时间开销获得尽可能大的故障覆盖率，是数字系统测试的追求目标。

综合上述可以得出，在数字系统的故障诊断中，核心的问题是，确定施加什么样的激励(对应为测试生成)，可以使故障激活，以便故障能够反映出来(对应故障传播)，同时也能在可及端测量出来，因此还要确定在什么地方施加激励，在什么地方进行测量。

在测试数字系统中，如果测试频率(以测试时钟频率来衡量)低于被测系统功能性操作频率，有时会遇到低速测试时操作正常，但在高速时不正常的情形，例如，高速的异步时序电路对通路延迟、动态及竞争敏感，使低速测试为正常的电路在高速运行时功能失常。因此，为确保可靠性，对这些被测系统的测试频率，应维持在被测系统的功能性操作频率水平。这种测试称为真速测试。

2. 故障模型

在一个系统中，故障的种类是各种各样的，而在各种系统中，故障数目的差异是很大的，多种故障组合的方式则更多。因此，为了便于研究故障，需要对故障进行分类，归纳出典型的故障，这个过程称为故障的模型化。模型化故障代表一类对系统有类似影响的典型故障。一个好的故障模型化方案往往能发展和完善故障诊断的理论与方法。模型化故障应能准确地反映某一类故障对系统的影响，应既具有典型性，又具有一般性。此外，模型化故障应尽可能简单，以便做各种运算和处理。下面介绍几种常用的模型化故障。

1) 固定型故障

固定型故障(Stuck Faults)模型主要反映系统中某根信号线的不可控性，即在系统运行过程中总是固定在某一逻辑值上。如果该线(或该点)固定在逻辑高电平上，则称为固定 1 故障(Stuck-a-1)，简记为 s-a-1；如果该线固定在逻辑低电平上，则称为固定 0 故障(Stuck-a-0)，简记为 s-a-0。

电路中，元器件的损坏、连线的开路及相当一部分的短路故障都可以用固定型故障模型描述，它对这类故障的描述简单，处理也较方便。需注意的是，故障模型 s-a-1 和 s-a-0 是针对故障对电路逻辑功能的影响而言的，而同具体的物理故障(缺陷)没有直接对应关系。因此 s-a-1 故障决不能简单地认为是节点与电源的短路故障，s-a-0 故障也不单纯指节点与地之间的短路故障，而是指节点不可控，使节点上的逻辑电平始终停留在逻辑高电平或逻辑低电平上的各种物理故障的集合。

2) 桥接故障

桥接故障可以表达两根或多根信号线之间的短接故障，这是一种 MOS 工艺中常出现的缺陷。按桥接故障发生的物理位置分为两大类，一类是元器件输入端间的桥接故障，另一类是元器件输入端和输出端之间的桥接故障，后者常称为反馈式桥接故障。

一个电路中发生的短路故障完全有可能改变电路的拓扑结构，甚至使电路的基本功能发生根本性的变化，这将使自动测试与故障诊断变得十分困难。

3) 延迟故障

在工程实际中往往遇到这种情况，一个电路的逻辑是正确的，但却不能正常工作，究其原因是，电路的定时关系上出现了故障。所谓延迟故障，是指因电路延迟超过允许值而引起的故障。

电路中的传输延迟一直是限制数字系统时钟频率提高的关键因素。对于高频工作的电路，任何细小的制造缺陷都可能引入不正确的延时，导致电路无法在给定的工作频率下正常工作。时延测试需要验证电路中任何通路的传输延迟均不能超过系统时钟周期。

4）暂态故障

暂态故障是相对固定型故障而言的。它有两种类型：瞬态故障和间歇性故障。

瞬态故障往往不是由系统中硬件引起的，而是由电源干扰和 α 粒子的辐射等原因造成的，因此这一类故障无法人为地复现。这种故障在计算机内存芯片中经常出现。一般来说，这一类故障不属于故障诊断的范畴，但在研究系统的可靠性时应予充分考虑。

间歇性故障是可复现的非固定型故障。产生这类故障的原因有：元器件参数的变化，接插件的不可靠，焊点的虚焊和松动及温度、湿度和机械振动等其他环境原因等。这些时隐时现、取值非固定的故障，其侦查和定位通常是十分困难的。

对故障模型的认识和研究，是集成电路测试领域的基础性工作之一。随着集成电路工艺的发展，还需不断改进已有的故障模型和研究新的故障模型。

3. 被测对象与测试方法

数据域测试按被测对象不同可分为：

① 组合电路测试，通常有敏化通路法、D 算法、布尔差分法等。

② 时序电路测试，通常采用迭接阵列、测试序列(同步、引导和区分序列)等方法。

③ 数字系统测试，如大规模集成电路，常用随机测试(用伪随机序列信号作为激励)技术、穷举测试技术等。

限于篇幅，不能展开进行具体讨论，读者可参阅有关书籍。

9.1.3 数据域测试系统与仪器

1. 数据域测试系统组成

数据域测试系统的组成框图如图 9.2 所示。一个被测的数字系统可以用它的输入和输出特性及时序关系描述，它的输入特性可用数字信号源产生的多通道时序信号激励，而它的输出特性可用逻辑分析仪测试，获得对应通道的时序响应，从而得到被测数字系统的特性。

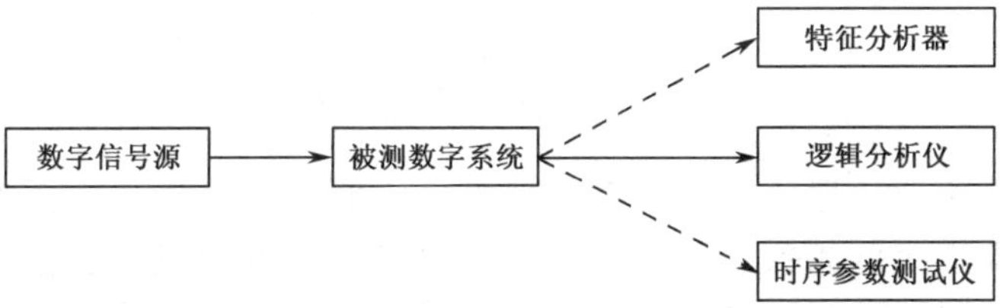

图 9.2 数据域测试系统的组成框图

依测试的内容不同，可采用不同的测试方法和测试设备。如果还需要进一步测试被测数字系统中信号的时域参数，如数字信号(脉冲)的上升时间、下降时间及信号电平等，则可在被测数字系统的输出端接上一台数字存储示波器。这样既可以测试数字系统的时序特性，又可以测试时域参数。为了使用的方便，出现了同时具有逻辑分析和数字存储示波器功能的逻辑混合示波器。

要测试被测数字系统中是否存在故障(功能性测试)，或对系统进行故障诊断，采用特征分析是一种有效的方法。这时依不同的测试原理和方法，数字信号源既可提供确定性的测试激励，也可提供伪随机的测试激励，将被测数字系统测试响应的实际特征与在同样测试激励下的无故障特征做比较，判明被测数字系统是否有故障，并定位故障的位置。

图 9.2 中只列出了 3 种典型的数据域测试仪器，有些仪器图上未画出，下面分别介绍。

2. 数据域测试仪器

1）数字信号源

数字信号源又称为数字信号发生器，是数据域测试中的一种重要仪器，可产生图形宽度可编程的并行和串行数据图形，也可产生输出电平和数据传输速率可编程的任意波形，以及一个可由选通信号和时钟信号来控制的预先规定的数据流。

数字信号源为数字系统的功能测试和参数测试提供输入激励信号。功能测试测出被测数字系统在规定电平和正确定时激励下的输出，就可以知道被测数字系统的功能是否正常；参数测试可用来测试诸如电平值、脉冲的边缘特性等参数是否符合设计规范。

（1）数字信号源的组成

目前，数字信号源常采用模块式仪器结构，即由主机和多个模块组成，其中数字信号源模块如图 9.3 所示。主机包括机箱、中央处理单元、电源、信号处理单元（时钟和启/停信号产生器）和人机接口。模块包含序列和数据产生部件及通道放大器。一台仪器由多个数据模块组成，而每个模块又具有多个数据通道。用户可根据实际需要的通道数目购买，若需增加通道还可扩充。

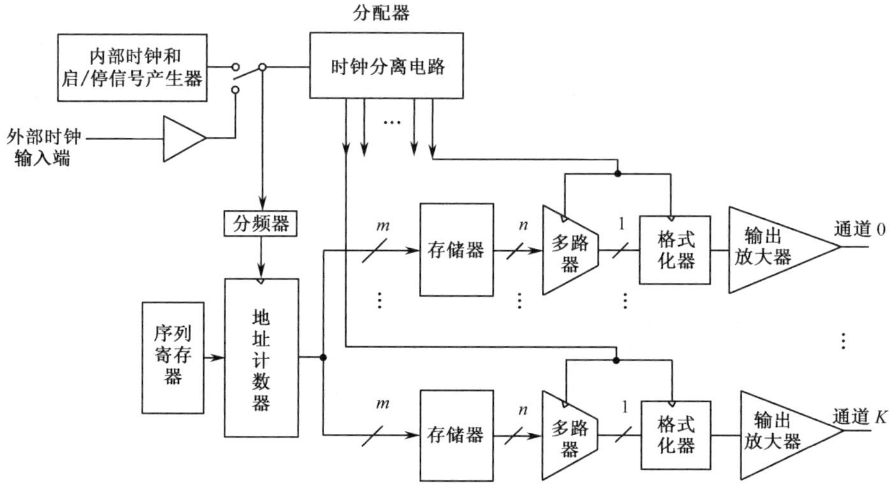

图 9.3　数字信号源模块

数字信号源将一个由压控振荡器（VCO）控制的中央时钟发生器作为内部标准时钟源，它通过可编程的二进制分频器产生低频数字信号，在高性能的数字信号源中，还使用锁相环来控制压控振荡器，以获得稳定性和精确度高的时钟。许多数字信号源还提供一个外部时钟输入端，以便用被测系统的时钟来进行驱动。

时钟分离电路可提供多个不同的时钟，分别送到各数据模块的时钟输入端。为减小抖动和降低噪声，可用同轴电缆或微带线来传输时钟信号。

信号处理单元为各时钟同时提供一个启动/停止信号，该信号使数字信号源各模块的工作同步地启动或同步地停止。通常，简单的数字信号源就用时钟的开和关来启动和停止各数据通道。

（2）数据的产生

图 9.3 中的序列寄存器在初始化期间写入了每个通道的数据，存储器的地址由地址计数器提供。在测试过程中，在每一个时钟沿的作用下，计数器将地址加 1。存储器输出的数据与地址是一一对应的，这是产生线性数据流的一种简单方法，这种方法提供的最大数据传输速率大于 100Mbps。

一个 8∶1 的多路器可将运行频率为 $F/8$ 的 8 个并行输入位转换成频率为 F 的串行数据流。

对于低速的数字信号源，多路器可以不要，从数据的每位数输出可直接产生一个串行数据流，该数据流加到格式化器的输入端，通过格式化器将数据流与时钟同步。在简单情况下，格式化器就是一个D触发器。数据的逻辑电平加在D输入端，在时钟信号沿的作用下输出。

格式化器的输出直接驱动输出放大器，放大器的输出电平是可编程的。在某些数字信号源中，通过在每个数据模块上提供外部时钟和启/停输入，以便产生不同的异步数据流。

2）逻辑分析仪

若数字系统测试时关心的是多个信号之间的逻辑关系及时间关系，那么，传统的通用测试设备，如示波器等，由于受通道数较少等因素的限制，无法满足测试要求。逻辑分析仪有效地解决了复杂数字系统的检测和故障诊断问题。逻辑分析仪具有通道数多、存储容量大、可以多通道信号逻辑组合触发、数据处理显示功能强等特点。这是本章重点讨论的内容，将在9.2节中单独进行介绍。

3）特征分析器

为了识别一个电路是否有故障，可以把电路各节点的正常响应记录下来，在进行故障诊断时，把实测的响应与正常电路的响应做比较。如果两者一致，则认为电路没有故障；各节点的响应中只要有一个节点不同，则可断定电路有故障，然后再根据不正常响应的情况来分析故障的位置和种类。这样对各节点逐一地进行测试与分析显然会使测试成本剧增，另外，随着集成电路集成度的提高，受封装的限制，上述从多节点观察测试响应的方法也会受到限制，而且相应的测试集会更加庞大。由于内测试的广泛使用，对每一测试激励下的响应逐一进行分析不仅是不必要的，有时甚至是难以实现的。因此，出现了特征分析技术，它从被测电路的测试响应中提取出“特征（Signature）”，通过对无故障特征和实际特征的比较，进行故障的侦查和定位。

特征分析由特征分析器实现，用线性反馈移位寄存器（LFSR）便可构成一个常用的单输入的特征分析器，其原理框图如图9.4所示。图中，$h_i=0(1\leqslant i\leqslant n)$，表示连线断开；$h_i=1$，表示连线接通。

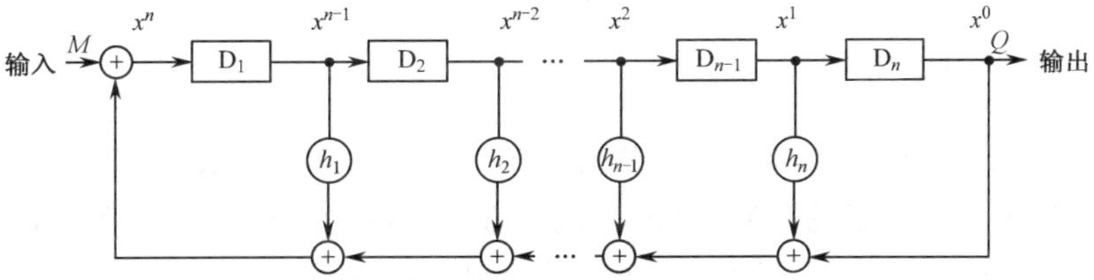

图9.4　特征分析器原理框图

特征分析的基本原理是，用一个已知的二进制数（序列）去除被检验的二进制数（序列）M，所得到的余即为特征。由于二进制序列可用二元域上的多项式表示，故特征分析过程对应为二元域上的多项式除法。在基于LFSR的特征分析中，被除数为输入测试响应位流对应的多项式，除数为该LFSR的特征多项式。相除后，商对应LFSR的输出位流，余数（该LFSR中的留数）即为测试响应的特征。

理论分析表明，特征分析技术具有很高的检错率。当测试序列足够长时，特征分析的故障侦出率不低于$1-\frac{1}{2^m}$，m为用于特征分析的LFSR的长度。当$m=16$时，故障侦出率高达99.998%，侦查失误率很小。

除图9.4所示的单输入外，还有多输入特征寄存器（Multiple Input Signature Register，MISR）。在MISR中，每位LFSR单元皆接收被测电路的一个输出位流，如图9.5所示。

基于特征分析方法的数字系统故障诊断原理如图9.6所示。被测电路的无故障特征或某种故障下的特征,可通过电路的逻辑模拟或故障模拟获得。但要通过事前的模拟建立好特征-故障字典,才能用于故障诊断,这样就限制了它的使用范围。

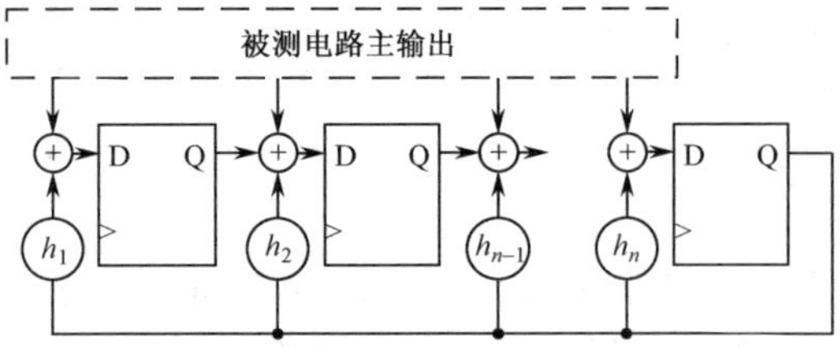

图 9.5　多输入特征寄存器(MISR)

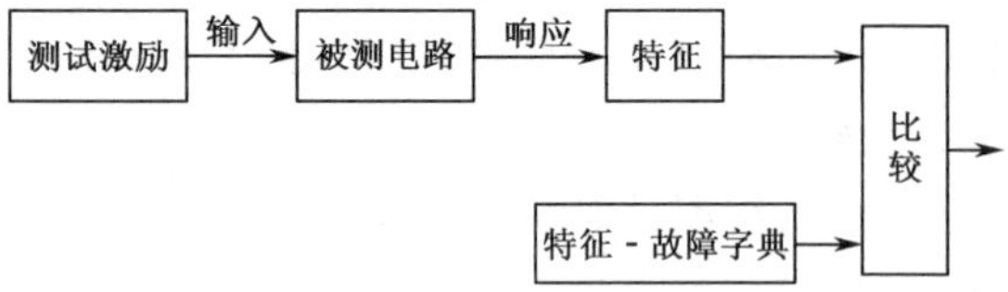

图 9.6　基于特征分析方法的数字系统故障诊断原理

4) 协议分析仪

协议分析仪是常用的数字通信测试仪器。协议(Protocol)是指描述不同器件之间相互进行数据通信的规则和过程。协议分析仪可仔细地检查器件之间在通信过程中所发生的一切事件,同时对其是否符合通信协议做出测试。协议分析仪不仅可用于监测,而且还能发送信息。

协议分析仪的前面板和后台支持都是由一台专用计算机来完成的,它可对通信线路中的串行数据进行采集和处理,并可以格式化或模拟输出串行数据。

5) 误码率测试仪

误码率测试仪也是常用的数字通信测试仪器。图 9.7 所示为它的测试框图。它包含两大部分:发送部分是图形发生器,向被测数字系统提供测试图形作为激励信号;接收部分是误码检测器,能对误码的位数进行计数,它和传输的总位数之比就是误码率。

图 9.7　误码率测试仪的测试框图

9.2　逻辑分析仪

在数字系统测试中,我们关心的是多个信号之间的逻辑及时间关系。传统的测试设备,如示波器等,由于其通道数较少等因素的限制,已无法满足数字系统的测试要求。为了对复杂数字系统进行时序检测和故障诊断,1973 年研制出了一种专用于数字系统测试的仪器——逻辑分析仪(Logic Analyzer)。近年来,逻辑分析仪在计算机与仪器的融合中不断寻求发展方向,依托不断进步的计算机技术,逻辑分析仪吸收融合了诸如逻辑笔、协议分析仪、数字信号发生器等众多数字测量仪器的功能,使用 Windows 系统平台,配以简单易用的用户界面,进一步简化了信号触发的难题,形成了极具特色的数字分析测量平台。

逻辑分析仪是一种类似于示波器的波形测试设备,用于监测硬件电路工作时的逻辑状态,并加以存储,用图形的方式直观地表达出来,便于用户检测、分析硬件电路设计和软件设计中的错误。逻辑分析仪是数字系统设计中不可缺少的设备,通过它可以迅速地定位错误,解决问题,达到事半功倍的效果。

9.2.1　逻辑分析仪的特点和分类

1. 特点

逻辑分析仪对电压的具体值和被测信号的一些模拟特性都不进行测量,而是专门针对信号的电平进行测量,与示波器相比具有以下特点。

① 同时监测多路输入信号。逻辑分析仪一般具有16路、32路甚至上百路输入通道，可以同时监测多通道输入信号，轻松查看各输入信号间的时序关系。

② 完善的触发功能 。逻辑分析仪具有边沿触发、电平触发、定时触发、码型触发、组合触发、协议触发及功能强大的高级触发方式。

③ 具有多种显示方式。逻辑分析仪可同时显示多通道输入信号的方波波形，并可用二进制数、八进制数、十进制数、十六进制数或ASCII码方式显示数据，而且还可用反汇编等功能显示程序源代码。

④ 强大的分析功能。逻辑分析仪通过对多通道输入信号的高速采样，可轻松获取各输入信号之间的时序关系，捕捉毛刺信号。通过选择功能强大的不同触发方式，可轻松地对输入信号进行分析，从而完成数字信号时序检测、故障分析与定位。

2. 分类

逻辑分析仪按照其工作特点，可以分为逻辑定时分析仪和逻辑状态分析仪两类，它们的组成原理基本相同，主要区别是数据的采集方式及显示方式。

逻辑定时分析仪：它在内部高速时钟的作用下，对输入信号进行异步数据采样，采样的数据用方波的形式显示，以分辨相关信号间的时序关系。内部采样时钟频率越高，定时分析分辨率越高，一般要求采样时钟频率至少为被测信号频率的3倍以上。目前，部分逻辑分析仪最高定时采样率可达5GSa/s，定时分辨率达200ps。逻辑定时分析仪主要用于数字设备硬件的分析、调试和维修。

逻辑状态分析仪：它在外部同步时钟（一般为被测系统的时钟）的控制下对输入信号进行同步数据采样，利用二进制数、映射图或反汇编为助记符的方式进行数据显示。由于采集到的状态数据与被测信号数据流的状态一致，因此可利用状态分析直接观测程序的源代码。逻辑状态分析仪主要用来对系统进行实时状态分析，是跟踪、调试程序、分析软件故障的有力工具。

通常，利用逻辑定时分析仪查看总线“什么时候”发生变化，用波形图显示数据；利用逻辑状态分析仪检查总线上发生了“什么”，用列表方式显示数据。在逻辑分析仪上用波形图显示状态数据，或以列表显示定时数据时，要非常小心，以避免错误地解释数据。

根据硬件设计上的差异，目前逻辑分析仪可分为台式逻辑分析仪、模块化逻辑分析仪和虚拟逻辑分析仪三类。台式逻辑分析仪将数据采集控制模块、记录长度模块、测试软件和显示器等整合在一台仪器之中。模块化逻辑分析仪可单独使用，也可在需要分析复杂的多总线问题时把多个机箱接到一起，构成一个系统来使用。虚拟逻辑分析仪则需要搭配计算机一起使用，通过计算机来显示最后结果。

9.2.2 逻辑分析仪的基本组成

逻辑分析仪的种类繁多，在通道数、采样率、记录长度、触发方式及显示方式等方面各不相同，但其基本组成是相同的。逻辑分析仪的原理框图如图9.8所示，它主要包括数据捕获和数据显示两大部分。由于数字系统的测试一般要观察较长时间范围的信号间逻辑关系，或较长的数据流才能进行分析，因此逻辑分析仪采用先进行数据捕获并存储，然后进行数据显示并观察分析的方式工作。

数据捕获部分包括信号输入、采样、数据存储、触发产生和时钟选择等电路。外部被测信号送到信号输入电路，与门限电平进行比较，通过比较器整形为方波信号。采样电路在采样时钟（外时钟或内时钟）控制下对信号进行采样，并将数据流送到触发产生电路进行触发识别以产生触发信号。数据存储电路在触发信号的作用下进行相应的数据存储控制。

数据捕获完成后，由显示控制电路将存储的数据以适当方式（波形或字符列表等）显示出来，以便对捕获的数据进行观察分析。

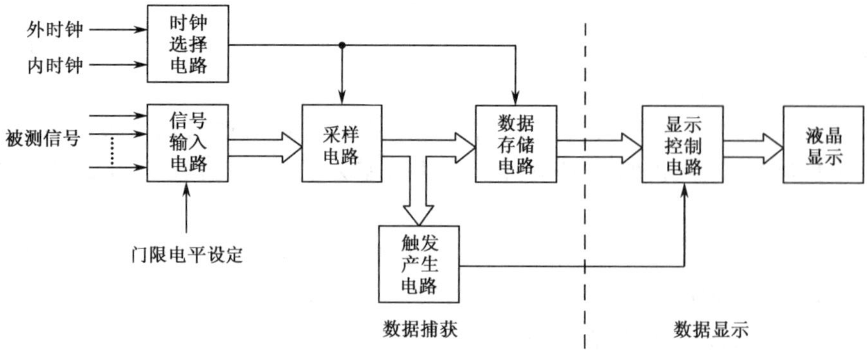

图 9.8 逻辑分析仪的原理框图

9.2.3 逻辑分析仪的触发方式

触发的概念最初来自模拟示波器，在模拟示波器中仅当触发信号到来后，X 通道才产生扫描信号，Y 通道信号才能被显示，即从触发点打开了一个显示窗口。

当数字系统运行时，它的数据流是无穷无尽的。逻辑分析仪的记录长度是有限的，我们所能观察到的数据只是在存储器中存储下来的数据，即数据流中的一部分，如图 9.9 所示，它相当于在数据流上开启了一个观察窗口。通过触发的方式，在特定波形信号产生的条件下，观测与其相关的信号在该条件产生之前或之后时刻的状态，即通过触发位置的设置在数据流中选择合适的观察窗口。如果触发位置设置为跟踪触发开始，则存储器在触发事件发生时开始存储采集到的数据，直到存储器满为止。如果触发位置设置为跟踪触发结束，则触发事件发生前存储器一直存储采集到的连续数据，直到触发事件发生时停止存储。当存储器满而触发事件尚未发生时，新数据将自动覆盖最早存储的数据。逻辑分析仪一般还可以按比例设置触发位置，如在 50% 的位置触发，即在触发事件发生前和发生后存储的数据各占存储器深度的 50%。

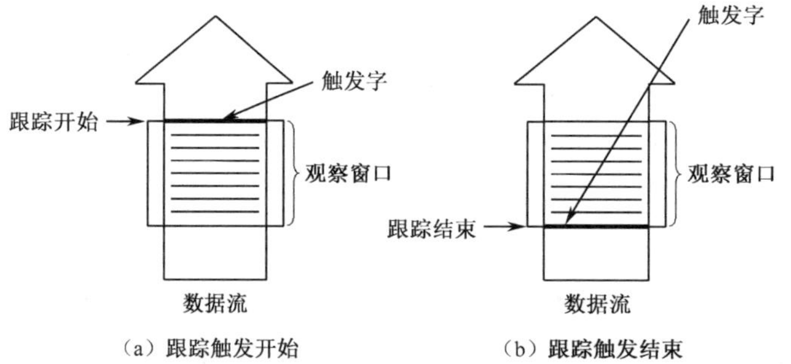

图 9.9 逻辑分析仪的基本触发跟踪方式

触发在逻辑分析仪中的含义是指由一个触发事件来控制数据获取的时刻，由触发位置确定观察窗口的位置。这个事件可以是数据流中的一个信号的边沿或状态、数据字、数据字序列或其组合等。逻辑分析仪常用的触发方式有边沿触发、电平触发、定时触发、码型触发、组合触发、协议触发和高级触发，其中边沿触发、电平触发、定时触发、码型触发属于简单触发。

1. 边沿触发

边沿触发是指由某个输入信号的电平出现某一跳变引起的触发，主要有上升沿触发、下降沿触发、双沿触发和毛刺触发等。利用边沿触发，逻辑分析仪在微控制器发出写信号的有效边沿时对总线数据进行采样，即可查看写操作过程的传输时序，从而确定微控制器发送的数据的正确性。一般在逻辑定时分析时，只允许一个输入信号设置为边沿触发。

2. 电平触发

电平触发是指某个输入信号的电平为逻辑高电平或逻辑低电平时引起的触发。电平触发可分别设置多个不同的输入信号在满足不同的电平要求时产生触发条件。当多个输入信号为一个总线时，这时的电平触也称为码型触发。

3. 定时触发

定时触发包括脉宽触发、延迟触发等。脉宽触发是指在某个输入信号出现宽度大于(小于或等于)指定宽度的脉冲信号时触发。延迟触发是指在数据流中检测到特定触发字的时候并不产生触发信号，而是在等待指定的延时之后触发。延迟触发有两种：一种是触发字到来时延时后触发，即从检测到触发字开始计时到延时结束；另一种是触发字结束延时后触发，即从检测到的触发字结束后开始计时到延时结束。

4. 码型触发

码型触发包括总线数据字触发、队列触发等。总线数据字触发是指总线上出现特定数据字时引起的触发。逻辑分析仪总线数据字可用二进制数、十进制数、八进制数、十六进制数甚至 ASCII 字符设置。例如，在数字系统设计中，某寄存器的设置出现错误，可利用特定寄存器的地址作为总线数据字触发条件，以捕捉对应的数据，即可查看该错误是否是由于发送错误的数据引起的。而队列触发是指在总线上出现一连串指定的数据字并按顺序依次传输时引起的触发。

5. 组合触发

通过将不同输入信号分别设置为上述两种以上触发方式从而实现组合触发。例如，希望观测微控制器对外部 RAM 中 FF01 地址单元的写入操作过程，那么可以设置 WR 写信号为下降沿触发，地址总线为 FF01 的码型触发。通过灵活地选择不同的输入信号处于不同的触发方式，可方便地观测到相应的目标信号。

6. 协议触发

随着逻辑分析仪的功能不断完善，协议分析与触发在现代的数字设计中得到飞速发展和广泛应用。协议触发是协议分析的伴随产物，是根据某一特定的协议(如 UART、SPI、I^2C、1-Wire、USB、CAN 等常用总线协议)的一个特定触发字而引起的触发。协议触发能够充分利用有限的触发深度和存储空间，同时提供更多、更可靠的触发，为快速发现和定位错误提供了有效的工具。协议分析一般由协议解码、协议错误识别和协议信息提示三个部分组成。

7. 高级触发

高级触发也称为流程触发，可随意设置触发条件，且可以多级级联，最终实现触发采样。通过该触发方式可有效地利用逻辑分析仪有限的记录长度，并加快对错误波形的定位，从而使电路调试事半功倍。

高级触发是指分步检测相应的事件，并执行相应的触发、转移或存储动作，其中事件主要包括定时器事件、计数器事件和标志事件。例如，是德科技 16823A 逻辑分析仪的高级触发设置如图 9.10所示，该设置表示：寻找 RD 信号的“上升沿”且 ADDR 总线“等于”406F6H 的触发条件。如果满足触发条件，则选择“触发并保存到存储器”项。一些常用的高级触发方式见表 9.1。

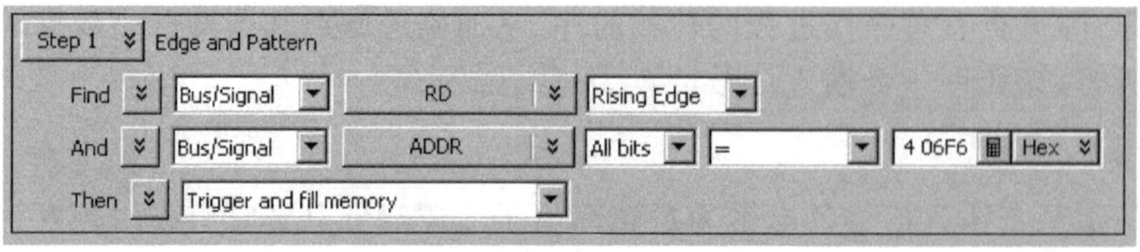

图 9.10　高级触发设置

表 9.1　常用的高级触发方式

触发方式	举　　例
边沿	if there is rising edge on SIG1 then Trigger
布尔表达式	if ADDR = 1000 and DATA = 2000
范围	if ADDR in range 1000 to 2000
存储	if.. else if ADDR in range 1000 to 2000 then Store Sample go to 1 else if ADDR not in range 1000 to 2000 then Don't Store Sample go to 1
计数器	① if DATA = 1000 then Increment Counter 1 Go to 2 ② if Counter1 > 2 then Trigger
定时器	① if DATA = 1000 then Start Timer 1 go to 2 ② if Timer1 > 500 ns then Trigger

9.2.4　逻辑分析仪的数据捕获和存储

1. 输入探头

逻辑分析仪一次可以捕获大量的信号，这是其与示波器相比的主要优势。逻辑分析仪通过输入探头连接到被测系统上。图 9.11 是输入探头的一种简化形式，探头内部高速比较器把输入电压与阈值电平进行比较，若高于阈值电平则输出逻辑 1，反之则输出逻辑 0。门限值由用户设置，常用的电平逻辑有：TTL、CMOS、ECL、PECL、LVPECL 及用户自定义电平等。

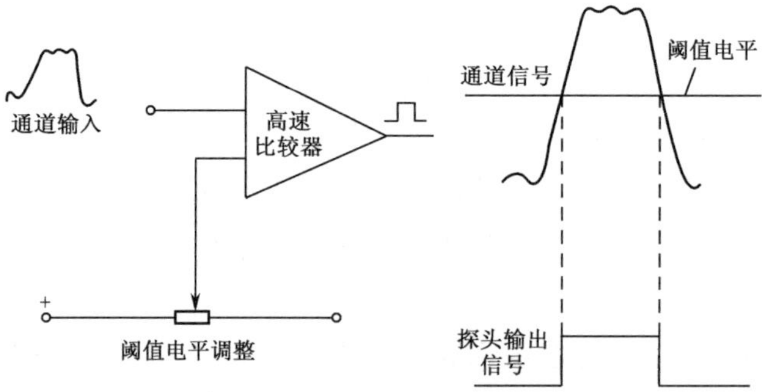

图 9.11　输入探头

2. 数据捕获

从数据探头得到的信号，经电平转换后，在采样时钟的作用下，经采样电路采样并存入高速存储器中，这种将被测信号进行采样并存入存储器中的过程称为数据的捕获。

如图 9.12 所示为采样过程波形图，在采样时钟到来时，对比较器输出的逻辑电平进行采样。若比较器输出高电平，则采样值为 1；若比较器输出低电平，则采样值为 0。由波形图可知，采样输出波形只能反映高、低两种电平，而且只能在采样时钟的边沿发生跳变。

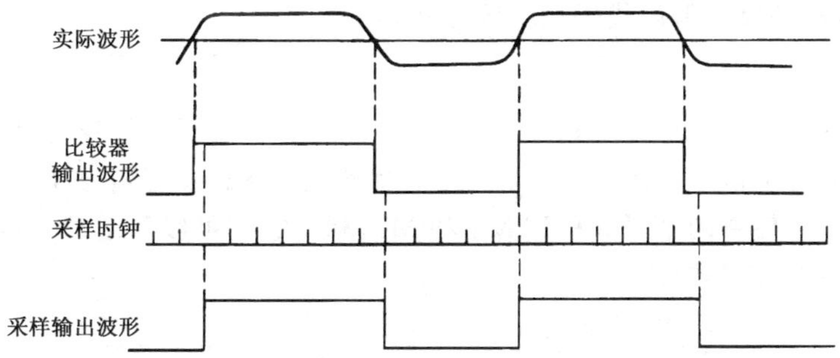

图 9.12　采样过程波形图

逻辑分析仪使用被测系统时钟作为采样时钟的采样方式称为同步采样，使用其内部产生的时钟对被测系统的输入数据进行采样的方式称为异步采样。由于逻辑分析仪内部时钟频率一般比被测系统的高得多，这样使单位时间内的信息量增多，提高了分辨力，从而显示的数据更精确。图 9.13给出了同步采样和异步采样的工作波形图。同步采样无法检测出两个相邻时钟间的干扰波形，而异步采样可以检测出波形中的"毛刺"干扰。

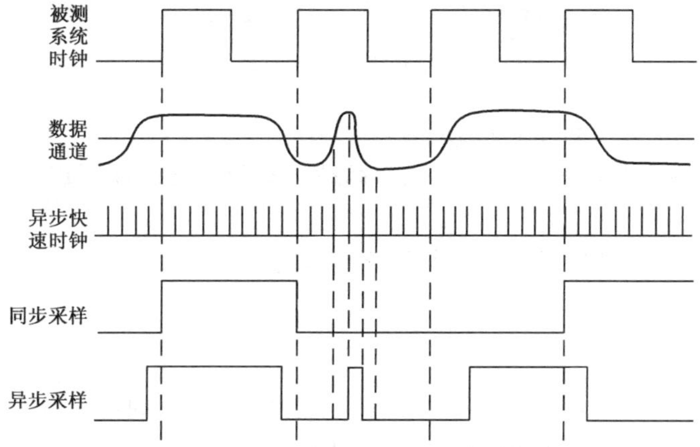

图 9.13　同步采样和异步采样的工作波形图

3. 数据存储

逻辑分析仪主要采用高速随机存储器(RAM)作为数据存储器，按先入先出的方式存储数据，即构成环形存储器，在存储器存满以后，新的数据将覆盖旧的数据。

尽管现代逻辑分析仪具有较大的记录长度，还是无法实现实时观测和分析高速的数字系统数据传输过程。因此，逻辑分析仪只能将数据先暂存在存储器中，然后再完成数据分析。如果需要不间断地捕捉数据流，则要求有足够大容量的存储器以便记录整个过程。在传统模式下，记录长度×采样分辨率＝采样时间。这意味着大的记录长度在保证采样分辨率的前提下，可提高单次采样时间，观察到更多的波形数据；而在保证采样时间的前提下，可提高采样分辨率，观察到更真实的信号，但需要更大的记录长度。

9.2.5　逻辑分析仪的显示

数据采集完成后，逻辑分析仪即进入数据处理与显示阶段，将捕获的数据以便于分析的方式显示出来。常见的基本显示方式有波形显示和字符列表显示两种。由于要同时显示多个通道的数据波形或字符，因此传统逻辑分析仪显示控制电路非常复杂且速度较慢。现在的逻辑分析仪均采用计算机为硬件平台，显示控制简单方便，其数据处理和显示能力大大加强，除了波形显示和字符列表显示，还有图形显示和反汇编源代码显示等方式。

1. 波形显示

波形显示是一种多通道信号详细视图，允许用户查看捕获的所有信号的时间关系，在很大程度上与示波器的显示波形类似。如图 9.14 所示为是德科技 16823A 逻辑分析仪定时分析的波形显示图。在显示窗口中一般有两个时间标记 M1 和 M2，利用它们可以测量两个信号跳变沿之间的时间，甚至可以自定义加入新的时间标记。

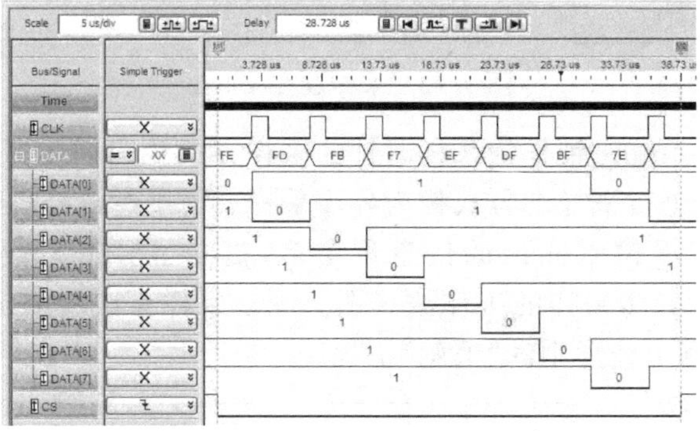

图 9.14　波形显示图

波形显示通常用于定时分析中，特别适合以下场合：

① 通过把记录的结果与仿真器的输出或产品技术资料中的时序图进行对比，检验硬件是否正常运行。

② 检测被测系统中的定时问题：竞争与冒险、传输延迟和异常脉冲。

③ 分析毛刺。

2. 字符列表显示

字符列表显示以用户选择的字母或数字形式提供状态信息，列表中的数据值是采集的总线数据的逻辑值，可以用二进制数、八进制数、十六进制数、十进制数及 ASCII 字符等形式表示。字符列表显示主要用于显示被测系统的状态。图 9.15 所示为致远 LA1532 逻辑分析仪字符列表显示方式，按采样顺序以二进制数和十六进制数的形式显示，方便观测、分析被测系统的数据流。

3. 反汇编显示

在对计算机系统进行测试分析，特别是软件测试时，通过观察字符列表中的数据流来分析系统工作很不方便。多数逻辑分析仪提供了另一种有效的显示方式，即反汇编方式。它将采集到的总线数据(指令的机器码)按照被测的微处理器系统的指令系统进行反汇编，然后将反汇编后的汇编程序以指令助记符的方式显示出来，这样可以方便地观察指令流，分析程序运行情况。图 9.16 所示为致远 LA1532 逻辑分析仪采集某微机系统总线数据后，按照其指令系统反汇编的结果。

4. 图形显示

图形显示是将屏幕 X、Y 方向分别作为时间轴和数据轴进行显示的一种方式。图 9.17 所示为致远 LA1532 逻辑分析仪在雷达测试中的图形显示方式。

5. 协议显示

利用逻辑分析仪的协议分析功能可实现协议数据帧的队列触发。所谓协议数据帧，就是经过插件解码后的数据组合成一个触发数据队列。图 9.18 所示为致远 LA1532 逻辑分析仪利用协议显示方式显示的 I²C 协议的解码图。利用协议显示的波形图可直观地得到数据包,依次是 0xF0,0x00,0x01,0x02,0x03 等,通过特定的协议触发,即可得到相应的协议显示的数据帧,方便用户进行相关协议的开发与调试。

数据流

序号	二进制	十六进制	时间
137	00100000	20	592.80877ms
138	01001000	48	593.23336ms
139	01100101	65	593.657898ms
140	01101100	6C	594.082518ms
141	01101100	6C	594.507144ms
142	01101111	6F	594.93174ms
143	00100000	20	595.356218ms

图 9.15　字符列表显示方式

反汇编

序号	地址总线	数据总线	汇编指令	时间
140	0xA000001A	0x2914	CMP r1,#0x14	592.808776ms
141	0xA000001C	0xDBF9	BLT 0xA0000012	592.808778ms
142	0xA0000012	0xF1010301	ADD r3,r1,#0x01	592.80878ms
143	0xA0000016	0xB2DB	UXTB r3,r3	592.808782ms
144	0xA0000018	0x4619	MOV r1,r3	592.808784ms
145	0xA000001A	0x2914	CMP r1,#0x14	592.808786ms
146	0xA000001C	0xDBF9	BLT 0xA0000012	592.808788ms
147	0xA0000012	0xF1010301	ADD r3,r1,#0x01	592.80879ms
148	0xA0000016	0xB2DB	UXTB r3,r3	592.808792ms
149	0xA0000018	0x4619	MOV r1,r3	592.808794ms
150	0xA000001A	0x2914	CMP r1,#0x14	592.808796ms
151	0xA000001C	0xDBF9	BLT 0xA0000012	592.808798ms
152	0xA000001E	0xF1000301	ADD r3,r0,#0x01	592.80880ms
153	0xA0000022	0xB2DB	UXTB r3,r3	592.808802ms
154	0xA0000024	0x4618	MOV r0,r3	592.808804ms
155	0xA0000026	0x280A	CMP r0,#0x0A	592.808806ms
156	0xA0000028	0xDBEF	BLT 0xA000000A	592.808808ms

图 9.16　反汇编显示方式

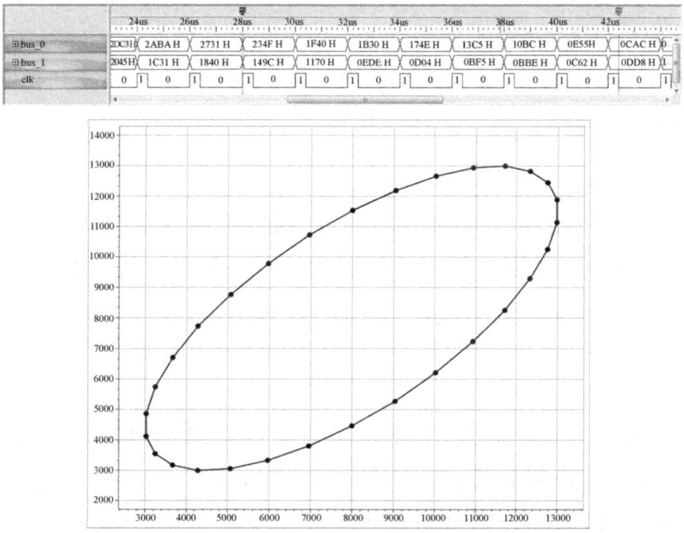

图 9.17　逻辑分析仪在雷达测试中的图形显示方式

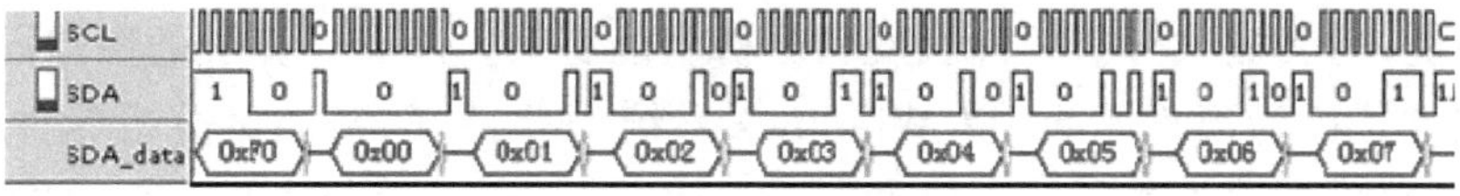

图 9.18　I²C 协议的解码图

9.2.6 逻辑分析仪的主要技术指标及发展趋势

1. 逻辑分析仪的主要技术指标

根据逻辑分析仪的功能特点，逻辑分析仪的主要技术指标说明如下。

① 采样通道数。逻辑分析仪信号采样(输入)通道主要包括数据通道和时钟通道。采样通道越多，可以同时观测的信号就越多。

② 最高定时采样率。在定时分析时，要有足够高的定时分辨率，就应当有足够高的定时采样率，定时采样率越高，得到的波形结果越精细。例如，致远 LAB7504 逻辑分析仪最高定时采样率为 1GSa/s，高速定时采样率可达 5GSa/s，其时间分辨率达 200ps。

③ 最高状态采样率。在进行状态分析时，逻辑分析仪采样时钟使用外部输入时钟，在外部输入时钟的驱动下进行数据的采样。外部输入时钟的最高频率决定了逻辑分析仪的最高状态采样率。

④ 记录长度。记录长度即存储容量，是指逻辑分析仪能够连续保存采样点的数量，记录长度越大，能够观察的时间就越长。但高速存储器的价格都比较高，这将直接影响逻辑分析仪的成本。一般用每个通道可以存储的数据位数表示记录长度，单位为 b(bit，比特)，一般为几十 Mb 到几 Gb。

⑤ 触发方式。相比示波器，逻辑分析仪提供了丰富的触发方式，一般有边沿触发、电平触发、定时触发、码型触发、组合触发、协议触发和高级触发等方式。

⑥ 输入电平变化范围。输入电平变化范围越大，可测试的数字系统逻辑电平种类越多，一般支持 TTL、CMOS、ECL、PECL、LVPECL 及用户自定义电平等。

⑦ 分析功能。逻辑分析仪对输入信号进行时序和状态的分析功能，主要包括针对 UART、SPI、I^2C、1-Wire、USB、CAN、ModBus 等总线的分析，对 SD 卡、CF 卡及其他高层协议的分析，针对微处理器的反汇编分析等功能。

2. 逻辑分析仪的发展趋势

半导体元器件和系统结构正在不断推陈出新，以满足市场对更高性能、更好灵活性和更高集成度设备的需要。例如，Rambus 总线的频率已经达到 800MHz，微处理器的时钟频率已超过 3GHz，PCI Express 总线的双向数据传输速率已达 128Gbps。技术人员在论证最新的技术方案时，首先关心的是选用最新的微处理器后能否在市场上找到满足需要的测试工具，因为必要的测试工具是保证产品上市周期的基本前提。

互联网正在改变着测试工作的方式，它带来了全新的采集、分析和发布测试数据的方法，这就是网络测试和网络数据共享，逻辑分析仪也不例外。除此以外，随着未来电子系统应用越来越多地采用多种总线结构和多微处理器，逻辑分析仪也在向更多测试通道、更长记录长度的方向发展。

随着技术的发展，开始出现把示波器和逻辑分析仪的功能融合在一起的混合示波器。该仪器具有基本的逻辑分析仪功能，但输入通道、记录长度、触发方式有限。部分独立的台式逻辑分析仪不断增强相应功能，但其测试分析软件触发和分析功能有限。随着计算机的性能提升，逻辑分析仪开始采用嵌入式计算机为硬件平台，以 Windows 系统为软件平台，测试分析软件的功能、输入通道、记录长度和最高采样率等都得到大幅度提升。另外，基于计算机 USB 接口的虚拟逻辑分析仪则以相对较低的成本提供了相应的功能，部分虚拟逻辑分析仪甚至具有较高的性能指标，但该类型逻辑分析仪必须配备计算机并安装相应的测试分析软件才能使用。表 9.2 列出了目前主流逻辑分析仪的主要技术特性。

表 9.2　目前主流逻辑分析仪的主要技术特性

公　司	型　号	定时采样率	状态采样率	数据通道数	最大记录长度	类　别
数英仪器	SA8320	100MHz	35MHz	32/2	256kb/ch	台式
欧泰克	OLA2032B	250MHz	200MHz	32/2	512kb/ch	台式
是德科技	16861A	2.5GHz	350MHz	32/2	128Mb/ch	台式
广州致远	LAB7504	500MHz	250MHz	32/2	64Mb/ch	虚拟
孕龙	LAP－CPro(32256M)	2GHz	250MHz	32/2	256Mb/ch	虚拟
皇晶科技	LA3136	2.4GHz	250MHz	128/8	256Mb/ch	虚拟
是德科技	U4164A	2.5GHz	350MHz	128/8	400Mb/ch	模块化

在未来，逻辑分析仪将不再是一种仅供单用户使用的开发工具，而将成为开发环境的中心。逻辑分析仪可借助网络接口在以太网环境下实现协同工作，支持局域网联网数据采集，甚至支持国际互联网共享应用，这对于那些需要同时在几个不同地点开发调试不同应用系统的制造商提供了便利，在保证开发周期的前提下大幅降低开发成本。

新一代逻辑分析仪支持多种总线结构，支持下一代计算机采用的新存储器（如 DDR）和新的 I/O总线 PCLX，使得逻辑分析仪的应用领域拓展到了下一代采用新型总线结构的计算机市场，满足了开发人员调试和分析高性能计算机系统的需要。新一代逻辑分析仪将支持多微处理器结构，可提供高达 2000 个逻辑分析通道以及每通道高达 400Mb 的记录长度，以满足对多微处理器多总线电子系统同时进行监测、调试和验证的要求。

2011 年 8 月 31 日，示波器的发明者泰克科技公司推出了全球第一款具有革新性的新类型仪器，其集示波器和频谱分析仪于一体，被命名为混合域示波器（Mixed Domain Oscilloscope）。现在，混合域示波器集成了更多功能，包括示波器、逻辑分析仪、频谱分析仪、任意波形发生器、数字电压表、频率计、协议分析仪等。表 9.3 为模拟带宽在 100MHz 左右的混合域示波器的示波器和逻辑分析仪技术特性。

表 9.3　模拟带宽在 100MHz 左右的混合域示波器的示波器和逻辑分析仪技术特性

公司	型号	通道数（模拟＋数字）	示波器		逻辑分析仪		功　能
			带宽	采样率	最大采样率	最大记录长度	
普源精电	MSO7014	4＋16	100MHz	2.5GSa/s	1.25GSa/s	62.5Mpts/ch	示波器、逻辑分析仪、频谱分析仪、任意波形发生器、数字电压表、频率计、协议分析仪
鼎阳	SDS1104X－E	4＋16	100MHz	500MSa/s	1GSa/s	14Mpts/ch	示波器、逻辑分析仪、任意波形发生器
中电仪器	4456D	4＋16	350MHz	2.5GSa/s	2.5GSa/s	500Mpts/ch	示波器、逻辑分析仪、函数发生器、数字电压表、总线分析仪
固玮	MSO－2104E	4＋16	100MHz	1GSa/s	1GSa/s	10Mpts/ch	示波器、逻辑分析仪、任意波形发生器
泰克科技	MDO3014	4＋16	100MHz	2.5GSa/s	2.5GSa/s	10Mpts/ch	示波器、逻辑分析仪、频谱分析仪、任意波形发生器、数字电压表、频率计、协议分析仪
是德科技	MSOX3014A	4＋16	100MHz	2GSa/s	1GSa/s	1Mpts/ch	示波器、逻辑分析仪、任意波形发生器、数字电压表、协议分析仪

9.2.7 逻辑分析仪的应用实例

利用逻辑分析仪的输入探头检测被测系统的数据流，通过对特定数据流的观察分析，可以进行软、硬件的分析与故障诊断。

1. 逻辑分析仪在低速信号时序分析中的应用

LCD在嵌入式系统中应用广泛，操作时序简单，一般用微控制器完成读/写操作。图9.19所示为LCD模块读操作的理论时序图，T_{AS}为RS、R/W信号建立时间，$T_{AS} \geqslant 10ns$；T_{AH}为RS、R/W信号保持时间，$T_{AH} \geqslant 20ns$；T_{DDR}为数据延迟时间，$T_{DDR} \leqslant 260ns$。

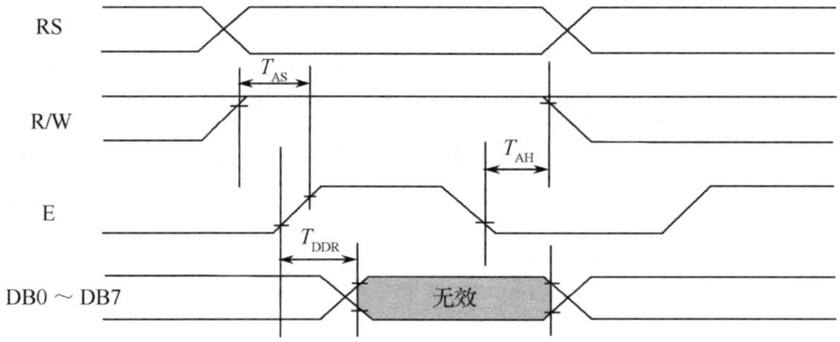

图9.19 LCD模块读操作的理论时序图

利用致远逻辑分析仪LA1532获取的LCD模块读操作的实际时序图如图9.20所示，根据波形可测得$T_{AS}=38ns$，$T_{DDR}=56ns$，都符合数据手册的时序要求，但是$T_{AH}=4ns$，并不符合$T_{AH} \geqslant 20ns$的时序要求。这说明，虽然LCD模块可能正常工作，但实际上存在时序不满足要求的隐患，一旦工作环境发生改变，可能会出现显示故障。

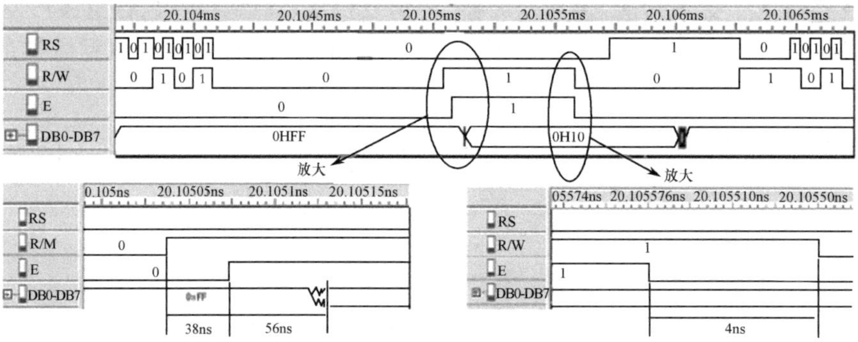

图9.20 LCD模块读操作的实际时序图

时序问题对于许多嵌入式设计来说是相当常见的，故障排除可能是一个耗时的任务。只有全面了解被测电路的工作原理和时序要求，并正确选择逻辑分析仪采样率和触发方式才能确保捕捉到正确的信号，快速找到时序隐患和问题，从而简化和加快电路设计与调试进程。

2. 逻辑分析仪在UART协议分析中的应用

逻辑分析仪软件UART协议分析按照标准的串行传输协议对数据进行解码，支持波特率、数据帧位数(5～8位)、停止位(1或2位)和校验位的设置，可分别对RXD引脚和TXD引脚或同时对两个引脚的数据进行解码分析。图9.21所示为致远LA系列逻辑分析仪的UART设置对话框。在实际应用时，逻辑分析仪的采样率至少为UART波特率的10倍，这样可以减少采样偏差的影响，获得比较理想的解码效果。

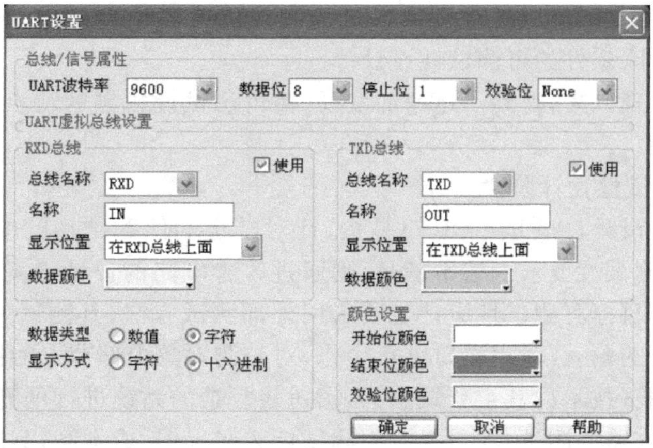

图 9.21　致远 LA 系列逻辑分析仪的 UART 设置对话框

图 9.22 所示为 LA1532 逻辑分析仪采集 UART 发送数据解码波形图，并利用 UART 总线分析插件对采集到的数据进行分析解码，解码数据为“Hello World!”。

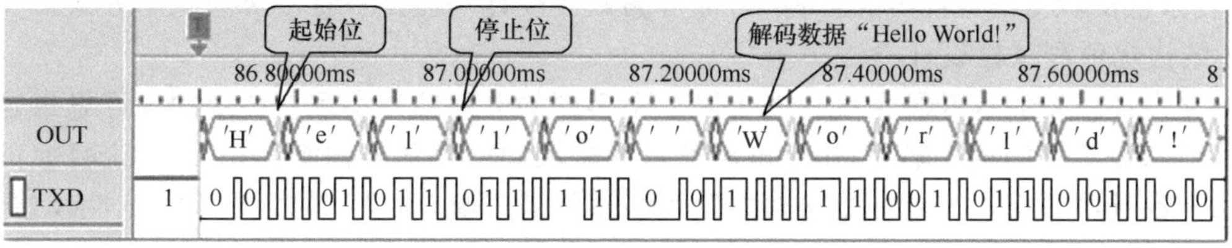

图 9.22　UART 发送数据解码波形图

9.3　可测试性设计

9.3.1　概述

随着封装技术、微组装技术及裸芯片技术的发展与广泛应用，数字系统朝着高密度、高速度、高可靠性和微型化方向快速发展，电路的规模剧增而物理尺寸锐减与测试困难的矛盾日趋尖锐。在 SMT(Surface Mounting Technology)条件下已经难以使用常规物理探针进行测试了。而 MCM (Multi-Chip Module)及裸芯片的应用，给测试带来更为突出的技术难题。常规的测试技术已难以满足复杂的测试要求，需要采用新的测试理论和测试方法才能解决这种测试困境。一般要求在系统甚至芯片设计的同时就要考虑系统的可测性问题。可测试性设计(Design For Testability, DFT)的目标如下。

① 所设计的电路和系统方便进行测试。

② 可测性设计所引起的附加硬件代价应尽量小。

③ 附加电路尽量不影响原电路的功能和性能。

④ 设计方法应具有较广的适应面。

可测试性设计是指在系统、分系统、设备、组件和部件的设计过程中，通过综合考虑并实现测试的可控性与可观测性、初始化与可达性、机内测试(Built-in Test, BIT)、与外部测试设备兼容性等，达到测试性要求的设计过程。可测试性设计的目的是提高系统的故障诊断和隔离能力。如果忽视故障诊断的要求，盲目地追求可测试性，必然导致设计费用和系统资源的浪费；反之，如果只从故障诊断考虑问题，而忽视实际的可测试性，必然会降低可操作性。故障诊断方法的改进可以降低可测试性的要求，同时可测试性的提高可以增强故障诊断能力和系统的可靠性。因此，需要将可测试性设计同故障诊断技术相结合来优化系统设计。

按照产品的结构层次，可测试性设计可以分为芯片的可测试性设计、电路模块的可测试性设计、系统级可测试性设计、软件的可测试性设计等。

可测试性设计自出现以来，得到了迅速的发展，按可测试性机制的特点及出现时间，大体可以分为以下4个发展阶段。

（1）特定目标可测试性设计阶段

特定目标可测试性设计（Ad-hoc DFT）是指，针对特定功能和结构的电路板进行可测试性预测，判断其是否符合可测试性要求。若不满足，则通过改善电路的设计方案来提高其可测试性，直至满足要求为止。特定目标可测试性设计主要采用外部测试方法，其测试矢量的输入和测试响应的输出均通过被测设备的输入/输出端口进行操作，对被测对象内部节点的控制和观测则采用以测试针床为基础的在线测试技术。其主要缺点为：①对较复杂的系统进行可测试性设计的难度大、周期长；②难以实现时序电路的测试；③需要专用测试针床和仪器，成本高，测试时有可能会损坏电路中的元器件；④随着芯片引脚间距的减小及SMT技术、MCM技术的发展，采用物理接触的针床测试方法的适用范围日益减小。

目前，特定目标可测试性设计已逐渐被其他的可测试性技术所代替，尽管如此，对于分离元器件较多、复杂程度较低的电路而言，特定目标可测试性设计仍然是一种不可或缺的方法。

（2）结构化可测试性设计阶段

在电路设计中要完成某种系统功能可以采用不同的电路结构实现。传统的设计思想是尽量选用较为紧凑和简化的结构。然而，由于电路的可测试性同电路的结构密切相关，特定目标可测试性设计方法在设计中没有充分考虑结构对电路可测试性的影响，所设计的电路可测试性较差，增加了可测试性改善设计的难度。

结构化可测试性设计是一种新的可测试性设计策略，其主要思想是：从可测试性的观点出发，对电路结构提出一定的设计规则，使得所设计的电路更容易被测试。结构化可测试性设计通常采用扫描设计和内建自测试（Built-In-Self Test，BIST）的方法进行。常见的基于扫描设计的实施方法包括：电平敏感扫描设计、扫描通路、扫描置位等。但是结构化可测试性设计方法尚存在如下的缺点：① 可测试性设计的过程仍较复杂，设计周期较长，成本较高；② 主要采用外部测试的方法，自动化程度不够；③ 不同的产品设计厂家采用不同的设计方法，相互之间不兼容，产品的可维修性较差。

（3）基于边界扫描机制的标准化设计阶段

鉴于结构化可测试性设计方法的上述缺点，有必要开发一种更为简单的、标准化的可测试性设计方法。1990年，IEEE和JTAG（Joint Test Action Group，联合测试工作组）共同推出了IEEE 1149.1边界扫描标准，目前该标准仍是数字集成电路与系统的主流可测性设计技术之一。IEEE 1149.1标准定义了一种标准的边界扫描结构及其测试接口，为数字电路的可测性设计提供了标准化方法。其主要思想是：通过在芯片引脚和芯片内部逻辑电路之间，即芯片的边界上增加边界扫描单元，实现对芯片引脚状态的串行设定和读取，从而提供芯片级、板级、系统级的标准测试框架。

边界扫描机制可以测试电路板上不同芯片之间的互连、芯片及电路板的功能，还可完成其他测试功能，如伪随机测试、特征分析、低速静态测试和器件编程等。

边界扫描机制提供了一种完整的、标准化的可测试性设计方法。自从边界扫描标准出现以来，市场上支持边界扫描机制的芯片及设计开发软件与日俱增，其应用越来越广泛。需要指出的是，边界扫描机制适用于集成度比较高的电路。对于集成度较低的电路而言，采用结构化可测试性设计方法有可能会得到更为优化的设计结果。

（4）递阶集成BIT技术阶段

递阶集成BIT（Hierarchical and Integrated Built-In Test，HIBIT）是一种新型的系统级可测试

性设计策略。所谓 HIBIT 设计，是指所设计的可测试性机制具备同系统一样的递阶层次结构，即具备包括系统级、子系统级、电路板级、多芯片模块级和芯片级的层次结构，不同层次的可测试性机制之间通过测试总线相连。实质上，HIBIT 是边界扫描机制的一种延伸，在 HIBIT 中，板级测试利用 IEEE 1149.1 边界扫描标准进行，而设备级、系统级的测试则通过 IEEE 1149.5 MTM 总线进行。

采用分级递阶与集成可测试性机制便于进行“并行工程”的设计与开发，其主要优点是：便于测试性需求指标的分级分配，便于实现测试复用和并行分布式的测试进程，提高测试速度。在 HIBIT 中采用了并行设计、可复用设计及虚拟原型设计等并行工程设计方法，这是可测试性设计思想的一次飞跃。

下面介绍几种常见的可测性设计技术。

9.3.2 扫描设计技术

时序电路中的存储器件是造成时序电路比组合电路测试困难的重要原因之一，扫描设计技术是解决存储器件可测试性的有效方法，它不仅使时序电路的测试得到简化，而且还可使电路能够自检，从而显著提高系统的可测试性。下面以扫描通路法和电平灵敏扫描设计为例说明扫描设计的基本原理。

1. 扫描通路法

图 9.23 所示为同步时序电路的一般模型，其中，N 是组合逻辑电路，$Y_i(i=1,2,\cdots,n)$是状态存储器件，组合逻辑电路的输入包括主输入 PI 和从状态存储器件反馈回来的状态变量 y。电路的主输出 PO 是 PI 和现态 y 的函数，同样，状态存储器件的次态是 PI 和现态 y 的函数。测试人员能直接控制的输入是 PI，能直接观察的输出是 PO，而对状态存储器件的控制和观测只能通过组合逻辑电路间接进行。

扫描通路法的基本原理是，把一个集成电路内所有的状态存储器件串接起来组成一个移位寄存器，便于从外部控制并直接观察这些状态存储器件中的内容。扫描通路设计要保证各个状态存储器件可以同组合逻辑电路完全隔离开来，以便状态存储器件的状态可随意设置，同时保证状态存储器件的输入是可观察的。因此，一般扫描通路的设计如图 9.24 所示，它主要增加了 N 与 Y_i 之间的隔离开关，以及扫描信号的输入端和输出端，同时可以把各 Y_i 连接成移位寄存器的形式。当扫描开关置于“正常”位置时，电路处于正常工作状态，组合电路的输出作为状态存储器件的输入，各状态存储器件之间的移位线全部断开。而将扫描开关置于“测试”位置时，电路处于测试状态，各状态存储器件串接成移位寄存器，从组合电路连接到状态存储器件的输入线全部断开，同时把扫描输入信号接至移位寄存器的输入端，在 Y_i 输出处可以观察移位寄存器的串行输出信号。

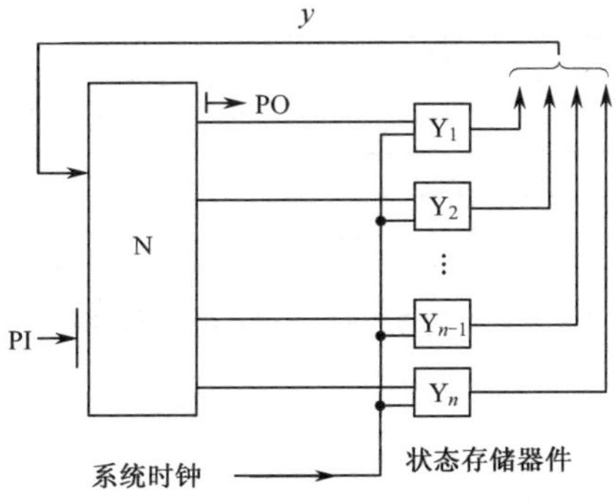

图 9.23　同步时序电路的一般模型

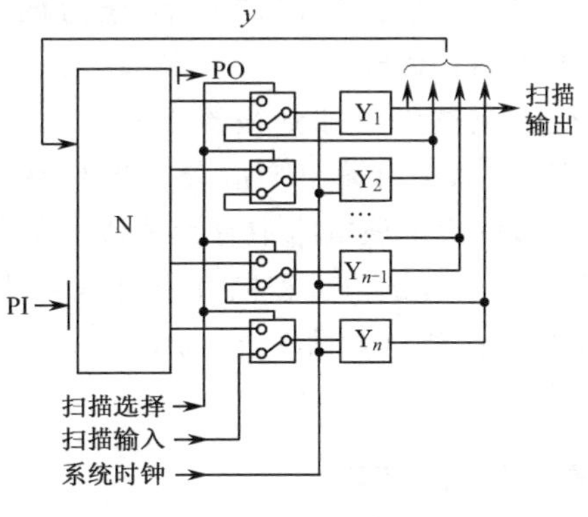

图 9.24　一般扫描通路的设计

2. 电平灵敏扫描设计

扫描通路法可以简化测试过程，但由于要把组合逻辑电路与状态存储器件隔离开来，需要增加逻辑切换开关，这样就增加了信号的延迟，同时在进行“扫描选择”切换时，电路内部可能出现竞争状态。电平灵敏扫描设计可克服上述弊端。

如果一个逻辑子系统的稳定状态对任何输入状态改变的响应与子系统中电路的延迟无关，而且子系统的稳定状态只取决于各输入变化的最终稳定电平，而与输入改变的先后顺序无关，那么这样的逻辑子系统就是电平灵敏的。由此可见，电平灵敏设计的目的是保证电路中器件的延迟、上升和下降时间等参数不影响电路工作。

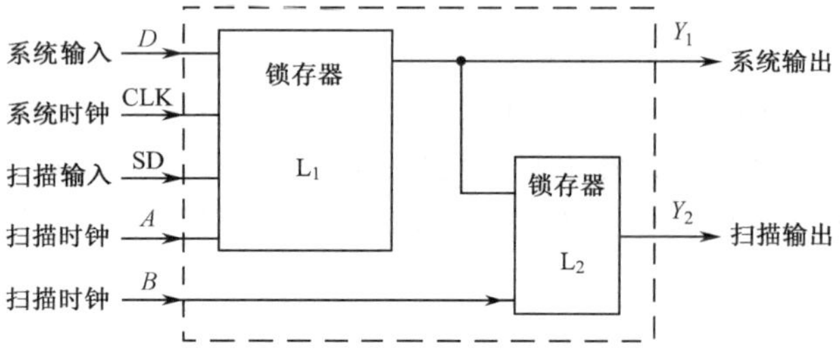

图 9.25　移位寄存器的结构框图

电子灵敏扫描设计的关键部件是串行移位寄存器，图 9.25 所示为移位寄存器的结构框图，它包含两个锁存器 L_1 和 L_2，L_1 是正常工作的状态存储器件，具有系统输入 D、系统时钟 CLK 和系统输出 Y_1。

在正常工作时，扫描时钟 A 和 B 置于低电平。当系统时钟 CLK=1 时，D 进入锁存器 L_1。当 CLK=0 时，L_1 锁存该数据。

在扫描方式时，置扫描时钟 $A=1$，CLK=0，使扫描输入 SD 进入 L_1，当 $A=0$ 时，SD 就锁存于 L_1 中；然后置扫描时钟 $B=1$，使 L_1 中锁存的数据进入 L_2，当 $B=0$ 时，该数据锁存于 L_2 中。为了移位寄存器的可靠工作，不允许 A 和 B 同时为 1。

这种设计使电路正常工作时，它的信号通路和原设计电路相同，而在进行扫描测试时，锁存器以主从结构方式工作，这样可以抑制在进行测试时由切换逻辑中产生的竞争干扰。

9.3.3　内建自测试技术

1. 概述

内建自测试(BIST)技术的基本思想是将测试激励生成和测试响应分析集成到被测系统中，其中逻辑 BIST 和存储器 BIST 的研究与应用比较广泛。在 BIST 中，通常使用特征分析将大量的测试响应压缩成由几位构成的特征，在测试结束后，通过比较被测电路的实际特征和预先计算或模拟获得的无故障电路特征，决定被测电路是否存在故障。

对数字电路进行测试的过程分为两个阶段：①把测试矢量生成器(Test Pattern Generator，TPG)产生的测试矢量加到被测电路(Circuit Under Test，CUT)中；②由输出响应分析器检查被测电路的输出序列，以确定该电路中有无故障。如果被测电路具有自己产生测试信号和检查输出信号的能力，则称该电路具有内建自测试功能。BIST 的一般结构如图 9.26 所示。

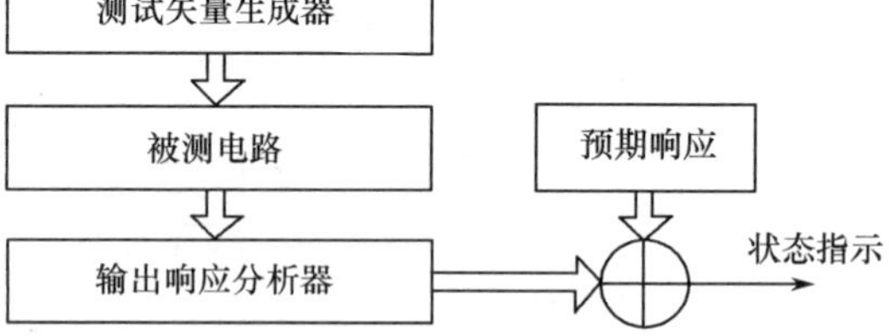

图 9.26　BIST 的一般结构

2. 基于扫描的 BIST

基于扫描的 BIST 结构如图 9.27 所示，由 BIST 控制单元、测试矢量生成器和测试响应分析器三部分组成。BIST 控制单元中的模式计数器用来记录已施加了多少个测试矢量，位计数器用来记录一个测试矢量已有多少位移入扫描链中。

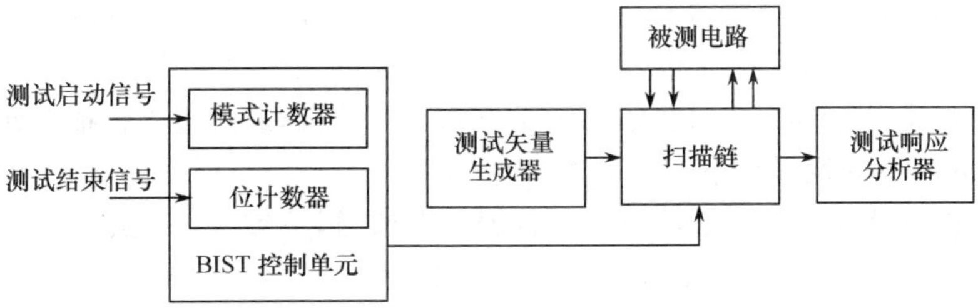

图 9.27　基于扫描的 BIST 结构

整个 BIST 结构的工作过程如下。

① 当测试启动信号有效后，启动位计数器，并使扫描链进入移位状态。

② 测试矢量生成器在一个时钟周期内将 1 位测试矢量移入扫描链中，待一个完整的测试矢量全部移入扫描链中后，此时位计数器也计数到最大值。

③ 将测试矢量施加到被测电路中，产生测试响应后，再送入扫描链中，同时位计数器复位，模式计数器加 1 切换到下一模式。

④ 将扫描链中的测试响应 1 位 1 位地移到测试响应分析器中进行测试分析。

⑤ 在将测试响应移出的同时，第二个测试矢量可同时移入扫描链中。

⑥ 当所有的测试矢量都施加完毕后，测试结束信号有效，模式计数器和位计数器都停止工作。

9.3.4　边界扫描测试技术

边界扫描测试技术作为一种新兴技术，具有附加测试资源少，对器件和电路本身的性能影响小等特点，得到了迅速发展并广泛地用于电子设计与制造领域。边界扫描测试技术的应用提高了器件的可控性和可观察性，起到了“虚拟探针”的作用，解决了现代电子技术发展带来的测试问题。该测试技术的应用有效地提高了电路的可控性和可观测性，提高了故障覆盖率，减少了故障诊断时间，具有良好的性价比，已日益成为可测试性设计中应用最为广泛的技术之一。边界扫描测试技术为芯片级、电路板级和系统级的测试注入了新的活力，为现代电子系统设备、军事电子装备、武器系统的开发与测试提供了新的理论与技术支持，提供了一套完整的、标准化的数字电路可测试性设计方法，有效地解决了传统测试方法难以解决的测试问题，具有很好的应用前景。

1. 边界扫描测试标准

(1) 数字系统边界扫描测试标准——IEEE 1149.1

边界扫描的核心思想是，在芯片引脚和芯片内部逻辑之间，即紧挨器件的每个输入、输出引脚处，增加移位寄存器组。在电路板的测试模式下，寄存器单元在相应的指令作用下，控制输出引脚的状态，读入输入引脚的状态，从而允许用户对电路板上的互连进行测试。

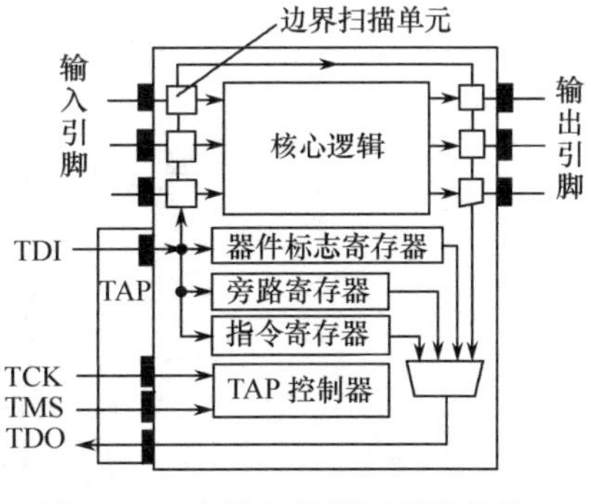

图 9.28　边界扫描测试逻辑结构

边界扫描测试逻辑结构如图 9.28 所示，主要由测试访问端口(Test Access Port，TAP)、TAP 控制器、指令寄存器、测试数据寄存器及边界扫描单元(Boundary Scan Cell，BSC)组成。TAP 控制器为边界扫描测试逻辑结构的核心，其接收测试控制器产生的 TCK、TMS 信号，通过状态译码，产生内部控制信号，以允许测试指令和数据的移位及装入，实现测试数据的捕获与更新以执行测试操作。指令寄存器主要用来存储串行输入的边界扫描测试指令。测试数据寄存器主要包含旁路寄存器、边界扫描寄存器(即边界扫描单元)、器件标志寄存器等。边界扫描单元处于器件核心逻辑和输入/输出引脚之间，主要由移位寄存器构成，并将器件内所有扫描单元串接成串行扫描链。芯片正常工作时，扫描单元不影响芯片功能；测试时，在不同测试指令下，可以通过边界扫描单元设置输出引脚逻辑状态并获取输入引脚的逻辑状态。

TAP 为测试控制器访问被测芯片提供了数据存取通道，标准 TAP 至少需要 4 个芯片引脚及一个可选择的引脚，分别连接相应的 JTAG 测试总线。JTAG 信号说明如下。

① TCK(Test Clock，测试时钟)：TCK 信号控制测试指令和数据串行移入寄存器单元中或从寄存器单元中串行移出。由 TDI 移入的数据必须在 TCK 上升沿进行，由 TDO 移出的数据必须在 TCK 下降沿进行。

② TMS(Test Mode Select，测试方式选择)：TAP 控制器在 TCK 上升沿时采样 TMS 信号，译码后产生相应的控制信号，控制不同的测试操作。

③ TDI(Test Data Input，测试数据输入)：测试指令和数据均由 TDI 串行移入，由 TAP 控制器的状态决定是移入指令寄存器还是测试数据寄存器中。

④ TDO(Test Data Output，测试数据输出)：由 TAP 控制器决定将指令寄存器或者测试数据寄存器中的数据经 TDO 串行移出。

⑤ $\overline{\text{TRST}}$(Test Reset，测试复位)：$\overline{\text{TRST}}$为可选测试信号，有效时，TAP 测试逻辑进入复位状态。

(2) 混合信号电路边界扫描测试标准——IEEE 1149.4

IEEE 1149.4 标准与 IEEE1149.1 标准的完全兼容。对混合信号电路中的数字部分，使用 IEEE 1149.1 标准的规定进行边界扫描测试；而对混合信号电路中的模拟部分，IEEE 1149.4 标准专门规定了特殊的边界扫描结构来实现模拟电路的边界扫描测试，即实现模拟虚拟探针测试。符合 IEEE 1149.4 标准的混合信号电路边界扫描测试逻辑结构如图 9.29 所示，主要包括(数字)测试访问端口(Test Access Port，TAP)、模拟测试访问端口(Analog Test Access Port，ATAP)、测试总线接口电路(Test Bus Interface Circuit，TBIC)、模拟测试总线(Analog Test Bus)、模拟边界扫描单元(Analog Boundary Module，ABM)和数字边界扫描单元(Digital Boundary Module，DBM)等部分。

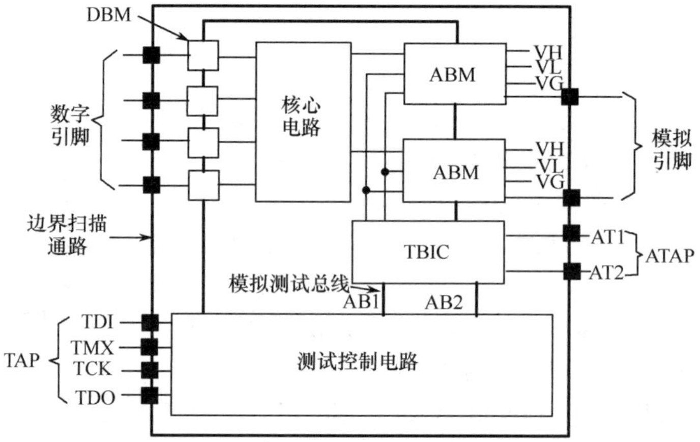

图 9.29　混合信号电路边界扫描测试逻辑结构

ABM 通过概念开关与内部模拟测试总线（ABx）相连，内部模拟测试总线上的模拟信号可在 TBIC 的控制下，与 ATAP 通信。而 ATAP 则是外界模拟测试信号源、响应采集系统与模拟边界扫描器件的接口，这就构成了一条虚拟探针形式的模拟信号通路。外界模拟测试信号可通过这条模拟信号通路施加到某一模拟引脚上，模拟引脚上的模拟电压也可通过这条模拟测试通路输出到外界，由响应采集系统处理。

（3）模块测试与维护总线标准——IEEE 1149.5

IEEE 1149.5 标准即模块测试与维护总线（MTM-Bus）标准，该标准详述了一个串行的模块测试与维护总线结构，提供一个标准化的背板模块测试和维护界面，用于将来自不同设计厂商的可测试模块集成到一个可测试和可维护的子系统中。

MTM-Bus 一般用在测试、诊断及维护模块中，可应用于商业计算机、电信、航空、电子对抗等高密度复杂电子系统装备中，主要提供以下功能。

模块测试：在生产过程中测试模块以提供单个器件的缺陷故障隔离。

子系统测试：系统的离线测试及子系统中模块间的互连测试。

子系统诊断：记录子系统在线诊断错误、自检、重构子系统资源以及其他诊断功能。

软硬件开发：利用底层可测试性/可控性技术（如扫描、边界扫描等）访问模块或子系统的状态。使用这些技术，可以减少软硬件开发时间及商品化时间。

系统级边界扫描测试结构如图 9.30 所示，MTM-Bus 支持最多 250 个独立从模块，模块内可支持 IEEE 1149.1 标准。

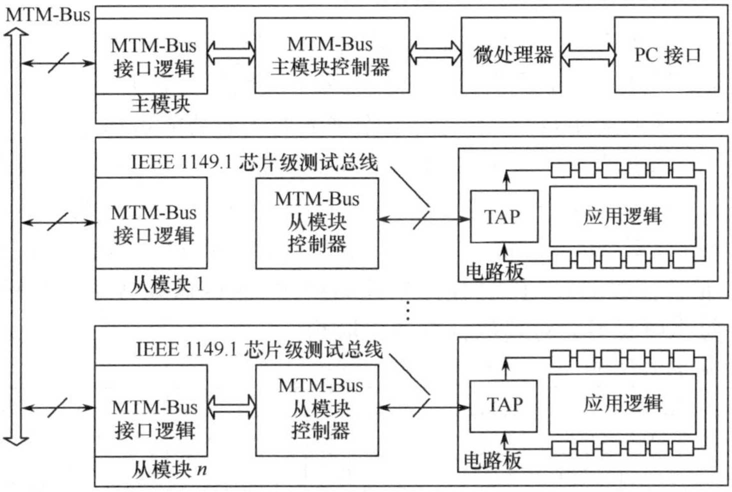

图 9.30　系统级边界扫描测试结构

（4）高级数字网络边界扫描测试标准——IEEE 1149.6

IEEE 1149.6 标准为高级数字网络的故障检测与诊断提供了一种完整的、标准化的可测试性设计方法。为了利用 IEEE 1149.1 标准被广泛接受和应用的优势，IEEE 1149.6 标准与 IEEE 1149.1 完全兼容，对于数字电路中的直流耦合部分，仍然采用 IEEE 1149.1 标准的规定进行边界扫描测试；对于其中的交流耦合部分，IEEE 1149.6 标准规定了专用的测试指令与测试结构以满足相应的边界扫描测试要求。

高级数字网络边界扫描测试结构如图 9.31 所示，BS 单元置入差分驱动器的输入端和差分接收器的每个引脚上，测试覆盖能力强，噪声小，对通道本身的性能几乎没有影响。

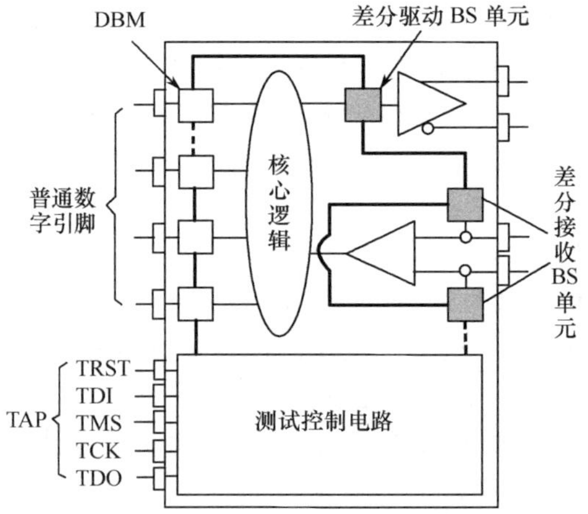

图 9.31　高级数字网络边界扫描测试结构

(5) 双引脚测试与调试接口边界扫描标准——IEEE 1149.7

IEEE 1149.7(cJTAG)标准是 IEEE 1149.1 标准(JTAG)的配套扩展和延伸。JTAG 规定了一种有效的结构用于系统中电路板的测试及应用软件的调试,促进了整个电子行业的发展。cJTAG 以 JTAG 为基础,并在 JTAG 的系统结构、引脚效率和功能等方面做了扩展。cJTAG 显著地改进了调试功能,降低了对 SoC 引脚数的要求,将功耗控制实现了标准化,简化了多芯片模块和叠层裸片器件的结构。

IEEE 1149.7 标准在 IEEE 1149.1 标准的测试访问端口(TAP.1)上增加了新功能,其测试访问端口(TAP.7)在功能上划分为 6 个层次(T0～T5),每个层次都在它上一层次的基础上增加新的功能。通过层次式开发模式的运用,设计人员可以根据需要将新功能增加至器件中。

根据 IEEE 1149.7 标准的结构和规范,共享 DTS 连接的混合型拓扑结构如图 9.32 所示,调试与测试系统(Debug Test System,DTS)以并行方式对于 TAP.7 串行、4 线星形、2 线星形分支进行操作;对于 TAP.1 串行分支,DTS 提供分开的测试时钟信号;可利用 DTS 的控制信号对其他分支进行操作(这项功能是选择性的)。在混合型拓扑结构中,应该保证各个分支可相对独立的工作,DTS 只对某个分支起作用而不会对其他分支产生影响。

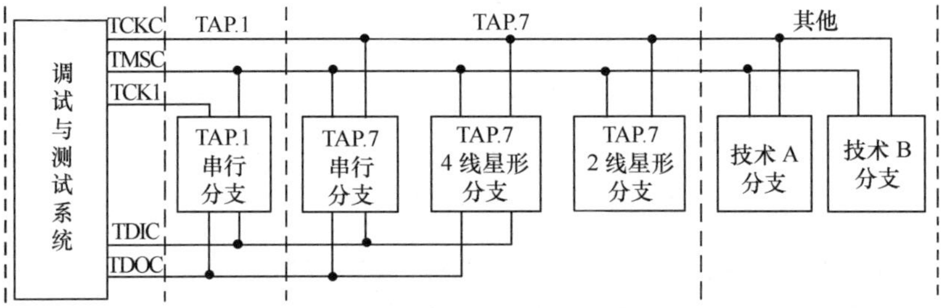

图 9.32　共享 DTS 连接的混合型拓扑结构

2. 边界扫描测试技术的应用

边界扫描测试技术提供了一整套面向芯片级、板级和系统级的解决方案。随着支持边界扫描芯片的增加及电路板的集成度不断提高,边界扫描技术在板级、系统级测试中的应用越来越广泛。边界扫描测试系统连接示意图如图 9.33 所示,由测试控制器、测试软件和被测电路板构成,测试控制器通过 USB 等接口连接计算机,通过 JTAG 接口与被测电路板连接。

板级边界扫描测试主要采用IEEE 1149.1标准，用于检测电路板上器件间的互连线故障。以TI公司的SN74BCT8374和SN74BCT8244构成的被测电路图如图9.34所示，U1和U2扫描链存在F1开路故障；电路中U1的4D～8D分别与U2的1Y4及2Y1～2Y4相连，互连线中存在F2桥接故障和F3固定故障；另外U1和U2之间还有一个由3个与非门构成的不支持边界扫描的逻辑簇（CLUSTER）。下面以Flynn公司的OnTAP边界扫描测试软件为例，介绍扫描链测试、互连测试、器件功能测试及逻辑簇测试等。

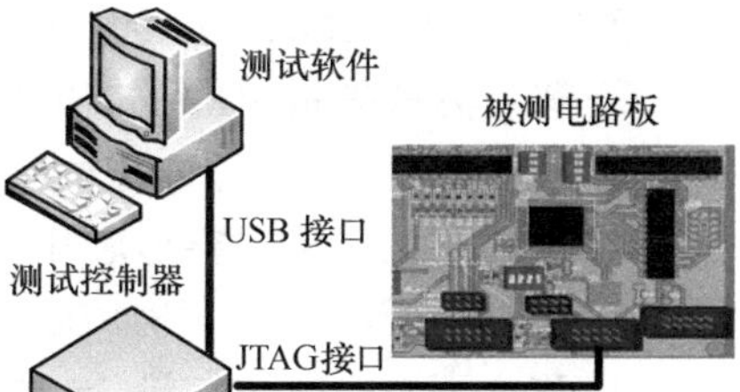

图 9.33　边界扫描测试系统连接示意图

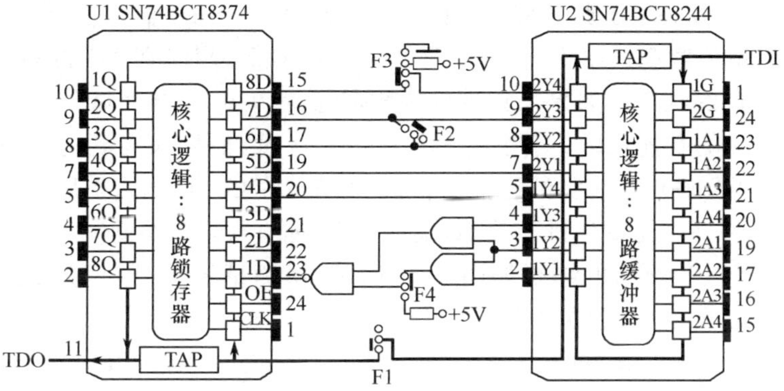

图 9.34　被测电路图

(1) 扫描链测试

扫描链测试主要对扫描链本身结构进行测试，确保边界扫描其他测试能正确进行，即测试前先测试边界扫描链通路，检测扫描链内各芯片的JTAG测试总线是否存在故障。当F1故障开关断开时，扫描链处于断开状态，测试结果如图9.35所示。诊断结果为U1的11号引脚（TDO）处于断开状态。此时需要检查JTAG测试控制器连接线缆、TCK、TDO和TDS等信号线连接是否正常。

(2) 互连测试

器件间的互连测试是边界扫描测试的一个主要功能，用于检测电路板级的开路、呆滞型或桥接等故障，需要通过EXTEST指令完成测试。

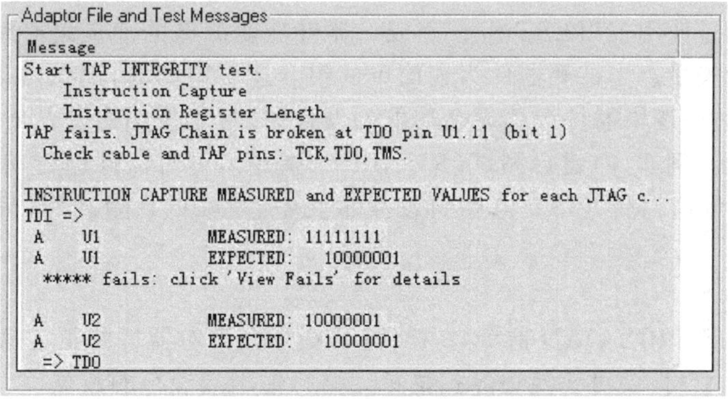

图 9.35　扫描链测试结果

互连测试步骤如下。

① 选择SAMPLE/PRELOAD指令，SAMPLE指令允许对器件的正常操作进行采样，在下一

测试操作前，PRELOAD 指令可替换边界扫描单元并行输出端锁存的数据。

② 移入测试矢量 V1 到扫描链的边界扫描单元中，同时获得相应长度的测试结果。注意，第一次得到的测试结果为电路原来的状态，是无效的。

③ 选择 EXTEST 指令，芯片核心逻辑与输入/输出引脚隔离，将测试矢量从边界扫描单元中加载到器件输出引脚上，同时将输入引脚的逻辑状态采样到边界扫描单元中。

④ 移入下一个测试矢量，同时得到上次的 EXTEST 测试结果 R1。

⑤ 利用新的测试矢量 V2～Vn，重复第③步和第④步，得到新的测试结果 R2～Rn，将测试结果 R1～Rn 与预期测试响应 T1～Tn 分别进行对比，根据比较结果实现测试故障的诊断与定位。

设测试矢量为 00 XXXXXXXX XXX*00010* X0 XXXXXXXX XXXXXXXX，其中 *00010* 为关键测试矢量，如图 9.34 所示，分别对应 U2 的 1Y4 及 2Y1～2Y4 输出边界扫描单元，通过执行 EXTEST 指令，该矢量加载到输出引脚 1Y4 及 2Y1～2Y4 上，同时在 U1 的输入边界扫描单元中采集输入引脚 4D～8D 的状态。如果采集到的逻辑状态为 *00010*，与测试矢量一致，则说明在当前测试矢量下，U1 和 U2 的互连正常；当测试矢量为 *00010* 时，如果采集到的逻辑状态为 000*01*，与预期响应 00010 不一致，则在当前测试矢量下，可以判断 U1 的 8D 输入引脚可能发生呆滞 1 故障，U1 的 7D 和 6D 输入引脚可能发生桥接故障，需要利用新的测试矢量进一步进行测试验证。利用 OnTAP 测试软件进行互连测试的结果如图 9.36 所示，由测试结果可知 U1 的 17 号引脚和 16 号引脚处于短路状态，U1 的 15 号引脚发生开路故障。

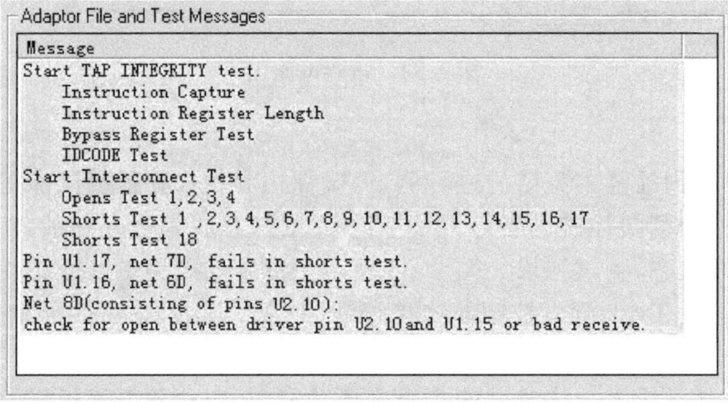

图 9.36　互连测试结果

（3）器件功能测试

器件功能测试通过使用 INTEST 指令完成。器件功能测试的前提是必须有被测器件的功能表或厂家提供的测试矢量。当被测器件为较简单的组合逻辑电路时，测试可以按芯片真值表进行测试；当被测器件为时序逻辑器件或更复杂功能的器件时，很难按照芯片的时钟频率进行测试，必须采用其他测试方法。例如，内建自测试（RUNBIST 指令），可对器件进行动态测试，而不必装入复杂的数据，测试矢量由器件 BIST 电路自动生成，执行完 BIST 测试后，只返回是否有故障的结果。

功能测试步骤如下。

① 选择 SAMPLE/PRELOAD 指令，SAMPLE 指令允许对器件的正常操作进行采样，在下一测试操作前，PRELOAD 指令可替换边界扫描单元并行输出端锁存的数据。

② 移入测试矢量 V1 到扫描链的边界扫描单元中，同时获得相应长度的测试结果。注意，第一次得到的测试结果为电路原来的状态，是无效的。

③ 选择 INTEST 指令，INTEST 指令允许核心逻辑的静态测试，芯片核心逻辑与输入/输出

引脚隔离，将测试矢量从边界扫描单元中加载到核心逻辑输入端，同时将核心逻辑输出端的逻辑状态采样到边界扫描单元中。

④ 移入下一个测试矢量，同时得到上次的 EXTEST 测试结果 R1。

⑤ 利用新的测试矢量 V2～Vn，重复第③步和第④步，得到新的测试结果 R2～Rn，将测试结果 R1～Rn 与预期测试响应 T1～Tn 分别进行对比，根据比较结果实现测试故障的诊断与定位。

测试 74SNBCT8244 的功能，设测试矢量为 *00 10000000* XXXXXXXX XX XXXXXXXX XXXXXXXX，其中 *10000000* 为关键测试矢量，如图 9.34 所示，分别对应 U2 的 1A1～1A4 及 2A1～2A4 输入边界扫描单元。可知 U1 的 1G 和 2G 为 0，允许 8244 输出功能，通过执行 INTEST 指令，该矢量加载到 U2 输入引脚，同时采集 U2 输出引脚 1Y1～1Y4 及 2Y1～2Y4 状态到边界扫描单元中。如果采集到的逻辑状态为 *10000000*，则说明在当前测试矢量下，U2 逻辑功能正常。通过完备测试矢量集，即可完成对整个器件功能的功能测试。

（4）逻辑簇测试

当电路板中出现边界扫描器件和非边界扫描器件混装的情况时，非边界扫描器件即逻辑簇（CLUSTER）不能直接使用边界扫描的方法进行功能测试。但如果该器件被边界扫描器件包围，则可借助这些器件对 CLUSTER 进行测试。把 CLUSTER 作为一个逻辑内核，包围器件的边界扫描单元作为“虚拟”探针，利用连接 CLUSTER 输入端的输出单元施加测试激励，在连接 CLUSTER 输出端的输入单元采集测试结果。其测试方法与互连测试类似，不同的是关键测试矢量，如图 9.34 所示，测试矢量 00 XXXXXXXX *VVV*XXXXX X0 XXXXXXXX XXXXXXXX，其中关键测试矢量 *VVV* 可按 CLUSTER 真值表进行设置。如果需要简化测试矢量，可通过组合逻辑电路测试矢量生成算法（如 D 算法）进行测试生成。测试矢量 *VVV* 通过边界扫描单元加载到 U2 的1Y1～1Y3 引脚上，通过在 U1 的 1D 引脚采样 CLUSTER 输出。设测试结果如表 9.4 所示，CLUSTER 故障输出与正常输出不一致，可以判断 CLUSTER 功能不正常。如果需要诊断 CLUSTER 内部故障位置，还需要借助相应的测试诊断算法。

表 9.4 CLUSTER 测试结果

1Y1	1Y2	1Y3	1D（正常）	1D（故障）
0	0	0	0	0
0	0	1	0	0
0	1	0	0	0
0	1	1	1	1
1	0	0	0	0
1	0	1	0	0
1	1	0	1	0
1	1	1	1	1

利用该方法还可对电路中的 ROM、RAM、DDR 等存储器进行静态功能测试，还可对E^2PROM 和 Flash 等可编程器件进行编程。

思考题与习题

本章小结

9.1 什么是数据域测试？它与频域测试和时域测试有何不同？

9.2 数据域测试的基本原理和方法是什么？

9.3 数字信号源的工作原理及其应用场合是什么？

9.4 试述逻辑分析仪的组成及各部分的作用。

9.5 试述逻辑分析仪的触发方式及应用。

9.6 逻辑分析仪的显示方式有哪些？其中协议显示主要应用于哪些场合？

9.7 逻辑分析仪的主要技术指标有哪些？

9.8　试述逻辑分析仪在LCD模块读操作时序中的检测原理。

9.9　可测试性设计的定义是什么？可测试性设计的目标是什么？有哪些常用的可测试性设计方法？

9.10　简述扫描通路法的工作原理。

9.11　内建自测试的基本思想及工作过程是什么？

9.12　边界扫描测试标准有哪些？数字系统边界扫描测试原理是什么？结合如图9.34所示电路，简述边界扫描互连测试的原理。

第 10 章　自动测试技术

本章要点

- 自动测试系统的基本组成和发展概况
- 智能仪器和虚拟仪器
- 总线接口、测试软件
- 自动测试系统的集成

随着科学技术的发展，电子测量技术与仪器的应用日趋广泛。新的测试理论、方法、领域，以及新的仪器结构不断出现，在许多方面已经突破了传统仪器的概念，电子测量仪器的功能和作用发生了质的变化。现代科技、生产领域，特别是军事应用领域，对电子测试技术和设备提出了越来越高的要求。测试项目和范围不断扩展，对测试速度、效率、精度、可靠性，测试数据的可交换性，测试系统的智能化、自动化的要求与日俱增。尤其在测试任务复杂、工作量大及有些测试现场人们难以进入的情况下，更要求能够实现自动测试。

例如，在导弹控制舱的综合测试中，单靠人工测试，几乎不可能在导弹一次通电时间限制内完成其上百个参数的测试要求。在大规模集成电路的生产中，靠人工对日益复杂的内部芯片进行测试是无法实现的。在各种机要重地、机房、库房，以至家庭中，都希望对其状态、环境及安全进行自动监测。

由于现代信息科学领域中的微电子技术、计算机技术、网络技术、信号处理技术的高速发展，及其在电子测量技术与仪器中的应用，新的测量方法和理论、新的测量仪器和结构、新的测试领域正在不断出现，从而冲击、改变着电子测量技术和仪器的传统观念，促使现代电子测量技术向着自动化、智能化、网络化和标准化方向发展。

通常将能自动进行测量、数据处理、传输，并以适当方式显示或输出测试结果的系统称为自动测试系统(Automatic Test System，ATS)。在自动测试系统中，整个测试工作都是由计算机在预先编制好的测试程序统一指挥下自动完成的。因此，自动测试系统也称为计算机辅助测试(Computer Aided Test，CAT)系统。

本章主要介绍自动测试系统的基本组成和发展概况，实现自动测试的主要仪器(智能仪器和虚拟仪器)，连接自动测试系统的总线接口及信道，指挥测试的软件等基本知识。

10.1　自动测试系统

10.1.1　自动测试系统的基本组成

通常，自动测试系统由以下 5 个部分组成。

1. 控制器

控制器主要是计算机，如小型机、个人计算机(PC)、微处理器、单片机等，是系统的指挥、控制中心。

2. 程控仪器、设备

程控仪器、设备包括各种程控仪器、激励源、程控开关、伺服系统、执行元件，以及显示、打印、存储记录等器件，能完成一定的具体的测试、控制任务。实际上，当今的程控仪器都是有内置微处理器、能独立工作的智能仪器。

3. 总线与接口

总线与接口是连接控制器与各程控仪器、设备的通路，完成消息、命令、数据的传输与交换，包括机械接插件、插槽、电缆等。

4. 测试软件

测试软件是为了完成系统测试任务而编制的各种应用软件。例如，测试主程序、驱动程序、I/O软件等。

5. 被测对象

随测试任务不同，被测对象往往是各不相同的，由操作人员采用非标准方式通过电缆、接插件、开关等与程控仪器和设备相连。

自动测试系统应用面广，根据测试任务的不同，其组成结构可大可小。例如，一个仓库的温度自动测试系统，控制器只要一块单片机，测试仪器只是一批温度传感器，对测量速度和精度要求都不高。而对导弹的综合测试，则要组建一个庞大复杂的自动测试系统，这将在 10.6 节中举例说明。

前面已经指出，自动测试系统也称为计算机辅助测试(CAT)系统。当用一台功能完善的计算机组建一个自动测试系统时，也可称为 CAT 平台。

平台(Platform)是一个常用的计算机术语，指系统的基础硬件和软件。例如，平台可以是 P4 处理器的兼容 PC，运行 Windows 操作系统。广义地看，平台就是一个系统所采用的基本标准或框架。计算机辅助测试平台，泛指计算机辅助测试系统中的所有硬件和软件，包括一系列接口标准和仪器的程控规范，如 GPIB、VXI、SCPI 等标准。

图 10.1 所示为计算机辅助测试平台的系统结构，它由被测对象、测试仪器、控制器(计算机)及测试软件等几部分组成。控制器通过总线与测试仪器互连，被测对象则通过开关连到测试仪器的输入/输出端。仪器所用的总线可以是 GPIB、VXI，也可以是 RS-232、USB、以太网，甚至计算机内部总线 PCI。例如，分立式程控仪器通常使用 GPIB 总线，也可以直接使用计算机内部总线。

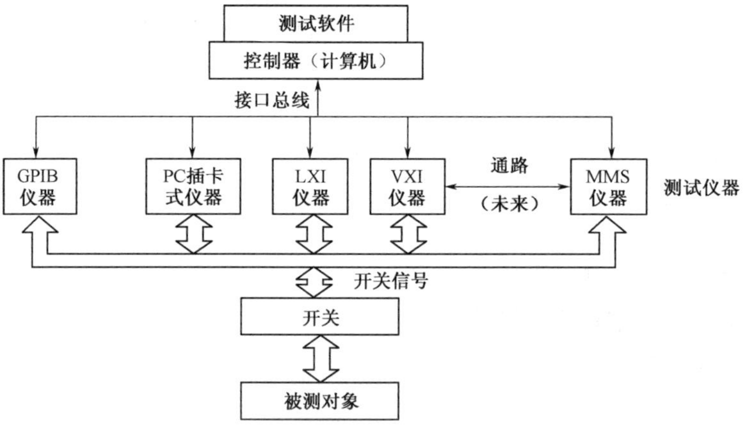

图 10.1　计算机辅助测试平台的系统结构

10.1.2　自动测试系统的发展概况

自动测试技术源于 20 世纪 70 年代，发展至今大致可分为三代。

1. 第一代自动测试系统——专用型

第一代自动测试系统多为专用系统，通常是针对某项具体任务而设计的。其结构特点是，采用比较简单的定时器或扫描器作为控制器，其接口也是专用的。因此，第一代测试系统通用性比较差。图 10.2 所示的某型导弹自动驾驶仪自动测试系统组成框图，就是典型的第一代自动测试系统。

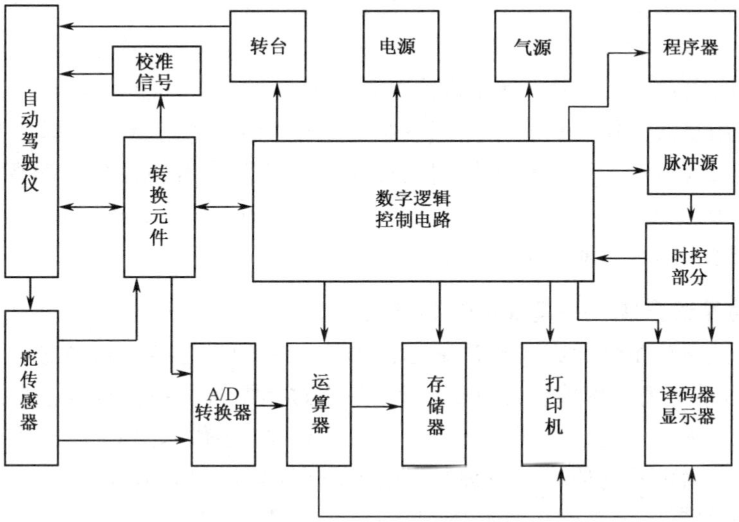

图 10.2　某型导弹自动驾驶仪自动测试系统组成框图

这种专用型系统现在有时还在采用，但不是靠数字逻辑控制电路，而是以计算机为核心组建的专用系统，可以完成大量的、复杂的测试任务。这种专用型系统的设计者要有较高的技术水平，能够处理仪器及设备的连接，如果改变测试项目又得重新组建，缺乏通用性。

2. 第二代自动测试系统——台式仪器积木型

第二代自动测试系统典型结构如图 10.3 所示。与第一代自动测试系统的主要不同在于，其采用了标准化通用总线(General-Purpose Interface Bus，GPIB，也称 IEEE 488 或 IEC-625 标准)及可程序控制的仪器和测控计算机(控制器)，从而使得自动测试系统的设计、使用和组装都比较容易。

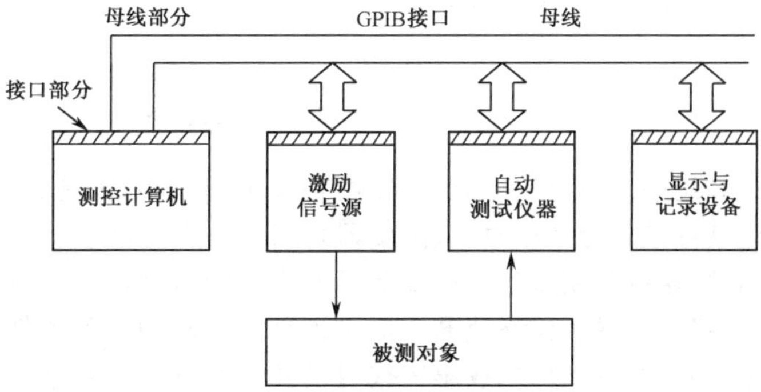

图 10.3　采用标准化通用总线的第二代自动测试系统典型结构

GPIB 接口可以把世界上不同国家、不同厂家生产的仪器设备，用通用的标准接口和总线连接起来，避免了第一代自动测试系统设计专用接口的重复劳动。GPIB 接口采用位(bit)并行、字节(B)串行的信息传输方式，便于用计算机控制。同时由于它通用性强，系统结构简单，性能可靠，操作灵活、方便，价格也较低廉，因此获得了世界各国军方的广泛认可和采用。目前世界上主要电子仪器厂家的产品大都带有 GPIB 接口。我国制造的一些微型计算机和电子仪器也配备了 GPIB 接口。

除了 GPIB 接口系统，还有一些其他的通用接口系统，例如，GPIB 接口(CAMAC)和航空 1553 接口，主要用于核物理和航空航天自动测试系统，它们也可以和 GPIB 总线系统结合起来使用。

第二代自动测试系统的集成：① 首先需要确定问题，即提出测试任务和解决办法；② 进行测量仪器的选择，选择系统构成所需的程控仪器；③ 选择控制器，即计算机；④ 设计被测对象的测试接口；⑤ 组建自动测试系统；⑥ 进行测试程序的编写和测试系统文件的编制。

采用标准化通用总线是第二代自动测试系统的主要特征，它们是目前军事上应用最广泛的自动测试系统。在第二代自动测试系统中使用的程控仪器已发展为各种台式的智能仪器(10.2 节中介绍)，如数字电压表、信号源、示波器等，且它们都备有 GPIB 接口(选购件)，既可独立使用，也可通过 GPIB 接口组建成自动测试系统。

3. 第三代自动测试系统——模块化仪器集成型

第二代自动测试系统虽然比人工测试显示出前所未有的优越性，但是在这些系统中，计算机并没有充分发挥作用，系统仍使用传统的测试设备(只不过是配备了新的标准接口)，整个系统的工作过程基本上还是对传统人工测试的模拟。于是，20 世纪 70 年代末又提出了第三代自动测试系统的概念。第三代自动测试系统的设计目标是：充分发挥计算机的能力，取代传统电子设备的大部分功能，使之成为测量仪器的一个不可分割的组成部分，与整个测试系统融为一体，使整个自动测试系统简化到仅由计算机、通用硬件和应用软件 3 部分组成，如图 10.4所示。

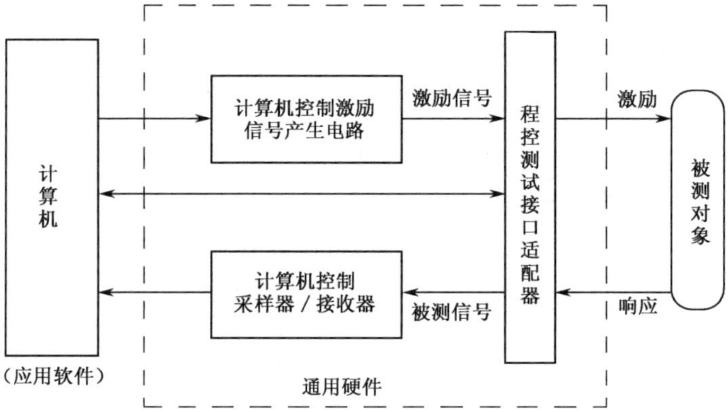

图 10.4　第三代自动测试系统组成框图

在第三代自动测试系统中，计算机和测试工作站是系统的核心，也是它赖以工作的物质基础。系统的硬件组成通常包括激励信号产生电路(激励器)，用来采样和处理数据的采样器或接收器，以及程控测试接口适配器等，这些是用来产生激励信号和多种测试功能的带有共性的硬件。在第三代自动测试系统中，计算机和测试工作站及通用测试硬件是自动测试的硬件平台。测试软件与计算机的系统软件和其他工具软件配合，构成第三代自动测试系统的软件平台。系统中的硬件部分大多是通用的，配备不同的软件可以产生不同的激励信号和测试功能。有人把第三代自动测试系统的硬件——计算机、采样器、激励器和测试仪器看成 4 块积木，软件相当于搭积木，采用不同的软件就可以搭出不同的效果。

计算机在第三代自动测试系统中扮演了主角，并随之发展为以虚拟仪器模式组建的自动测试系统。关于虚拟仪器将在 10.3 节中介绍。

在第三代自动测试系统中，程控测试接口适配器发展为各种总线模块式仪器，如 VXI、PXI、LXI 和 AXIe 等模块式仪器。在 10.4.3 节中将介绍 VXI 总线，在 10.4.4 节中将介绍 LXI 总线。PXI 是计算机中 PCI 总线在仪器领域的扩展，将在 10.4.1 节中进行介绍。AXIe 是以 Advanced

TCA 为基础的扩展，也将在 10.4.1 节中做简单的介绍。

上述自动测试系统大多是自成一体的封闭结构体系，不利于各个系统之间的交互作用和信息共享。下一代自动测试系统的目标是构建一种开放的自动测试系统结构，以适应现代化战争中跨军种、一体化的作战需要。而合成仪器系统适应了这种需求，被公认为下一代自动测试系统(NxTest)的发展趋势。

合成仪器(Synthetic Instrument，SI，也可译为综合仪器)是美国军方首先提出的概念。2002年4月，美国国防部自动测试系统执行代理办公室正式成立 NxTest IPT，由海、陆、空三军代表组成。其主要目标有两个：降低自动测试系统的采购和支撑成本，改进军事服务“ATS 功能”的内、外合作。次年，又成立了合成仪器工作组(SIWG)开展具体的研发工作。该组织提出两条思路来推动 NxTest 工作的开展：首先，对测试系统成本和互操作性有重大影响的基本部件进行定义；其次，研发有助于达到上述目标的通用测试系统。

根据 SIWG 提供的定义，合成仪器是一种可以重新配置的系统，SIWG的目标是试图通过分析仪器的基本功能要素，给出一个通用的仪器结构。图 10.5 给出了通用合成仪器组成框图。

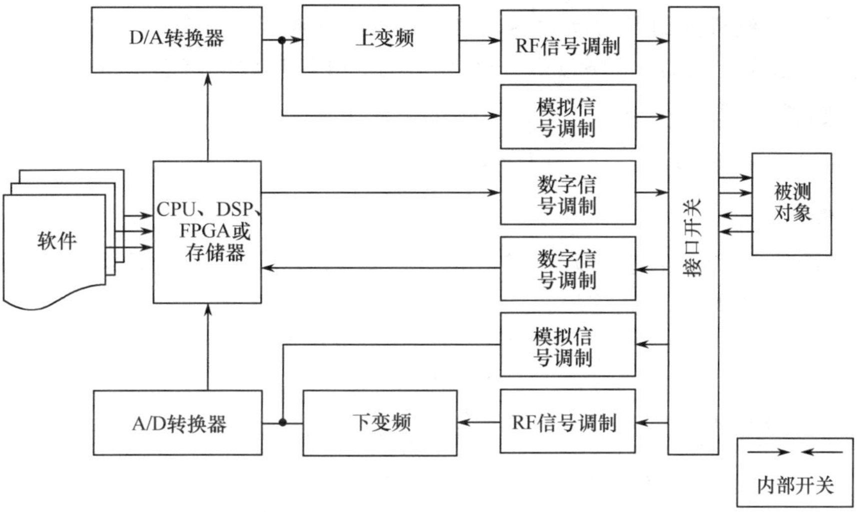

图 10.5　通用合成仪器组成框图

从图 10.5 可以看出，由软件可设计多种信号形式，通过 D/A 转换器产生模拟信号，还可经上变频产生射频(RF)信号，也可由软件产生各种数字信号，可实现多通道激励，然后经接口开关加至被测对象。测量路径类同，模拟信号经调制后通过 A/D 转换器送计算机，射频信号经下变频、A/D转换后送计算机进行 DSP 处理。由此构成一个测试系统。用户在使用时不需要使用所有的模块，选择不同的模块组合可以实现不同的功能。

从图 10.4 与图 10.5 系统架构上看，合成仪器与虚拟仪器类同，属于第三代自动测试系统。它也是由仪器总线(如 VXI、LXI 总线)和仪器模块组成的，现在已将频谱分析仪、射频功率计、波形分析仪、时间/频率测试仪和交直流电压测量等仪器的功能合成到仪器模块中，主要应用于射频和微波测量系统。合成仪器代表了自动测试系统未来的发展方向，开展对合成仪器软、硬件平台的研制具有非常重要的意义。

下面分别介绍智能仪器和虚拟仪器，然后介绍总线接口、信道和测试软件，最后通过几个例子介绍自动测试系统的集成。

10.2 智能仪器

通常，人们把内含微处理器和 GPIB 接口的仪器称为智能仪器，以区别于传统的电子测量仪器。这种仪器具备通用的测试功能，可以单独使用，也可以通过 GPIB 接口作为程控仪器组建自动测试系统。其实本教材前面章节中介绍的 DDS、智能频率计和数字电压表等都属于智能仪器，本节只对这种智能仪器的特点、硬软件组成做简要介绍。

10.2.1 智能仪器的特点

与传统仪器相比，智能仪器具有以下特点。

① 具有较完善的可程控能力。智能仪器通常配有 GPIB 接口，多以 ASCII 码输入/输出。

② 使用面板控制(本地控制)。采用灵活的功能键和数字键作为仪器的输入控制。

③ 面板可显示十进制数字、字符、图形等，显示方式简单明了。

④ 数据处理能力强。具有一定的计算、转换、误差修正等能力，从而提高了仪器的精度，扩展了仪器的测量功能。

⑤ 具有一定的可编程能力及自动调零、自检、自校等功能。

以上特点主要依靠在仪器内的微处理器及相应的大规模集成电路而获得。

10.2.2 智能仪器的组成

智能仪器的组成包括硬件和软件两大部分。

1. 智能仪器的硬件

智能仪器的硬件通常包括微处理器(或微处理器系统，或微型计算机系统)与存储器、键盘开关与显示输出、测试功能模块或测试信号源、总线与接口等部分，如图 10.6 所示。

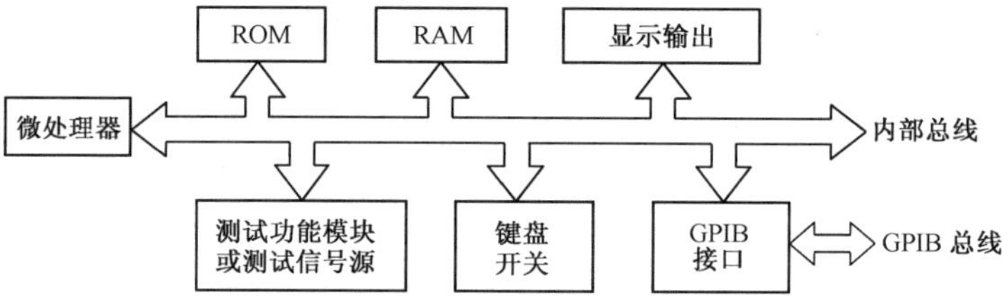

图 10.6 智能仪器的硬件结构

1) 微处理器与存储器

在仪器内，常用 8 位通用微处理器或单片机。在较复杂的仪器内，有的用 16 位微处理器，或使用多个微处理器系统分布并行处理。存储器包括程序存储器和数据存储器。程序存储器(ROM)用于存储固化仪器系统的程序，以及有关的表格与常数。数据存储器(RAM)用于暂存与程序运行有关的状态和变量，以及测试数据。

2) 键盘开关与显示输出

键盘开关与显示输出是计算机的外设，其作用与传统仪器中的面板、显示屏、输出类似。但其实现的方式不同，功能更强，可以灵活地满足各种使用要求。例如，可以通过编程选择功能和量程等。

3) 测试功能模块或测试信号源

测试功能模块通常由模拟与数字部件组成。一方面，它与外部的被测对象连接；另一方面，通过输出接口及状态和数据输入接口与内部的系统总线并联。它是智能仪器内计算机特有的外部设备。

这一部分是在计算机控制下的功能系统，与传统仪器有着很大的不同，模块内的 A/D 和 D/A 转换器等电路的工作由计算机控制，测试信号也可以用软件直接产生。因此，仪器的性能得到提高，功能得到扩展，甚至可以完成一些传统仪器无法完成的功能。例如，用智能仪器测试网络参数时，利用所测得的少数几个参数，就可以计算出其他部分或者全部的参数。

4）总线与接口

智能仪器采用计算机的结构体系。它以微处理器为核心，按总线结构方式连接仪器面板上的按键、开关与显示器，以及仪器内部的测试功能模块等，它们通过各自的接口并联在计算机的系统总线上。

接口是器件与外界进行信息交换的中转站。智能仪器作为参与自动测试系统的一台仪器，就必须配备国际标准仪器通用接口，如 GPIB。仪器通过标准接口，接收来自外部计算机的程序指令，执行这些指令，并将自身的测试数据和工作状态发送给计算机处理，即仪器的程控。智能仪器通常配置有 GPIB 接口，是程控仪器。

2. 智能仪器的软件组成

智能仪器的软件包括实现特定功能的算法、管理程序及与它们有关的数据等。

1）算法

顾名思义，算法即计算方法，也就是为求得某种特定的计算结果而规定的一套详细的方法和步骤。算法是解决问题的基本环节，是程序设计的核心。算法具有如下特点：① 算法是一种详细规定的毫不含糊的过程（方法和步骤）；② 算法可以表达为数学公式（数学模型）或操作流程；③ 对同一问题可以采取不同的算法达到同一目的。

算法的确定通常包括如下过程：问题的描述，数学模型的选择，给出实现算法的具体步骤并验证其正确性，算法的程序实现，最后还要做好算法的分析，才能确定一个算法的特性和好坏。

2）管理程序

智能仪器管理程序又称为监控程序，是智能仪器的核心，包括主程序和子程序。主程序的主要任务包括：完成仪器在通电或复位时的初始化，接收、分析和执行来自键盘及 GPIB 接口的命令，按照定时中断、数据有效中断和 GPIB 中断的优先顺序来处理各种中断等。子程序则具体执行各种命令，完成测量及数据处理任务。

10.3 虚拟仪器

10.3.1 虚拟仪器的基本概念和特点

虚拟仪器通俗的定义是，在通用计算机中加上一组软件和少量硬件，使得使用者在操作这台计算机时，就如同在操作一台他自己设计的专用的传统电子仪器一样。这种看似计算机却是仪器的“仪器”被称为虚拟仪器。

在虚拟仪器系统中，硬件仅仅用于解决信号的输入/输出，软件才是整个仪器系统的关键。任何一个使用者都可以通过修改软件的方法，很方便地改变、增减仪器系统的功能与规模，所以有“软件就是仪器”之说。

虚拟仪器受益和依赖于计算机技术。其外部特征与传统的仪器相比有较大的不同，其中最突出的特点就是，面板及相应的控件和指示器等不再由一些物理的实体所构成，而是被由计算机内部强大的图形环境和在线帮助功能建立起来的虚拟面板所替代，即软面板。从内部特征看，智能仪器中较为复杂的微处理器及其固件，大多可共享计算机内部的软、硬件资源，并借助其完善的数据分析和处理能力，实现测试仪器所需的全部测试功能。因此，从这个意义上讲，虚拟仪器所构成的系统方案应具备以下主要的要素和特征：① 以个人计算机为核心；② 具有足够的仪器硬件功能；③ 以强大的仪器操作和测试等软件为支撑；④ 强调在通用计算机平台上用灵活的虚拟软面板，实现仪器的测试和控制功能。

虚拟仪器的特定形式使其具有如下特点。

① 强调“软件就是仪器”的新概念。在虚拟仪器中，仪器的功能和性能的实现，除了必备的硬件系统，大多采用硬件软化或以软件代替硬件的技术，完成复杂的控制、分析或处理等。因而从这个意义上讲，虚拟仪器对软件的依赖性更强。

② 打破了传统仪器小而全且各仪器资源不能共享的现状。可将传统仪器的公共部分如显示、存储、打印及微处理器控制管理等，由计算机来完成，即无论任何功能的仪器都可利用或共享计算机的这些公共资源，而不必重复设计。

③ 具有模块化及开放性和互换性的特点及良好的资源的复用性，同时可方便、经济地组建或重构自动测试系统。用户可根据自己的需要选购不同功能的卡式或模块化仪器，并可随测试任务的不同而灵活组合，提高仪器资源的可再用性。

④ 可自定义仪器功能。传统的仪器在出厂时，其功能已经确定，用户不能根据自己的需求而随时进行修改，只能一机一用。而虚拟仪器则可借助通用数据采集装置，通过编制不同的软件测试方案，可构造几乎任意功能的仪器，故“软件就是仪器”在这里再次得到体现。

虚拟仪器与传统仪器的比较见表 10.1。

表 10.1　虚拟仪器与传统仪器的比较

项　目	传统仪器	虚拟仪器
功能定义	仪器厂家	用户
技术关键	硬件	软件
功能升级	固定	通过修改软件进行增减
开放性	封闭	基于计算机开放系统
技术更新	较慢	较方便、快
开发周期	较长	相对快
工作频率	可达较高	受限于 A/D 或 D/A 转换器的速度
应用领域	通用测量、计量	大多为测控系统
价格	较高	价格较低且可重复利用

10.3.2　虚拟仪器的组成及关键技术

传统仪器通常由三大部分组成：信号的采集、产生与控制；信号的分析与处理；结果的表示与输出。虚拟仪器把测试技术与计算机技术结合起来，将仪器的三大功能全部放在计算机中实现，即，可以在计算机中插入数据采集卡或数据产生卡，经 A/D 或 D/A 转换器，用软件对其信号进行分析与处理，并在计算机屏幕上生成仪器面板，完成仪器的控制和显示，最终实现传统测试仪器的所有功能。

1. 虚拟仪器的一般结构

虚拟仪器的一般结构如图 10.7 所示。由图可知，虚拟仪器既可以作为信号分析仪器使用，也可作为信号发生器使用，还可同时兼有之。图中的显示器由“软面板”构成，可显示被测信号的电压、波形或频谱，也可显示产生信号的频率或电平等参数。

随着现代电子测量技术的发展，虚拟仪器应用日渐广泛，使虚拟仪器不仅仅是图 10.7 所示的这种一般结构形式。归纳起来，当前虚拟仪器的构成方式主要有 7 种类型，如图 10.8 所示。

① 数据采集系统：将具有信号调制、数据采集电路的硬件插卡，插到计算机的 USB 接口或 PCI 总线接口上，加上各种功能的软件，则可实现具有电压表、示波器、频率计、频谱分析仪等多种功能的仪器。这是最基本的虚拟仪器方式，性价比较高。

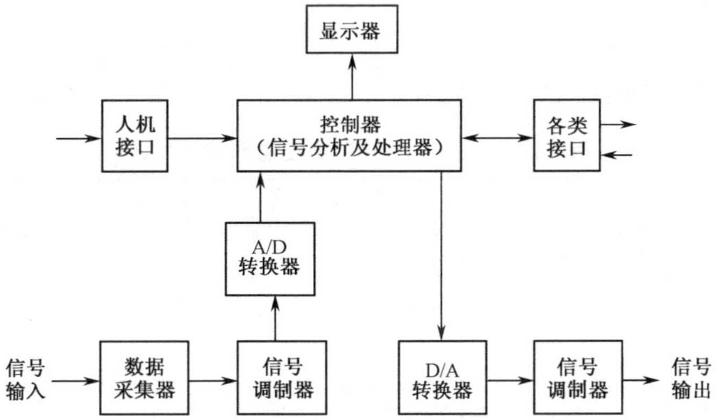

图 10.7　虚拟仪器的一般结构

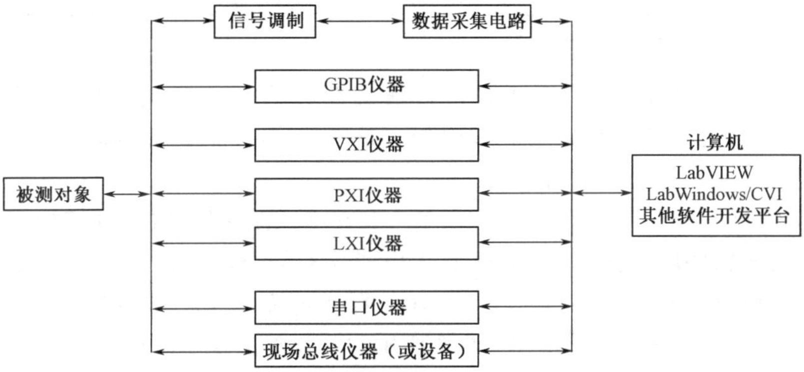

图 10.8　虚拟仪器的构成方式

② GPIB 系统：以 GPIB 仪器与计算机为硬件平台组成的虚拟仪器测试系统，类似于第二代自动测试系统。

③ VXI 系统：以 VXI 仪器与计算机为硬件平台组成的虚拟仪器测试系统，适合大型、高质量的自动测试系统。

④ PXI 系统：以 PXI 仪器与计算机为硬件平台组成的虚拟仪器测试系统。美国 NI 等公司开发生产这种系统的产品，比 VXI 仪器便宜，性价比较高。

⑤ 串口系统：以 RS-232、USB 等串口仪器与计算机为硬件平台组成的虚拟仪器测试系统，适用于测试速度要求不高的情况，是一种普及型自动测试系统。

⑥ 现场总线系统：由于当前由现场总线组建的自动测试系统越来越注重发挥软件的作用，因此，其设计思想和实施方法也可以归属为虚拟仪器的结构模式。

⑦ LXI 系统：近年来在局域网等基础上建立的新一代自动测试系统的理想平台，尚处于发展之中。

2. 虚拟仪器中的关键技术

虚拟仪器无论用于分析还是作为信号发生器使用，都强调其实时性，需在数据采集、存储和信号分析之间以二进制位的数据形式进行高速数据传输，以完成相应的数据分析和显示的功能。但目前在速度方面受到诸多因素的限制，如高速、线性、大动态的 A/D 或 D/A 转换、快速数据分析与处理等。

在虚拟仪器中，数字信号处理(DSP)是十分重要的，它可提高测量的重复性和稳定性，解决各类分析及处理软件的编制及最优的算法问题，使其在计算能力方面实现以算法为基础的多种仪器功能。同时，DSP 也是构成时域测试与频域测试的桥梁，可方便地完成时域到频域的转换。

10.3.3 基于不同总线的虚拟仪器的比较

由于应用场合的不同及测试任务的需要，出现了基于不同总线的虚拟仪器，最常见的有 4 种，即 GPIB 总线、PXI 总线、VXI 总线和 LXI 总线。表 10.2 列出了这 4 种总线的主要性能和特点对比。

表 10.2 4 种总线的主要性能和特点比较

项　　目	GPIB 总线	VXI 总线	PXI 总线	LXI 总线
系统规模	最多 14 台	最多 13 槽	最多 17 槽	不限数量
连接距离	短	有限	有限	多
设备尺寸	大	大规模，需机箱	小模块，需机箱	灵活多样
定时和同步	无	1 种	1 种	3 种
最大数据传输速率	8Mbps	40/80Mbps	1065/4224Mbps①	1000Mbps
系统成本	高	中/高	中	低
模块化	否	是	是	是
EMI 防护	可选	有定义	视具体模块而定	视具体模块而定

10.3.4 虚拟仪器软件结构

随着虚拟仪器技术的发展，仪器对 I/O 软件兼容性的需求越来越迫切。过去，由于没有统一的 I/O 标准，各厂家编写的虚拟仪器驱动程序相互是不兼容的，即使面对同样的总线系统，各厂家所提供的仪器模块驱动程序也是不同的。

在 VXI 虚拟仪器中，采用 VISA 结构。所谓 VISA，就是虚拟仪器软件结构，是指位于 I/O 程序和应用程序之间的软件层，它是随着 VXI 总线虚拟仪器的发展而产生的，是 VXI 即插即用联盟制定的新一代的 I/O 程序规范（即 VPP）。VISA 的任务是统一 VXI 总线虚拟仪器模块的软、硬件标准，进而达到统一 I/O 软件的目的。图 10.9 所示为 VISA 方案示意图。

VISA 具有与仪器硬件接口无关的特性，全世界各 VXI 厂商在编写 VXI 总线虚拟仪器驱动程序时所公用的底层函数集，遵循 VISA 标准，可使得用户所写的应用程序，不仅可用于 VXI 系统，也可用于 GPIB 系统，或带 RS-232 接口的串口系统中。同样，内嵌式控制器 VXI 系统的符合 VISA 标准的应用程序也可用于 0 槽控制器为 VXI 或 GPIB 接口的 VXI 系统。因此，VISA 的出现，不仅大大缩短了应用程序的开发周期，而且使得测试软件的开发从此走上了一个新的台阶，是理想的仪器 I/O 软件。

VISA 的基本模块如图 10.10 所示。

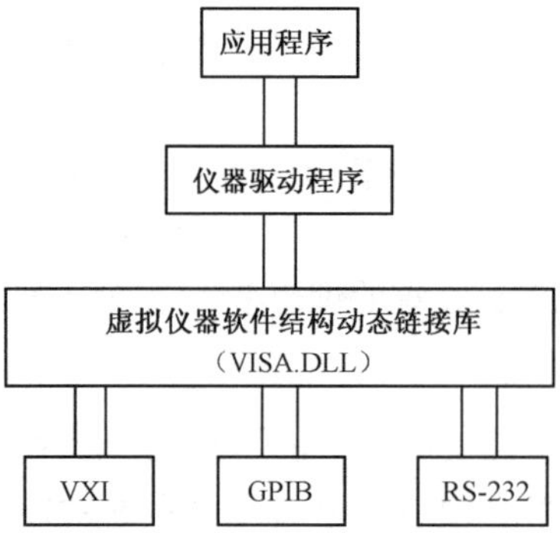

图 10.9 VISA 方案示意图

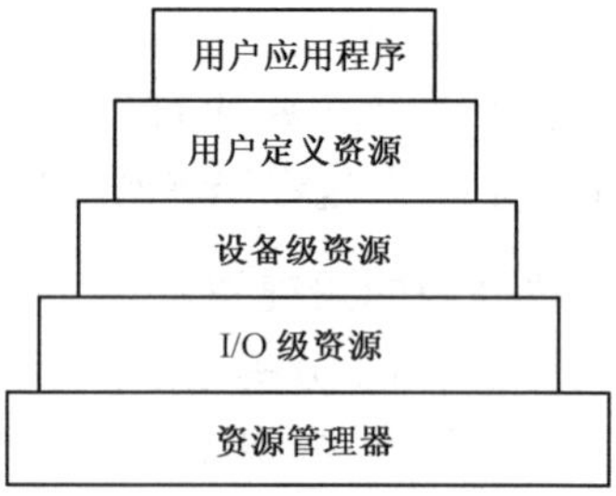

图 10.10 VISA 的基本模块

① PXI 总线标准中为 132/528MBps。

VISA 的软件模块称为资源集合。一个资源级是指一台设备的特有能力，如读、写和启动。设备资源的独立性是 VISA 内部定义和创建资源的基础。VISA 定义了如何创建资源，即 VISA 资源模板。资源管理器负责管理、控制和分配 VISA 内部资源，其与 VISA 资源模板相关联。用户可以通过打开资源管理器的连接装置来访问资源管理函数。

VISA 定义了 3 个资源级：I/O 级资源、设备级资源和用户定义资源。这 3 级资源反映了高级资源使用或继承低级资源的能力。

结构的顶层是用户应用程序，这些应用程序简单地使用一个或多个 VISA 资源来完成某些任务，或集合一些资源来形成自己的虚拟工具。

10.4 接口总线及信道

自动测试系统首先要解决的问题是，如何使起主控作用的计算机和测试仪器设备能互连互通，以保证各种命令和测试数据相互间准确无误地传递。相继出现过多种供自动测试系统使用的标准总线，有着各自的特色和不同的应用场合。本节在全面介绍与自动测试有关的计算机系统总线、测量仪器标准总线和工业现场总线的基础上，着重介绍 GPIB 和 VXI 总线，同时扼要介绍用于测控数据传送的有线、无线信道。

10.4.1 测试系统中常用的总线及信道

1. 计算机系统的并行 I/O 总线

计算机的主板上通常都提供有好几个插槽，这就是计算机的系统总线接口。计算机系统并行 I/O 总线的种类和主要技术指标见表 10.3。

表 10.3 计算机系统并行 I/O 总线

总线名称	PC/XT	ISA(AT)	EISA	PCI	AGP
推出时间	1981 年	1984 年	1988 年	1993 年	1996 年
字长/bit	8	8/16	32	32/64	64
总线类型	系统总线	系统总线	系统总线	局部总线	管线
最高时钟频率/MHz		8	8.3	33	66 以上
峰值数据传输速率/(MBps)		8	33	132	255/533/1066
带外设能力		>12	>12	10	1 个图形控制器

随着计算机技术的发展，其系统总线的性能也在不断地改善，如已推出的 PCI-X、INFINIBAND等新型总线。有关计算机系统总线的详细资料可参阅相关书刊，这里不再赘述。现在，测控技术领域大多使用 PCI 总线，它支持 VISA、EISA 等扩展板，提供功能强大而又方便灵活的配置能力，并能够实现设备的即插即用。插槽接口两种应用形式如图 10.11 和图 10.12 所示。利用计算机为平台组建的测试仪器，也称为 PC(个人计算机)仪器或虚拟仪器。

在实际应用中，PC 仪器有两种类型。图 10.11 所示为功能确定型的 PC 仪器，由 PC、仪器接口卡及相应的功能软件组成。与一般传统仪器一样，它可以独立完成各种确定的测量测试工作，例如，有数字电压表、频率计、示波器等插卡。目前许多微型测控应用系统也可以看作这种 PC 仪器。图 10.12 所示为用户可编程的 PC 仪器。在这种 PC 仪器中，计算机系统总线对外要被转换为标准的仪器总线，如 GPIB、CAMAC、VXI 及 PXI 等总线，从而与其他测控仪器设备一起组建成一个自动测试系统。

应当指出，实际上，现在一般不仔细区分上述两类 PC 仪器，都统称为虚拟仪器，或者像表 10.2 那样，在虚拟仪器名下分别称为 PXI 仪器和 VXI 仪器。

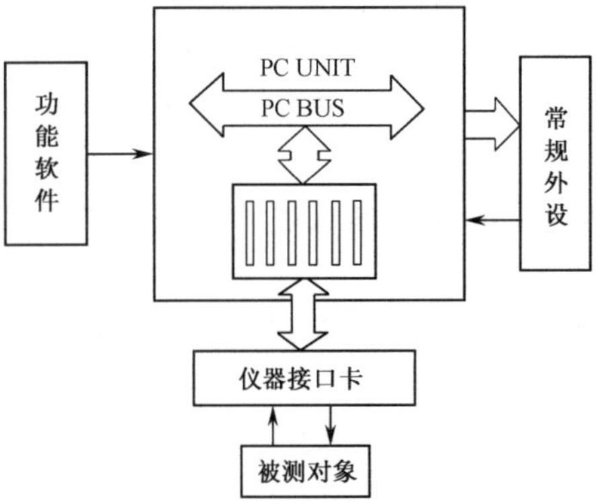

图 10.11　功能确定型的 PC 仪器

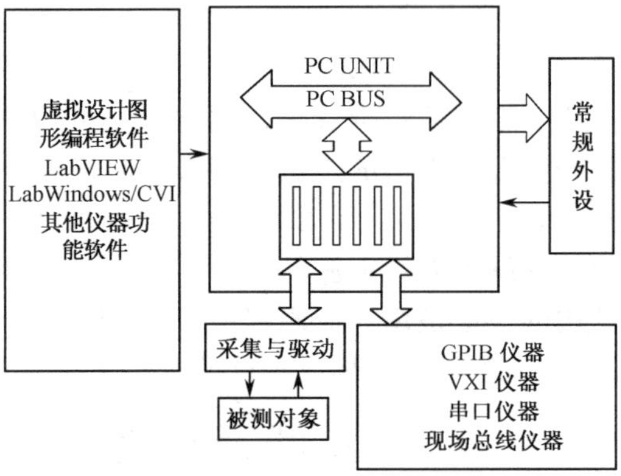

图 10.12　用户可编程的 PC 仪器

2. 计算机系统的串口总线

表 10.4 中列出了计算机系统的 3 种串口总线（RS-232、USB、IEEE 1394）和一种单总线（1-Wire）的性能，它们在测控领域都有广泛的应用。

表 10.4　3 种串口总线和一种单总线的性能

总线名称	线缆	数据传输速率	传输距离	技术规范	主要应用
RS-232（串行异步通信总线）	内含 9～25 根线（根据用途选用部分线）	0.01～19kbps	15m 左右，RS-485可扩至1000m 以上	EIA RS-232C CCITT V.24	串行数据通信和计算机外设终端
1-Wire（单总线）	内含 2 根线（一根信号线，一根地线）	16.3kbps 142kbps	200m（可扩展至 1000m）	单总线协议	低速测控、监测、监管及收费系统
USB（通用串行总线）	内含 4 根线（一对信号线，一对电源线）	USB 1.0 5Mbps USB 1.1 12Mbps USB 2.0 480Mbps USB 3.0 5Gbps	可拓扑扩展低速设备间距离 3m，高速设备 5m	USB 1.1 USB 2.0 USB 3.0 USB 4.0	计算机通用外设、数字音响、数码相机、电话
IEEE 1394（火线）	内含 6 根线（两对信号线，一对电源线）	100、200、400Mbps（可升至 1.2～3.2Gbps）	4.5m（若用光缆可扩至 100m）	IEEE 1394—1995（或 IEC1883）	硬盘、光驱、数字音像、数码摄像、局域网络

RS-232 接口在当前测控领域应用较广。因为 PC 仪器不可能同时对多个测控对象进行直接的测控，而往往要与下位机（如单片机）一起来完成对各种被测对象的现场直接测量或过程控制，这时作为上位机的计算机与下位机之间的数据传递则可通过 RS-232 接口来完成。另外，RS-232 接口还可通过 Modem，利用公共电话交换网与远程计算机交换测控信息。

USB 接口适用于一般中、低速测试场合，可以用 USB 建立数据采集系统，也可做成以 USB 为基础的测试仪器，这对组建一个测试台很方便。

IEEE 1394 接口适用于视频以上的高速测试场合，可用其取代 GPIB 接口组建自动测试系统，也可用它将 VXI 仪器连接到计算机上。将 IEEE 1394 接口用于虚拟仪器是一种理想的配置。

1-Wire（单总线）虽然不属于计算机外设的通用总线，但容易通过适配器将目前计算机的串口（RS-232 接口）或并口（打印机接口）转换到单总线上，也可通过适配器将 USB 接口转换到单总线，不用打开计算机机箱就可方便地进行连接。单总线是美国 Dallas（达拉斯）半导体公司近年推出的新技术。

3. 标准总线

目前专门为仪器与自动测试系统设计的标准总线主要有 6 种，见表 10.5。

表 10.5 标准总线

英文缩写名称	英文含义	中文含义
GPIB(IEEE488)	General-Purpose Interface Bus	通用总线
CAMAC	Computer Aided Measurement And Control	计算机辅助测量和控制
VXI	VMEbus extensions for Instrumentation	VME 总线在仪器领域的扩展
PXI	PCI extensions for Instrumentation	计算机总线 PCI 在仪器领域的扩展
LXI	LAN extensions for Instrumentation	局域网在仪器领域的扩展
AXIe	AdvancedTCA extensions for Instrumentation and Test	仪器与测试高级电信运算架构的扩展

表 10.5 中，GPIB 和 VXI 总线是应用最广的两种标准总线，下面将分两节专门介绍。这里先简单介绍 CAMAC 和 PXI 这两种总线。

CAMAC 系统是一种总线型的模块化仪器系统。CAMAC 是 Computer Aided(Automated) Measurement and Control 的缩写，即计算机辅助(自动)测量和控制，也可认为是 Computer Application to Measurement and Control(计算机在测量和控制中的应用)的缩写。IEEE 标准化组织把它解释为标准模块化仪器和数字接口系统。CAMAC 系统的最大特点是，它是一种模块化系统。任何 CAMAC 系统都由各种功能模块组成，不同厂商制造的功能模块都能插入标准机箱中。一个机箱有 25 个站，机箱背板装有 25 个 86 芯插座，每个插座对应一个站，控制站一般占用两个站。各模块通过 86 芯插座与背板数据路相连。数据路的标准和所用插件均与计算机的类型无关，用户可以自由选择。CAMAC 系统使用范围广，系统规模可大可小，大系统可容纳多达 62 个机箱，仅一个机箱就有 23×16=368 个测点，而小系统仅需一个机箱，内插一个模块和一个控制器即可。此外，CAMAC 规范是公开的，无须许可证或其他授权就可使用。数据路是 CAMAC 机箱的组成部分，也是 CAMAC 规范的核心内容。数据路由 86 根信号线组成，普通站有 10 根命令线、2 根定时线、48 根数据线(读、写信号线各 24 根)、4 根状态线、3 根公共控制线、5 根非标准线和 14 根电源线，控制站有 33 根命令线、2 根定时线、27 根状态线、3 根公共控制线、7 根非标准线和 14 根电源线。数据路上的信号传输采用负逻辑形式的 TTL 电平。此外，CAMAC 规范还定义了并行分支和串行总线，用于将单机箱系统扩展为多机箱系统。CAMAC 系统具有标准化程度高、数据传输速率高和应用范围广等优点，在核工业、航空航天、国防、工业控制、医疗卫生、交通管理、数据处理和实验室自动化等领域得到了广泛应用。

PXI 是计算机系统总线 PCI 在仪器领域的扩展，是一种全新的开放式、模块化仪器总线规范。PXI 将 CompactPCI 规范定义的 PCI 总线扩展为适用于试验、测量与数据采集场合的机械、电气和软件规范，把台式计算机的性价比优势与 PCI 总线面向仪器领域的必要扩展完美地结合起来，形成一种新的虚拟仪器测试平台。PXI 继承了PCI 总线适合高速数据传输的优点，支持 32 位或 64 位数据传输，最高数据传输速率可达 132Mbps 或 528Mbps，也继承了 CompactPCI 规范的一些优点，包括采用耐用的欧洲卡机械封装和高性能连接器，外设插槽由普通计算机的 4 个扩展为 7 个，并可通过 PCI-PCI 桥进行扩展，这些优点使得 PXI 系统体积小、可靠性高，适用于台式、机架式或便携式等多种场合。为了满足仪器应用对一些高性能的需求，PXI 还提供了 8 根 TTL 触发总线、13 根局部总线、10MHz 系统时钟和高精度的星形触发线等资源，定义了较完善的软件规范，保持了与工业计算机软件标准的兼容性。PXI 是美国 NI 公司于 1997 年首先推出的，其产品填补了低价位计算机系统与高价位 GPIB 和 VXI 仪器之间的空白，性价比较高，已经被应用于数据采集、工业自动化与控制、军用测试、科学实验等领域。

2009 年 11 月，安捷伦科技有限公司、艾法斯公司和 Test Evolution 公司联合成立 AXIe 联盟，旨在开发和推广 AXIe 系列标准。AXIe 在制定之初参考了 AdvancedTCA、PXI、LXI 和 IVI 等现有的标准，是一个以 AdvancedTCA（先进电信运算架构规范）为基础的开放式标准。其目标是创建一个由元器件、模块和仪器组成的动态系统，推动通用仪器和模块化测试的发展。AXIe 标准可提供最大的可扩展性，满足各种平台的需求，包括通用机架堆栈式系统、模块化系统、半导体 ATE 系统，以及工作台和模块化插件。

AXIe 采用分层体系结构，建立在 AdvancedTCA（PICMG 3.0 和 3.4）的基础上，支持 PCB、LAN、PCIe 等。基于 AdvancedTCA 的 AXIe1.0 标准适用于通用仪器，并添加了核心触发功能、定时功能和高速本地总线。AXIe1.0 还可针对特定应用领域进行扩展设计。

AXIe 仪器可在典型的机架堆叠式配置中与基于现有标准 PXI、LXI 和 IVI（Interchangeable Virtual Instruments，可互换式虚拟仪器）的仪器实现集成。例如，PXI 仪器能够在机架中垂直安装并使用机架式、嵌入式或台式控制器。在同一机架中，水平安装的 AXIe 模块可作为虚拟 PXI 或 LXI 仪器使用。机架中还可添加 LXI 综合仪器。

通过上述对各种仪器总线的介绍可以看出，对于自动测试系统来说，其最终的目的是提供高速的，具有高度自动化、高兼容性的测试设备和程序。其将继续沿着标准化、系列化和模块化方向发展，同时加大采用新型系统总线、高性能计算机、人工智能与专家系统等各种新技术的力度，进一步改善 ATE/ATS 的综合性能。同时，ATS 设备将向小型化、便携化和通用化方向发展。为降低成本，测控系统将大量采用 COTS（货架产品）技术，进一步加强系统的互换性和互操作性，确保系统的先进性、成熟性和稳定性，注重综合诊断支持系统设计思想，向故障诊断和测试一体化系统的开放式结构发展。测控总线将呈现多总线并存的特点，但是测控总线最终的结果是随着计算机技术的发展，实现总线技术的统一。

4. 现场总线

现场总线是应用在生产现场、微机化测量控制设备之间实现双向串行多节点数字通信的系统，也被称为开放式、数字化、多点通信的底层控制网络。

现场总线是 20 世纪 80 年代中期发展起来的。各国相继推出了各具特色的总线，却一直未能形成国际统一的标准。几种比较有影响的现场总线见表 10.6。

表 10.6 几种比较有影响的现场总线

现场总线名称	FF	Profibus	HART	CAN	LonWorks
OSI 模型层次	1,2,3,8	1,2,3	1,2,7	1,2,7	1～7
通信介质	双绞线、光纤、电缆等	双绞线、光纤	电缆	双绞线、光纤	双绞线、电缆、电力线、光纤、无线等
介质访问方式	令牌（集中）	令牌（分散）	查询	位仲裁	P-P CSMA
纠错方式	CRC	CRC	CRC	CRC	CRC
通信速率	31.25kbps	31.25kbps 或 12Mbps	1200kbps	1Mbps	300kbps～1.25Mbps
最大节点数/网段	32	127	15	110	2^{48}
优先级	有	有	有	有	有

现场总线系统打破了传统模拟控制系统的结构形式。传统模拟控制系统采用一对一的设备连线，按控制回路分别进行连接，布线复杂、难以维护、成本高。现场总线系统由于采用智能现场设备，使控制系统功能不依赖控制室的计算机或控制仪器，直接在现场完成，实现了彻底的分散控制。由于采用数字信号替代模拟信号，因而可一线传输多个信号，同时又可为多个设备提供电源，现场设备以外不再需要 A/D 转换器、D/A 转换器等转换部件。

现场总线具有系统开放、互操作性与互用性、现场设备的智能化与功能自治性、系统结构的高度分散性，以及对现场环境的适应性等特点。因此，现场总线系统具有节省硬件数量与投资、降低安装成本、减少维护开销、提高系统准确性与可靠性、用户具有高度的系统集成主动权等优点。

5. 信道

随着电子技术的发展，各行各业对自动测控技术的应用日益广泛，一个测控系统的服务范围也越来越大，上述只局限于一个实验室内的测试系统已不能满足实用要求。例如，要对近百个手机基站进行动力、环境及安全进行监测，这就要求将各种通信技术应用到测控领域中。

下面扼要介绍通常用于测控数据传输的信道。

1）有线信道

(1) RS-485(及 RS-422)总线

它是对 RS-232 串行总线(其通信距离仅为 15m 左右)的扩展，可使通信距离增加到 1200m 左右。其数据传输速率较快，可靠、稳定，通信质量较高。它与计算机连接需经 RS-232 接口转换，信道布线与后续维护工作量大。

(2) 电话线信道

利用公用电话线传送测控信息是一种简便经济的方法。传送距离无限制，只要有电话线布设的地方都可到达。计算机要通过 Modem(调制解调器)将测控信息(数字信号)调制在音频信号上通过电话线进行传输。不过此方式不适合大容量系统的通信传输，否则数据易被堵塞。

(3) 电力线载波通信

电力载波通信利用 220V 交流市电网络通信，充分发挥了电力线覆盖面广、无须重新布线的优势。但电力线上干扰严重，为改善电力线载波通信的质量，实现数据的可靠传输，有振幅键控、移频键控、移相键控、正交双边带调制及无载波调幅调相等调制方式；为实现数据的高速传输，有窄带通信、双音多频调制、线性调频脉冲、多路载波调制、扩频、超窄带及多路载波等传输技术。国内不少单位致力于此项技术的应用开发，现在的电力远程抄表功能基本采用电力线载波通信技术实现。

(4) 互联网

互联网已广泛应用于全社会各部门，它不单可以传播一般信息，还可用来传送实时监测的技术数据。在计算机端只要备有网卡，则可接入互联网。在测控现场的下位机通常采用单片机，要使单片机能接入互联网，需要增加一个互联网接口适配器。现在有嵌入式网络单片机，但还要同时购买其开发系统，成本较高。可以用通用的单片机研制一个用于测控领域的专用微型网站，利用通用型单片机控制以太网网卡接入互联网，这样可根据自己的需要，选取 TCP/IP 协议中的部分协议，完成测控数据的传送。

2）无线信道

(1) 无线电波

在有线网络没有涉及的地方，通过小型专用无线数传电台传输测控数据是一个较方便的方案。不少厂商生产有多种类型的数传模块或数传电台，可以根据需要选用。

通常，通过 RS-232 接口与计算机对接，以点对点或一点对多点的方式进行通信。图 10.13所示为一点对多点数传电台传输测控数据的示意图。通信距离决定了电台的输出功率和环境。

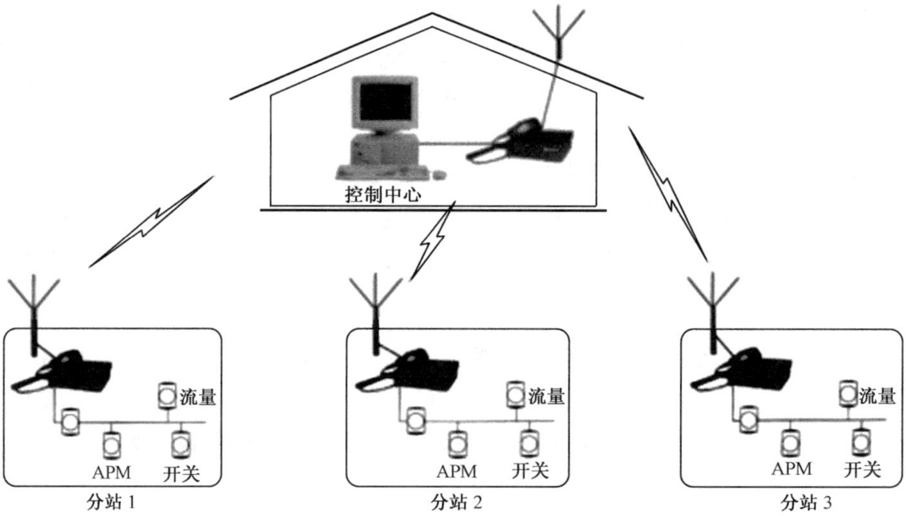

图 10.13　一点对多点数传电台传输测控数据的示意图

(2) 红外线

在红外可视距离内，能非接触地读取测控数据，操作简单方便，实现较可靠，且成本较低，但信息传输距离较短，对方位性要求高。

(3) 蓝牙技术

蓝牙技术是一种近距离无线通信标准，它能够提供低成本、低功耗的无线接入方式，是近年来较流行的新技术。蓝牙通信的有效距离一般为 10m，其接入方式灵活，不限制在直线范围内，支持一点对多点的方式，允许最多连接 7 个设备。随着技术的进步，蓝牙或类似蓝牙的无线接入技术的性能将不断改进，传输距离和数据传输速率将不断提高，而成本不断下降，将有较好的应用前景。

(4) 无线局域网技术

凡是采用无线传输媒体的计算机局域网都可称为无线局域网(Wireless Local Area Network，WLAN)。它按照 IEEE 802.11g 标准协议采用射频工作方式传输和接收数据。在有线局域网的基础上，通过无线集线器、无线接入节点、无线网桥、无线网卡等设备实现无线通信。常用的传输技术有扩频技术、窄带技术和红外技术等，最高数据传输速率为 11Mbps，最大传输距离达 50km。

与有线网络传输技术相比，无线局域网具有如下特点：移动性强、管理方便、扩展能力强、组网速度快、开发运营成本低。其不足主要是一次性投入费用较高。

(5) 移动通信技术

移动通信(Mobile Communications)是一种沟通移动用户与固定点用户之间或移动用户之间的通信方式。移动通信双方有一方或两方处于运动中，包括陆、海、空移动通信，采用的频段遍及低频、中频、高频、甚高频和特高频。移动通信系统由移动台、基台、移动交换局组成。

第一代移动通信系统(1G)：基于模拟传输，其特点是业务量小、质量差、安全性差、没有加密且数据传输速率低。1G 主要基于蜂窝结构组网，直接使用模拟语音调制技术，数据传输速率约 2.4kbps。

第二代移动通信系统(2G)：在 GSM Phase2＋阶段，采用更密集的频率复用、多复用、多重复用结构技术，引入智能天线、双频段等技术，有效地克服了随着业务量剧增所引发的 GSM(Global System for Mobile Communications)系统容量不足的缺陷；AMR(Adaptive Muti-Rate Codec，自适应多速率编码）技术的应用，极大提高了系统通话质量；GPRS/EDGE（General Packet Radio Service/Enhanced Data rate for GSM Evolution）技术的引入，使 GSM 与计算机通信/Internet 有机结合，数据传输速率可达 115/384kbps，从而使 GSM 的功能得到不断增强，初步具备了支持多媒体业务的能力。

第三代移动通信系统（3G）：采用支持高速数据传输的蜂窝移动通信技术。3G 服务能够同时传输声音及数据信息。3G 是将无线通信与国际互联网等多媒体通信相结合的一代移动通信系统，有 WCDMA（Wideband Code Division Multiple Access，宽带码分多址），CDMA（Code Division Multiple Access，码分多址）和 TD-SCDMA（Time Division-Synchronous Code Division Multiple Access，时分同步码分多址）三大分支。基于地面标准不一的区域性通信系统，其数据传输速率在成熟的 WCDMA 标准下的静止理论值为 7.2Mbps，在室外、室内、行车环境下，可以分别提供最低 2Mbps、384kbps、144kbps 的数据传输速率。

第四代移动通信系统（4G）：是在 3G 技术基础上的一次改良，将 WLAN（Wireless Local Area Networks，无线局域网）技术和 3G 技术进行了很好的结合，使图像的传输速度更快，让传输图像的质量更好，看起来更加清晰。在智能通信设备中应用 4G 技术让用户的上网速度更快，可以高达 100Mbps。

第五代移动通信系统（5G）：最新一代蜂窝移动通信技术，即 2G（GSM）系统、3G（Universal Mobile Telecommunications System，UMTS，环球移动通信系统）、LTE（Long Term Evolution，长期演进）和 4G（即 LTE-A，Long Term Evolution-Advanced，高级长期演进）、WiMax（Worldwide Interoperability for Microwave Access，全球微波互联接入）之后的延伸。5G 技术的性能目标是高数据传输速率，减少延迟，节省能源，降低成本，提高系统容量，支持大规模设备连接。2019 年为 5G 元年，Release 16 的第二阶段将于 2020 年 6 月完成，作为 IMT-2020（5G 的法定名称）技术的候选提交给国际电信联盟（ITU）。ITU IMT-2020 规范要求数据传输速率达到 20Gbps，可以实现大带宽和大容量 MIMO（Multiple Input Multiple Output，多进多出）。

（6）物联网技术

物联网（Internet of Things，IoT）技术起源于传媒领域，是信息科技产业的第三次革命。物联网是指通过信息传感设备，按约定的协议将任何物体与网络相连接，物体通过信息传播媒介进行信息交换和通信，以实现智能化识别、定位、跟踪、监管等功能。

物联网指的是将无处不在的终端设备和设施，包括具备“内在智能”的传感器、移动终端、工业系统、数控系统、家庭智能设施、视频监控系统等，以及具备“外在使能”的“智能化物件或动物”或“智能尘埃”，如贴上 RFID（Radio Frequency Identification，无线射频识别）标签的各种资产，携带无线终端的个人与车辆等，通过各种无线或有线的长距离或短距离通信网络实现互联互通、应用大集成。同时，基于云计算的 SaaS（Software-as-a-Service，软件即服务）营运等模式，在内网、专网或互联网环境下，采用适当的信息安全保障机制，提供安全可控乃至个性化的实时在线监测、定位追溯、报警联动、调度指挥、预案管理、远程控制、安全防范、远程维保、在线升级、统计报表、决策支持、领导桌面等管理和服务功能，实现对“万物”的“高效、节能、安全、环保”的“管、控、营”一体化。

物联网的核心是通过通信网络实现物物、物人之间的信息交互，最终达到智能化应用场景。而其中的通信网络可以分为有线通信网络和无线通信网络。有线通信网络包括以太网、串口通信网络、Modbus 等。无线通信网络可以分为近距离无线通信、短距离无线通信和长距离无线通信网络。近距离无线通信网络包括 NFC（Near Field Communication，近距离无线通信）、RFID 等，短距离无线通信网络包括 ZigBee、Wi-Fi、蓝牙等，长距离无线通信网络包括 GSM、CDMA、TD-LTE、LoRa（Long Range Radio，远距离无线电）、NB-IoT（Narrow Band Internet of Things，窄带物联网）等。

10.4.2 GPIB总线

GPIB总线是目前仪器领域普遍使用的一种程控测量仪器的标准总线。它是在1972年由美国HP公司首先提出的,定名为HP-IB。之后这套总线相继为IEEE和IEC所认可,并正式颁布了IEEE 488和IEC-625标准。我国也制定了相应的国家标准——GBn249。在美国,常称为IEEE 488或GPIB,在欧洲、俄罗斯和日本,常称为IEC-625或GPIB。名称不尽相同,但标准内容是一样的。现在大多称为GPIB(General Purpose Interface Bus,通用总线)。

1. 设计目标

设计GPIB标准的目的是用一种外部手段把各器件连接成一个系统。其具体设计目标为:设计一种在有限距离内(例如一个实验室内)的通用总线标准,用它可以把全世界任何厂家按本标准制造出来的任何仪器,连接成一个测试系统;通过它,实现系统内各仪器之间的可靠通信;被连接的各仪器之间可以直接通信,而不一定要通过中介单元(中央控制器);对被连接仪器的特性要求,应提出尽可能少的限制条件;通信是异步的,数据传输速率可容许在较宽的范围内变化,自动适应系统中不同仪器的数据传输速率;使用起来灵活方便、易于掌握,且价格较低,也能适用于廉价的简单系统。

2. 基本特性

根据上述设计目标设计出来的GPIB系统具有以下基本特性:系统中各仪器采用总线方式连接,总线连接器包括插头和插座,便于叠插。总线由24芯无源电缆组成,其中16根为信号线,其余为屏蔽线和地线。16根信号线中有8根数据总线、3根挂钩总线和5根管理总线。总线上最多可挂15台仪器(包括系统的中央控制器在内,实际为14台),对一般自动测试系统是够用的。如果希望扩大容量,可在控制器上增加GPIB接口,每增加一个接口,就可以多连14台仪器。最大传输电缆总长度不超过20m,因为过长的传输距离会使信噪比下降,而不能保证可靠的通信。因此在可能条件下,特别是在要求高速传输的情况下,应尽量缩短传输距离。若采用总线扩展器,传输距离可达500m左右。总线以位并行字串行,并采用三线挂钩技术,传递多线消息,实现双向、异步通信。最高数据传输速率为8bps。系统内的讲地址和听地址各有31个,如果采用扩展的副地址,则讲地址和听地址均可扩大至961个。总线上采用正电压负逻辑,逻辑1为低电平,不高于+0.8V;逻辑0为高电平,不低于+2.0V。高低电平的规定是与标准TTL电平兼容的。系统内的接口在功能上、电气上和机械上都具有兼容性。系统共设有10种接口功能,称为接口功能集,如表10.7所示。对系统中某个具体器件,不一定需要配置全部10种功能,而只需根据具体情况选配若干功能。系统中允许存在多个控者,但在任何时刻只准许一个控者起作用,并称此控者为责任控者。责任控者可以将控制权转让给系统中的另一个控者。

表10.7 GPIB系统接口功能集

序号	接口功能	符号
1	控者	C
2	讲者或扩大讲者	TT或E
3	听者或扩大听者	L或LE
4	源方挂钩	SH
5	受方挂钩	AH
6	服务请求	SR
7	远程/本地	RL
8	并行查询	PP
9	器件触发	DT
10	器件清除	DC

3. 系统构成

由GPIB总线组成的自动测试系统主要包括器件、接口和总线3部分,如图10.14所示。

系统中各器件都有自己的器件功能,它可以是仪器,也可以是计算机,例如,信号源可以输出一定波形、频率和电平的信号等。这些器件都可以单独使用,但是它们只有配置了接口功能后才能接入自动测试系统。GPIB系统的器件可以分为3类,即控者、讲者和听者。控者,如图10.14中的器件A,它可以是计算机或工作站。担任控者的器件除了要控制管理接口系统，向有关器件发送程控指令，也可接收和发送测量数据等，所以担任控者的器件一般要能控、能讲也能听。系统中的另一类器件，如图 10.14 中的器件 B，需要能讲也能听，例如电压表，它有时要作为听者，接收从控者发来的程控指令，有时又要作为讲者，把测得的电压值发给计算机、打印机、绘图仪等。第三类器件，如图 10.14 的器件 C，是只要求有听能力的听者，例如打印机、绘图仪等器件，它们只需要接收控者的程控指令和电压表一类器件发来的测量数据，而不必具有讲者功能。有时系统中还有另一类器件，如图 10.14 中的器件 D，它们只需要讲功能而不需要听功能，例如卡片读出器，一般是讲者。

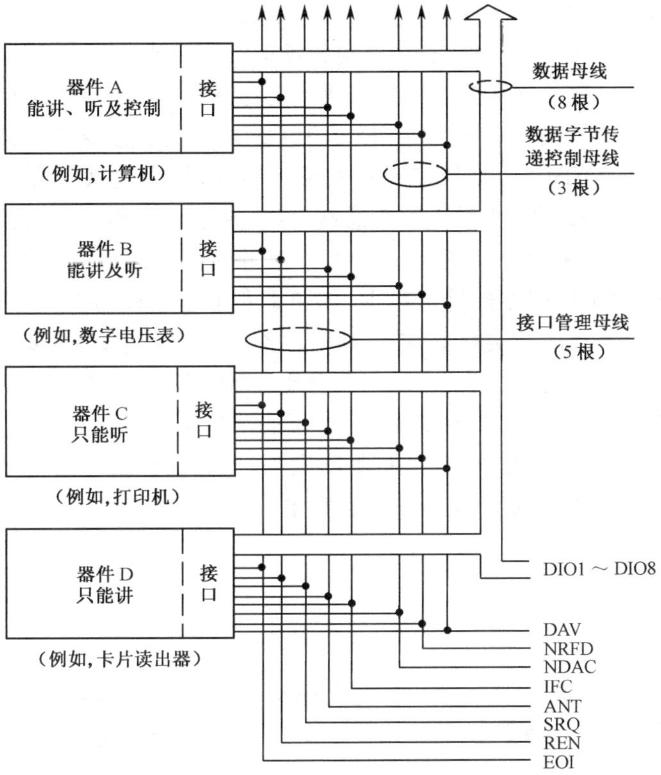

图 10.14　GPIB 总线组成的自动测试系统

系统中每个器件都可以配置接口功能集中的部分或全部功能。基于 GPIB 的自动测试系统均应在控者(C)统一指挥下工作，所以通常系统中至少有一个器件具有指挥、控制的能力，这就是控者功能。系统中传递程控指令、测量数据等消息时要有讲者和听者，所以要设置讲者功能或扩大讲者功能(T 或 TE)和听者功能或扩大听者功能(L 或 LE)。为了在多个器件公用数据总线的情况下，能够双向异步、准确可靠地传递多线消息，系统内采用了三线挂钩技术。凡需要发送多线消息的器件都要配置源方挂钩功能(SH)，凡需要接收多线消息的器件都要配置受方挂钩功能(AH)，这两种功能相互配合就能以三线挂钩方式进行可靠的数据传递。以上是 GPIB 系统的 5 种基本接口功能。有了这 5 种基本接口功能，在一般情况下，系统就能进行工作了。除了上述 5 种基本接口功能，系统还设置了另外 5 种接口功能，必要时可以选用。首先，不少器件在测试中都可能遇到控者预料不到的情况，例如，收到的程控指令有错、仪器超量程或计数器溢出、打印纸用完等，这些器件就需要向控者发服务请求消息，要求控者中断当前的工作为其服务。当需要和计算机交换数据或其他消息时，亦可通过服务请求的方式要求计算机中断。因此系统中这类器件就需要配置服务请求功能(SR)。此外，自动测试系统的大多数器件都可以工作在远程、本地两种方式下，也就是说，它们既可以通过总线接受控者的远程控制，又可以接受来自本仪器面板上按键、开关等的本地控制。为了进行控制方式的切换，应配置远地/本地功能(RL)。在有些系统中，控者可以同时对最多8个器件进行并行查询，了解它们是否请求服务，这时就需要配置并行查询功能(PP)。最后，系统中有些器件必须在外界触发的情况下才能开始工作，另一些器件在工作前或其他必要时刻需要进行清除，为满足这种需要，设置了器件触发功能(DT)和器件清除功能(DC)。

采用通用总线，主要目的在于提供一种有效的通信联络，以便在一群相互连接的器件间传递消息。在用GPIB总线连接的自动测试系统中，各种消息均通过无源总线电缆传递，各器件的接口部分都装有总线电缆插座，系统内所有器件的同一根信号线全部并接在一起，如图10.15所示。器件上的总线电缆插座装在它的后面板上。此外，总线电缆的任何一端都装有一个总线连接器，即把一个插头和一个插座背靠背叠装在一起。这样就可以在连成系统时，把一个插头叠插在另一个插座之上，同时还会留有一个插座供其他器件使用。图10.15所示为GPIB系统中总线的连接示意图。对这种插头座的机械尺寸有统一而严格的规定，插头座上还有锁紧螺栓，使用起来既方便又可靠。任何一台器件，只要在它的GPIB总线电缆插座上插上一个总线电缆，并把电缆的另一头插在系统中的任意一个插座上，这个器件就被接入了系统。在图10.15中，相互并接的总线可以把器件接成链状，如图中左侧3个器件的连接方式，也可以把器件接成星形，如图中左下角器件与右侧两个器件的连接方式，图中整个系统可以说是混合连接的。实际上，在连接时不论采用什么方式，只要总线中的同一根信号线都互相并联即可。这很像普通的电力线，可以在任何地方随时并入或撤除器件。

采用GPIB总线互连的设备是多种多样的，它可能是以下各类设备：测量仪器(含非电量检测仪器)，显示、记录、存储等终端设备，机电控制驱动设备，计算机和工作站等数据处理、控制设备等。图10.16所示的器件模型可描述GPIB器件的逻辑组成。

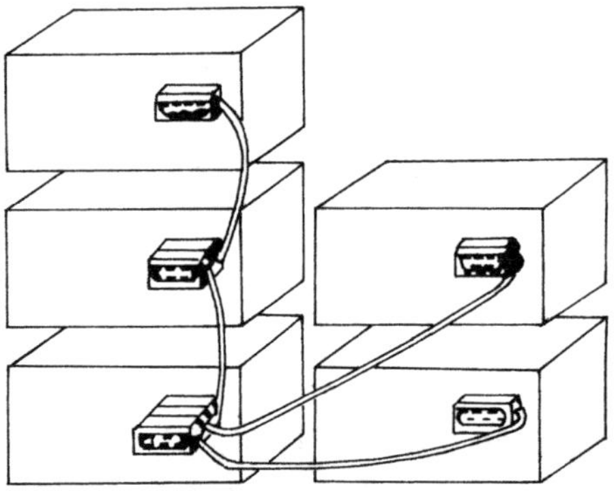

图10.15　GPIB系统中总线的连接示意图(从器件后面板观察)

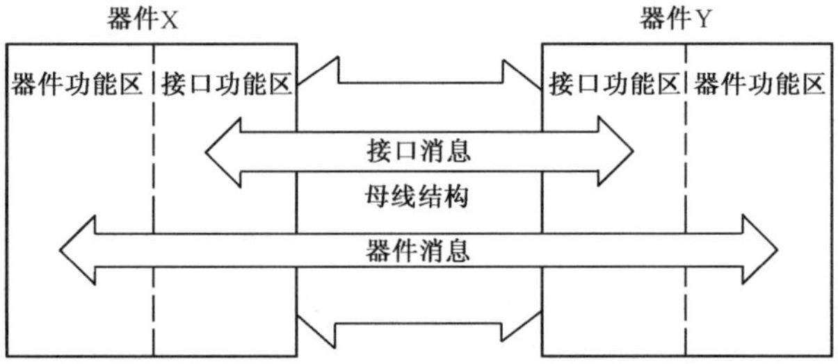

图10.16　GPIB器件模型

器件分为器件功能区和接口功能区两大部分。器件功能区是设备测试、控制功能的本体，完成设计者规定的特定测试、数据处理、记录和控制任务。设备间的本质区别就在于此。通过GPIB总线，在器件的功能之间交换的信息，称为器件消息。器件消息由器件功能区产生，经接口功能区在总线上传递，或者有关的器件经接口功能区接收器件消息(如程控指令)，并据之改变器件功能区的电路状态，完成特定操作。GPIB器件的接口功能区和器件功能区的状态变迁是由器件之间传递的消息引起的。器件与外界交换的数字信息，经过适当的编码，由接口发送器(母线驱动器)输出至母线上，外界的数字信息通过母线传递到器件接口中，由接口接收器接收，经过适当译码后分送各有关部分。外界接口消息经译码后送到有关的接口功能区，引起相应接口功能区的状态变迁；反之，各接口功能输出的接口消息经译码后送到母线上。器件消息经由T(或TE)或L(或LE)接口功能区传出或传入(在 SH 或 AH 的挂钩控制下)。器件消息不会引起接口功能区的状态变迁。本地消息仅在器件功能区与接口功能区之间交换,不传到母线上。负责控制内部器件功能发出的远地接口消息,经由控者功能(C),通过适当编码传到母线上。

10.4.3 VXI 总线

1. VXI 总线产生的背景

VXI 总线系统是一种在世界范围内完全开放的、适用于多厂商的模块化的仪器总线系统。VXI 总线系统领导着当今仪器领域的发展潮流,它的迅速发展正改变着测试和仪器的发展进程。

VXI 总线的产生,有其历史的必然。原有的仪器和系统模式严重不适应信息时代的要求,因而受到信息浪潮的剧烈冲击。这个冲击是以用户需求的方式提出的。冲击的矛头,既指向仪器和系统产品,又指向仪器和系统技术,还指向仪器和系统生产企业。在 20 世纪 70 年代末和 80 年代期间,许多电子仪器公司都在生产自己的专有插卡式系统。各公司虽然认识到插卡式系统和 IAC(单卡仪器)系统的优点,但是,它们却使用了许多不同的方案。与此同时,美国空军提出了一项计划,要设计出一种会大大缩小电子设备体积的 IAC 标准。为适应仪器系统发展的需要,于 1987 年 4 月,Colorado、Tek、HP 等 5 家公司求同存异,组成 VXI 总线联合体,旨在制定一个能使军用测试仪器界和商用测试仪器界共同受益的 IAC 标准。并于 1987 年 7 月提出了 VXI 总线规范的第一个版本,几经修改和完善,于 1992 年 9 月经 IEEE 标准局批准为 IEEE-1155-1992 标准。1993 年 9 月,GenRad、NI、Racad、Tek 等公司又成立了 VXI 总线即插即用(VXI Plug&Play)联盟,旨在定义和推行一些标准化准则与操作规程,解决 VXI 总线规范中尚未包含的系统级问题。

VXI 总线自提出以来,就以其强大的生命力得到迅速发展。它的概念迅速被测量、仪器和其他相关专业所接受,它的软硬件规程不断丰富和完善,新产品不断推出,销售额增长率居高不下。它不但被军事、航空航天等高技术部门普遍接受,而且已经进入了广阔的工业和民用领域。VXI 总线系统作为计算机控制的新型模块化测试和仪器系统,集中了当代多种高技术,如智能仪器、PC 仪器和 GPIB、CAMAC、VME 总线系统的诸多优点,将计算机技术、测控技术及接口技术紧密结合起来,并运用了软件技术、超大规模集成电路技术、数字信号处理技术、计算机辅助设计技术、电子设计自动化技术、专用集成电路技术、表面贴装技术、分布式和并行处理技术、混合测试技术、电磁兼容技术、数字技术、通信和网络技术等一系列新技术。VXI 总线系统具有模块化结构、数据传输速率高、体积小、重量轻、功耗少、性价比高、易于发挥计算机能力和易于构成虚拟仪器等诸多优点。特别是它把灵活性和标准化结合了起来,建立在标准化基础上的高度灵活性,是这种系统受到军方高度重视的主要原因。VXI 总线系统的灵活性主要表现为,不同厂家的产品可以在一个系统中和谐地工作,有很强的互换性和互操作性。模块化结构使得系统组建、配置、更改和扩充都非常方便,机箱和模块都可以在多种场合重复使用。不但厂家可以制造、配置多种通用和专用系统,而且用户和系统集成者也可以灵活地赋予系统不同的功能与特点,满足千变万化的需求。

2. VXI 总线系统的模块结构

VXI 总线系统的模块结构允许不同生产厂家的各种仪器、接口插板或计算机,以模块的形式共存于同一个 VXI 总线主机箱中。VXI 总线系统的每个模块有严格的尺寸要求,标准的模块尺寸共有 4 种,如图 10.17(a)所示。A 尺寸(高×深)为 10cm ×16cm, B 尺寸为 23.3cm×16cm,C 尺寸为 23.3cm×34cm,D 尺寸为 36.7cm×34cm。A、B 尺寸模块的厚度为 2cm,C、D 尺寸模块的厚度为 3cm,但均允许扩展若干整数倍,例如,C、D 尺寸模块的厚度除 3cm 外,还允许 6cm、9cm 等。

在 4 种尺寸的模块中,C 尺寸是应用最为广泛的。通常,一个模块就是一个 VXI 器件,但也允许灵活处理,特别是近两年来为减小体积,在一个模块中做几个器件的情况增多。系统中以每个主机箱为单位构成一个子系统。在多数情况下,一个主机箱可放置 5～13 个 VXI 模块。主机箱的背板为高质量的多层印制电路板,其上印制着 VXI 总线。模块与总线间通过连接器连接,主机箱背板上安装着连接器插座,模块上安装着连接器插头。连接器有 P1、P2 和 P3 三种,如图 10.17(b)所示,每种都是 3 排共 96 个引脚,分别连接 VXI 总线中确定的引线。其中,P1 是各种尺寸的模块都必备的连接器。在 P1 上包括所需的 VME 数据传输总线,并能用 8 位或 16 位数据线访问 16 位地址线 A16(64KB)和 24 位地址线 A24(16MB)的地址空间。用于消息基模块的 VXI 总线自动组态寄存器组都设置在 A16 地址空间中,其所有的通信都通过 P1 进行。P2 连接器作为 B、C、D 尺寸模块的选择件,具有 A32(4GB)地址空间和扩展的 32 位数据传输总线,这些都类似于 VME 标准。在 VME 总线中,P2 上有 64 个引脚未定义;VXI 总线则对这些引脚进行了定义,包括一组时钟、识别线、电源线及触发总线,同时还定义了用于连接邻近插槽的本地总线。P3 仅用于 D 尺寸模块,全部用来定义附加的时钟、电源、触发总线及本地总线。

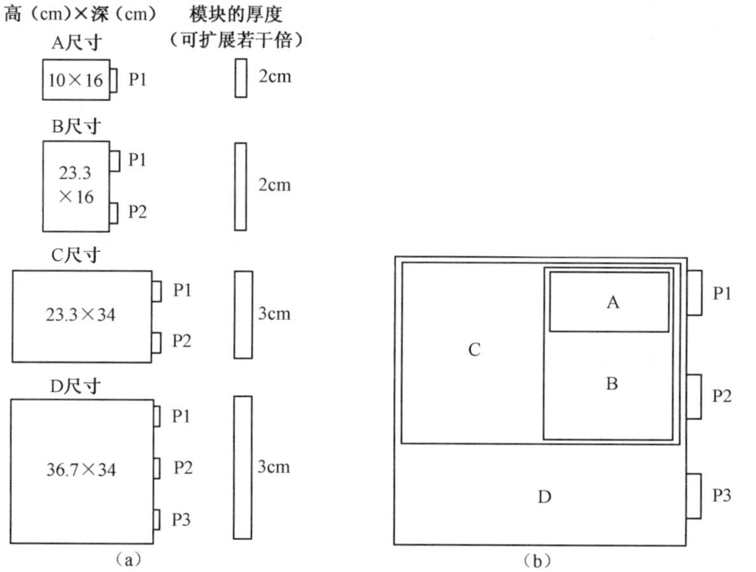

图 10.17　VXI 总线系统的模块和连接器示意图

3. VXI 总线主机箱

VXI 总线主机箱必须符合 4 种模块尺寸的要求:A 尺寸主机箱,只准插入 A 尺寸模块;B 尺寸主机箱,最大允许插入 B 尺寸模块;其余类推。但允许 A 尺寸模块插入 B 尺寸主机箱中,A、B 尺寸模块插入 C 尺寸主机箱中,以及 A、B 和 C 尺寸模块插入 D 尺寸主机箱中。在插入较小的模块时,主机箱能自动识别并使其正常工作。应用最为广泛的 C 尺寸主机箱结构示意图如图 10.18 所示。所有的主机箱都为模块前面板提供一个机箱地,主机箱可以把线路地接到机箱地上。主机箱屏蔽必须是可拆卸的。对主机箱提供的冷却空气必须严格遵循主机箱的冷却要求。主机箱应标明供电电压和所提供的电流,并说明是否将线路地接至机箱地。随着 VXI 总线测试系统的应用日益广泛,一些仪器公司又推出了高性能的 VXI 总线智能主机箱,以及用于射频和微波自动测试的 VXI 总线微波主机箱。智能主机箱是一种智能化的高性能 13 槽 VXI 总线主机箱,它的高性能主要表现在电源、冷却、背板、总线定时、可维修性、机械特性、故障隔离等方面。它本身就具有智能测试仪器的功能,在机箱内利用温度传感器构成了一个完善的冷却和温度的自适应监控系统,从而大大提高了系统的性能和可靠性。微波主机箱要求有电磁兼容性、冷却特性、内部噪声特性及输入/输出的连接。

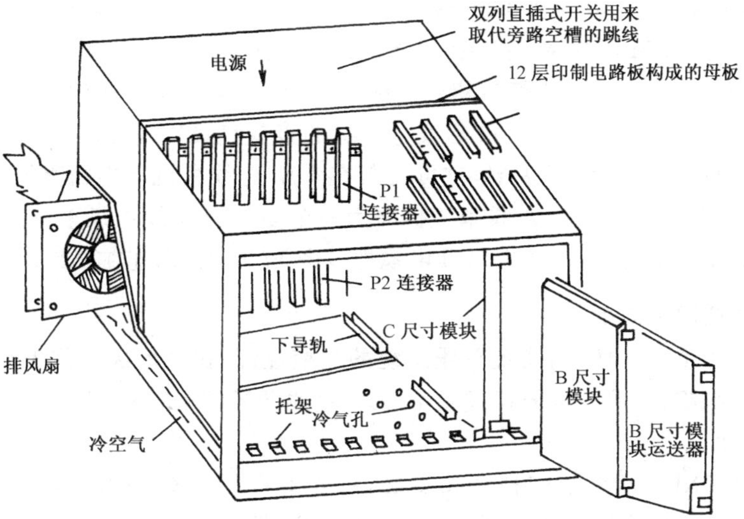

图 10.18　C 尺寸主机箱结构示意图

4. 零槽控制器

对 VXI 总线系统的控制可以通过主机箱外的外接控制器实现，也可以通过嵌入主机箱内的内嵌式控制器实现。内嵌式控制器可以使 VXI 总线测试系统具有良好的整体性和便携性，而外接控制器不受 VXI 总线主机箱物理结构的限制，它可以是通常的微型计算机，也可以是计算机工作站。

用于控制 VXI 总统系统的内嵌式控制器，以及用于连接外部计算机的翻译器和接口都放置在 VXI 主机箱的零号槽位置，因此，也常被称为零槽模块或零槽控制器。它们除有计算机、翻译器及接口功能外，还有公共系统资源及对资源管理的功能，以及对公共时钟信号、触发信号、模块识别信号、中断优先及中断响应等信号的驱动和管理功能。内嵌式控制器是用来控制 VXI 总线系统的高性能平台，它占用 1～4 个 C 尺寸模块的位置空间。这种内嵌式控制器以微处理器和 AT 总线结构为基础，具有硬盘，并在一块芯片上用高性能的常规门阵列实现 VXI 总线系统的多种功能。在前面板上设有端口连接外部的硬盘驱动器、VGA 显示器、GPIB 接口、串/并口、VXI 总线时钟触发信号等。在 VXI 总线系统软件的控制下，就可以直接控制 VXI 总线的寄存器、存储器和触发器，从而实现 VXI 总线的管理功能。

对外接控制器的控制方式，外接计算机可以通过 GPIB-VXI 总线接口和 VXI-MXI 总线接口等与 VXI 总线系统相连接。这些接口必须沟通两种总线，使外接计算机总线能与 VXI 总线进行可靠的信息交换，以保证整个 VXI 总线测试系统的可靠工作。GPIB-VXI 总线接口可把 IEEE 488 协议转化为 VXI 总线协议，它允许 GPIB 外接控制器以类似传统的机架和堆叠式仪器系统的方式去控制 VXI 仪器。它的具体功能为：将 GPIB 仪器程控指令转换成 VXI 指令，并在主机箱内得以运行；通过 GPIB 接口控制 VXI 总线系统零槽的资源管理；GPIB 总线的协议和 VXI 总线协议之间的交互翻译，即用 GPIB 外接控制器和软件控制 VXI 仪器；扩展内置局部命令集，用来访问 GPIB 和 RS-232 接口。GPIB-VXI 总线接口将 GPIB 总线协议转换为 VXI 总线协议，将 GPIB 总线和 VXI 总线连接在一起。一台配备 GPIB 接口控制功能的计算机通过 GPIB-VXI 总线接口就能以控制 GPIB 仪器的方式去控制 VXI 仪器。VXI-MXI 总线接口是 VXI 总线系统的控制器。MXI 总线提供一种高性能的通信链，它将多个 VXI 总线系统按环形用电缆互连起来，实现两个或多个分立部件之间的高速通信。MXI 总线是一个通用的 32 位多控者系统的单电缆总线，其最大数据块传输速率为 20MBps。MXI 总线使用与 GPIB 总线类似的圆形软电缆将多个 VXI 总线系统连接起来，同时使用硬件存储器映像通信方式来减少软件的开销。在一根 MXI 电缆上，最多可将 8 个 VXI 总线系统用菊花链方式连接起来。用 MXI 总线连接多个 VXI 总线系统时，需要使用 VXI-MXI 总线接口来实现。VXI-MXI 总线接口的具体功能为：为了与其他器件相连接，将 VXI 总线连到 MXI 电缆上；将 VXI 总线系统扩展为多机箱结构；作为外部 MXI 总线计算机的接口直接控制 VXI 总线。VXI-MXI 总线接口板是一个 C 尺寸单槽 VXI 总线扩展器，它可安装在 VXI 总线主机箱内的零槽或其他任何一个槽上。VXI-MXI 总线接口可以把 VXI 总线系统扩展为一个多 VXI 总线主机箱系统，每个 VXI 总线主机箱安装一个 VXI-MXI 总线接口，通过 MXI 电缆把多个 VXI 主机箱连在一起。

5. VXI 总线即插即用规范

为了使 VXI 总线更易于使用，实现总线系统的互换性，并在系统级上使 VXI 总线系统成为一个真正开放的系统结构，NI 等 5 家公司成立了 VXI 总线即插即用联盟，发布了 VXI 总线即插即用规范（简称 VPP 规范）。

VPP 规范是对 VXI 总线标准的补充和发展，主要解决了 VXI 总线系统级的软件标准问题。VPP 规范制定了标准的系统软件结构框架，对操作系统、编程语言、I/O 程序库、仪器驱动程序和高级工具软件等做了原则性的规定，从而真正实现了 VXI 总线系统的开放性、兼容性和互换性，进一步缩短了 VXI 系统的集成时间，降低了系统成本。

10.4.4 LXI 总线

1. LXI 总线产生的背景

LXI(LAN extensions for Instrumentation)含义是 LAN 在仪器领域的扩展。

LAN(Local Area Network)是局域网的英文缩写。LAN 是建立在以太网（Ethernet）通信协议标准上的，故有时也称以太网。LAN 将一个区域内的多台计算机互相连接成一个网络，可以实现软硬件资源共享。LAN 是封闭型的，但可通过路由器与互联网连接在一起。现在，LAN 的应用已为广大计算机使用者所熟悉。

前面介绍 GPIB、VXI 等总线技术在测量仪器领域推行多年，但应用面不广，除了仪器界少数专业技术人员掌握和使用，不像 LAN 那样广泛。现在，几乎每台计算机中都装有 LAN 接口，它已经成为公认的通信接口。测试仪器界应将 LAN 引入仪器领域。

因此，2004 年 9 月美国安捷伦科技（是德科技）公司和 VXI 科技公司联合推出 LXI 总线，并很快为众多机构所接受，于 2005 年 6 月成立了 LXI 联盟。2005 年 8 月正式发布了 LXI 总线标准 1.0 版。2006 年 8 月又推出了 LXI 总线标准 1.1 版本，进一步完善了标准，加速了 LXI 总线的发展。2011 年，在保持原有特性的基础上新增了 HSLIP(High Speed Lan Instrument Protocol)和 IPv6 特性。我国业界对 LXI 总线十分关注，2005 年就开始筹备，并于 2006 年 9 月正式成立了中国 LXI 总线联合体，积极推行 LXI 总线技术的应用。

2. LXI 总线概况

LXI 总线标准建立在多个成熟的工业标准基础上，如 Ethernet、PTP、VXI、IVI 等，集中了它们各自的优点，形成自己的特色，并考虑了仪器领域对定时、触发、冷却、电磁兼容性等的特殊要求，是构筑新一代自动测试系统的理想平台。

LXI 模块不像 VXI/PXI 模块那样需要机箱、零槽控制器，每个 LXI 模块就是一台独立仪器，具有更大的灵活性。利用适配器可将现有的台式仪器与 LXI 仪器共同组建成自动测试系统，充分发挥各种仪器的最大性能。由于采用 LAN 作为传输媒介，不必受传输距离的限制，因此，LXI 仪器更适合组建分布式系统。

LXI 仪器具有较高的数据传输速率。以太网的有效载荷约为 94.9%，若采用百兆位网，数据传输速率可达 11.9Mbps；若采用 LXI 总线标准推荐的千兆位网，可达 119 Mbps。随着以太网技术的不断发展，LXI 仪器的数据传输速率将会进一步提高。

在仪器间的同步与触发方面，LXI 仪器具有灵活的触发方式和很高的触发精度。LXI 仪器引入了用于分布式仪器间定时和同步的 IEEE 1588 精密时间同步协议(PTP)，利用 IEEE 1588 的亚微秒同步精度，可使仪器实现精确的同步。对于需要传统硬件线触发低抖动特性的应用，LXI 仪器还定义了采用 M-LVDS 作为 LXI 的触发总线，它能提供类似于 VXI 仪器高精度、低时延的触发。

在编程控制方面，LXI 仪器使用 IVI-COM 驱动程序，它支持所有现代编程环境，可利用面向对象编程技术及分层的 API，在给编程人员带来方便的同时，也实现了仪器的互换性。而且 LXI 仪器采用 Web 页作为控制界面，使得对仪器的控制也更加方便。

3. LXI 总线的功能

LXI 仪器具有 3 个功能属性：标准的 LAN 接口，可提供 Web 接口和编程控制能力，支持对等操作和主从操作；基于 IEEE 1588 标准的触发设备，使模块具有准确动作时间，且能经 LAN 接口发出触发事件；基于 M-LVDS 的 LXI 触发总线，使模块通过有线接口互连。根据仪器所具有的功能属性和触发精度不同，LXI 仪器分为 3 个等级：C 类、B 类和 A 类，性能和成本依次升高。这种划分完全是基于仪器功能的，与其物理尺寸无关，称为 LXI 功能类。不同需求的用户可选用不同的功能类，不同功能类的仪器间可以协同工作。各类 LXI 仪器的功能见表 10.8。

表 10.8 各类 LXI 仪器应具有的功能

	物理标准	软件接口	Web 接口	触发接口
A 类		LXI 同步接口 API(LAN 触发和线触发)	同步配置网页(IEEE 1588 标准参数和线触发参数)	硬件触发总线
B 类	电气标准机械结构环境要求 EMC/EMI	LXI 同步接口 API(LAN 触发)	同步配置网页(IEEE 1588 标准参数)	IEEE 1588 精确时钟同步协议(LAN 消息和基于时间的事件触发)
C 类		IVI 驱动程序	欢迎网页及 LAN 配置网页	LAN 接口(符合 IEEE 802.3 标准)

C 类仪器要求具有 LAN 和 Web 接口，其优点是结构简单、价格低、尺寸小；B 类仪器在 C 类基础上增加了 IEEE 1588 和 LAN 触发事件，其触发功能与 GPIB 等效，并可得到同样或更好的精度；A 类仪器在 B 类的基础上增加了物理线触发接口，其触发功能等效于机箱中模块仪器的背板触发。

4. LXI 总线标准

现代工业标准是进行研发、生产及国际交流与合作的基础。为了将 LXI 仪器的各项技术指标规范化，LXI 联盟制定了 LXI 总线标准，深入理解 LXI 总线标准及相关协议，对于研制 LXI 仪器及组建基于 LXI 总线标准的自动测试系统具有重要意义。LXI 总线标准标准明确了实现 LXI 仪器的技术框架，包括物理规范、同步与触发、设备间通信、驱动程序接口、LAN 配置和 Web 接口等几个方面。

1) 物理规范

物理规范部分规定了 LXI 仪器的外形尺寸：电气标准和环境标准。LXI 仪器有 4 种机械尺寸：① 非机架安装设备，适合小尺寸的应用，如传感器。② 符合 IEC60297 标准的全宽度机架安装设备。③ 符合事实上标准的半宽度机架安装设备，这种标准不是官方公布的，而是由于厂商大量生产，世界各地都在广泛使用，因此形成了事实上的标准，LXI 总线标准推荐此类仪器为 2U(1U 高为 4.445cm)高度。④ LXI 单元，这是 LXI 总线标准定义的新的仪器机械尺寸。LXI 单元高为

1U～4U，推荐宽度为8.5英寸，深度要求符合相应的IEC标准。多种可选的外形尺寸给LXI仪器提供了很大的灵活性，能够符合各种不同应用的要求。

2）同步与触发

同步，即基于一个共同的时间标准对准多个动作（如测量序列、信号激励序列等）的功能。触发，即基于异步事件启动仪器动作（如测量、闭合开关、输出波形等）的功能。同步与触发是测试测量仪器的关键功能，在自动化测试领域有着特别重要的意义。

LXI触发是LXI总线标准的一大特色，它把以太网通信、IEEE 1588标准和VXI背板触发总线很好地结合在一起。利用LXI触发和同步功能，系统集成者能够控制模块和系统内的状态序列，控制本地或系统事件发生和处理的时间，并基于时间标记对测量数据或重要事件进行排序或关联。

IEEE 1588是为克服以太网实时性不足而规定的一种对时机制。它的主要原理是，由一个精确的时间源周期性地对网络中所有节点的时钟进行校正同步。IEEE 1588可对标准以太网或其他采用多播技术的分布式总线系统中的设备时钟进行亚微秒级同步。

A类LXI仪器的触发总线采用M-LVDS（多点低压差分信号装置）总线，其作用类似于VXI/PXI的背板触发。每台LXI仪器上都有一个M-LVDS输入连接器和一个输出连接器，设备可以进行菊花链方式连接或通过星形集线器进行星形连接，也可进行两种方式的混合连接。触发总线为LXI系统带来卡箱式系统触发的好处，却不需要复杂而昂贵的机箱。

LXI仪器有以下5种触发模式。

① 基于驱动程序命令触发模式：利用控制计算机上的驱动程序接口直接将命令传递给模块。

② 直接LAN消息触发模式：通过LAN直接从一个模块向另一个模块发送包含触发信息（包括时间标记）的数据包。该模式用于仪器相隔较远、不能配置单独的硬件触发电缆、触发信息中需要带有时戳的数据等情况。

③ 基于时间的事件触发模式：在模块内设置并执行基于IEEE 1588的触发。该模式用于仪器启动动作基于时间、仪器相隔较远但需要较低延时等情况。

④ 基于LXI触发总线的触发模式：利用LXI触发总线（M-LVDS）上的电压触发一个模块，执行某个功能。该模式用于仪器距离较近且需要低时延、低抖动的情形。

⑤ 可选用的供应商特定的硬件触发模式：除非以上方式不能满足要求，否则一般不采用此方式。

直接LAN消息触发是将网络技术应用于测试领域，可以不需要专用的触发总线，这种灵活性在复杂的系统中更为明显。而且，这种触发方式脱离了网络内的控制计算机，不必受计算机的瓶颈限制，降低了LAN的数据流量，降低了延迟，更接近于实时的响应，特别适用于远程分布系统。

另外，LXI仪器采用统一的触发模型，设备可将硬件触发信号和LAN触发事件同样对待，简化了编程工作和系统集成。

3）设备间通信

对仪器进行控制和实现测试过程的自动化都离不开设备间的通信，LXI模块间的通信有3种：① 经LAN的、由控制器到模块发送的驱动程序命令；② 通过LAN传送的、直接模块至模块的消息；③ 模块间的硬件触发信号线。直接模块至模块的消息是LXI仪器所特有的，它可以是点对点的通信（通过TCP连接传送数据包），也可以是一点到多点的广播式通信（通过UDP广播方式发送数据包）。这种基于TCP/IP协议的通信方式提供了传统测试系统结构（依赖使用中央控制器的主从配置）所不可能具备的灵活性。因为在LXI系统中，触发可由系统中任何LXI仪器发起并直接发送到任何其他 LXI 仪器上，而不必经过控制器。图 10.19 所示为传统基于 GPIB 总线的单控制器测试系统与基于 LXI 总线的简单测试系统的对比。

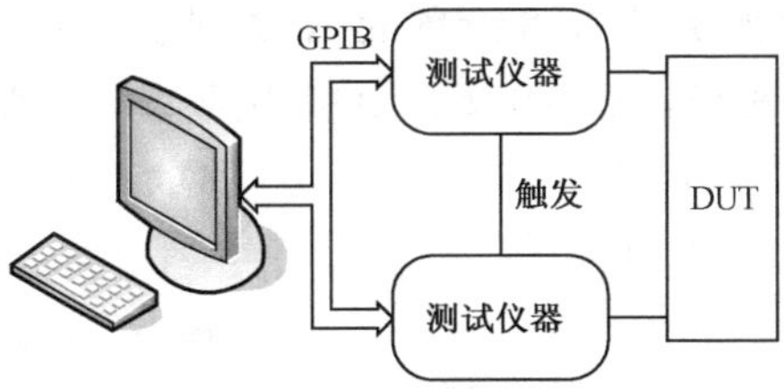

（a）传统基于GPIB总线的单控制器测试系统

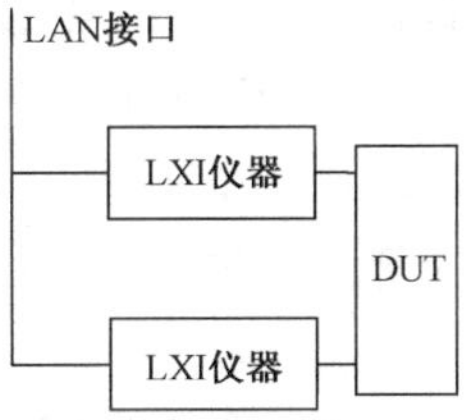

（b）基于LXI总线的简单测试系统

图 10.19　系统比对图

4）驱动程序接口

所有 LXI 仪器都必须提供符合 IVI 规范的驱动程序，并支持 VISA 资源名，A 类和 B 类仪器还要符合 LXISync 接口规范。

IVI 是在 VPP 规范的基础上发展而来的一项技术，主要研究仪器驱动程序的互换性、测试性能、开发灵活性及测试品质保证。IVI 规范实现不同厂商仪器间的互相替换功能，可用于 VXI/PXI、GPIB、高速串行总线控制仪器（如 USB、IEEE 1394 仪器）等，它为各种虚拟仪器测试系统建立了一种可互换的仪器驱动程序框架结构。

IVI 通过类驱动程序和 IVI 配置库实现应用程序与驱动程序的无关性，从而达到驱动程序改变时不改变应用程序代码的目的。类驱动程序不是具体的驱动程序，它是符合某个 IVI 类规范的仪器类的 API 的集合（函数、属性、属性值等），可以理解为一种抽象的、具有过渡性质的驱动程序。类驱动程序为应用程序与具体仪器特定驱动程序提供了统一的接口，而 IVI 配置库中存储了这些接口的逻辑名与具体驱动程序间的映射关系。当仪器或驱动程序发生改变时，用户只需更改 IVI 配置库中的信息，不需要对应用程序代码进行修改。

IVI 仪器驱动程序根据 API 分类的方式可分为 IVI-C 和 IVI-COM 两类，它们分别是 ANSI-C 和 COM 技术与虚拟仪器结合的产物。由于 IVI-COM 驱动程序是以所有主要应用程序开发环境都支持的微软 COM 技术为基础的，为想要获得互换性的用户提供了极好的工具。LXI 总线标准推荐使用 IVI-COM 驱动程序。

LXISync 规范定义了 A 类和 B 类仪器驱动程序编程接口（LXI API）的具体要求，这些 API 用来控制 LXI 仪器等待、触发和事件功能特性（这些功能特性是关于 A 类和 B 类 LXI 仪器的，不依赖于任何 IVI 仪器类），分为等待、触发、事件、事件日志及时间 5 个子系统。其中，等待子系统控制触发信号什么时候被接收；触发子系统控制 LXI 仪器何时触发一次测量或其他操作；事件子系统控制 LXI 仪器何时把特定状态发送给其他 LXI 仪器；事件日志子系统提供一种访问设备日志的方法；时间子系统提供访问 LXI 总线 IEEE 1588 时基的功能。

5）LAN 配置

LAN 是 LXI 总线标准的技术基础。LXI 总线标准规定了对 LAN 的硬件要求及相关配置要求。硬件方面，LXI 仪器必须使用合适的 IEEE 802.x PHY/MAC 规范实现以太网，以太网的物理连接必须符合 IEEE 802.3 规范。LXI 仪器应具有网络连接速度自动协商（Auto-Negotiation）功能和以太网连接监视功能，前者使仪器能在小于自身速率的网络中正常工作，后者规定了网络断开时仪器应如何处理。

LXI 仪器的 LAN 配置是指设备为获得 IP 地址、子网掩码、默认网关和 DNS（Domain Name System）服务器 IP 地址等配置值所使用的机制。LXI 仪器的 LAN 配置方法有 3 种：动态主机配置协议(Dynamic Host Configuration Protocol,DHCP)、动态配置本地链路选址(Dynamic Link-Localaddressing,又称为 Auto-IP)和手动设置。其中,DHCP 是在使用以太网路由器的大型网络中自动分配 IP 地址的方法,此时可通过 DHCP 服务器获得设备的 IP 地址。Auto-IP 适用于由以太网交换机(或集线器)组建的小型网络或特设网络,以及由交叉电缆组建的两节点网络。手动设置可用于所有类型拓扑结构的网络,此时用户手动设置 LXI 仪器的 IP 地址。如果模块支持多种配置方式,则按如下顺序进行:DHCP→Auto-IP→手动设置。

6) Web 接口

每个 LXI 仪器都是一个独立的网络设备,所有 LXI 仪器都必须提供包括产品主要信息在内的欢迎网页及 LAN 配置网页,A 类和 B 类设备还要具有同步配置网页。此外,仪器还可以提供状态/其他页面,来显示仪器的当前状态和其他信息。这些网页通过 HTTP80 端口连接到网络上,并可以通过标准 W3C(World Wide Web Consortium,万维网联盟)网络浏览器查看。从 Web 接口的角度看,LXI 仪器类似于一个 Web 服务器,控制计算机可以像访问 Web 站点一样访问 LXI 仪器,查看仪器的配置或状态信息,甚至通过 Web 网页对仪器进行控制。

事实上,通过 Web 网页对仪器进行控制,也是 LXI 仪器的一个特色。现代计算机技术和仪器技术的深层次结合产生的虚拟仪器技术,有效地将计算机资源和测试系统的软硬件资源结合在一起。LXI 仪器采用并发展了虚拟仪器技术,它可以像 VXI/PXI 模块那样通过计算机上的虚拟面板控制仪器。但由于其网络化的特点,LXI 联盟推荐用 Web 网页取代软面板对仪器进行控制,并通过 Web 接口来升级软件或软固件。

LXI 仪器可以与 VXI、PXI、GPIB 等当前广泛应用的仪器组成混合系统,充分利用现有资源和多种仪器各自的长处共同完成测试任务,这将是 LXI 仪器应用的热点。图 10.20 所示为 LXI 仪器与现有仪器组成的混合系统示意图。

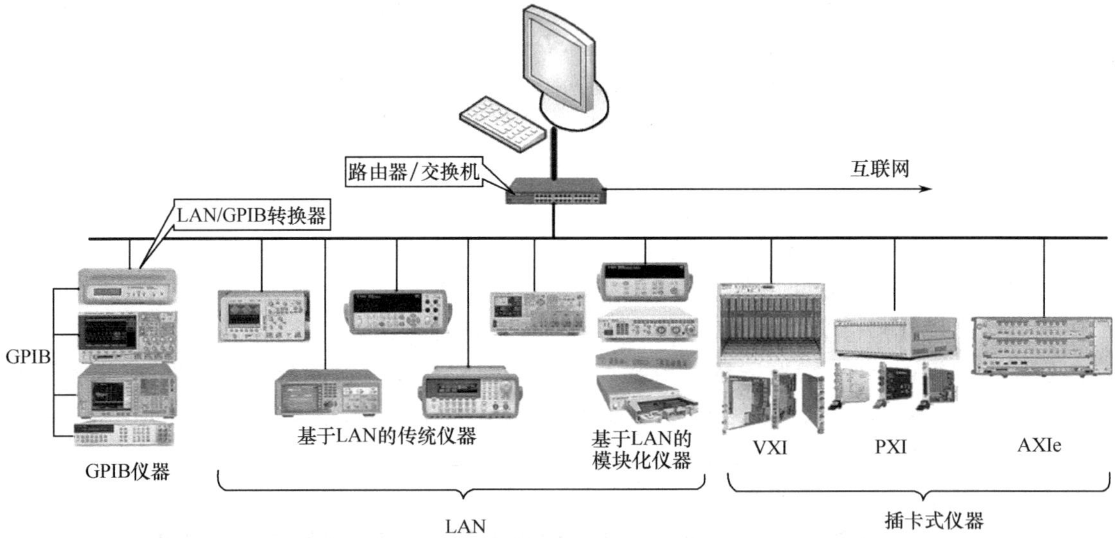

图 10.20　LXI 仪器与现有仪器组成混合系统

5. LXI 产品简介

在 LXI 总线标准出现仅仅数年的时间里,已经引发了仪器总线行业的高度关注和参与。目前,已经有 55 个公司加入 LXI 联盟,推出的 352 个品种 4076 种产品符合 LXI 总线标准。作为 LXI 联盟的发起者之一,是德科技公司在推广 LXI 总线标准方面不遗余力,陆续推出 115 种符合

LXI 标准的测量产品,包括示波器、电源、频谱分析仪、功率计、数字多用表、信号发生器、网络分析仪、频率计、LCR 表、合成仪器等。另外,多家业内知名企业已经明确表态,他们的绝大部分新产品将支持 LXI 总线标准。

国内已有不少公司、院校在研制开发 LXI 产品,如 LXI 200MSa/s 数字示波器、LXI 15MHz 波形发生器等 LXI 仪器,以及基于 LXI 总线平台的各种专用的测控系统。

LXI 产品有着广阔的发展前景和竞争潜力,适合于各种规模的用户,既可用于小用户,又可用于规模庞大复杂的用户,满足各方面科研开发、生产的需要,尤其适用于分布在世界各地的研发机构和多个单位合作研究开发生产的项目。

10.5 测试程序

在以计算机为核心的自动测试设备(ATE)中,硬件是基础,软件是灵魂。软件在很大程度上决定了系统的先进性、可靠性、实用性和实时性,软件也日益成为 ATE 的主体,是决定整个系统的关键。在测试仪器和系统的设计制造朝着规范化、通用化、模块化发展的今天,如何快捷有效地组建自己的自动测试系统非常重要,因此,测试程序的生成技术将成为系统集成的关键。

自动测试领域的研究人员从一开始就在简化测试程序编程技术方面做出了不懈的努力,并取得了丰硕的成果,如面向对象编程技术、图形化编程技术、自动测试程序生成技术等。这些技术为测试人员测试程序的编写提供了极大的方便,大大简化了自动测试系统的系统集成工作。

在图形程序设计语言的基础上,利用先进的软件包、计算机图形处理技术、数据库技术、菜单技术和其他人机交互技术,可以形成更高级的程控,这种方法不但可以进行窗口操作,而且可以自动记录操作过程生成测试程序。用这种高级程控方法自动生成的测试程序可以被存储、调用和修改,为测试程序的编写提供一个基本上不需要人工参与的高度自动化方式,它的仪器调整、提示和帮助信息也非常丰富。

1. 测试程序的编制

自动测试系统测试程序的编制,就是指使用一定的计算机语言,指挥系统内的各种操作和消息的传递。对一般用户而言,主要是使用汇编语言或高级语言编程,特别是更接近自然语言的高级语言。目前在自动测试系统中应用最广泛的就是 BASIC 语言(扩展 BASIC 语言)和 C 语言。

图 10.21 所示为自动测试系统测试程序生成过程示意图。编制一个完善的测试程序对程序设计者的要求是比较高的,至少应掌握以下几个方面知识与技能:① 电子测试的基本原理和方法;② GPIB总线系统的基本工作原理和消息传递过程;③ 测试仪器的远程控制特性及编码和格式惯例(标准);④ 计算机编程语言及编程经验和技巧。此外,在编写程序之前,还需要经过检验和完善测试设计,才能进入具体编程。

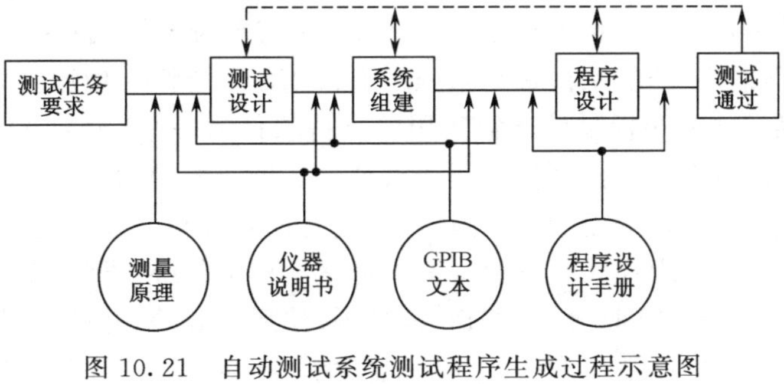

图 10.21　自动测试系统测试程序生成过程示意图

自动测试系统的发展有 4 个总目标：① 简化测试语言；② 减少复杂的接口适配器；③ 提高测试程序的效率；④ 提高测试系统的可靠性。

由以上讨论可以看出，组建一个基于 GPIB-VXI 总线接口的自动测试系统，在硬件连接（机械、电气等）方面并不太难，主要工作量在测试程序的编制上。也就是说，测试技术人员的劳动和智慧很大一部分体现在测试程序的编制上。因此，进一步提高编制测试程序的效率和简化测试程序的编制，自动生成测试程序，是自动测试系统发展的必然趋势。

2. 测试软件平台

早期的测试程序的编制大多采用 BASIC 语言，要求系统人员必须熟悉计算机程序的编写，编写效率很低，这对自动测试技术的发展十分不利。目前随着软件技术的发展，程序的开发环境不断得到改进和完善，出现了多种颇受测试人员欢迎的测试软件平台（即测试程序开发工具）技术和产品，其特点是：第一，可使用图形化编程方式，快速地完成测试程序的开发；第二，以 C 语言为基础，使用交互式的编程方式，运用针对仪器开发的库函数，高效率地自动完成程序的编制。其典型产品有以下几种。

1）LabVIEW（美国 NI 公司产品，图形化编程方式）

该平台采用可视化图形语言，这种语言具有与传统开发平台等价的功能，它简单直观，易学易用。利用这类软件包进行系统软件开发所耗费的时间仅为传统方法的 20%，其程序的运行速度与传统方式相当。

2）HP VEE（美国 HP 公司产品，图形化编程方式）

VEE（可视工程环境）也是一种图形化编程软件工具，它具有较高的编程速度，是传统编程方式的 5 倍。

3）LabWindows/CVI（美国 NI 公司产品，C 语言及交互式编程）

CVI 具有标准 C 语言（ANSI C）集成开发平台功能，可提供强有力的集成工具，利用丰富的库函数，采用交互式的编程方式，可快速地完成程序的编写。

3. LabVIEW

LabVIEW 是美国 NI 公司开发的一种非常实用的图形化编程语言，主要用于仪器控制、数据采集、数据分析、数据显示等领域。其原文为 Laboratory Virtual Instrument Engineering Workbench，即实验室虚拟仪器工程平台。LabVIEW 功能强大、灵活方便。它与传统编程语言相比，有着诸多相似之处，如有相似的数据类型、数据流控制结构、程序调试工具等。但两者最大的区别在于：传统编程语言用文本语言编程，而 LabVIEW 用图形语言（即各种图标、图形符号、连线等）编程。用 LabVIEW 编程无须太多编程经验，界面非常直观形象，都是工程师们熟悉的旋钮、开关、图形等，因此 LabVIEW 对于没有丰富编程经验的工程师们来说无疑是极好的选择。再者，LabVIEW 也提供传统程序语言（如 C 语言）的接口，对于其自身不易或不擅长完成的任务（如数据处理），可通过其他编程语言实现，从而最终增强了 LabVIEW 的整体功能。另外，LabVIEW 也拥有大量由 NI 公司或第三方公司提供的非常实用的支持软件。一个LabVIEW程序分为 3 部分：前面板、框图程序、图标/接线端口。前面板是用于模拟真实仪器的前面板；框图程序则利用图形语言对前面板上的控件对象（分为控制量和指示量两种）进行控制；图标/接线端口用于把 LabVIEW 程序定义成一个子程序，从而实现模块化编程。为更逼真地模拟传统仪器的工作方式，LabVIEW 提供了各种各样的控件，如各种旋钮、开关、按钮、波形图、波形图表等，并可根据用户实际需要定制控件；LabVIEW 还提供丰富的函数库和子程序库，并适用于 Windows NT、Mac OS、UNIX 等多种系统平台。关于 LabVIEW 的详细内容可查阅有关参考书。

4. 仪器驱动程序

仪器驱动程序(也称仪器驱动器)主要用于完成仪器硬件的通信、控制功能。它是在特定的开发环境下开发出来的,一般由厂商提供仪器驱动程序库,用户可以方便地根据需要来剪裁驱动程序,而不必自己设计。

仪器驱动程序是计算机中的虚拟面板与实际仪器间的"桥梁"。在计算机通用平台上,通过操作仪器软面板上的控件,如按键、旋钮,以及开关等,每一操作实际上意味着调用相应的仪器驱动程序控制实际的仪器,使其按规定的方式动作。

为了简化编程工作,常采用现成的工具软件包,如 LabVIEW 的图形化软件包。在这些软件包中,系统应用程序可直接调用所提供的仪器驱动程序,实现了较高的编程效率,可快捷地完成系统的组建。当然,也可利用标准语言(如 C、BASIC 等)开发环境完成系统软件的编写工作,同样也可调用相应的仪器驱动程序达到快速编程的目的。

10.6 自动测试系统的集成

自动测试系统的集成实际上就是如何根据实际任务进行系统级设计。仪器、计算机平台、操作系统和软件环境的种类迅速增多,使得测试系统必须采用开放式系统结构,也就是说,系统设计主要利用现成的技术进行集成,而不是从头到尾自己来设计。在现代先进的自动测试技术中,VXI 仪器和系统以其固有的优越性作为跨世纪的仪器与测试系统技术,已广泛地被世界各国特别是军方大力推广和应用。因此,应对以 VXI 仪器的自动测试系统的集成方法进行研究。

本节重点讨论 VXI 总线系统的集成,来进一步说明自动测试系统的集成方法和步骤,然后通过两个实例介绍类似现场总线方式的自动测试系统,以扩展视野。

10.6.1 自动测试系统集成的步骤

VXI 总线系统的体系结构是一个开放性的体系结构,VXI 的即插即用规范使系统集成大为简化。系统集成指的是将各种部件,如仪器模块、主机箱、零槽控制器、计算机控制器、编程语言、夹具/探头等组成一个计算机控制系统。所有的 VXI 即插即用仪器都提供标准的安装盘,它必须符合 VXI 即插即用联盟的 VPP-6 文件——安装及打包规范。此规范保证不同厂家的 VXI 即插即用软件能正确地装入系统并被识别。VXI 总线控制器有内嵌式控制器、GPIB 总线控制器及 MXI 总线控制器 3 种,各种控制器所需的零槽和设置方式是不同的。

VXI 总线系统的集成步骤:① 需要确定测试任务,根据测试所提出的具体要求,确定自动测试系统的总体结构框架和测试思路。② 根据总体设计思路和设计要求,选择主机箱,明确电源功率和冷却的要求。③ 根据系统的应用要求选择主控计算机和主控计算机的控制方式。如果从整体要求考虑,应选用内嵌式控制器;如果为多机箱系统集成,则选用外接控制器;如果想选用通用计算机作为外接控制器,则需配接口翻译器等。④ 进行 VXI 模块的选择,根据总体设计方案选择测试所需的功能模块,如示波器模块、信号发生器模块、多用表模块、频率计模块等。⑤ 进行开关及测试接口的选择和设计,根据系统输入/输出及测试控制选择相应路数的转换开关,以完成多回路信号的测试和控制转换,以及专用接口的设计等。⑥ 选择合适的系统软件和工具软件,以提高应用程序编写的效率。⑦ 编制测试应用程序完成所需的测试任务。

10.6.2 实例 1:导弹综合测试系统

现在依据 VXI 总线系统集成的方法和步骤来进行某型导弹综合测试系统的集成。

导弹综合测试是导弹部队技术保障工作的重要组成部分。为提高导弹综合测试质量和测试效率，必须实现导弹综合测试的自动化、准确化，并且要求测试系统本身具有高度的可靠性、可测性及可维护性。

某型导弹综合测试系统主要由导弹测控机柜（CK 车）和导弹测试平台（C 车）组成。导弹测试平台主要由电子线路机柜、摇摆台和安置在其托架上面的测试对象（导弹）组成。其中电子线路机柜用于产生导弹测试所需的各种激励信号和摇摆台控制信号，并完成对各种测试信号的录取、预处理和转接任务；摇摆台用于动态激励测试对象（导弹），以获得所测导弹自动驾驶仪的动态特性参数。导弹综合测试系统的核心是导弹测控机柜，主要由七大通用仪器组合及五大专用仪器组合组成，用以完成对导弹测试过程的控制并显示、记录各项测试参数及曲线。测试系统结构框图如图 10.22所示。总结其测试的特点为：测量参数多，共有四大类，21 项，103 个测量参数；测量参数绝大多数为电参数，包括电压、电流、频率、功率、时间间隔等；被测导弹要求供电时间短、检测速度快；测试中所需的采样与驱动控制（控制组合、信号选择组合、装运发射筒组合）均可通过多路程控转换开关和继电器开关矩阵来实施；要求测试系统本身的可测性、可靠性、可维护性及环境适应性好；测试系统大多采用通用化仪器，像示波器组合、多用表组合、频率计组合等，均可从机柜中取出单独作为一台仪器使用。

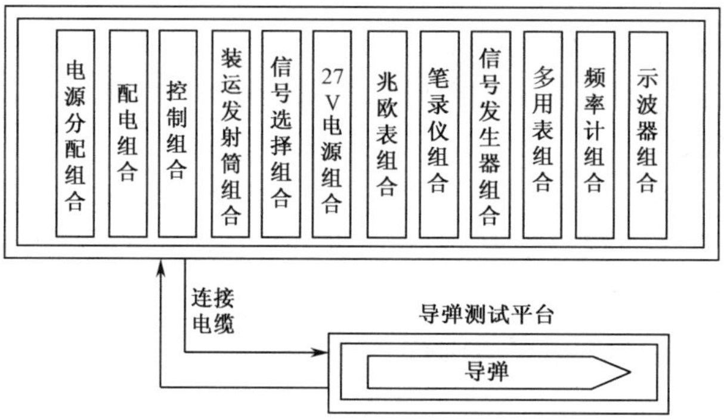

图 10.22　某型导弹综合测试系统结构框图

根据该型导弹的综合测试特点和测试需求，设计 VXI 总线导弹综合测试系统结构框图，如图 10.23所示。

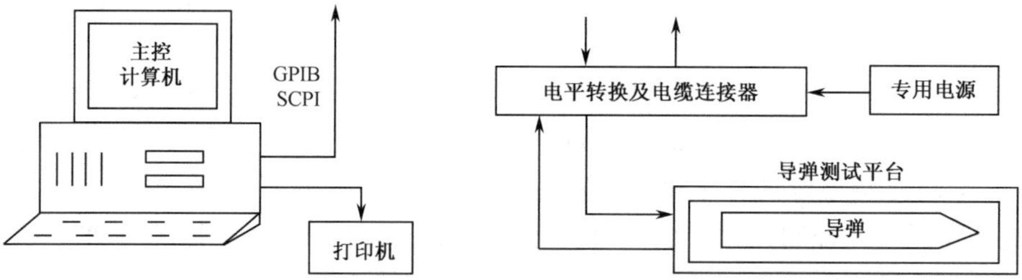

图 10.23　VXI 总线导弹综合测试系统结构框图

在系统总体结构确定以后，可按下列步骤进行系统集成综合设计。

1. 选配主机箱

根据系统的配置需要，可选用 TEK 公司、HP 公司或 RACAL 公司 C 尺寸主机箱一台，作为 VXI 总线导弹综合测试系统的主机箱。

2. 选择主控计算机

系统的控制方式采用外接计算机的（GPIB-VXI 总线接口）控制方法。在主控计算机中插入

GPIB 接口卡，实现主控计算机与 VXI 总线主机箱的通信。

3. 选择 VXI 模块

该系统所需的 VXI 模块包括通用计数器模块、500MHz 数字存储示波器模块、$5\frac{1}{2}$数字多用表模块，完成所需的电压、电流、电阻、频率、功率、时间间隔等及一些特殊信号波形的测量。函数信号发生器模块作为产生导弹指令编码脉冲等波形的信号发生器。

采用多路程控开关模块作为测量采样开关，继电器开关矩阵模块作为控制开关的继电器驱动器，8 位数字量 I/O 模块作为开关量输入的接口器件。

4. 专用电源的设计

给导弹测试平台加载的控制和激励信号及导弹测试平台反馈的响应信号，并不能与 VXI 总线规范的电参数兼容，因此需要设计一个能完成 VXI 测试系统与导弹测试平台之间电平转换的专用电源。

5. 电平转换及电缆转接器的设计

VXI 总线电信号参数与导弹测试平台电信号参数的不兼容性，决定了设计连接 VXI 测试系统与导弹测试平台的电平转换及电缆连接器的必要性。

6. 应用程序的开发

应用程序的开发是完成系统集成的关键技术之一。开发基于 VXI 总线的某型导弹综合测试系统的应用程序，可采用可视化自动测试环境作为软件开发工具。其提供简单直观的图形编程方式、数量较多的仪器驱动程序、数据分析及处理等功能，使用户可快速地生成自己的测试应用程序。虚拟仪器软面板直观逼真，立体感强，操作方便，人机界面友好。

在系统使用方面，还可设置手动测试和自动测试选择功能。自动测试是指按照导弹测试维护细则中对导弹参数测量步骤的要求，通过编制的程序自动执行各个虚拟仪器面板上的开关操作，实现导弹全部测量参数的连续测量记录和测试结果的自动分析；手动操作是指通过操作人员使用虚拟仪器面板上的开关来完成单项参数的抽测，就像操作人员站在原导弹测控机柜前拨动仪器开关来进行导弹参数测量一样，这适合不需要对导弹所有测量参数进行测量及其他应用场合。

VXI 总线导弹综合测试系统具有体积小、系统结构标准化、仪器模块化、环境适应性强，以及完成导弹测试的自动化程度高、准确性好等特点。其具有系统结构标准化和仪器模块化的特点，系统构建灵活，通用性强。一种型号的导弹综合测试系统，只需要经过简单的功能模块重新组合和相应的测试程序的编制，便可快速地构成另一种型号导弹的综合测试系统，或者直接增加系统的硬件冗余（由于导弹测试参数的共性，并不需要增加太多功能模块），编制多种型号导弹的综合测试程序，即可实现用同一种测试系统来完成不同型号导弹的综合测试。这特别适合导弹部队在外场及转场情况下的多种型号导弹武器的综合技术保障工作。

应用 VXI 总线和仪器技术组建自动测试系统，系统集成灵活、快捷、方便，特别适合军事测试领域的应用。随着电子测试技术与计算机技术相结合的发展，以 VXI 总线系统为主流的仪器产业将成为信息产业的重要组成部分。

10.6.3 实例 2：无人值守安全监控系统

随着电子信息事业的发展，通信网络不断扩大，前置端机、微波站、光纤中转站等日益增多，这类现代化通信设备大多是自动转接的，无须人员值班干预，故涌现了大量的无人值守站。这类无人值守站由于不会经常去查看，可能引发事故而得不到及时处理，例如，交流电源停电、备用电池未充好电、环境温湿度过高、被盗窃、发生火灾、地面浸水等情况，都可能造成通信中断，设备损坏，以至造成不可估量的损失。因此，有必要对无人值守站的工作条件和环境安全进行远程自动监测及控制。当现场某项监测参数异常时，会立即自动向中心机房报警，使事故得到及时处置。例如，当窃贼破门而入时，门禁传感器立即动作，一方面向中心机房报警，另一方面令现场警报声大作，起到防范作用。

1. 系统的组成

从总体上来讲，无人值守安全监控系统是一个分布式远程监控系统。本系统由5个主要部分组成：中心机房、通信线路、现场监控器、单总线和各种现场传感器与控制器，如图10.24所示。

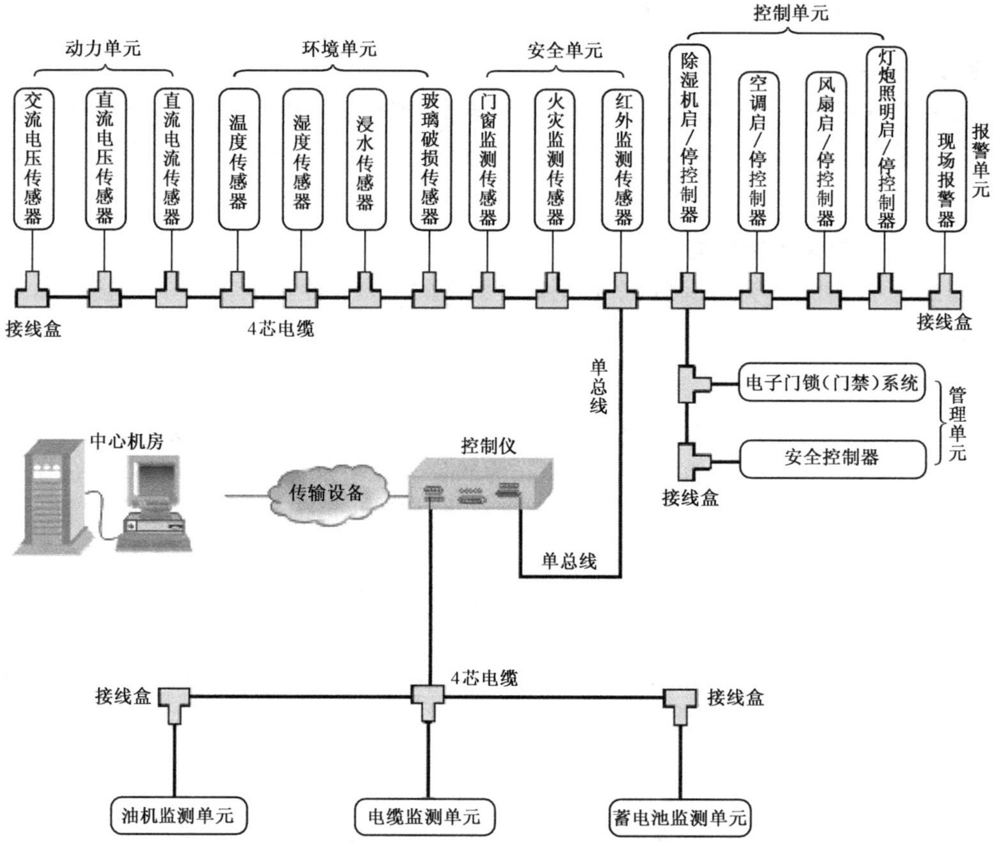

图10.24　无人值守站安全监控系统组成框图

图10.24中同时表示了两种监控方式：对于远程无人值守站，中心机房通过通信线路由现场监控器的单片机进行监控；对于中心机房附近的无人值守站，可由中心机房的微型计算机通过单总线直接监控。

1）中心机房

通常采用性能较好的微型计算机，配有UPS电源、打印机、通信转换器等外围设备，软件以Windows为平台，配置一些常规的软件，能用Delphi编制应用程序，进行数据读取、数据分析处理、数据显示、声光报警、数据存储和查询、报表打印及系统维护等操作。

2）通信线路

通常，中心机房与无人值守站之间的距离较远，它们之间通信可以选用10.4节中介绍的各种信道。对于本例，可以采用电话线路、互联网。总之，可根据实际情况选用现成的通信线路，而不必另外架设。

3）现场监控器

这是以单片机作为下位机，在无人值守站现场进行实时监控的子系统，全天连续工作，既承担了对现场的参数测量、状态监测和控制驱动等任务，又承担了与中心机房的通信联系、数据传送等任务。由于要求昼夜连续工作，故其可靠性非常重要，要加看门狗等干扰电路，还应配置备用电池，保证交流电源断电时仍能监控报警。

4）单总线

这是本方案的特色和优异之处。单总线(1-Wire)是指只用一根信号线和一根地线就能组建测控系统。该技术是美国 Dallas 半导体公司近年推出的新技术。它将地址线、数据线、控制线合为一根信号线，允许在这根信号线上挂接数百个测控对象，这些测控对象所用器件芯片是由该公司提供的。厂家对每个芯片用激光刻录了一个唯一的由 64 位二进制码组成的 ROM 代码。从最低位开始，前 8 位是族码，表示产品的分类编号，接着的 48 位是一个唯一的序列号，也称为身份证号，确保挂在单总线上后，可以进行码检测，是数据通信中校验数据传输是否正确的一种常用方法。

5）现场传感器与控制器

现场传感器或控制器的设置可由用户选定。本方案已具备的功能见下面详述。

2. 现场监控功能

1）参数测量

① 交流电压：能在 160～380V 范围内监测交流电源的电压值，误差小于±1%。

② 直流电压：能在 5～50V 范围内监测直流电源的电压值，误差小于±1%。

③ 直流电流：能在 1～10A 范围内监测直流电源的电流值，误差小于±1%。

④ 温度：测量范围为－20～60℃，误差小于±1℃。

⑤ 湿度：测量范围为 5%～100%，误差小于±5%。

以上参数均可设置上、下报警门限值。

2）状态监测

(1) 浸水监测

当地面有 1mm 水时立即报警，防止漏雨或空调漏水浸泡通信设备。

(2) 门窗监测

用磁簧门禁传感器监测门、窗的相对位移，防止窃贼侵入。在窃贼撬门侵入后，一方面向中心机房报警，另一方面本站内的警笛声大作。而巡视维护人员开门进入后，在 30 秒之内用钥匙将藏于暗处的报警开关锁关断，则不会报警。

推荐采用电子门锁，即带序列号码的信息钮(iButton)门锁，巡视维护人员用对号钥匙开门，则报警系统不工作。同时，计算机立即记录下何时、哪位巡视维护人员进入过该无人值守站，作为考勤或检查事故、处理事故的依据。

(3) 红外监测

这是一种热释电式被动红外探测器，窃贼侵入后只要他移动就会发出报警，是门窗监测的后备报警措施，起双保险作用(通常，报警系统都要求双传感器相遇后再报警，防止误报)。

(4) 火灾监测

通常有 3 种火灾监测传感器：离子感烟型、光电感烟型和电子感温型，它们各有不同特色。拟采用烟雾传感器，并直接连到单总线上，由单片机或计算机进行监测管理。同时，温度传感器和红外探测器也具有火灾报警的功能。

3. 控制驱动

① 开、关风扇或空调等电气设备。

② 启动、关闭现场报警器。

③ 电子门锁(门禁)系统,由带48位唯一序列号码的信息钮(iButton)钥匙开锁,可解除报警和记录何时、何人进入该无人站。

4. 系统的特点

① 监测现场采用美国Dallas半导体公司先进的单总线技术,布线施工和维护方便,多数监测头不用供电,性价比高。同时,线路中传送的是数字信号,抗干扰性能好。

② 对于远程无人值守站由单片机进行昼夜连续监测,当某监测参数超过设定值时,主动经电话线路向中心机房报警,减轻中心机房值班劳动强度,无须不断地进行巡回检测。

③ 中心机房值班人员可定时或随时查看各无人值守站的监测数据,可按要求进行存储和处理。

④ 该系统适应性强,可根据用户要求选择系统的集成模式和测控功能的多少,也可根据用户要求设计增加新的测控功能或管理软件。

⑤ 该系统还可应用于其他场合,诸如各类仓库、档案馆、变电站等需要值守的地方。

5. 安装示意图

图10.25所示为无人值守站安全监控系统的安装示意图。

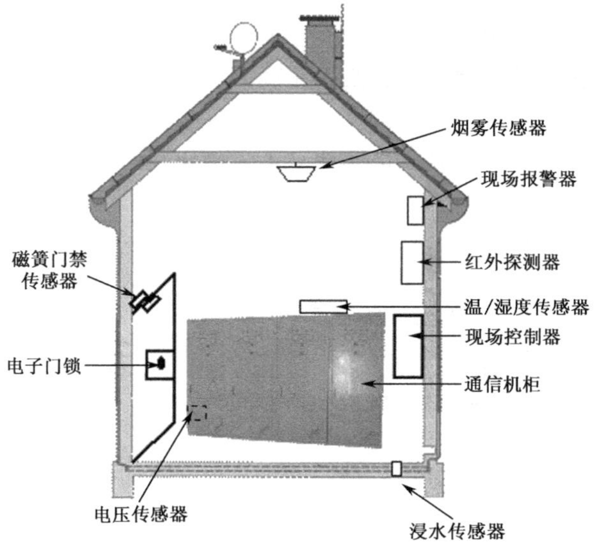

图10.25　无人值守站安全监控系统的安装示意图

思考题与习题

本章小结

10.1　自动测试系统主要由哪几部分组成？第三代自动测试系统的特点是什么？

10.2　何谓智能仪器？有何特点？

10.3　何谓虚拟仪器？它有哪些结构形式？

10.4　何谓合成仪器？有何特点？

10.5　简述GPIB总线信号的名称和作用。

10.6　VXI总线与GPIB总线有哪些根本上的区别？

10.7　VXI总线系统的模块和主机箱有何特点？

10.8　LXI总线具有哪些主要功能？

10.9　LXI仪器的同步与触发有何意义？有哪些触发模式？

10.10　自动测试系统的集成通常有哪些步骤？

10.11　有一个军火仓库,有6间库房,距值班室600m。现要求对库房内的温度、湿度、浸水及库门状况进行长期自动监测,试提出一个设计方案(画出布局图并用文字说明)。

第 11 章　环境监测与产品安全规范测试

本章要点

- 环境领域光谱分析法
- 产品安全规范测试方法

环境保护是我国现代化建设的一项基本国策，环境保护的理念日益深入人心，环境监测也受到世界各地各机构的普遍关注。环境监测是指通过对环境中污染物进行定性或定量的分析和监测以描述出环境质量状况。随着电子信息技术的发展，仪器分析法在环境保护中显示出更加重要的作用，已成为环境监测的主流，主要包括光学分析法、色谱分析法、电化学分析法和其他分析技术。

光学分析法是以物质的光学性质为基础建立的分析方法，包括非光谱分析法和光谱分析法，其广泛应用于生物、化学、物理等领域，已成为仪器分析法的重要分支。其中，光谱分析法具有较好的灵敏度、准确度和较快的分析速度，是环境监测中最常用的方法。

一切电子产品、电气设备都必须是安全的，绝对不可以有危害用户生命安全或者造成财产损失的危险。电气设备的安全，一般是指防止火灾、爆炸、触电等事故。为了保证产品的安全，世界各国都有相关的法律和测试标准等。为了期望在人、环境和产品之间的安全总水平得到最佳平衡，使电气设备在设计、制造、销售和使用时最大程度减少对生命、健康和财产损坏的风险，并达到可接受的水平，我国制定了《国家电气设备安全技术规范》(GB 19517—2009)。

安全规范是产品认证中对产品安全的要求，电气安全性能参数是国家强制性认证的指标之一，也是反映电子产品和设备安全性能的重要参数。电气安全主要测试指标包括耐压、绝缘电阻、接地电阻和泄漏电流等，这些参数的测试需要安全规范测试仪完成。

安全规范测试仪是测试电气设备是否符合安全要求的仪器。而安全规范综合测试仪通常是指具备对安全耐压、泄漏电流、接地电阻和绝缘电阻等安全规范参数进行综合测试的集成化仪器，在计量检定、校准和产品质量检验的技术机构业务中经常使用。

本章首先介绍环境领域的光谱分析法，包括原子光谱分析法和分子光谱分析法的物理基础，光谱分析仪器的基本构成，以及新型便携式户外分光光度计应用实例。然后介绍产品安全规范测试方法，包括产品安全的基本准则，电气设备防电击防护分类，耐压、泄漏电流、绝缘电阻、接地电阻的测试原理，以及电动汽车安全规范测试解决方案应用实例。

11.1　环境监测

11.1.1　光谱分析法概要

光谱分析法是以电磁辐射与物质相互作用引起原子、分子内部能级之间跃迁所产生光的吸收、发射、散射等作用为基础而建立起来的分析方法。电磁辐射是一种以光速(在真空中为 3×10^8 m/s)通过空间来传播能量的电磁波，具有波粒二象性，按波长可分为不同区域，见表 11.1。

表 11.1　电磁辐射区域及波长范围

序　号	电磁辐射	波长范围
1	γ 射线	5～140pm
2	X 射线	10^{-3}～10nm
3	远紫外区	10～200nm
4	近紫外区	200～380nm
5	可见光区	380～780nm
6	近红外区	0.78～2.5μm
7	中红外区	2.5～50μm
8	远红外区	50～1000μm

环境领域常用的光谱分析仪器主要利用近紫外区至远红外区范围的电磁辐射，通过测量试样的光谱进行定量或定性分析。试样的光谱是由于物质的原子或

分子的特定能级的跃迁所产生的，各种结构的物质都具有自己的特征光谱，根据其特征光谱的波长可进行定性分析；而光谱的强度与物质含量有关，可借以进行定量分析。

根据电磁辐射的本质不同，光谱分析法可分为原子光谱分析法和分子光谱分析法。根据辐射能量传递方式不同，光谱分析法又可分为发射光谱、吸收光谱、荧光光谱等方法。

1. 原子光谱分析法物理基础

原子发射光谱分析法根据原子所发射的光谱来测定物质的化学组分。不同物质由不同元素的原子组成。在正常情况下，原子处于稳定状态，它的能量是最低的，这种状态称为基态。当受到外界能量(如热能、电能等)的作用时，原子由于与高速运动的气态粒子和电子相互碰撞而获得了能量，使原子中外层的电子从基态跃迁到了更高的能级上，这种状态称为激发态。当原子吸收外界能量与它们的基态能量和激发态能量之差满足 $\Delta E = \Delta v$ 时，原子将从基态跃迁至激发态，这个过程称为原子的吸收。

处于激发态的原子是十分不稳定的，将在极短的时间内(10^{-8}s)跃迁至基态或其他较低的能级上。在原子从较高能级跃迁到基态或其他较低能级的过程中，将释放出多余的能量，这种能量是以一定波长的电磁波形式辐射出去的，其辐射的能量可表示为

$$\Delta E = E_2 - E_1 = h\gamma = \frac{hc}{\lambda} \tag{11.1}$$

式中，E_2，E_1 分别为高能级、低能级的能量，通常以电子伏为单位，h 为普朗克常数(6.6256×10^{-34}J·s)，γ 和 λ 分别为所发射电磁波的频率和波长，c 为光在真空中的速率，等于 3×10^8m/s。

由式(11.1)可见，每一条发射的谱线的波长，取决于跃迁前、后两个能级之差。对特定元素的原子可产生一系列不同波长的特征光谱线(或光谱线组)，这些谱线按一定的顺序排列，并保持一定的强度比例。原子的各个能级是不连续的(量子化)，电子的跃迁也是不连续的，因此原子光谱是线状光谱。

原子吸收光谱分析法基于物质所产生的原子蒸气对待测元素的特征谱线的吸收作用来进行定量分析。

原子发射光谱分析法是从识别元素的特征光谱来鉴别元素的存在(定性分析)的，而原子吸收光谱分析法通过测定特征谱线的强度来确定元素的含量(定量分析)。

2. 分子光谱分析法物理基础

分子和原子类似，也有它的特征分子能级。分子内部的运动可分为价电子运动、分子内原子在平衡位置附近的振动和分子绕其重心的转动。因此，分子具有电子(价电子)能级、振动能级和转动能级。分子的能量 E 等于下列 3 项之和

$$E = E_e + E_v + E_r \tag{11.2}$$

式中，E_e，E_v，E_r 分别代表电子能、振动能和转动能。

分子能级之间的跃迁同原子一样具有量子化的特征，等于两个能级的能量之差，与吸收(或者辐射)波长之间的关系见式(11.1)。电子能级跃迁所吸收(或辐射)能量较大，其能量一般为 1～20eV，对应的光谱处于紫外及可见光区(200～780nm)。在电子能级跃迁时，不可避免地会产生振动能级的跃迁。振动能级的能量差一般为 0.025～1eV。能量差 5eV 对应的波长差为 5nm。转动能级的间隔一般小于 0.025eV，对应波长间隔为 0.25nm。由于电子跃迁的同时伴随有振动能级和转动能级跃迁，那么两个电子能级之间的跃迁将吸收(或辐射)相差 0.25nm 的一个谱带系。一个分子吸收光谱往往包含若干谱带系，限于一般紫外可见分光光度计的分辨率，观察到的为合并成较宽的带，所以分子光谱是一种带状光谱。

分子光谱除分子吸收光谱外，还有分子发射光谱，包括分子荧光（磷光）光谱和化学发光光谱。分子荧光光谱的产生过程是分子吸收光谱产生过程的逆过程，即处于基态的分子在光源的照射下吸收一定的能量，跃迁至较高能级的激发单重态，通过内转换、振动弛豫等过程失去部分能量回到第一激发单重态，再从第一激发单重态跃迁至基态，发出荧光光谱；或者第一激发单重态的电子通过系间窜跃迁至激发三重态后，再跃迁回到基态，发出磷光光谱。

11.1.2 光谱分析仪器的基本组成

光谱分析仪器按产生光谱的物质类型的不同，可分为原子光谱仪和分子光谱仪；按产生的光谱的方式不同，可分为发射光谱仪、吸收光谱仪、荧光光谱仪和散射光谱仪等。

不管哪种光谱分析仪器，其基本组成类似，一般包括光源、单色器、样品池、检测器和信号处理器（显示设备），如图 11.1 所示。

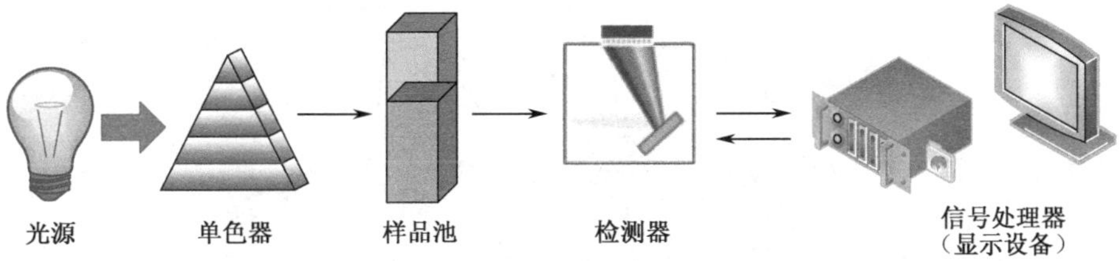

图 11.1 光谱分析仪器的基本组成

光源：光源是光谱分析仪器的重要组成部分。光源常采用高压放电或加热的方式获得，必须具有一定的强度并且要求稳定，通常使用恒压电路以保证获得稳定的驱动电压。常用光源有连续光源、线光源、激光光源等。

单色器：将多色光色散成一定波长范围的光谱带的装置称为单色器，其通常由入射狭缝、准直镜、色散元件和出射狭缝等部件组成。在自动化光谱分析仪器中，单色器各部件常需要使用步进电机或者伺服系统进行运动控制，通过控制自动地将来自光源的光经过入射狭缝和准直镜后变为平行光，再经色散元件后由透镜聚焦在出射狭缝上，从而形成光谱像。

样品池：样品池，也称比色皿或吸收池，用于盛放样品跟光路组成分析系统，其需用在所研究光谱区域辐射透明的材料构成。例如，石英常用于紫外区，硅酸盐是可见光区样品池的常规材料，而在红外区常采用氯化钠晶体来制作吸收池。根据光谱产生方式的不同，样品池可有不同形状（方形、圆柱形等）和不同长度（1cm、2cm、3cm、5cm 等）。

检测器：检测器是光谱分析仪器的核心，其在所研究的波长范围内，对辐射响应快、反应灵敏，产生的电信号需正比于辐射功率，且噪声小、稳定性好。

光谱分析仪器中的检测器通常有两种类型：光子检测器和热检测器。光子检测器是对光有响应的检测器，其根据检测通道的不同可分为两种：单道光子检测器，如硅光电池、光电二极管、光电倍增管等；多道光子检测器，如电荷转移元件阵列、光二极管阵列等。因为不是所有的光子能量都能引起光电子的发射，所以有时需要使用热检测器构成分析仪器，常用的热检测器有热电偶、热电检测器、测辐射热计等。

信号处理器（显示设备）：信号处理器（显示设备）是指一个完整的信号处理系统，其可对检测器信号进行处理，包括滤波、放大、*I*/*V* 转换、调制、解调、模数转换等，也可对信号进行运算，如微分、积分、对数等，还可完成数据处理、存储、显示和传输等功能。

11.1.3 原子发射光谱仪

原子发射光谱分析法属于成分分析法，是基于原子外层电子跃迁产生的线状光谱而建立的分析方法。原子的线状光谱是元素的特征，不同元素具有不同波长的特征谱线，利用这种谱线的元素特殊性，便可进行定性分析；当原子发射谱线强度与发射粒子的数量相关时，便可用于定量分析。

图 11.2 是一种常用原子发射光谱仪——全谱直读等离子体光谱仪结构示意图。原子发射光谱仪中的光源比较特殊，需提供比较大的能量，用以将试样蒸发、原子化并激发到较高能级，从而发射原子光谱。通常使用的有电感耦合高频等离子体（ICP）、直流等离子体（DCP）、电弧、高压火花等。待测元素从 ICP 焰矩获得能量被激发成激发态，激发态的原子回到基态时释放光线；原子发射光谱经过由棱镜和中阶梯光栅组成的分光系统后，由聚焦镜或反射镜传送到检测器表面。检测器常采用 CID 检测器，并将其置于液氮的冷阱里以消除 CID 的暗电流。CID 信号经 I/V 转换、滤波、放大、模数转换等处理过程后，获得的数据再由微处理器进行处理，最后送显示设备（计算机终端）完成数据的可视化。

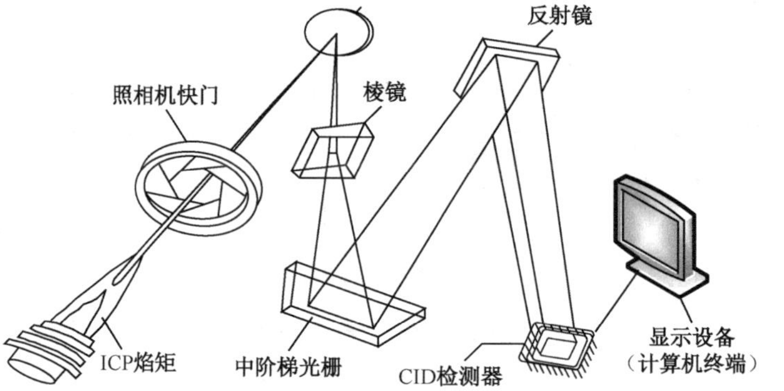

图 11.2　全谱直读等离子体光谱仪结构示意图

11.1.4　原子吸收分光光度计

原子吸收分光光度计结构示意图如图 11.3 所示。原子化系统先将样品包括被测元素转化为原子蒸气，气态的基态原子对光源（空心阴极灯）发出与被测元素吸收波长相同的光线（锐线）进行吸收，使对应谱线强度减弱，再经单色器分光后由检测器接收，并输出与光强度相对应的电信号。电信号由微处理器数值化（信号处理），并通过通信通道送入显示设备（计算机终端），实现图像显示、数值计算和处理等人机交互。

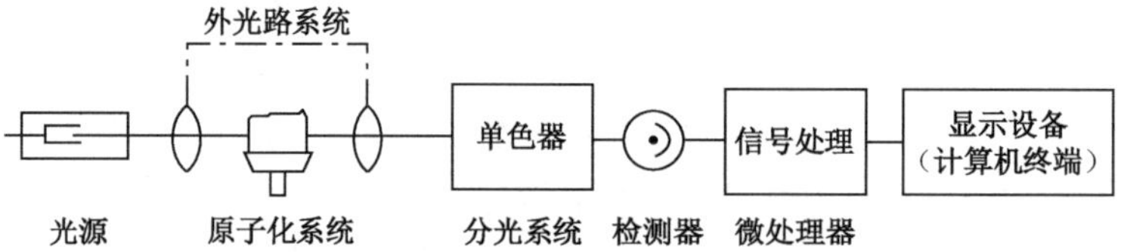

图 11.3　原子吸收分光光度计结构示意图

11.1.5　原子荧光分光光度计

原子荧光分光光度计的理论基础是原子荧光分析法，其基本结构和原子吸收分光光度计类似，如图 11.4 所示。二者最大的不同在于光源和检测器的相对位置：为避免激发光源对原子荧光信号的影响，原子荧光分光光度计中检测器的位置与激发光源、原子化器通常成 90°安置。通常，原子荧光的强度很弱，除要求光学系统有较好的聚光能力外，还对信号处理电路提出了更高的要求。为了提高原子荧光分光光度计的灵敏度和抗干扰性，通常通过电路或者机械结构对光源进行一定的调制，由此激发原子产生具有调制特征的荧光信号；而对于检测器产生的信号，则利用锁相放大电路从众多信号中提取出有效信息，最后经数据处理软件完成显示和记录。

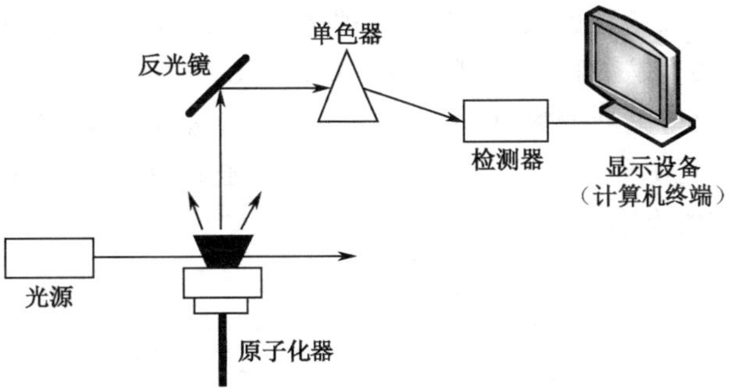

图 11.4　原子荧光分光光度计结构示意图

11.1.6　紫外—可见分光光度计

紫外吸收光谱分析法和可见吸收光谱分析法均属于分子吸收光谱分析法，由于二者仪器结构相似，通常将两种方法的分析仪器合并在一起，称为紫外—可见分光光度计。各种型号的紫外—可见分光光度计基本上均由 5 部分组成，如图 11.5 所示。

图 11.5　紫外—可见分光光度计结构示意图

11.1.7　分子荧光分光光度计

分子荧光光谱分析法的灵敏度比紫外—可见光谱分析法高几个数量级。分子荧光分光光度计常作为高效液相色谱、毛细管电泳的高灵敏度检测器。从简单的荧光分光光度计到复杂、精密的荧光分光光度计，其结构基本相同，如图 11.6 所示。由激发光源发出的光经激发单色器分光后入射到样品池，荧光物质受到激发产生荧光；为避免激发光源的干扰，通常在 90°方向上进行荧光测量；荧光经发射单色器分光后送入检测器进行光强度检测。为了减小或消除散射光及拉曼光谱对荧光的影响，通常在激发单色器和样品池之间及样品池和发射单色器之间还装有滤光片架和各种不同的滤光片。整个仪器的控制和数据处理由微处理器或者计算机完成。

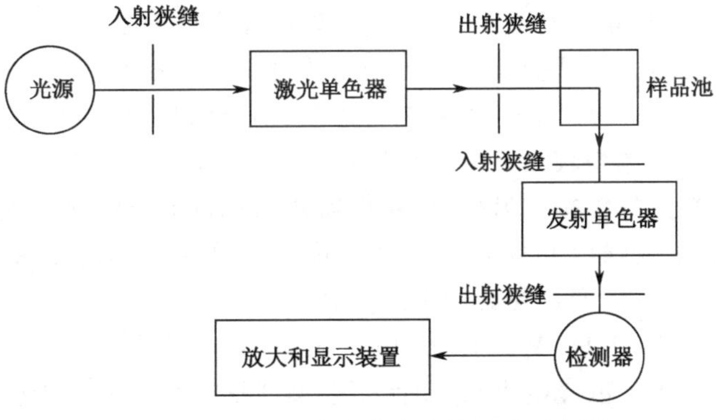

图 11.6　分子荧光分光光度计结构示意图

11.1.8　红外光谱仪

红外光谱仪最突出的应用是根据物质的分子对红外辐射的吸收光谱图与已知化合物的光谱图进行比较，从而识别物质分子中的官能团。按其发展历程，红外光谱仪分为三代。第一代用棱镜作为单色器。第二代用光栅作为单色器，对红外光谱的色散能力比棱镜高，测定的红外波谱范围较宽。第一代和第二代均为色散型红外分光光度计，如图 11.7 所示，其主要由光源、样品池、单色器、检测器、记录仪（计算机终端）组成。随着计算机技术的发展，20 世纪 70 年代出现了第三代干涉型分光光度计，即傅里叶变换红外光谱仪，其工作原理图如图 11.8 所示。傅里叶变换红外光谱仪是根据光的相干性原理设计的，是一种干涉型光谱仪，其主要由光源、干涉仪、检测器、计算机和记录系统等组成。其中，大多数傅里叶变换红外光谱仪使用迈克尔逊干涉仪。傅里叶变换红外光谱仪测量所得的原始光谱图是光源通过试样后的干涉图，需要通过计算机使用快速傅里叶变换计算而得到以波长或波数为函数的光谱图。

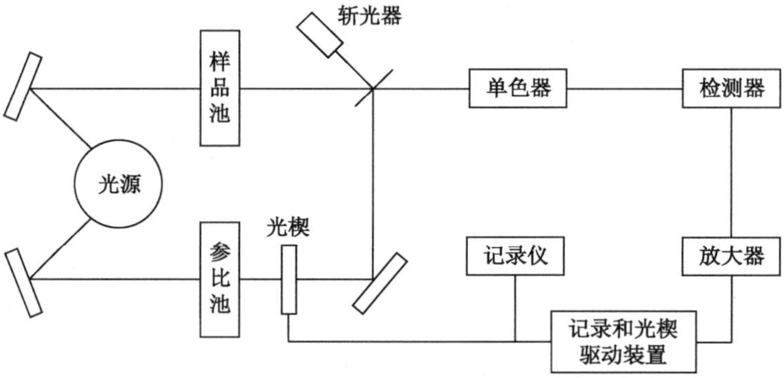

图 11.7　色散型红外分光光度计结构示意图

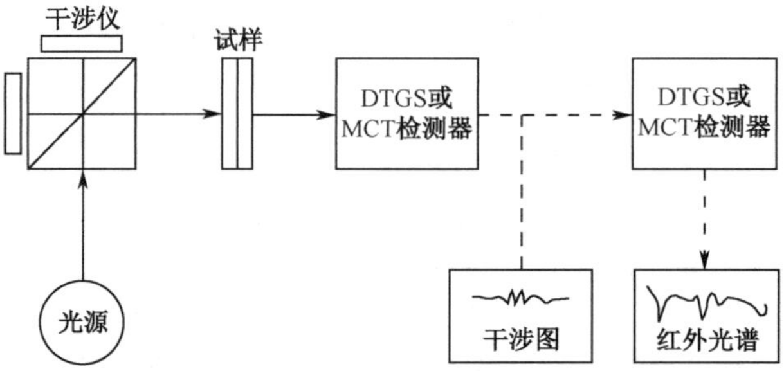

图 11.8　傅里叶变换红外光谱仪工作原理图

11.1.9　实例：新型便携式户外分光光度计

本实例获得第五届中国“互联网＋”大学生创新创业大赛广西赛区高教主赛道银奖。本实例根据朗伯比尔定律测量物质吸光度从而确定待测物质浓度。在理想情况下（不考虑外界杂散光的影响），物质的吸光度为 $A=-\lg(I_t/I_0)$，式中，I_t 为透射光强度，I_0 为入射光强度。

现有多数分光光度计的体积较大且价格昂贵，测量时需要将样品带入实验室，以避免野外杂散光波动和环境振动等对光路的影响。另外，仅在仪器初始化校准时检测一次外界杂散光干扰信号，但是由于入射光强度、透射光强度和外界杂散光干扰信号是在不同时刻进行检测的，在测量过程中，如果外界杂散光的强度发生变化便会产生测量误差。

本实例将脉冲宽度调制（Pulse Width Modulation，PWM）技术引入分光光度计中，提出一种基于 PWM 技术实时消除外界杂散光的方法，研制了新型便携式户外分光光度计，便于户外使用。

1. 消除原理

以消除透射光强度检测中的外界杂散光为例，对 PWM 实时消除外界杂散光的原理进行阐述，其消除原理模型如图 11.9 所示。

当 PWM 高电平时，光源被点亮，所测量的光强度为透射光强度和外界杂散光强度之和；当 PWM 低电平时，由于光源熄灭，所测量的光强度仅为外界杂散光强度。将二者分别进行数据处理，得到去除粗大误差与系统误差之后的数据平均值 I_{Ht} 和 I_{Lt}，二者的差值即为消除外界杂散光强度之后的透射光强度。在测量的过程中，即使外界杂散光的强度发生改变，这些干扰光强度数据也都会被消除，只保留实际的透射光强度和入射光强度，解决了传统分光光度计无法实时去除外界干扰的问题，提高了系统的测量准确性。

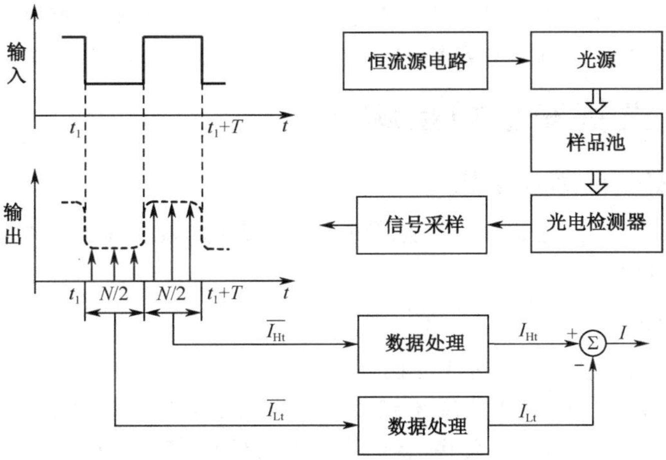

图 11.9　PWM 实时消除外界杂散光模型

2. 系统组成

新型便携式户外分光光度计结构框图如图 11.10 所示，包括恒流源电路、光源、样品池、光电检测器、调理电路及单片机最小系统，其中光源、样品池、光电检测器放置于屏蔽盒内部，构成一个密闭空间，保证光电检测器不会因接收到太多外界杂散光而处于饱和状态。单片机利用内部定时器产生 PWM 信号控制恒流源电路使光源进行调制，利用内部 ADC 对光电检测器信号进行采集，同时使用按键和 LCD 与用户进行交互。系统采用发光二极管作为光源，可根据不同的待测样品更换不同波长的发光二极管；选用 TSL257 集成光电检测器；恒流源电路使用 TL431 基准和 NPN 三极管搭建方法，具有良好的温度稳定性。

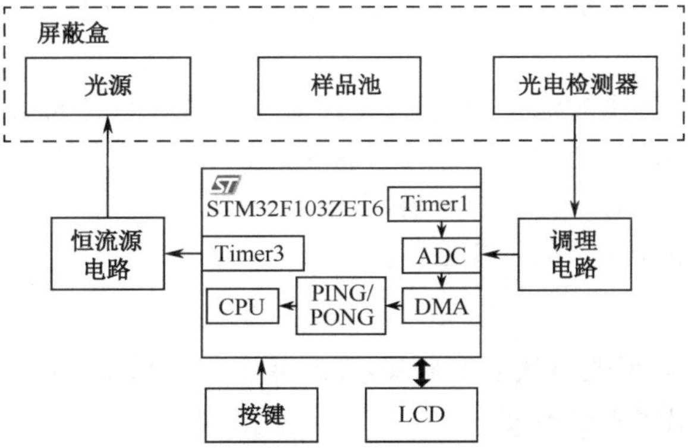

图 11.10　新型便携式户外分光光度计结构框图

3. 技术性能

新型便携式户外分光光度计结构小巧、工程易实现，提高了仪器在野外的快速部署能力。经测试，仪器主要技术性能如下：

① 当外界杂散光的强度变化时，经 PWM 技术消除后，所测量光强度在 10mV 范围内波动。

② 根据《水质 总磷的测定 钼酸铵分光光度法》(GB/T 11893—1989)使用磷络合物溶液进行测量。在不加外界杂散光干扰的情况下，使用本仪器和 UH5300 分光光度计(日本日立公司)分别测定其吸光度。在相同浓度区间内，本仪器的拟合度为 0.9991，高于 UH5300 分光光度计

的 0.9985。

③ 使用固体放电光源、气体放电光源和热辐射光源给本仪器和 UH5300 分光光度计加外界杂散光进行测试。UH5300 分光光度计在不同浓度下的测量曲线均不具有唯一波峰，说明其不能在有外界杂散光干扰的情况下工作；本仪器仍然能正常工作，且拟合度均在 0.999 以上。

11.2 电气设备安全规范测试

11.2.1 产品安全的基本准则

产品在设计和生产过程中应避免以下危险的发生：触电和能量危险、火灾危险、热的危险、机械危险、辐射危险和化学危险。

1. 触电和能量危险

(1) 电击：由于电流通过人体而造成的伤害，引起的生理反应取决于电流值的大小和持续时间及其通过人体的路径，电流值的大小取决于施加的电压及电阻阻抗和人体阻抗，大约 0.5mA 的电流就能在健康的人体内产生反应，再大些，就会产生直接的伤害，例如烧伤或心室纤维性颤动。《电流对人和家畜的效应 第 1 部分：通用部分》(GB/T 13870.1—2008) 中指出，电流的效应由生理参数和电气参数决定，心室纤维性颤动是电击引起死亡的主要原因，15～100Hz 正弦交流电流的生理效应中，感知阈和反应阈通用值为 0.5mA，摆脱阈的平均值为 10mA，而心室纤维性颤动阈平均值由生理参数和电气参数（持续时间、通路和电流的种类）决定，如果 50Hz 或 60Hz 的正弦交流电流持续通电时间超过一个心搏周期，则纤维性颤动阈显著降低。

(2) 能量危险：大电流电源或大电容电路的相邻电极间短路时，可能产生过量的能量释放，导致燃烧、起弧、溢出熔融金属，甚至发生爆炸等危险。

2. 火灾危险

正常工作条件下，过载、元器件失效、绝缘击穿或连接松动都可能产生导致危险的过高温度，一旦设备因温度过高而燃烧，应保证设备内着火点产生的火焰不会蔓延到火源泉近区以外，也不会对设备的周围造成损害。

降低火灾危险的方法：提供过流保护装置；使用适当的燃烧特性符合要求的结构材料；选择的零部件、元器件和消耗材料能避免产生可能引起着火的高温；限制易燃材料的用量；屏蔽或隔离易燃材料与可能的着火点；使用防护外壳或挡板，以限制火焰只在设备内部蔓延；使用合适的材料制作外壳，以降低火焰向设备外蔓延的可能性。

3. 热的危险

正常工作条件下的高温可能导致以下危险：接触烫热的可触及零部件引起灼伤；绝缘等级下降或安全元器件性能降低，引燃可燃液体。

降低热的危险的方法：采取措施避免可触及零部件产生高温；避免引燃点升高可燃液体温度；如果不可避免接触烫热的零部件，要提供警告标志以告诫使用人员。

4. 机械危险

机械危险有：锐利的边缘对人体的伤害和元器件的损害；运动零部件可能引起潜在的危害；设备摆放不平稳，易翻倒，对使用人员和周围环境造成伤害；外壳材料强度不够，易受力破裂而造成危险，导致带电部件可能被触及；电源线固定不可靠，如果以外力拉出，可能造成触电危险。

5. 辐射危险

设备产生某种形式的辐射会对使用人员和维修人员造成危险，辐射可以是声频辐射、射频辐射、红外线辐射、电离辐射、高强度可见光和相干光（激光）辐射。如果不可避免暴露于辐射危险中，要提供警告标志以告诫使用人员。

降低辐射危险的方法：限制潜在辐射源泉的能量等级，屏蔽辐射源，使用安全联锁装置。

6. 化学危险

有毒化学物质本身及其蒸气，如果直接接触人体，则会造成伤害。设备的设计也应避免在正常操作及不正常操作情况下，产生此类化学危险。

降低化学危险的方法：避免使用在预定的和正常的条件下使用设备时由于接触或吸入可能造成伤害的消耗性材料；避免可能产生泄漏或气化的条件；提供警告标志以告诫使用人员。

7. 非正常条件

产品应在非正常条件发生时，仍然能保持其安全性。主要的非正常条件说明如下。

（1）元器件失效

标准中假设电子元器件并不可靠，有可能发生失效，如开路或短路。

（2）错误使用

使用人员可能不正确使用设备或不按说明书使用：没有给设备足够的散热空间，或散热孔意外被挡住，造成温度过高；要求短时使用的设备，使用人员忽略其工作时间，连续工作，造成温度过高；变压器的输出端短路或超载；电机过载或发生堵转。

（3）绝缘失效

电气设备仅有单一绝缘保护是不可靠的，所以产品对触电的防护不能仅依赖单一绝缘，必须提供附加的保护措施，如保护接地或附加绝缘，或者提供单独的有超强性能的加强绝缘。

（4）连接失效

焊锡连接、导线连接有可能出现失效的情况。应在连接处提供额外的固定保护，如捆线、滴胶、钩焊等。

11.2.2 电气设备防电击防护分类

《电击防护 装置和设备的通用部分》（GB/T 17045—2008/IEC 61140：2001）规定了接至外电源的低压电工电子设备一旦基本绝缘失效按照触电保护所做的分类。依据该标准，电气设备分为 0 类、Ⅰ类、Ⅱ类、Ⅲ类，相应的电气设备防电击保护分类示意图如图 11.11 所示。

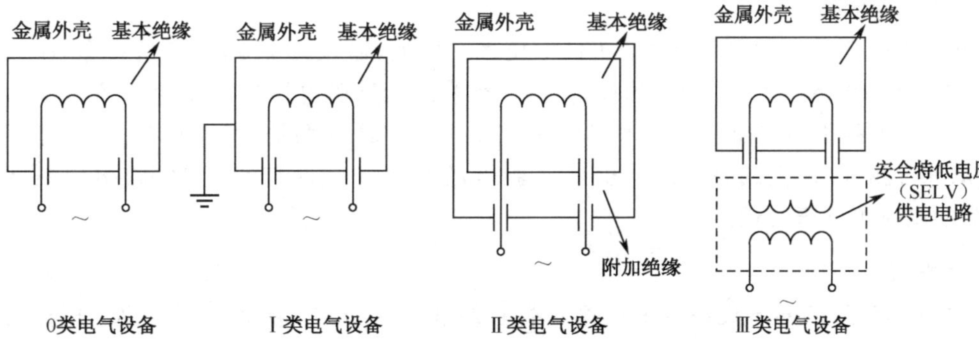

图 11.11　电气设备防电击保护分类示意图

0 类电气设备：此类设备采用基本绝缘作为基本防护措施，没有故障防护措施，即不具备保护接地导线（Protecting Earthing，PE）接地的手段。例如，具有金属外壳但电源插头没有 PE 线插脚的台灯、电风扇等家用电器属 0 类电气设备。国家标准建议取消该类设备，同时该类设备不再生产，例如，2008 年前可以生产 0 类电气设备，现在已经不准生产 0 类电气设备。按照国际电工委员会(International Electrotechnical Commission,IEC)的触电防护原则,0 类电气设备只能用于不导电的场所或电气隔离系统。

Ⅰ类电气设备:此类设备采用基本绝缘作为基本防护措施,采用保护联结作为故障防护措施,即将易触及的导电部件与已安装在固定线路中的 PE 线连接起来,在基本绝缘损坏时,易触及的导电部件不会成为带电体。为了符合国际电工委员会的触电防护原则,必须有两个独立的单项防护措施。Ⅰ类电气设备通常采用漏电保护自动切断电源作为故障防护措施,例如,国产电冰箱、空调等家用电器多为Ⅰ类电器。

Ⅱ类电气设备:此类设备采用基本绝缘作为基本防护,附加绝缘作为故障防护措施,即采用双重绝缘;或采用防护效果相当于双重绝缘的加强绝缘进行防护。此类设备没有保护接地或依靠安装条件的防护措施。例如,国内生产的电热毯多为Ⅱ类电气设备(可以不接地,但要装漏电保护),此外还有塑料外壳的家用电器等。

Ⅲ类电气设备:此类设备的防护措施为将电压限制在特低电压,而它不具有其他故障防护措施。设备采用标称电压不超过 50V 的交流或不超过 120V 的无波纹直流供电;设备的内部在正常状态下不会形成超过特低电压的电压;在设备内部出现单一故障情况下,可能出现或产生的稳态接触电压不应超过特低电压。此类设备只能在安全特低电压(Safety Extra Low Voltage,SELV)系统或功能特低电压系统中使用。

11.2.3 耐压测试

1. 定义

耐压测试是对电气设备或零部件等的绝缘部分在其所承受的工作电压下,是否有足够的绝缘能力进行评价而实施的测试。

耐压测试亦称 HiPot(High Potential,高电势)测试,是经常执行的生产线安全测试。实际上,它是每个安全标准的一部分。HiPot 测试适用于所有设备,以确保绝缘材料的绝缘性能,确保可以抵抗瞬间高电压。通过 HiPot 测试,可以检查出可能的瑕疵,例如在制造期间的漏电距离和电气间隙不够。进行型式试验(对设备有代表性的样品所进行的测试,目的是确定所设计制造的设备是否符合安全标准)的时候,在失效、潮态及振动等测试之后进行 HiPot 测试,可确定是否因为这些测试造成绝缘性能的退化。

2. 测试技术指标

交流电压测试:1000V AC+线路的工作电压×2,例如,输入为 110V AC 的设备,耐压试验电压应为 1220V AC;输入为 220V AC 的设备,基本绝缘耐压试验电压应为 1500V AC;而危险电压和安全特低电压电路之间有加强绝缘,试验电压应为基本绝缘的两倍,即 3000V AC。也可以使用直流电压来进行测试,直流试验电压=交流试验电压×1.414,如 1500V AC 的耐压测试可以用 2200V DC 的高压测试来替代。

3. 测试方法

如图 11.12 所示,将被测设备的电源输入线 L 端和 N 端短接,将耐压测试仪高压探头与电源输入线 L 端和 N 端相连。如果被测设备有输出端,则将所有输出端短接,耐压测试仪接地探头与输出端相连;如果被测设备没有输出端,将耐压测试仪接地探头与接地外壳相连。在 HiPot 测试期间被测设备不工作。必须注意,《测量、控制和实验室用电气设备的安全要求 第 1 部分:通用要求》(GB 4793.1—2007)中规定,在进行型式试验期间,施加电压先低于规定电压的 1/2,应逐渐上升,并且在 10 秒达到规定电压,并且维持 1 分钟,测量流过绝缘部分的电流。

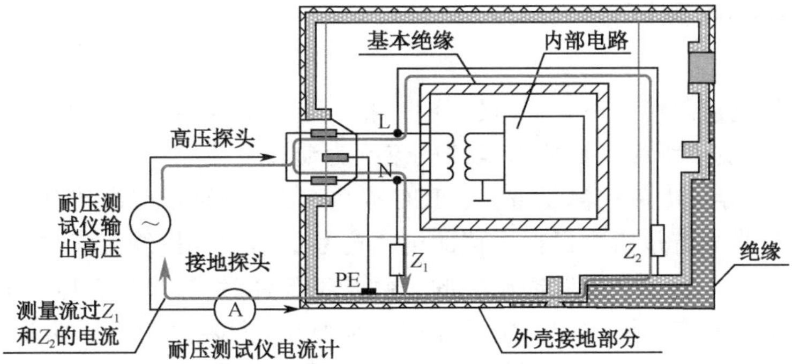

图 11.12　耐压测试示意图

4. 测试持续时间

如果测试是产品认证过程的一部分，那么测试持续时间必须与所使用的安全标准相符合。例如，大部分标准，如《信息技术设备 安全 第 1 部分：通用要求》(GB 4943.1—2011/IEC 60950—1：2013)中要求测试持续时间是 1 分钟。但是，如果在生产线上对产品进行测试，对每个产品进行 1 分钟 HiPot 测试是不实际的，制造商通常会缩短测试时间，比如几秒，但是使用更高的电压。在这种情况下，测试持续时间和测试程序应该得到相关测试机构的认可。

5. 耐压测试注意事项

(1) 操作人员脚下垫绝缘橡皮垫，戴绝缘手套，以防高压电击造成生命危险。

(2) 仪器必须可靠接地。

(3) 在连接被测体时，必须保证耐压测试仪高压输出为 0，且耐压测试仪为“复位”状态。

(4) 测试时，耐压测试仪接地端与被测设备要可靠相接，严禁开路。

(5) 切勿将输出地线与交流电源线短路，以免外壳带有高压，造成危险。

(6) 尽可能避免高压输出端与地线短路，以防发生意外。

(7) 测试灯、超漏灯一旦损坏，必须立即更换，以防造成误判。

(8) 排除故障时，必须切断电源。

(9) 仪器空载调整高压时，泄漏电流指示表头有起始电流，均属正常，不影响测试精度。

(10) 仪器避免阳光正面直射，不要在高温潮湿多尘的环境中使用或存放。

6. 操作步骤

(1) 测试前对仪器进行校准，校准方法：在泄漏电流为 5mA 状态下，用 700kΩ 陶瓷电阻跨接于地线夹同高压测试棒探头之间至仪器报警为准。

(2) 将被测设备的电源输入线 L 端和 N 端短接，输出端短接，并打开仪器交流开关。连接被测设备时应确定电压表指示为 0，在测试灯灭状态下，将仪器地线夹紧被测设备地线端。

(3) 设定仪器测试条件：① 输出电压如 2820V AC；② 泄漏电流为 1mA；③ 测试时间定时为 1 分钟。

(4) 将测试棒探头分别紧贴输入 L 端和 N 端，输出 L 端和 N 端。

(5) 按下启动键观察测试结果，在设定的时间内，超漏灯不亮，表示被测设备耐压为合格。

(6) 如果被测设备的泄漏电流超过设定值，则仪器自动切断输出电压，同时蜂鸣器报警，超漏灯亮，表示被测设备耐压不合格。按下复位键即可清除报警声，再测试时应重新按启动键。

11.2.4 泄漏电流测试

1. 定义

在没有故障施加电压的情况下，电气设备中带相互绝缘的金属部件之间，或带电部件与接地部件之间，通过其周围介质或绝缘表面所形成的电流称为泄漏电流。

《接触电流和保护导体电流的测量方法》(IEC 60990:2016)把泄漏电流分为接触电流和保护导体电流两种。保护导体电流是指有保护连接的电气产品的保护导体线上流过的电流。接触电流是指当人体或动物接触一个或多个装置或设备的可触及零部件时，流过其身体的电流。

泄漏电流的测试也是安全测试中非常重要的一项测试，大多数安全标准要求在不同的条件下进行测试，例如，在正常操作条件下，电源开关打开及关闭、电源线极性对调等。对地泄漏电流在任何条件下都不可以超过限制。《家用和类似用途电器的安全 第1部分:通用要求》(GB 4706.1—2005/IEC 60335—1:2004)中，Ⅰ类便携式器具的泄漏电流的限值是0.75mA，Ⅱ类器具的泄漏电流的限值是0.25mA。大多数标准，特别是《信息技术设备的安全 第1部分 通用要求》中，要求被测设备是在上电的状态下进行测试的，测试设备的供电电压是额定值上限的110%，同时频率为最高的额定频率。为了安全的因素，强烈要求使用隔离变压器来进行测试。

2. 保护导体电流测试

如图11.13所示，被测设备电源连接泄漏电流测试仪的EUT(Equipment Under Test，被测设备)电源输出插座，泄漏电流测试仪电源输入插座建议连接隔离变压器。泄漏电流测试仪可以切换EUT电源的L和N输出极性，进行零线故障和保护地故障的测试。在保护导体电流测试模式下，用于测试被测设备保护导体上流过的电流大小。

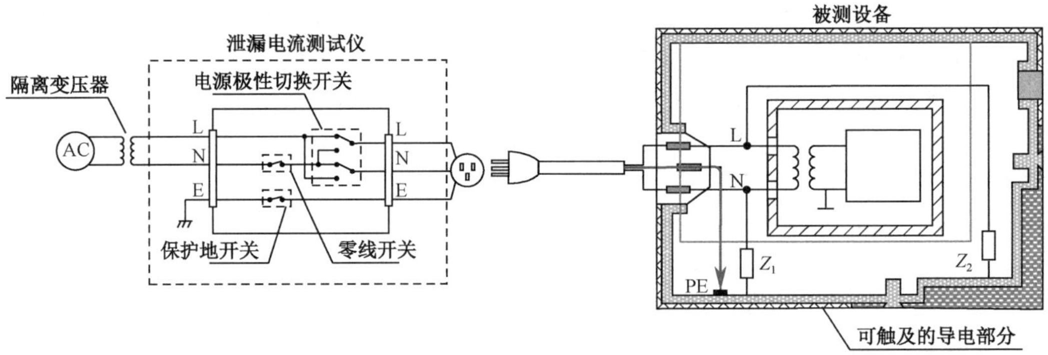

图 11.13 保护导体电流测试示意图

3. 接触电流测试

接触电流分为对地接触电流、对表面接触电流和表面间接接触电流。

被测设备电源连接泄漏电流测试仪的EUT电源输出插座，泄漏电流测试仪电源输入插座建议连接隔离变压器。泄漏电流测试仪可切换EUT电源的输出极性，通过零线开关和保护地开关模拟零线故障及保护地故障测试接触电流。一般用人体阻抗模型(Measuring Device，MD)代替人体进行测试，在《接触电流和保护导体电流的测量方法》《家用和类似用途电器 第1部分:通用要求》《医用电气设备 第1部分:基本安全和基本性能的一般要求》(IEC 60601—1:2005)等多个安全标准中，常采用9种不同的人体阻抗模型，如图11.14所示，如医疗电子产品(IEC 60601—1:2005)选择MD-F模型，非医疗电子产品(IEC 60990:2016)常选择MD-A～MD-E和MD-G～MD-I模型。

（1）对地接触电流

定义：正常条件下由被测设备电源部分穿过或跨过绝缘层流入Ⅰ类电气设备保护接地导线的电流。

Ⅰ类电气设备在保护接地导线断开的单一故障条件下，假设接地的人体接触到与该保护接地导线相连的可触及导电部分（如外壳），对地接触电流测试示意图如图11.15所示。人体接触被测设备接地外壳，保护接地导线出现故障断开（可通过泄漏电流测试仪的保护地开关模拟接地导线出现故障或最极端的情况），被测设备电源网络产生的泄漏电流穿过或跨过绝缘层经保护接地导线和人体流入大地。

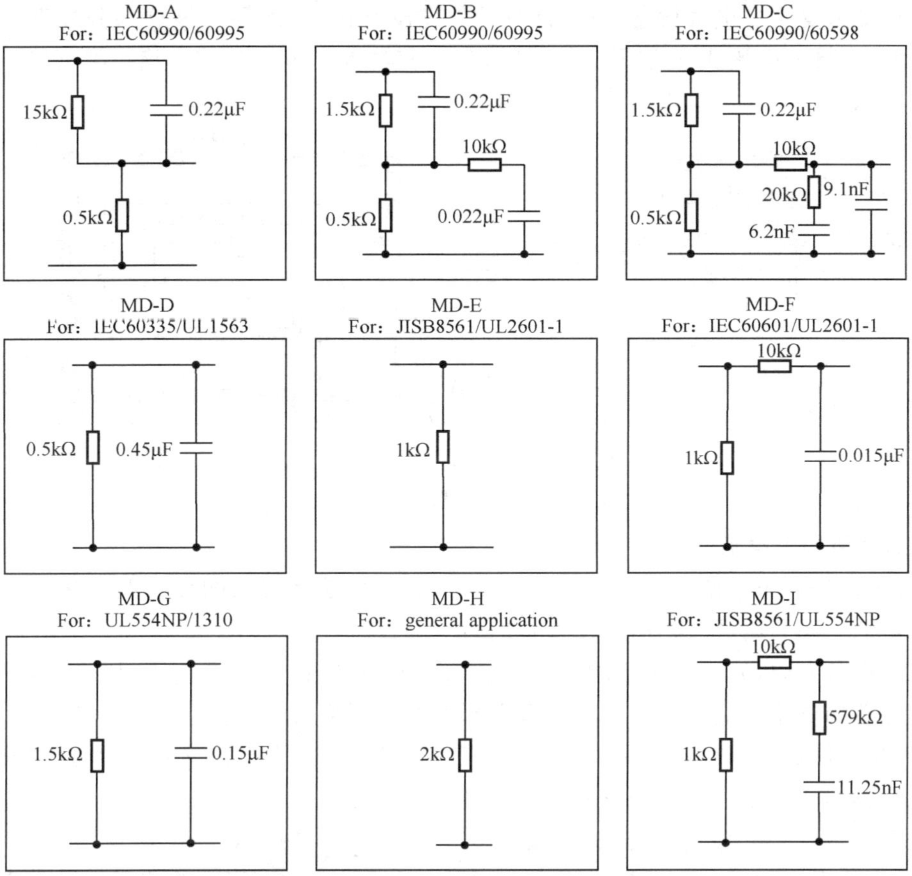

图11.14　人体阻抗模型

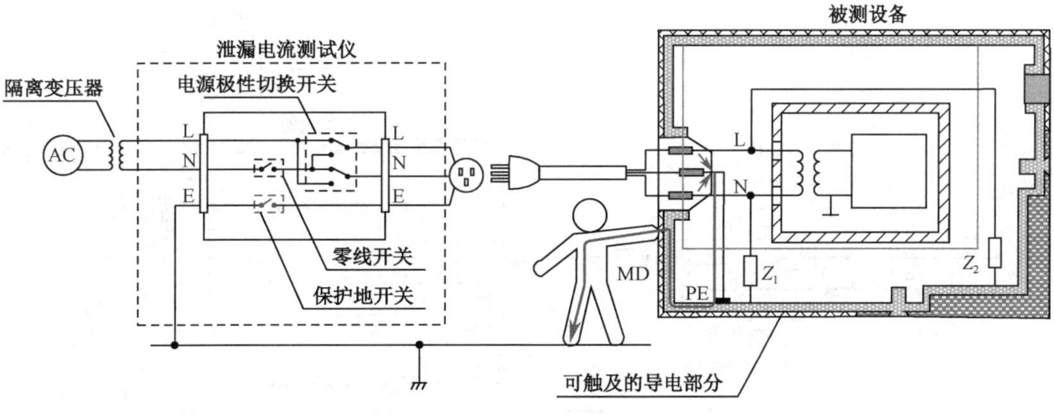

图11.15　对地接触电流测试示意图

(2) 对表面接触电流

定义:被测设备正常使用时,操作人员或患者可触及的外壳或外壳部件(应用部分除外),经外部导电连接而不是保护接地导线流入大地的电流。

对表面接触电流测试示意图如图 11.16 所示。人体接触被测设备接地外壳,输入电源线 N 端经过绝缘阻抗 Z_1 和输入电源线 L 端经绝缘阻抗 Z_2 流由接地外壳经过人体流入大地的电流为对表面接触电流 I_1。如果是Ⅱ类电气设备,由于它们不具备保护接地线路,则要考虑其全部外壳的泄漏电流。但如果是Ⅰ类电气设备,有一部分的外壳没有接地,则要考核这部分外壳的接触电流。如图 11.16 所示,输入电源线 N 端经过绝缘阻抗 Z_1 和输入电源线 L 端经绝缘阻抗 Z_2 由绝缘外壳经过人体流入大地的电流为对表面接触电流 I_2。

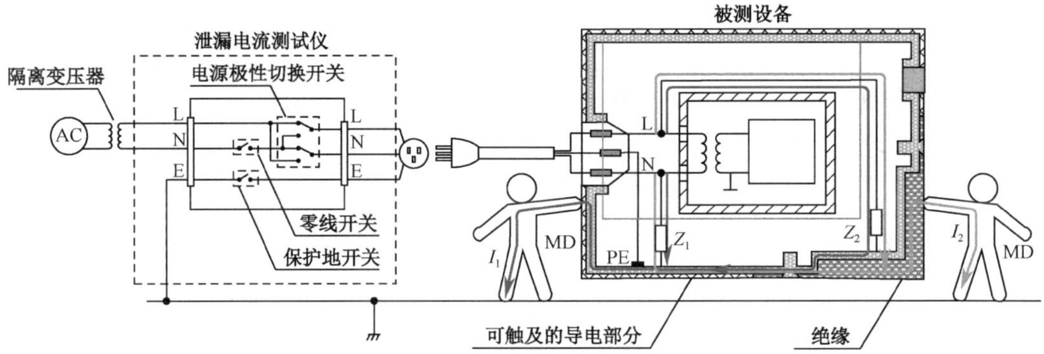

图 11.16　对表面接触电流测试示意图

(3) 表面间接接触电流

定义:被测设备在正常使用或单一故障条件下,设备与地无关联的任意两点之间的泄漏电流,或电流从设备的一部分流经人体后流入设备的另一部分。

对于医疗设备来说,表面间接接触电流包括患者辅助电流,即正常使用时,流入处于应用部分部件之间的患者的电流。这里是指设备有多个部件的应用部分,当这些部件同时接在一个患者身上时,若部件与部件之间存在着电位,则有电流流过患者。而这个电流又不是设备生理治疗功能上需要的电流,例如,心电图仪各导联电极之间的流过患者身上的电流。如果患者身上同时有多台设备在使用 F 型隔离(浮动)应用部分,或者发生其他意外情况,使患者身上出现一个外部电源电压(作为单一故障状态),这时也会产生患者泄漏电流。如图 11.17 所示,患者处于医疗设备和 F 型应用部分之间,电流从医疗设备流经人体,流入 F 型应用部分。

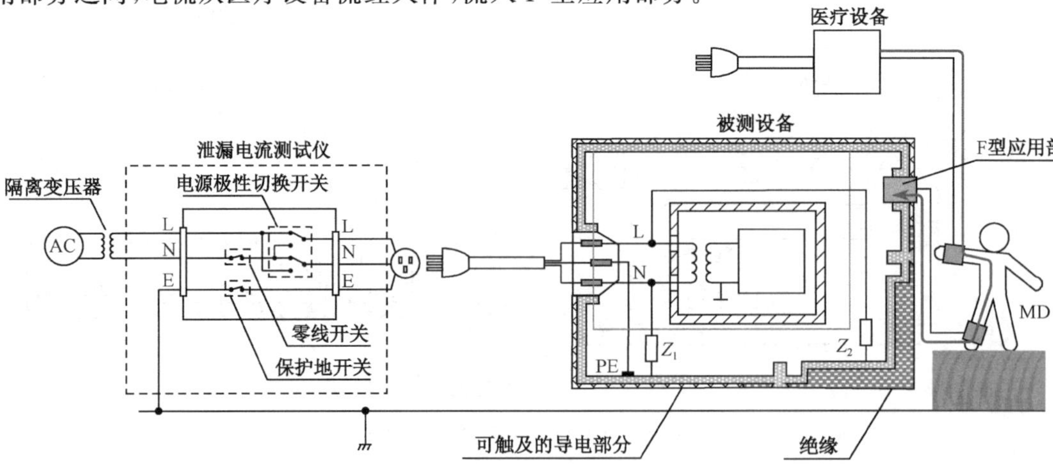

图 11.17　表面间接接触电流测试示意图

11.2.5　绝缘电阻测试

定义：将规定直流高压施加在电气设备带电部分和非带电部分(一般为外壳)之间以检查电气设备的绝缘阻抗。

与耐压测试一样，绝缘电阻测试也是为了防止电气设备的触电、火灾等事故而进行的测试。耐电压测试以是否引起绝缘击穿来检出绝缘不良，而绝缘电阻测试则以测量绝缘物的电阻值来检出绝缘不良。

测试方法：试验电压通常为工作电压的5～10倍的直流电压，有时甚至高达500～1000V DC，因此电流非常低。通过测量流过的电流来计算其绝缘电阻值，只需要测量绝缘物的电阻成分而无视其电容成分，因此不需要用交流电压来进行绝缘电阻的测量。

测试要求：连接绝缘电阻测试仪，试验电压从零逐渐上升到最大值，一旦电压到达最大值，保持一定时间(通常为5秒)，然后记录电阻值。绝缘电阻测量值应该是兆欧级的。

绝缘电阻测试用于验证基本绝缘、附加绝缘、加强绝缘及双重绝缘的绝缘性能，其主要的测试点如图11.18所示。

① 在电源输入线L端和N端短接后与接地外壳之间。这里主要检验Ⅰ类电气设备的基本绝缘性能。

② 在电源输入线L端和N端短接后与非接地外壳之间。测试Ⅰ类电气设备非接地部分的绝缘性能，其非接地部分需设计为附加绝缘或加强绝缘；测试Ⅱ类电气设备的外壳绝缘性能，其外壳应为双重绝缘。故该项测试检验被测设备的附加绝缘、加强绝缘、双重绝缘性能。

③ 在外壳与基本绝缘部分。这里检验基本绝缘部分的绝缘性能。

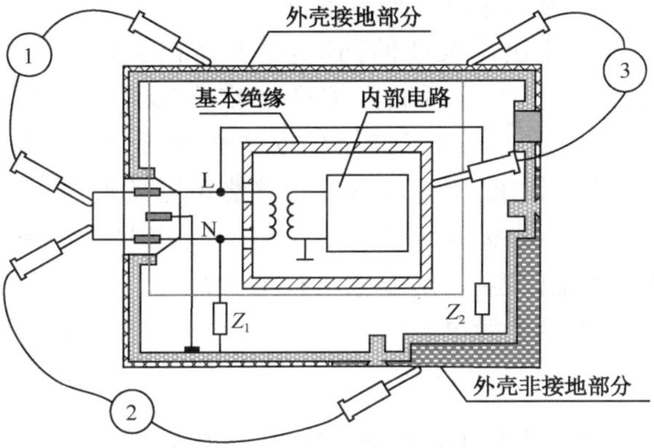

图11.18　绝缘电阻测试示意图

11.2.6　接地电阻测试

定义：被测器具接地装置与金属外壳的接地点之间应具有可靠的电气连接，其连接电阻应不大于0.1Ω。

测试方法：依据欧姆定律，在接触点上流过一个电流，分别测量电流和两个接触点时间的电压值，然后计算出接地电阻。安全规范测试要求在接触点上流过一个恒定的电流并维持规定的时间，模拟被测器具发生异常时的异常电流状况。假如在规定的时间内，接触点的电阻保持在规定的范围内，那么被测器具正常运转，是安全的。

对于使用人员会经常触摸到的器具，加拿大标准协会(Canadian Standards Association，CSA)的规范要求测试电流需要达到30A，其他大多数安检机构要求为25A，接触点的电阻值必须低于0.1Ω；对于使用人员不易触摸到的器具，要求比较宽松，测试电流为20A，接触点的电阻值需低于

0.5Ω。国际上有些规格高于上述的标准，要求测试电流达到被测器具额定输入电流的 5 倍，测试电流必须持续 60s，而接触点的电阻值仍为 0.1Ω。这些大多为电机类的器具，其危险性高，所以规格的要求会比一般性的器具高。

接地电阻测试是为了确认 I 类电气设备的保护连接的完全性，示意图如图 11.19 所示。利用接地电阻测试仪输出 10～40A 的交流或直流电流，测试电流维持 60s，利用测量端的电压和输出电流值计算接地接地电阻阻值。

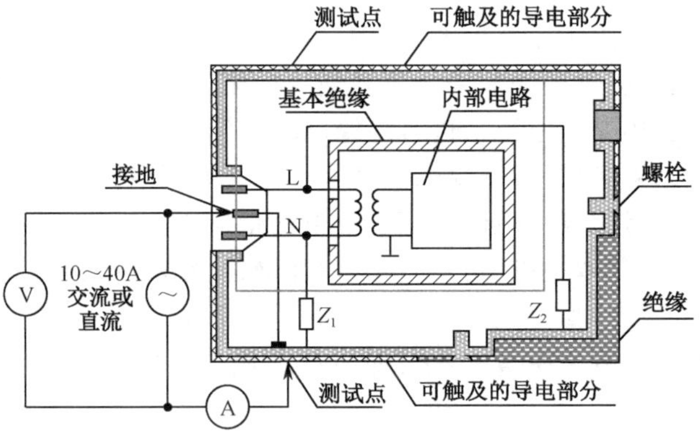

图 11.19 接地电阻测试示意图

11.2.7 实例:电动汽车安全规范测试解决方案

在“中国制造 2025”和汽车产业中长期发展规划的指引之下，中国新能源汽车产业的战略顶层设计日趋完善，新能源汽车将成为未来汽车的发展方向。

另一方面，在新能源汽车产业快速发展的同时，也暴露出越来越多的电动汽车自燃等安全问题。因此，如何规范地测试电动汽车是否满足安全标准变得尤为重要。其中，可充电储能系统(REchargeable Energy Storage System，REESS)的安全必须通过多项测试后才能充分得到验证。电动汽车整车直接接触触电防护要求，不仅要求通过绝缘阻隔处理，防止乘员接触车厢内外部的高压带电体而触电，而且通过各类标志标签提供警示作用。针对外露可导电部分的间接接触保护，应通过电线或接地导线与电气底盘相连接，防止乘员接触后触电。电动汽车高压带电部分与电气底盘应有足够大的绝缘电阻，防止乘员触电。

1. 电动汽车安全标准

电动汽车相关安全标准主要涵盖电动汽车整体、人体防护系统、电动汽车用电池、电动汽车马达控制器、电池管理系统和电动汽车充电设施等，其中《道路电气车辆 安全规范 第 1 部分：车载可充电储能系统》(ISO 6469—1：2009)和《电动汽车 安全要求 第 1 部分：车载可充电储能系统(REESS)》(GB/T 18384.1—2015)规范了车载充电储能系统的安全要求，《道路电气车辆 安全规范 第 3 部分：汽车安全操作法和故障防护》(ISO 6469—2：2018)和《电动汽车 安全要求 第 2 部分：操作安全和故障防护》(GB/T 18384.2—2015)规范了车辆安全措施和故障防护的安全要求，《道路电气车辆 安全规范 第 3 部分：电气安全》(ISO 6469—3：2018)和《电动汽车 安全要求 第 3 部分：人员触电防护》(GB/T 18384.3—2015)规范了电动汽车电气安全要求。

2. 电动汽车部分安全规范测试要求

(1) 绝缘电阻要求

《电动汽车 安全要求 第 3 部分：人员触电防护》(GB/T 18384.3—2015)中规定，I 类电气设备试验电压为$(2U+1000)$V AC，其中 U 为设备最大工作电压，试验电压不低于 1500V AC。绝缘电阻要求：在最大工作电压下，直流电路绝缘电阻的最小值应大于 100Ω/V，交流电路中应至少大于 500Ω/V，按设备标称电压计算。

非传导连接到电网的 B 级电压（直流电压：60V≤U≤1500V，交流电压：30V≤U≤1000V）电路应满足标准要求。如果上述电路最小绝缘电阻无法在所有的运行条件和全生命周期中保持满足要求，应至少采取以下措施的一种或多种来确保安全：

① 持续或间歇地监测绝缘电阻，如果发现绝缘电阻损失，应有适当的警告。根据车辆运行状态可以关闭 B 级电压系统，或限制 B 级电压系统的激活。

② 用双重绝缘或加强绝缘代替基本绝缘。

③ 在基本防护上增加一层或多层绝缘，如使用遮拦或外壳。

④ 在车辆整个使用寿命期内，使用足够机械强度和耐久性的刚性遮拦或外壳。

传导连接到 B 级电压电路的绝缘电阻至少应达到 1MΩ。

（2）耐压测试要求

耐压测试旨在检验隔离 B 级电压电路带电部分的防护措施是否足够，耐压测试中不应发生介质击穿或电弧现象。

其中，基本绝缘系统，试验电压为（$2U$+1000）V AC；双重或加强绝缘系统，试验电压为（$2U$+3250）V AC，测试时间为 1 分钟，等效直流试验电压是交流电压的 1.414 倍。

实验程序：

① 被测设备的所有 B 级电压带电部分应彼此连接。

② 如果部件有可导电外壳，则被测设备 A 级电压（直流电压：0V≤U≤60V，交流电压：0V≤U≤30V）电路所有带电部分应与被测设备上所有外露可导电部分连接。

③ 如果有部件被不可导电的外壳遮盖，被测设备 A 级电压电路中所有带电部分应与贴在不可导电外壳上的电极彼此连接。按规定，试验电压应施加在 B 级电压电路彼此连接的带电部分与拥有可导电表面的外壳之间，还应施加在 B 级电压电路彼此连接的带电部分与不可导电外壳上粘贴的测试电极之间。

（3）电位均衡的连续测试

《电动汽车 安全要求 第 3 部分：人员触电防护》（GB/T 18384.3—2015）中规定，电气设备的外露可导电部分之间电位差最小化，即电位均衡。通常，B 级电压电气设备的外露可导电部分包括外露可导电的遮拦和外壳，应当根据电位均衡要求连接到电平台以保持电位均衡。

电位均衡要求：所有组成电位均衡电流通路的组件（导体、连接部分）应能承受单点失效情况下的最大电流。电位均衡电流通路中任意两个可以被人同时触碰到的外露可导电部分之间的电阻应不超过 0.1Ω。

3. 测试系统架构

采用艾诺仪器公司八合一安全规范综合分析仪 AN1651H 实现的电动汽车安全规范测试系统架构如图 11.20 所示，主要包括高压源、恒流源、电位均衡测试模块、高压负载绝缘电阻测试模块、电池包绝缘电阻测试模块、电容测试单元、多路切换单元、CAN 通信单元和服务器传输配套方案。

4. 电池包绝缘电阻测试方案

根据《电动汽车 安全要求 第 1 部分：车载可充电储能系统（REESS）》（GB/T 18384.1—2015）规定，设计电池包绝缘电阻测试方案如图 11.21 所示，测量步骤如下。

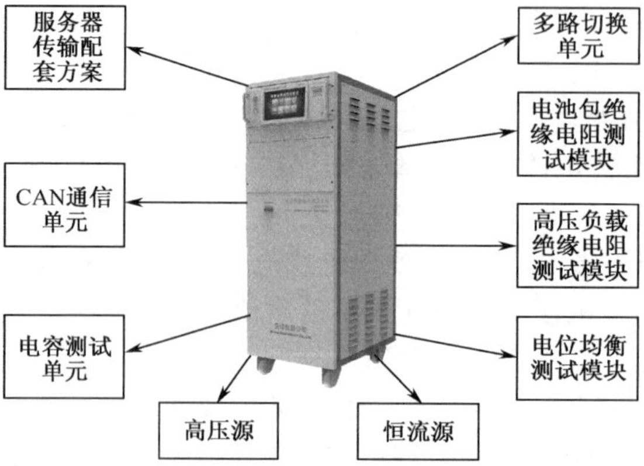

图 11.20　电动汽车安全规范测试系统架构

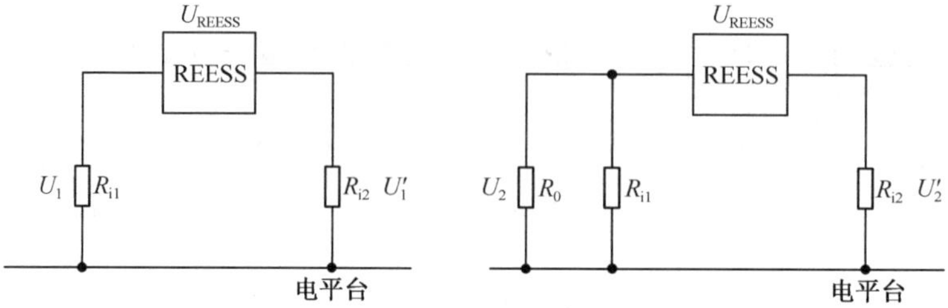

图 11.21　电池包绝缘电阻测试方案

(1) 测量 REESS 两个端子和电平台之间的电压，较高的一个定义为 U_1，较低的一个定义为 U_1'，相应的两个绝缘电阻定义为 R_{i1} 和 R_{i2}，其中 R_{i2} 阻值较小，定义为 REESS 的绝缘电阻 R_i。

(2) 添加一个已知的电阻 R_0，与 R_{i1} 并联，测量 U_2 和 U_2'。测量期间应保持电压稳定，使 R_0 除以最大工作电压所得的值在 100～500Ω/V 范围内即可，精度偏差不超过 2%。

(3) 计算绝缘电阻 R_i

方法 1：

$$R_i=R_0\frac{U_1-U_2}{U_2}\left(1+\frac{U_1'}{U_1}\right) \tag{11.3}$$

方法 2：

$$R_i=R_0\left(\frac{U_2'}{U_2}-\frac{U_1'}{U_1}\right) \tag{11.4}$$

AN1651H 测试电池包绝缘电阻示意图如图 11.22 所示，测试用已知标准电阻内置在测试系统内部，整个测试过程的接线变动在系统内自动切换完成，无须人工变动接线。

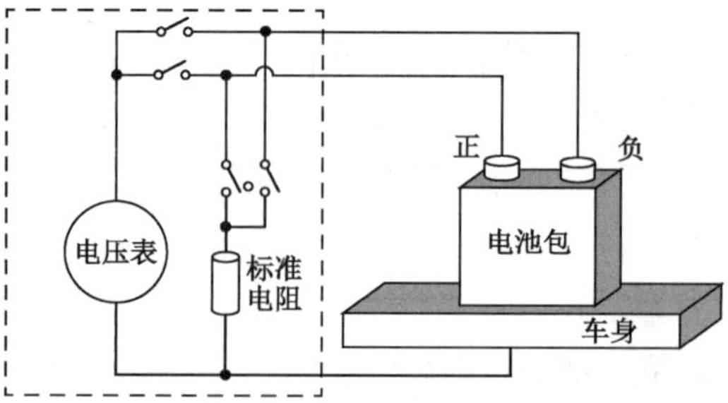

图 11.22　AN1651H 测试电池包绝缘电阻测试示意图

电池包绝缘电阻测试要求：对于没有嵌入一个完整电路的 REESS，如果在整个寿命期内没有交流电路，或交流电路有附加防护，则其绝缘电阻除以最大工作电压所得的值应不小于 100Ω/V；如果包含交流电路且没有附加防护，则此值应不小于 500Ω/V；如果 REESS 集成在一个完整电路里，可能需要更高的阻值。

5. 高压负载绝缘电阻测试方案

高压负载绝缘电阻测试方案如图 11.23 所示，将负载的正、负极短接，连接测试系统负载耐压绝缘测试端子的高压源，车架连接耐压绝缘测试端子的回路端。

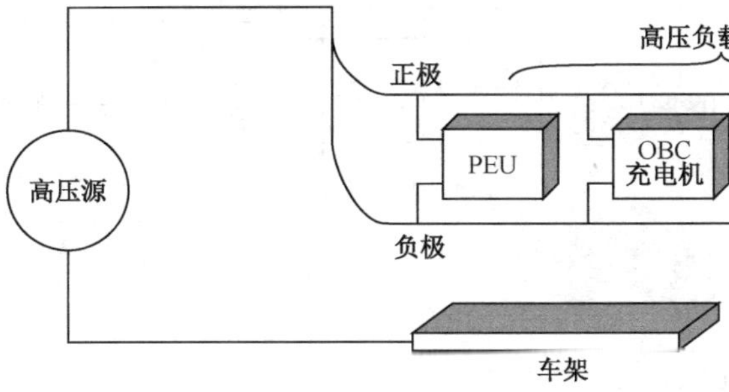

图 11.23　高压负载绝缘电阻测试方案

6. 电位均衡测试方案

电位均衡测试方案如图 11.24 所示，测试系统采用开尔文四线法进行电位均衡测试，以降低测试线阻抗对测试的影响，提高测试精度。测试系统内置多路切换电路，测试正端分出多路输出，可分别连接多个负载的接地端。测试负端公用，连接车架，根据欧姆定律计算出电位均衡电阻。

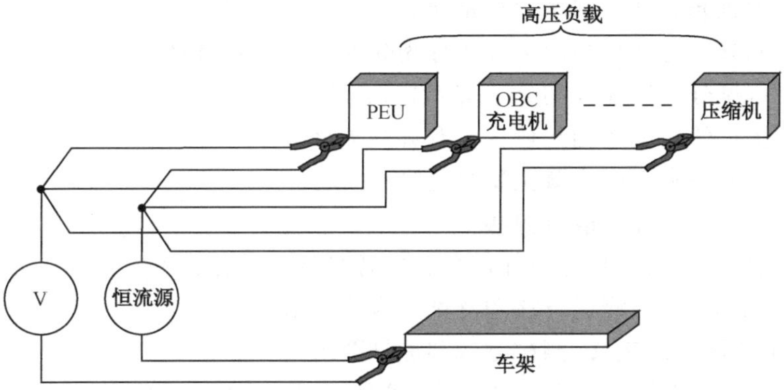

图 11.24　电位均衡测试方案

测试电位均衡电阻，需要在任何两个外露可导电部分施加一个测试的直流电压，其测试电流不小于 1A，电压小于 60V，且持续时间不小于 5s，被测路径应隔离在其他电位路径外，这些导电部分应包括 B 级电压组件的外壳，分别连接到电平台或遮拦/外壳的连接件上。应测量任何距离达到 2.5m(2.5m 为人通常能够到的距离)的两个外露可导电部分之间的电压，通过电压和电流计算电位均衡电阻。电位均衡电流通路中任意两个可以被人同时触碰到的外露可导电部分之间的电阻不应超过 0.1Ω。

7. 车载充电机测试方案

车载充电机测试方案如图 11.25 所示，主要测试项目包括输入电压范围测试、输入频率范围测试、充电功能测试、限压和限流功能测试、谐波电流含量测试、输入过压保护测试、输出过压保护测试、输入欠压保护测试、输出欠压保护测试、断电保护测试、输出反接保护测试、短路保护测试、低压供电功能测试、启动冲击电流测试、输出电压误差测试、输出电流误差测试、输出电压纹波测试、功率因数和充电效率测试以及输出响应时间测试，扩展测试项目有输入电压扰动测试、输入电压缓升测试、输出电流纹波测试、输入掉电剩余电压测试和静态功耗测试。

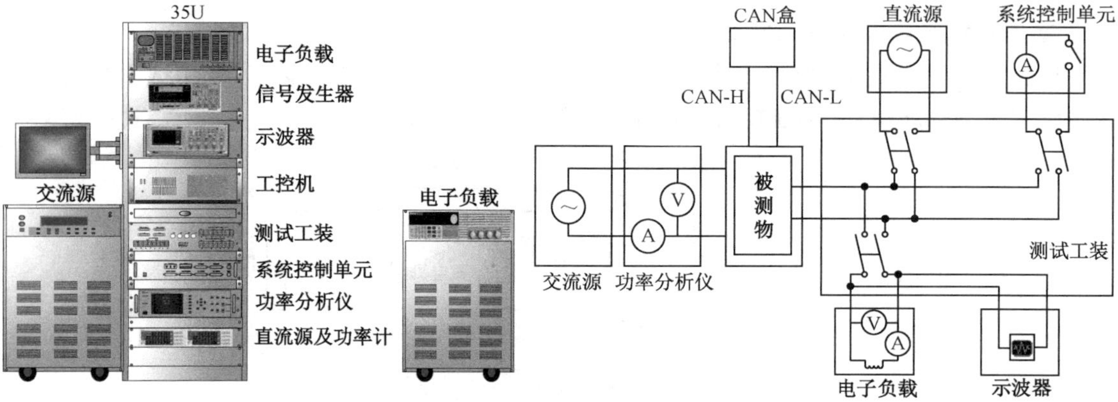

图 11.25　车载充电机测试方案

思考题与习题

本章小结

11.1　原子光谱分析和分子光谱分析原理是什么？

11.2　用于环境监测的光谱分析仪器有哪些？光谱分析仪器的基本组成是什么？

11.3　全谱直读等离子体光谱仪的基本组成是什么？

11.4　原子吸收分光光度计基本原理是什么？

11.5　原子荧光分光光度计与原子吸收分光光度计的区别是什么？

11.6　紫外－可见分光光度计和分子荧光分光光度计的基本组成是什么？

11.7　红外光谱仪的突出作用是什么？有哪些类型？

11.8　产品安全的基本准则应避免哪些危险？

11.9　产品的非正常条件一般有哪些？

11.10　电气设备防电击防护分类如何划分？各自特点是什么？

11.11　耐压测试的定义、测试方法和测试要求是什么？

11.12　泄漏电流测试的定义、测试方法和测试要求是什么？

11.13　绝缘电阻测试的定义、测试方法和测试要求是什么？

11.14　接地电阻测试的定义、测试方法和测试要求是什么？

附录 A　正态分布在对称区间的积分表

$$P(|Z|\leqslant k)=\int_{-k}^{k}\frac{1}{\sqrt{2\pi}}\mathrm{e}^{-\frac{Z^2}{2}}\mathrm{d}Z$$

$$=P[E(X)-k\sigma(X)\leqslant x\leqslant E(X)+k\sigma(X)]$$

$$Z=\frac{\delta}{\sigma(X)}=\frac{x-E(X)}{\sigma(X)}$$

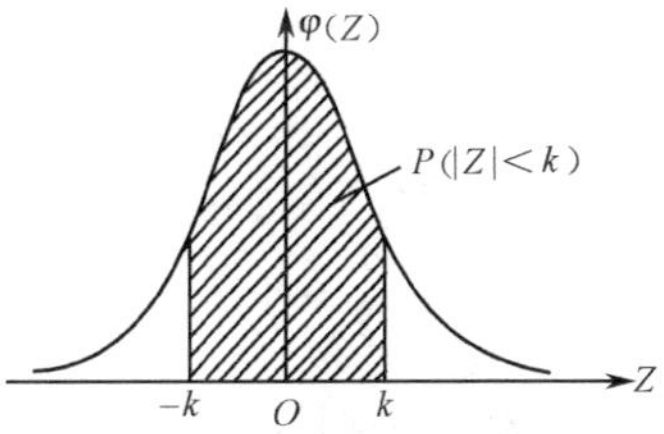

表 A.1　根据 k 值查置信概率 P

k	$P(\|Z\|<k)$	k	$P(\|Z\|<k)$	k	$P(\|Z\|<k)$	k	$P(\|Z\|<k)$
0.00	0.000000	1.00	682689	2.00	954500	3.0	(2)9 73002
0.05	039878	1.05	706282	2.05	959636	3.5	(2)9 95347
0.10	079656	1.10	728668	2.10	964271	4.0	(4)9 366575
0.15	119235	1.15	749856	2.15	968445	4.5	(4)9 932047
0.20	158519	1.20	769861	2.20	972193	5.0	(6)9 426697
0.25	197413	1.25	788700	2.25	975551	5.5	(6)9 962021
0.30	235823	1.30	806399	2.30	978552	6.0	(8)9 802683
0.35	273661	1.35	822984	2.35	981227	6.5	(8)9 984462
0.40	310843	1.40	838487	2.40	983605	7.0	(10)9 97440
0.45	347290	1.45	852941	2.45	985714	7.5	(10)9 99936
0.50	382925	1.50	866386	2.50	987581	8.0	(10)9 99999
0.55	417681	1.55	878858	2.55	989228		
0.60	451494	1.60	890401	2.60	990678		
0.65	484303	1.65	901057	2.65	991951		
0.70	516073	1.70	910869	2.70	993066		
0.75	546745	1.75	919882	2.75	994040		
0.80	576289	1.80	928139	2.80	994890		
0.85	604675	1.85	935686	2.85	995628		
0.90	631880	1.90	942569	2.90	996268		
0.95	657888	1.95	948824	2.95	996882		

表 A.2　与置信概率 P 对应的包含因子 k

$P(\|Z\|<k)$	0.50	0.70	0.80	0.90	0.95	0.99	0.995	0.999
k	0.6745	1.036	1.282	1.645	1.960	2.576	2.807	3.291

附录 B　t 分布在对称区间的积分表

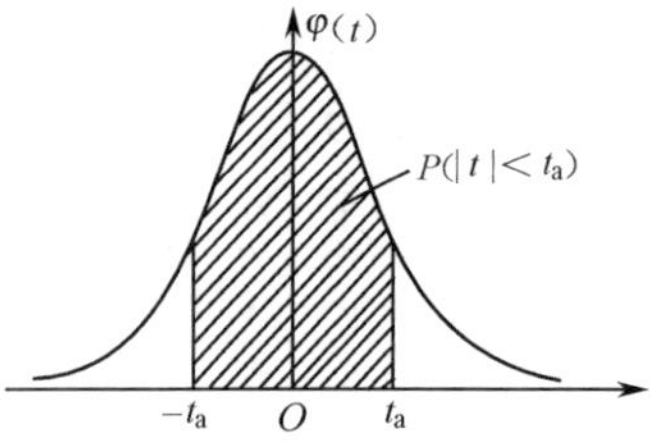

$$P(|t| \leqslant t_a) = \int_{-t_a}^{t_a} \frac{\Gamma\left(\frac{\nu+1}{2}\right)}{\sqrt{\nu\pi}\,\Gamma\left(\frac{\nu}{2}\right)} \left(1+\frac{t^2}{\nu}\right)^{-\frac{\nu+1}{2}} \mathrm{d}t$$

$$= P[\,|\overline{x} - E(X)| \leqslant t_a(\overline{x})\,]$$

$$= P[\,|\overline{x} - E(X)| \leqslant t_a(\overline{x})/\sqrt{n}\,]$$

$$t = \frac{\delta}{s(\overline{x})} = \frac{\overline{x} - E(X)}{s(X)/\sqrt{n}}$$

$$\nu = n - 1$$

表 B.1　t 分布表

		P								
		0.5	0.6	0.7	0.8	0.9	0.95	0.98	0.99	0.999
ν	1	1.000	1.376	1.963	3.078	6.314	12.706	31.821	63.657	636.619
	2	0.816	1.061	1.386	1.886	2.920	4.303	6.965	9.925	31.598
	3	0.765	0.978	1.250	1.638	2.353	3.182	4.541	5.841	12.924
	4	0.741	0.941	1.190	1.553	2.132	2.776	3.747	4.604	8.610
	5	0.727	0.920	1.156	1.476	2.015	2.571	3.365	4.032	6.859
	6	0.718	0.906	1.134	1.440	1.943	2.447	3.143	3.707	5.959
	7	0.711	0.896	1.119	1.415	1.895	2.365	2.998	3.499	5.405
	8	0.706	0.889	1.108	1.397	1.860	2.306	2.896	3.355	5.041
	9	0.703	0.883	1.100	1.383	1.833	2.262	2.821	3.250	4.781
	10	0.700	0.879	1.093	1.372	1.812	2.228	2.764	3.169	4.587
	15	0.691	0.866	1.074	1.341	1.753	2.131	2.602	2.947	4.073
	20	0.687	0.830	1.064	1.325	1.725	2.086	2.528	2.845	3.850
	25	0.684	0.856	1.058	1.316	1.708	2.060	2.485	2.787	3.725
	30	0.683	0.854	1.055	1.310	1.697	2.042	2.457	2.750	3.646
	40	0.681	0.851	1.050	1.303	1.684	2.021	2.123	2.701	3.551
	60	0.679	0.848	1.046	1.296	1.671	2.000	2.390	2.600	3.460
	120	0.677	0.845	1.041	1.289	1.658	1.980	2.358	2.617	3.373
	∞	0.674	0.842	1.036	1.282	1.645	1.960	2.326	2.576	3.291

附录C　电子测量仪器相关网址

1. 仪器仪表学报(月刊)http://www.yqybxb.cn
2. 电子测量与仪器学报(双月刊)http://dzclyyqxb.cn
3. 国外电子测量技术(月刊)http://www.gwdzcljs.cn
4. 电子测量技术(月刊)http://zz.qd-hzb.com
5. 电测与仪表(月刊)http://www.emijournal.net
6. 计算机测量与控制(月刊)http://www.jsjclykz.com
7. 仪器仪表商情 http://www.861718.com
8. 中国测控网 http://www.ck365.cn
9. 中国电工仪器仪表信息网 http://www.tc104.com
10. 中国仪器仪表网 http://yqyb.cnelc.com
11. 东方电子集成商务网(仪器仪表专业商务网)http://www.jicheng.net.cn
12. 是德科技(中国)有限公司 https://www.keysight.com
13. 泰克科技(中国)有限公司 https://www.tek.com.cn
14. 福禄克电子仪器仪表公司 https://www.fluke.com.cn
15. 特励达力科 http://www.teledynelecroy.com.cn
16. 罗德与施瓦茨(中国)科技有限公司 https://www.rohde-schwarz.com.cn
17. 美国国家仪器(中国)有限公司 https://www.ni.com/zh-cn.html
18. 爱德万测试(中国)有限公司 https://www.advantest.com.cn
19. 北京普源精电科技有限公司 https://www.rigol.com
20. 石家庄数英仪器有限公司 http://www.suintest.com
21. 广州致远电子股份有限公司 http://www.zlg.cn
22. 中电科仪器仪表有限公司 http://www.ceyear.com
23. 固纬电子(苏州)有限公司 http://www.gwinstek.com.cn
24. 深圳市鼎阳科技股份有限公司 https://www.siglent.com
25. 常州同惠电子股份有限公司 http://www.tonghui.com.cn
26. 艾诺仪器公司 http://www.ainuo.com.cn
27. 北京海洋兴业科技股份有限公司 http://www.oitek.com.cn
28. 孕龙科技股份有限公司 http://www.zeroplus.com.tw
29. 皇晶科技股份有限公司 http://www.acute.com.tw
30. 优利德科技(中国)股份有限公司 https://www.uni-trend.com.cn
31. 深圳市驿生胜利科技有限公司 http://www.china-victor.com
32. 深圳市新华谊仪表有限公司 http://xinhuayi.goepe.com
33. 北京航天测控技术开发公司 http://www.casic-amc.com
34. 北京中科泛华测控技术有限公司 http://www.pansino.com.cn
35. 四川扩普测控科技有限公司 http://www.topelec.com.cn
36. 成都前锋电子电器集团股份有限公司 http://www.qianfeng.com
37. 天津市新策电子设备科技有限公司 http://www.tj-xince.com
38. 宁波中策电子有限公司 http://gb.zhongce.com.cn

39. 南京新联电子股份有限公司 http://www.xldz.com
40. 青岛扬中电子有限公司 http://1072.ourger.com
41. 江苏绿扬电子仪器集团有限公司 https://jiangsulvyang.d17.cc
42. 天津市中环电子仪器公司(原天津电子仪器厂)http://www.tjdzyq.com
43. 江苏省扬中市光扬电子仪器厂 http://yzgyei.com.cn

参 考 资 料

[1] 蒋焕文,孙续．电子测量(第 3 版)．北京:中国质检出版社,2010.

[2] 耿继明．测量误差与不确定度评定(第二版)．北京:中国质检出版社,2015.

[3] 古天祥,詹惠琴,习友宝,等．电子测量原理与应用(上册)．北京:机械工业出版社,2014.

[4] 古天祥,詹惠琴,习友宝,等．电子测量原理与应用(下册)．北京:机械工业出版社,2014.

[5] 高礼忠,杨吉祥．电子测量技术基础(第 2 版)．南京:东南大学出版社,2015.

[6] 张永瑞．电子测量技术基础(第 2 版)．西安:西安电子科技大学出版社,2009.

[7] 刘国林,殷贯,等．电子测量．北京:机械工业出版社,2003.

[8] 宋启峰．电子测量技术(第 2 版)．重庆:重庆大学出版社,2002.

[9] 李慎安．测量不确定度的简化评定．北京:中国计量出版社,2004.

[10] 倪育才．实用测量不确定度的评定．北京:中国计量出版社,2009.

[11] ISO/IEC GUIDE 99:2007 国际计量学词汇 基础和通用概念及相关术语(第 3 版).

[12] JJF 1001—2011 通用计量术语及定义.

[13] JJF 1059.1—2012 测量不确定度评定与表示.

[14] GB/T 6592—2010 电工和电子测量设备性能表示.

[15] CNAS—GL015:2018 声明检测或校准结果及规范符合性的指南.

[16] CNAS—GL002:2018 能力验证结果的统计处理和能力评价指南.

[17] JCGM 100:2008 Guide to the Expression of Uncertainty in Measurement, Corrected Version.

[18] JJG 180—2002 电子测量仪器内石英晶体振荡器检定规程.

[19] SJ 20878—2003 军用数字矢量信号源通用规范.

[20] GB 19517—2009 国家电气设备安全技术规范.

[21] GB 11893—1989 水质 总磷的测定 钼酸铵分光光度法.

[22] GB/T 13870.1—2008 电流对人和家畜的效应 第 1 部分:通用部分.

[23] GB/T 17045—2008 电击防护 装置和设备的通用部分.

[24] GB 4793.1—2007 测量、控制和实验室用电气设备的安全要求 第 1 部分:通用要求.

[25] IEC 60950—1—2013 信息技术设备的安全第 1 部分 通用要求.

[26] IEC 60990—2016 接触电流和保护导体电流的测量方法.

[27] IEC 60335—2010 家用和类似用途电器的安全.

[28] IEC 60950—2005 信息技术设备的安全.

[29] ISO 6469—2009 电动道路车辆安全规范.

[30] GB/T 18384—2015 电动汽车安全要求.

[31] 中国人民解放军总装备部司令部通信局,信息产业部电子四十一研究所．现代通信测量仪器．北京:军事科学出版社,1999.

[32]《数字通信测量仪器》编写组．数字通信测量仪器．北京:人民邮电出版社,2007.

[33] 李希文,赵建．电子测量技术．西安:西安电子科技大学出版社,2008.

[34] 陈尚松,等．数学示波器中增加记录长度的意义．国外电子测量技术,2005(7).

[35] 王峰,等．频谱分析仪相位噪声测量功能的实现．国外电子测量技术,2006(11).

[36] 陈光禹．现代电子测量技术．北京:国防工业出版社,2000.

[37] 崔建平．低电平测量手册(第六版)．汪铁华，译.美国吉时利仪器公司，2005.
[38] 陈尚松．微计算机仪器系统．北京：国防工业出版社，1991.
[39] 高光天．模数转换器应用技术．北京：科学出版社，2001.
[40] 刘璇．聚焦数字示波器．国外电子测量技术，2012(1).
[41] 力科公司．力科示波器技术特点．国外电子测量技术，2010.
[42] 顾乃绂，孙续．逻辑分析仪原理与应用．北京：人民邮电出版社，1989.
[43] 温熙森，胡政，易晓山，等．可测试性技术的现状与未来．测控技术，2000(1).
[44] 王厚军．可测性设计技术的回顾与发展综述．中国科技论文在线，2008.
[45] 陈以，陈尚松．用 ISP 实现 ZDT 计数器．无线电工程，1999.
[46] 熊发明，陈尚松．一种快速连续测频的新方法．无线电工程，1999.
[47] 陈尚松．论三种串行总线在自动测试系统中的应用．桂林电子工业学院学报，2000.
[48] 陈尚松，吴江．微型网站的开发研究．单片机与嵌入式系统应用，2002.
[49] 吴江，陈尚松．单总线技术在测控系统中的应用．电测与仪表，1999.
[50] 秦旭，陈尚松，等．嵌入式网络单片机测试系统．电子测量与仪器学报，2002.
[51] 陈尚松，吴江．微型网站的开发研究．单片机与嵌入式系统应用，2002.
[52] 陈尚松，秦旭，李长俊．网络化电测仪表．电测与仪表，2002.
[53] 阳宪惠．现场总线技术及其应用．北京：清华大学出版社，1999.
[54] 邹益仁，等．现场总线控制系统的设计和开发．北京：国防工业出版社，2003.
[55] LXI. The IVI Standard Version1. 1. www. Lxistandrd. org，2006.
[56] VXI－9 Shared Memory Communication Protocol Specification. The VXIbus Consortium，Inc. ，1992.
[57] VXI－11 TCP/IP Instrument Protocol Specification. The VXIbus Consortium，Inc. ，1995.
[58] VXI－5 Common ASCII System Commands Specification. The VXIbus Consortium，Inc. ，1991.
[59] 陈尚松，等．虚拟仪器回顾与展望．国外电子测量技术，2009.
[60] 尹洪涛，等．LXI 标准概述．国外电子测量技术，2007.
[61] 黄盛霖，等．下一代自动测试系统的核心：合成仪器系统．电子测量技术，2011.
[62] 李华．合成仪器自动测试系统的结构特点．电子产品世界，2008.
[63] 许剑锋．基于 AXIe 总线的自动测试系统设计．电子科技，2011(9).
[64] Tektronix. 泰克实时频谱分析仪产品及技术资料．www.tektronix com. 2006.
[65] 秦旭，陈尚松．通用串行总线(USB)在自动测试中的开发应用．电测与仪表，2000.
[66] 谈恩民，陈尚松．火线(IEEE1394)用于虚拟仪器的研究．电测与仪表，2000.